Adolf Engler, Karl Prantl

Dienatürlichen Pflanzenfamilien nebst ihren Gattungen und wichtigeren Arten

II. Abteilung - Euthallophyta

Adolf Engler, Karl Prantl

Dienatürlichen Pflanzenfamilien nebst ihren Gattungen und wichtigeren Arten
II. Abteilung - Euthallophyta

ISBN/EAN: 9783742855879

Hergestellt in Europa, USA, Kanada, Australien, Japan

Cover: Foto ©berggeist007 / pixelio.de

Manufactured and distributed by brebook publishing software (www.brebook.com)

Adolf Engler, Karl Prantl

Die natürlichen Pflanzenfamilien nebst ihren Gattungen und wichtigeren Arten

Inhalt.

II. Abteilung. Euthallophyta.

Unterabteilung Fungi (Eumycetes).

	Seite
Nebenklasse **Lichenes** (Flechten)	1
A. Allgemeiner Teil	1—49

Der Thallus S. 4. — Parasitismus; Symbiose S. 15. — Fortpflanzung durch Sporen S. 38. — Artenzahl und geographische Verbreitung S. 47. — Nutzen und Schaden S. 47. — Fossile Formen S. 49.

B. Specieller Teil . . . . 49—240
  I. Unterklasse **Ascolichenes** (Schlauchflechten) . . . . 49—236
    1. Reihe **Pyrenocarpeae** . . . . 49—79

Verwandtschaftliche Beziehungen S. 50. — Einteilung der Reihe S. 51. — Moriolaceae S. 52. — Epigloeaceae S. 53. — Verrucariaceae S. 53. — Dermatocarpaceae S. 58. — Pyrenothamniaceae S. 61. — Pyrenulaceae S. 62. — Phyllopyreniaceae S. 68. — Trypetheliaceae S. 69. — Paratheliaceae S. 71. — Astrotheliaceae S. 72. — Strigulaceae S. 74. — Pyrenidiaceae S. 76. — Zweifelhafte Gattung S. 77. — Mycoporaceae S. 77.

    2. Reihe **Gymnocarpeae** . . . . 79—236
      1. Unterreihe **Coniocarpineae** . . . . 79—87

Verwandtschaftliche Beziehungen S. 80. — Einteilung der Unterreihe S. 80. — 1. Caliciaceae S. 80. — 2. Cypheliaceae S. 83. — 3. Sphaerophoraceae S. 85.

      2. Unterreihe **Graphidineae** . . . . 87—111

Verwandtschaftliche Beziehungen S. 88. — Einteilung der Unterreihe S. 88. Arthoniaceae S. 89. — Graphidaceae S. 92. — Chiodectonaceae S. 102. — Dirinaceae S. 105. — Roccellaceae S. 106.

      3. Unterreihe **Cyclocarpineae** . . . . 111—236

Verwandtschaftliche Beziehungen S. 112. — Einteilung der Unterreihe S. 112.
Lecanactidaceae S. 114. — Pilocarpaceae S. 116. — Chrysothricaceae S. 117. — Thelotremaceae S. 118. — Diploschistaceae S. 121. — Ectolechiaceae S. 122. — Gyalectaceae S. 124. — Gattung unsicherer Stellung S. 127. — Coenogoniaceae S. 127. — Lecideaceae S. 129. — Phyllopsoraceae S. 138. — Zweifelhafte Gattung S. 139. — Cladoniaceae S. 139. — Gyrophoraceae S. 147. — Acarosporaceae S. 150. — Ephebaceae S. 154. — Zweifelhafte Gattung S. 157. — Anzuschließende Gattungen und Arten S. 158. — Pyrenopsidaceae S. 158. — Zweifelhafte Gattungen S. 163. — Lichinaceae S. 164. — Zweifelhafte Gattungen S. 168. — Collemaceae S. 168. — Zweifelhafte Gattungen S. 176. — Heppiaceae S. 176. — Pannariaceae S. 178. — Gattung zweifelhafter Stellung S. 185. — Stictaceae S. 185. — Peltigeraceae S. 190. — Pertusariaceae S. 195. — Zweifelhafte Gattung S. 199. — Lecanoraceae S. 199. — Zweifelhafte Gattung S. 207. — Parmeliaceae S. 207. — Zweifelhafte Gattung S. 216. — Usneaceae S. 216. — Gattungen unsicherer Stellung S. 225. — Caloplacaceae S. 226. — Theloschistaceae S. 229. — Buelliaceae S. 230. — Physciaceae S. 234.

II. Unterklasse **Hymenolichenes** (Basidiomycetenflechten) . . . . . . 237—240
Abnorme Flechtenlager S. 239. — Gattung mit abnormer Apothezienbildung S. 239. — Ungenügend beschriebene Gattungen S. 239. — Mischgattungen S. 240.

Nachträge zu Teil I., Abteilung 1* . . . . 240—243
Register zu Teil I., Abteilung 1*. . . . . 244—249

Druckfehlerberichtigung.

Seite 239 lies: II. Unterklasse **Hymenolichenes** anstatt 2. Reihe.
Dementsprechend muss auch die Seitenüberschrift (Seite 237—240) lauten: **Hymenolichenes** anstatt Ascolichenes.

LICHENES (FLECHTEN).

A. Allgemeiner Teil

von

M. Fünfstück.

Mit vielen Textfiguren.

Im Druck begonnen August 1898.

Wichtigste Litteratur. — A. Über Morphologie und Physiologie: Friedr. Wilh. Wallroth, Naturgeschichte der Flechten. Frankfurt 1825—1827. 2 Bände. — W. Knop, Chemisch-physiolog. Untersuchung über Flechten (Ann. d. Chemie. Bd. XLIX. 1844. p. 103—124). — Herrm. Itzigsohn, Die Antheridien und Spermatozoen der Flechten (Botan. Zeitung 1850. p. 393 u. 913). — L. R. Tulasne, Mémoire pour servir à l'histoire organographique et physiologique des Lichens (Ann. d. sc. nat. IIIe sér. T. XVII. 1853). — D. J. Speerschneider, Zur Entwickelungsgeschichte der *Hagenia ciliaris* Eschw. (Bot. Zeitg. 1853. p. 506 ff.). — Derselbe, Zur Anatomie und Entwickelungsgeschichte der *Usnea barbata* v. *dasypoga* Fr. (Bot. Zeitg. 1854. p. 193 ff.). — Derselbe, Zur Anatomie und Entwickelungsgeschichte der *Parmelia acetabulum* Fr. (Bot. Zeitg. 1854. p. 481 ff.). — Derselbe, Mikroskopisch-anatomische Untersuchung über *Ramalina calicaris* Fr. und deren Varietäten *fraxinea, fastigata, canaliculata* und *farinacea* (Bot. Zeitg. 1855. p. 345 ff.). — Derselbe, Mikroskopisch-anatomische Untersuchung der *Peltigera scutata* Koerber (Bot. Zeitg. 1857. p. 521 ff.). — W. Nylander, Synopsis methodica lichenum (Par. 1858. Fasc. I. p. 6—52). — W. Lauder Lindsay, On the Spermogones and Pycnides of Filamentous, Fruticulose and Foliaceous Lichens (Royal Society of Edinburgh, Vol. XXII. Part. I. 1859. p. 280). — Derselbe, Memoir on the Spermogones and Pycnides of Crustaceous Lichens (Transact. Linn.-Soc. 1872. Vol. XXVIII. p. 189). — S. Schwendener, Untersuchungen über den Flechtenthallus (Nägeli's Beitr. z. wissensch. Botan. Heft 2—4. Leipzig 1860, München 1862). — Derselbe, Die Algentypen der Flechtengonidien, Basel 1869. — G. Fuisting, De nonnullis apothecii lichenum evolvendi rationibus. Berl. 1865. — Derselbe, Beiträge zur Entwickelungsgeschichte der Lichenen (Bot. Zeitg. 1868). — Th. M. Fries, Beiträge zur Kenntnis der sogen. Cephalodien bei den Flechten (Flora 1866. p. 17—25). — A. Famintzin u. J. Baranetzky, Zur Entwickelungsgeschichte der Gonidien und Zoosporenbildung der Lichenen (Bot. Zeitg. 1867. p. 189; Mém. Acad. St. Pétersbourg. VII. sér. T. XI; Bot. Ztg. 1868. p. 169). — J. Baranetzky, Beitrag zur Kenntnis des selbständigen Lebens der Flechtengonidien (Pringsh.'s Jahrb. f. wissenschaftl. Botan. 1869. Bd. VII. p. 1 ff). — M. Rees, Über die Entstehung der Flechte *Collema glaucescens* (Monatsber. d. k. Preuß. Akad. d. Wissensch. zu Berlin, Oktober 1871). — E. Bornet, Recherches sur les gonidies des lichens (Ann. des sc. nat. 5. sér. Botanique. 1873. XVII. p. 45. XIX. p. 314). — M. Treub, Onderzoekingen over de Natuur der Lichenen (Leiden 1873). — J. Reinke, Morphologische Abhandlungen (Leipzig 1873). — Derselbe, Abhandlungen über Flechten (Pringsh.'s Jahrb. f. wissensch. Bot. 1894. Bd. XXVI; 1895. Bd. XXVIII; 1896. Bd. XXIX). — A. B. Frank, Über die biologischen Verhältnisse des Thallus einiger Krustenflechten (Cohn's Beitr. zur Biologie der Pflanzen. Breslau 1877, II. p. 123). — E. Stahl, Beiträge zur Entwickelungsgeschichte der Flechten. (Leipzig 1877, Heft I u. II). — A. Borzi, Studii sulla sessualità degli Ascomiceti (Nuovo Giornale Botanico Italiano. Pisa 1878. Vol. X. p. 43). — Frank Schwarz, Chemisch-botanische Studien über die in den Flechten vorkommenden Flechtensäuren (Cohn's Beitr. zur Biologie d. Pflanzen. Breslau 1880. Bd. III). — O. Mattirolo, Contribuzioni allo studio del genere *Cora* (N. Giorn. Botan. Ital. Vol. XIII. 1881). — J. Steiner, *Verrucaria calcisceda*. Petractis exanthematica. Ein Beitrag zur Kenntnis des Baues und der Entwickelung der Krustenflechten (Klagenfurt 1881). — G. Krabbe, Entwickelung, Sprossung und Teilung einiger Flechtenapothecien (Bot. Zeitg. 1882). — Derselbe, Entwickelungsgeschichte und Morphologie der polymorphen Flechtengattung *Cladonia* (Leipzig 1891). — K. B. J. Forssell, Studier öfver Cephalodierna (Bihang till k. Svenska Vet.-

Akad. Handligar. Bd. VIII. No. 3. Stockholm 1888. Hierzu als Nachtrag: Lichenologische Untersuchungen. Flora 1884). — Derselbe, Beiträge zur Kenntnis der Anatomie und Systematik der Gloeolichenen (Stockholm 1885). — Derselbe, Zur Mikrochemie der Flechten (Sitzgsberder k. k. Akad. der Wissensch. zu Wien. Bd. CXIII. Abteil. 1. 1886). — E. Neubner, Beiträge zur Kenntnis der Calycieen (Flora 1883). — Derselbe, Untersuchungen über den Thallus und die Fruchtanfänge der Calycieen (Wissensch. Beilage zu dem IV. Jahresber. des k. Gymnasiums zu Plauen i. V. Plauen 1893). — A. De Bary, Vergleichende Morphologie und Biologie der Pilze, Mycetozoen und Bacterien (Leipzig 1884. p. 99. 202. 229. 240. 425). — M. Fünfstück, Beiträge zur Entwickelungsgeschichte der Lichenen (Jahrb. d. k. Botan. Gartens u. Botan. Museums zu Berlin. Berlin 1884). — Derselbe, Die Fettabscheidungen der Kalkflechten (Fünfstück's Beitr. zur wissensch. Botan. Bd. I. p. 157. Stuttgart 1895; hierzu Nachtrag, ebd. p. 316). — Fr. Johow, Über westindische Hymenolichenen (Sitzung-ber. d. k. Preuß. Akad. d. Wissensch. zu Berlin. 1884. No. 10). — Derselbe, Die Gruppe der Hymenolichenen. Ein Beitrag zur Kenntnis basidiosporer Flechten (Pringsh.'s Jahrb. f. wissensch. Bot. Bd. XV. 1884. p. 361). — H. Zukal, Flechtenstudien (Denkschr. d. mathem.-naturw. Klasse der Kaiserl. Akad. d. Wissensch. Bd. XLVIII. Wien 1884). — Derselbe, Über das Vorkommen von Reservestoffbehältern bei Kalkflechten (Botan Zeitg. 1886. No. 45. p. 704). — Derselbe, Halbflechten (Flora 1891. p. 103). — Derselbe, Morphologische und biologische Untersuchungen über die Flechten (Sitzungsber. d. Kaiserl. Akad. d. Wissensch. in Wien, math.-naturw. Klasse. Bd. CIV. Abtlg. I. p. 529 und 1303. Wien 1895). — Alfred Möller, Über die Kultur flechtenbildender Ascomyceten ohne Algen (Münster i. W. 1887). — Derselbe, Über eine Telephoree, welche die Hymenolichenen Cora, Dictyonema und Laudatea bildet (Flora 1893. p. 254). — G. Lindau, Über die Anlage und Entwickelung einiger Flechtenapothecien (Flora 1888). — Derselbe, Lichenologische Untersuchungen I. (Dresden 1895). — Derselbe, Die Beziehungen der Flechten zu den Pilzen (Hedwigia 1895). — G. Bonnier, Recherches sur la synthèse des Lichens (Ann. d. sc. nat. sér. VII. Bot. T. IX. 1889. p. 1 ff.). — Derselbe, Germination des Lichens s. l. protonémas d. Mousses (Paris 1889). — E. Bachmann, Mikrochem. Reaktionen auf Flechtenstoffe als Hilfsmittel zum Bestimmen der Flechten (Zeitschr. f. wissenschaftl. Mikroskopie. Bd. III). — Derselbe, Über nichtkrystallisierte Flechtenfarbstoffe, ein Beitrag zur Chemie und Anatomie der Flechten (Pringsh.'s Jahrb. f. wissensch. Bot. Bd. XXI. 1890. p. 1). — Derselbe, Die Beziehungen der Kalkflechten zu ihrem Substrat (Ber. d. Deutsch. Botan. Gesellsch. Bd. VIII. 1890. p. 141). — Derselbe, Der Thallus der Kalkflechten (Wissensch. Beilage zu dem Programm der städt. Realschule zu Plauen i V. Plauen 1892). — W. Zopf, Die Pilze (Breslau 1890. p. 431). — Derselbe, Zur Kenntnis der Flechtenstoffe (Liebig's Annalen d. Chemie. Bd. 284. 1894. p. 107; Bd. 295. p. 222; Bd. 297. p. 274; Bd. 300. p. 322). — Derselbe, Zur Kenntnis der Stoffwechselprodukte der Flechten (Beitr. z. Physiol. u. Morphol. niederer Organismen. 1895. Heft 5. p. 45). — Derselbe. Zur biologischen Bedeutung der Flechtensäuren (Biolog. Centralbl. Bd. XVI. No. 16. 1896. p. 593). — Derselbe, Untersuchungen über die durch parasitische Pilze hervorgerufenen Krankheiten der Flechten. 1. Abhandlung (Abhandl. der Kaiserl. Leopold.-Carol. Deutsch. Akademie der Naturf. 1897. Bd. LXX. No. 2. p. 97 ff.; Fortsetzung in Bd. LXX. 1898. p. 241 ff.). — Henri Jumelle, Recherches physiologiques sur les Lichens (Revue générale de Bot. T. IV. 1892). — R. Kobert, Über Giftstoffe der Flechten (Sitzungsber. der Dorpat. Naturforschergesell. Jahrg. 1892. p. 465). — J. Hjalvard, Synthese und Konstitution der Vulpinsäure (Liebig's Annalen. Bd. 282. 1894. p. 1 ff.). — O. Hesse, Über einige Flechtenstoffe (Ebd. Bd. 284. 1894. p. 157 ff.). — Derselbe, Über Flechtenstoffe (Ber. der Deutsch. Chem. Gesellsch. Bd. XXX. Heft 4. 1897). — Derselbe, Beitrag zur Kenntnis der Flechten und ihrer charakteristischen Bestandteile (Erste Mitteilung: Journ. f. prakt. Chemie. Neue Folge. Bd. LVII. 1898. p. 232 - 348. Zweite Mitteilung: ebd. p. 409—447). — Gy. von Istvánffi, Über die Rolle der Zellkerne bei der Entwickelung der Pilze (Ber. d. Deutsch. Botan. Gesellsch. Bd. XIII. 1895. p. 459). — A. B. Macallum, On the distribution of assimilated iron compounds, other than haemoglobin and haematins, in animal and vegetable cells (The Quaterly Journal of Microscopical Science. Vol. XXXVIII. 1895. p. 175 ff.). — O. V. Darbishire, Die deutschen Pertusariaceen mit besonderer Berücksichtigung ihrer Soredienbildung (Engler's botan. Jahrb. Bd. XXII. 1897. p. 593 ff.). — Albert Schneider, A Text-book of General Lichenology (Binghamton, N. Y. 1897). — Hérissey, Sur la présence de l'émulsine dans les Lichens (Comptes rendus hebdomadaires de la Soc. de biolog. 1898. Mai).

B. Über Systematik: E. Acharius, Lichenographiae Succicae Prodromus (Lincopiae 1798). — Derselbe, Lichenographia universalis (Gottingae 1810). — Derselbe, Synopsis methodica lichenum (Lundae 1814). — E. Fries, Lichenographia Europaea reformata

(Lundae 1831). — W. Nylander, Essai d'une nouvelle classification des Lichens (Mémoires de la société des scienc. nat. de Cherbourg. T. II. 1854 u. T. III. 1855). — Derselbe, Synopsis methodica lichenum omnium hucusque cognitorum (Parisiis. Fasc. I. 1858. Fasc. II. 1860). — G. W. Körber, Systema lichenum Germaniae (Breslau 1855). — Derselbe, Parerga lichenologica (Breslau 1859—1865). — J. Müller, Principes de la classification des Lichens, avec énumerat. de ceux des env. de Genève (Genève 1862). — Derselbe, Conspectus systematicus lichenum Novae Zelandiae (Genf 1894). — Th. M. Fries, Lichenographia Scandinavica, I—II (Upsaliae 1871. 1874). — F. Arnold, Lichenologische Ausflüge in Tirol (Verhandlungen der k. k. zoolog.-botan. Gesellsch. in Wien. 1868—1897). — Derselbe, Lichenologische Fragmente (Flora 1869—1882. — Derselbe, Die Lichenen des fränkischen Jura (Regensburg 1885. Separatabdruck aus »Flora« 1884/85). — B. Stein, Flechten (Breslau 1879: Kryptogamen-Flora von Schlesien von F. Cohn. Bd. II, 2. Hälfte). — S. Almquist, Monographia Arthoniarum Scandinaviae (Stockholm 1880). — E. Stizenberger, Lichenes Helvetici eorumque stationes et distributio (Jahresber. der St. Gallischen naturwissensch. Gesellsch. 1880—1881. 1881—1882). — Derselbe, Die Grübchenflechten (Stictei) und ihre geographische Verbreitung (Flora 1895. Bd. LXXXI. p. 88). — E. Tuckerman, Synopsis of the North American Lichens (Boston 1882—1888). — K. B. J. Forssell, Beiträge zur Kenntnis der Anatomie und Systematik der Gloeolichenen (Stockholm 1885. p. 32—108). — G. Lahm, Zusammenstellung der in Westfalen beobachteten Flechten (Münster i. W. 1885). — A. Hue, Addenda nova ad Lichenographiam Europaeam, exposuit in »Flora« Ratisbonensi Dr. W. Nylander, in ordine vero systematico disposuit (Paris, Berlin, Auch 1886). — T. Hedlund, Kritische Bemerkungen über einige Arten der Flechtengattungen *Lecanora* (Ach.), *Lecidea* (Ach.) und *Micarea* (Fr.) (Stockholm 1892). — Edouard Wainio, Étude sur la classification naturelle et la morphologie des Lichens du Brésil (Helsingfors 1893). — Derselbe, Monographia Cladoniarum universalis, I—II (Helsingfors 1887 und 1895). — J. M. Crombie, A Monograph of Lichens found in Britain: being a descriptive catalogue of the species in the Herbarium of the British Museum (Vol. I. London 1894). — F. Saccardo, Flora analit. d. Licheni di Veneto, c. enumerat. d. altre specie Ital. (Padova 1894). — O. V. Darbishire, Die deutschen Pertusuriaceen mit besonderer Berücksichtigung ihrer Soredienbildung (Engler's botan. Jahrb. Bd. XXII. 1897. p. 593). — Derselbe, Über die Flechtentribus der Roccellei (Ber. d. Deutsch. Botan. Gesellsch. Bd. XV. 1897. p. 2 ff.; ebd. Bd. XVI. 1898. p. 6 ff.

C. Über Geschichte und Bibliographie: A. von Krempelhuber, Geschichte und Litteratur der Lichenologie bis 1865 (resp. 1870), I—III (München 1867—1872).

D. Wichtigste Exsikkatenwerke: L. E. Schaerer, Lichenes helvetici exsiccati (Bern 1823—1854). — H. G. Floerke, Cladoniae exiccatae (Rostock 1829). — W. von Zwackh, (Lichenes exsiccati (Heidelberg 1850). — W. A. Leighton, Lichenes britannici exsiccati (Shrewsbury 1851). — Ph. Hepp, Die Flechten Europas in getrockneten, mikroskopisch untersuchten Exemplaren (Zürich 1853—1864). — G. W. Koerber, Lichenes selecti Germaniae Breslau 1858—1864). — F. Arnold, Lichenes exsiccati (Eichstätt 1859). — Derselbe, Lichenes Monacenses exsiccati (München 1889). — Th. Fries, Lichenes Scandinaviae (Upsala 1859). — L. Rabenhorst, Lichenes europaei exsiccati (Dresden 1859—1865). — Derselbe, Cladoniae europaeae exsiccatae (Dresden 1860; c. suppl. 1863). — W. Mudd, Lichenes britannici exsiccati (1861). — Derselbe, Britannicae Cladoniae (1866). — M. Anzi, Lichenes rariores Longobardi (Como 1861). — Derselbe, Lichenes rariores Venetiae ex herbario Massal. (Como 1863). — Derselbe, Cladoniae Cisalpinae (Como 1863). — Derselbe, Lichenes rariores Etruriae (Como 1863). — Derselbe, Lichenes Italiae superioris minus rari (Como 1865). — E. Coëmans, Cladoniae Belgicae exsiccatae (Gent 1863). — H. Rehm, Cladoniae exsiccatae (Dietenhofen 1869). — W. Nylander, Lichenes Pyrenaici exsiccati (Paris 1872). J. Crombie, Lichenes britannici exsiccati (London 1874). — P. Norrlin, Herbarium Lichenum Fenniae (Helsingfors 1875, mit von Nylander revidierten Bestimmungen). — C. Roumeguère, Lichenes gallici exsiccati (Toulouse 1880). — C. Flagey, Lichens de Franche-Compté et de quelques localités environnantes (1887—1888). — H. Lojka, Lichenes regni Hungarici exsiccati (Budapest 1884). — Derselbe, Lichenotheca universalis (Budapest 1885). — Kryptogamae ecsiccatae editae a Museo Palat. Vindobonensi.

Merkmale. Die Flechten sind komplexe Gebilde und bestehen aus höheren Fadenpilzen, welche mit bestimmten einzelligen Algen, selten Fadenalgen, gemeinschaftlich vegetieren. Die Flechtenpilze, welche durch relativ dünne Membranen ausgezeichnet sind, gehören mit einer einzigen Ausnahme den Ascomyceten, die Algen, im Flechtenkörper speciell als Gonidien bezeichnet, sowohl den Schizophyceen als auch den Chlorophyceen an. Ihrer äußeren Erscheinung nach besitzen die Flechten sehr großen Formenreichtum und nur selten Ähnlichkeit mit einer ihrer beiden Komponenten. Häufig sind sie lebhaft gefärbt, und zwar sind braune, graue und gelbe Färbungen (vgl. weiter unten den Abschnitt über den Chemismus) vorherrschend. Der vegetative Flechtenkörper (Thallus) ist von gallertartiger oder lederiger, in trockenem Zustande ziemlich spröder Beschaffenheit, ist blatt-, band-, strauchartig, krustig, körnig, staubig-mehlig. Größere Übereinstimmung in ihrer äußeren Form zeigen die Fruchtkörper. Sie stellen entweder kleine, meist anders als der Thallus gefärbte Scheiben dar, deren Durchmesser nur selten mehr als wenige Millimeter beträgt, oder ebensolche Warzen oder endlich winzige Punkte, wenn die Früchte in den Thallus eingesenkt sind und nur mit dem Scheitel an die Oberfläche treten. — Während die Flechtenalgen ganz allgemein frei in der Natur, an feuchten Orten, jedoch nicht im Wasser vorkommen, ist dies in Bezug auf die Flechtenpilze nur für die Basidiolichenen festgestellt worden. — Charakteristisch für die Besonderheit der Flechten ist ferner die Thatsache, dass sie nicht nur auf organischen, sondern auch auf anorganischen Substraten, den verschiedensten Gesteinen, Glas etc. zu vegetieren vermögen. Da nun lediglich der pilzliche Teil der Flechte mit der Unterlage in direkte Verbindung tritt, so folgt daraus, dass der Flechtenpilz — ohne Zweifel infolge seines Zusammenlebens mit den Gonidien — in den Besitz einer Eigenschaft gelangt ist, welche sonst den Pilzen fehlt: er ist im stande, sich auf anorganischer Unterlage ansiedeln zu können. — Die Flechten, namentlich die Krustenflechten, überziehen unter günstigen Vegetationsbedingungen ganze Mauern, Felswände u. dgl. und erwecken den Anschein, als wüchsen sie regellos, ohne Auswahl der Unterlage, durcheinander. Dies ist indes nicht der Fall, die einzelnen Arten, ja sogar ganze Gattungen sind vielmehr auf bestimmte Substrate angewiesen, nur verhältnismäßig wenig Arten sind im stande, sich auf verschiedenen Unterlagen ansiedeln zu können. In weitaus überwiegender Artenzahl bewohnen die Flechten die verschiedensten Gesteine, zahlreich sind auch die Arten, welche auf Bäume, abgestorbenes Holz, Erde angewiesen sind, dagegen vegetieren unter Wasser nur einige wenige Arten (*Verrucaria*). — Die Flechten sind endlich durch sehr langsames Wachstum und lange Lebensdauer ausgezeichnet. Es kann z. B. von vielen alpinen Formen als sicher angenommen werden, dass sie mehrere Jahrzehnte brauchen, ehe sie in ihrer Entwickelung bis zur Fruchtbildung vorgeschritten sind.

Der Thallus. — Wie schon im vorhergehenden Abschnitte bemerkt, besitzt der vegetative Teil des Flechtenkörpers überaus große Mannigfaltigkeit in Bezug auf seine äußere Erscheinung. Für die einzelne Art ist jedoch im allgemeinen die äußere Gestalt des Thallus durch große Konstanz gekennzeichnet, weil derselbe wohl in sehr mannigfaltiger, für die einzelne Art aber bestimmter Weise wächst. So besitzen sehr viele Gallert-, Laub- und Krustenflechten kreisförmige Wuchsform (Fig. 7, 8), hervorgerufen durch das gleichmäßig dichte, radiale Wachstum der Hyphen, und zwar wird die Kreisform des Thallus um so strenger gewahrt, je gleichmäßiger das Substrat und die Vegetationsbedingungen sind. Die bandförmigen, cylindrischen, röhrenförmigen Thallusformen, die Podetien von *Cladonia* und *Stereocaulon* entstehen dadurch, dass vom Flechtenpilz bestimmte Wachstumsrichtungen bevorzugt werden. Die mannigfaltigen, durch große Konstanz ausgezeichneten Beziehungen zwischen dem Tangential- und Radialwachstum führen zu den verschiedensten Lappen- und Zweigbildungen (vgl. p. 18).

Mit der Ergreifung der Alge von Seiten des Flechtenpilzes beginnt die Entwickelung des vegetativen Flechtenkörpers (*Thallus*, *Blastema* Wallroth).

Das Ergreifen der Alge, bezw. die Verbindung zwischen Alge und Pilz erfolgt in sehr verschiedener Weise. So werden z. B. bei *Physma*, *Arnoldia* (E. Bornet, Recherches sur les Gonidies des Lichens. Ann. d. sc. nat. Sér. V. Bot. T. XVII. 1873. p. 47—48). *Phylliscum* (T. Hedlund, Om bålbildning genom pycnoconidier hos *Catillaria denigrata* (Fr.) och *C. prasina* Fr. Bot. Not. 1891. p. 207) und zahlreichen anderen Gattungen die Gonidien durch Aussaugen getötet, indem Hyphenäste (Haustorien) durch die Gonidienmembran in das Plasma eindringen (Fig. 10 C). In anderen Fällen (*Micarea*, *Synalissa*, Fig. 10 A, D) durchbohren die Haustorien wohl die Algenmembran, dringen aber nicht in

Lichenes. (Fünfstück.)

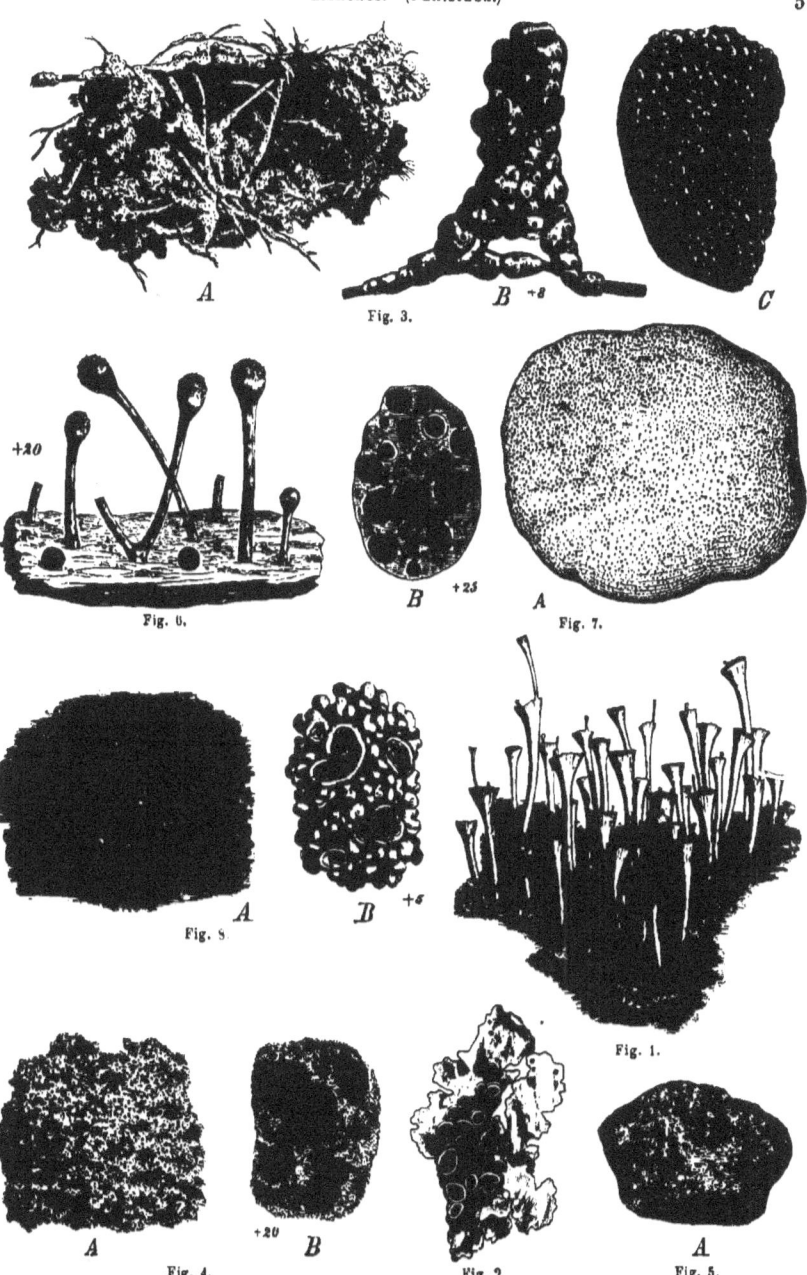

Fig. 1—8. — Fig. 1. *Cladonia pyxidata* (L.) Fr. *f. ronosmia* Flk., nat. Gr. — Fig. 2. *Lobaria amplissima* Scop., nat. Gr. — Fig. 3. *Pertusaria subobducens* Nyl.; *A* in nat. Gr.; *B* fruchtendes Thallusstück (8/1); *C Pertusaria communis* (DC.) (Körb.) var. *rupestris* DC., nat. Gr. — Fig. 4. *Biatora sanguineoatra* Wulf., *A* in nat. Gr., *B* Thallusstück mit Früchten (20/1). — Fig. 5. *Sarcogyne simplex* Dav., nat. Gr. — Fig. 6. *Cyphelium brunneolum* (Ach.) Mass. (20/1). — Fig. 7. *Verrucaria calciseda* DC., *A* ein von der Pflanze besiedelter Kalkstein, wenig verkleinert, *B* Thallusstück mit Früchten (25/1.) — Fig. 8. *Collema pulposum* Bernh. *f. granulatum* Ach., *A* in nat. Gr., *B* fruchtender Thallus (5/1). (Original.)

Fig. 9. *Lichina confinis* (Ach.) J. Müll., *A* Pflanze in nat. Gr., *B* fruchtendes Thallusstück (15/1). (Original.)

das Plasma ein, sondern liegen in einer Einbuchtung der Hautschicht des Protoplasmas (Fig. 10 *A, a—c*). — In der Regel dringt in je ein Gonidium je ein Haustorium ein, selten mehrere. Bei der Teilung des Gonidiums geht die Teilungsebene durch das Haustorium (Fig. 10 *A, b*). Die Teilung der Gonidien steht somit in bestimmten Beziehungen zu den Hyphen. Sind zwei Haustorien vorhanden, so geht die Teilungsebene durch beide Haustorien, wobei sie beide zu gleicher Zeit frei werden. Während des Teilungsvorganges

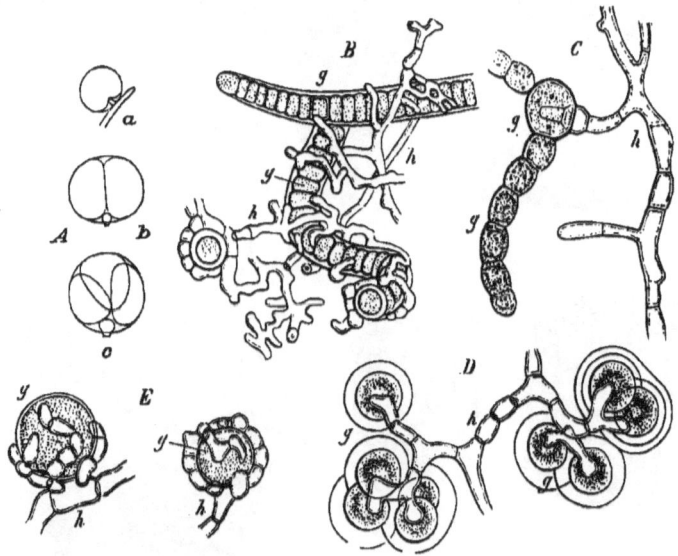

Fig. 10. Verschiedene Formen der Verbindung zwischen Gonidien (*g*) und Hyphen (*h*): *A Protococcus* aus dem Thallus von *Micarea denigrata* (Fr.) Hedl. mit je einem, die Algenmembran durchbohrenden, jedoch nicht in das Plasma eindringenden Haustorium; bei *b* Zwei-, bei *c* Dreiteilung des Gonidieninhaltes, wobei die Teilungsebenen stets durch die Haustorien gehen (950/1). — *B Scytonema* aus dem Thallus von *Stereocaulon ramulosum* Sw., von reich verästelten Hyphen eng umschlungen (050/1). — *C Nostoc* aus dem Thallus von *Physma chalazanum* Mass. mit einem in das Plasma der Alge eindringenden Hyphenast (950/1). — *D Gloeocapsa* aus dem Thallus von *Synalissa symphorea* Nyl. mit Haustorien, welche zwar die Gonidienmembran durchbohren, aber nicht in das Plasma eindringen (950/1). — *E Protococcus sp.* (*Cystococcus*) aus dem Thallus von *Cladonia furcata* (Huds.) Fr., von mehreren kurzgliedrigen, der Algenmembran dicht anliegenden Hyphenästen umschlungen (950/1). — (*A* nach Hedlund, *B—E* nach Bornet.)

entstehen an dem primären Haustorium als seitliche Auszweigungen neue Haustorien, welche mit den Tochtergonidien in Verbindung treten. Bei sehr vielen Flechten endlich, namentlich bei solchen mit Protococcus-Gonidien, beschränkt sich die Verbindung zwischen Hyphe und Gonidium auf einen innigen Kontakt, wobei die kurzgliedrigen Kontakthyphen weder an den Membranen, noch an dem Inhalte der Gonidien irgend welche sichtbare Veränderung hervorrufen (Fig. 10 *B, E*).

Die Verbindungsweise zwischen Alge und Pilz im Flechtenkörper ist — soweit bis jetzt die Untersuchungen reichen — bei den einzelnen Flechten durch große Konstanz ausgezeichnet, welche durch keinerlei äußere Einflüsse alteriert wird. Formbestimmend ist in der Regel, ja vielleicht immer der Pilz, denn bei Anwesenheit von zwei verschiedenen Algenarten mit sonst verschiedenem Verbindungsmodus tritt immer nur ein solcher in die Erscheinung. Bei *Lecanora granatina* Smrft. werden z. B. die normalen, zu Protococcus gehörenden Gonidien in der oben beschriebenen Weise durch kurzgliedrige Hyphen ohne Verletzung der Gonidienmembran umschlungen, in gleicher Weise aber auch die regelmäßig im oberen Teile des Thallus accessorisch vorhandene *Gloeocapsa*, welche sonst als normale Gonidie durch Haustorien vom Flechtenpilze ergriffen wird. Im Hinblick auf den überaus beständigen Charakter der geschilderten Erscheinungen hat Hedlund (Kritische Bemerkungen über einige Arten der Flechtengattungen *Lecanora* (Ach.), *Lecidea* (Ach.) und *Micarea* (Fr). Stockholm 1892. p. 5), ebenso Lindau, vorgeschlagen, die Art und Weise der Verbindung zwischen Gonidium und Hyphe mindestens als Gattungsmerkmal zu verwerten.

Nach der äußeren Gestalt lassen sich drei, freilich vielfach in einander übergehende Formen des ausgebildeten Thallus unterscheiden: 1) der strauchartige Thallus (*Thallus fruticulosus*, *T. filamentosus*, *T. thamnodes*), mit sehr schmaler Basis nur an einer Stelle dem Substrat aufsitzend und strauchähnlich verästelt, seltener einfach; 2) der laubartige Thallus (*T. foliaceus*, *T. frondosus*, *T. placodes*), von flächenförmiger Ausbreitung, am Rande meist gelappt oder kraus, auf der Unterlage nur locker durch einzelne Haftorgane befestigt und daher leicht ohne Verletzung ablösbar; 3) der krustenartige Thallus (*T. crustaceus*, *T. lepodes*), von flächenförmiger, vorwiegend kreisförmiger Ausbreitung, in vielen Fällen auch ohne bestimmte Konfiguration, dem Substrat mit der Unterseite so fest an-, bezw. eingewachsen, dass er nicht ohne Beschädigung abgelöst werden kann.

Ein eigentümliches Verhalten zeigen die Gattungen *Cladonia* und *Stereocaulon*. Auf einem laubartigen Thallus von geringer Größe entsteht ein becher-, trompeten- oder strauchartig gestalteter, durch starken negativen Geotropismus ausgezeichneter Körper, das sogen. Podetium, auf welchem sich die Apothecien entwickeln (Fig. 11). Nach den Untersuchungen Wainio's und Krabbe's ist das Podetium bereits zum Fruchtkörper, nach Reinke noch zum Thallus zu rechnen.

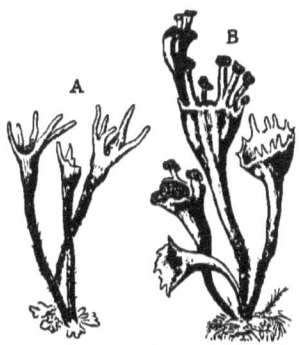

Fig. 11. Trompetenförmige Podetien von *Cladonia fimbriata* (L.) Hoffm., aus einem laubartigen, kleinschuppigen Thallus entspringend, bei *A* steril, bei *B* Apothecien tragend (nat. Gr.). (Nach Frank.)

Die Flechten nach den genannten drei Thallusformen in Strauch-, Laub- und Krustenflechten einzuteilen, wie es die Flechtensystematik, namentlich die ältere, gethan hat, ist nicht mehr zulässig, seitdem durch neuere Forschungen gezeigt worden ist, dass in diesem Falle nicht nur nahe verwandte Gattungen, sondern sogar Arten der gleichen Gattung in verschiedenen Abteilungen untergebracht werden müssten. So würde beispielsweise die wohl charakterisierte Gattung *Cladonia* bei Anwendung des genannten Einteilungsprincips nach den Untersuchungen Krabbe's auf alle drei Abteilungen zu verteilen sein.

In Bezug auf die Verbindung der Flechten mit ihrer Unterlage zum Zwecke der Befestigung und Stoffaufnahme begegnet man großen Verschiedenheiten, wobei aber wiederum zu betonen ist, dass für die einzelne Art diese Beziehungen kaum Schwankungen unterworfen sind. Am innigsten gestaltet sich diese Verbindung bei vielen kalkbewohnenden Krustenflechten (Arten von *Verrucaria*, *Staurothele*, *Thelidium* etc.), bei denen die Hyphen sehr tief, oft 10—20 mm und darüber in das Substrat eindringen und dasselbe nach allen Richtungen hin gleichmäßig durchwachsen. Nur die oberste, meist nicht mehr lebensthätige Thallusschicht und die Scheitel der event. vorhandenen Früchte treten in solchen Fällen zu Tage, erheben sich aber nicht oder kaum über das Niveau der Unterlage. In anderen Fällen dringen die Hyphen der Thallusunterseite, die sogen. Rhizoidhyphen, nur wenig in das Substrat ein, während sich der eigentliche Flechtenkörper auf dem Substrat entwickelt, z. B. bei Arten der Gattungen *Caloplaca*, *Physcia*, *Placodium* etc.

Auch durch diesen Verbindungsmodus entsteht eine so innige Vereinigung zwischen Flechte und Substrat, dass eine Ablösung der Flechte ohne Verletzung nicht möglich ist. Bei vielen, namentlich laubigen Formen vereinigen sich die Rhizoidhyphen zu besonderen Strängen, den Rhizinen (Fig. 13,r), welche je nach der Flechtenart in die Unterlage mehr oder weniger tief eindringen, indes mit derselben nur eine lockere Verbindung herstellen, so dass die Individuen leicht ohne Beschädigung vom Substrat entfernt werden können. Manche Flechten endlich sind auf ihrer Unterlage in überaus loser Weise befestigt (Arten von *Collema*, *Atichia*), sie liegen lediglich mit ihrer gallertigen Unterseite dem Substrate, an welchem sie keine sichtbare Veränderung hervorbringen, locker auf und können daher leicht ohne Verletzung von der Unterlage getrennt werden.

Der sogen. Protothallus (Prothallus, Hypothallus, Vor- oder Unterlager), eine in der Lichenographie noch immer viel gebrauchte Bezeichnung, repräsentiert einen ziemlich schwankenden Begriff. Man versteht darunter sowohl die Unterseite der aus einem meist dunkler gefärbten gonidienlosen Hyphengeflecht bestehenden Lagerkruste, in soweit sie mit dem Substrat verwachsen ist, als auch den gonidienfreien äußersten Thallusrand mit seinen Hyphensträngen. Häufig ist der Protothallus der Lichenologen nichts weiter als eine Anhäufung ubiquistischer Algen und Pilze: *Chroolepus* mit und ohne Hyphen, *Pleurococcus*, *Stichococcus* etc., welche dem in Zersetzung begriffenen Substrat auf-, bezw. eingelagert sind. Jeder noch so kleine Anfang einer Flechte ist bereits ein Thallus und nicht erst ein »Protothallus«. Nach dieser Sachlage wäre die Bezeichnung Protothallus im angegebenen Sinne am besten ganz aufzugeben.

Neuerdings hat Zukal den Versuch gemacht, die Begriffe »Hypothallus«, »Protothallus« zu präzisieren und damit für die Lichenologie verwertbar zu machen. Der genannte Forscher fasst alle jene mycelartigen Gebilde, welche den Flechtenthallus entweder in Form dendritisch verzweigter, meist dunkler gefärbter Hyphen umgeben, oder am Rande einen strahlig fortwachsenden Saum, oder endlich eine filzartige Unterlage von bestimmter Konfiguration darstellen, dann unter der Bezeichnung Hypothallus zusammen, wenn aus den fraglichen Gebilden neue Thallusanlagen entstehen. Als Hauptformen dieses Hypothallus unterscheidet Zukal: 1) den echten Prothallus (Protothallus), 2) das Flechtenmycel, 3) die hypothallinischen Anhangsorgane und 4) den myceliaren Rand (Thallusrand). Unter Prothallus versteht Zukal das unmittelbar durch Keimung der Sporen (und Conidien) entstandene Mycelium. Das Flechtenmycelium im Sinne des genannten Autors ist ein zarter, meist von einem alten Flechtenthallus ausgehender Hyphenkomplex, welcher das Substrat oft fußweit durchsetzt und an einzelnen Stellen neue Thallusanlagen entwickelt, z. B. bei *Peltidea venosa*, *Solorina saccata*, *Diploschistes scruposus*, *Xanthoria parietina*, *Cladonia macilenta* etc. Die Entwickelung der für *Pannaria*, *Catolechia*, *Dacampia*, *Placodium* etc. angegebenen hypothallinischen Anhangsorgane geht von der meist dunklen, filzigen Hyphenunterlage des Thallus aus. — Als Epithallus endlich bezeichnet Zukal alle Verfärbungen und Umbildungen der Rindenhyphen am Thallusrande oder an den Spitzen desselben oder auch auf der ganzen Thallusoberseite.

Die innere Gestaltung des Flechtenthallus wird durch die gegenseitige Lagerung seiner beiden Bildungselemente bestimmt. Sind die Gonidien annähernd gleichmäßig im Flechtenkörper verteilt, so bezeichnet man den Thallus als homöomerisch (Fig. 12), als heteromerisch dagegen, wenn sich das Vorkommen der Gonidien auf eine bestimmte Zone beschränkt, das Thallusgewebe also geschichtet erscheint (Fig. 13, 14). Bei der großen Mehrzahl der Flechten ist der Thallus heteromer.

Wallroth unterschied zuerst zwischen homöomerem und heteromerem Flechtenthallus. Durch spätere Untersuchungen hat die Unterscheidung mehr und mehr an Wert verloren, wenigstens für die Systematik. Für die Klassifikation kann die Frage, ob der Thallus homöomer oder heteromer ist, nur von untergeordneter Bedeutung sein, weil in vielen Fällen die Grenze so verwischt ist, dass die Entscheidung schwierig oder unsicher wird. So gelten die Arten der Gattung *Leptogium*, *Collema*, *Mallotium* als homöomer, allein bei zahlreichen Arten dieser Gattungen, namentlich bei *Collema* (z. B. bei *C. pul-*

Lichenes. (Fünfstück.) 9

posum), sind die Gonidienschnüre unter der Thallusoberfläche in einer Weise gehäuft, dass der Thallus kaum noch als homöomer bezeichnet werden kann, während bei *Mallotium Hildenbrandii* Garov. schon die mehrschichtige Rinde die Heteromerie zur Genüge kennzeichnet. Andererseits gelten die Pannarien für heteromer, obwohl manche Arten einen vollkommen homöomeren Thallus besitzen.

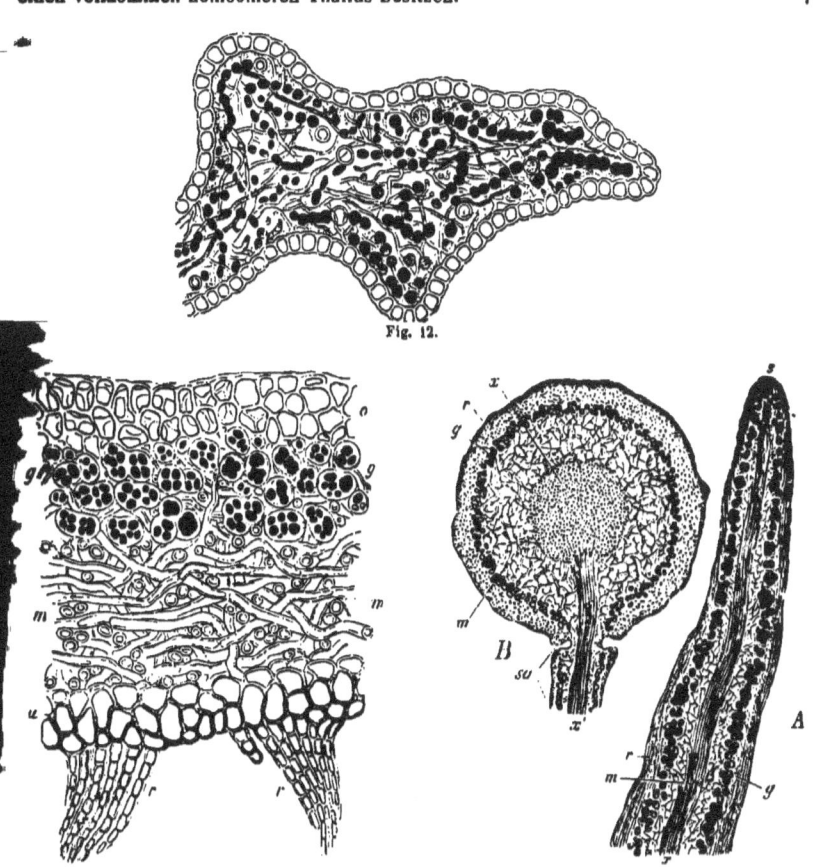

Fig. 12.

Fig. 13.   Fig. 14.

Fig. 12. Senkrechter Durchschnitt durch den homöomeren Thallus von *Leptogium scotinum* (Ach.) Fr. Die in einer formlosen Gallerte liegenden, aus Nostocschnüren bestehenden Gonidien (in der Fig. dunkler dargestellt) sind annähernd gleichmäßig mit den Hyphen gemengt. Das innere Gewebe wird von einer Hautschicht umkleidet (550/1). (Nach Sachs.) — Fig. 13. Senkrechter Durchschnitt durch den Thallus von *Stictina fuliginosa* (Dicks.) Nyl.: mehrschichtige Rinde der Thallusoberseite, *u* der Unterseite, *g* Gonidienzone, aus *Chroococcus* mit dicker, farbiger Gallertmembran gebildet, *m* Markschicht, *r* Rhizinen (500/1). (Nach Sachs.) — Fig. 14. *Usnea barbata* Fr. *A* optischer Längsschnitt durch die Spitze eines mit Kalilauge behandelten Thalluszweiges, *B* Querschnitt durch einen älteren Thallusast mit dem Basalteile eines Adventivzweiges *sa*: *s* Scheitel, *r* Rinde, *g* Gonidienschicht, *m* das lockere Mark. *x* axiler Markstrang (300/1). (Nach Sachs.)

Um die geschilderte Unsicherheit zu beseitigen, hat in jüngster Zeit Zukal die alte Wallroth'sche Einteilung durch eine neue ersetzt, indem er den Thallus als exogen bezeichnet, wenn sich die Hyphen an der Peripherie der Gonidienkomplexe, als endogen, wenn sie sich im Inneren der Komplexe entwickeln. Im letzteren Falle wird daher der Thallus nach außen nicht von den Hyphen, sondern von den Algen begrenzt. Die Flechten mit endogenem Thallus umfassen nur einige wenige Gattungen: *Epigloea*, *Ephebe*,

10   Lichenes. (Fünfstück.)

Phylliscum, Psorotichia, Plectospora, Omphalaria, Physma, Collema, Synechoblastus und *Lepidocollema*. Diese Einteilung erreicht den beabsichtigten Zweck jedenfalls nur unvollkommen, denn einmal werden die Flechten in zwei überaus ungleich große Abteilungen geschieden, so dass man kaum noch von »Teilung« sprechen kann, sodann finden zwischen exogenen und endogenen Formen ähnliche Übergänge statt, wie zwischen homöomeren und heteromeren.

Bei typischem Aufbaue des heteromeren Thallus lässt sich eine peripherische, relativ dünne, im Durchschnitte kaum 15 μ mächtige und daher meist durchscheinende Schicht unterscheiden, die sogenannte Rindenschicht (*Stratum corticale*), ferner eine lockere Schicht im Inneren des Flechtenkörpers, die sogen. Markschicht (*Stratum medullare*). An der Grenze beider Schichten befindet sich die Gonidienschicht (Algenzone, *Stratum Gonimon*).

Die Hyphen der Rindenschicht sind in der Regel lückenlos mit einander verflochten. Sie bestehen gewöhnlich aus kurzen, isodiametrischen Zellen, so dass die Rinde auf dem Querschnitte den Eindruck eines parenchymatischen Gewebes hervorruft(Fig. 13,*o,u*). Man bezeichnet deshalb diese Gewebestruktur als Pseudoparenchym. Zuweilen sind die kurzgliedrigen Rindenhyphen deutlich gestreckt-cylindrisch und verlaufen ziemlich genau senkrecht zur Thallusoberfläche (*Endocarpon, Roccella*). Bei *Bryopogon, Usnea, Anaptychia* sind dagegen die Rindenhyphen langgliedrig und verlaufen parallel der Thallusoberfläche (Fig. 14 *A, r*). Bei *Roccella* ist das Gewebe der büschelig verzweigten Rindenhyphen so locker, dass auf dünnen Schnitten ohne Auflockerung mit Kalilauge oder dergl. einzelne freie Zweigenden deutlich als solche erkannt werden können. Die langgestreckten Rindenhyphen bei *Usnea, Sphaerophoron, Bryopogon* etc. besitzen, abweichend vom Charakter der Flechtenhyphen, verhältnismäßig sehr dicke Membranen und sehr enge Lumina, so dass die Rinde auf dem senkrechten Durchschnitte fast wie eine homogene Masse aussieht (Fig. 14 *B, r*).

Die cylindrischen Verzweigungen der strauchigen Lager sind in der Regel ringsum gleichmäßig (*Bryopogon, Usnea,* Fig. 14 *B, r*), die bandartigen dagegen, sowie die Lager der meisten Laubflechten auf der Ober- und Unterseite verschieden berindet. Wohl immer ist die Rinde der dem Lichte zugekehrten Oberseite stärker entwickelt; bei vielen Flechten kommt überhaupt nur an der Oberseite eine Rindenschicht zur Ausbildung, während die Unterseite stets rindenlos bleibt. Die Podetien mancher Cladonien, z. B. von *Cladonia rangiferina*, bleiben sogar vollkommen unberindet.

In manchen Fällen finden sich auf der Oberfläche der Rinde warzenförmige Erhabenheiten. Dieselben werden entweder durch Wucherungen der Rinde hervorgerufen (z. B. bei *Peltidea aphthosa*) oder durch Eindringen vereinzelter Algen aus der Gonidienzone in das Rindengewebe, wo sie von einem lockeren, mit dem Marke in Zusammenhang stehenden Gewebe umkleidet erscheinen (*Usnea,* Schuppen der *Evernia furfuracea*). Die Wucherungen auf der Rinde von *Umbilicaria pustulata, Sticta fuliginosa* etc. sind gleichsam sekundäre thallodische Gebilde und bestehen aus einem dichten, algenführenden Hyphengeflechte, welches von einer braungefärbten, einschichtigen, pseudoparenchymatischen Rinde umkleidet wird. Aus ähnlichen thallodischen Sonderbildungen bestehen die warzenförmigen, körnig-staubigen Wucherungen auf der Oberfläche vieler Krustenflechten. Bei sehr üppiger und zahlreicher Ausbildung derselben erscheint die Thallusoberfläche korallenähnlich; solche Entwickelungszustände werden in der Lichenographie als Isidiumformen bezeichnet.

Die Behaarung mancher Laubflechten (*Peltigera*-Arten) kommt dadurch zu stande, dass einzelne Hyphenäste mehr oder minder über die Rindenoberfläche hinauswachsen.

Auf der Rinde der Thallusunterseite bei den Gattungen *Sticta* und *Stictina* (bei anderen Flechten nur ausnahmsweise) finden sich regelmäßig eigentümliche Unterbrechungen, auf welche Haller (1776) zuerst aufmerksam machte, und welche später Acharius als Cyphellen bezeichnet hat. Diese Unterbrechungen treten in zwei Formen auf, entweder als flache, größere, wenig scharf umschriebene hellere Flecke, welche an Durchbruchsstellen von Soredien erinnern, oder als scharf umschriebene Grübchen von annähernd den gleichen Größenverhältnissen. Bei ersteren tritt durch die Gewebslücke in der Rinde das bloßgelegte Mark als weiße, seltener gelbe pulverige Masse zu Tage. Die grübchenförmigen Cyphellen entstehen nach Schwendener dadurch, dass die Rinde infolge einer partiell stärkeren Wucherung des Markes warzenförmig nach außen gedrängt wird. Nachdem diese Vortreibungen eine gewisse Größe erlangt haben, stellen sie ihr Wachstum ein, das Flächenwachstum des Thallus dagegen dauert unverändert fort. Auf diese Weise wird das Mark auf dem Boden des Grübchens bloßgelegt. Zuweilen bildet sich vor der Unterbrechung der Rinde ein Hohlraum in der Markwucherung.

— Acharius bezeichnet nur die Grübchenform als Cyphellen, während er die fleckige, von Nylander Pseudocyphellen genannte Form, für Behälter von Soredien hielt, was nach Schwendener höchstens für einzelne Arten (St. aurata) zutrifft. Stizenberger, welcher dem Baue der Cyphellen für die Klassifikation der Stictei große Bedeutung beilegt, hat aus Zweckmäßigkeitsgründen die Nylander'sche Bezeichnungsweise angenommen.

Bei denjenigen Flechten, welche ein langes, nach Schwendener Jahre hindurch dauerndes Dickenwachstum besitzen, tritt auch zugleich ein beständiges, von außen nach innen fortschreitendes Absterben der Rinde ein. Nach Maßgabe dieses Prozesses findet eine Regeneration der Rinde in der Weise statt, dass sich die in der oberen Region der Gonidienzone verlaufenden Markhyphen besonders reich, und zwar stetig kurzgliedriger verästeln, bis sie sich schließlich zu typischem Rindengewebe verflechten; die Rinde bleibt somit immer annähernd gleich dick. Bei dem geschilderten Vorgange werden die obersten Algen in die neu gebildete Rinde eingeschlossen, in welcher sie allmählich absterben. Hat eine solche Flechte ein gewisses Alter erreicht, so ist ihre Rindenschicht in der ganzen Ausdehnung mit absterbenden und toten Gonidien durchsetzt, welche leicht an der Cellulosereaktion ihrer Membranen erkannt werden können. Die oberste tote Schicht wird entweder durch atmosphärische Einwirkungen rasch zersetzt und durch den Regen mehr oder weniger vollkommen abgewaschen, oder sie bleibt als eine durchsichtige Masse ohne eigentliche Struktur der lebenden Rindenschicht aufgelagert.

Das Markgewebe, welches bei den meisten Flechten den größeren Teil des Gesamtvolumens des Flechtenkörpers repräsentiert, ist durch lockeres, mehr oder minder große, lufthaltige Lücken führendes Gefüge gekennzeichnet (m in Fig. 13 u. 14). Diese Lückenbildung steigert sich bei manchen strauchigen Thallusformen (*Thamnolia, Cladonia*) bis zur Bildung weiter axiler Höhlungen. In den meisten Fällen sind die Hyphen langgliedrig, einzelne Zellen werden z. B. bei *Usnea* nach Schwendener bis zu 200 µ lang. Seltener besteht das Mark aus kurzgliedrigen Hyphen; nur in einzelnen Fällen (*Catopyrenium, Endopyrenium*) kommt pseudoparenchymatische Struktur des Markes vor. Das lockere Mark von *Evernia vulpina* und *E. flavicans* wird von mehreren dichten Hyphensträngen durchzogen, während bei *Usnea* nur ein solcher Hyphenstrang vorhanden ist, welcher ziemlich genau axil verläuft und von lockerem, mit der Rinde in Verbindung stehendem Markgewebe umschlossen ist (Fig. 14, x). Die Mächtigkeit der Markschicht ist bei den verschiedenen Arten sehr verschieden; während sie z. B. bei manchen *Physcia*-Arten kaum die Dicke der Gonidien- und Rindenschicht erreicht, übertrifft sie bei *Haematomma ventosum, Lecanora Villarsii* das Gesamtvolumen der Rinden- und Gonidienschicht um wenigstens das 30-, bei *Verrucaria calciseda* DC. auf Dolomit sogar um mehr als das 100 fache.

Die zwischen Mark und Rinde befindlichen, von mehr oder minder zarten und reich verästelten Zweigen der Markhyphen durchsetzte Gonidienschicht besitzt ebenfalls sehr verschiedene Dicke. Während sie bei vielen Laubflechten eine relativ mächtige, geschlossene, an einzelnen Stellen mehr oder weniger in das Mark vorspringende Schicht darstellt, ist sie in vielen anderen Fällen im Vergleiche zum übrigen Gewebe überaus dürftig entwickelt, so bei zahlreichen Kalkflechten, wo sie oft kaum den 50. Teil der Thallusdicke besitzt und noch dazu vielfach durch das Hyphengewebe auf relativ weite Strecken hin vollständig unterbrochen wird. Bei *Staurothele guestphalica* Lahm, welche auf Kalk einen Thallus von 5—6 mm Dicke entwickelt, beträgt z. B. die Mächtigkeit der

Gonidienschicht selten 150—160 μ, in der Regel beträchtlich weniger. Die Gonidien bilden bei der genannten Art nesterartige, von Hyphen fest umschlossene Gruppen, welche ungefähr 30 μ Durchmesser oder weniger besitzen. Der Abstand zwischen den einzelnen Kolonien ist in der Regel mindestens ebenso, nicht selten sogar mehrmals größer als ihr Durchmesser, so dass also die Gonidienzone einen sehr lockeren Aufbau hat.

Bei den ringsum gleichförmig berindeten cylindrischen Thallusformen mancher Strauchflechten (*Sphaerophoron*, *Usnea*) bildet auch die Gonidienschicht einen geschlossenen Mantel (Fig. 14), welcher häufig an der dem Lichte zugekehrten Seite stärker entwickelt ist. In allen anderen Fällen kommt die Algenzone nur in der oberen, d. h. der dem Lichte zugewandten Thallushälfte zur Ausbildung.

In den bisherigen Darlegungen wurde bereits wiederholt ausgesprochen, dass die chlorophyllgrünen Elemente der Gonidienschicht nichts anderes als Algen sind, welche, mit der Fähigkeit der Assimilation unorganischer Stoffe ausgestattet, den betreffenden Flechtenpilzen als Ernährer dienen, zu welchem Zwecke zwischen beiden Komponenten auf verschiedene Weise eine innige Verbindung hergestellt wird (vgl. p. 4 ff.). Die Algennatur der Flechtengonidien ist bis zum Jahre 1868 verborgen geblieben. Bis dahin hielt man die Flechten für durchaus selbständige, einheitliche Organismen, deren sämtliche Teile auseinander entstünden. Man war der Meinung, dass aus einer Flechtenspore lediglich durch Keimung wieder eine vollkommene Flechte hervorgehen könne. Insbesondere betrachtete man seit Wallroth die Algenzellen, welche er Gonidien (Brutzellen) nannte, als ungeschlechtliche, vom Thallus erzeugte Reproduktionsorgane. Unter günstigen Bedingungen sollten sie fähig sein, sich wiederum zur vollkommenen ursprünglichen Flechte ohne Mitwirkung von Hyphen entwickeln zu können. In der That sitzen in zahlreichen Fällen die Gonidien an distinkten, kurzen Hyphenzweigen, wie die Beeren an den Stielen einer Traube, z. B. bei *Omphalaria*, *Synalissa*, *Phylliscum*, überhaupt gewöhnlich dann, wenn *Gloeocapsa*- oder *Chroococcus*-Arten die Nähralgen bilden. Andererseits treten im Thallus mancher Flechten, namentlich tropischer Collemaceen eigentümliche torulöse Hyphen mit deutlich grünlich gefärbtem, in dem Thallus vieler endolithischer Kalkflechten langgestreckte, auffallend dicke Hyphen mit grünlichem, im Alter braunem Inhalte auf, welche wenigstens in gewissen Entwickelungsstadien viel Ähnlichkeit mit Nostoc, bezw. Confervaceen haben. Es erscheint daher begreiflich, dass man zuerst einen genetischen Zusammenhang zwischen Gonidium und Hyphe allgemein annahm. Selbst als durch spätere Untersuchungen erkannt wurde, dass die Gonidien keine Reproduktionsorgane im Sinne Wallroth's sind, hielt man sie noch keineswegs für Algen, sondern für angeschwollene, chlorophyllbildende Endglieder der Hyphenzweige. Selbst De Bary schloss sich noch 1865 dieser Auffassung in Bezug auf die heteromeren Flechten an. Allein in Betreff der sogen. Gallertflechten gelangte der genannte Autor schon damals zu der Alternative: »Entweder sind die in Rede stehenden Lichenen die vollkommen entwickelten, fruktificierenden Zustände von Gewächsen, deren unvollständig entwickelte Formen als Nostocaceen, Chroococcaceen bisher unter den Algen standen; oder die Nostocaceen und Chroococcaceen sind typische Algen; sie nehmen die Formen der Collemen, Epheben etc. an dadurch, dass gewisse parasitische Ascomyceten in sie eindringen, ihr Mycelium in dem fortwachsenden Thallus ausbreiten und an dessen phycochromhaltigen Zellen öfters befestigen (*Plectospora*, *Omphalaria*)«. Kurze Zeit darauf erkannte Baranetzky, dass »die Gonidien der heteromeren, chlorophyllhaltigen Flechten (*Physcia*, *Evernia*, *Cladonia*), sowie der heteromeren, phycochromhaltigen (*Peltigera*) und der Gallertflechten (*Collema*) eines ganz selbständigen Lebens außerhalb des Flechtenthallus fähig sind. Mit dem Freiwerden scheinen die Flechtengonidien ihren Lebenscyclus zu erweitern; so bilden die frei vegetierenden Gonidien der *Physcia*, *Evernia*, *Cladonia* Zoosporen ... Einige, vielleicht auch viele von den bisher als Algen beschriebenen Formen sind als selbständig vegetierende Flechtengonidien zu betrachten; so einstweilen die Formen *Cystococcus*, *Polycoccus* und *Nostoc*«. — Die denkwürdigen, um dieselbe Zeit ausgeführten Untersuchungen Schwendener's lieferten das entgegengesetzte Ergebnis: die Gonidien sind in der That Algen, deren Lebensweise durch den auf ihnen schmarotzenden Pilz mehr oder minder verändert wird. Schwendener stellte diese Theorie in unumwundenster Weise, und zwar für alle Flechten, in seiner Abhandlung: »Über die Algentypen der Flechtengonidien«, Basel 1869, auf.

Die Flechten konnten von nun an nicht mehr als selbständige einheitliche Gewächse angesehen werden, ihre Einreihung in die Klasse der Pilze musste mehr und mehr ins Auge gefasst werden. Aus diesen Konsequenzen erklärt sich wohl auch am leichtesten die Hartnäckigkeit, mit welcher die Lichenologen, zum Teil bis auf den heutigen Tag, die Schwendener'sche Theorie verwerfen.

Schwendener identificierte nicht allein die häufigsten Flechtengonidien mit den entsprechenden freilebenden Algen, sondern sprach sich auch auf das klarste über ihre Bedeutung für die Ernährung des Flechtenkörpers aus. Er schied die Gonidien in 8 Gruppen, welchen eben so viele Algentypen entsprechen:

I. Algen mit blaugrünem Inhalte (*Nostochinae*).

1) Sirosiphoneen bei *Ephebe*, *Spilonema*, *Polychidium* und in den Cephalodien von *Stereocaulon*.
2) Rivularien bei *Thamnidium*, *Lichina*, *Racoblenna*.
3) Scytonemeen bei *Heppia*, *Porocyphus* und in den Cephalodien von *Stereocaulon*.
4) Nostocaceen bei *Collema*, *Physma*, *Leptogium*, *Pannaria*, *Peltigera* und in den Cephalodien von *Stereocaulon*.
5) Chroococcaceen bei *Omphalaria*, *Enchylium*, *Phyliscum*.

II. Algen mit chlorophyllgrünem Inhalte.

6) Confervaceen bei *Coenogonium*, *Cystocoleus*.
7) Chroolepideen bei *Roccella*, den Graphideen und Verrucarieen.
8) Palmellaceen bei den meisten Strauch- und Laubflechten.

Die Theorie Schwendener's fand nach sorgfältiger Untersuchung von 60 Flechtengattungen durch Bornet (Recherches sur les Gonidies des Lichens. Ann. des sc. nat., T. XVII, 1873) eine glänzende Bestätigung, welcher die Algengattung *Phyllactidium* bei *Opegrapha filicina* und *Strigula* als neunten Typus den obengenannten hinzufügte. Bornet zeigte noch genauer, als es vor ihm geschehen war, in welcher Weise sich der Flechtensitz mit der Nähralge verbindet (vgl. p. 6), ferner wies er bereits nach, dass dieselbe Algenart sehr verschiedenen Pilzen als *Gonidium* dienen kann, z. B. *Chroolepus umbrinum* 13 verschiedenen Flechtengattungen. Von Famintzin und Baranetzky wurde sogar bei der Kultur vom Flechtenpilze befreiter Gonidien Schwärmsporenbildung erzielt.

Der völlig einwandfreie Beweis für die Richtigkeit der Schwendener-Bornet'-schen Flechtentheorie war erbracht, als es gelang, aus der keimenden Flechtenspore und der entsprechenden Alge einen vollkommenen Flechtenthallus zu erziehen. Diese Synthese gelang zuerst Reess (Über die Entstehung der Flechte *Collema glaucescens*. Monatsber. der Kgl. Preuß. Akad., Oct. 1871), welcher einen vollständigen *Collema*-Thallus, dann Stahl, welcher drei Flechtenspecies aus ihren Komponenten erzog. Später erhielt Bonnier (Cultur des Lichens à l'air libre et dans de l'air privé de germs. B. S. B. France, T. 33 (1886), p. 546) sogar fruchtende Flechtenlager, wenn er die Flechtensporen und die entsprechenden Algen auf sterilisierte Glasplatten oder Rindenstückchen in sterilisierter Luft aussäete. Andererseits erzielte Alfred Möller durch Aussaat bloßer Flechtensporen in geeigneten Nährlösungen auf Objektträgern kleine, sich kreisförmig ausbreitende Mycelien und unter Bildung von Lufthyphen einen kleinen, aber gonidienlosen Thallus, an welchem sich bei *Calicium* sogar Pykniden mit keimungsfähigen Sporen entwickelten.

In Bezug auf die Identificierung freilebender Algen mit Flechtengonidien herrscht trotz der zahlreichen Untersuchungen noch viel Unsicherheit. Bisher sind folgende Algen als Flechtengonidien erkannt worden:

1) *Cystococcus humicola* Naeg., in den meisten Flechten: *Usnea, Bryopogon, Cladonia, Pyscia, Parmelia, Evernia, Calicium, Cyphelium, Sphinctrina, Acolium, Psora*, in vielen Lecideen etc.
2) *Chroolepus umbrinum* Ktz. in den Graphideen, manchen Verrucarien und Lecideen.
3) *Palmella botryoides* Ktz. in *Epigloea bactrospora* Zuk.
4) *Pleurococcus vulgaris* Menegh. in *Acarospora, Catillaria, Dermatocarpon* und *Endocarpon*.
5) *Dactylococcus infusionum* Naeg. in *Nephroma, Solorina* und *Psoroma*.
6) *Nostoc lichenoides* Vauch. in den Collemaceen, ausgenommen die Gattung *Hydrothyria*.
7) *Rivularia nitida* Ag. in *Polychidium, Omphalaria, Lichina* etc.
8) *Polycoccus punctiformis* Ktz. in *Peltigera, Pannaria* und *Stictina*.
9) *Gloeocapsa polydermatica* Ktz. in *Bueomyces roseus* und *Omphalaria umbella*.
10) *Sirosiphon pulvinatus* Desm. in *Ephebe pubescens*.

Jede einzelne Flechtenart ist auf eine bestimmte Algenspecies als Nähralge angewiesen; es sind bis jetzt nur sehr wenige Flechtenarten bekannt, welche fakultativ verschiedene Gonidien zu ihrem Aufbaue verwenden können (*Lecanora granatina* Smrft., *Solorina crocea* (L.), *Cyphelium*).

Bei einer Anzahl von Flechten treten außen den normalen Thallusgonidien noch Algen auf, welche einem anderen Typus angehören. Letztere gelangen von außen in den Flechtenkörper und führen im Vereine mit dem Flechtenpilze zu eigenartigen Bildungen von mannigfaltiger Form, welche Acharius (1803) unter der Bezeichnung Cephalodien zusammengefasst hat. Sie sind das Resultat eines zufälligen Zusammentreffens zweier verschiedener Organismen. Die fraglichen Gebilde finden sich auf der oberen oder unteren Thallusseite in Form von mehr oder weniger anders als die Umgebung gefärbten Erhabenheiten, keulenförmigen, ja selbst strauchähnlichen Auswüchsen (z. B. bei *Lobaria*-Arten). In den meisten Fällen ist jedoch ihr Vorkommen auf das Innere des Thallus beschränkt und ihr Vorhandensein dann höchstens durch eine schwache Erhöhung auf der oberen oder unteren Thallusseite angedeutet. In der Regel nehmen die Cephalodien bei derselben Art eine konstante Lage zum Thallus ein. — Es sind bis jetzt bei ungefähr 100 Flechtenarten Cephalodien aufgefunden worden, welche sich auf folgende, verhältnismäßig wenige Gattungen verteilen: *Lobaria* (Hoffm.), *Nephroma* (Ach.) Nyl., *Peltidea* (Ach.) Nyl., *Solorina* Ach., *Lecanora* (Ach.) Th. Fr., *Caloplaca* Th. Fr., *Lecania* (Mass.) Th. Fr., *Lecidea* (Ach.) Th. Fr., *Stereocaulon* Schreb., *Pilophorus* (Tuck.) Th. Fr., *Argopsis* Th. Fr. und *Sphaerophorus* Pers. Sie finden sich sonach vorzugsweise bei denjenigen Archilichenen, welche Parallelgattungen unter den Phycolichenen besitzen.

Bei derselben Flechtenart enthalten die Cephalodien häufig nicht nur verschiedene Arten von Gonidien, sondern die Cephalodiengonidien desselben Individuums gehören bisweilen verschiedenen Typen an; mitunter kommen sogar in demselben *Cephalodium* verschiedene Algenarten vor, z. B. bei *Stereocaulon ramulosum* (Sw.). Hieraus ergiebt sich von selbst, dass die Cephalodien bei den verschiedenen Flechten große Verschiedenheiten darbieten. Forssell, welchem wir die eingehendsten Untersuchungen über die Entwickelungsgeschichte der Cephalodien verdanken, bezeichnet sie als *Cephalodia vera*, wenn sie in einem deutlichen Zusammenhange mit den normale Gonidien enthaltenden Teilen des Flechtenthallus stehen. In diesem Falle sind sie gewöhnlich von einer Rindenschicht umgeben, welche eine unmittelbare Fortsetzung der Thallusrinde darstellt (Fig. 15). Je nachdem diese eigentlichen Cephalodien von der oberen (um den Thallus) oder von der unteren Seite des Thallus aus sich entwickeln, werden sie von dem genannten Autor als *Cephalodia epigena* (*perigena*), bezw. *C. hypogena* unterschieden. Als Pseudocephalodien bezeichnet Forssell die analogen Gebilde, welche schon bei der Keimung der Sporen, im Protothallus auftreten, von einem eigenen Rindenlager umschlossen sind und mit den übrigen Teilen des Flechtenthallus nur in loser Verbindung stehen.

Die in den Cephalodien vorkommenden Algen gehören sämtlich den Phycochromaceen an. In den weitaus meisten Fällen sind die Gonidien durch das ganze *Cephalodium* gleichmäßig verteilt, seltener ist eine Differencierung in Rinden-, Gonidien- und Markschicht deutlich erkennbar (*Peltidea aphthosa* (L.), Fig. 15).

In jüngster Zeit hat Schneider (A Text-Book of General Lichenology, Binghamton, N. Y., 1897, p. 56 ff.) eine neue Einteilung der Cephalodien aufgestellt. Er bezeichnet,

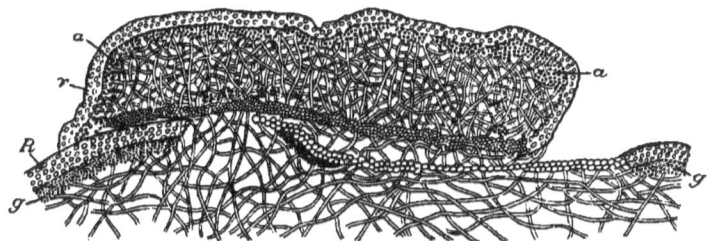

Fig. 15. Senkrechter Durchschnitt durch ein epigenes Cephalodium von *Peltidea aphthosa* (L.). *g* die normalen Gonidien der Flechte, *a* die Algen des Cephalodiums, eine deutliche Schicht bildend, *r* die Rinde des Cephalodiums, bei *R* in die normale Rinde des Flechtenthallus übergehend (70/1). (Nach Forssell.)

indem er nach dem Vorgange Nylander's nicht den Entstehungsort, sondern den Charakter der Lage zum Einteilungsprincip macht, alle Cephalodien auf dem Thallus als ektotroph, die innerhalb des Thallus befindlichen als endotroph.

Parasitismus; Symbiose. — Wie bereits oben gezeigt wurde (vgl. p. 4 ff.) findet das Zusammenleben Pilz und Alge im Flechtenkörper in der Weise statt, dass die Gonidien von den Pilzhyphen innig umsponnen werden, und letztere von den assimilierenden Algen die organischen Nährstoffe erhalten. Der Pilz versorgt seinerseits die umschlossenen Algen mit Wasser und anorganischen Salzen. Auf diese Weise werden die Algen in den Stand gesetzt, an Orten leben zu können, an denen sie für sich allein nicht zu wachsen vermöchten. Durch die Inanspruchnahme von Seiten der Hyphen werden nun die Algen im allgemeinen keineswegs erschöpft oder gar getötet, im Gegenteil, sie erfahren in der Regel sogar in bestimmter Richtung eine Förderung durch den Pilz, sie entwickeln sich nämlich kräftiger und teilen sich lebhafter als in freiem Zustande. Sonach ziehen, wenigstens in gewissen Fällen, beide Komponenten aus dem Zusammenleben bestimmten Nutzen, und es ist daher klar, dass das in Rede stehende Verhältnis nicht als echter Parasitismus aufgefasst werden darf, wie es ursprünglich geschehen ist, nachdem durch die Untersuchungen Schwendener's die wahre Natur der Flechten erkannt worden war. Reinke, welcher den Flechtenthallus als morphologische Einheit betrachtet, hat später die eigenartige Genossenschaft von Alge und Pilz im Flechtenkörper als Konsortium bezeichnet, De Bary dagegen für dieselbe den indifferenteren Ausdruck Symbiose gewählt, welcher jedenfalls den Vorzug hat, das bloße Zusammenleben der Komponenten ohne Rücksicht auf physiologische und morphologische Verhältnisse treffend zu bezeichnen.

Der Pilz zeigt keinerlei Merkmal, welches auf eine Beeinträchtigung seiner Entwickelung von Seiten der Alge infolge der Symbiose hindeutete, er kann auch im Flechtenkörper seinen Entwickelungsgang von der Sporenkeimung an bis zum Abschlusse seiner höchsten Fruchtform durchlaufen, ja er hat im Verlaufe der Symbiose Eigenschaften erworben, welche sonst den Pilzen fehlen. Es gehört hierher vor allem die Abscheidung der sogen. Flechtensäuren, welche es dem Pilze ermöglichen, auf den verschiedensten Gesteinen zu vegetieren und unter bestimmten Bedingungen sogar verhältnismäßig sehr tief in dieselben einzudringen, Eigenschaften, welche bis jetzt bei den Pilzen noch nicht beobachtet worden sind. — Anders verhält es sich dagegen mit den als Gonidien dienenden Algen, welche als Symbionten, mit seltenen Ausnahmen (*Synalissa symphorea* Nyl.) die Fähigkeit verloren haben, sich durch Schwärmsporen fortpflanzen zu können. Dass die Gegenwart des Pilzes in der That den Verlust der Fähigkeit, Schwärmsporen erzeugen zu können, zur Folge hat, ergiebt sich aus dem Umstande, dass vom Thallus befreite Gonidien unter günstigen Verhältnissen schon nach kurzer Zeit wieder Schwärmer bilden. Leistung und Gegenleistung zwischen Alge und Pilz im Flechtenkörper sind also offenbar ungleich. Es ist deshalb auch die in neuerer Zeit gebräuchlich gewordene Bezeichnung »mutualistische« Symbiose für das Zusammenleben der beiden Komponenten, welche Gleichheit der gegenseitigen Leistungen zur Voraussetzung hat, zurückzuweisen, jenes Verhältnis vielmehr als eine besondere Art von Parasitismus aufzufassen. Es ist wiederholt die Beobachtung gemacht worden, dass die Sprosse der auskeimenden Flechtenpilzsporen in den Thallus fremder Flechten eindringen und hier eine parasitische Lebensweise führen. Der Thallus der befallenen Flechte geht entweder nach einer gewissen Zeit vollständig zu Grunde, z. B. die Thallusschuppen der *Cladonia turgida*, wenn das Mycel der *Diploschistes scruposus* var. *parasiticus* in dieselben eindringt, oder nur das Hyphensystem des Wirtes, z. B. im von *Arthrorhaphis flavovirescens* befallenen Thallus von *Sphyridium byssoides*, in welch' letzterem Falle vom Parasiten die Gonidien des Wirtes adoptiert werden. Analoge parasitische Vorgänge finden nach Th. Fries bei *Buellia scabrosa*, nach Stein bei *Lahmia Fuistingii* und mehreren Arthonien statt; ob sie indes so häufig sind, wie neuerdings Minks (Beitr. zur Kenntnis des Baues und Lebens der Flechten. II. Die Syntrophie, eine neue Lebensgemeinschaft in ihren merkwürdigen Erscheinungen. Verhandl. d. k. k. zoolog.-botan. Gesellsch., Wien 1892, Bd. XLII, p. 377) behauptet, muss durch weitere Untersuchungen erhärtet werden. — Norman (Kgl. norske Videnskabers-Selskabs Skrifter, Throndhjem 1872, Bd. 7., p. 241—255) hat diesen eigentümlichen Parasitismus als Allelositismus bezeichnet.

Schließlich ist noch der erst in jüngster Zeit eingehender untersuchten merkwürdigen Beziehungen zwischen den sogen. Flechtenparasiten und den Thallusgonidien als einer eigentümlichen Art von Symbiose Erwähnung zu thun. In seinen Untersuchungen über die durch parasitische Pilze hervorgerufenen Krankheiten der Flechten (Nova Acta der kaiserl. Leopold.-Carolin. Deutsch. Akad. d. Naturf., Bd. LXX, 1897, p. 102 ff.; vgl. hierüber auch: Zopf, W., Über Nebensymbiose [Parasymbiose], in Ber. d. Deutsch.-Botan. Gesellsch., Bd. XV, p. 90) teilt Zopf die Beobachtung mit, dass die Hyphen gewisser Flechtenparasiten die Gonidien des Wirtes völlig umspinnen, ohne sie irgendwie zu schädigen. Zopf bezeichnet diese Erscheinung als Nebensymbiose, Parasymbiose, und betrachtet solche Konsortien, welche jedenfalls in biologischer Beziehung den Flechten nahe stehen, als niedere Formen von Flechtenbildung. Solche Eindringlinge würden demnach nicht mehr als Parasiten aufzufassen sein. Die von den älteren Lichenologen, von Nylander und anderen noch jetzt vertretene, aber niemals genügend begründete Anschauung, nach welcher die sogen. Flechtenparasiten als »Flechten« zu betrachten sind, hätte sich also bis zu einem gewissen Grade als zutreffend erwiesen. — Die von Zopf als Parasymbiose bezeichnete Erscheinung wurde übrigens auch schon vor ihm von Th. Fries (Lichenographia Scandinavica, p. 343), dann von S. Almquist (Monographia Arthoniarum Scandinaviae, p. 7) beobachtet. — In noch anderen Fällen endlich werden durch die angreifende Pflanze sowohl die Hyphen als auch die Gonidien der befallenen Flechte in ihrer Entwickelung gestört. Der Parasit ist in solchen Fällen von Anfang an mit eigenen Gonidien versehen und daher als echte parasitische Flechte aufzufassen. Die Gonidien der letzteren entwickeln sich wahrscheinlich sämtlich aus den Algen, welche von dem jungen Mycelium zuerst ergriffen wurden. Dieser merkwürdige Parasitismus wurde zuerst von Malme (Ein Fall von antagonistischer Symbiose zweier Flechtenarten, Bot. Centralbl., Bd. LXIV, p. 46) näher an *Lecanora atriseda* (Fr.) Nyl. untersucht und als antagonistische Symbiose bezeichnet. Die genannte *Lecanora*-Art ist bis jetzt noch niemals anders denn als Parasit auf *Rhizocarpon geographicum* (L.) gefunden worden, scheint also an letztere Flechte völlig gebunden zu sein.

Eine Anzahl Ascomyceten, welche für gewöhnlich als Saprophyten leben, treten nur gelegentlich und vorübergehend mit Algen in Verbindung und erzeugen dann mit letzteren mehr oder minder deutliche Thallusschüppchen. Zukal hat solche Ascomyceten als Halbflechten (Flora 1891, Heft 1) bezeichnet. Bei denselben ist die Symbiose entweder von Anfang an antagonistisch, wie bei *Sphaeria Lemaneae*, oder anfangs indifferent und erst später, wenn dann der Pilz zur Fruktifikation schreitet, ausgesprochen antagonistisch (*Ephebella Hegetschweileri, Thermutis velutina*). Durch die äußeren Einwirkungen des Flechtenpilzes erfahren, wenigstens in bestimmten Fällen, die Gonidien mehr oder minder erhebliche Formänderungen, welche Erscheinung nicht zum wenigsten die Ursache der Unsicherheit in Bezug auf die Identifizierung der Flechtengonidien mit freilebenden Algen ist.

Nach Neubner's Beobachtungen bei den Calicieen sind unter dem mechanischen Einflusse der Hyphen im Verlaufe sehr langer Zeiträume die rundlichen *Pleurococcus*-Formen der Gonidien allmählich in die *Stichococcus*-Form übergeführt und die so erworbenen morphotischen Eigenschaften erblich geworden. Die Anfangsglieder der Reihe sind die Pleurococcen, die Endglieder die typischen Stichococcen, zwischen beiden liegen alle Übergangsformen. Die gleichen Verhältnisse wurden von Stahl im Thallus und in den Perithecien von *Staurothele rugulosa* und *Endocarpon pusillum*, von Krabbe in den Podetienanlagen der Cladonien beobachtet. Zukal fand deutliche Übergänge zwischen *Stigonema* und einer *Gloeocapsa* bei *Thermutis velutina* (Ach.) Koerb., zwischen *Scytonema* und *Nostoc*, bezw. *Chroococcus* bei *Cora pavonia* (Web.) Fr. Besonderes Interesse besitzen in dieser Beziehung eine Anzahl angiokarper, besonders von Stahl näher untersuchter Flechten, bei welchen sich in den Früchten zwischen den Schläuchen konstant Algen von auffallender Kleinheit vorfinden. Nylander machte auf dieselben zuerst aufmerksam (*Synopsis meth. Lichenum*, p. 47). Bei den in Rede stehenden Flechten werden stets normale Thallusgonidien in die dichten Hyphenknäuel der jungen Fruchtanlagen eingeschlossen. Während nun sonst solche Gonidien regelmäßig zu Grunde gehen, findet dies bei jenen Flechten nicht statt, sondern sie vermehren sich durch Teilung, dabei stetig kleiner werdend, und gelangen im Verlaufe der Ausbildung der Frucht zwischen die Paraphysen und Schläuche (Fig. 16 *A*), wo sie die Teilung (Zweiteilung) unter regelmäßiger Anordnung der Scheidewände in gesteigertem Maße fortsetzen. Die beträchtliche Größenabnahme dieser als Hymenialgonidien bezeichneten Algen ist offenbar auf Rechnung des mechanischen Druckes zu setzen, welchem sie von Seiten der Asci und Paraphysen ausgesetzt sind.

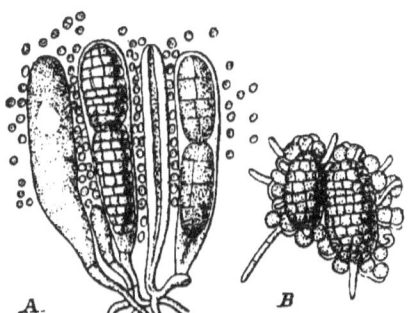

Fig. 10. *Endocarpon pusillum* Fr. — *A* Fragment aus dem Hymenium mit zahlreichen Hymenialgonidien zwischen den Schläuchen, *B* zwei ausgeworfene Sporen, deren Keimschläuche Hymenialgonidien umsponnen haben; letztere haben infolge dessen bereits beträchtlich an Größe zugenommen (320/1). (Nach Stahl.)

Nicht selten nehmen sogar infolge des nur in der Horizontalrichtung wirkenden Druckes diese Abkömmlinge der runden Thallusgonidien zwischen den Elementen der Frucht deutlich cylindrische Gestalt an. Bei jeder Sporenejakulation werden zugleich eine Anzahl Hymenialgonidien ausgeworfen. Sobald die freigewordene Spore zu keimen beginnt, werden die anhaftenden Hymenialgonidien von den Keimschläuchen ergriffen. Die Gonidien vergrößern sich bei diesem Vorgange wieder und zwar um das Mehrfache (Fig. 16 *B*), das wandständige Chlorophyll färbt sich wieder lebhafter grün, die Teilungen dauern fort, jedoch sehr bald unter unregelmäßiger Orientierung der successiven Scheidewände. Die geschilderte Erscheinung kennzeichnet sich somit als eine sehr weitgehende Anpassung zwischen Alge und Pilz zum Zwecke der Verbreitung. Sie findet sich sehr schön ausgeprägt bei *Staurothele ventosa*, *St. rugulosa*, *St. guestphalica*, *Stigmatomma calaleptum*, *Endocarpon pusillum* etc.

Wachstum des Thallus. — Das Spitzen-, bezw. Marginalwachstum des Flechtenthallus ist im Vergleiche zum intercalaren Wachstume (Teilung und Streckung der Binnenzellen) gering, es wird nach Schwendener (Unters. über den Flechtenthallus, 1. Teil,

S. 11—14, und 2. Teil, S. 4—6) vom letzteren häufig um das Zehnfache übertroffen.
Durch dieses Verhalten treten die Flechtenpilze in einen Gegensatz zu den Ascomyceten,
denn bei denselben findet bekanntlich das Gegenteil statt.
Die Art des Wachstums des Flechtenthallus wird in verhältnismäßig wenigen Fällen
von den Gonidien, sonst, zumal bei den heteromeren Formen, von dem Hyphensystem
bestimmt. Im letzteren Falle besteht der beim Wachstume vorwärtsschreitende Rand,
bezw. Scheitel aus den Endigungen von Hyphen, welche für den Gang der morpholischen
Entwickelung maßgebend sind. Dasselbe gilt selbstredend von den Verzweigungen,
Höckerbildungen etc. In gleicher Weise, wie der wachsende Scheitel, bezw. Rand voranschreitet, rücken die Algen innerhalb der Hyphenanlagen nach, wobei der algenlose
Scheitel immer die gleichen Dimensionen behält. Dabei vermehren sich die Gonidien
durch Teilung nach Maßgabe dieses Wachstumsvorganges.

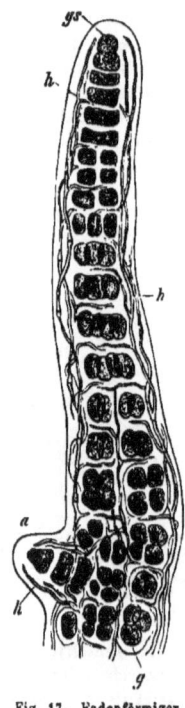

Fig. 17. Fadenförmiger
Thallusast von *Ephebe
pubescens* Fr., mit einem
jungen Seitenzweige *a*.
g Zellen der Algen (*Sirosiphon*), *gs* Scheitelgonidium,
h Hyphen, welche die gelatinösen Membranen der
Algenzellen durchwachsen
(550/1). (Nach Sachs.)

Werden die gruppenweise bei einander liegenden Algen
besonders dicht vom Hyphensysteme umsponnen, so entstehen
häufig distinkte Knäuel, welche sich durch weitere lebhafte Verästelung der Hyphen und Teilung der Gonidien bei vielen Flechten
(namentlich Krustenflechten) bis zu gewölbten Hervorragungen zu
entwickeln vermögen. Die Zahl derselben nimmt in der Regel
vom Thallusrande nach dem Centrum rasch zu, bis schließlich
mehr oder weniger Zusammenfließen dieser Sprossungen eintritt.
Nach der Gestalt und Art der Entwickelung dieser Gebilde erscheint dann der Thallus körnig, warzig, gefeldert u. s. w.

Von bestimmtem Einflusse auf die morphologische Erscheinung
des Flechtenkörpers sind ferner die mannigfaltigen Gewebespannungen, welche meistens auf bestimmten Wachstumsvorgängen,
jedoch auch auf Austrocknung und darauf folgender Befeuchtung
beruhen. Sie rufen Zerreißungen des Thallus (*Ramalina reticulata*), des Fruchtkörpers (*Cladonia cariosa*) von zuweilen überraschender Regelmäßigkeit hervor.

Bei den sogen. Gallertflechten mit Ausnahme der Gattungen
Leptogium, *Mallotium*, *Polychidium*, *Synalissa* und *Obryzum* tritt
der Einfluss des Hyphensystems auf die morphologische Gliederung
des Thallus hinter den der Gonidien zurück, beide Formelemente
halten übrigens je nach dem Einzelfalle in Bezug auf das gemeinsame Wachstum verschieden Schritt mit einander. Die meisten
Arten entbehren einer innigeren Verbindung zwischen Pilz und
Alge; nur bei *Arnoldia* und *Physma* entsendet der Pilz zapfenförmige Haustorien in die *Nostoc*-Zellen, welche infolge dessen
zunächst anschwellen und plasmareicher werden, dann aber vorzeitig absterben. — Der Regel nach durchsetzen zahlreiche Hyphen
den Thallus in fast senkrechter Richtung zur Oberfläche, welche
Hyphen an der Oberfläche des Thallus blind endigen und nach
Zukal als Versteifungen mechanischen Zwecken dienen. Bei
Leptogium, *Mallotium*, *Polychidium*, *Synalissa* und *Obryzum* dagegen gehen sie an der Oberfläche in eine den ganzen Flechtenkörper lückenlos einschließende, zuweilen sogar
mehrschichtige Rinde (Oberhaut) über. Die Zellen derselben führen
wasserhellen Inhalt, sind von polyedrisch-tafelförmiger Gestalt, ihre
farblosen oder braunen Membranen sind häufig nach außen stärker verdickt. Durch die
geschilderten Differenzierungen des Hyphensystems wird bei den genannten Gattungen
das Gesamtwachstum des Thallus im Gegensatze zu den übrigen Gallertflechten beherrscht.

Bei den Flechten, deren Gonidien zu den Fadenalgen gehören, wie *Ephebe* (vgl.
Fig. 17), *Spilonema*, *Gonionema*, *Lichenosphaeria*, *Chiodecton*, *Byssocaulon*, *Coenogonium*,
ändert die Alge ihre Wuchsform nicht oder doch nur sehr wenig, sie ist für die Gestal-

tung des Flechtenkörpers maßgebend, der Pilz verhält sich in dieser Beziehung indifferent, dem Wachstume der Alge folgend. Letzteres findet in der Weise statt, dass der Scheitel durch Längenwachstum und fortgesetzte Querteilung des Scheitelgonidiums (Fig. 17, gs). stetig vorwärts schreitet, während erst in einiger Entfernung die überaus zarten Hyphen folgen. Nicht nur der Scheitel, sondern ganze Zweige bleiben zuweilen vollkommen frei vom Pilze, nur bei der Gattung *Cystocoleus* Thwaites ist auch der Scheitel stets, bei *Coenogonium* oft vom Pilze umsponnen, doch hat dies auf die Wachstumsweise des Thallus keinen wesentlichen Einfluss.

Der Thallus in biologischer Beziehung. — Wie bereits auseinandergesetzt worden ist, wird in den meisten Fällen der Flechtenthallus nach außen, namentlich an der Oberseite von der sogen. Rindenschicht abgeschlossen, welche das dichteste Gewebe im Flechtenkörper darstellt und fast immer aus nahezu interstitienlos verflochtenen Hyphen besteht. Die Membranen dieser Hyphen nehmen gewöhnlich von innen nach außen an Dicke stetig zu. Ferner werden die zahlreichen Sekrete und Exkrete, namentlich die sogen. Flechtensäuren (vgl. p. 29) vorwiegend in der Rinde abgelagert. Wo eine solche Rinde nicht vorhanden ist, wie bei den meisten Gallertflechten, tritt eine mehr oder minder dicke, gallertige Schicht an ihre Stelle. Alle die aufgeführten Erscheinungen, auf welche bereits Schwendener in seinen Untersuchungen über den Flechtenthallus und neuerdings besonders Zukal die Aufmerksamkeit gelenkt haben, weisen darauf hin, dass der Rinde unter anderem auch die Aufgabe zufällt, den Flechtenkörper vor allzustarkem Wasserverluste durch Verdunstung zu schützen. Nach Zukal verdickt sich unter sonst gleichen Umständen die Rinde um so mehr, je größer die Gefahr der Austrocknung ist. Zukal fand, dass die Rinde ein und derselben Species an schattigen Standorten weniger verdickt ist als an besonnten, dass die an direkt vom Sonnenlichte bestrahlten Felsen und in heißen, regenarmen Gegenden wachsenden Formen den gemeinsamen Charakter der außerordentlich verstärkten Außenrinde besitzen (*Parmelia hottentotta, Lecanora esculenta* etc.). Durch die in Rede stehenden Einflüsse erhalten sogar Vertreter ganzer Florengebiete einen gemeinsamen Habitus (Flechten Australiens, Chiles, vom Kap).

Den in der Rinde deponierten Abscheidungen der Hyphen, in erster Linie den Flechtensäuren und Bitterstoffen, schrieb man bisher nicht nur eine Mitwirkung bei Einschränkung der Transpiration zu, sondern man hielt sie in noch höherem Maße für ein Schutzmittel gegen tierische Angriffe. Letztere Auffassung hat namentlich Zukal am weitgehendsten vertreten, indem er sich besonders auf den bitteren Geschmack und die giftigen Eigenschaften bestimmter Flechtenstoffe, ferner auf ihre für die angenommene Bedeutung zweckmäßige Ablagerung in der Peripherie des Flechtenkörpers stützte. Dem gegenüber hat jedoch Zopf (Zur biolog. Bedeutung der Flechtensäuren. Biolog. Centralbl. Bd. XVI. 1896. p. 593 ff.) nachgewiesen, dass die Flechtensäuren höchstens in einzelnen Fällen Schutz gegen Tierfraß gewähren. Zopf untersuchte daraufhin 13 verschiedene Flechtensäuren, ferner Physcianin und Physciol, und fand, dass die genannten Stoffe als Schutzmittel wirkungslos waren. Selbst die sehr bittere Cetrarsäure, die Usnin- und Pinastrinsäure schützten nicht gegen Milbenfraß, obwohl nach Kobert (Über Giftstoffe der Flechten. Sitzgsber. d. Dorpat. Naturforscherges., Jahrg. 1892. p. 165) die Pinastrinsäure z. B. auf Frösche ebenso giftig wirkt wie die Vulpinsäure. Meist sind es winzige, dem unbewaffneten Auge leicht entgehende Orthopteren und Spinnentiere (Poduriden und Acarinen), selten kleine Schnecken, welche die Flechten angreifen. Nach Zopf's Beobachtungen ist, wenigstens in Bezug auf Poduriden, Milben und eine kleine Schnecke (*Clausilia*), die Größe des Säuregehaltes ganz gleichgültig, wenn die betreffenden Flechtenteile nur feucht (weich) sind. Bei *Xanthoria parietina, Gasparinia elegans, Physcia aipolia* und anderen Arten wurden von den genannten Tieren die säurereichsten Teile sogar mit Vorliebe verzehrt.

An der Aufnahme, Fortleitung und Abgabe des Wassers von Seiten des Flechtenkörpers ist wiederum die Rinde in hervorragender Weise beteiligt, während das Mark für diese Funktionen so gut wie nicht in Betracht kommt. Im allgemeinen nehmen dünne junge Thallusteile das Wasser rascher und in größerer Menge auf als alte, im besonderen verhalten sich die verschiedenen Arten sehr verschieden. Während z. B. *Lecanora esculenta* das Wasser überaus schnell aufnimmt und auch sehr rasch weiterleitet, verlaufen diese Prozesse bei *Pertusaria communis* sehr träge. — Nach Zukal leitet in der Regel die Rinde der Thallusunterseite das Wasser viel besser als die der Oberseite, namentlich wenn letztere reichliche Inkrustationen von Flechtensäuren besitzt. Diese Unterschiede im Leitungsvermögen bestehen auch dann, wenn der anatomische Bau beider Rinden kaum Differenzen aufweist (*Sticta*). Ist eine untere Rinde nicht vorhanden, wie z. B. bei *Peltigera, Peltidea*, so übernehmen die zahlreichen Rhizoidstränge die Wasserversorgung. — Das Aufsteigen des Wassers erfolgt kapillar zwischen den Hyphen. Hierdurch erklärt es sich, warum gerade die aus parallel angeordneten Hyphenbündeln bestehenden Rhizoidstränge und die in der Regel reich behaarte Rinde der Thallusunterseite das Wasser so gut leiten. An den unberindeten Cyphellen (vgl. p. 16) von *Sticta* und *Stictina* fehlen beispielsweise die Haare. Infolge dessen bleiben die Cyphellen noch stundenlang unbenetzt, nachdem von der benachbarten behaarten Rinde das Wasser fast momentan aufgenommen worden ist.

Der axile Strang von *Usnea*, das einzige bis jetzt bekannte Beispiel eines specifisch mechanischen Gewebes bei Flechten, die dichten Gewebsstränge von *Ramalina, Evernia* etc. besitzen nur sehr geringes Wasserleitungsvermögen.

Nach den Beobachtungen Zukal's sind die Flechten auch bis zu einem gewissen Grade zur Aufnahme von Wasser in Dampfform befähigt. Zu den stark hygroskopischen Formen rechnet der genannte Autor *Physcia comosa, Ph. intricata, Ph. villosa, Ph. ciliaris,* ferner die auf der Unterseite behaarten Species von *Sticta, Peltigera, Nephromium* etc. Wiederum sind es die Trichome, welche hauptsächlich als Perceptionsorgane für den Wasserdampf anzusprechen sind.

Das aufgenommene Wasser wird nach Zukal in erster Linie nach den Gonidien geleitet, die um so geeigneter zum Festhalten des Wassers sind, je quellbarer ihre Membranen sind, also wenn Cyanophyceen als Gonidien dienen. Da nach den bis jetzt vorliegenden Untersuchungen immer Cyanophyceen die Gonidien der Cephalodien bilden, dürften nach Zukal die Cephalodien hauptsächlich als Wasserspeicherungsgewebe funktionieren.

Wie bei den höher organisierten Pflanzen sind auch bei den Flechten Einrichtungen vorhanden, welche der Regelung des Gasaustausches dienen, nur sind dieselben hier ungleich primitiver als dort. Nach Zukal fällt dem lockeren, stets sehr lufthaltigen Mark die Aufgabe der Durchlüftung des Flechtenkörpers zu. Es ist zu diesem Zwecke durch die mannigfachsten Kommunikationen mit der äußeren Atmosphäre verbunden: durch Löcher im Thallus (*Parmelia pertusa*), welche Zukal geradezu als Luftlöcher bezeichnet, warzenförmige, aus lockerem, lufthaltigem Gewebe bestehende Ausstülpungen (*Parmelia olivacea* var. *aspera*), entleerte Pykniden (*Usnea*), Risse etc. Als sehr wirksame Luftkanäle dieser Art dienen die Cyphellen bei den Gattungen *Sticta* und *Stictina*, welche Zukal in Parallele mit den Spaltöffnungen der höheren Gewächse setzt. Schon Schwendener hat in seinen Untersuchungen über den Flechtenthallus (2. Teil. p. 41) die Vermutung geäußert, dass die Cyphellen »als eine Art von Spaltöffnungen zu betrachten sind, durch welche die in dem Markgewebe enthaltene Luft mit der Atmosphäre in Verbindung gesetzt wird«. Die Richtigkeit dieser Vermutung ist von Zukal experimentell bestätigt worden.

Die Mächtigkeit der Gonidienschicht beträgt nach Zukal durchschnittlich nur etwa den 10. Teil des Assimilationsgewebes der großen Mehrzahl der übrigen grünen Gewächse, besitzt dagegen ein weit höheres Lichtabsorptionsvermögen als diese. Das Lichtbedürfnis der Flechten ist, ganz wie bei den übrigen Pflanzen, sehr verschieden: *Cladonia-, Verrucaria-, Caloplaca-, Lecidea*-Arten haben ein großes Lichtbedürfnis und kommen daher mit Vorliebe an stark besonnten Standorten vor, manche *Pertusaria-, Parmelia-, Graphis-, Opegrapha*-Arten sind dagegen ausgesprochene Schattenpflanzen. Mit der Zunahme der geographischen Breite oder der Meereshöhe steigt das Lichtbedürfnis der Flechten, welches in den Polarländern das Maximum erreicht.

Die gefärbten Abscheidungen der Flechten, besonders die Flechtensäuren, besitzen nach Zukal einen bestimmten regulatorischen Einfluss auf den Lichtgenuss, resp. die Lichtwirkung. Er fand, dass sich die Gonidienschicht unter orangerot oder gelb gefärbten Rindenschichten, welche für die bei der Kohlenstoffassimilation wirksamen Strahlen am durchlässigsten sind, in der That am üppigsten entwickelt. Zukal gelangt zu dem Satz: »Jede Species ist für eine bestimmte Lichtintensität und Mischung der farbigen Strahlen gewissermaßen abgestimmt. Ändern sich die äußeren Umstände in Bezug auf das Licht, so ändert sich nicht die Lichtstimmung der Flechte, denn diese ist ein Speciescharakter; was sich ändert, ist die Dicke und das Gefüge der Rinde, die Menge und Beschaffenheit der farbigen Sekrete, die Behaarung, der Epithallus u. s. w.«

Auch die Färbungen des Epithallus (im Sinne des genannten Autors, vgl. p. 8) werden als Schutzmittel der jüngsten Gonidien gegen zu grelle Beleuchtung betrachtet. Für viele Fälle ist die Deutung der Farbstoffablagerungen als Schutzeinrichtung gegen zu starke Lichtwirkung plausibel, für andere ist sie es nicht, z. B. für *Solorina crocea* (L.) Ach., bei welcher Flechte die grelle, ziegelrote Färbung sich bekanntlich auf die Thallusunterseite beschränkt.

Der Flechtenthallus ist gegen direkte Besonnung in hohem Grade unempfindlich. Nach Messungen von Zopf an *Lecanora sordida, Acarospora cervina, Candelaria vitellina* und anderen Krustenflechten besaßen die Thalli eine Temperatur von 55° C. infolge Insolation, ohne dass eine nachteilige Wirkung zu bemerken war. Überhaupt sind die Flechten nicht nur gegen niedere, sondern auch gegen höhere Temperaturen durch große Widerstandsfähigkeit ausgezeichnet. Nach Jumelle sind gewisse Flechten im stande, eine Temperatur von $+ 60°$ C. durch mehrere Stunden zu ertragen, also ca. $10°$ C. mehr als die Phanerogamen.

Fortpflanzung des Thallus. — Die Fortpflanzung des Flechtenthallus ist ein rein vegetativer Vorgang und erfolgt in primitivster Form durch einfache Thallusfragmente (z. B. bei *Cladonia, Parmelia, Sticta*), welche in zufälliger Weise mechanisch von der Stammpflanze abgetrennt werden und sich unter günstigen Bedingungen wieder zu wohl ausgebildeten Individuen zu entwickeln vermögen.

Der Thallus zahlreicher Flechten besitzt indes noch ein weiteres, überaus wirksames Vermehrungsmittel, die sogen. Soredien. Es sind dies einzelne, von Hyphen umsponnene Gonidiengruppen oder Gonidien, welche sich vom Thallus ablösen und wieder zu selbständigen, den elterlichen gleichen Flechtenindividuen heranwachsen. Die Soredien sind daher eine echte Fortpflanzungsform des Flechtenthallus, während durch die Keimung der Sporen nur eine Vermehrung der einen Komponente, des Flechtenpilzes, stattfindet. In biologischer Hinsicht sind also die Soredien und die bei einigen Flechten vorkommenden, mit den reifen Sporen gesellig aus der Frucht austretenden Hymenialgonidien (vgl. p. 17) als gleichwertig zu erachten. Die Soredien sind nicht nur für die fast immer steril bleibenden Arten von Wichtigkeit, sondern wahrscheinlich auch für die überwiegende Zahl der fruktificierenden Flechten das vorherrschende Mittel zur Erhaltung der Art, wo die Sporen selten oder vielleicht nie zur Fortpflanzung dienen, wie z. B. Krabbe für die Gattung *Cladonia* angiebt.

Schon Acharius, von welchem die Bezeichnung Soredium herrührt, hat jene Gebilde als eine für den Flechtenkörper wichtige Fortpflanzungseinrichtung erkannt und als Apothecien zweiter Ordnung bezeichnet. Die erste genauere Untersuchung über die Entwickelungsgeschichte der Soredien lieferte jedoch erst Schwendener 1860, also zu einer Zeit, wo die jetzt allgemein angenommene Flechtentheorie noch nicht bestand.

Die Soredien finden sich bei sehr vielen Flechten (*Ramalina, Usnea, Parmelia* etc.). Bei manchen Arten der Gattung *Pertusaria, Cetraria, Roccella, Parmelia* etc. führt die überreiche Entwickelung von Soredien zur Bildung dicker Polster oder Wülste. Bei anderen Arten dagegen fehlt die Soredienbildung vollständig, so bei *Rhizocarpon geographicum, Endocarpon pusillum*, fast allen unterrindigen Flechten.

Die Soredien entstehen im allgemeinen in der Gonidienschicht in der Weise, dass einzelne Gonidien oder Gonidiengruppen von Hyphenzweigen umsponnen werden. Die

Hyphenhülle ist bei den verschiedenen Arten verschieden dicht, zuweilen nicht vollständig geschlossen, wie z. B. bei *Bryopogon*. Durch wiederholte Teilung der Gonidien und jedesmaliges Umspinnen jeder Teilzelle von Seiten der Hyphen erlangt das Ganze einen immer beträchtlicheren Umfang, bis schließlich die darüber befindliche Rinde zerreißt. Durch die Rissstellen verlassen dann die Soredien den Thallus als pulverige oder krümliche Masse (Soredienhaufen, Sorus) und vermehren sich außerhalb desselben in analoger Weise, die sogen. Soredienanflüge bildend, oder sie wachsen unter günstigen Bedingungen ohne weiteres zu einem neuen Flechtenthallus aus (Fig. 18). Letzteres findet nach Schwendener bei *Usnea* sogar schon auf dem Mutterthallus statt, wodurch die auf demselben festsitzenden Soredialäste entstehen.

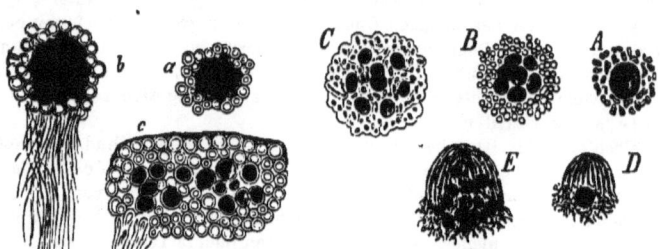

Fig. 18. *A—D* Soredien von *Usnea barbata* Fr. *A* eine einzige, von Hyphen umsponnene Gonidie; *B* Soredium, dessen Gonidium sich bereits mehrfach geteilt hat; *C* Gruppe einfacher Soredien, die durch das Wachstum der trennenden Hyphen stetig auseinander gedrängt werden; *D* und *E* sprossende Soredien, bei denen die Hyphen bereits einen Thallusscheitel gebildet haben. — *a—c* Soredien von *Xanthoria parietina* (L.) Th. Fr. *a* Soredium mit pseudoparenchymatischer Hülle, welche bei *b* Haftfasern erzeugt, *c* junger, aus einem Soredium entstandener Thallus (500/1). (Nach Schwendener.)

Bei *Dendrographa* Darbish., *Roccella* DC., *Ochrolechia tartarea* (L.) Mass., verschiedenen *Variolaria*-Arten werden die Soredien nach den Untersuchungen von Reinke und Darbishire in vom benachbarten Gewebe scharf abgegrenzten besonderen Brutstätten erzeugt. Ihrer äußeren Erscheinung nach besitzen diese Gebilde, welche Reinke Sorale genannt hat, mehr oder weniger Ähnlichkeit mit unentwickelten Apothecien. Nach Darbishire, welcher die Entwickelungsgeschichte der Sorale bei *Variolaria* Ach. und *Ochrolechia* Mass. eingehend verfolgte, stellen die fraglichen Gebilde — wenigstens bei den genannten Gattungen — nicht nur bloße an die Thallusoberfläche tretende Markwucherungen dar, welche in Verbindung mit der Gonidienschicht zur Erzeugung von sich schließlich abtrennenden kleinen Thallusstückchen dienen, sondern metamorphosierte Apothecien. Die Entwickelung der Sorale sowohl, als auch der Apothecien beginnt nämlich tief im Markgewebe, und zwar geht sie von mit Jod sich charakteristisch gelb färbenden Hyphen aus (Fig. 19). Aus diesen Hyphen entwickelt sich ein dichter Knäuel etwas dickerer,

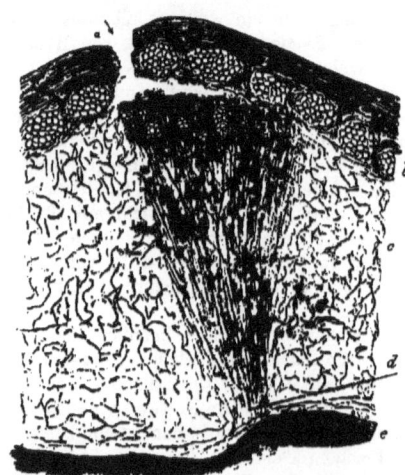

Fig. 19. *Variolaria globulifera* Turn. Bei *a* Durchbruch des Sorals durch die Rinden- und Gonidienschicht *b*, *c* Mark, *d* Ursprungsstelle des Sorals, *e* Substrat (nach Darbishire; 75/1).

stark quellbarer, sich mit Jod blau färbender Hyphen. Letztere, anfänglich wirr durcheinander laufend, legen sich immer mehr und mehr parallel nebeneinander und wachsen der Gonidienschicht zu. In diesem Stadium treten am Scheitel der Anlage Hyphen auf, welche sich mit Jod intensiv gelb färben. Diese, aus den mit Jod sich bläuenden Hyphen hervorgegangenen Elemente bilden die eigentliche Soralanlage, die durch das Fortwachsen der auf Jod blau reagierenden Fäden wie auf einem Kissen schließlich bis an die Gonidienschicht emporgehoben wird. Bis dahin stimmt nach Darbishire die Entwickelung von Soral und Apothecium völlig mit einander überein. Während nun aber bei letzteren die Paraphysenbildung beginnt, entstehen beim Soral Fäden, welche die untersten Algen der Gonidienschicht umfassen und von derselben abtrennen. Durch das weitere Wachstum der Anlage wird die Rinde immer mehr gehoben und endlich durchbrochen. Während des ganzen Verlaufes dieses Vorganges bleiben die mit Jod sich gelb färbenden Hyphen des Soralscheitels, der sich nach dem Zersprengen der Rinde zur Soralscheibe erweitert, von den auf Jod blau reagierenden Hyphen des Markes streng gesondert. Auf der Soralscheibe entstehen schließlich die Soredien dadurch, dass sich die anfänglich senkrecht abstehenden Endverzweigungen der Soralfäden krümmen, die kleinen, durch fortgesetzte Teilung der aus der Gonidienschicht emporgehobenen Algen entstandenen Gonidiengruppen erfassen und fest umschließen. Die Soredien werden im weiteren Verlaufe der Entwickelung durch distinkte Traghyphen auf der Soralscheibe emporgehoben und endlich durch Zerfall der Traghyphen vom Muttersprosse getrennt.

Wirkungen des Flechtenthallus auf das Substrat. — Die Einwirkungen des Flechtenthallus auf seine Unterlage bestehen aus Zersetzungserscheinungen mechanischer, ungleich häufiger aber chemischer Natur. Die Intensität der zersetzenden Wirksamkeit ist nicht nur bei den verschiedenen Flechtenarten sehr verschieden, sondern sogar bei ein und derselben Art großen Schwankungen unterworfen, welche im letzteren Falle vom chemischen Charakter des Substrates abhängig sind.

Die Rhizoidstränge der rindenbewohnenden Flechten dringen so wenig in das Substrat ein, dass sie das lebende Rindengewebe nicht erreichen. Bei manchen auf Baumrinden vegetierenden Flechten, z. B. vielen Graphideen, stellt der Thallus, an welchem keine Rhizoiden vorhanden sind, eine sehr dürftige, in der Jugend stets gonidienlose Kruste dar, welche sich in den Peridermschichten ausbreitet und bei vielen Arten niemals aus denselben heraustritt. Solche Formen, z. B. *Graphis scripta*, bei denen nur die Früchte an die Oberfläche treten, werden als hypophloeodische (unterrindige) bezeichnet im Gegensatze zu den epiphloeodischen, bei denen durch spätere Wucherungen der gonidienführenden Teile der Thallus aus dem Periderm heraustritt.

Bei den rindenbewohnenden Flechten ist es in zahlreichen Fällen nicht möglich, eine scharfe Grenze zwischen Hypophloeodie und Epiphloeodie zu ziehen. Nach den Untersuchungen Lindau's sind viele Flechten zeitlebens epiphloeodisch, jedoch steckt ein Teil des algenlosen Thallus im Periderm, während andere in der Jugend hypophloeodisch sind, später epiphloeodisch werden, in ihrem Baue aber mit den zeitlebens hypophloeodischen Formen übereinstimmen.

Während man bisher auf Grund der Untersuchungen von Frank und Bornet annahm, dass die Hyphen der Hypophloeoden (und die Alge *Trentepohlia umbrina*) im stande seien, die Korkzellenmembranen zu durchwachsen und so in das Innere der Zellen einzudringen, hat Lindau neuerdings nachgewiesen, dass dies nicht der Fall ist. Nach dem genannten Autor erfolgt vielmehr das Wachstum der Hyphen nur intercellular unter Auseinandersprengen der Peridermschichten, direkte Lösung der Cellulose durch die Hyphen und Durchbohrungen der Membranen sind ausgeschlossen. Ob die durch Einwirkung atmosphärischer Agenzien chemisch umgewandelten Membranen durch die Hyphen zur Lösung gebracht werden können, ist noch zweifelhaft. Nach dieser Sachlage könnten also die Flechten nur in Verbindung mit anderen ungünstigen Faktoren zu Schädlingen der Bäume werden. — An *Pyrenula nitida* (Weig.), *Psora ostreata* Hoffm. und zahlreichen anderen Arten hat Lindau ausführlich gezeigt, dass die Hyphen der Rindenflechten lediglich bereits vorhandene Wege (Intercellularräume, durch das Dickenwachstum der Bäume entstehende kleine Risse etc.) benutzen, um in das Rindengewebe einzudringen (Fig. 20). Sie schieben sich keilförmig zwischen die einzelnen Zellreihen oder Zellen und bewirken dadurch die Lösung des Zellverbandes, wobei die zarteren Hyphen die Vorarbeit verrichten, während die größeren Algen die Risse erweitern.

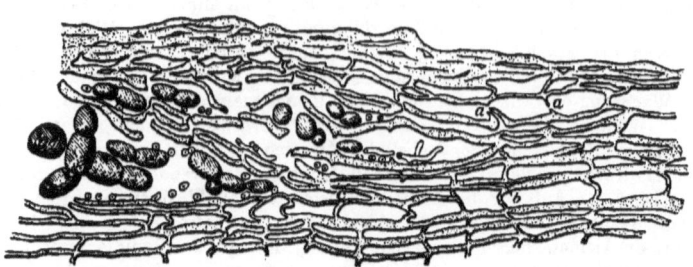

Fig. 20. *Arthonia radiata* Pers. Querschnitt durch das Periderm von *Corylus Avellana* mit dem Thallus; bei *a* bereits abgerissene Zellmembranen, bei *b* und *c* in Spaltung begriffene Mittellamellen. Die Hyphen sind nur an einigen Stellen angedeutet, die Algen dagegen genau wiedergegeben und dunkler gezeichnet (625/1). (Nach Lindau.)

Die rindenbewohnenden Krustenflechten besitzen einen algenlosen Thallusteil (Basalschicht, Basalscheibe), welcher zwischen den Zelllagen des Periderms wuchert. Während dieser Teil bei den Epiphloeoden auf die obersten Peridermschichten beschränkt ist, dringt er bei den Hypophloeoden ziemlich tief in das Korkgewebe ein.

Ganz ähnlichen Verhältnissen wie bei den Rindenflechten begegnen wir bei den auf Kalk lebenden Lichenen in Bezug auf das Eindringen in das Substrat. Bachmann (Ber. d. Deutsch. botan. Gesellsch., Bd. X, p. 30) hat darum die letzteren in analoger Weise als epilithische und endolithische unterschieden. Erstere entsenden nur die rhizoidalen Hyphen in das Substrat, während die ausgesprochen endolithischen Formen vollständig in das Gestein versenkt sind; selbst die Früchte treten nur zum Teil aus dem Kalk heraus, und zwar erst dann, wenn sie bereits ein gewisses Alter erreicht haben. Wie bei den Rindenflechten so sind auch hier zwischen den typischen Formen zahlreiche Übergänge vorhanden.

Wie Zukal, Bachmann und namentlich Fünfstück an zahlreichen Beispielen gezeigt haben, dringen manche calcivore Krustenflechten relativ sehr tief in das Substrat ein. Fünfstück beobachtete bei *Verrucaria marmorea* Scop. noch 19 mm tief im Substrat (Kalkstein) Thallushyphen, ohne damit die äußerste Grenze des Eindringens erreicht zu haben. Dieses merkwürdige Verhalten lässt sich offenbar nur dadurch erklären, dass die von den Hyphen abgeschiedenen Stoffe das Gestein zersetzen. Diese Exkrete sind ohne Zweifel specifisch verschieden, wofür schon ihr sehr verschieden großes Zersetzungsvermögen gegenüber dem gleichen Substrat spricht. Höchst wahrscheinlich handelt es sich um noch unbekannte, in Wasser viel leichter lösliche Körper, als es die bis jetzt aufgefundenen Flechtensäuren und ähnlichen Verbindungen sind.

Auch auf andere Gesteinsarten, wie Granit, Gneis, Glimmerschiefer, ja selbst auf das festeste Gestein wirken die Flechten relativ energisch zersetzend ein. Diese Zersetzungsprozesse verlaufen rascher als die Verwitterung durch die Atmosphärilien, denn die im Bereiche des Thallus der Steinflechten befindliche Unterlage lässt regelmäßig schon deutliche Zersetzungserscheinungen erkennen, wenn das daneben befindliche flechtenfreie Gestein noch hart und intakt ist. Ein sehr prägnantes Beispiel hierfür bietet *Lecanora polytropa* auf Gneis: die zarten Felderchen liegen in Vertiefungen des sehr festen Gesteins, welche genau der Form der Felderchen entsprechen.

Durch die geschilderte Zersetzungsthätigkeit erlangen die Flechten eine sehr wichtige Bedeutung im Haushalte der Natur. Sie wandeln das feste Gestein allmählich in ein Medium (Dammerde) um, in welchem höher organisierte Pflanzen zu vegetieren und die Urbarmachung fortzusetzen vermögen.

Der Chemismus des Flechtenkörpers. — Dem Wesen der Flechten entsprechend, kommen für die Erzeugung der Stoffwechselprodukte zwei Faktoren in Betracht: die als Gonidien funktionierenden Algen und die Hyphen. — Während die Algen in Bezug auf den Stoffwechsel keinerlei Besonderheiten zeigen, unterscheiden sich die Flechtenhyphen in diesem Punkte wesentlich von gewöhnlichen Pilzhyphen. Ohne Zweifel ist der Grund für letzteren Umstand in dem eigentümlichen komplexen Charakter der Flechten zu suchen.

Was zunächst die stoffliche Beschaffenheit der Membranen der Flechtenpilze anbelangt, so ist zu bemerken, dass die jugendlichen Hyphen reine Cellulosereaktion, ältere dagegen mehr oder minder veränderte Reaktionen zeigen. Dieser Umstand bestimmte De Bary zu der Annahme, dass in solchen Fällen ein besonderes, von ihm als Pilzcellulose bezeichnetes Kohlehydrat vorhanden sei. Nach Mangin tritt als membranbildende Substanz in Verbindung mit Cellulose häufig Callose auf, während die Pektinstoffe fehlen. Nach den Untersuchungen Winterstein's (E. Winterstein, Zur Kenntnis der in den Membranen der Pilze enthaltenen Bestandteile. I. Abhandl. Zeitschr. für physiolog. Chemie Bd. XIX, p. 524) ist es wahrscheinlich, dass die Pilzcellulose stickstoffhaltig ist. Behandelt man die Pilzcellulose längere Zeit mit Ätzkali, so zeigt sie schließlich wieder reine Cellulosereaktion, eine Erscheinung, welche auf die nahe Verwandtschaft beider Körper hinweist. Nach den Untersuchungen von A. B. Macallum*) an Basidiomyceten dürften die Flechtenhyphen (wenigstens in jugendlichem Entwickelungszustande) und junge Sporen durchwegs eisenhaltig sein.

Im weiteren Verlaufe der Entwickelung erleiden die Membranen sehr zahlreicher Flechtenpilze chemische Umwandlungen. Hier ist in erster Linie das Lichenin $C_6H_{10}O_5$ zu nennen, eine Gummiart, welche sich in den Membranen vieler Flechtenpilze, z. B. bei *Cetraria islandica*, findet. Das Lichenin ist in reinem Zustande eine spröde, durchscheinende, in kaltem Wasser nur quellbare, in kochendem sich lösende Masse, welche sich beim Erkalten in eine homogene Gallerte verwandelt. Es wird durch Kupferoxydammoniak und Chlorzink gelöst, durch Jod nicht blau gefärbt. Neben dem Lichenin findet sich bei manchen Flechten, besonders bei *Cetraria islandica*, eine weitere, ebenfalls zu den Gummiarten gehörende Cellulosemodifikation, welche im Gegensatze zu dem Lichenin in Wasser löslich ist und sich durch Jod blau färbt, das Isolichenin $C_6H_{10}O_5$. — Die Membranen mancher Lichenenpilze (*Cetraria islandica*, *Placidium monstrosum*, die Markhyphen von *Sphaerophoron coralloides*, ebenso ganz allgemein die Membranen der Asci) färben sich durch Jod direkt blau. Dragendorff hat den dieser Reaktion zu Grunde liegenden Körper als Flechtenstärke von der Formel $C_6H_{10}O_5$ bezeichnet; vielleicht ist derselbe mit dem Isolichenin identisch. Ferner ist hier das Everniin (Stüde), $C_9H_{14}O_7$, anzuführen, ein, wie es scheint, sehr wenig verbreitetes Kohlehydrat, denn es wurde bisher nur bei *Evernia prunastri* beobachtet. In reinem Zustande ist es ein amorphes gelbliches, geschmack- und geruchloses, in kaltem Wasser quellbares, in heißem lösliches Pulver. Das Everniin ist ferner in verdünnten Säuren und in verdünnter Kalilauge löslich, in Alkohol und Äther dagegen unlöslich. Durch Eisessig in großem Überschusse wird es aus der wässerigen, opalisierenden Lösung gefällt, ebenso durch Bleizucker und Ammoniak. Verdünnte Säuren führen das Everniin in Glykose über, während sich diese Umwandlung durch Speichel nicht erzielen lässt. Mannit ist bis jetzt nur in *Xanthoria parietina* und *Candelaria vitellina* gefunden worden. — Endlich ist als chemische Umwandlung der Lichenenmembranen noch die Vergallertung bei einer Minderzahl von Flechten anzuführen, deren chemischer Charakter jedoch noch sehr wenig bekannt ist.

Überaus zahlreich sind die Einlagerungen (Infiltrationen) und Auflagerungen von Stoffwechselprodukten in, bezw. auf die Zellhaut. Eine relativ sehr geringe Zahl

---

*) A. B. Macallum, On the distribution of assimilated iron compounds, other than haemoglobin and haematins, in animal and vegetable cells. The Quaterly Journal of Microscopical Science, Vol. XXXVIII (1895), p. 175 ff.

derselben besteht aus anorganischen Verbindungen. Unter den organischen Körpern sind sehr zahlreich vertreten amorphe Farbstoffe, die sog. Membranfarbstoffe, und Säuren, die sog. Flechtensäuren.

Von allen bis jetzt beobachteten Exkreten der Flechtenpilze besitzt der oxalsaure Kalk die größte Verbreitung. Er findet sich teils in Form oktaedrischer Krystalle (Marklücken bei *Ochrolechia tartarea*, *Diploschistes scruposus*), teils unregelmäßiger krystallinischer Massen (*Pertusaria*), teils kleiner Körnchen auf der Rindenoberfläche, den Markhyphen, auf und in den Rindenhyphenmembranen, niemals aber im Inneren der Zellen. Besonders reich an Kalkoxalat sind die Krustenflechten, z. B. *Pertusaria communis* (bis 47%), *Diploschistes scruposus*, *Isidium corallinum*, *Phialopsis rubra*, *Haematomma ventosum*, *H. coccineum*, *Psoroma lentigerum*, *Placodium saxicolum*, *Pl. circinatum*, *Thalloidima candidum*, während dagegen manche Krustenflechten (*Lecanora pallida*, *Lecidea enteroleuca*), ebenso wie im allgemeinen die Laub- und Strauchflechten frei von Kalkoxalat sind. Bei *Thalloidima candidum* ist der oxalsaure Kalk in Form kleiner Körnchen den Membranen der Hyphen der Rindenoberseite sowohl auf- als auch eingelagert. Körnige Einlagerungen finden sich ferner in den Rindenhyphen von *Psoroma lentigerum*. — Nach allen bis jetzt vorliegenden Beobachtungen kommt bei den Flechten der Kalk stets an Oxalsäure gebunden vor.

Die sogen. oxydierten Formen (*formae oxydatae*) mancher Flechten, welche sich äußerlich durch ockergelbe oder rostbraune Färbung auszeichnen, während sie normal anders gefärbt sind, besitzen hohen Eisengehalt. Das Eisen ist, analog wie der Kalk, ohne Zweifel an eine organische Säure gebunden. Oxydierte Formen kommen namentlich bei *Rhizocarpon pectraeum* var. *Oederi*, Arten der Gattung *Acarospora*, *Lecidea*, vor.

Die nichtkrystallisierten organischen Stoffwechselprodukte sind, wenn wir von den Fetten und den die »Verholzung« bedingenden Stoffen (vgl. weiter unten) absehen, ausnahmslos mehr oder minder intensiv gefärbte Verbindungen. Sie sind entweder den Membranen eingelagert (Membranfarbstoffe) oder tröpfchenförmige Bestandteile des Zellinhalts (bis jetzt nur in den Paraphysen bei *Baeomyces roseus* Pers. beobachtet) oder endlich den Membranen aufgelagerte Exkretmassen.

Die Membranfarbstoffe sind nicht gleichmäßig durch die ganze Flechte verteilt, sondern in der Regel auf bestimmte Gewebepartien beschränkt. Zumeist sind die Rindenhyphen reich an jenen Farbstoffen, ferner das Epithecium mit dem thallodischen Rande und das Hypothecium. Das Thecium dagegen führt die in Rede stehenden Pigmente seltener und dann immer nur die Paraphysen, nicht die Asci mit alleiniger Ausnahme von *Pertusaria subobducens* Nyl. Die Hyphen in der Gonidienschicht sind stets pigmentfrei. — Die Farbstoffe sind ferner in den Hyphenmembranen immer ungleichmäßig verteilt, mit wenig Ausnahmen (*Cornicularia tristis* Ach., *Parmelia prolixa* Ach.) ist die Mittellamelle am farbstoffreichsten. Bis jetzt sind bei ca. 120 daraufhin untersuchten Arten 19 gut charakterisierte Membranfarbstoffe aufgefunden worden, deren wichtigste Reaktionen in der Tabelle p. 27 zusammengestellt sind.

Eigentümliche farblose Infiltrationen, deren chemische Natur noch nicht näher bekannt ist, kommen bei den Hyphen (namentlich Markhyphen) gewisser Flechten vor, besonders bei *Bryopogon ochroleucus*, *Cladonia furcata*, *Cl. gracilis*, *Cl. deformans*, *Cl. pyxidata*, *Parmelia physodes*, *Cetraria islandica*, *Sticta pulmonacea*, *Ochrolechia pallescens*. Solche Hyphen erweisen sich als »verholzt«, d. h. sie färben sich mit Anilinsulfat und Salzsäure gelb, mit Phloroglucin und Salzsäure rot bis violett, mit Indol und Schwefelsäure kirschrot.

Amorphe Farbstoffexkrete sind bisher nur in zwei Fällen beobachtet worden: Arthoniaviolett in allen Teilen von *Arthonia gregaria* und Urceolariarot im Thallus von *Urceolaria ocellata*. — Arthoniaviolett ist in Kalk- und Barytwasser unlöslich, in kaltem Wasser wenig, in heißem dagegen leicht löslich. Alkohol löst es mit weinroter, Kalilauge mit violetter, Salpetersäure mit roter, Schwefelsäure mit indigoblauer, zuletzt malvenbrauner Farbe. — Urceolariot wird von Kalilauge, Barytwasser, konzentrierter

Lichenes. (Fünfstück.)

Name des Farbstoffes, bezw. der farbstoffführenden Flechte:	Aussehen des Farbstoffes:	KOH	NH_3	HNO_3	H_2SO_4	Weitere Reaktionen:
Lecideagrün	grün	—	—	kupfer- bis weinrot	—	erst KOH, dann HCl: blau.
Aspiciliagrün	grün	—	—	violett	—	HNO_3: lebhafter und reiner grün.
Bacidiagrün	grün	—	—	violett	violett	HCl: violett.
Thalloidimagrün	grün	violett	—	undeutlich purpurrot	undeutlich purpurrot	HCl: undeutlich purpurrot.
Rhizoidengrün	bläulichgrün	olivengrün bis braun	—	olivengrün	—	—
Biatora atrofusca	blau	löst mit grünblauer Farbe	—	violett, dann gelb, endlich Entfärbung	löst auf.	—
Lecidea enteroleuca, L. platicarpa, L. Wulfeni, Biatora turgidula und Biümbia melaena, die Oberfläche der Früchte.	blau	blaugrün bis oliven-grün	blaugrün bis oliven-grün	kupferrot	—	—
Phialopsis rubra	ziegelrot	färbt trüb purpurrot	färbt trüb purpurn	violett	—	—
Leconororot	purpurrot	färbt tief violett	färbt tief violett	färbt heller	—	—
Sagedia declivum	bläulichrot	blau (grün)	erst grünblau, dann grauschwärzlich	—	—	$Ba(HO)_2$: blau.
Verrucaria Hoffmanni f. purpurascens	rosenrot	—	dunkelgrün	—	—	erst KOH, dann HNO_3, dann H_2SO_4: violette Krystalle.
Cladonia coccifera, die Apothecienköpfe.	scharlachrot	—	—	—	—	aus der wäss. Lösung schlägt Eisessig purpurrote Flocken nieder.
Bacidia fusco rubella	gelbbräunlich	—	violett	—	—	—
Lecidea crustulata, L. granulata, Buellia parasema	braun	färbt dunkler	—	—	entfärbt.	—
B. punctata, Opegrapha saxicola, O. atra, Arthonia obscura.						
A. vulgaris, Bactrospora dryina, Sarcogyne pruinosa, Apothecien	lederbraun	intensiv olivengrün	—	—	—	$CaCl(OCl)$ entfärbt schließlich vollständig.
Sphaeromphale clopismoides						
Segestria lectissima, Perithecien	gelbbraun	morgenrot	—	hellgelb	—	erst KOH, dann H_2SO_4, dann HNO_3: schwärzlich. verdünnte H_2SO_4: hellgelb.
Segestria lectissima, das übrige Gewebe	braun u. farblos	—	—	—	—	—
Parmelia glomellifera	lederbraun	—	—	blau, dann violett, endlich grau	—	konzentrierte H_2SO_4: intensiv violett, schließlich grau. $CaCl(OCl)$: erst blaugrün, dann unscheinbar grau.
Parmeliabraun	gelb- bis schwarzbraun	schmutzig- bis olivenbraun	—	hell rotbraun	—	

Salpeter- und Schwefelsäure mit gelbbrauner Farbe gelöst, durch Alkohol, Kalkwasser und Ammoniumkarbonat nicht verändert, von Chlorkalklösung entfärbt.

Wie im Pflanzenreiche ganz allgemein so ist auch im besonderen bei den Flechtenpilzen Fett in Form von fettem Öle ein häufiges, aber in außerordentlich schwankender Menge auftretendes Stoffwechselprodukt. Es findet sich ganz allgemein in den Sporen in Form von mehr oder minder zahlreichen Tröpfchen, auch wohl als Infiltration in den Sporenmembranen, ferner in relativ geringer Menge in den Thallushyphen derjenigen

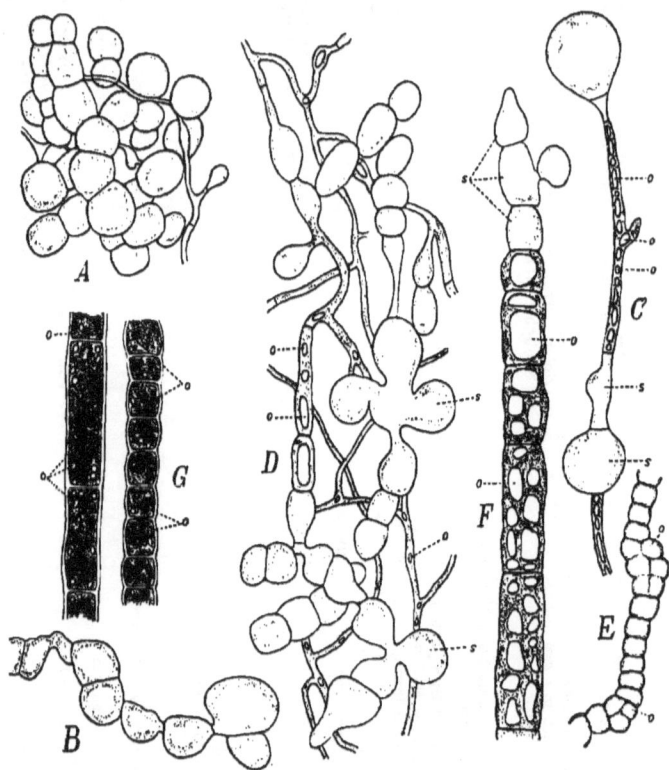

Fig. 21. Verschiedene Formen von Sphäroidzellen und Ölhyphen: *A* typische Sphäroidzellen von *Physcia aurantia* Pers., *B* von *Physcia pusilla* Massal. var. *turgida* aus 3 mm Substrattiefe (450/1), *C* von *Verrucaria calciseda* DC.; *s* typische Fettzellen, *o* Öltröpfchen (600/1). — *D* Sphäroidzellgewebe von *Biatora immersa* (Web.) Arn. aus 8 mm Substrattiefe; *s* Sphäroidzellen, *o* Öltröpfchen (550/1). — *E* Noch dicht mit Fett erfüllte Ölhyphe von *Verrucaria calciseda* DC. aus 6 mm Substrattiefe (450/1). — *F* In Entleerung begriffene Ölhyphe von *Biatora immersa* (Web.) Arn., 7 mm tief dem Substrat entnommen. Das Hyphenende besteht aus typischen Sphäroidzellen *s*, während sich in den übrigen Zellen das Fett infolge des Entleerungsprozesses bereits in Portionen *o* geteilt hat, welche in basipetaler Richtung stetig zahlreicher werden (600/1). — *G* Nahezu entleerte Ölhyphe von *Verrucaria calciseda* DC. aus 5 mm Substrattiefe. Die geringen Ölreste *o* sind wandständig, die Membranen dunkel gefärbt (600/1). (Nach Fünfstück).

Flechten, welche nicht auf Kalk vorkommen. Sehr merkwürdig ist die ungeheure Fettproduktion — in extremen Fällen bis 90 % der Trockensubstanz — der endolithischen Kalkflechten, z. B. bei *Verrucaria calciseda*, *V. marmorea*, *Biatora immersa*, *Thelidium pyrenophorum*. Die Fettbildung wird hier stets in Hyphen innerhalb des Substrates beobachtet, und zwar nicht nur in großer Menge in normalen Thallushyphen, sondern in distinkten Zellen von sehr verschiedener Form (Fig. 21), welche an Größe die gewöhnlicher Hyphen um das Vielfache übertreffen. Solche Zellen werden als Sphäroidzellen, bezw. Ölhyphen bezeichnet. Diese Fettabscheidungen stehen in ganz bestimmten

Beziehungen zu der chemischen Beschaffenheit des Substrates: je reicher dasselbe an Karbonaten ist, desto reicher ist die Fettbildung. Nach den Untersuchungen Fünfstück's ist es im höchsten Grade wahrscheinlich, dass die durch die Zersetzung der kohlensauren Salze von Seiten der Flechtenhyphen frei werdende Kohlensäure das Ausgangsmaterial für die Ölbildung darstellt. Zukal*) hält das abgeschiedene Fett für einen Reservestoff, Fünfstück für ein Exkret.

Ein weitere Klasse organischer Stoffwechselprodukte besteht aus krystallinischen Exkreten, welche auf der Oberfläche des Thallus, auf den Hyphen körnige Inkrustationen bilden. In einigen wenigen Fällen sind sie farblos, sonst mehr oder minder intensiv gefärbt und dadurch die lebhafte Färbung mancher Flechten bedingend. So ist z. B. die intensive Gelbfärbung der Rinde von *Evernia vulpina, Xanthoria parietina*, die gelbgrüne Färbung von *Rhizocarpon geographicum*, die Rotfärbung der Markhypen von *Solorina crocea* auf derartige Inkrustationen zurückzuführen. Mit wenig Ausnahmen besitzen diese Ausscheidungsprodukte Säurecharakter, aus welchem Grunde sie als Flechtensäuren bezeichnet werden. Sie sind den Hyphen bald in gleichmäßiger, bald in ungleichmäßiger Verteilung aufgelagert und finden sich vorwiegend in der Rinde; bei dorsiventralem Baue ist die Oberseite stets die säurereichere. Sehr reich ist ferner die Säureproduktion an den in lebhaftem Wachstum begriffenen Thallusrändern und an den Bildungsstätten der Soredien.

Die bis jetzt bekannt gewordenen Flechtensäuren, welche zumeist der Benzolreihe angehören, sind im allgemeinen dadurch ausgezeichnet, dass sie in Wasser unlöslich oder doch nur sehr wenig löslich sind. Durch Behandlung mit Alkalien spalten sie sich in Kohlensäure und Orcin, $C_7H_8O_2$. Letzteres geht durch Einwirkung von Ammoniak und des Sauerstoffes der Luft in zwei rote Farbstoffe $C_{14}H_{13}NO_4$ und $C_{14}H_{12}N_2O_3$ über, welche unter der Bezeichnung Orceïn zusammengefasst werden und den färbenden Bestandteil der Orseille bilden. — Nachstehend verzeichnete Flechtensäuren konnten bis jetzt isoliert und mehr oder minder genauer untersucht werden:

Atranorinsäure (Hesse), $C_{18}H_{18}O_9$, lange, weiße, spröde, nadelförmige Krystalle, welche bei 100° C. ihr Krystallwasser verlieren und bei 157° C. schmelzen. Sehr leicht löslich in Chloroform, starkem Alkohol, kohlensauren Alkalien, wenig in Äther. Die alkoholische Lösung färbt sich mit wenig Eisenchlorid dunkelbraunrot. Vorkommen: *Cladonia rangiformis* Hoff.

Atranorsäure (Paternò und Oglialoro, Atranorin nach Hesse), $C_{19}H_{18}O_8$, völlig farblose, in Masse schneeweiße, glasglänzende Prismen, sehr schwer löslich in kaltem Alkohol und Petroläther, schwer in kaltem Äther, Chloroform, Xylol und Eisessig, etwas leichter in Benzol, kochendem Äther und kochendem absoluten Alkohol, leicht in kochendem Chloroform und kochendem Xylol. In ätzenden Alkalien ist die Säure mit gelber Farbe löslich, ebenso in Schwefelsäure, in kohlensaurem Alkali bei gewöhnlicher Temperatur nur wenig, beim Erwärmen reichlicher. Mit wenig Eisenchlorid färbt sich die alkoholische Lösung purpurrot. Schmelzpunkt bei 195—197° C. (nach Zopf). — Die Säure kommt am reichlichsten oder auch ausschließlich in der Rindenschicht zur Ablagerung und ist von Zopf in *Lecanora atra* (Huds.), *L. thiodes* (Sprengel), *L. grumosa* (Pers.), *L. sordida* (Pers.), *Cladonia rangiformis* Hoffm., 11 *Stereocaulon*-Arten, 5 *Physcia*-Arten, *Anaptychia ciliaris* (L.), *A. speciosa* (Wulf.), *Parmelia encausta* (Smrft.) Nyl., *Parmelia pertusa* (Schrank) Mass., *Parmeliopsis hyperopta* (Ach.) Nyl., *Ramalina pollinaria* (Westr.) Ach., *Haematomma coccineum* (Dicks.) Körb., *Placodium saxicolum* (Poll.) Körb., *P. melanaspis* (Ach.) Tb. Fr. und *Diplochistes cretaceus* Mass. gefunden worden. Hesse isolierte den von Zopf untersuchten Körper ferner aus *Lecanora sordida* var. *Swartzii* Ach., *Xanthoria parietina* (L.) Th. Fr., *Evernia furfuracea*(L.) Ach., *E. prunastri* (L.) Ach., *E. vulpina* (L.) Ach., *Parmelia perlata* (L.) Ach., *P. aleurites* Ach. und hält ihn für den Methylester einer Säure, welche er Atranorsäure (nicht zu verwechseln mit der Atranorsäure Paternò) nennt. Er fand den Schmelzpunkt des aus Chloroform durch Petroläther krystallinisch gefällten Atranorins nur zu 187—188° C., den des in derben Krystallen aus Äther krystallisierten zu 190—191° C., während Paternò 190—191° C. angiebt. Die Atranorsäure ist zur Zeit aus 45 Flechtenarten isoliert worden. — Die früher von Hesse

---

*) H. Zukal, Über das Vorkommen von Reservestoffbehältern bei Kalkflechten. Botan. Zeitg. 1886, No. 45, p. 761.

aus *Imbricaria perlata* Körb. isolierte, von ihm als Parmelin bezeichnete Säure erwies sich bei späterer Untersuchung als Atranorin. — Nach den neueren Untersuchungen Hesse's besitzt das Atranorin keinen Säurecharakter.

Barbatin (Hesse), $C_9H_{14}O$, krystallisiert aus Alkohol in farblosen Sphenoiden, aus Eisessig in Nadeln; unlöslich in kohlensaurem Kali, sehr schwer löslich in Äther, kaltem Alkohol und Ligroïn, leicht in Chloroform und Benzol. Die alkoholische Lösung giebt mit Eisenchlorid keine Färbung. Schmelzpunkt bei 209° C. Bisher aus *Usnea ceratina* Ach. isoliert; nach Hesse als ein Homologes zu Zeorin (Paternò) anzusprechen.

Barbatinsäure (von Stenhouse und Grove entdeckt, jedoch erst durch Hesse näher bekannt), $C_{22}H_{24}O_8$, begleitet in den verschiedenen Arten der Gattung *Usnea* die Usninsäure; farblose Nadeln. Die alkoholische Lösung färbt sich mit wenig Eisenchlorid purpurviolett, mit Chlorkalklösung gelb. Schmelzpunkt bei 186° C.

Calycin (Hesse), $C_{16}H_{22}O_5$, nach Hesse der Vulpinsäure nahestehend, gelbe Prismen vom Schmelzpunkte 242—245° C., sehr wenig löslich in Alkohol, Äther, Eisessig, leichter löslich in Chloroform und Benzol, namentlich beim Erwärmen; färbt sich bei Behandlung mit Chloroform und Alkali rot; findet sich in *Lepra candelaris* Ach., *L. chlorina* Ach., *L. chlorina* Stenh., *Gyalolechia aurella* Körb., *Candelaria vitellina* Ehrh., *Physcia medians* Nyl. und *Candelaria concolor* (Dicks) Th. Fr. Von Hesse wurde das Vorkommen von Calycin auch für *Cyphelium chrysocephalum* Ach. angegeben, allein die von Hesse untersuchte Flechte war nicht *C. chrysocephalum*, sondern *Lepra candelaris* Ach.

Caperatsäure (Hesse), $C_{22}H_{38}O_8$, begleitet die Usninsäure in *Imbricaria caperata* Körb., atlasglänzende, fast farblose Blättchen vom Schmelzpunkte 132°. Außerdem fand Hesse in *Parmelia caperata* Körb. noch zwei fast indifferente Körper, das Caperin, $C_{36}H_{60}O_3$, ziemlich leicht löslich in Äther, Chloroform, Benzol, heißem Alkohol und heißem Eisessig, und Caperidin, $C_{24}H_{40}O_2$, vom vorigen hauptsächlich durch geringe Löslichkeit in Äther und Alkohol, kaltem Benzol und Chloroform unterschieden. Ersteres krystallisiert in kleinen weißen platten Prismen vom Schmelzpunkte 243° C., letzteres in atlasglänzenden Blättchen und kurzen Prismen vom Schmelzpunkte 262° C.

Caprarsäure (Hesse), $C_{24}H_{20}O_{12}$, in *Parmelia caperata* Körb. und *P. physodes* Körb., kleine weiße Nadeln von bitterem Geschmacke, welche sich bei 260° schwärzen, ohne zu schmelzen. Schwer löslich in Äther, Alkohol, Aceton, Chloroform, Benzol, am besten noch in Eisessig. Die verdünnte alkoholische Lösung färbt sich mit sehr wenig Eisenchlorid purpurrot.

Carbonusninsäure (Hesse), $C_{19}H_{16}O_8$, aus *Usnea barbata* var. *florida* (L.) Fr. und *U. barbata* var. *hirta* (L.) Fr. auf südamerikanischen Chinarinden isoliert; gelbe Krystalle, leicht löslich in Petroläther, ferner in wässerigen Alkalien, sehr wenig löslich in Weingeist, unlöslich in Wasser; Schmelzpunkt bei 195,4° C. Weder durch Chlorkalk, noch durch Eisenchlorid wird die Säure gefärbt.

Ceratophyllin (Hesse), farblose Prismen von kratzendem und brennendem Geschmacke, wenig löslich in Wasser, leicht in absolutem Alkohol und Äther; Schmelzpunkt bei 147° C. Die alkoholische Lösung färbt sich durch Chlorkalk blutrot, durch Eisenchlorid purpurviolett. Vorkommen: *Parmelia physodes* (L.) Körb. — Nach den neueren Untersuchungen Zopf's ein Kunstprodukt und jüngst von Hesse (Beitrag zur Kenntnis der Flechten etc., zweite Mitteilung, p. 422) als Betorcinolcarbonsäuremethylester erkannt.

Cetrapinsäure (Hesse), $C_{16}H_{12}O_8$, in *Cetraria pinastri* (Scop.) Ach.; derbe, gelbe, rhombische Prismen und Tafeln vom Schmelzpunkte 147°; löslich in Alkohol, Äther und Aceton.

Cetrarin (Herberger, Cetrarsäure nach Schnedermann und Knop), $C_{18}H_{16}O_8$, glänzende weiße, haarfeine Nadeln von sehr bitterem Geschmacke, die sich beim Erhitzen zersetzen; in fetten und ätherischen Ölen unlöslich, in kaltem Weingeist schwer, ebenso in Äther, dagegen in kochendem Weingeist leicht löslich. Wässerige ätzende und kohlensaure Alkalien liefern mit Cetrarsäure gelbe Lösungen von sehr bitterem Geschmacke, welche sich an der Luft durch Sauerstoffaufnahme braun färben und schließlich den bitteren Geschmack verlieren. Bleiacetat fällt solche Lösungen gelb, Eisenchlorid braunrot. Die Säure wurde bisher nur in *Cetraria islandica* (L.) Ach. und von Zopf in verschiedenen *Cladonia*-Arten und *Cetraria fahlunensis* (Ach.) Schaer. gefunden, welche Flechte bis zu 2 % enthält. Eine sehr ähnliche Säure isolierten Schnedermann und Knop aus *Sticta pulmonacea* Ach., welche sie Stictinsäure nannten, jedoch nicht näher untersuchten. — Nach neueren Untersuchungen Hesse's (Journ. f. prakt. Chemie, Neue Folge, Bd. LVII (1898), p. 295), findet sich die Cetrarsäure überhaupt nicht fertig gebildet in *Cetraria islandica* vor, sondern ist nur ein Zersetzungsprodukt der Protocetrarsäure (vgl. p. 33).

Chrysocetrarsäure (Hesse), s. Pinastrinsäure.
Coccellsäure (Hesse), $C_{20}H_{22}O_7$, in *Cladonia coccifera* (L.) Schaer., krystallisiert aus Eisessig teils in kurzen sechsseitigen, farblosen, von Domen begrenzten Prismen, teils in kurzen vierseitigen, von Pinakoidflächen begrenzten, oft an Würfel erinnernden Säulen, aus Alkohol in schönen, wasserfreien Nadeln; Schmelzpunkt bei 178° C.; leicht löslich in Äther, ziemlich leicht in heißem, schwer in kaltem Alkohol, unlöslich in Wasser. Die alkoholische Lösung färbt sich durch wenig Eisenchlorid intensiv blauviolett, durch Chlorkalklösung intensiv gelb, entfärbt sich aber wieder durch weiteren Zusatz von Chlorkalklösung.

Dipulvinsäure (Hesse), $C_{30}H_{22}O_9$, in *Candelaria concolor* (Dicks.) Th. Fr., kleine, ziegelrote Nadeln vom Schmelzpunkte 211° C.; ziemlich leicht löslich in heißem Eisessig und Benzol.

Divaricatsäure (Hesse), $C_{22}H_{26}O_7$, in *Evernia divaricata* (L.) Ach., *E. prunastri* var. *thamnodes* Flot. und *Haematomma ventosum* (L.) Schaer., farblose Nadeln vom Schmelzpunkte 129° C., leicht löslich in Äther, Alkohol und Chloroform, weniger löslich in Benzol, unlöslich in Petroläther.

Erythrinsäure (Heeren), $C_{21}H_{22}O_{10}$, auch Erythrin genannt, in *Roccella*- und *Lecanora*-Arten, ferner in *Ochrolechia tartarea* (L.) Mass. (nach Zopf auch in *Parmelia olivaria* (Nyl.), was indes Hesse nicht bestätigen konnte), krystallisiert aus heißem Weingeist in sternförmig gruppierten, geruch- und geschmacklosen feinen Nadeln; löslich in kochendem Wasser, Weingeist und Äther, ferner in Essigsäure und kohlensaurem Ammoniak; Schmelzpunkt bei 148° C.; wenig Eisenchlorid färbt die alkoholische Lösung braunviolett. Die Säure löst sich in Chlorkalklösung mit roter (wenig beständiger) Farbe und wird von in Barytwasser gelöstem Brom, zum Unterschied von Lecanorsäure, sofort gelb gefärbt.

Everniol (Zopf), schneeweiße Masse aus dicht verfilzenden Nädelchen vom Schmelzpunkte 194—195° C. Leicht löslich in absolutem Alkohol, weniger leicht in Äther und Chloroform, unlöslich in Wasser und Petroläther. Vorkommen: *Evernia furfuracea* (L.) Ach.

Evernsäure (Stenhouse), $C_{17}H_{16}O_7$, farblose, kleine Nadeln vom Schmelzpunkte 168—169° C., löslich in Alkohol und Äther, Ätzalkalien, kohlensauren Alkalien, kaum in Wasser, färbt sich mit wässerigem Chlorkalk gelblich, in ammoniakhaltiger Lösung langsam rot, liefert, mit Alkalien gekocht, Kohlensäure, Orcin und Everniasäure, $C_9H_{10}O_4$. Vorkommen: *Evernia prunastri* (L.) Ach., *E. prunastri* var. *vulgaris* Körb., *Ramalina pollinaria* (Westr.) Ach. und *Cladonia rangiferina* (L.) Hoffm.

Fragilin (Zopf), rotgelbe, zu winzigen Drusen vereinigte Nädelchen, in verdünntem kohlensauren Natron nur beim Erhitzen etwas löslich; färbt sich mit Kalilauge oder konzentrierter Schwefelsäure purpurrot. Vorkommen: *Sphaerophorus fragilis* (L.) Ach.

Hämatommsäure (Zopf, Hämatommsäureäthylester nach Hesse), $C_{11}H_{12}O_5$, schneeweiße, feine, seidenglänzende Nadeln vom Schmelzpunkte 113—114° C., sehr leicht löslich in heißem Alkohol, leicht löslich in kaltem Äther, Chloroform und Benzol, schwieriger in kaltem Alkohol und Petroläther, in Ätzalkalien und kohlensauren Alkalien mit gelber Farbe löslich. Die alkoholische Lösung färbt sich schon mit sehr wenig Eisenchlorid purpurrot bis purpurbraun. Vorkommen: *Haematomma coccineum* (Dicks.) Körb., *Parmelia perlata* Ach. und *Physcia caesia* (Hoffm.) Nyl.

Icmadophilasäure (Bachmann), auf den Apothecien von *Icmadophila aeruginosa* (Scop.) Trev., farblos, in Kalilauge, Ammoniak und Kalkwasser mit intensiv gelber Farbe löslich, aus diesen Lösungen durch einen Überschuss von Salzsäure oder Eisessig in Form farbloser Körnchen fällbar.

Lecanorol (Zopf), $C_{27}H_{30}O_3$, farblose blättrige Krystalle vom Schmelzpunkte 90—95° C. Unlöslich in Wasser, schwer löslich in kaltem, leichter in kochendem Alkohol, leicht in Äther, Benzol und Chloroform. Vorkommen: *Lecanora atra* (Huds.) Ach., *L. grumosa* (Pers.).

Lecanorsäure (Schunck, Lecanorin, Orsellsäure, β-Orsellsäure nach Stenhouse, Diorsellinsäure, Gyrophorsäure nach Stenhouse), $C_{16}H_{14}O_7$, farblose Nadeln mit 1 Mol. Krystallwasser, leicht löslich in kohlensauren Alkalien und heißem Eisessig, weniger leicht in Alkohol und Äther, sehr wenig in kochendem Wasser, färbt sich mit Eisenchlorid purpurrot, mit Chlorkalk blutrot. Schmelzpunkt bei 166° C. (wenn vollkommen wasserfrei), liefert bei höherer Temperatur Orcin, ebenso bei Behandlung mit verdünnter Schwefelsäure schon bei mäßiger Wärme. Die ammoniakalische Lösung färbt sich an der Luft rot. — In verschiedenen Arten der Gattung *Lecanora*, *Gyrophora*, namentlich aber *Roccella*.

Lecasterinsäure (Hesse), $C_{10}H_{20}O_4$, in *Lecanora sordida* var. *Swartzii* (Ach.), der Lichesterinsäure von Schnedermann und Knop ähnlich, krystallisiert in farblosen Blättchen vom Schmelzpunkte 116° C.

Lichesterinsäure (Schnedermann und Knop), $C_{17}H_{28}O_4$, neben der Cetrarsäure in *Cetraria islandica* (L.) Ach., weiße, große, atlasglänzende Blättchen von kratzendem Geschmacke; Schmelzpunkt 109—110° C.; leicht löslich in Äther, Weingeist, fetten und ätherischen Ölen, unlöslich in Wasser.

Oxyroccellsäure (Hesse), $C_{15}H_{30}O$, farblose, fettig anzufühlende Blättchen und Nadeln vom Schmelzpunkte 128° C. Leicht löslich in Alkohol, Äther, Benzol, Chloroform und heißem Eisessig, wenig in kaltem Essig. Die alkoholische Lösung färbt sich weder mit Eisenchlorid, noch mit Chlorkalklösung. Vorkommen: *Roccella Montagnii* Bel., *R. fuciformis* (L.) DC., *R. peruensis* Krmph., *R. tinctoria* (L.) Ach.

Parellsäure (Schunck), $C_9H_6O_4$, in *Cladonia pyxidata* (L.) Fr., *Ochrolechia Parella* L., *Roccella tinctoria* (L.) Ach., *Darbishirella gracillima* (Krmph.) Zahlbr., krystallisiert aus gesättigter weingeistiger Lösung in Nadeln, aus verdünnter bei langsamem Verdunsten in kleinen, regelmäßigen Krystallen; Schmelzpunkt bei 264° C.; sehr wenig löslich in kaltem, leichter in heißem Wasser, leicht löslich in Äther, Weingeist und kochender Essigsäure. In wässeriger Kalilauge quillt sie gallertig auf und löst sich dann langsam. Die ammoniakalische Lösung wird an der Luft braun. Durch Erhitzen mit Salpetersäure liefert sie Oxalsäure.

Parmeltalsäure (Zopf), schneeweiße, sehr feine Nädelchen vom Schmelzpunkte 165°. Leicht löslich in Alkohol und warmem Eisessig, weniger leicht in Äther, schwer in Chloroform, Benzol und Petroläther. Spuren von Eisenchlorid färben die alkoholische Lösung violett. Vorkommen: *Parmelia tiliacea* (Hoffm.), *Diplochistes cretaceus* Mass.

Patellarsäure (Weigelt), $C_{17}H_{20}O_{10}$, in *Diplochistes scruposus* (L.) Ach. (bis zu 3%), farblose Krystalle von intensiv bitterem Geschmacke, schwer löslich in Wasser, Essigsäure, Salzsäure, Glycerin, Terpentinöl und Schwefelkohlenstoff, leicht löslich in Chloroform, Äther, Holzgeist, Weingeist und Amylalkohol; färbt sich mit sehr verdünntem Eisenchlorid blauviolett, mit konzentriertem dunkel purpurblau. In Barytwasser löst sich die Säure mit blauvioletter Farbe. Sowohl die wässerige, als auch die alkoholische Lösung wird an der Luft gelb, dann rot. Kalte Salpetersäure, ebenso Chlorkalk färbt sie rot, im letzteren Falle verändert sich die Färbung allmählich in rost- bis gelbbraun.

Perlatin (Hesse), $C_{21}H_{20}O_7$, in *Parmelia perlata* Körb., krystallisiert in blassgelben, langen, sehr spröden Prismen; leicht löslich in Äther, heißem Alkohol und Eisessig, wenig in Chloroform. Die alkoholische Lösung färbt sich mit wenig Eisenchlorid dunkelbraunrot.

Physcinsäure (Paternò), in *Xanthoria parietina* (L.) Th. Fr., krystallisiert in hellgelben Nadeln vom Schmelzpunkte 200° C.; löslich in Benzol, Äther, Alkohol und Kalilauge, unlöslich in Wasser.

Physodalin (Zopf), schneeweiße, sehr feine Nadeln vom Schmelzpunkte 200° C., in Äther und absolutem Alkohol leicht, in kaltem Benzol und Chloroform schwer löslich. Vorkommen: *Parmelia pertusa* Schrk. und *Parmelia physodes* Körb.

Physodalsäure (Zopf), rein weiße, mikroskopisch kleine Prismen, die sich um 220° ins Rötliche verfärben und über 260° verkohlen. Leicht löslich in kochendem Eisessig, in anderem Lösungsmitteln schwer löslich. Verdünnte Natronlauge löst mit rotgelber Farbe. Vorkommen: *Parmelia pertusa* Schrk. und *Parmelia physodes* Körb.

Physodin (Gerding), in *Parmelia physodes* Körb., weiße, aus mikroskopischen Säulchen bestehende, in Äther und Alkohol lösliche Masse vom Schmelzpunkte 425° C. Konzentrierte Schwefelsäure giebt mit der Säure eine violette, wässeriges Ammoniak eine gelbe, an der Luft rötlich werdende Lösung. — Nach den neueren Untersuchungen Zopf's ein Kunstprodukt, welche Anschauung jedoch Hesse (Beitr. zur Kenntnis der Flechten etc., zweite Mitteilung, p. 423) nicht teilt.

Physodsäure (Hesse), $C_{20}H_{22}O_8$, kleine weiße Nadeln vom Schmelzpunkte 190—192° C.; leicht löslich in Äther, Aceton, Alkohol und Chloroform. Die alkoholische Lösung färbt sich mit Eisenchlorid blauschwarz bis grünlichschwarz. Vorkommen: *Parmelia physodes* Körb.

Pikrolichenin (Alms), $C_{12}H_{20}O_6$, in *Variolaria amara* Ach., krystallisiert in farblosen Rhombenoktaedern von bitterem Geschmacke; unlöslich in kaltem, wenig löslich in kochendem Wasser, leicht in Weingeist, Äther, Schwefelkohlenstoff, ätherischen Ölen, heißer Essigsäure und wässerigen Ätzalkalien. Die ammoniakalischen und alkalischen Lösungen werden an der Luft rot. Mit Chlorwasser färbt sich das Pikrolichenin gelb, mit konzentrierter Schwefelsäure entsteht eine farblose Lösung.

Pinastrinsäure (Zopf), $C_{10}H_8O_3$, in *Cetraria pinastri* (Scop.) Ach., *C. juniperina* Ach., *Lepra flava* auct.; feine, goldgelbe Prismen, unlöslich in Wasser, wenig löslich in Äther und kaltem Alkohol, leicht mit gelber Farbe löslich in Ätzalkalien, konzentrierter Schwefelsäure,

Chloroform und Benzol; Schmelzpunkt bei 203—205° C. Beim Erhitzen mit Kalilauge entsteht kein Orcin. — Mit dieser Säure ist wahrscheinlich die Chrysocetrarsäure Hesse's identisch. Hesse giebt zwar für letztere als Schmelzpunkt nur 178° C. an, doch rührt dieser niedrigere Schmelzpunkt wohl daher, dass die gleichzeitig vorhandene Usninsäure nicht ganz entfernt worden war. Später fand Hesse als Schmelzpunkt 198° C. und vermutet, dass die sehr ähnliche Cetrapinsäure früher von ihm nicht ganz entfernt worden war, und dass sie den Schmelzpunkt herabdrückte. Als Formel fand er indessen, wie schon früher, wieder $C_{19}H_{14}O_6$.

Placodin (Zopf), sehr dünne, spindelförmige, kupferrote Kryställchen mit Metallglanz, unlöslich in konzentrierter Schwefelsäure und Salzsäure, fast unlöslich in Benzol, sehr schwer löslich in Äther, Chloroform und verdünntem kohlensauren Natron, leichter in heißem Alkohol; in verdünnter Natronlauge mit violettbrauner, in konzentrierter Salpetersäure mit gelber Farbe löslich; Schmelzpunkt bei 215° C. Die alkoholische Lösung giebt mit Eisenchlorid keine Reaktion. Vorkommen: In sehr geringer Menge in der seltenen Flechte *Placodium melanaspis* (Ach.) Th. Fr. (*P. inflatum* Körb.).

Placodiolin (Zopf), stark glasglänzende Prismen oder Platten von mehreren Millimetern Länge; Schmelzpunkt bei 154—156° C. Leicht löslich in Chloroform, weniger leicht in Äther, Benzol und Eisessig. Vorkommen: *Placodium chrysoleucum* (Sm.) Th. Fr.

Pleopsidsäure (Zopf), in *Pleopsidium chlorophanum* Whlbg., sehr dünne, silberglänzende Blättchen vom Schmelzpunkte 144—145° C., schwer löslich in Eisessig und absolutem Alkohol, weniger schwer in Äther, Chloroform und Benzol, leicht und ohne Farbenänderung in Ätzalkalien und kohlensaurem Natron. In konzentrierter Schwefelsäure löst sich die Säure mit gelber Farbe, während sie in konzentrierter Salpetersäure unlöslich ist.

Protocetrarsäure (Hesse), $C_{30}H_{22}O_{15} + H_2O$, mikroskopisch kleine weiße Nadeln, die sich bei 230° C. zu färben beginnen und bei 260° schwarz werden, ohne zu schmelzen, von sehr bitterem Geschmacke. Unlöslich in Wasser, Ligroin, Petroläther, sehr wenig löslich in Äther, leichter löslich in heißem Alkohol, Chloroform, Benzol oder Eisessig. Vorkommen: *Cetraria islandica* (L.) Ach. — Die Protocetrarsäure geht nach Hesse leicht in Cetrarsäure (Schnedermann und Knop) über.

Psoromsäure (Spica), $C_{20}H_{14}O_9$, schneeweiße, seidenglänzende Nadeln vom Schmelzpunkte 263—265° C.; unlöslich in Benzol (im Gegensatz zu der mit ihr vorkommenden Usninsäure), schwer löslich in Alkohol und Äther, leichter in Chloroform. In konzentrierter Schwefelsäure löst sich die Psoromsäure mit gelber bis gelbgrüner Farbe, auch von kohlensaurem Natron wird sie gelöst. Diese Lösungen färben sich durch Eisenchlorid rot bis rotbraun, während die alkoholische Lösung durch wenig Eisenchlorid eine prachtvoll purpurviolette Färbung annimmt. — In *Rhizocarpon geographicum* (L.) var. *lecanorina* Flörke, *Catocarpus alpicolus* (Wahlbg.) Arnold, *Stereocaulon coralloides* Fr., *St. vesuvianum* Pers., *St. incrustatum* Flörke, *St. denudatum* Flörke var. *genuinum* Th. Fr., *Placodium Lagascae* (Ach.), *Lecanora varia* (Ehrh.), von Spica angeblich auch aus *Placodium crassum* (Huds.) Th. Fr. var. *caespitosum* Schaer. erhalten, was jedoch Zopf nicht bestätigen konnte. — Nach Hesse ist die Psoromsäure mit der Parellsäure von Schunck identisch.

Pulvinsäure, siehe unter Vulpinsäure.

Ramalsäure (Hesse), $C_{17}H_{16}O_7$, in *Ramalina pollinaria* (Westr.) Ach., weiße, zarte Nadeln vom Schmelzpunkte 179° C. Ziemlich schwer löslich in Äther und Alkohol, kaum in Chloroform oder Benzol, ziemlich leicht in Eisessig.

Rangiformsäure (Paternò), $C_{21}H_{36}O_6$, farblose, fettglänzende Blättchen, ohne Krystallwasser, leicht löslich in Alkohol, Äther, Eisessig, Chloroform, Benzol, weniger leicht in heißem Petroläther. Die alkoholische Lösung ergiebt mit Eisenchlorid und Chlorkalklösung keine Reaktionen. In Alkalien leicht löslich und beim Erwärmen heftig schäumend. Schmelzpunkt bei 102° C. Vorkommen: *Cladonia rangiformis* Hoffm.

Rhizocarpsäure, s. unter Vulpinsäure.

Roccellarsäure (Hesse), farblose, blätterige Nadeln vom Schmelzpunkte 110° C. Leicht löslich in starkem, kaltem Alkohol, verdünntem Ammoniak, wenig löslich in verdünntem Alkohol. Die alkoholische Lösung färbt sich mit wenig Eisenchlorid blauviolett, bleibt dagegen mit Chlorkalklösung farblos. Vorkommen: *Roccella intricata* (Mlg.) Darbish.

Roccellinin (Stenhouse), $C_{18}H_{16}O_7$, in *Roccella tinctoria* Ach. und *Reinkella lirellina* Darbish., sehr feine, seidenglänzende Nadeln vom Schmelzpunkte 182° C., unlöslich in Wasser, schwer löslich in Alkohol und Äther, in Alkalien und wässerigem Ammoniak leicht löslich. Roccellinin färbt sich mit Chlorkalklösung schmutzig grün, mit Eisenchlorid schön blau und bildet beim Kochen mit Salpetersäure Oxalsäure.

Roccellsäure (Heeren), $C_{17}H_{32}O_4$, in *Roccella*-Arten, ferner in *Lecanora cenisia* Ach., *Lepraria latebrarum* Ach., krystallisiert in farb-, geruch- und geschmacklosen, glänzenden Tafeln oder Nadeln vom Schmelzpunkt 132° C., verflüchtigt sich zum Teil unzersetzt, unlöslich in Wasser, löslich in Alkohol und Äther.

Salazinsäure (Zopf), in *Stereocaulon salazinum* Bory, in *Parmelia perforata* (Ach.) Nyl., *Parmelia acetabulum* (Neck.), *P. excrescens* (Arn.) Zopf, *P. conspersa* (Ehrh.) Ach., *Everniopsis Trulla* (Ach.) Nyl., weiße, mikroskopisch kleine Krystalle, die sich von 235° an bräunen und bei 250° C. schwarz werden, ohne zu schmelzen. Löslich in verdünnten Lösungen der Ätzalkalien und der kohlensauren Alkalien mit gelber Farbe, sehr schwer löslich in Alkohol, Äther, Chloroform und Eisessig. — Vielleicht identisch mit der Usnarsäure Hesse's.

Solorinsäure (Zopf), $C_{15}H_{14}O_5$, in *Solorina crocea* (L.) Ach., namentlich im Marke, rote, in Kali- und Natronlauge mit violetter, in konzentrierter Schwefelsäure mit purpurner bis purpurvioletter Farbe lösliche, in konzentrierter Salpetersäure unlösliche Krystalle vom Schmelzpunkte 199—201° C. Barytwasser färbt die Krystalle dunkelviolett.

Sordidasäure (Hesse), $C_9H_{10}O_4$, aus *Lecanora sordida* var. *rugosa* Ach., kleine farblose Nadeln vom Schmelzpunkte 172° C.

Sphaerophorin (Zopf), schneeweiße, seidenglänzende Nadeln vom Schmelzpunkte 138 bis 139° C. Leicht löslich in Alkohol, Äther und Chloroform, schwer löslich in kaltem Benzol und Eisessig; wird von Chlorkalk nicht gefärbt. Vorkommen: *Sphaerophorus fragilis* (L.) und *Sph. coralloides* Pers.

Sphaerophorinsäure (Zopf), schmale, dünne, farblose Blättchen vom Schmelzpunkte 207° C. Löslich in absolutem Alkohol, in allen anderen Lösungsmitteln sehr wenig löslich. Verdünnte Kalilauge färbt anfangs gelb, dann rötlich, endlich tief purpurrot. Vorkommen: *Sphaerophorus fragilis* (L.) und *Sph. coralloides* Pers.

Squamarsäure (Zopf), feine, schneeweiße, seidenglänzende Nädelchen vom Schmelzpunkte 262—264° C. Löslich in heißem Alkohol, schwer löslich in kaltem Alkohol, in Äther, Benzol, Chloroform. Unlöslich in Wasser. Vorkommen: *Placodium gypsaceum* (Sm.).

Stereocaulsäure (Zopf), $C_9H_{10}O_3$, in *Stereocaulon alpinum* Laurer, *Lecanora badia* (Pers.), *Parmelia aleurites* Ach. und *Lepra chlorina* Ach., weißliche, zu zierlichen Polstern vereinigte Nadeln; Schmelzpunkt bei 193—195° C.; sehr schwer löslich in Äther, Alkohol, Benzol, kohlensaurem Natron, besser in heißem Chloroform, am besten in heißem absoluten Alkohol. Die alkoholische Lösung färbt sich schon durch Spuren von Eisenchlorid schön violett.

Stictinsäure, s. unter Cetrarin.

Thamnolsäure (Zopf), in der Rinde von *Thamnolia vermicularis* (Sw.), rein weiße, mikroskopisch kleine Prismen oder Blättchen vom Schmelzpunkte 202—204° C., in Wasser, Benzol, Ligroin, Petroläther, konzentrierter Salpeter- und Salzsäure unlöslich, in Eisessig, Äther, Alkohol, Chloroform wenig, in Kali- oder Natronlauge leicht löslich, in kohlensauren Alkalien weniger leicht mit grüner Farbe löslich, aus diesen Lösungen durch Salzsäure in weißen Flocken fällbar. Konzentrierte Schwefelsäure färbt die Thamnolsäure gelb und löst sie dann mit grünlicher Farbe. Barytwasser und Chlorkalklösung färben nicht und lösen nicht. Wenig Eisenchlorid färbt die Säure sofort schön violett bis violettbraun.

Thiophansäure (Hesse), $C_{12}H_8O_{12}$, in *Lecanora sordida* (Pers.) Th. Fr. var. *Swartzii* (Ach.), schwefelgelbe Nadeln mit 1 Mol. Krystallwasser; Schmelzpunkt bei 242° C.

Umbilicarsäure (Zopf), schneeweiße, sehr feine, kurze Nädelchen vom Schmelzpunkte 180°. Löslich in kochendem Eisessig, schwer löslich in heißem Chloroform, Äther und Alkohol. Mit Chlorkalk tritt blutrote Färbung ein. Vorkommen: *Gyrophora polyphylla* (L.). *G. deusta* (L.), *G. hyperborea* (Hoffm.).

Usnarin (Hesse), geschmacklose, kleine, farblose, glasglänzende Prismen, welche an beiden Seiten durch Pyramiden begrenzt sind. Leicht löslich in heißem Alkohol, Eisessig oder Benzol, welche Lösungen sich mit wenig Eisenchlorid purpurviolett bis braunrot färben. Schmelzpunkt bei 180° C. Vorkommen: *Usnea barbata* f. *dasypoga* (Ach.) Fr. und *U. barb. f. hirta* (L.) Fr.

Usnarsäure (Hesse), $C_{30}H_{22}O_{15}$, krystallisiert aus heißem absoluten Alkohol als weiße, fast pulverige Masse; ziemlich leicht löslich in heißem Alkohol und heißem Eisessig, sehr schwer löslich in kochendem Äther, in Benzol, unlöslich in Ligroïn und Wasser. Geschmack intensiv bitter. Die alkoholische Lösung färbt sich mit wenig Eisenchlorid purpurviolett bis braunrot. Zwischen 250 und 260° wird die Säure schwarz, ohne zu schmelzen, doch tritt bei 250° Sinterung ein. Vorkommen: *Usnea barbata* f. *dasypoga* (Ach.) Fr. und *U. barb. f. hirta* (L.) Fr.

Lichenes. (Fünfstück.) 35

Usninsäure (Knop; Rochleder und Heldt), $C_{18}H_{16}O_7$, gelbe Nadeln vom Schmelzpunkte 195—197° C.; unlöslich in Wasser, Benzol und Ligroïn, schwer löslich in Alkohol und kaltem Äther, leicht in kochendem Äther und heißen flüchtigen und fetten Ölen, in konzentrierter Schwefelsäure mit gelber Farbe löslich. Chlorkalklösung färbt die Säure gelb, wenig Eisenchlorid die alkoholische Lösung intensiv dunkelbraunrot. Aus neutraler Lösung fällen Kupfersalze grün, Nickelsalze gelbgrün, Kobaltsalze braunrot. — Die Usninsäure gehört zu den verbreitetsten Flechtensäuren, sie wurde bisher gefunden in *Usnea florida* L., *U. plicata* L., *U. barbata* L., *U. longissima* Ach., *U. ceratina* Ach., *Bryopogon sarmentosum* Ach., zahlreichen *Cladonia*-Arten, (*Cladonia rangiferina* L., *Cl. digitata* Hoffm., *Cl. macilenta* Ehrb., *Cl. uncinata* Hoffm.), *Ramalina ceruchis* Ach., *Ramalina calicaris* (L.) Ach., *R. pollinaria* (Westr.) Ach., *Evernia prunastri* (L.) Ach., *E. furfuracea* (L.) Ach., *Cetraria pinastri* (Scop.) Ach., *C. juniperina* (L.) Ach., *Parmelia saxatilis* (L.) Fr., *P. caperata* (L.) Ach., *P. conspersa* (Ehrb.) Ach., *Placodium saxicolum* (Poll.) Körb., *P. crassum* (Huds.) Th. F., *P. Lagascae* (Ach.), *P. gypsaceum* (Sm.), *Haematomma ventosum* (L.) Schaer., *H. coccineum* (Dicks.) Körb., *Psora lurida* (Ach.) Körb. und *Rhizocarpon geographicum* (L.) DC.

Ventosarsäure (Zopf), feine, kurze, glasglänzende, farblose Prismen vom Schmelzpunkte 205—207° C. Schwer löslich in Alkohol, Äther, Chloroform, in Natronlauge anfangs mit gelber, dann schön purpurroter und schließlich violetter Farbe löslich. Vorkommen: *Haematomma ventosum* (L.) Schaer.

Vulpinsäure (Bebert; Chrysopikrin, Pulvinsäuremonomethylester), $C_{19}H_{14}O_5$, in *Evernia vulpina* (L.) Ach., *Parmelia perlata* (L.) Ach., *Cyphelium chrysocephalum* Ach., *Lepra chlorina* Ach. und jugendlichen, auf Sandstein gewachsenen Formen von *Xanthoria parietina* (L.) Ach., krystallisiert aus Alkohol in großen, schwefelgelben, klinorhombischen Pyramiden oder in Nadeln, aus Schwefelkohlenstoff in mehr röttlichen Krystallen; in alkoholischer Lösung sehr bitter, sonst geschmacklos; fast unlöslich in kochendem, schwer löslich in kaltem Wasser und kochendem Weingeist, leicht löslich in Äther, Chloroform und Schwefelkohlenstoff; konzentrierte Schwefelsäure färbt hochrot und löst mit braunroter Farbe; Schmelzpunkt bei 148°, sublimiert bei 120° C., zerfällt über 200° C. in Methylalkohol und Pulvinsäureanhydrid, $C_{18}H_{10}O_4$. Die Vulpinsäure ist einbasisch, zersetzt Carbonate und bildet krystallisierbare Alkalisalze. Durch Behandlung mit Kalkmilch entsteht die Pulvinsäure, $C_{18}H_{12}O_5$, gelbe Prismen vom Schmelzpunkte 214—215° C. Den von ihm früher Callopisminsäure bezeichneten Äthylester der Pulvinsäure fand Zopf im Thallus von *Physcia medians* Nyl., *Candelaria concolor* (Dicks.) und *Callopisma vitellinum* Ehrb. Derselbe bildet auf den genannten Flechten eine Kruste von feinen, gelben, in Chloroform und Benzol leicht, in Alkohol und Äther schwer löslichen Kryställchen vom Schmelzpunkte 127—128° C. — Ein weiteres Pulvinsäurederivat fand Zopf in den peripherischen Teilen des Thallus von *Rhizocarpon geographicum* (L.) DC., *Catocarpus alpicolus* (Wahlbg.) Arnold, *Acolium tigillare* (Ach.), *Pleopsidium chlorophanum*, *Arthrorhaphis flavovirescens* (Borr.) Th. Fr., *Psora lurida* (Ach.) Körb. und *Acarospora flava* (Bell.) Stein, die Rhizocarpsäure, $C_{13}H_{10}O_3$, nach Zopf wahrscheinlich eine Resorcinverbindung der Äthylpulvinsäure, nach Hesse dagegen als Äthyldipulvinsäure $C_{40}H_{30}O_{10}$, zu betrachten; glänzende, citrongelbe Prismen, sehr schwer löslich in Alkohol, schwer in Äther und Eisessig, leichter in Benzol, leicht in Chloroform und Schwefelkohlenstoff, wenig löslich in Ätzalkalien und kohlensauren Alkalien, in konzentrierter Schwefelsäure und Salpetersäure; Schmelzpunkt bei 177—179° C. Die alkoholische Lösung giebt mit Eisenchlorid keine Reaktion.

Zeorin (Paternò), $C_{13}H_{22}O$, schneeweißes Pulver, bestehend aus hexagonalen Doppelpyramiden, häufig mit Zwillingen untermischt, völlig unlöslich in allen Alkalien, sehr schwer löslich in kaltem Alkohol, Äther und Benzol, weniger schwer in Chloroform; Schmelzpunkt bei 249—251° C. Vorkommen: *Lecanora sordida* (Pers.) Th. Fr., *L. thiodes* Sprengel, *Physcia caesia* (Hoffm.) Nyl., *P. endococcina* (Körb.), *Parmelia speciosa* Ach., *Haematomma coccineum* (Dicks.) Körb., *Placodium saxicolum* (Poll.) Körb., *Urceolaria cretacea* Mass., *Dimelaena oreina* (Ach.).

Zeorsäure (Zopf), kurze, stark glasglänzende, am Ende abgeschrägte Prismen vom Schmelzpunkte 235—236° C. In Alkohol, Äther, Chloroform und Eisessig schwer, beim Kochen leichter löslich. Vorkommen: *Lecanora sordida* (Pers.).

Weitere organische Säuren: Weinsäure tritt nach Salkowski bei *Lecanora sordida* (Pers.) Th. Fr. und *Usnea barbata* (L.) Fr. auf; Bernsteinsäure wurde von Cappola in *Stereocaulon vesuvianum* gefunden.

Aus *Xanthoria parietina* (L.) Th. Fr. isolierte Hesse drei Körper, welche keine Säuren sind, sondern zu den Chinonen gehören:

3*

1. **Physcion** (**Chrysphansäure** von Rochleder und Heldt, nicht zu verwechseln mit einer gleichnamigen Verbindung in der Rhabarberwurzel, welche bis jetzt noch nirgends in Flechten beobachtet worden ist, **Parmelgelb** von Herberger, **Parietin** von Thompson, **Physciasäure** von Paternò, **Chrysophyscin** von Lilienthal), $C_{16}H_{12}O_5$, krystallisiert aus heißem Benzol, Alkohol oder Eisessig in glänzenden, ziegelroten, geschmacklosen Nadeln; Schmelzpunkt bei 207° C. (nach Zopf 202—203° C.); in konzentrierter Schwefelsäure unzersetzt mit tiefroter Farbe löslich und mit Wasser fällbar; sehr wenig löslich in Natron- oder Kalicarbonatlösung, etwas besser in heißem Ammoniak mit dunkelroter, in Kali- oder Natronlauge mit dunkelkirschroter Farbe. — Hesse fand das Physcion auch in *Xanthoria lychnea* (Ach.) Th. Fr., *X. candelaria* (Ach.), *Gasparrinia elegans* (Lk.) Tornab., *G. murorum* (Hoffm.) Tornab., *G. decipiens* Arnold und *Candelaria concolor* (Dicks.) Th. Fr., in welchen es frei von anderen krystallisierbaren Stoffen enthalten war, in *Candelaria concolor* auch nicht von Calycin begleitet, entgegen den Angaben von Zopf. — Eng an Physcion schließt sich das von Hesse in *Nephromium lusitanicum* (Schaer.) gefundene **Nephromin**, $C_{16}H_{12}O_6$, an; kleine, ockergelbe Nadeln vom Schmelzpunkte 196°, die sich mit Kalilauge und Sodalösung purpurrot färben. Mit gelbroter Farbe in konzentrierter Schwefelsäure löslich. — Wahrscheinlich das **Emodin** Bachmann's.

2. **Physcianin**, $C_{10}H_{12}O_4$, derbe, farblose Prismen vom Schmelzpunkte 143° C.; in Äther, Benzol, Eisessig, Alkohol, Kalilauge und Sodalösung leicht, in kochendem Wasser sehr wenig löslich. Die alkoholische Lösung färbt sich mit etwas Eisenchlorid intensiv blauviolett, mit wenig Chlorkalklösung blutrot, doch entfärbt sich die Lösung vollständig bei weiterem Zusatze von Chlorkalklösung.

3. **Physciol**, $C_7H_3O_3$, lange, farblose, zarte, wasserfreie Nadeln vom Schmelzpunkte 104 bis 105° C.; leicht löslich in Äther, Chloroform, Eisessig, Alkohol, Kalilauge, Sodalösung, kochendem Wasser, verhältnismäßig leicht in kaltem Wasser. Die alkoholische Lösung färbt sich mit wenig Eisenchlorid grünlichschwarz, mit Chlorkalklösung gelbbraun, dann hellgelb. *)

Das von Zopf aus *Lepraria latebrarum* Ach. isolierte **Leprarin**, $C_{36}H_{4)}O_{17}$, ist ebenfalls keine Säure, sondern gehört anscheinend der aromatischen Reihe an; mikroskopisch kleine, glasglänzende, schneeweiße Blättchen vom Schmelzpunkte 155° C. Löslich in Eisessig, sehr schwer löslich in Alkohol, Äther, Chloroform, Benzol, unlöslich in Wasser. — Einen alkoholartigen, als **Physol**, $C_{20}H_{24}O_5$, bezeichneten Körper fand Hesse in *Imbricaria physodes* Körb. Derselbe konnte bisher nur in amorphem Zustande gewonnen werden; leicht löslich in Äther, Chloroform und Alkohol; Schmelzpunkt ungefähr bei 145° C. Die alkoholische Lösung färbt sich mit wenig Eisenchlorid dunkelgrün mit einem Stiche ins Bläuliche. Aus *Nephromium arcticum* (L.) Nyl. und *N. lusitanicum* (Schaer.) isolierte endlich Hesse ein Diterpenhydrat, das **Nephrin**, $C_{20}H_{32} + H_2O$; zarte, weiße Nadeln vom Schmelzpunkte 168°, leicht löslich in heißem Alkohol und Benzol, in Äther, unlöslich in Wasser, Kalilauge. Die alkoholische Lösung giebt mit Eisenchlorid keine Reaktion.

Die Angabe Bachmann's, dass auch Emodin in Flechten vorkomme, konnte bisher nicht bestätigt werden (vgl. übrigens unter Physcion).

Die Rindenhyphen von *Sticta fuliginosa* Dicks. producieren nach Zopf ziemlich reichlich Trimethylamin.

Nach Kosmann findet bei *Usnea barbata* (L.) Fr. α *florida* (L.) Fr., *Xanthoria parietina* (L.) Th. Fr., *Parmelia perlata* (L.), Ach. und *Peltigera canina* (L.) Schaer. Diastasebildung statt.

Die Aschenbestandteile der Flechtenpilze sind im allgemeinen denen der gewöhnlichen Pilze gleich und nicht, wie man früher angenommen hat, erheblich höher, nur zeichnen sich die Flechtenpilze dadurch aus, dass der Gehalt an anorganischen Bestandteilen häufig auffallend hohen Schwankungen unterliegt. So fand Uloth bei *Biatora rupestris* (Scop.) Fr. 24,43 %, bei *Evernia prunastri* (L.) Ach. (auf Birkenrinde) nur 8,38 % Kalk in der Asche. Sehr bemerkenswert ist bei der zuletzt genannten Art der sehr hohe Kieselsäuregehalt: 49,760 % auf Sandstein, 41,048 % auf Birkenrinde. Der

---

*) Neuere Untersuchungen Hesse's (Beitr. z. Kenntnis der Flechtenstoffe etc., zweite Mitteilung, p. 436) machen es wahrscheinlich, dass weder Physciol, noch Physcianin ursprünglich in der Flechte vorhanden sind, vielmehr erst aus dem vorhandenen Atranorin bei Behandlung mit Sodalösung entstehen.

niedrigste Aschengehalt wurde bisher bei *Cladonia bellidiflora* (Ach.) Schaer. mit $1,18\%$ der Trockensubstanz, der höchste bei *Cladonia rangiferina* (L.) Hoffm. mit $12,47\%$ gefunden. Wie aus vorstehendem Abschnitte ersichtlich ist, ist der Chemismus der Flechtenpilze sehr kompliziert. Viele der aufgeführten Körper liefern mit bestimmten Verbindungen schöne Farbenreaktionen, z. B. das weit verbreitete Physcion mit Kali- oder Natronlauge eine schöne blutrote Verbindung.

Dieser Umstand ist von den neueren Lichenologen sogar als Artmerkmal herangezogen worden. Für derartige Reaktionen sind bei den Lichenologen bestimmte Abkürzungen allgemein üblich geworden: K für wässerige Lösung von Ätzkali, $CaCl$ für eine solche von unterchlorigsaurem Calcium, J für alkoholische Jodlösung. Ein hinter der Abkürzung stehendes $+$ Zeichen besagt, dass nach Anwendung des Reagens eine Färbung eintritt, ein $-$ Zeichen, dass eine solche unterbleibt, $+-$, dass eine Färbung entsteht, aber später wieder verschwindet, $-+$, dass die Färbung erst nach längerer Einwirkung des Reagens eintritt.

Wenn nun auch bestimmte Verbindungen bei bestimmten Arten sehr konstant auftreten, so erscheint dennoch die Verwendung chemischer Reaktionen als Artmerkmal mindestens als verfrüht, denn unsere Kenntnisse von der chemischen Natur sehr zahlreicher Verbindungen, von dem Einflusse des Substrates auf den Chemismus der Flechtenpilze sind noch zu lückenhaft, als dass man schon so weitgehenden Gebrauch von jenen Reaktionen machen könnte. So färben sich beispielsweise alle diejenigen Flechten, welche Atranorsäure enthalten, beim Betupfen mit verdünnter Ätzkalilösung deutlich gelb, weil die in der Rinde abgelagerte Säure sich in Ätzkali mit gelber Farbe löst. Dieselbe Reaktion liefern aber auch Evernsäure, Thamnolsäure etc. — Nur in jugendlichen, auf Sandstein gewachsenen Formen von *Xanthoria parietina* (L.) Ach. konnte bisher Vulpinsäure nachgewiesen werden, jedoch nicht in älteren oder auf einem anderen Substrat gewachsenen Exemplaren. — Nylander unterscheidet *Lecanora circinata* und *L. subcircinata*, je nachdem das Lager nach Benetzung mit Ätzkali farblos bleibt oder sich gelb, dann rot färbt. Nach Hue (Lichens des environs de Paris. Extr. du Bull. de la Soc. bot. de France, T. XL, 1893) tritt aber jene Reaktion auch bei *L. circinata* Ach. regelmäßig ein, und zwar in der Gonidienschicht, sie bleibt nur aus, wenn die Gonidienschicht schwach entwickelt ist. — Viele Flechten producieren sehr reichlich Fett, wenn im Substrat ein Carbonat zur Verfügung steht, die Fettbildung unterbleibt jedoch, wenn solche Flechten auf einem carbonatfreien Substrat vorkommen. — Soll also die chemische Beschaffenheit bei der Artabgrenzung Berücksichtigung finden, so ist die betreffende Verbindung in der Diagnose chemisch zu definieren.

Über den Gasaustausch der Flechten ist bis jetzt nur wenig Zuverlässiges ermittelt worden. — Der Pilz atmet, die Alge dagegen atmet und kann bei hinreichender Belichtung Kohlenstoff assimilieren. Hieraus folgt, dass die Flechten einem bestimmten Volum Luft im Dunkeln O entziehen und CO_2 ausscheiden. Es ist noch nicht entschieden, ob bei der belichteten Flechte die CO_2-Zersetzung von Seiten der Alge die CO_2-Abscheidung von Pilz und Alge überwiegt oder hinter ihr zurückbleibt. Während Bonnier und Mangin fanden, dass belichtete Strauch- und Laubflechten mehr CO_2 abscheiden als sie zu zersetzen vermögen, gelangte Jumelle bei denselben Untersuchungsobjekten zu dem entgegengesetzten Ergebnisse. Im Hinblicke auf die biologischen Verhältnisse besonders zahlreicher Krustenflechten, welche selten zu einem so hohen Lichtgenusse gelangen, dass an eine nennenswerte Kohlenstoffassimilation durch die Gonidien gedacht werden kann, muss von vornherein das Überwiegen der CO_2-Zersetzung gegenüber der CO_2-Abscheidung sehr zweifelhaft erscheinen. Die Flechten dürften somit in Bezug auf ihre Ernährung vom Substrat in höherem Grade abhängig sein als die höher organisierten grünen Gewächse.

Assimilation und Respiration der Flechten wachsen in gleicher Weise mit dem Wassergehalte, anfangs sehr rasch, dann stetig langsamer. Das Optimum des Gasaustausches liegt nach Jumelle vor dem Maximum des Wassergehaltes. Letzterer ist übrigens selbst im Maximum immer noch geringer als derjenige der Pilze und Phanerogamen.

An lufttrocknen Individuen konnte Jumelle keinen Gasaustausch beobachten. Nach dem genannten Autor dürften die Flechten die Fähigkeit zum Erwerb des Kohlenstoffes dauernd verloren haben, wenn sie ca. 3 Monate im lufttrockenen Zustande verharrt haben. Die Kohlenstoffassimilation wird in der Regel durch höhere Temperaturen ziemlich rasch und dauernd unterdrückt, während die Respirationsfähigkeit verhältnismäßig lange erhalten bleibt.

Nach den Angaben Jumelle's erlischt die Atmung bei $-10°$ C., während CO_2-Zersetzung selbst noch bei $-30°$ C. bis $-35°$ C. stattfindet. Hieraus würde folgen, dass selbst bei so niedrigen Temperaturen die Gonidien über einen Rest flüssigen Wassers verfügen.

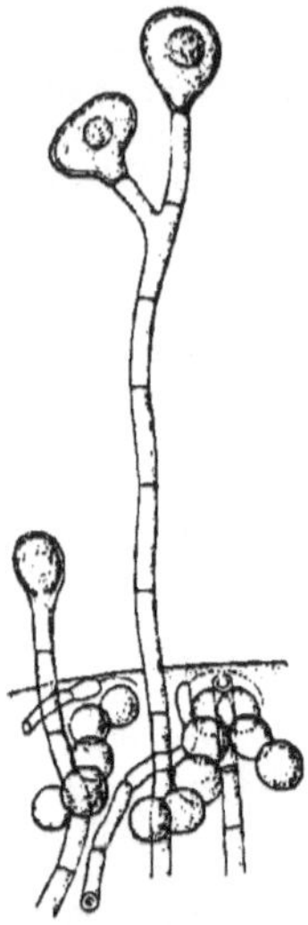

Fortpflanzung durch Sporen. — Die reproduktive Vermehrung des Flechtenkörpers wird ohne Ausnahme vom pilzlichen Formelement allein besorgt und verläuft in allen wesentlichen Punkten in der gleichen Weise, wie bei den entsprechenden Pilzen, den Discomyceten, Pyrenomyceten und Basidiomyceten. Die Algen kommen dabei lediglich als ernährende Organe in Betracht.

Nur zwei tropische Lichenengattungen entwickeln Früchte nach Art der Basidiomyceten, bei allen übrigen Flechten findet in ausgiebigster Weise Conidien- und Ascosporenbildung statt; Sporen mit Eigenbewegung kommen nicht vor.

1. **Conidienbildung.** — Eine bemerkenswerte Erscheinung im Aufbaue der Flechten besteht darin, dass die bei den Ascomyceten sonst so häufigen schimmelartigen Conidienträger äußerst selten vorkommen; sie sind bis jetzt nur bei *Arnoldiella minutula* (Fig. 22) und *Placodium decipiens* beobachtet worden (Bornet, Recherches sur les Gon., Ann. des sc. nat. Bot. 1873, sér. V, T. XVII, p. 46). Dagegen ist die Bildung von Conidien in besonderen Behältern, den Pykniden, allgemein unter den Flechten verbreitet. Diese Behälter zeichnen sich im allgemeinen durch ihre regelmäßige, kugelige Gestalt (Fig. 23, A) aus. Sie sind dem Thallus eingesenkt und treten in der Regel nur mit ihren Mündungen, welche sich dem unbewaffneten Auge als winzige Punkte darstellen, an die Thallusoberfläche. Ihre Bildung und Entleerung erfolgt gewöhnlich vor dem Erscheinen der Früchte. — Ein kugeliges, überaus dichtes, aus zarten und reich verzweigten Hyphen bestehendes Geflecht stellt in allen bis jetzt beobachteten Fällen das früheste Entwickelungsstadium einer solchen Pyknide dar. In einem derartigen Knäuel treten sehr bald zentral gerichtete, dem peripherischen Gewebe entsprossende Hyphen auf (Fig. 23, A), welche stets farblos und in der Regel sehr zart sind. Sobald sich diese als Sterigmen bezeichnete Hyphen ungefähr bis in das Zentrum der Anlage vorgeschoben haben, beginnt am Scheitel der Sterigmen oder auch an den Enden der etwa vorhandenen seitlichen Verzweigungen

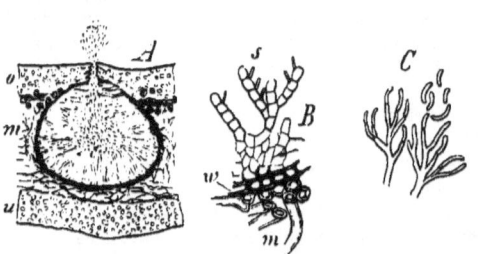

Fig. 22. Conidienträger von *Arnoldiella minutula* (Bornet) mit nahezu reifen Conidien (950|1). (Nach Bornet).

Fig. 23. *Gyrophora cylindrica* (L.) Ach. *A* senkrechter Medianschnitt durch eine Pyknide: *o* obere, *u* untere Rindenschicht, *m* Mark (90/1). — *B* Teil eines sehr dünnen Schnittes aus dem Grunde der Pyknide: *w* an das Mark *m* angrenzende Wandung, aus welcher die gegliederten Sterigmen mit den stabförmigen Pyknoconidien *s* sprossen (390/1). — *C* Sterigmen mit den gekrümmten Pyknoconidien von *Cladonia Novae Angliae Delise* (450/1). (*A* und *B* nach De Bary, *C* nach Tulasne).

die Abschnürung der Conidien (Fig. 23, *B*, *C*). Die mit seltenen Ausnahmen sehr kleinen, bakterienähnlichen, einzelligen, seltener mehrzelligen Conidien werden stets in sehr großer Zahl erzeugt; das Innere lebensthätiger reifer Pykniden ist immer von ihnen erfüllt. Sie liegen hier in einer hyalinen Gallerte. Gelangt Wasser in die Pyknide, so quillt diese Gallerte stark auf und drängt die abgeschnürten Conidien durch einen relativ kurzen Kanal (Fig. 23, *A*) auf die Thallusoberseite; ein besonderer Ejakulationsmechanismus ist nicht vorhanden. Sind die Sterigmen, wie in Fig. 23, *B, C*, gegliedert, so werden sie nach dem Vorschlage Nylander's (De momento characteris spermogoniorum notula. Flora 1862, p. 353; Ders., Synopsis meth. Lich., p. 34) als **Arthrosterigmen** bezeichnet.

Nach den Beobachtungen Lindsay's, deren Richtigkeit A. Möller bestätigen konnte, kommen bei einer Anzahl Flechten an ein und demselben Individuum äußerlich völlig gleiche Pykniden (Spermogonien) vor, in denen Pyknoconidien von verschiedener Form produciert worden. So fand A. Möller bei *Calicium trachelinum* Pykniden mit ovalen und unmittelbar daneben solche mit stäbchenförmigen Conidien. Beide Conidienformen verhielten sich in Bezug auf die Keimung gleich.

In der Lichenographie werden monöcische und diöcische Flechten unterschieden, je nachdem die Pykniden und Ascusfrüchte auf demselben oder auf getrennten Individuen vorkommen. Letzteres findet sehr selten statt, z. B. bei *Ephebe pubescens*.

Es gelang A. Möller, mit Hämatoxylinlösung in den Pyknoconidien (Spermatien) von *Calicium parietinum, Opegrapha atra, Collema microphyllum, C. pulposum* und *Mallotium Hildenbrandii* einen Zellkern sichtbar zu machen. Gy. von Istvánffi (Ber. d. Deutsch. Botan. Gesellsch., 1895, Bd. XIII, p. 459) beobachtete ferner Kerne in den Pyknoconidien von *Buellia* und einigen anderen Gattungen. Nach den Untersuchungen von A. B. Macallum muss es indes noch zweifelhaft erscheinen, ob die in Pyknoconidien beobachteten, als Kerne gedeuteten Gebilde auch wirklich als echte Kerne zu betrachten sind.

Bei einer Reihe von Flechten kommen Behälter vor, in denen sich beträchtlich größere Zellen vorfinden, als dies in den Pykniden (im Sinne Möller's, vgl. weiter unten) der Fall ist. Tulasne, welcher auf diese Organe zuerst aufmerksam machte, nannte sie Pykniden, ihren Inhalt Stylosporen. Später gaben sie Lindsay für *Alectoria jubata* (L.) Ach., *Imbricaria saxatilis* Körb., *I. sinuosa* Körb, *Peltigera canina* L., Gibelli für *Verrucaria Gibelliana* Garov., *Sagedia carpinea* (Pers.) Mass., *S. Zizyphi* Mass., *S. callopisma* Mass., *S. Thuretii* (Hepp) Körb., *S. affinis* Mass., *Pyrenula olivacea* Pers., Fuisting für *Opegrapha varia* Pers., *Acrocordia gemmata* (Ach.) Körb., *A. tersa* Körb. und *Sagedia nectrospora* Hepp an. Möglicherweise finden sie sich auch bei *Roccella Montagnei* Bel. und *Opegrapha vulgata* Ach., bei welchen Flechten nach Lindsay zweierlei Pykniden vorhanden sind. Die Kenntnis der fraglichen Organe, welche ebenso wie die Spermogonien verschiedentlich sogar für parasitische Pilze erklärt worden sind, bedarf noch weiterer Vertiefung, zumal bereits für einzelne Fälle nachgewiesen worden ist, dass die vermeintlichen Pykniden junge Fruchtanlagen sind (Fünfstück, Beitr. zur Entwickelungsgeschichte der Lich., Berl. 1884).

Die Anschauungen über die physiologische Bedeutung der Pyknoconidien haben im Verlaufe der letzten hundert Jahre, seit welcher Zeit sie bekannt sind, mannigfache Wandlungen erfahren, ohne dass bis jetzt völlige Übereinstimmung der Meinungen über die Funktion dieser Gebilde hätte erzielt werden können. Hedwig (Theoria generationis et fructicationis plant. crypt. Linnaei. Petrop. 1784. Edit. I. p. 120—125) war der erste, welcher die Pyknoconidien beobachtete und richtig beschrieb, soweit dies die damaligen optischen Hilfsmittel erlaubten. Er nannte sie »flores masculi« und vermutete in ihnen männliche Sexualorgane. 1850 ging Itzigsohn in dieser Richtung noch viel weiter, indem er die Pykniden geradezu mit den Antheridien, die Conidien mit den Spermatozoiden der höheren Kryptogamen in Parallele stellte. Bald darauf lieferte Tulasne eine eingehende Untersuchung über die Pykniden und Pyknoconidien und nannte die ersteren Spermogonien, die letzteren Spermatien, welche Bezeichnungen sich bis auf die Gegenwart erhalten haben. Der Name »Spermatien« war von Tulasne insofern recht unglücklich gewählt, als er durch ihn nicht etwa auf die sexuelle Funktion jener Gebilde hinweisen, sondern lediglich ausdrücken wollte, dass es sich um Organe handle, »welche mit der Reproduktion in irgend einer Beziehung stehen«. Lindsay, der nach Tulasne die Pykniden am eingehendsten untersucht hat, vertritt eine ähnliche Auffassung, doch neigt er noch mehr als dieser der Annahme zu, dass die Pyknoconidien männliche Befruchtungsorgane seien. Man stützte sich dabei hauptsächlich auf die Beobachtung, dass die Spermatien vor den Früchten auftreten, und dass sie nicht zur Keimung gebracht werden konnten.

Durch die Untersuchungen Stahl's (Beiträge zur Entw. der Flechten. Leipzig 1877. Heft 1) an *Collema* erhielt die Deutung der Spermatien als männliche Sexualorgane eine erheblich solidere Grundlage, als sie die bisherigen Untersuchungen geboten haben. Die letzte und unerlässliche Forderung für den Sexualitätsbeweis, nämlich den Nachweis der Plasmaverbindung zwischen Spermatium und Trichogyn (vgl. weiter unten, p. 42 u. 43), konnten indes weder die Stahl'schen, noch spätere Untersuchungen bisher erfüllen. A. Möller hat vielmehr gezeigt, dass die Spermatien in geeigneten Nährlösungen genau in der gleichen Weise wie die Ascosporen zu keimen vermögen. Es gelang dem genannten Forscher, bei *Calicium parietinum* sowohl durch Aussaat von Ascosporen als auch von Spermatien einen Spermogonien erzeugenden Thallus zu erziehen. Derartige Kulturen bieten übrigens, wie Möller mehrfach hervorhebt, große Schwierigkeiten, welcher Umstand die Misserfolge früherer Kulturversuche erklärlich erscheinen lässt. — Ob die Pyknoconidien auch in der Natur nur unter besonders günstigen Verhältnissen auskeimen, oder ob hier die Keimung leichter eintritt, ist zur Zeit noch unbekannt. Es liegt hierüber nur eine einzige Beobachtung von Hedlund (Bot. Centralbl. Bd. LXIII. p. 9) vor, welcher bei *Catillaria denigrata* (Fr.) und *C. prasina* (Fr.) Keimung der Pyknoconidien unter natürlichen Verhältnissen, welche sogar bis zur Thallusbildung führte, verfolgen konnte.

Durch die Ergebnisse der Möller'schen Untersuchungen findet die schon früher von Brefeld (Schimmelpilze. IV. p. 140 ff.) ausgesprochene Ansicht, dass die Spermatien höchstwahrscheinlich als zum Teil vielleicht funktionslos gewordene Conidien zu betrachten seien, eine wichtige Stütze. Möller bezeichnete von nun an die Spermogonien als Pykniden, die Spermatien als Pyknoconidien, welche Bezeichnungen jedenfalls so lange als korrekt zu gelten haben, als es nicht gelingt, die Plasmaverschmelzung zwischen dem Spermatium (Pyknoconidie) und dem Trichogyn unzweifelhaft zu beobachten.

Der systematische Wert der Pykniden und Pyknoconidien erscheint zur Zeit noch zweifelhaft, denn es bedarf die Frage, in wie weit sich die von den Pilzen überkommenen Organe mit dem Konsortium phylogenetisch verändert haben, noch einer eingehenden Untersuchung. Zudem ist der Bau der Pyknoconidien höchst einfach und repräsentiert nur einige wenige Typen, ferner ist er keineswegs so konstant, als man bisher angenommen hat.

Schließlich ist noch als eine besondere Art der Conidienentwickelung die bis jetzt nur bei den Calicieen beobachtete Oidien- oder Chlamydosporenbildung zu erwähnen. Hier sind im besonders üppig wachsenden Thallus und im sogen. Leprazustande die Gonidien von kurzen, cylindrischen, meist isolierten, conidienähnlichen Gebilden umgeben (Fig. 24), welche durch Zerfall der Thallushyphen entstehen, und von denen Neubner (Unters. über den Thallus und die Fruchtanfänge der Calycieen. Plauen 1893, p. 10) vermutet, dass sie ebenso wie die Pyknoconidien keimfähig sind.

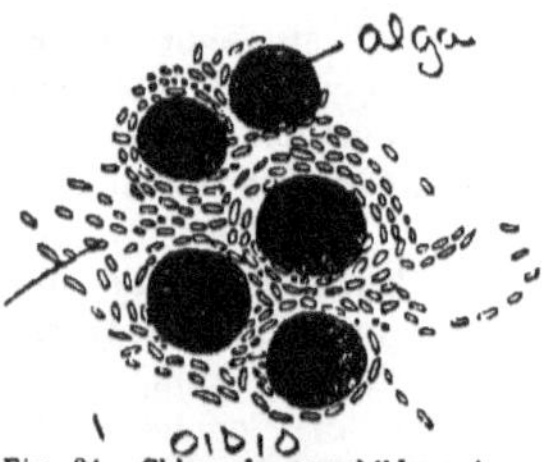

2. Basidiosporenbildung. — Die Produktion von Basidiosporen ist bisher nur bei den in den Tropen einheimischen Gattungen Cora Fr. und Corella Wainio beobachtet worden. Die genannten Gattungen sind daher bis jetzt die einzigen Repäsentanten der *Basidiolichenes (Hymenolichenes)*; die früher unterschiedenen Gattungen *Dictyonema* und *Laudatea* sind nach den Untersuchungen A. Möller's nur besondere Wuchsformen der Gattung *Cora*. — Der Pilz der *Cora* ist

Fig. 24. Chlamydosporenbildung im Thallus von *Cyphelium* (800/1). (Nach Neubner).

eine Telephoree, welche die dachziegelig gelappten, flachen, im Umrisse halbkreisförmigen Fruchtkörper zuweilen ganz ohne Algen entwickelt. Dient *Chroococcus* als Gonidium, so bildet *Cora* eine normale Telephoreenfrucht, d. h. auf der Unterseite des Flechtenkörpers ein durch Risse gefeldertes Basidienhymenium. Bestehen die Gonidien aus *Scytonema*, so entstehen beim Überwiegen des Pilzes strahlig-fädige, im Umrisse ebenfalls kreisförmige, vom Substrat abstehende Fruchtkörper mit dem Hymenium auf der Unterseite (*Dictyonema*-Form), beim Überwiegen der Alge dagegen filzige Überzüge auf dem Substrat (Baumrinde) mit unregelmäßigen Hymenien, welche an vom Lichte abgewandten Stellen des Thallus entstehen (*Laudatea*-Form).

Im Gegensatze zu vorstehender Darstellung hält Wainio (Étude sur la classification nat. et la morph. des Lich. du Brésil. Helsingfors 1890. p. 239) das Hymenium der Gattung *Cora* auf der Unterseite des Thallus für eine eigenartig ausgebildete Rindenschicht, die Basidiosporen für Conidien, wie sie bei *Arnoldiella minutula* und *Placodium decipiens* vorkommen (vgl. p. 33). Nach der Auffassung Wainio's wären also die Ascusfrüchte von *Cora* bisher noch nicht aufgefunden worden.

3. **Ascosporenbildung.** — Ebenso wie die Pyknoconidien werden auch die Ascosporen in besonderen Behältern gebildet, welche mit den Fruchtkörpern der Discomyceten, bezw. Pyrenomyceten im wesentlichen übereinstimmen. Mit wenig Ausnahmen entstehen die Flechtenfrüchte im Inneren des Thallusgewebes, und zwar bei den heteromeren Flechten in der Regel an der Grenze zwischen Mark- und Gonidienschicht, bei gewissen Laubflechten mit randständigen Früchten in der gonidienlosen Randschicht ungefähr in gleicher Höhe mit der Gonidienschicht (vgl. Fig. 27, *I*), bei manchen Krustenflechten dagegen in den unmittelbar dem Substrat aufsitzenden Thallusteile, bei den Gallertflechten ziemlich nahe der Thallusoberfläche, bei einer kleinen Zahl von Flechten endlich ganz exogen. Im Verlaufe der Weiterentwickelung treten die Früchte entweder vollkommen in Form schüssel-, kissen-, knopf-, strichförmiger (z. B. bei den Graphideen) Erhebungen aus dem Thallus heraus (gymnokarpe Flechten) oder nur mit ihrem Scheitel (angiokarpe Flechten). Im ersteren Falle wird der Fruchtkörper als Apothecium, im letzteren als Perithecium bezeichnet. Die Früchte der gymnokarpen Flechten stimmen im fertigen Zustande mit denen der Discomyceten, die der angiokarpen mit den Perithecien der Xylarieen vollkommen überein. Das Hymenium der reifen Frucht besteht auch hier aus den Sporenschläuchen, welche von zahlreichen sterilen, charakteristisch gestalteten Hyphen, den Saftfäden oder Paraphysen umgeben sind. Die Paraphysen sind zuweilen sehr zart oder zur Zeit der Fruchtreife bis auf geringe Reste zerflossen, so dass solche Früchte den Eindruck hervorrufen, als seien sie überhaupt paraphysenlos.

In Bezug auf die Bezeichnungen für die einzelnen Teile des Apotheciums herrscht unter den verschiedenen Autoren keine volle Übereinstimmung. Jüngst hat Darbishire

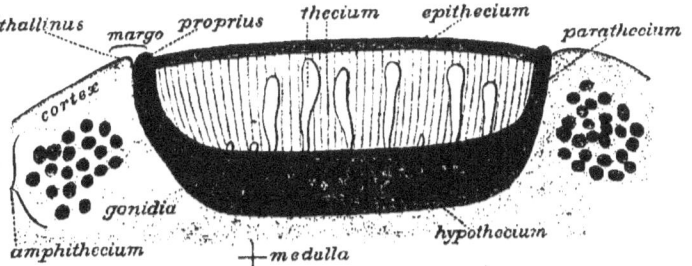

Fig. 25. Senkrechter Medianschnitt durch ein Apothecium in schematischer Darstellung. (Nach Darbishire.)

(Ber. d. Deutsch. Botan. Gesellsch. Bd. XVI. p. 7) eine Terminologie aufgestellt, welche von derjenigen der meisten Autoren nur wenig abweicht und trotz ihrer Einfachheit allen

Anforderungen genügt. Darbishire bezeichnet die aus den senkrecht verlaufenden Elementen (Paraphysen und Sporenschläuche) bestehende Fruchtschicht (Fig. 25) als Thecium (Hymenium, Lamina proligera, sporigera vieler Autoren), die obere begrenzende Schicht als Epithecium, die untere als Hypothecium (Subhymenialschicht vieler Autoren), welch letztere beiden Schichten bei sehr vielen Lichenen gefärbt sind. Das Hypothecium umschließt das Thecium vollständig und wird in dem Teile, welcher die Trennung von der Rinden- und Gonidienschicht bewirkt, als Parathecium (Excipulum; Perithecium bei Wainio; Pars marginalis excipuli bei Hedlund) bezeichnet. Erhebt sich das Parathecium deutlich über das Niveau des Epitheciums, so entsteht ein Fruchtrand (Margo proprius, excipulum proprium mancher Autoren). Die normale, die Frucht umgebende, häufig Ausläufer der Gonidienschicht enthaltende Rinde (Cortex) wird von Darbishire Amphithecium (Thallusgehäuse) genannt. Letzteres kann einen erhöhten Rand, Thallusrand, Margo thallinus (Excipulum thallodes vieler Autoren) bilden.

Die Klarlegung der Entwickelungsgeschichte der Flechtenfrucht ist schwierig und darum erst für verhältnismäßig wenig Flechten genauer bekannt.

Nach den Untersuchungen von Stahl stellt bei *Collema* eine eigentümliche, nicht weit von der Thallusoberfläche als Seitenzweig einer gewöhnlichen Thallushyphe entsprossende Hyphe das jüngste Stadium des Apotheciums dar.

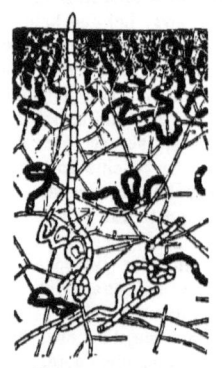

Fig. 26. Ascogone von *Collema microphyllum* (Ach.) Körb. (300/1). (Nach Stahl).

Diese Hyphe ist vielzellig, im basalen Teile mehrfach, oft schraubig gewunden und verläuft in auffallend direkter Richtung zur Thallusoberfläche (Fig. 26). Sie ist von Stahl, welcher sie als weiblichen Sexualapparat gedeutet hat, Carpogon genannt worden. Das flaschenförmige, klebrige Ende dieses merkwürdigen Organs, des sogen. Trichogyns, ragt ein wenig über die Thallusoberfläche hinaus, und es ist eine ganz gewöhnliche Erscheinung, dass an den Endzellen des Trichogyns mehr oder weniger zahlreiche Pyknoconidien — nach Stahl und anderen die männlichen Befruchtungsorgane — haften. Im weiteren Verlaufe der Entwickelung tritt zunächst eine Vergrößerung und Vermehrung der Basalzellen des Carpogons ein, welche in ihrer Gesamtheit als Ascogon bezeichnet werden. Schließlich sprossen aus den von vegetativen Hyphen ziemlich dicht umwachsenen Ascogonzellen zarte, mehr oder minder unregelmäßig gestaltete, hin und her gewundene Zweige hervor, welche das ascogene Hyphengewebe bilden. Dasselbe färbt sich bei Behandlung mit Jod blau, allerdings niemals so intensiv wie die Schlauchmembranen. In demselben Maße, in welchem die Entwickelung des ascogenen Hyphengewebes vorschreitet, tritt Verfall des Ascogons ein, welches endlich ganz unkenntlich wird. Verhältnismäßig sehr spät, wenn das ascogene Hyphengewebe (Schlauchfasergewebe) eine mächtige Ausdehnung erlangt hat, entsprossen demselben die ersten Schläuche. Die Paraphysen dagegen sind Sprossungen derjenigen vegetativen Hyphen, welche das Fruchtprimordium unmittelbar umkleiden. Asci und Paraphysen entstehen somit aus getrennten Hyphensystemen, worauf übrigens zuerst Schwendener hingewiesen hat.

Die im Vorstehenden mitgeteilten thatsächlichen Beobachtungen Stahl's sind zweifellos richtig und in der Folge von mehreren Forschern sowohl in Bezug auf *Collema* als auch auf andere Gattungen bestätigt worden. So beobachtete Lindau ganz ähnliche Verhältnisse bei *Anaptychia*, *Ramalina*, *Physcia*, *Xanthoria*, *Placodium*, *Lecanora*, *Lecidella*. Es ist nicht schwer, an günstigem Material, z. B. an *Collema pulposum* Bernh. f. *granulatum* Ach. (Arnold, Lich. exs. No. 1408), auf einem einzigen Medianschnitte durch den Thallus zahlreiche Stahl'sche Carpogone in bester Ausbildung zu beobachten.

Stahl und nach ihm namentlich De Bary fassten die Entwickelung der *Collema*-Frucht als Folge eines Sexualaktes auf. Man betrachtete die Spermatien (Pyknoconidien) als männliche Organe, das Trichogynende als das specielle Empfängnisorgan. Allein es

Lichenes. (Fünfstück.) 43

ist bis jetzt noch niemals trotz eifriger Forschung gelungen, einen Sexualakt, d. h. die Verschmelzung des plasmatischen Inhaltes des Spermatiums mit dem Trichogyninhalte sicher zu beobachten.

Nach den Untersuchungen Fünfstück's sind bei den spermatienlosen Gattungen *Peltigera* und *Peltidea* ganz ähnliche Ascogone wie bei *Collema* vorhanden, nur sind sie

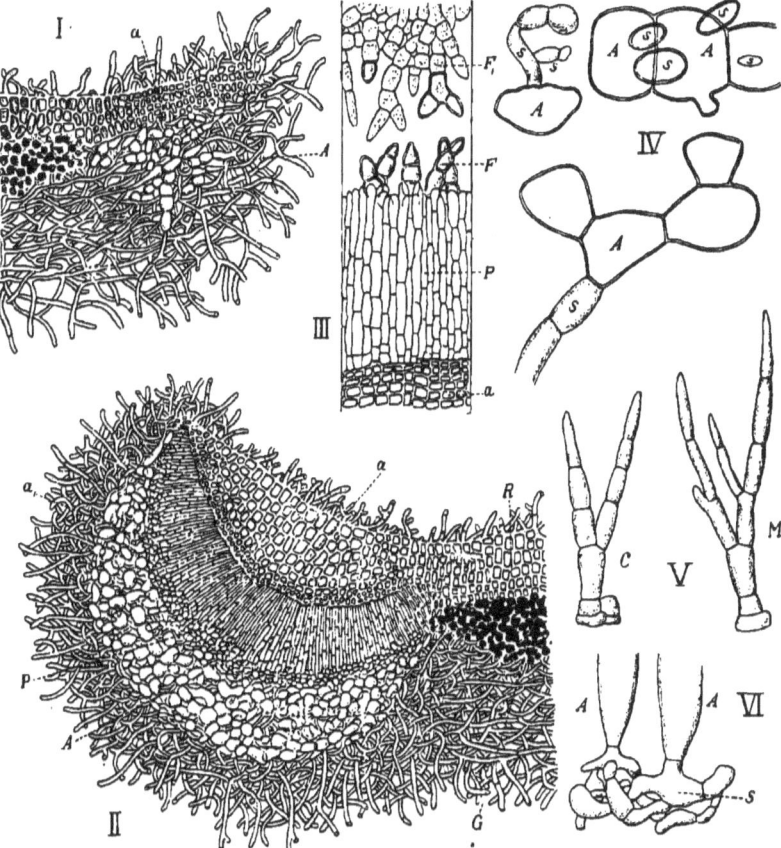

Fig. 27. *I* Senkrechter Medianschnitt durch eine ganz jugendliche Fruchtanlage von *Peltigera malacea* (Ach.) Fr.: *A* Ascogone, *a* apotheciale Rindenschicht (250|1). — *II* Senkrechter Medianschnitt durch eine bereits bis zur Paraphysenbildung vorgeschrittene Frucht von *Peltigera malacea* (Ach.) Fr.: *A* schon in Sprossung begriffene Ascogone, *P* Paraphysen mit darunter befindlichen Rindenfasern a_1, aus welchen die Paraphysen entstehen, *a* apotheciale Rindenschicht, *R* Rinde, *G* Gonidien (250|1). — *III* Teil eines senkrechten Medianschnittes durch ein nur wenig weiter entwickeltes Apothecium von *P. malacea* (Ach.) Fr. als das in Fig. *II* dargestellte: die Rindenfasern *a* wachsen allmählich zu Paraphysen *P* aus. Die von oben herabwachsenden Hyphen F_1 gehören ebenfalls der die Frucht bedeckenden Rinde an, welche sich infolge des geringeren Flächenwachstums zunächst von der Paraphysenschicht abtrennt, schließlich zerreißt und abstirbt. *F* vereinzelte abgerissene Rindenfasern (600/1). — *IV* Ascogonzellen *A* von *P. canina* (L.) Schaer., aus deren Sprossungen *s* das Schlauchfasergewebe entsteht (750/1). — *V* Verzweigte, noch in der Entwickelung begriffene Paraphysen: *C* von *P. canina* (L.) Schaer., *M* von *P. malacea* (Ach.) Fr. — *VI* Schlauchfasern *S* von *P. canina* (L.) Schaer., welche bereits Schläuche *A* gebildet haben; letztere sind durch Querwände von den Stützzellen geschieden (750/1). (Nach Fünfstück).

niemals schraubig eingerollt, sondern nur unregelmäßig hin und her gebogen. Der Entwickelungsgang der Frucht ist aus Fig. 27 ersichtlich. Bei den genannten Gattungen ist schlechterdings kein Organ vorhanden, das als Befruchtungsorgan angesehen werden könnte, und dennoch verläuft die Fruchtentwickelung ganz analog wie bei *Collema*, auch in Bezug auf die Paraphysen, welche lediglich durch Sprossungen der die junge Anlage bedeckenden Rindenschicht entstehen (Fig. 27, *II*).

Ganz andere Verhältnisse beobachtete dagegen Krabbe bei ebenfalls spermatienlosen Arten, z. B. bei *Sphyridium fungiforme*. Hier kennzeichnet sich das Fruchtprimordium als eine Wucherung der Thallusschüppchen, in welcher zuerst die Paraphysen, dann die Schlauchfasern als Differenzierungen ein und desselben Gewebes auftreten; die Ascusfrucht entsteht höchst wahrscheinlich auf rein vegetativem Wege. Noch weniger kann nach Krabbe bei *Cladonia* an sexuelle Vorgänge bei der Fruchtanlage gedacht werden, denn bei der fraglichen Gattung sind die fertilen Zweige weiter nichts als seitliche Sprossungen steriler Hyphen, von einem Carpogon oder dergl. ist keine Spur vorhanden. Bei *Baeomyces roseus* werden die Früchte tief im Inneren des Thallus in Form von dichten Hyphenknäueln angelegt, und schon hier findet eine Scheidung in Paraphysen und ascogene Hyphen statt; durch die spätere sehr beträchtliche Streckung des Basalteiles der Anlage brechen die Fruchtkörper aus dem Thallus hervor. Nach Krabbe ist die Fruchtentwickelung auch hier von Anfang bis zu Ende asexuell. *Sphyridium carneum* kommt nicht einmal über die Anlage der Knäuel aus ascogenen Hyphen hinaus; Krabbe konnte jemals weder Paraphysen, noch Asci auffinden.

Die Untersuchungen von Krabbe, Fünfstück, A. Möller und Lindau machen es also im höchsten Grade wahrscheinlich, dass die Collema-Früchte wie die Flechtenfrüchte überhaupt auf rein vegetativem Wege entstehen. Namentlich fällt hier sehr ins Gewicht, dass die vermeintlichen Spermatien keimfähig sind, wie A. Möller gezeigt hat (vgl. p. 40). Naturgemäß sind hier für die Beurteilung der Frage nach der Sexualität die Ascomyceten heranzuziehen. Durch seine Untersuchungen über *Sphaerotheca* glaubte jüngst Harper (Ber. d. Deutsch. Botan. Gesellsch. 1896 und Pringsh.'s Jahrb. f. wissensch. Botan. 1896) die Richtigkeit der De Bary'schen Anschauung über die Sexualität der Ascomyceten erwiesen zu haben. Indessen hat bereits Dangeard (Seconde mémoire sur la production sexuelle des Ascomycètes, Le Botaniste. Série V. 1897, p. 245—284) die von Harper gemachten Angaben widerlegt. — Bekanntlich hat Raciborski die Teleutosporen, Brandsporen, Basidien und Asci, wo eine Verschmelzung zweier Kerne stattfindet, unter den gemeinsamen Begriff »Zeugite« zusammengefasst. Soweit die Untersuchungen bis jetzt reichen, sind die Ascomyceten, wie die sogen. »höheren Pilze« überhaupt, durch das Stattfinden einer Kernverschmelzung in der Zeugite gekennzeichnet. In Bezug auf die Flechtenpilze hat dies Raciborski an *Pertusaria* beobachtet. Dangeard betrachtet nun den Vorgang der Kernverschmelzung in der Zeugite als Sexualakt, während sonst allgemein die Bildung der Ascosporen in dem Ascus als ein Analogon zur Bildung von Pollenzellen in einer Pollenmutterzelle angesehen wird.

Wenn es nun auch im höchsten Grade wahrscheinlich ist, dass die Spermatien und Carpogone nicht mehr sexuell funktionieren, so ist es doch immerhin nicht unwahrscheinlich, dass dies einst der Fall gewesen sein kann. Denn es ist doch schwer vorstellbar, dass die so sehr eigentümlich gestalteten Organe keine andere Bedeutung besessen haben sollten, als beliebige andere vegetative Hyphen. Die Sexualität ist vermutlich unter mehr oder minder weitgehender Rückbildung der betreffenden Organe im Verlaufe langer Zeiträume verloren gegangen und die Sporenerzeugung zu einer parthenogenetischen geworden. Eine derartige Anschauung ist jedenfalls nahe liegend. Die Ansicht van Tieghem's, welcher sich neuerdings auch Zukal angeschlossen hat, nach welcher das Trichogyn als Respirationsorgan funktioniert, hat offenbar ungleich weniger für sich.

Die ersten Schläuche treten im Centrum der Fruchtanlage auf. Letztere vergrößert sich durch Einschiebung neuer Elemente zwischen die vorhandenen, mit welchem Vorgange das Flächenwachstum der Anlage Schritt hält. Dementsprechend wird das Wachstum in der Mitte des Apotheciums zuerst vollendet.

Die Paraphysen besitzen nicht nur in Bezug auf ihre Größe, Gliederung und Verzweigung, Festigkeit, Vergallertung und Lebensdauer, sondern auch in Bezug auf ihren Inhalt und ihre Abscheidungen große Mannigfaltigkeit.

In Bezug auf die in den Asci erzeugten Sporen gilt im allgemeinen dasselbe, was über die Sporen der Ascomyceten in morphologisch-physiologischer Hinsicht gesagt worden ist (vgl. I. Teil. 1. Abteilung. p. 51). Sie entstehen wie dort in den Schläuchen durch endogene Zellbildung. In dem körnigen Plasma tritt zunächst ein Kern auf, der in der Regel so viele Zweiteilungen erfährt als für die spätere Sporenzahl erforderlich sind. Die Kerne letzter Ordnung werden zuerst von einer zarten Protoplasmahülle und später von festen Zellulosehäuten umschlossen. Bei diesem Vorgange wird der protoplasmatische Inhalt der Schläuche nur zum Teil verbraucht.

Das Austreten der Sporen aus dem reifen, turgescenten Ascus erfolgt gleichzeitig, und zwar in der Weise, dass infolge seitlichen Druckes am Scheitel des Ascus einer oder mehrere Längsrisse entstehen, durch welche hindurch die Sporen nach Tulasne bis zu 1 cm weit aufwärts geschleudert werden. Die Asci werden in der Reihenfolge, in der sie ihre Reife erlangen, entleert; gleichzeitiges Stäuben sehr zahlreicher Asci ist bis jetzt noch nicht beobachtet worden. Abweichend von den Discomyceten tritt der Scheitel des Ascus bei der Sporenejaculation nicht über die Oberfläche des Epitheciums hervor. Jene, den Austritt der Sporen bewirkenden Druckwirkungen entstehen einerseits durch die große Quellbarkeit des gelatinösen Theciums, welcher eine erheblich geringere des umgebenden Gewebes gegenübersteht, andererseits dadurch, dass sich beständig junge Asci zwischen die älteren einschieben. Bei den Perithecien bildenden Flechtenpilzen findet ebenfalls Ejaculation statt, doch ist über den Mechanismus nichts Näheres bekannt. Die Coniocarpeen (Meyer) Wainio schleudern ihre Sporen nicht aus, sondern bei ihnen werden die Sporen dadurch frei, dass die zarte Ascuswand zu Grunde geht.

Die reifen Sporen der Flechtenpilze treiben auf feuchtem Substrat meist leicht je einen Keimschlauch aus dem Endosporium jeder Sporenzelle (Fig. 28, C), nur bei den sehr großsporigen Gattungen *Thelotrema*, *Megalospora*, *Ochrolechia*, *Pertusaria* brechen an beliebigen, zahlreichen Stellen des Umfanges der einfachen,

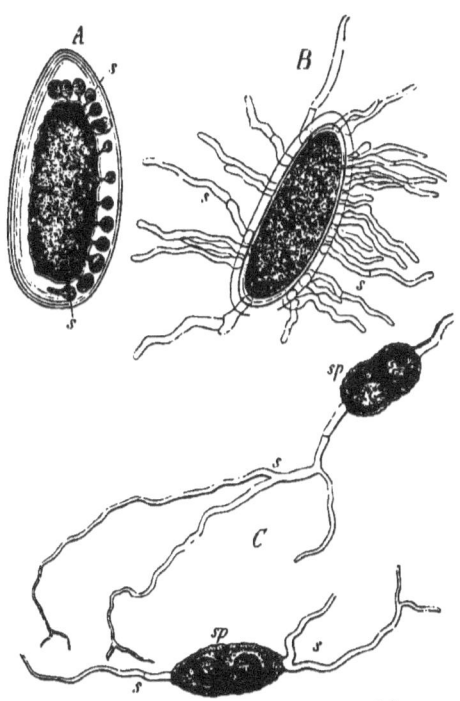

Fig. 28. Keimschläuche treibende Flechtensporen: *A* Spore von *Pertusaria communis* DC. nach 24 stündigem Liegen in Glycerin; *s* Keimschläuche (300/1; nach De Bary). — *B* Spore von *Pertusaria lejoplaca* (Ach.) Schaer. mit zahlreichen Keimschläuchen, welche bereits das Exosporium durchbrochen haben (390/1; nach De Bary). — *C* Keimende zweizellige Sporen von *Solorina saccata* (L.) Ach. (340/1; nach Tulasne).

unseptierten, mit zahlreichen Öltröpfchen (Guttulae) erfüllten Sporen viele Keimschläuche (bei *Pertusaria* sind mehr als 100 beobachtet worden) hervor. Die Entwickelung des einzelnen Keimschlauches beginnt mit einer von innen nach außen sich vergrößernden, von einer sehr zarten Haut umschlossenen Höhlung im Endosporium. Die Keimschlauchanlagen besitzen in der Regel kugelige Form (Fig. 28, *A*) bis zur Durchbrechung des Exosporiums, von wo ab sie schlauchförmig auswachsen (Fig. 28, *B*). Die Keimschläuche, welche sich häufig sogar ziemlich reich verzweigen, gehen doch in der Regel nach einiger Zeit zu Grunde, falls sie nicht auf ihnen zusagende Algen treffen. Die Angabe De Bary's, dass dies auch dann geschieht, wenn die Sporen auf einem geeigneten Nährboden keimen, ist von A. Möller durch Kulturversuche widerlegt worden. Kann der Keimschlauch der Flechtenspore rechtzeitig die richtige Alge ergreifen, so treibt er an den Berührungsstellen kleine Sprossungen, welche mit der Alge in innigen Kontakt treten und dieselbe durch weitere Verästelung schließlich vollkommen umspinnen (Fig. 29).

Der aus der Flechtenspore erwachsene Keimschlauch (der Protothallus) treibt ferner Zweige, welche sich in physiologischer Beziehung von den oben beschriebenen wesentlich unterscheiden. Es sind dies Sprossungen, welche in das Substrat eindringen und diesem die für den Flechtenkörper offenbar unentbehrlichen mineralischen Nährstoffe entnehmen. Verhindert man den jungen Flechtenthallus, mit seinem natürlichen Substrat

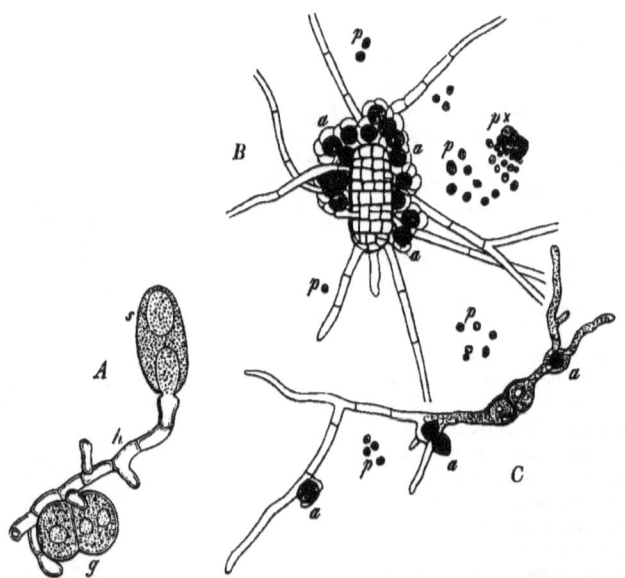

Fig. 29. *A* Keimende Spore *s* von *Xanthoria parietina* (L.) Fr.; der Keimschlauch *h* hat die Alge *g* (*Protococcus viridis* Ag.) ergriffen (950/1; nach Bornet). — *B* mehrzellige Spore von *Endocarpon pusillum* Hedw. mit zahlreichen Keimschläuchen. *p* freie *Pleurococcus*-Individuen, bei *p*× in lebhaftem Wachstume begriffen. *a* von Ästen der Keimschläuche ergriffene *Pleurococcus*-Individuen, zum Teil bereits umwachsen und infolge davon größer als die frei vegetierenden (320/1; nach Stahl). — *C* In Keimung begriffene zweizellige Spore von *Thelidium minutulum* Körb., deren Keimschläuche bei *a Pleurococcus*-Zellen ergriffen haben; *p* noch freie *Pleurococcus*-Zellen. (320/1; nach Stahl).

in der geschilderten Weise in Verbindung zu treten, so stirbt er ohne Ausnahme sehr bald ab.

Die Sporen zahlreicher Flechtenarten sind unmittelbar nach ihrer Ejaculation keimfähig. Wie lange dieselben keimfähig bleiben, ob die Sporen anderer Arten, ähnlich wie die Dauersporen der Pilze, erst nach einer Ruhezeit zu keimen vermögen, ist nicht bekannt. Vielleicht kommt den Sporen als Verbreitungsmittel der Flechten nur untergeordnete Bedeutung zu, jedenfalls sind bereits zahlreiche Arten bekannt, bei denen die Verbreitung durch Sporen ausgeschlossen erscheint.

In den weitaus meisten Fällen werden die Sporen zu 6—8, seltener in größerer, in wenigen Fällen (*Sarogyne, Acarospora, Bactrospora*) in großer Zahl, bisweilen nur zu 1—2 (*Megalospora, Umbilicaria*) in den Schläuchen gebildet. Der Bau der Sporen ist sehr mannigfaltig und daher in der Systematik als Einteilungsprincip ausgiebig verwertet worden. Das Episporium ist in der Regel glatt und in sehr vielen Fällen gefärbt. Merkwürdigerweise ist diese Färbung mit keinem der bis jetzt bekannten Lösungsmittel auszichbar.

Artenzahl und geographische Verbreitung. — Bei der außerordentlich schwankenden Abgrenzung der Arten bei den verschiedenen Autoren ist es geradezu unmöglich, eine sichere Orientierung über die Artenzahl zu gewinnen. — Die Gesamtzahl aller bis jetzt bekannt gewordenen guten Arten dürfte 4000 nicht überschreiten, davon kommen auf Europa rund 1500, auf Deutschland mindestens 1200 Arten. Die Zahl aller bis jetzt beschriebenen Arten, Abarten und Formen beträgt dagegen fast 20 000. Am besten bekannt sind die Länder der gemäßigten Zone Europas und Nordamerikas.

Die Flechten sind über die ganze Erde verbreitet, sie dringen sowohl nach den Polen zu wie in den Hochgebirgen am weitesten von allen pflanzlichen Organismen vor. In der heißen Zone sind sie Wald- oder doch wenigstens Baumbewohner, nur wenige Arten bewohnen die heißen Steppen, Wüsten etc. Die heißen Länder sind daher relativ arm an Arten; so dürfte Guyana kaum viel mehr als 200 Species besitzen. Auch in den gemäßigten Klimaten überwiegt die Zahl der Rindenbewohner noch die der Erd- und Steinflechten. Am größten ist der Flechtenreichtum in den kalten Ländern, namentlich der nördlichen Erdhälfte. Dort überziehen die Flechten oft genug die trockenen Ebenen und Felsen vollkommen; weite Länderstrecken, wie die nordischen Tundren, sind zuweilen ganz mit Flechten bedeckt. Auch der Individuenreichtum ist hier am größten, besonders in Bezug auf gewisse Arten der Gattungen *Cladonia*, *Cetraria*, *Stereocaulon*.

Die Flechtenarten behaupten ihre Wohnsitze mit großer Zähigkeit. Nach Arnold (Zur Lichenenflora von München, München 1898) ist z. B. ein Vorrücken der südlichen Lichenenflora nach Norden für die letzten drei Jahrtausende kaum nachweisbar. Nach dem genannten Autor hat die europäische Flechtenflora vor dreitausend Jahren aus denselben Arten bestanden wie heute, wenn auch in anderer Verteilung.

Mit wenig Ausnahmen besitzen nicht nur die einzelnen Familien, sondern sogar die einzelnen Arten sehr große Verbreitungsgebiete. Die meisten deutschen Rinden- und Holzflechten sind über ganz Europa verbreitet. Fast alle um München beobachteten Strauch- und Laubflechten, sowie die meisten Krustenflechten sind beispielsweise auch in England und Skandinavien einheimisch. An Sticteen und Graphideen ist England reicher als jedes europäische Gebiet. Sehr gleichmäßig sind die Calicieen im europäischen Waldgebiete verbreitet. In der Lichenenflora des Gebietes von Ungarn bis zur asiatischen Grenze, die sich nicht wesentlich von der deutschen unterscheidet, treten verhältnismäßig nur wenige, nicht weiter nach Westen vordringende Arten auf, z. B. *Segestrella herculina*. Von 285 Arten Strauch-, Laub- und Gallertflechten, welche Tuckerman in seiner Synopsis der nordam. Flechten (1882) aufzählt, sind 174 auch in Europa vertreten. Zu den artenreichsten europäischen Gebieten gehört Oberitalien, von welchem Anzi über 900 Arten nachgewiesen hat. — Manche Arten, wie *Lecanora subfusca*, *Urceolaria scruposa*, *Cladonia rangiferina*, *Usnea barbata* scheinen über die ganze Erde verbreitet zu sein.

Nutzen und Schaden. — Als Nahrungsmittel spielen die Flechten eine sehr untergeordnete Rolle, denn nur einige wenige Arten sind. essbar. Unter letzteren stehen an erster Stelle die sog. Mannaflechte (*Lecanora esculenta* Eversm.), welche von der Halbinsel Krim bis zu den Kirgisensteppen, in Kleinasien, Persien und Nordafrika einheimisch ist, und *Gyrophora esculenta* Miyoshi in Japan. Die Mannaflechte wächst in Masse auf der Erde und entwickelt sich unter günstigen Verhältnissen — entgegen dem sonstigen Verhalten der Flechten — überaus rasch; stellenweise bedeckt sie den Boden 15 cm hoch. Die getrocknete Flechte wird vom Wind zuweilen in großer Menge auf weite Entfernungen hin fortgeführt, welcher Vorgang als Mannaregen bekannt ist. Die Mannaflechte ist das Erdbrot der Tartaren und wird von ihnen zur Bereitung eines Brotes gesammelt. Nach Goebel's Untersuchungen enthält *Lecanora esculenta* neben stickstoffhaltigen Substanzen 23 % Gallert, 65,91 % Kalkoxalat und 2,50 % Inulin. Sie besitzt keinen ausgeprägten Geschmack. Eine Varietät (*L. esculenta* Eversm. var. *Jussufi* Reichardt) mit ganz gleichen Eigenschaften findet sich in Nordafrika, namentlich in Algier; sie war vielleicht das Manna der Israeliten. — *Gyrophora esculenta*, in ihrer

Heimat als Iwatake bezeichnet, hat als weitverbreitetes und wohlschmeckendes Nahrungsmittel große ökonomische Bedeutung. Sie wird in Japan von den Bergbewohnern massenhaft gesammelt und nicht nur nach den Städten, sondern sogar nach dem Auslande versandt. Der Nährwert beruht auf dem hohen Gehalte an Stärke und einem gallertigen Stoffe. — Im übrigen dienen noch einige *Umbilicaria*-Arten des subarktischen Nordamerika dem Menschen als Nahrungsmittel (»Trip de Roche«), jedoch wohl mehr in Fällen der Not, denn die fraglichen Arten besitzen wenig zusagenden, bitteren Geschmack und wirken purgierend.

Für die kalten Gegenden der nördlichen Halbkugel ist das massenhafte Vorkommen der *Cladonia rangiferina* von größter Bedeutung, denn sie bildet im Winter fast das einzige Nahrungsmittel der bis zum 80° und selbst noch darüber hinaus vorkommenden Rentiere und macht so diese Gegenden für den Menschen bewohnbar. Erwähnt sei, dass die genannte Flechte seit 1868 in Skandinavien fabrikmäßig auf Alkohol verarbeitet wird, doch hat diese Industrie bisher nur eine sehr bescheidene Ausdehnung zu erlangen vermocht.

Cetraria islandica (L.) Ach. (isländisches Moos) ist als *Lichen islandicus* offizinell. Eine mit 20 Teilen Wasser dargestellte Abkochung bildet nach dem Erkalten eine steife, bitter schmeckende Gallerte. Die einhüllende, nährende und bitter tonische Wirkung beruht auf dem Gehalt an Cetrarin und Flechtenstärke. Man gebraucht die Flechte in Form von Abkochungen zuweilen noch gegen chronische Diarrhöen und Verdauungsstörungen, gegen Schwindsucht und chronische Bronchoblennorrhöe. Auf Island genießt man die Flechte mit Milch, in Zeiten der Not wird sie sogar mit Mehl zu Brot verbacken.

Eine Anzahl von Flechten, die besonders reich an gewissen Flechtensäuren sind, liefern bei trockener Destillation oder durch Kochen mit Kalkwasser unter Lichtabschluss relativ beträchtliche Mengen Orcin, $CH_3(OH)_2$ oder das homologe β-Orcin, welche Körper das Ausgangsmaterial für die Gewinnung zweier Farbstoffe, Orseille und Lackmus, bilden. Die genannten Farbkörper sind stickstoffhaltige Oxydationsprodukte des Orcins, und zwar wird die Orseille hauptsächlich aus *Roccella*-Arten, Lackmus aus *Lecanora*-Arten dargestellt. Aus Orseille erhält man durch Extraktion mit Wasser und Eindampfen Orseillekarmin, durch Zermahlen zu einem feinen violetten Pulver Orseilleviolett (Persio, Cudbear, roter Indigo), durch Abscheidung gewisser Flechtensäuren den Pourpre français (Guinon's Purpur), einen besonders schönen Farbkörper. Alle die genannten Präparate färben Seide und Wolle substantiv, geben sehr feurige, satte, aber wenig lichtechte Farben. Seit der Entwickelung der Anilinfarbenindustrie sind sie für die Technik bedeutungslos geworden. — Die im Lackmus enthaltenen Farbstoffe, deren wichtigster das Azolitmin, $C_7N_7NO_4$ ist, entstehen in derselben Weise wie die der Orseille. Im freien Zustande sind sie rot, durch Alkalien werden sie blau gefärbt, auf welcher Erscheinung die Verwendung des Lackmus als Indikator für diese chemischen Körper beruht. Durch den zersetzenden Einfluss auf ihr Substrat sind die auf Stein lebenden Flechten von großer Bedeutung für die Bildung von Dammerde (vgl. p. 24).

Sehr gering ist der Schaden, den die Flechten verursachen. Eine Reihe von sehr häufig vorkommenden Arten (*Usnea barbata*, *Evernia prunastri*, *Xanthoria parietina*, *Imbricaria physodes*, *I. saxatilis* etc.) besiedeln unter günstigen Entwickelungsbedingungen massenhaft die Stämme und Äste der Bäume und bilden dann die sog. Baumkrätze. Der nachteilige Einfluss solcher Besiedelungen ist indes nicht so erheblich, als man früher angenommen hat, auch nicht dadurch, dass solche Flechten an Obstbäumen zu Schlupfwinkeln für tierische Schädlinge werden, denn sie bieten auch ebenso gut den diesen feindlichen und somit indirekt nützlichen Tieren Unterkunft. Jungen, in lebhaftem Wachstume begriffenen Bäumen und Ästen können die Flechten jedenfalls keinen nennenswerten Schaden zufügen, dies tritt erst bei ungünstigen Ernährungs- und Standortsverhältnissen und bei altersschwachen Individuen ein.

Es ist bisher noch keine Flechte bekannt geworden, welche den Menschen durch Gehalt an Gift geschädigt hätte. Dagegen wirken manche Flechten infolge ihres Gehaltes an gewissen Flechtensäuren auf bestimmte Tiere giftig. So ist nach den Beobachtungen von Zopf *Cetraria pinastri* wegen des Gehaltes an Usninsäure und Pinastrinsäure, *Lepra chlorina* durch ihren Gehalt an Vulpinsäure für manche höhere Tiere (Katzen, Füchse) ein mehr oder minder starkes Gift, während sich niedere Tiere von den genannten Flechten ernähren.

Fossile Formen. — An fossilen Flechten sind nur einige wenige Reste bekannt: *Ramalinites lacerus* (Braun) und *Verrucarites geanthracis* (Goeppert) aus der obersten Abteilung der Triasformation, eine *Opegrapha* aus der Kreide bei Aix-la-Chapelle.

B. Specieller Teil

von

A. Zahlbruckner.

Einteilung der Flechten.
1. Unterklasse. **Ascolichenes.** Ascomyceten in Symbiose mit Algen lebend.
2. Unterklasse. **Hymenolichenes.** Hymenomyceten in Symbiose mit Algen.
3. Unterklasse. **Gasterolichenes.** Gasteromyceten in Symbiose mit Algen.

I. Unterklasse. Ascolichenes (Schlauchflechten).

Einteilung der Ascolichenes.

1. Reihe. **Pyrenocarpeae.** (Kernfrüchtige Flechten.) Das Hymenium bildet einen weichen Fruchtkern von mehr weniger kugeliger oder halbkugeliger Gestalt und wird von einem am Scheitel mit einer Pore oder strahligem Risse sich öffnendem Gehäuse bedeckt.

2. Reihe. **Gymnocarpeae.** (Scheibenfrüchtige Flechten.) Das Hymenium bildet eine auf ihrer Oberfläche vom Gehäuse nicht bedeckte, mehr weniger offene, runde oder strichförmige Scheibe.

1. Reihe Pyrenocarpeae.

Wichtigste Litteratur. Außer den auf p. 2 angeführten Werken noch die folgenden: E. A. Acharius, Monographie der Lichenen-Gattung *Pyrenula* (Magaz. der Gesellsch. naturforsch. Freunde Berlin, 1812). — Derselbe, Monographia generis *Trypethelii* (Acta Soc. Phytogr. Moscov., vol. V. 1817, p. 174. — A. L. A. Fée, Monographie du genre *Trypethelium* (Annal. scienc. nat. Paris, vol. XXIII. 1831, p. 410). — Derselbe, Mémoires lichenographiques (Acta Soc. Acad. Caesar. Leopold. Carol., vol. XVIII. Suppl, 1838). — W. A. Leighton, The British Species of Angiocarpous Lichens, elucitated by their Sporidia (London, 1851). — W. Nylander, Expositio synoptica Pyrenocarpeorum (Andevacis, 1858). — V. Trevisan, Synopsis generum Trypethelinarum (Flora, Bd. XLIV. 1861, p. 17). — Derselbe, Conspectus Verrucarinarum, Prospetto dei generi e delle specie dei Licheni Verrucarini (Bassano, 1860) — S. Garovaglio, Thelopsis, Belonia, Weitenwebera et Limboria, quatuor Lichenum angiocarporum genera recognita iconibusque illustrata (Memorie della Societ. Italion. sc. nat. Mediolani, vol. III. 1867). — Derselbe und G. Gibelli, Sulle Endocarpee dell' Europa centrale e di tutta l'Italia (Rendiconti R. Istit. Lombardo di Sc. e Lett., Ser. II. vol. III. 1870, p. 1125). — Dieselben, Tentamen Dispositionis Methodicae Lichenum in Longibardia nascentium additis iconibus partium internarum cujusque speciei (Mediolani, 1864), 4°). — W. Nylander, Circa Pyrenocarpeos in Cuba collectos a cl. Wright (Flora, Bd. LIX. 1876, p. 364). — Th. M. Fries, Polyblastiae Scandinavicae (Acta Soc. Scient. Upsal. 1877). — J. Müller, Revisio Lichenum Eschweilerianorum (Flora, Bd. LXVIII. 1884). — Derselbe, Pyrenocarpeae Cubenses (Engl., Botan. Jahrb., Bd. VI. 1885, p. 375). — Derselbe, Pyrenocarpeae Féeanae in Féei Essai (1824) et Supplément (1837) editae, e novo studio speciminum originalium expositae et in novam dispositionem ordinatae (Mémoir. Soc. de Phys. et d'Hist. Natur. Genève, vol. XXX. 1888). — Derselbe, Lichenes epiphylli novi (Genevae,

1890, 8°). — H. Zukal, Epigloea bactrospora. Eine neue Gallertflechte mit chlorophyllhaltigen Gonidien (Österr. Botan. Zeitschr., Bd. XL. 1890, p. 323). — IJ. Müller, Lichenes epiphylli Spruceani, a cl. Spruce in regione Rio Negro lecti, additis illis a d. Trail in regione superiore Amazonum lectis (Journ. Linn. Soc. London, Botany, vol. XXIX, 1892, p. 322). Derselbe, Lichenes exotici (Hedwigia, 1892—1895). — T. Hedlund, Über die Flechtengattung Moriola (Bot. Centralbl., Bd. LXIV, 1895, p. 376). — A. Jatta, Sylloge Lichenum Italicorum. (Trani, 1900, 8°).

Merkmale. Lager krustig, schuppig, blattartig oder strauchig, homöomer oder geschichtet, unberindet oder mit einer knorpeligen, fast strukturlosen oder pseudoparenchymatischen Rinde bekleidet. Die Markschicht wird aus dünnwandigen Hyphen gebildet; sie dringt bei den kalkbewohnenden krustigen Formen tief in das Substrat und bildet hier verschieden geformte Ölhyphen (Fig. 21. C, E, G) aus. Gonidien zu den Pleurococcaceen, Chroolepus, Phyllactidium, Nostoc und Sirisiphon gehörig. Sorale scheinen zu fehlen oder doch ungemein selten zu sein. Perithezien kugelig oder halbkugelig, in das Lager versenkt und nur mit dem Scheitel frei oder auf dem Thallus sitzend, nackt oder mehr weniger von einer gonidienführenden Lagerschicht bekleidet, kahl oder mit Haaren besetzt, einzeln oder zu einem Stroma vereinigt, aufrecht, schief oder liegend. Gehäuse aus dicht verwebten, septierten oder einfachen Hyphen gebildet, weich oder kohlig, geschlossen oder unten offen; Scheitel mitunter vertieft, papillenförmig, schildartig erweitert oder halsartig vorgezogen, die Mündung punktförmig, rundlich oder unregelmäßig strahlig-rissig. Fruchtkern weich, schleimig, oft mit Öltropfen durchsetzt oder Hymenialgonidien (Fig. 16 A) enthaltend. Paraphysen einfach oder verzweigt und dann mitunter auch netzartig verbunden; häufig sehr bald schleimig zerfließend, scheinbar fehlend. Schläuche mit zerfließender oder bleibender Wandung. Sporen verschieden gestaltet. Pyknokonidien endo- und exobasidial. Makrokonidien (Stylosporen) bei blattbewohnenden Gattungen und Arten häufig.

Verwandtschaftliche Beziehungen. Der Anschluss der Pyrenocarpeae an die Pyrenomyceten ist ebenso klar, als ihre polyphelitische Abstammung. Indes haben nur zwei Symbiosen, und zwar diejenige mit Palmellaceen einerseits und diejenige mit Chroolepus andererseits den Ausgangspunkt für eine weitere Entwickelung gegeben. Von den krustenförmigen Lagern der *Verrucariaceae*, welche eine Symbiose der einfachsten Pyrenomyceten mit *Palmellaceen* darstellen, hat sich das schuppige oder blattartige, nur oben oder beiderseits berindete Lager der *Dermatocarpaceae* entwickelt und bei der einzigen Gattung der Familie der *Pyrenothamnaceen* im strauchigen, allseits berindeten Thallus die höchste Form erreicht. Es zeigt daher diese Reihe einen ähnlichen Entwickelungsgang, wie die Symbiose eines Discomyceten mit Palmellaceen, ohne jedoch jenen Reichtum höher und höchst entwickelter Lagerformen zu bilden, welche aus der letzteren Symbiose sich so mannigfaltig entwickelt haben. Ihren Anschluss an die Pyrenomyceten findet die Entwickelungsreihe in der Pilzgattung *Verrucula* Stnr. Ob dieser Pilz der Ausgangspunkt der Reihe war, das lässt sich allerdings derzeit nicht feststellen, obwohl eine solche Annahme, wenigstens für eine Reihe, wenn auch nicht für alle Gattungen, nicht unplausibel erschiene. Die biologischen Verhältnisse der Entwickelungsreihe (es sind vorwiegend stein- und erdebewohnende Formen und in ihrer Mehrzahl auf die kalten und gemäßigten Gebiete beschränkt), die Gleichmäßigkeit ihres Fruchtbaues und des pyknokonidialen Systems deutet darauf hin, dass sie eine abgeschlossene phylogenetische Gruppe bildet.

Aus der Symbiose von Pyrenomyceten mit Chroolepus ist eine thallodisch weniger differenzierte, dagegen in Bezug auf den Fruchtkörper mannigfach gestaltete Entwickelungsreihe hervorgegangen. Das Lager ist bei der überwiegenden Mehrzahl der Formen krustig, unberindet oder nur mit einer primitiven, aus horizontalen Hyphen hervorgegangenen Rinde bedeckt und erreicht bei einer einzigen Gattung, dem die Familie der *Phylloporinaceae* bildenden *Lepolichen* die blattartige, beiderseits berindete Lagerform. In Bezug auf den Bau ihrer Fruchtkörper weist die Reihe parallel laufende Gruppen auf;

das aufrechte, einfache Perithezium der *Pyrenulaceae* vereinigt sich bei den *Trypetheliaceae*, das schiefe oder liegende Perithezium der *Paratheliaceae* vereinigt sich bei den *Astrotheliaceae* in Stromen. Um die Entwickelung dieser Reihe aufzuklären, wäre nachzuweisen, ob aus dem aufrechten, einfachen Perithezium der *Pyrenulaceae* das schiefe oder liegende Perithezium der *Paratheliaceae* hervorgegangen oder ob jede Peritheziumform als solche in die Symbiose eingetreten sei, desgleichen ob das Stroma von den Pilzen übernommen wurde oder eine erworbene Form der Pyrenocarpeae darstelle. Die Entwickelungsreihe, welche von den fünf genannten Familien gebildet wird, hat sich vornehmlich auf Rinden und lederigen, ausdauernden Blättern in den wärmeren und heißen Zonen ausgebildet. Dieser Umstand und die Einheitlichkeit ihres pyknokonidialen Systems weist ebenfalls auf eine phylogenetische Zusammengehörigkeit hin. Ihren Anschluss an die Pyrenomyceten findet die Reihe in der Gattung *Arthopyrenia*, deren lagerlose Formen der Pilzgattung *Didymella* zuzuschreiben sind.

Außer diesen beiden großen und, wie es scheint, natürlichen Entwickelungsreihen kommen noch mehrere kleinere aus Symbiose von Pyrenomyceten mit Algen hervorgegangene Gruppen vor. Die Symbiose von Pyrenomyceten mit *Phyllactidium* bildet die Familie der *Strigulaceae*. Sie zeigt mannigfache und enge Beziehungen zu den *Pyrenulaceae*, und ihre mehr aus praktischen Gründen erfolgte Zusammenfassung als eigene Familie mag vielleicht ihrer Phylogenie nicht entsprechen. Die Zugehörigkeit der *Epigloeaceae* zu den Flechten wird erst noch zu begründen sein, ebenso wird es Aufgabe eingehender Untersuchungen sein, ob die Familie der *Moriolaceae*, welche in ihrem Hyphensystem den Pilzen sehr nahe steht, mit Recht bei den Flechten untergebracht wurde. Die Familie der *Pyrenidiaceae* wird mit Ausschluss der wahrscheinlich den Pilzen angehörenden Gattung *Eolichen*, trotzdem sie berindete und unberindete Lagerformen umfasst, nicht unnatürlich erscheinen.*) Von Interesse für die verwandtschaftlichen Beziehungen ist die Familie der *Mycoporaceae*, durch die Gattung *Cyrtidula* Mks. mit den Pilzen verbunden; sie weist auf den Übergang der *Pyrenocarpeae* zu den *Arthoniaceae*.

Annäherungen der pyrenocarpen Flechten an die Discolichenen finden sich bei *Pertusaria*, *Thelocarpon*, *Pyrenopsidaceae* u. a.

Einteilung der Pyrenocarpeae.

A. Der Innenraum der Perithezien einfach, durch vollkommene oder unvollkommene Scheidewände nicht geteilt.
  a. Lager mit *Pleurococcus*- oder *Palmella*-Gonidien.
    α. Gonidien kolonienweise in Kapseln eingeschlossen . . . . . . **Moriolaceae**
    β. Gonidiengruppen in Kapseln nicht eingeschlossen.
      I. Lager gallertig, homöomerisch, Hyphen ein lockeres, die Gallerte durchsetzendes Maschwerk bildend . . . . '. **Epigloeaceae**
      II. Lager nicht gallertig, mehr weniger heteromer, Hyphen dicht verwebt.
        1. Lager krustenförmig, unberindet . . . . **Verrucariaceae.**
        2. Lager blattartig oder schuppig, nur oberseits oder beiderseits berindet
                                              Dermatocarpaceae.
        3. Lager strauchig, allseits berindet . . . . **Pyrenothamnaceae.**
  b. Lager mit *Chroolepus*-Gonidien.
    α. Lager krustig, unberindet oder mit aus horizontalen Hyphen gebildeter, amorpher Rinde.
      I. Perithecien einzeln. Stroma fehlend.
        1. Perithezien aufrecht mit gipfelständiger Mündung . . . **Pyrenulaceae.**
        2. Perithezien schief oder liegend, mit seitenständiger Mündung
                                              Paratheliaceae.

---
*) Vergleiche diesbezüglich: A. Zahlbruckner, »Diagnosen neuer oder ungenügend beschriebener kalifornischer Flechten«. (Beihefte zum Botanischen Centralblatt, Bd. XIII. 1902, p. 154.)

II. Perithezien in einem Stroma sitzend.
1. Perithezien gerade, stets mit eigener Mündung . . . **Trypetheliaceae**.
2. Perithezien schief oder liegend, die Mündungen zumeist in einen gemeinsamen Kanal mündend . . . . **Astrotheliaceae**.
  β. Lager blattartig, beiderseits berindet . . . . **Phylloporinaceae**.
  c. Lager mit Phyllactidium- oder Cephaleurus-Gonidien . . . . . . **Strigulaceae**.
  d. Lager mit Nostoc- oder Scytonema-Gonidien. . . . . **Pyrenidiaceae**.
B. Perithezien im Inneren durch vollständige oder unvollständige Scheidewände geteilt.
Mycoporaceae.

Moriolaceae.

Litteratur. J. M. Norman, Fuligines lichenosae eller Moriolei (Botan. Notiser, 1872 p. 9—20). — Derselbe, Allelosistismus (a. a. O., 1873, p. 46—53, 82—85). — Derselbe, Nonnulae observationum ulteriorum Moriolorum (a. a. O., 1876, p. 161—176). — T. Hedlund, Über die Flechtengattung Moriola (Botan. Centralblatt, Bd. LXIV. 1895, p. 376—377). — E. Nyman, En Moriolaliknande laf (Botaniska Notiser, 1895, p. 242).

Lager krustig, einförmig, epiphloeodisch, entweder nur aus septierten, braungefärbten, an den Scheidewänden oft eingeschnürten Hyphen oder aus septierten, dunklen oder hellen Hyphen und einem pseudoparenchymatischen Gewebe gebildet, die Cystococcus-Alge ist zu Kolonien vereinigt und entweder in (mitunter gestielten) Kapseln, welche aus den septierten Hyphen hervorgehen und eine eckig-netzartig pseudoparenchymatische Wandung besitzen (»Goniocysten«) eingeschlossen oder in kapselförmigen, geschlossenen oder offenen, mit einer hautartigen, doppelten (inneren hellen und äußeren dunklen) Wand versehenen Receptakeln (»Lagerkerne«) welche vom pseudoparenchymatischen Gewebe des Lagers bedeckt werden, gelagert. Apothezien kernfrüchtig, einzeln stehend, gerade, mit endständiger Mündung, mit dunklem, am Grunde hellere Hyphen ausstrahlendem Gehäuse. Schläuche 4—vielsporig. Sporen parallel mehrzellig (seltener scheinbar einzellig), heller oder dunkler gefärbt. Gehäuse der Pyknokonidien klein; Basidien zumeist zerfließend; Pyknokonidien klein, gerade, kurz stäbchenförmig, an den Enden abgestumpft oder daselbst etwas verdickt. Stylosporen parallel mehrzellig, dunkel.

Lager ohne pseudoparenchymatischem Gewebe, Algen in Goniocysten eingeschlossen
1. **Moriola**.
Lager mit pseudoparenchymatischem Gewebe, Algen in Form von Lagerkernen
2. **Spheconisca**.

1. **Moriola** Norm.
Umfasst 4 Arten, und zwar *M. descensa* Norm., *M. sangvifica* Norm., *M. pseudomyces* Norm. und *M.* (?) *pyrifera* Norm., welche in Skandinavien auf Rinden oder auf der Erde leben.

2. **Spheconisca** Norm.
19 Arten in Nord- und Mitteleuropa.
Sekt. I. *Moriliopsis* Norm. Perithezien mittelgroß, mit dickem, zerbrechlichem Gehäuse; Schläuche 8-sporig; Sporen gefärbt, parallel 4—8-zellig. *Sph. resinae* Norm. und *Sph. confusa* Norm. auf dem Harze der Nadelhölzer, *Sph. translucens* Norm. und *Sph. conjungens* Norm. an Pappeln.
Sekt. II. *Dimorella* Norm. Sporen parallel 2-zellig, gefärbt; Schläuche 8-sporig. *Sph. tenebrosa* Norm. an Haselnuss in Norwegen und *Sph. austriaca* Norm. an Föhren in Tirol.
Sekt. III. *Euspheconisca* Norm. Perithezien klein, mit dünnem, zäherem Gehäuse; Schläuche 8-sporig. Sporen heller, parallel 4-zellig oder scheinbar einzellig. *Sph. hypocrita* Norm., an Lärchenzweigen in Tirol, *Sph. obducens* Norm. mit ungefärbten Sporen, an Feigen in Tirol; *Sph. ebenacea* Norm. mit lineal-lanzettlichen Sporen, Tirol; *Sph. inficiens* Norm. mit dicklichem, schorfig-körnigem, schwarzem Lager auf Tannen um Christiania.
Sekt. IV. *Bacolitthis* Norm. Schläuche vielsporig, Sporen klein, länglich, 1- oder undeutlich 2-zellig, hell gefärbt. *Sph. luctuosa* Norm. an Weiden und *Sph. nova* Norm. an Pappeln in Norwegen.

Anmerkung. Die Gattung *Bifrontia* Norm., in der ersten der auf die Familie der Moriolaceae bezüglichen Arbeiten von Norman beschriebene, wurde von ihrem Urheber später unterdrückt.

Epigloeaceae.

Lager gallertig, homöomerisch, unberindet, mit Palmellaceen-Gonidien. Perithezien einfach, gerade, mit senkrechter Mündung.

Epigloea Zuk. Lager gallertig, homöomerisch, unberindet, Hyphen ein lockeres, die Gallerte durchsetzendes Maschwerk bildend, dessen Endverzweigungen mit den Gonidien (*Palmella botryoides* Ktz.) in Verbindung stehen. Perithezien zerstreut stehend, aufrecht einfach, gerade, halbeingesenkt, mit kugeligem bis eiförmigem, hellem und weichem, eigenem Gehäuse; Fruchtkern ohne Hymenialgonidien, Mündung endständig, punktförmig. Paraphysen spärlich, sehr zart, verzweigt. Schläuche keulenförmig, an der Basis mit kurzem,

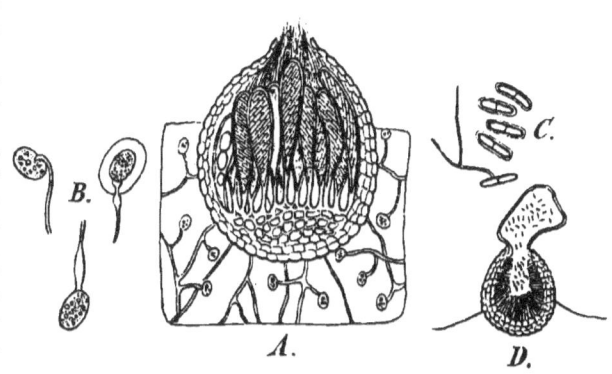

Fig. 30. *Epigloea bactrospora* Zuk. *A* Querschnitt durch ein Perithezium und das Lager. — *B* Gonidien mit den anhaftenden Lagerhyphen. — *C* Schlauchsporen. — *D* Pyknokonidialer Apparat im Querschnitte. (Nach Zukal.)

aber deutlichem Stiel, vielsporig. Sporen kurz stäbchenförmig, beiderseits stumpf, gerade, zweizellig, farblos. Konzeptakel der Pyknokonidien kugelig, klein; Basidien einfach; Pyknokonidien exobasidial *), länglich, kurz stäbchenförmig gerade oder ganz leicht gekrümmt.

1 Art, *E. bactrospora* Zuk. über Moosen in Oberösterreich und Salzburg. (Fig. 30 *a—D*.)

Verrucariaceae.

Lager krustig, epi- oder endophlöodisch, unberindet, mit Pleurococcus- oder Palmella-Gonidien. Perithezien einfach, aufrecht, mit gipfelständiger, vertikal verlaufender Mündung. Pyknokonidien endobasidial.*)

Einteilung der Familie.

A. Paraphysen bald schleimig zerfließend oder fehlend.
  a. Schläuche 1—8-sporig, Sporen verhältnismäßig groß.
    α. Fruchtkern ohne Hymenialgonidien.
      I. Sporen einzellig.
        X Sporen breit, eiförmig bis länglich-ellipsoidisch, seltener kugelig   **2. Verrucaria.**
        X X Sporen zylindrisch-wurmförmig, ± gewunden, an beiden Enden keulig verdickt . . . . **1. Sacropyrenia.**
      II. Sporen 2—4-zellig . . . . **4. Thelidium.**
      III. Sporen mauerartig-vielzellig . . . . **5. Polyblastia.**
    β. Fruchtkern mit Hymenialgonidien, Sporen mauerartig-vielzellig . **6. Staurothele.**
  b. Schläuche vielsporig, Sporen verhältnismäßig klein . . . . **3. Trimmatothele.**
B. Paraphysen bleibend.
  a. Hymenialgonidien im Fruchtkern vorhanden . . . . **7. Thelenidia.**

---

*) Bezüglich der Nomenklatur des pyknokonidialen Apparates schließe ich mich Steiner an. Vergl. J. Steiner, Über die Funktion und den systematischen Wert der Pyknokonidien der Flechten (S. A. Festschrift zur Feier des zweihundertjähr. Bestandes des k. k. Staatsgymnasiums im VIII. Bezirke Wiens, Wien, 1901).

b. **Fruchtkern ohne Hymenialgonidien.**
α. Perithecien mit ± punktförmiger, nicht erweiterter Mündung.
I. Sporen einzellig. . . . . **8. Thrombium.**
II. Sporen parallel 4-zellig, breit ellipsoidisch, beiderseits zugespitzt **10. Geisleria.**
III. Sporen nadelförmig, parallel viel-(15—20)zellig . . . . . . **9. Gongylia.**
IV. Sporen mauerartig-vielzellig . . . . **11. Microglaena.**
β. Perithecien am Scheitel um die Mündung schild- oder scheibenförmig erweitert.
I. Paraphysen unverzweigt; Sporen mauerartig-vielzellig . . **13. Aspidothelium.**
II. Paraphysen verzweigt und netzartig verbunden; Sporen parallel mehrzellig
12. Aspidopyrenium.

1. **Sarcopyrenia** Nyl. (*Lithosphaeria* Beckh.). Lager pulverig, zum größten Teile endolithisch, ohne Vorlager. Perithezien einfach, halbkugelig bis zusammengedrückt und dann scheinbar lecidinisch, mit eigenem schwarzem Gehäuse und klein papillöser, gerader, sehr fein durchbohrter Mündung. Periphysen walzlich, zart und weich. Paraphysen sehr bald zerfließend. Hymenialgonidien fehlen. Schläuche walzlich, fast gestielt, bald zerfließend, 8-sporig. Sporen zylindrisch-wurmförmig, mehr weniger um ihre Mitte gewunden, an beiden Enden keulig verdickt, einzellig, ungefärbt mit zarter Sporenwandung.
Die einzige bisher bekannte Art, *S. gibba* Nyl. (Fig. 31, *J.*) (Syn. *Lithosphaeria Geisleri* Beckh.) auf Kalkfelsen in Westfalen, in der Schweiz und in Algier.

2. **Verrucaria** (Web.) Th. Fr. (*Amphoridium* Mass., *Actinothecium* Fw., *Bagliettoa* Mass., *Lithoicea* Mass., *Limboria* Nyl., *Tichothecium* Fw.). Lager epilithisch, krustig,

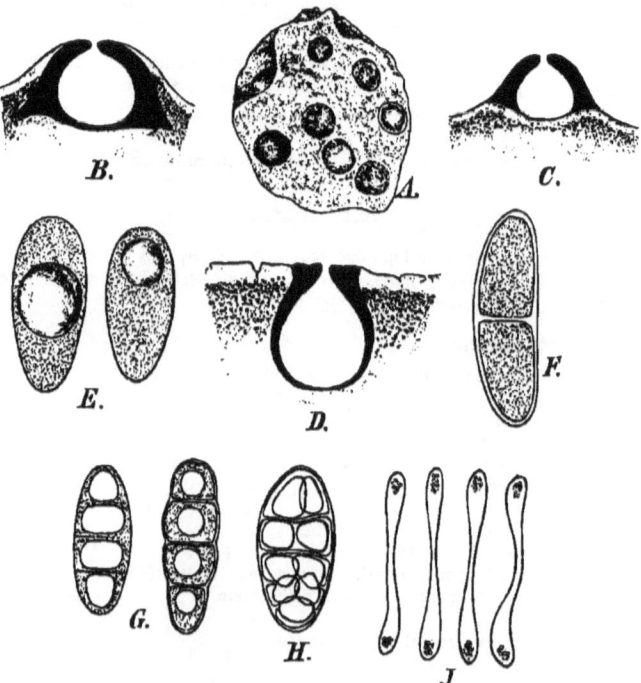

Fig. 31. *A Verrucaria calciseda* DC. Habitusbild (vergrößert), *E* Spore. — *B Verrucaria macrostoma* Duf., senkrechter Medianschnitt durch ein Perithezium. — *C Verrucaria rupestris* Schrad., senkrechter Medianschnitt durch ein Perithezium. — *D Verrucaria Hochstetteri* Fr., senkrechter Medianschnitt durch ein Perithezium. — *F Thelidium decipiens* (Hepp.), Spore. — *G Thelidium papulare* Fr., Sporen. — *H Polyblastia sepulta* Mass., Spore. — *J Sarcopyrenia gibba* Nyl., Sporen. (*A, J* Original, die übrigen Figuren nach Garovaglio und Hepp.)

rissig-gefeldert bis pulverig, häufig mit entwickeltem Vorlager, selten mit Soredien oder endolithisch. Die Gonidien gehören zu den Algengattungen *Pleurococcus* und *Palmella*. Perithezien gänzlich in das Lager oder in Warzen desselben eingesenkt, halb eingesenkt oder sitzend. Eigenes Gehäuse hornartig-kohlig, kugelig, flaschenförmig oder halbkugelig, unterseits offen. Mündung innen zumeist von Periphysen umgeben, mit undeutlicher oder punktförmig durchbohrter, warziger oder strahlig-rissiger Öffnung. Paraphysen sehr bald in Schleim zerfließend. Schläuche oval bis oval-keulig, 8-sporig. Sporen länglich-ellipsoidisch, oval oder kugelig, einzellig, ungefärbt oder selten braun. Konzeptakel der Pyknokonidien kugelig, dunkel, in das Lager eingesenkt, Fulkren wenig verzweigt, die unteren Glieder kurz, die oberen verlängert; Pyknokonidien seitenständig, nadelförmig, gerade oder bogenartig gekrümmt.

Bei 100, oft schwierig zu umgrenzende Arten, in allen Weltteilen, in den wärmeren Zonen jedoch in viel geringerer Anzahl; vornehmlich auf Felsen und nur ausnahmsweise auf Holz und Rinden lebende Flechten. Die syntrophen Arten gehören der Pilzgattung *Verrucula* Stnr. an.

Sekt. I. *Euverrucaria* Koerb. Perithezien sitzend oder halb eingesenkt, eigenes kohliges Gehäuse halbkugelig, an der Basis fehlend. *V. marmorea* Scop. mit rosarotem, oft weit ausgebreitetem Lager, Kalk- und Dolomitfelsen überziehend und denselben namentlich im Süden Europas eine charakteristische Färbung verleihend; *V. coerulea* (Ram.) Schaer. (Syn. *V. plumbea* Ach.) mit weinsteinartigem, rissig-gefeldertem, bläulichgrauem Lager, auf Kalkfelsen nicht selten; *V. calciseda* DC. (Fig. 31, *A. E.*) mit weißem Lager, kleinen, zahlreichen, dichtstehenden, oben etwas abgeplatteten und mit einer ± rissigen Mündung versehenen Perithezien, die häufigste der kalkbewohnenden Verrucaria-Arten; *V. Dufourei* DC. der vorhergehenden ähnlich, doch mit größeren Perithezien, auf Kalkfelsen häufig; *V. myriocarpa* Hepp., den vorhergehenden beiden Arten verwandt, ebenfalls auf Kalk, nicht selten; *V. pinguicula* Mass. bildet auf Kalkfelsen kleine, ölfarbige, glänzende, scharf abgegrenzte Lager; *V. limitata* Krph. mit weißlichem Lager, welches schwarze Vorlagerstreifen durchkreuzen; *V. rupestris* Schrad. (Fig. 31, *C*), mit weißlichem, bräunlichem oder verschwindendem gleichförmigem Lager, mit ovalen, 18—23 μ langen und 10—12 μ breiten Sporen, eine der häufigsten, auf Kalk und Urgestein lebenden Arten; *V. laevata* Koerb. mit rötlichgrauem, feinrissigem Lager, auf überflutetem Urgestein; *V. margacea* Wahlbg., *V. aquatilis* Mudd., *V. aethiobola* Wahlbg. und *V. hydrela* Ach. leben vornehmlich in Gebirgsgegenden auf überrieselten Steinen, ihr Lager ist braun bis bräunlich-grünlich und etwas schleimig. Durch fast kugelige Sporen ist *V. murina* Ach. gekennzeichnet; braune Sporen besitzen *V. phaeosperma* Arn., *V. interlatens* Arn. und *V. melasperma* Nyl.

Sekt. II. *Amphoridium* (Mass.) Koerb. Perithezien in das Lager oder in Lagerwarzen eingesenkt mit flaschenförmigem, unten geschlossenem kohligem Gehäuse. *V. Hochstetteri* E. Fries (Fig. 31, *D*), mit weinsteinartigem, dickem Lager von weißer Farbe und mit in Warzen eingeschlossenen Perithezien, auf Kalk- und Dolomitfelsen; *V. dolomitica* (Mass.) Koerb. mit dünner, mehliger, weißlicher bis schmutzig-rosafarbiger Kruste und kleinen Perithezien, auf Kalk- und Dolomitfelsen sehr häufig; *V. Leightoni* Mass. mit dünner, rötlichgrauer Kruste, auf Kalk und Sandstein, zerstreut; *V. mastoidea* (Mass.) Koerb., Perithezien in stark gewölbten, großen Lagerwarzen eingesenkt; *V. tetanocarpa* Stnr. durch fast cylindrische Perithezien auffallend, auf Kalkfelsen in Griechenland.

Sekt. III. *Lithoicea* (Mass.) Koerb. (*Encliopyrenia* Trev.). Perithezien gänzlich in das Lager eingesenkt, eigenes, kohliges Gehäuse ringsum vom Lager umgeben und nur an der Mündung von demselben frei. *V. nigrescens* Pers. mit rissig-gefeldertem, braunschwarzem Lager, auf Kalk, Sandsteinfelsen, Dachziegeln und Mörtel sehr häufig, kommt auch ausnahmsweise auf Rinden vor; *V. viridula* Ach., mit rissiger, angefeuchtet grünlicher Kruste auf verschiedenen Gesteinsarten und auf Ziegeln; *V. cataleptoides* Nyl., Lager glatt, grau- bis gelbbraun, rissig-gefeldert, bevorzugt zeitweise überflutete Kalkfelsen; *V. macrostoma* Duf. (Fig. 31, *B*), durch breit durchbohrte Perithezien charakterisiert ist im Süden Europas auf kalkhaltigem Gestein häufig; *V. tristis* Krphbr. mit schwärzlichem Lager auf Kalk und Dolomitfelsen in subalpinen und alpinen Regionen; *V. tectorum* (Mass.) Koerb. mit kastanienbraunem Lager und grünlichen Soredien; *V. aegyptiaca* Müll. Arg., auf Kalkfelsen in Egypten; *V. ceutocarpa* Wahlbg. und *V. maura* Wahlbg. bevorzugen die Felsen am Meeresgestade, erstere diejenige des nördlichen Europas und Asiens; *V. glaucina* Ach. und *V. lecideoides* (Mass.) Koerb., beide nicht seltene, durch eine wohl entwickelte Kruste ausgezeichnete Arten, sollen nach Steiner kein eigenes

Lager besitzen, das Lager der ersteren soll zu Arten der Gattung *Caloplaca* aus der Sect. *Pyrenodesmia*, dasjenige der letzteren zu *Rinodina crustulata* Mass. gehören.

3. **Trimmatothele** Norm. (*Coniothele* Norm. non DC.) Wie *Verrucaria*. Schläuche vielsporig. Sporen sehr klein, ellipsoidisch bis fast kugelig. *Tr. perquisita* Norm., auf den Kalkfelsen Finmarks; *Tr. versipellis* (Nyl.) A. Zahlbr. mit weichem Gehäuse, auf Ziegeln in Frankreich.

4. **Thelidium** Mass. Lager krustig, einförmig, unberindet, Vorlager selten gut entwickelt, das Lager fehlt mitunter gänzlich und die Perithezien sitzen der Kruste anderer Flechten auf. Die Gonidien gehören zur Algengattung Pleurococcus. Perithezien einfach, mit hornig-kohligem eigenem Gehäuse, eingesenkt-sitzend oder sitzend. Paraphysen bald schleimig zerfließend. Schläuche in der Regel groß, aufgeblasen oder sackig, 8-sporig. Sporen verhältnismäßig groß, ellipsoidisch bis oval, 2—4-zellig, farblos, die Fächer enthalten häufig große Öltropfen.

Bei 50 Arten, welche in Europa, Nordamerika, Nordafrika, Neuseeland und Kerguelensland auf Felsen (selten auf anderer Unterlage) leben, und gebirgige, höhere Lagen bevorzugen. **A.** Sporen 2-zellig. *Th. decipiens* (Hepp.) Arn. (Fig. 31, *F*) (Syn. *Th. crassum* Koerb.) mit schmutzig-weißlichem, dickerem Lager, auf Urgesteinfelsen; *Th. Borreri* (Hepp.) Arn., mit großen Perithezien auf Kalk; *Th. amylaceum* Mass. mit bräunlich-grauem, pulverigem Lager; *Th. acrotellum* Arn., *Th. minimum* Mass. und *Th. parvulum* Arn. zeichnen sich durch kleine Perithezien aus. — **B.** Sporen 4-zellig. *Th. papulare* E. Fries (Fig. 34, *G*) mit braunem Lager, mit großen, am Scheitel eingedrückten Perithezien, auf Kalk- und Dolomitfelsen bis in die Alpen aufsteigend; *Th. Zwackhii* (Hepp.) Arn., Sporen 2- und 4-zellig, Kruste dünn, auf Sandstein und Kalk, ausnahmsweise auf Erde; *Th. cataractarum* Mudd. mit angefeuchtet schleimigem Lager, auf feuchten Kalksteinen.

5. **Polyblastia** (Mass.) Lönnr. (*Porphyriospora* Mass., *Sporodictyon* Mass., *Sphaeromphale* Koerb. pr. p.). Lager krustig einförmig, epilithisch, rissig bis pulverig, mit mitunter gut entwickeltem Vorlager, oder endolithisch. Gonidien zu Protococcus gehörig. Perithezien einfach, sitzend, thallodisch bekleidet oder nackt, bei endolithischen Arten ganz in die Unterlage versenkt und beim Herausfallen Grübchen hinterlassend, mit hellem oder hornartig-kohligem und kugeligem oder halbkugeligem Gehäuse, mit einfacher Pore sich öffnend; Fruchtkern ohne Hymenialgonidien. Paraphysen schleimig zerfließend. Schläuche aufgeblasen- bis sackförmig-keulig, 1—8-sporig. Sporen verhältnismäßig groß, mauerartig-vielzellig, rundlich bis länglich-ellipsoidisch, hell oder dunkel gefärbt.

Bei 50 Arten, in Europa, Nord- und Ostasien und im nördlichen Afrika in bergigen und alpinen Lagen gewöhnlich auf Felsen (vornehmlich auf kalkhaltigen) lebend. *P. theleodes* (Somrft.) Th. Fries mit großen, vom Lager überzogenen Perithezien auf verschiedenen Gesteinsarten; *P. intercedens* (Nyl.) Lönnr. ebenfalls mit großen Perithezien, eine variable, in Europa und Nordamerika vorkommende Art; *P. Sendtneri* Krph. über Moosen in den Alpen; *P. sepulta* Mass. (Fig. 34, *H*) und *P. dermatodes* Mass. mit endolithischem Lager und versenkten Perithezien; *P. terrestris* Th. Fries erdbewohnend im nördlichsten Europa und Amerika; *P. discrepans* Lahm., epiphytisch, gewöhnlich auf dem Lager der Lecidea incrustans DC. lebend.

6. **Staurothele** (Norm.) Th. Fr. (*Paraphysorma* Mass., *Sphaeromphale* Stein, *Stigmatomma* Koerb., *Willeya* Müll. Arg.). Lager krustig, einförmig, von warzig-gefeldert bis ergossen, unberindet oder endolithisch, Vorlager zumeist undeutlich; mit Protococcus-Gonidien. Perithezien einfach, eingesenkt oder sitzend, kugelig mit eigenem hellem, weichem bis hornartigem kohligem Gehäuse, welches oft noch mit einem thallodischen Rande umkleidet ist; mit porenartiger Mündung; Fruchtkern mit rundlichen oder fast kubischen, länglichen bis stäbchenförmigen hellgrünen Hymenialgonidien. Paraphysen bald schleimig zerfließend. Schläuche sackförmig-keulig, 1—2-sporig. Sporen groß, ellipsoidisch, mauerartig-vielzellig, farblos oder dunkelgefärbt.

46 Arten auf Felsen in Europa, nördlichem Asien und Amerika, 3 Arten in Brasilien. **A.** Sekt. *Eustaurothele* A. Zahlbr. Sporen dunkel. *St. clopima* (Wahlbg.) Th. Fr. mit weinsteinartigem, warzig- bis rissig-gefeldertem braunem Lager, auf Urgestein in der montanen und

alpinen Region; *St. fissa* (Tayl.) Wainio, mit firnisartiger, ergossener, zusammenhängender Kruste im Hochgebirge; *St. pachystroma* Müll. Arg. mit sehr dickem, hell-ockerfarbigem Lager in Brasilien; *St. bacilligera* (Arn.) mit stäbchenförmigen Hymenialgonidien. — **B.** Sekt. *Willeya* (Müll. Arg.) A. Zahlbr. Sporen bleibend hell. *St. diffractella* Tuck, steinbewohnend in Nord- und Südamerika; *St. extabescens* (Nyl.) A. Zahlbr. in der Sahara; *St. hymenogonia* (Nyl.) A. Zahlbr. und *St. amphiboloides* (Nyl.) A. Zahlbr.

7. **Thelenidia** Nyl. Lager krustenförmig, dünn, pulverig, ohne Vorlager. Perithezien in fast kugelige Lagerwarzen eingeschlossen, mit hellem, am Scheitel schwärzlichem, kugeligem, eigenem Gehäuse, mit punktförmiger Mündung. Hymenialgonidien nicht sehr zahlreich, länglich und blass. Paraphysen bleibend, sehr zart, verästelt, viel länger als die Schläuche. Schläuche keulig, kurz, 1-sporig. Sporen breit-ellipsoidisch, beiderseits fast abgestutzt, oben breiter, in der Mitte seicht verschmälert, groß, einzellig, farblos.

1 Art, *Th. monosporella* Nyl. auf lehmiger Erde in der Schweiz, eine unscheinbare, durch den inneren Fruchtbau gut gekennzeichnete Flechte.

8. **Thrombium** (Wallr.) Mass. Lager krustig, gleichmäßig, häutig-schleimig, dünn oder endolithisch, oder ein eigenes Lager fehlt und die Früchte sitzen der Kruste anderer Flechten auf. Perithezien einfach, sitzend oder eingesenkt, kugelig, mit hornartigem schwarzem oder weicherem, dunkelgefärbtem eigenem Gehäuse und mit punktförmiger Mündung. Paraphysen zart und bleibend. Schläuche schmal-keulig oder zylindrisch, 4—8-sporig. Sporen ellipsoidisch, einzellig, farblos oder gebräunt.

4 Arten mit eigenem Lager und 4 epiphytisch lebende Formen. Von den ersteren ist *Th. epigaeum* (Pers.) Schaer. mit schwarzem Gehäuse auf der Erde in Europa und Nordamerika häufig; *Th. smaragdulum* Koerb. mit smaragdgrünem Gehäuse, selten; *Th. melaspermizum* Stnr. durch braune Sporen gekennzeichnet, auf Kalkfelsen in Griechenland; *Th. ebeneum* Norm. mit 4-sporigen Schläuchen.

9. **Gongylia** (Koerb.) A. Zahlbr. (*Belonielia* Th. Fr.). Lager krustig, einförmig, unberindet, mit undeutlichem Vorlager und mit Pleurococcus-Gonidien. Perithezien halb in das Lager versenkt oder sitzend, mit weichem, hellem oder dunklem eigenem Gehäuse und mit punktförmiger gerader Mündung. Paraphysen fädlich, unverzweigt, frei und bleibend. Schläuche 4—8-sporig. Sporen nadelförmig, parallel vielzellig, ungefärbt, gerade oder gekrümmt, beiderseits oder nur an einem Ende zugespitzt.

Sekt. I. *Eugongylia* A. Zahlbr. Perithezien mit abgeflachtem Scheitel; die Mündung ist anfangs punktförmig, vergrößert sich im Alter durch Zerfallen des Scheitels und lässt die Reste der Perithezien als scheinbare Schüssel zurück. Schläuche verkehrt rübenförmig. — 2 Arten, *G. sabuletorum* (E. Fries) Stein auf trockenen, sandigen Erdschollen, abgestorbenen Gräsern und verwesenden Cladonienlagerschuppen und *G. aquatica* Stein auf überfluteten Granitfelsen, beide in den Sudeten.

Sekt. II. *Beloniella* (Th. Tr.) A. Zahlbr. Perithezien kugelig mit bleibend punktförmiger Mündung; Schläuche zylindrisch. — 2 im Norden Europas lebende felsbewohnende Art; *G. incarnata* (Th. Fries) A. Zahlbr. und *G. cinerea* (Norm.) A. Zahlbr.

10. **Geisleria** Nitschke. Lager krustig, einförmig, leprös, Vorlager undeutlich; mit Protococcus-Gonidien. Perithezien einfach, eingesenkt, fast kugelig, mit hellem wachsartigem eigenem Gehäuse. Paraphysen bleibend, zart und verzweigt. Schläuche fast walzlich, 8-sporig. Sporen kahnförmig bis breit spindelig, beiderseits zugespitzt, parallel 4-zellig, ungefärbt.

Die einzige Art, *G. sychnogonoides* Nitschke auf sandiger Erde in Mitteleuropa; selten.

11. **Microglaena** Lönnr. (*Chromatochlamys* Trev., *Luykenia* Trev., *Thelenella* Nyl., *Weitenwebera* Koerb. non Opitz, *Thelenella* sect. *Microglaena* Wainio pr. p.). Lager krustig, einförmig, oft schleimig; Vorlager undeutlich; mit Protococcus-Gonidien. Perithezien in Lagerwarzen eingesenkt oder mehr weniger frei, kugelig bis konisch, mit weichem, hellfarbigem, um den Scheitel dunkler gefärbtem oder schwärzlichem eigenem Gehäuse, mit nabelartiger oder strahligrissiger Mündung. Paraphysen zart, bleibend, verästelt. Schläuche länglich bis länglich-zylindrisch, 2—8-sporig. Sporen ellipsoidisch, mauerartig-vielzellig, farblos, gelblich oder bräunlich.

12 Arten, welche auf Steinen, auf dem Erdboden, ausnahmsweise auf Rinden leben. Je 1 Art wurde in Brasilien und auf Socotra gefunden, die übrigen kommen in Europa vor,

daselbst die nördlichen Regionen und das Gebirge vorziehend. *M. muscicola* (Ach.) Lönnr. über Moosen die häufigste Art; ferner nicht zu selten *M. sphinctrinoides* (Nyl.) Th. Fries und *M. leucothelia* (Nyl.) Arn.; *M. corrosa* (Koerb,) Arn. zeichnet sich durch die strahlig-rissige Öffnung der Perithecien aus; *M. pertusariella* (Nyl.) Arn. lebt auf Rinden.

12. Aspidopyrenium Wainio. Lager krustig, einförmig, unberindet, fast homöomerisch, ohne Rhizinen und mit dem Vorlager der Unterlage aufsitzend; mit Protococcus-Gonidien. Perithezien einfach, eingesenkt-sitzend, am Scheitel plötzlich in eine schildförmige, die Mündung umgebende Scheibe erweitert, der untere Teil des Peritheziums ist fast kegelartig, mit eigenem Gehäuse; der Fruchtkern besitzt keine Hymenialgonidien. Paraphysen zart, verzweigt-verbunden. Schläuche 8-sporig. Sporen in den Schläuchen mehrreihig angeordnet, spindelförmig, parallel mehrteilig, mit fast linsenförmigen Fächern, farblos. Pyknokonidien unbekannt.

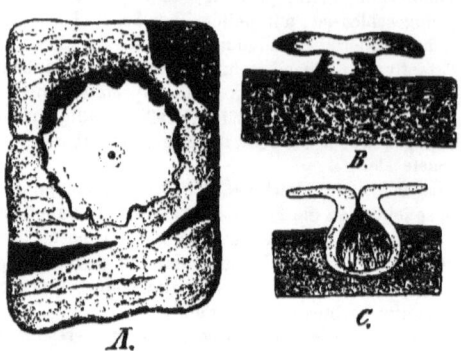

Fig. 32. *Aspidothelium cinerascens insigne* Wainio. *A* Perithezium von oben gesehen. — *B* Perithezium von der Seite. — *C* Senkrechter Medianschnitt durch ein Perithezium. (Vergrößert.) (Original.)

1 Art, *A. insigne* Wainio, auf perennierenden Baumblättern in Brasilien.

13. Aspidothelium Wainio. Lager krustig, einförmig, fast homöomerisch, unberindet, mit dem Vorlager der Unterlage aufsitzend, ohne Rhizinen, mit Protococcus-Gonidien. Perithezien einfach, fast kugelig, der Gonidienschicht aufsitzend, mit eigenem, hellfarbigem Gehäuse, welches sich um die Mündung in eine knorpelige, konvexe Scheibe erweitert; Fruchtkern ohne Hymenialgonidien. Paraphysen einfach, unverzweigt und nicht zusammenhängend-verbunden. Schläuche länglich bis länglich-zylindrisch, 4—6-sporig. Sporen 2-reihig in den Schläuchen angeordnet, länglich bis spindelförmig, mit stumpfen Enden, mauerartig-vielzellig, mit zahlreichen, kubischen Fächern, farblos oder hell. Konzeptakel der Pyknokonidien warzige, oben dunkel gefärbte Erhöhungen des Lagers bildend; Basidien unverzweigt; Pyknokonidien länglich-zylindrisch, dünn, gebogen.

Eine einzige Art, *A. cinerascens* Wainio, (Fig. 32, *A—C*) welche auf Rinden in Brasilien gefunden wurde.

Dermatocarpaceae.

Lager blattartig oder blättrig-schuppig, beiderseits oder nur oberseits pseudoparenchymatisch berindet (ausnahmsweise unberindet und homöomerisch bei *Normandina*), mit einer Haftscheibe oder mit Rhizinen oder mit der Markschicht an die Unterlage befestigt; mit Palmellaceen-Gonidien. Perithezium einfach, aufrecht, mit punktförmiger, senkrecht verlaufender Mündung. Pyknokonidien endobasidial.

Einteilung der Familie.

A. Fruchtkern ohne Hymenialgonidien.
  a. Lager unberindet, homöomerisch. . . . . 1. **Normandina**.
  b. Lager pseudoparenchymatisch berindet.
    α. Paraphysen schleimig zerfließend.
     I. Sporen einzellig, farblos . . . . 4. **Dermatocarpon**.
     II. Sporen parallel mehr(2—4)zellig.
      X Sporen farblos . . . . 5. **Placidiopsis**.
      X X Sporen braun . . . . 6. **Heterocarpon**.
    β. Paraphysen bleibend.

I. Paraphysen unverzweigt, locker und schlaff; Sporen einzellig, braun
   2. Anapyrenium.
II. Paraphysen verzweigt und verbunden; Sporen mauerartig-vielzellig **3. Psoroglaena.**
B. Fruchtkern mit Hymenialgonidien . . . . **7. Endocarpon.**
 1. **Normandina** (Nyl.) Wainio (*Lenormandia* Del.). Lager blattartig oder schuppig, Schuppen rundlich, mehr weniger gelappt, aufsteigend oder angepresst, unberindet, homöomerisch, mit einem aus dickwandigen Hyphen gebildeten Vorlager der Unterlage

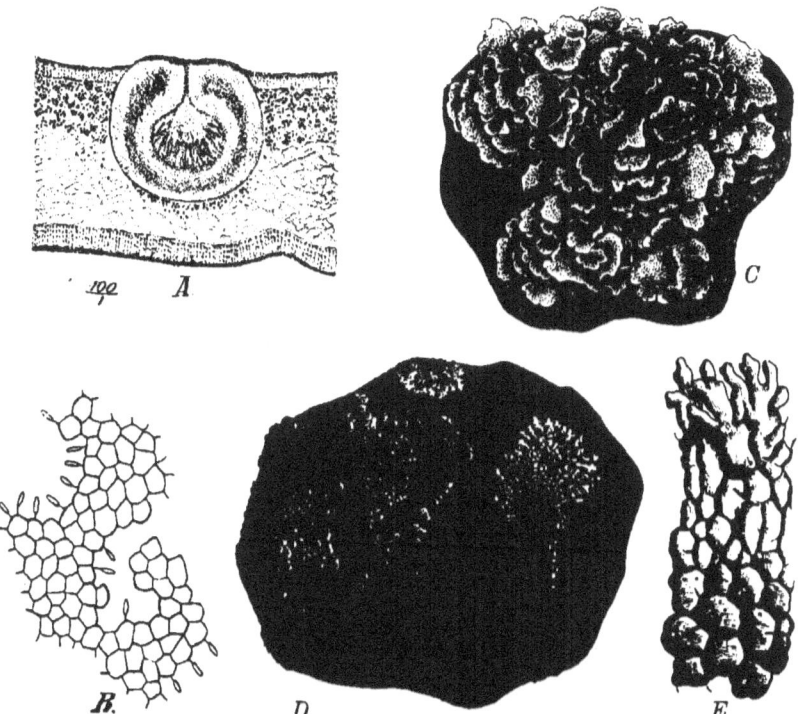

Fig. 33. *A Dermatocarpon miniatum* (L.) Längsschnitt durch das Lager und ein Perithezium. — *B Dermatocarpon riculorum* (Arn.), Schnitt durch den pyknokonidialen Apparat, Fulkrum mit Pyknokonidien. — *C Dermatocarpon miniatum* var. *complicatum* (Sw.), Habitusbild. — *D, E Dermatocarpon monstruosum* (Mass.), Habitusbild. (*A, C, D, E* Original; *B* nach Glück.)

aufsitzend, mit Pleurococcus-Gonidien. Perithezien eingesenkt, einfach, Fruchtkern ohne Hymenialgonidien, mit eiförmigem bis kugeligem, schwarzem, eigenem Gehäuse und gerader Mündung. Paraphysen fehlend. Schläuche 6—8-sporig. Sporen länglich-zylindrisch bis länglich, parallel mehr (6—8-)zellig, zuerst farblos, dann hellbräunlich.
   N. pulchella (Borr.) Leight. auf moosigen Baumstämmen in Europa, im tropischen Amerika und in Neuseeland, nicht eben häufig.

 2. **Anapyrenium** Müll. Arg. Lager blättrig-schuppig, mit Pleurococcus-Gonidien. Perithezium in das Lager versenkt, mit kugeligem, bräunlichem, am Scheitel schwärzlichem, eigenem Gehäuse, mit gerader Mündung. Paraphysen locker, schlaff. Schläuche verkehrt eiförmig bis länglich, 8-sporig. Sporen kugelig bis kugelig-ellipsoidisch, einzellig, braun.
   1 Art, *A. aegyptiacum* Müll. Arg. mit braunem Lager.
 3. **Psoroglaena** Müll. Arg. Lager blattartig (korallinisch zerschlitzt), Unterseite mit kurzen Haftfasern oder fast nackt, mit Pleurococcus-Gonidien. Perithezien eingesenkt,

Fruchtkern ohne Hymenialgonidien, mit kugeligem, hellem, eigenem Gehäuse. Paraphysen verzweigt und miteinander verbunden. Schläuche 8-sporig. Sporen mauerartigvielzellig, farblos.

Ps. cubensis Müll. Arg. auf Farnrhizomen, die einzige bisher bekannte Art.

4. Dermatocarpon (Eschw.) Th. Fr. (*Catopyrenium* Koerb., *Endocarpon* Ach. pr. p., *Endopyrenium* Flw., *Placidium* Mass., *Rhodocarpon* Lönnr.). Lager blattförmig, schuppig oder schuppig-felderig, angedrückt oder aufsteigend, beiderseits oder nur oberseits pseudoparenchymatisch berindet, mit einer Haftscheibe, mit Haftfasern oder mit den Hyphen des Vorlagers an die Unterlage befestigt, mit Pleurococcus-Gonidien, welche den oberen Teil des Markes einnehmen. Perithezien einfach, gerade, in das Lager eingesenkt oder mit dem Scheitel hervorragend, mit hellem oder schwarzem, kugeligem bis eiförmigem, eigenem Gehäuse; Fruchtkern ohne Hymenialgonidien. Paraphysen in der Regel schleimig zerfließend, ausnahmsweise spärlich entwickelt und dann verzweigt und miteinander verbunden. Schläuche 8-, selten 16-sporig. Sporen ellipsoidisch bis länglich, einzellig, ungefärbt. Konzeptakel der Pyknokonidien in das Gewebe des Lagers versenkte unregelmäßige, durch einen Riss der Rinde sich öffnende Kammern bildend, deren Wandungen aus einem pseudoparenchymatischen Gewebe bestehen, an deren Zellen auf winzigen Sterigmen die ellipsoidischen bis länglichen und geraden Pyknokonidien zur Ausbildung gelangen.

Bei 50 auf Felsen, auf der Erde und nur ausnahmsweise auf Baumrinden lebende Arten, welche über die ganze Erde verbreitet in den mediterranen Gebieten in der größten und unter den Tropen in der geringsten Artenanzahl auftreten.

Sekt. I. *Catopyrenium* (Ftw.) Stzbgr. Lager schuppig-blättrig bis schuppig, ohne Haftscheibe; Perithezien mit schwarzem, kohligem, eigenem Gehäuse. *D. cinereum* (Pers.) mit häutigem, grauem Lager, auf der Erde in den Hochgebirgen Europas und Nordamerikas nicht selten; *D. monstrosum* (Mass.) Wainio (Fig. 32, *D—E*) mit grauem, bläulich bereiftem Lager auf Kalkfelsen, nach Steiner stellt diese Flechte das durch den Pilz *Verrucula monstrosa* Stnr. umgebildete Lager von *Lecanora* (*Placodium*) *muralis* (Dicks.) dar.

Sekt. II. *Endopyrenium* (Kbr.) Stzbgr. (*Placocarpus* Trev.). Lager blättrig oder schuppig, ohne Haftscheibe; Perithezien mit hellem, und am Scheitel dunklerem, eigenem Gehäuse. *D. rufescens* (Ach.) A. Zahlbr. mit rotbraunen, am Rande aufsteigenden Lagerschuppen, und *D. hepaticum* (Ach.) mit kleineren, mehr angedrückten braunen Schuppen, beide auf kalkhaltiger Erde in sonniger Lage häufig; *D. carassense* Wainio mit 8—16-sporigen Schläuchen, in Brasilien.

Sekt. III. *Entosthelia* (Wahlbr.) Stzbgr. Lager blattartig, mit einer mittelständigen Haftfaser an die Unterlage befestigt, beiderseits berindet; *D. miniatum* (L.) Mann (Fig. 32, *A*) mit einblättrigem oder mehrblättrigem (var. *complicatum* [Sw.] [Fig. 33, *C*]) unten nacktem und hellem Lager, auf feuchten Felsen in den Gebirgen Europas, Nordafrikas, Nordamerikas und Neuseelands häufig; *D. fluviatile* (Weis) Th. Fr. mit mehrblätterigem Lager, auf feuchten Felsen wie die vorhergehende Art verbreitet; *D. rivulorum* (Arn.) A. Zahlbr. (Fig. 33, *B*), mit knorpeligem, dunklem Lager in den Hochgebirgen Europas selten; *D. Moulinsii* (Mont.) A. Zahlbr. Lager unterseits schwarz und rhizinös, auf Urgesteinfelsen in den Pyrenäen, im Himalaya und in Texas.

5. Placidiopsis Beltr. (*Endocarpidium* Müll. Arg., *Bohleria* Trev.). Lager schuppig, oft gelappt, oberseits mit pseudoparenchymatischer Rinde, mit Pleurococcus-Gonidien. Perithezien in das Lager versenkt und nur mit dem Scheitel hervorragend, einfach, gerade, mit fast kugeligem, hellem, eigenem Gehäuse. Paraphysen schleimig zerfließend. Schläuche länglich-keulig, 8-sporig. Sporen kahn-, ei- oder spindelförmig, parallel mehr (2—4-) zellig, farblos.

7 auf Erde und steinigem Boden lebende Arten in Mittel- und Südeuropa und im mediterranen Gebiete. *P. Custnani* (Mass.) A. Zahlbr. mit bräunlichem, kleinschuppigem Lager und 2-zelligen Sporen, von Baiern bis Süditalien; *P. pisana* (Bagl.) A. Zahlbr. mit gelblichgrünlichem Lager und 2-zelligen Sporen, Italien; *P. Grappae* Beltr. mit kastanienbraunem Lager und 2- oder 4-zelligen Sporen, Italien.

6. Heterocarpon Müll. Arg. Wie die vorhergehende Gattung, die Sporen jedoch braun gefärbt.

1 Art, *H. ochroleucum* (Tuck.) Müll. Arg. mit gelblichgrünem, Lager in Californien.

7. **Endocarpon** (Hedw.) A. Zahlbr. (*Dermatocarpon* Mass., *Leightonia* Trev., *Paracarpidium* Müll. Arg.) Lager blättrig-schuppig, mitunter fast krustig, beiderseits oder nur oberseits pseudoparenchymatisch berindet, mit Pleurococcus-Gonidien, welche im oberen Teile der Markschicht liegen. Perithezien eingesenkt oder mit dem Scheitel hervorragend, einfach, gerade; Fruchtkern mit rundlichen oder länglichen Hymenialgonidien; eigenes Gehäuse dunkel, fast kohlenartig; Mündung gerade. Paraphysen schleimig zerfließend. Schläuche sackartig oder bauchig-keulig, 1—6-sporig. Sporen länglich oder ellipsoidisch, mauerartig vielzellig, in der Jugend farblos, später gelblich bis dunkelbraun werdend. Pyknokonidien zylindrisch, gerade.

Über 20 auf anorganischer Unterlage über die ganze Welt zerstreute Arten.

Sekt. I. *Paracarpidium* (Müll. Arg.) A. Zahlbr. Sporen auch im Alter hell, gelblich, doch nie braun. *E. pallidulum* (Nyl.) A. Zahlbr. mit weißlichem Lager auf sandiger Erde in Peru. Sekt. II. *Euendocarpon* A. Zahlbr. Sporen im Alter bräunlich oder braun. *E. pusillum* Hedw. (Fig. 16) mit leder- oder rotbraunem Lager, Schuppen der Unterlage anliegend, auf lehmiger und kalkhaltiger Erde in Europa und Neuseeland; *E. pallidum* Ach. von der vorhergehenden durch die sich dachziegelig deckenden, aufsteigenden Schuppen verschieden, auf Erde in Europa, Brasilien und Neuseeland häufig; *E. arenarium* (Hpe.) A. Zahlbr. mit 4—6-sporigen Schläuchen und länglichen Hymenialgonidien, im Harz; *E. sorediatum* (Borr.) A. Zahlbr. (Syn. *Dermatocarpon glomeruliferum* Mass.), Schuppen oberseits rauh und mit schwärzlichen Körnchen besetzt, auf kalkhaltiger Unterlage verbreitet.

Anhang: Nach der Beschreibung müsste die Gattung **Enduria** Norm., welcher ein berindetes Lager und Pleurococcus-Gonidien zugeschrieben wird, in die Familie der *Dermatocarpaceae* eingereiht werden. Untersuchungen, welche ich an Originalstücken vornahm, zeigten, dass die sogenannte Rinde aus braungefärbten torulösen Pilzhyphen besteht, und dass zwischen und unter denselben einzellige verschiedenen Familien angehörende Algen regellos lagern, mit den Hyphen in keinerlei Verbindung stehen, und dass Hyphen und Algen keinen geschlossenen mit den Perithezien in Zusammenhang stehenden Thallus bilden. Ich bin daher nicht in der Lage, den Organismus als eine Flechte ansehen zu können. Übrigens sprechen auch die geschwänzten Sporen dafür, dass die Perithezien einem echten Pilze angehören.

Pyrenothamniaceae.

Lager strauchig, verzweigt, allseitig berindet, mit Pleurococcus-Gonidien. Perithezien einfach, gerade, mit senkrechter Mündung.

Pyrenothamnia Tuck. Lager strauchartig, an der Basis stielrund, nach oben dichotomisch vielfach verzweigt, die Zweige verbreitet, allseitig pseudoparenchymatisch berindet, Markschicht locker, das ganze Innere des Lagers ausfüllend, mit Pleurococcus-Gonidien, welche knapp unter der Rinde liegen. Perithezien auf der Oberseite der Zweigende, in das Lager eingesenkt und mit dem Scheitel warzenartig hervortretend, mit hellem, oben bräunlichem, eigenem Gehäuse; Fruchtkern mit Hymenialgonidien. Paraphysen schleimig-zerfließend oder fehlend. Schläuche sackförmig, 1—4-sporig. Sporen ellipsoidisch mauerartig vielzellig, braun.

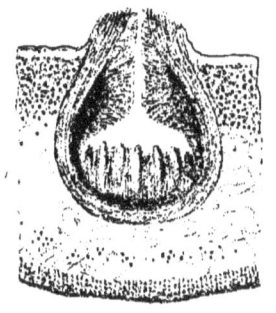

Fig. 34. *Pyrenothamnia Spraguei* Tuck. *A* Scheitel eines Lagersprosses mit den eingesenkten Perithezien. — *B* Senkrechter Medianschnitt durch ein Apothezium. (Nach Reinke.)

1 Art, *P. Spraguei* Tuck. (Fig. 34.) In den Hochgebirgen Nordamerikas über Moosen.

Pyrenulaceae.

Lager krustig, einförmig, epi- oder endophlöodisch, unberindet, ohne Rhizinen, mit Chroolepus-Gonidien. Perithezien einzeln oder zusammenfließend (jedoch ohne Stromabildung), aufrecht, mit gipfelständiger, vertikal verlaufender Mündung. Pyknokonidien exobasidial.

Einteilung der Familie.

A. Paraphysen verzweigt und netzartig verbunden oder fehlend.
  a. Mündung der Perithezien punktförmig oder rundlich.
    α. Sporen farblos, parallel mehrzellig.
      I. Fächer der Sporen linsenförmig oder fast kugelig . . **6. Pseudopyrenula.**
      II. Fächer der Sporen zylindrisch oder fast kubisch.
        X Sporen oval bis länglich, 2—6-zellig . . . . **3. Arthopyrenia.**
        X X Sporen nadelförmig bis fädlich, 2—vielzellig. . . . . . **4. Leptorhaphis.**
    β. Sporen braun, parallel 2—6-zellig. . . . . **2. Microthelia.**
    γ. Sporen mauerartig-vielzellig, farblos . . . . **5. Polyblastiopsis.**
  b. Perithezien am Scheitel strahlig-lappig aufreißend . . . . . **1. Asteroporum.**
B. Paraphysen unverzweigt und frei.
  a. Perithezien mit außen unbehaartem Gehäuse.
    α. Sporen einzellig, farblos . . . . **7. Coccotrema.**
    β. Sporen geteilt.
      I. Sporenfächer zylindrisch oder fast kubisch.
        X Schläuche 4—8-sporig.
          O Schläuche sehr bald zerfließend; Sporen nadelförmig, farblos, parallel vielzellig . . . . **9. Belonia.**
          OO Schläuche ausdauernd.
            § Sporen parallel mehrzellig, farblos . . . . **8. Porina.**
            §§ Sporen parallel mehrzellig, braun. . . . . . **11. Blastodesmia.**
            §§§ Sporen mauerartig-vielzellig, farblos . . . . . **12. Clathroporina.**
        X X Schläuche vielsporig, Sporen parallel 2—4-zellig, farblos . . **10. Thelopsis.**
      II. Sporenfächer linsenförmig oder fast kugelig.
        X Sporen parallel 2—6-zellig, braun . . . . **13. Pyrenula.**
        X X Sporen mauerartig-vielzellig, braun. . . . . . **14. Anthracothecium.**
  b. Gehäuse der Perithezien auf der Außenseite mit steifen, gebüschelten Haaren besetzt
                                                                   15. Stereochlamys.

1. Asteroporum Müll. Arg. Lager krustig, einförmig, endo- oder epiphlöodisch, unberindet, ohne Rhizinen, mit Chroolepus-Gonidien. Perithezien sitzend oder halbeingesenkt, nackt oder nur anfänglich vom Lager bekleidet, mit kohligem, am Grunde fehlendem, halbkugeligem Gehäuse, am Scheitel sternförmig-lappig aufreißend und schließlich den Fruchtkern mehr weniger freilegend. Paraphysen verzweigt und netzig verbunden. Schläuche länglich oder zylindrisch, 8-sporig. Sporen verkehrt eiförmig, 2-zellig, braun, Fächer oft ungleich groß.

Von den drei bisher bekannt gewordenen Arten bewohnen zwei, *A. punctuliforme* Müll. Arg. aus Queensland und *A. orbiculinum* Müll. Arg. aus Paraguay, Rinden und dürften echte Flechten sein, die dritte Art, *A. parasiticum* Müll. Arg., auf dem Lager der *Caloplaca pyracea* in Egypten gefunden, besitzt keinen eigenen Thallus und ist den Pilzen zuzurechnen.

2. Microthelia (Koerb.) Mass. Lager krustig, einförmig, hypo- oder endophlöodisch, unberindet, zumeist mit undeutlichem Vorlager; mit Chroolepus-Gonidien. Perithezien sitzend oder halb eingesenkt, mit in der Regel halbkugeligem, ausnahmsweise kugeligem, schwarzem eigenem Gehäuse und mit gerader, punktförmiger Mündung. Paraphysen verzweigt und verbunden, oft bald schleimig zerfließend. Schläuche zylindrisch-keulig bis oval-birnförmig, 4—8-sporig. Sporen eiförmig bis länglich-spindelförmig, normal 2-, seltener 4- oder 6-zellig, braun, mit zylindrischen, mitunter ungleich geformten Fächern. Konzeptakel der Pyknokonidien kugelig, sehr klein, dunkel; Pyknokonidien kurz stäbchenförmig, gerade oder leicht gekrümmt.

Bei 60 Arten, welche als Rinden- oder Felsbewohner über die ganze Erde zerstreut sind. *M. micula* (Fw.) Koerb. auf Laubbäumen, insbesondere auf Linden in Europa häufig, außerdem auch in Südamerika beobachtet; *M. analeptoides* Bagl. et Car. auf Daphne in den europäischen Alpen; *M. marmorata* (Schl.) Koerb. mit dünnem, hellgrauem Lager auf Kalkfelsen; *M. Metzleri* Lahm. mit dunklem, braunem bis schwarzem Lager und 2—4-zelligen Sporen in den mitteleuropäischen Alpen; *M. thelena* (Ach.) Müll. Arg. mit zweizelligen Sporen

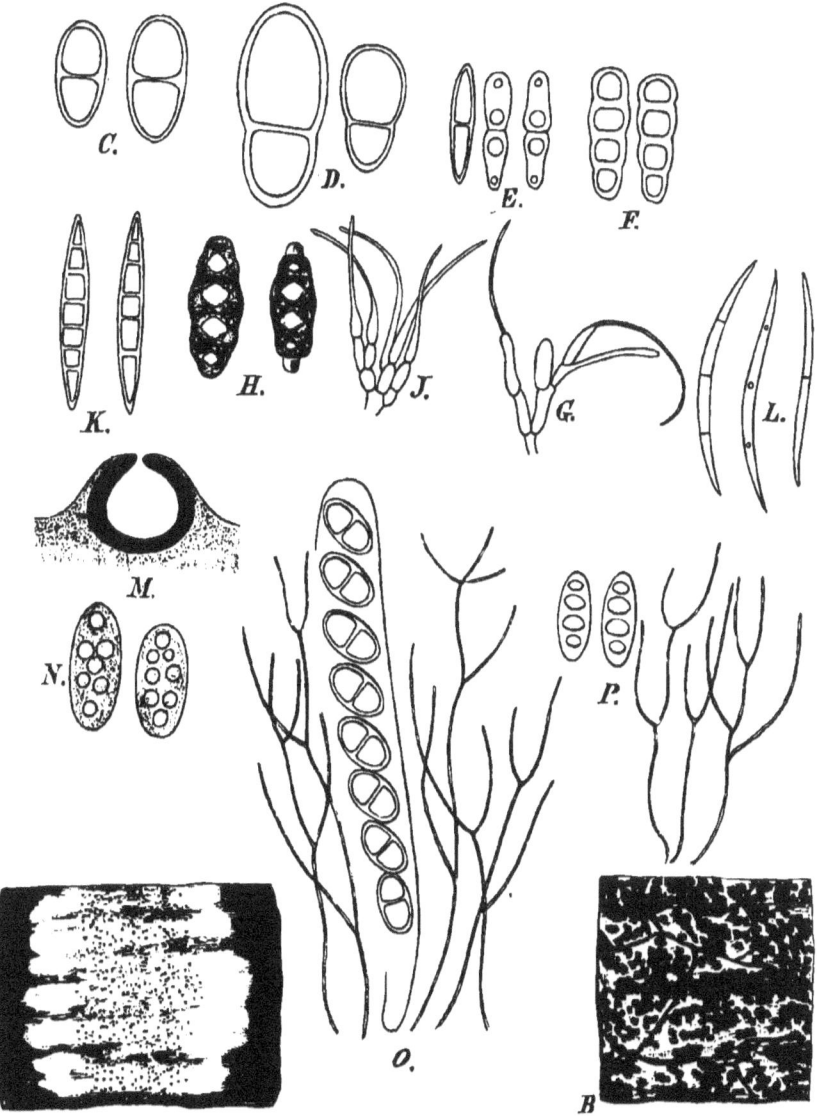

Fig. 35. *Pyrenula nitida* Ach. *A—B* Habitusbild. *H* Sporen. *G, J* Fulkren mit Basidien und Pyknokonidien. — *C Arthopyrenia* [sect. *Acrocordia*] *gemmata* (Ach.), Sporen. *O* Paraphysen und Schläuche. — *Arthopyrenia* [sect. *Anisomeridium*] *anisoloba* Müll. Arg., *D* Sporen. — *E Arthopyrenia* [sect. *Euarthopyrenia*] *analepta* (Ach.), Sporen. — *F Arthopyrenia* [sect. *Euarthopyrenia*] *cerasi* Körb., Sporen. — *K Porina faginea* (Schaer.), Sporen. — *L Leptorhaphis epidermidis* (Ach.) Sporen. — *M Anthracothecium ochraceoflavum* Müll. Arg., Senkrechter Medianschnitt durch ein Perithezium; *N* Sporen. — *P Pseudopyrenula flavescens* Müll. Arg., Paraphysen und Sporen. (*G* und *J* nach Glück; das Übrige Original.)

auf Rinden im tropischen Amerika; *M. magnifica* (Nyl.) Müll. Arg. mit den größten (50×25 μ) Sporen der Gattung, auf Rinden in Neuseeland; *M. sexlocularis* Müll. Arg. mit 6-zelligen Sporen auf Cascarillarinde; *M. innata* Müll. Arg. mit kugeligem, eigenem Gehäuse, auf Cuba rindenbewohnend.

3. **Arthopyrenia** (Mass.) Müll. Arg. Lager krustig, einförmig, dünn, unberindet, zumeist homöomerisch, hypo- oder endophlöodisch, mit in der Regel undeutlichem Vorlager und mit Chroolepus-Gonidien. Perithezien einfach, sitzend oder eingesenkt, mitunter zusammenfließend, mit halbkugeligem oder kugeligem, hornartigem, schwarzem eigenem Gehäuse, mit gerader, vertikaler, punktförmiger Mündung. Hymenialgonidien fehlen. Paraphysen verzweigt, miteinander verbunden, bleibend oder schleimig zerfließend. Schläuche in der Regel 8-sporig. Sporen keilförmig, oval bis länglich, mit ± stumpflichen Enden, parallel 2—6-zellig, mit zylindrischen Fächern, ungefärbt. Konceptakel der Pyknokonidien klein, kugelig, dunkel; Basidien einfach, Pyknokonidien stäbchenförmig oder cylindrisch, gerade (bei *A. marinula* Wedd. nach Glück elliptisch bis eiförmig). Stylosporen an kurzen kräftigen Basidien, länglich, an beiden Enden abgerundet, in der Mitte eingeschnürt, 2-zellig.

Sekt. I. *Euarthopyrenia* Müll. Arg. (*Arthopyrenia* Koerb., *Leiophloea* S. Gray pr. p.). Perithezien einzeln, zumeist mit halbkugeligem Gehäuse. Paraphysen normal schleimig zerfließend. Sporen keilförmig, 2-zellig, in der Mitte eingeschnürt, die beiden Zellen ungleich (die obere größer und breiter), oder es teilt sich jede Zelle neuerlich in 2—3 Zellen, so dass die Spore 4—6-zellig wird, wobei jedoch die Einschnürung in der Mitte erhalten bleibt; die Sporen sind ferner ungefärbt, in der Regel von einem Schleimhofe umgeben.

Die für diese Section von einigen Autoren angegebenen »Melanogonidien« gehören nicht den Flechtenkörpern an; sie sind auch nicht algologischen Ursprunges, sondern torulöse und dunkelgefärbte Mycelhyphen parasitischer Pilze.

Bei 50 Arten als in die Sektion *Euarthopyrenia* gehörend beschrieben, dürfte sich die Zahl derselben nach eingehender Untersuchung vermindern. Viele Arten dürften kein nachweisbares Lager besitzen und wären aus der Reihe der Flechten zu streichen und bei den Pilzen, und zwar bei den Gattungen *Didymella* Sacc. (so die in Europa häufige *D. fallax* [Nyl.] Wainio und die unter den Tropen weit verbreitete *D. cinchonae* [Ach.] Wainio), *Metasphaeria* Sacc. (so z. B. *M. juglandis* (Mass.) Wainio = *Verrucaria pluriseptata* Nyl.) und *Pharcidia* Koerb., unterzubringen.

Die in diese Sektion gehörigen Arten bevorzugen die kalten und gemäßigten Zonen und leben daselbst auf (vorzugsweise glatten) Rinden und auf Felsen. Von den felsbewohnenden Arten lebt eine relativ große Zahl (bei 18 Arten) auf von der Meeresflut überspülten Steinen. *A. punctiformis* (Ach.) Arn. und *A. analepta* (Ach.) (Fig. 35, *E*) mit 2-zelligen Sporen auf glatten Rinden weit verbreitet; *A. cerasi* (Schrad.) (Fig. 35, *F*) Koerb. mit 4-zelligen Sporen auf Kirschbäumen nicht selten; *A. ikouncnsis* Müll. Arg. auf Eichenrinde in Japan; *A. saxicola* Mass. mit rötlichgrauem, dünnem Lager auf Kalkfelsen, zerstreut; *A. Kelpii* Koerb. (Syn. *Verrucaria consequens* Nyl., *Ostracoblabe implexa* Born.) auf von Meereswasser überspülten Felsen und auf Muschelschalen.

Sekt. II. *Mesopyrenia* Müll. Arg. Perithezien einzeln, mit halbkugeligem oder kugeligem Gehäuse. Paraphysen bleibend, verwebt-zusammenhängend, steiflich. Schläuche keulig. Sporen in den Schläuchen unregelmäßig 2—3-reihig angeordnet, ellipsoidisch bis länglich, in der Mitte eingeschnürt, 2-zellig (mit gleichgroßen Zellen) oder durch nachträgliche Teilung 4-zellig.

Bei 30 in den tropischen und subtropischen Regionen lebende rindenbewohnende Arten. *A. quassiaccola* (Fée) Müll. Arg. und *A. planorbis* (Ach.) Müll. Arg. beide mit 2-zelligen Sporen und halbkugeligen Perithezien, auf officinellen Rinden häufig; *A. ceylonensis* Müll. Arg. mit 2-zelligen Sporen und kugeligen Perithezien; *A. pyrenuloides* (Fée) Müll. Arg. mit kugeligem Perithecium und 4-zelligen Sporen.

Sekt. III. *Anisomeridium* Müll. Arg. Perithezien einzeln, mit halbkugeligem oder kugeligem eigenem Gehäuse. Paraphysen bleibend, netzartig zusammenhängend. Schläuche linealisch oder walzlich. Sporen einreihig in den Schläuchen angeordnet, 2-zellig, die Zellen ungleich, die untere bedeutend kleiner und kürzer.

Etwa 15 Arten, welche unter den Tropen Rinden, seltener Holz bewohnen. *A. Féeana* Müll. Arg. (Syn. *Verrucaria Cascarillae* Fée) mit geraden Sporen, auf Cascarillarinde; *A. incurva* Müll. Arg. mit leicht gekrümmten Sporen, auf Rinden in Brasilien; *A. xylogena* Müll.

Arg. auf Holz, ebenfalls in Brasilien; *A. anisoloba* Müll. Arg. (Fig. 35, *D*) in Brasilien auf Rinden.

Sekt. IV. *Acrocordia* Müll. Arg. (*Acrocordia* Mass., *Leiophloea* S. Gray pr. p., *Lembidium* Koerb.). Perithezien einzeln, halbkugelig, kugelig bis konisch. Paraphysen bleibend, netzartig zusammenhängend, zart und steiflich. Schläuche zylindrisch bis walzlich. Sporen in den Schläuchen einreihig angeordnet, 2-zellig, Zellen gleich groß, in der Regel mit breiten Scheidewänden.

Bei 40, über die ganze Welt verbreitete Arten; rinden- und felsenbewohnend. *A. gemmata* (Ach.) Müll. Arg. (Fig. 35, *C*, *O*) mit halbkugeligem Gehäuse und stumpfen Sporen, auf Baumrinden, insbesondere Eichen, in Europa, Nordamerika, Neuseeland und Nordafrika häufig; *A. sphaeroides* (Wallr.) A. Zahlbr. (Syn. *Acrocordia tersa* Koerb.) von der vorhergehenden durch kleinere Perithezien und Sporen verschieden, nicht selten; *A. conoidea* (Fr.) A. Zahlbr. auf Kalkfelsen in Europa und Nordafrika häufig; *A. biformis* (Borr.) Müll. Arg. mit zugespitzten Sporen, auf Buchen und Eichen, seltener als die vorhergenannten Arten; *A. consobrina* (Nyl.) Müll. Arg. ebenfalls mit zugespitzten Sporen unter den Tropen nicht selten; *A. excellens* Müll. Arg. mit kugeligen, am Scheitel mäßig genabelten Perithezien, auf Cuba.

Sekt. V. *Polymeridium* Müll. Arg. Perithezien einzeln, mit halbkugeligem oder kugeligem Gehäuse. Paraphysen bleibend, netzartig verbunden. Schläuche schmal. Sporen in den Schläuchen 1—2-reihig angeordnet, länglich bis spindelig, 4- bis mehrzellig.

14 tropische, rindenbewohnende Arten. *A. contendens* (Nyl.) Müll. Arg. mit 4-zelligen Sporen, in Brasilien und Neugranada; *A. comparatula* Müll. Arg. mit 6-zelligen, *A. octomerella* Müll. Arg. mit 6—8-zelligen und *A. pleiomerella* Müll. Arg. mit 9—10-zelligen Sporen, die drei letzteren auf Cuba.

4. **Lepthoraphis** Koerb. (*Campylacea* Mass., *Celothelium* Mass., *Endophis* Norm. (?), *Melanotheca* Nyl. pr. p., *Tomasellia* Mass. pr. p.). Lager krustig, einförmig, in der Regel endophlöodisch, unberindet, mit undeutlichem Vorlager und mit Chroolepus-Gonidien. Perithezien einfach, zerstreut stehend oder zusammenfließend, mit halbkugeligem oder kugeligem eigenem, hornartigem und schwarzem Gehäuse, mit gerader, schwach genabelter, punktförmiger Mündung. Paraphysen verzweigt und verbunden. Schläuche 4—8-sporig. Sporen nadelförmig bis südlich, beiderseits oder nur an einem Ende zugespitzt, gerade oder gekrümmt, 2- bis vielzellig, mit zylindrischen Fächern, ungefärbt. Basidien einfach; Pyknokonidien zylindrisch, dünn und gerade.

Bei 30 rindenbewohnende Arten, welche über die ganze Erde zerstreut vorkommen, doch wärmere Regionen bevorzugen.

L. epidermidis (Ach.) Tb. Fr. (Syn. *L. oxyspora* Koerb.) auf Birkenrinden häufig; *L. tremulae* Koerb. auf Espen; *L. lucida* Koerb. auf Espen und Pappeln; *L. quercus* (Beltr.) Koerb. auf Eichenrinden verbreitet; *L. Maggiana* (Mass.) Koerb. auf Corylus.

5. **Polyblastiopsis** A. Zahlbr. (*Polyblastia* Müll. Arg. non Mass., nec Lönnr.; *Thelenella* sect. *Microglaena* Wainio pr. p.). Lager krustig, einförmig, endo- oder epiphlöodisch. Perithezien zerstreut stehend, vom Lager mehr weniger bekleidet oder nackt, mit hellem oder dunklem, halbkugeligem oder kugeligem eigenem Gehäuse und mit punktförmiger gerader Mündung. Paraphysen verzweigt und mehr weniger netzartig verbunden. Schläuche 4—8-sporig. Sporen eiförmig bis länglich, mauerartig vielzellig, mit kubischen Fächern, ungefärbt, mit oder ohne Schleimhof. Stylosporen fingerförmig, 4-zellig, braun.

Bei 18 durchwegs rindenbewohnende über die ganze Erde zerstreute Arten. **A.** Schläuche 1-sporig, Sporen sehr groß: *P. thelocarpoides* (Krph.) A. Zahlbr. in Argentinien. **B.** Schläuche 2-sporig, Sporen viel kleiner, *P. geminella* (Nyl.) A. Zahlbr. in Mexiko. **C.** Schläuche 4-sporig, *P. Naegelii* (Hepp.) A. Zahlbr. auf Tannenrinde in der Schweiz; *P. Carrollii* (Mudd) A. Zahlbr. auf Eschenrinde in England und in Ungarn; *P. lactea* (Kbr.) A. Zahlbr. in Europa und in Nordamerika. **D.** Schläuche 8-sporig, *P. sericea* (Mass.) A. Zahlbr. und *P. fallaciosa* (Arn.) A. Zahlbr. in Europa.

6. **Pseudopyrenula** Müll. Arg. (*Spermatodium* Trev. pr. p.; *Pseudopyrenula* subgen. *Heterothelium* Wainio). Lager krustig, einförmig, endo- oder epiphlöodisch, unberindet, mit Chroolepus-Gonidien. Perithezien zerstreut stehend oder zusammenfließend (ohne jedoch ein eigentliches Stroma zu bilden), vom Lager umkleidet oder nackt, mit halbkugeligem oder kugeligem, hellem oder schwarzem eigenem Gehäuse, mit gerader Mündung. Paraphysen verzweigt und netzartig verbunden. Schläuche 8-sporig. Sporen

länglich bis spindelförmig, parallel 4- bis mehrzellig, mit kugeligen, linsenförmigen oder fast eckigen Fächern, farblos. Pyknokonidien in der Mitte eingeschnürt mit angeschwollenen Polen.

Bei 40 rindenbewohnende Arten in den tropischen Zonen beider Hemispheren. Die Formen mit (oft reihenweise) zusammenfließenden Perithezien nähern sich sehr der Gattung *Trypethelium*, sind aber von dieser durch das Fehlen eines eigentlichen Stromas zu unterscheiden.

Sekt. I. *Hemithecium* Müll. Arg. Gehäuse halbkugelig; Fruchtkern kugelig; Sporen länglich, 4-zellig. *P. diluta* (Fée) Müll. Arg. und *P. thelotremoides* Müll. Arg. im tropischen Amerika.

Sekt. II. *Leptopyrenium* Wainio. Gehäuse halbkugelig; Fruchtkern zusammengedrückt; Sporen länglich, 4-zellig. *P. Sitiana* Wainio in Brasilien.

Sekt. III. *Homalothecium* Müll. Arg. Perithezium mit kugeligem Gehäuse; Sporen länglich, 4-zellig. *P. Pupula* (Ach.) Müll. Arg. mit von helleren Lagerpartien umschlossenen Perithezien, und *P. annularis* (Fée) Müll. Arg., mit einem Gehäuse, dessen Scheitel durch einen hellen Ring gezeichnet ist, beide auf Chinarinden.

Sekt. IV. *Polymeria* Müll. Arg. Gehäuse kugelig; Sporen spindelförmig, 6—mehrzellig. *P. calospora* Müll. Arg. in Cuba.

7. **Coccotrema** Müll. Arg. Lager krustig, einförmig, unberindet, mit Chroolepus-Gonidien. Perithezien einzeln oder zu mehreren (2—3) in kugelige Lagerwärzchen versenkt, mit kugeligem, hellem und weichem eigenem Gehäuse und gerader gipfelständiger Mündung; Periphysen undeutlich, schleimig zerfließend, einfach und unseptiert; Paraphysen sehr zart und wenig verästelt. Schläuche 6—8-sporig, kurz. Sporen verhältnismäßig groß, farblos, einzellig, ellipsoidisch, mit dünner Wandung.

1 Art, *C. cucurbitula* (Mont.) Müll. Arg., auf abgestorbenen Pflanzen, Feuerland und Staten Island.

8. **Porina** (Ach.) Müll. Arg. (*Ophthalmidium* Eschw. pr. p., *Porophora* Zenk. pr. p., *Verrucaria* sect. *Porinula* Nyl.). Lager krustig, einförmig, epi- oder endophlöodisch, unberindet, mit Chroolepus-Gonidien. Perithezien einfach, zerstreut stehend, mit hellem oder dunklem, halbkugeligem oder kugeligem eigenem Gehäuse und mit gerader, zumeist punktförmiger Mündung. Paraphysen einfach (nur ausnahmsweise an der Spitze gegabelt), frei. Schläuche 6—8-sporig. Sporen länglich, spindelförmig, stäbchen- oder nadelförmig, parallel 2- bis vielzellig, mit zylindrischen Fächern, farblos. Konzeptakel der Pyknokonidien klein, kugelig; Basidien einfach oder wenig verzweigt; Pyknokonidien gerade, kurz walzlich, länglich, spindelförmig oder lang und fädlich. Stylosporen 2—4-zellig.

Die Gattung umfasst bei 150 Arten, welche auf Rinden und auf Felsen wohnend über die ganze Erde verbreitet sind.

Sekt. I. *Segestria* (Fr.) Wainio (*Segestria* Fr., *Segestrella* Fr. pr. p., Koerb.; *Porina* sect. *Euporina* Müll. Arg., *Porina* sect. *Segestrella* Müll. Arg.) Perithezien zum größten Teil vom Lager umkleidet; eigenes Gehäuse hell mit dunklerem Scheitel oder dunkel. *P. lectissima* (Fr.) A. Zahlbr. mit spindelförmigen, 4-zelligen Sporen, auf Urgestein in den Gebirgen der gemäßigten Zonen verbreitet; *P. faginea* (Schaer.) Arn. (Fig. 85, *K*) mit 6—10-zelligen Sporen auf Rinden, vornehmlich auf Buchen, Europa; *P. Ahlesiana* (Koerb.) A. Zahlbr. mit 6—10-zelligen Sporen auf Urgesteinfelsen in Europa. Von tropischen rindenbewohnenden Arten seien die folgenden als die verbreitetsten angeführt: *P. mastoidea* (Ach.) Mass. und *P. nucula* Ach., beide mit hellem Gehäuse und 40—60 μ langen Sporen, *P. tetracerae* (Ach.) Müll. Arg., Sporen 40—50 μ lang, *P. americana* Fée mit großen (100×17—22 μ) Sporen.

Sekt. II. *Sagedia* (Mass.) Wainio (*Sagedia* Mass.) Perithezien mit nacktem Gehäuse; Sporen länglich bis spindelförmig. **A.** Sporen 2-zellig. *P. schizospora* Wainio mit an der Scheidewand sich endlich in zwei Teile lösenden Sporen, auf Juniperus in der Krim; *P. subsimplicans* (Nyl.) Müll. Arg. auf Rinden in Neuseeland. **B.** Sporen 3-zellig. *P. triblasta* Müll. Arg. ebenfalls in Neuseeland. **C.** Sporen 4-zellig. *P. chlorotica* (Ach.) Wainio mit bräunlichem Lager auf Urgesteinfelsen und die ihr sehr nahe stehende *P. carpinea* (Pers.) A. Zahlbr. auf Rinden, weit verbreitet; *P. byssophila* (Koerb.) A. Zahlbr. und *P. persicina* (Koerb.) A. Zahlbr. auf Kalk- und Dolomitfelsen in den Gebirgen Europas; *P. affinis* (Mass.) A. Zahlbr. auf glatten Rinden, insbesondere auf Nussbäumen nicht selten. **D.** Sporen 6- bis vielzellig. *P. lamprocarpa* (Stirt.) Müll. Arg. mit 15—20-zelligen, langen (85—120 μ) Sporen.

Sekt. III. *Rhaphidopyxis* Müll. Arg. Perithezien nackt, Sporen nadelförmig, vielzellig, an einem oder beiden Enden lang zugespitzt. *P. rhaphidophora* (Nyl.) Müll. Arg., in Neukaledonien.

9. Belonia Koerb. Lager krustig, einförmig, mit undeutlichem Vorlager und Chroolepus-Gonidien. Perithezien einfach, in Lagerwarzen versenkt, fast kugelig, mit weichem, hellem, am Scheitel dunklerem eigenem Gehäuse und mit punktförmiger im Alter erweiterter Mündung. Paraphysen zart, unverzweigt, straff, bleibend. Schläuche spindelförmig, bald schleimig zerfließend, 4—8-sporig. Sporen nadelförmig, parallel viel(15—20)teilig, mit zylindrischen Fächern, ungefärbt.

3 Arten, *B. fennica* Wainio in Skandinavien und *B. russula* Koerb. auf Urgesteinfelsen in den Hochgebirgen Nord- und Mitteleuropas; *B. hungarica* Hazsl. auf Buchen bei Herkulesbad in Südungarn.

10. Thelopsis Nyl. (*Sychnogonia* Koerb.). Lager krustig, einförmig, unberindet, ohne deutlichem Vorlager, mit Chroolepus-Gonidien. Perithezien sitzend, vom Lager umkleidet mit freiem Scheitel oder gänzlich in Lagerwarzen eingesenkt, mit weichem, wachsartigem, in der Regel hellgefärbtem, seltener schwarzem, fast kugeligem eigenem Gehäuse, mit punktförmiger, gerader Mündung. Periphysen fädlich, zart. Paraphysen fädlich, unverzweigt und frei, straff, mitunter mehr weniger gebogen, bleibend, zart septiert. Schläuche länglich bis spindelförmig-zylindrisch, vielsporig. Sporen ellipsoidisch bis länglich, normal 2—4-zellig (ausnahmsweise einzellig).

9 Arten, die auf Rinden, über Moosen oder auf Felsen leben. *Th. flaveola* Arn. mit einzelligen Sporen, rindenbewohnend in den Tiroler Alpen; *Th. rubella* Nyl. (*Sychnogonia Bayerhofferi* Zw.) auf Buchen in Europa, nicht häufig; *Th. melathelia* Nyl., *Th. umbratula* Nyl. und *Th. leucothelia* in Nordeuropa, in den Alpen Mitteleuropas und in Nordasien über Moosen; *Th. Lojkaana* Nyl. mit schwarzem Gehäuse, auf Kalkfelsen in Oberösterreich und in Ungarn; *Th. subporinella* Nyl. mit 2-zelligen Sporen, auf Rinden in Kalifornien.

11. Blastodesmia Mass. Lager krustig, endophlöodisch, unberindet, mit Chroolepus-Gonidien. Perithezien einfach, zerstreut stehend, sitzend, vom Lager nicht umkleidet, mit abgestutzt breit kegelförmigem, schwarzem eigenem Gehäuse, mit gerader Mündung. Paraphysen fädlich, unverzweigt und frei. Schläuche sackförmig-keulig, 8-sporig. Sporen länglich-linealisch, parallel mehr(6—10)zellig, die mittlere Zelle etwas aufgeblasen, mit zylindrischen Fächern, braun. Basidien kurz und dick; Pyknokonidien gerade.

1 Art, *B. nitida* Mass. (Syn. *Verrucaria circumfusa* Nyl.) auf Eschenrinde in Südtirol, Istrien, Italien, Herzegowina und in Südungarn bei Herkulesbad.

12. Clathroporina Müll. Arg. (*Thelenella* sect. *Clathroporina* Wainio). Lager krustig, einförmig, epi- oder endophlöodisch, unberindet, mit Chroolepus-Gonidien. Perithezien einfach, zerstreut stehend, vom Lager bekleidet oder nackt, mit hellem oder dunklem, halbkugeligem oder kugeligem eigenem Gehäuse und mit punktförmiger gerader Mündung. Paraphysen unverzweigt, frei. Schläuche 8-sporig. Sporen ellipsoidisch, länglich bis fast spindelförmig, mauerartig vielzellig, mit zylindrischen Fächern, farblos. Konzeptakel der Pyknokonidien punktförmig, kugelig; Basidien einfach; Pyknokonidien länglich bis länglich-zylindrisch, gerade.

Etwa 20 rinden- und eine steinbewohnende Art; die ersteren sind auf die tropischen Regionen beider Hemisphären beschränkt. *C. endochrysea* (Bab.) Müll. Arg. mit olivenfarbigem, innen gelblichem Lager in Neuseeland; *C. confinis* Müll. Arg. mit schmalen, schwach gekrümmten Sporen, auf Cuba; *C. heterospora* A. Zahlbr. auf Kalkfelsen bei Pola.

13. Pyrenula (Ach.) Mass. (*Bunodea* Mass., *Graphidula* Norm.). Lager krustig, einförmig, endo- oder epiphlöodisch, unberindet, mit Chroolepus-Gonidien. Perithezien einfach, vom Lager umkleidet oder nackt, mit halbkugeligem, kegeligem oder kugeligem, schwarzem eigenem Gehäuse, mit gerader punktförmiger oder schwach genabelter Mündung. Paraphysen fädlich, einfach, frei. Schläuche 8-sporig. Sporen ellipsoidisch, länglich oder spindelförmig, 2—6-zellig, mit linsenförmigen, rhomboidischen oder fast achteckigen Fächern, braun. Konzeptakel der Pyknokonidien peripher gelagert, kugelig oder etwas zusammengedrückt, klein mit schwarzem Gehäuse; Basalzellen verzweigt, kurz zylindrisch; Basidien einfach; Pyknokonidien terminal, fädlich-zylindrisch, gekrümmt.

Die Gattung umfasst etwa 100 durchwegs rindenbewohnende Arten, die über die ganze Erdkugel verbreitet sind, in den wärmeren Zonen in größerer Anzahl auftreten.

Sekt. I. *Pseudacrocordia* Müll. Arg. Sporen ellipsoidisch, 2-zellig. *P. brachysperma* Müll. Arg.

Sekt. II. *Eupyrenula* Müll. Arg. Sporen ellipsoidisch, normal 4-, seltener 6—8-zellig. *A. Dimidiatae* Müll. Arg. Perithezien sitzend mit halbkugeligem oder kurz kegeligem eigenem Gehäuse, welches im unteren Teile gänzlich fehlt oder viel schwächer als oberseits entwickelt und abgeflacht ist; *P. laevigata* (Pers.) Arn. mit weißem, geglättetem Lager, an Rotund Weißbuchen, ferner an Eichen nicht selten; *P. leucoplaca* (Wallr.) Koerb. mit weißer, fast rissiger Kruste und sehr kleinen Perithezien, an Eichen, Espen, Weißbuchen verbreitet; *P. minor* Fée und *P. quassiaecola* (Fée) Müll. Arg. an tropischen offizinellen Rinden; *B. Pyramidales* Müll. Arg. Perithezien sitzend, mit ± kegelförmigem, an der Basis abstehend-kantigem Gehäuse, welches unterseits fehlt; *P. mamillana* (Ach.) Trev. unter den Tropen weit verbreitet; *C. Subglobosae* Müll. Arg. Perithezien sitzend oder eingesenkt, mit mehr weniger kugeligem, gleichdickem, eigenem Gehäuse; *P. nitida* (Schrad.) Ach. (Fig. 35, *A—B, G—J*) mit olivenfarbigem, glänzendem, die verhältnismäßig großen Perithezien umkleidendem Lager, kosmopolitisch, in gemäßigten Zonen insbesondere auf Rotbuchenrinde häufig; *P. nitidella* (Flk.) Müll. Arg. der vorhergehenden äußerlich ähnlich, die Perithezien etwa um die Hälfte kleiner, an glatteren Rinden häufig; *P. Bonplandiae* Fée mit kleinen (12—18×5—7 μ), *P. pinguis* Fée mit großen (35—40×15—18 μ) Sporen, beide unter den Tropen.

Sekt. III. *Fusidospora* Müll. Arg. Sporen spindelförmig, 6- bis mehrzellig, *A. Globosae*, mit ± kugeligem Gehäuse; *P. moniliformis* (Kn.) Müll. Arg. mit geraden, *P. cyrtospora* (Stirt.) Müll. Arg. mit gekrümmten Sporen, beide in Neuseeland; *B. Conicae*, mit konischem Gehäuse; *P. deliquescens* (Kn.) Müll. Arg. ebenfalls in Neuseeland lebend; *C. Productae* mit konischem, an der Basis abstehend-kantigem Gehäuse; *P. Montagnei* Müll. Arg., franz. Guyana.

14. Anthracothecium Mass. (*Bottaria* sect. *Anthracothecium* Wainio) Lager krustig, einförmig, unberindet, epi- oder endophlöodisch, mit Chroolepus-Gonidien. Perithezien einfach, zerstreut stehend oder zusammenfließend (ohne ein eigentliches Stroma zu bilden), mehr weniger vom Lager bekleidet, mit hellem oder hornartigem schwarzem, halbkugeligem oder kugeligem bis fast kegelförmigem, ganzrandigem oder in der Mitte abstehend kantigem eigenem Gehäuse, mit gerader Mündung. Paraphysen unverzweigt, frei. Schläuche 1—8-sporig. Sporen ellipsoidisch bis länglich, mauerartig vielzellig, mit linsenförmigen, rundlichen oder etwas eckigen Fächern, braun. Konzeptakel der Pyknokonidien kugelig, klein, Pyknokonidien fädlich-zylindrisch bogenartig gekrümmt.

Bei 50 durchwegs rindenbewohnende Arten der tropischen und subtropischen Regionen.

Sekt. I. *Porinastrum* Müll. Arg. Gehäuse kugelig, hell, nur am Scheitel dunkel. *A. desquamans* Müll. Arg. und *A. oligosporum* Müll. Arg., beide in Australien.

Sekt. II. *Euanthracothecium* Müll. Arg. Gehäuse halbkugelig oder kugelig, hornartig schwarz. *A. ochraceum-flavum* (Nyl.) Müll. Arg. (Fig. 35, *M—N*), *A. variolosum* (Pers.) Müll. Arg., *A. libricola* (Fée) Müll. Arg. und *A. pyrenuloides* (Mont.) Müll. Arg. sind die am weitesten verbreiteten Vertreter der Gattung; *A. sinapispermum* Müll. Arg. fällt durch die Kleinheit der Perithezien und durch die wenigzelligen Sporen auf.

15. Stereochlamys Müll. Arg. Lager krustig, einförmig, epi- oder endophlöodisch, unberindet, mit Chroolepus-Gonidien. Perithezien einfach, zerstreut stehend, nur an der Basis vom Lager bekleidet, im übrigen nackt und mit steifen, abstehenden, büscheligen Haaren besetzt; mit schwarzem, kugeligem eigenem Gehäuse und mit gerader, gipfelständiger Mündung. Paraphysen fädlich, unverzweigt und frei. Schläuche 8-sporig. Sporen mauerartig vielzellig, ungefärbt.

1 Art, *St. horridula* Müll. Arg. mit grünlichem Lager und schmal spindelförmigen Sporen, auf Baumrinden in Brasilien.

Phyllopyreniaceae.

Lager blattartig, beiderseits berindet, unterseits mit Rhizinen besetzt, mit Chroolepus-Gonidien. Perithezien einfach, mit gerader Mündung.

1. **Lepolichen** Trevis. Lager wagrecht ausgebreitet, blattartig, am Rande dicht, fast dichotomisch gelappt, Lappen fast zylindrisch, Lageroberseite mit dicht gedrängten kleinen, fast kugeligen Lagerwärzchen besetzt, an die Unterlage mit Rhizinen befestigt, beiderseits mit einer aus unregelmäßig verzweigten, dickwandigen und dicht verwebten Hyphen gebildeten Rinde bekleidet, mit solider Markschicht, mit mehr weniger geknäuelten Chroolepus-Gonidien, deren Zellen eine verhältnismäßig dünne Wandung besitzen. Perithezien einfach, in Lagerwärzchen eingesenkt, mit geschlossenem, fast kugeligem, nach oben verengertem hellem Gehäuse. Paraphysen zart, in eine Schleimmasse eingebettet, nach oben verzweigt und netzartig verbunden. Schläuche mit stark verdickter Wand, 8-sporig. Sporen farblos, einzellig, eiförmig bis eiförmig-länglich, groß, mit dünner Wand.

1 Art, *L. granulatus* (Hook.) Müll. Arg., rindenbewohnend in Chile, Patagonien und Feuerland.

Trypetheliaceae.

Lager krustig, einförmig, epi- oder endophlöodisch, unberindet oder oberseits mit amorpher (nie pseudoparenchymatischer) Rinde, mit Chroolepus-Gonidien. Perithezien zu mehreren (ausnahmsweise nur 1—2) in einem Stroma sitzend, jedes der aufrechten Perithezien mit eigener, gipfelständiger, senkrecht verlaufender Mündung. Pyknokonidien exobasidial.

Wainio*) anerkennt das Stroma oder »Pseudostroma«, wie er es bezeichnet, nicht als generisches Merkmal und betrachtet demgemäß die Gattungen der *Trypetheliaceae* als Untergattungen der analogen Genera der *Pyrenulaceae*. Zweifellos sind intermediäre Formen zwischen den genannten beiden Familien vorhanden, und sie sind in ähnlicher Weise durch Übergänge verbunden, wie die *Lecanoraceae* mit den *Lecideaceae*. Bei dem durch den polyphyletischen Ursprung bedingten Parallelismus der Flechtengattungen und bei dem Umstand, dass die Entwickelungsgeschichte der Stromen noch nicht festgestellt

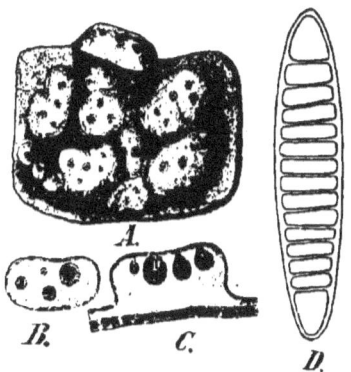

Fig. 36. *Trypethelium eluueriae* Sprgl. *A* Habitusbild, *D* Spore. *B—C* Längs- und Querschnitt durch ein Stroma. (Original.)

ist, scheint es derzeit angezeigter zu sein, die stromabildenden Flechtengenera als eigene Familie zu behandeln.

Einteilung der Familie.
A. Sporenfächer zylindrisch oder kubisch
  a. Sporen farblos.
    α. Sporen parallel mehrzellig . . . . 1. **Tomasellia**.
    β. Sporen mauerartig vielzellig. . . . . 4. **Laurera**.
  b. Sporen braun, mauerartig vielzellig . . . . . . 5. **Bottaria**.
B. Sporenfächer kugelig-linsenförmig.
  a. Sporen farblos, parallel mehrzellig . . . . . . 3. **Trypethelium**.
  b. Sporen braun, parallel mehrzellig. . . . . . . 2. **Melanotheca**.

1. **Tomasellia** Mass. (*Athrismidium* Trev., *Beckhausia* Hpe., *Celothelium* Mass., *Leptorhapis* subgen. *Tomasellia* Wainio, *Melanotheca* Nyl. pr. p., *Syngenesorus* Trev.). Lager krustig, einförmig, epi- oder endophlöodisch, unberindet, mit Chroolepus-Gonidien. Stromen mehr-, seltener einfrüchtig, Perithezien mit kegeligem, halbkugeligem oder kugeligem, schwarzem eigenem Gehäuse, mit gipfelständiger, wagrechter Mündung.

*) Étude sur les Lichens de Brésil, I. p. XXIII—XXV.

Paraphysen verzweigt und netzartig verbunden. Schläuche 2—8-sporig. Sporen oval, länglich-ellipsoidisch bis nadelförmig oder fädlich, parallel mehr(2—16)zellig, mit zylindrischen Sporenfächern, farblos.

Über 20 in den subtropischen und tropischen Zonen auf Baumrinden lebende Arten.
Sekt. I. *Syngenesorus* (Trev.) Müll. Arg. Sporen 2—4-zellig, oval. *T. dispora* Müll. Arg., Thursday Island; *T. arthonioides* Mass. von Norditalien bis in die Tropen weit verbreitet.
Sekt. II. *Athrismidium* (Trev.) A. Zahlbr. (*Tomasellia* sect. *Oligomeris* Müll. Arg.). Sporen ellipsoidisch bis länglich, doch nie nadelförmig, 4- bis mehrzellig. *T. leucostoma* Müll. Arg. auf Cascarillarinde.
Sekt. III. *Celothelium* (Mass.) Müll. Arg. Sporen nadelförmig bis fädlich, mehrzellig. *T. aciculifera* (Nyl.) Müll. Arg. mit halbkugeligem, und *T. cinchonarum* Müll. Arg. mit kugeligem Gehäuse.

2. **Melanotheca** (Fée) Müll. Arg. (*Chrooicia* Trev., *Melanotheca* Nyl. pr. p., *Micromma* Mass., *Porothelium* Eschw., *Pyrenula* subgen. *Melanotheca* Wainio, *Stromatothelium* Trev.). Lager krustig, einförmig, epi- oder endophlöodisch, unberindet, mit Chroolepus-Gonidien. Stromen normal mehr-, ausnahmsweise einfrüchtig, im Umfange unregelmäßig, rund oder in die Länge gezogen, so dass die Perithezien fast reihenweise angeordnet erscheinen, konvex oder flach, mit kugeligem bis ovalem, schwarzem eigenem Gehäuse und mit gerader punktförmiger Mündung. Paraphysen einfach und frei oder verzweigt und netzartig verbunden. Schläuche normal 8-sporig. Sporen ellipsoidisch bis spindelförmig, parallel 4- bis mehrzellig, mit kugelig-linsenförmigen Fächern, braun bis schwärzlich. Basidien einfach; Pyknokonidien fädlich-zylindrisch, gekrümmt.

Etwa 35 auf Baumrinden lebende Arten in den subtropischen und tropischen Gebieten. *M. javanica* (Mass.) A. Zahlbr. mit 1—2-früchtigen Stromen; *M. cruenta* (Montg.) Müll. Arg. und *M. purpurascens* Müll. Arg. mit ± blutrot gefärbtem Lager und Stromen, erstere im tropischen Amerika, Ostasien und Australien, letztere in Usambara; *M. aggregata* (Fée) Müll. Arg. und *M. Féeana* Müll. Arg. mit blassem Lager auf Chinarinden; *M. arcte-cincta* (Fée) Müll. Arg. mit den größten Sporen (100—188 μ langen) der Gattung.
M. sinensis Krph. mit zahlreiche, 2-zellige, braune Sporen enthaltenden Schläuchen dürfte, wenn dieser Organismus eine Flechte und kein Pilz sein sollte, eine neue Gattung darstellen.

3. **Trypethelium** Sprgl. (*Bathelium* Ach., *Porophora* Zenk. pr. p., *Coenoicia* Trev., *Porodothion* E. Fr. (?), *Pseudopyrenula* subg. *Trypethelium* Wainio). Lager krustig, einförmig, epi- oder endophlöodisch, unberindet oder oberseits mit schmaler amorpher knorpeliger, aus wagrecht verlaufenden Hyphen hervorgegangener Rinde, mit Chroolepus-Gonidien. Stromen 1- bis vielfrüchtig, halbkugelig bis flach, rund, länglich bis unregelmäßig, getrennt oder zusammenfließend, häufig anders als das Lager gefärbt; Perithezien mit kugeligem bis eiförmigem, ganzem, schwarzem eigenem Gehäuse. Paraphysen verzweigt und netzartig verbunden. Schläuche 8-sporig. Sporen zylindrisch bis spindelförmig, parallel mehr(4—18)zellig, mit kugelig-linsenförmigen Fächern, farblos. Konzeptakel der Pyknokonidien in jugendlichen Stromen den Perithezien untergemischt, oval, mit schwarzem Gehäuse; Basidien einfach, länglich; Pyknokonidien fast zylindrisch, in der Mitte etwas verschmälert, gerade.

Bei 60 rindenbewohnende Arten, den tropischen und subtropischen Regionen eigentümlich, nur eine Art dringt in Nordamerika bis Canada vor. Das für Lapland angegebene *T. inarense* Wainio soll nach Nylander ein Pilz sein.

Sekt. I. *Bathelium* (Ach.) Müll. Arg. Sporen 4-zellig. — **A.** *Chrysothelium* (Wainio) Lager mit KHO nicht gefärbt, die Stromen hingegen scheiden in ihrem Inneren mit Kalilauge behandelt, einen purpurnen bis violetten Stoff aus. *T. endochryseum* (Wainio) A. Zahlbr. in Brasilien. — **B.** *Chrysothallus* (Wainio), Lager und Stromen färben sich mit Kalilauge violett. *T. aeneum* (Eschw.) A. Zahlbr. (Syn. *T. Kunzei* Müll. Arg.) mit ocker- bis lehmfarbigem Lager und flachen Stromen, in den Tropen weit verbreitet. — **C.** *Rhyparothelium* (Wainio) Lager und Stromen Kalilauge gegenüber inaktiv, Stromen im Inneren thallodisch. *T. ochroleucum* (Eschw.) Nyl. und *S. mastoideum* Ach. weit verbreitete Arten; *T. duplex* Fée mit amorph berindetem Lager. — **D.** *Melanothelium* (Wainio) Lager und Stromen färben sich nach Hinzufügen von Kalilauge nicht, Stroma im Inneren hornartig-kohlig, schwarz. *T. tropicum* (Ach.) Müll. Arg., weit verbreitet; *T. virens* Tuck. reicht von Canada bis Virginia.

Sekt. II. *Eutrypethelium* Müll. Arg. Sporen spindelförmig, 6—18-zellig. *T. eluteriae* Sprgl. (Fig. 36, *A—D*) (Syn. *T. Sprengelii* Ach.) mit stark hervorragenden, mit Kalilauge sich violett färbenden Stromen, weit verbreitet.

4. Laurera Rchb. (*Bathelium* Trev. non Ach., *Meissneria* Fée non DC., *Meristosporum* Mass., *Thelenella* subgen. *Meristosporum* Wainio). Lager krustig, einförmig, epi- oder endophlöodisch, unberindet, mit Chroolepus-Gonidien. Stromen 1- bis mehrfrüchtig, halbkugelig bis flach und fast undeutlich, rund, länglich, zerstreut oder zusammenfließend, Perithezien mit kugeligem oder eiförmigem, schwarzem eigenem Gehäuse. Paraphysen verzweigt und netzartig verbunden. Schläuche 2—8-sporig. Sporen mauerartig vielzellig, farblos.

25—30 rindenbewohnende, auf die tropischen Regionen beschränkte Arten. *L. gigantospora* (Müll. Arg.) A. Zahlbr. mit 2-sporigen Schläuchen und sehr großen (200×60 μ) Sporen, Cuba; *L. phaeomelodes* (Müll. Arg.) A. Zahlbr., Stromen innen braun, Schläuche 8 sporig, ebenfalls in Cuba; *L. varia* (Fée) A. Zahlbr. mit Sporen von wechselnder Größe, Amboina; *L. Exostemmatis* (Müll. Arg.) A. Zahlbr. mit Perithezien, deren Mündungen durch einen weißen Ring markiert sind.

5. Bottaria Mass. (*Bottaria* subgen. *Eubottaria* Wainio). Lager krustig, einförmig, epi- oder endophlöodisch, unberindet oder oberseits schmal und amorph berindet, mit Chroolepus-Gonidien. Stromen 1- bis vielfrüchtig, rund, länglich bis unregelmäßig und zusammenfließend, Perithezien mit kugeligem, schwarzem eigenem Gehäuse und gipfelständiger, senkrecht verlaufender Mündung. Paraphysen einfach und frei oder verzweigt und netzartig verbunden. Schläuche 1—8-sporig. Sporen ellipsoidisch bis länglich, mauerartig vielzellig, braun. Konzeptakel der Pyknokonidien klein und kugelig; Basidien einfach, Pyknokonidien fädlich-zylindrisch, gekrümmt.

Etwa 6 rindenbewohnende tropische Arten. *B. cruentata* Müll. Arg. mit mehr weniger blutrot gefärbtem Lager in Amerika und Australien.

Paratheliaceae.

Lager krustig, einförmig, unberindet oder oberseits mit amorpher Rinde, mit Chroolepus-Gonidien. Stroma nicht entwickelt. Perithezien einzeln, schief oder wagrecht mit schiefer oder seitenständiger, oft kanalartiger Mündung.

Einteilung der Familie.
A. Sporen parallel mehrzellig.
  a. Sporen mit zylindrischen Fächern, ungefärbt . .   1. **Pleurotrema.**
  b. Sporen mit kugelig-linsenförmigen Fächern.
    α. Sporen farblos . . . . 2. **Plagiotrema.**
    β. Sporen braun . . . . 3. **Parathelium.**
B. Sporen mauerartig vielzellig.
  a. Sporen farblos . . . . 4. **Campylothelium.**
  b. Sporen braun . . . . 5. **Pleurothelium.**

1. Pleurotrema Müll. Arg. Lager krustig, einförmig, epi- oder endophlöodisch, unberindet, mit Chroolepus-Gonidien. Perithezien einfach oder unregelmäßig zusammenfließend, zum Teil vom Lager bekleidet oder nackt, mit schiefem, von oben zusammengedrücktem, fast liegendem, schwarzem eigenem Gehäuse und seitenständigem langem Mündungskanal. Paraphysen locker, verzweigt und im unteren Teile netzartig verbunden. Schläuche 8-sporig. Sporen länglich-ellipsoidisch bis fädlich, parallel 2- bis vielzellig, mit zylindrischen Fächern, ungefärbt.

8 Arten, welche in den tropischen und subtropischen Regionen auf Baumrinden vegetieren.

P. inspersum Müll. Arg. mit blassockerfarbigem Lager und 2-zelligen Sporen, deren Zellen gleich groß sind, in Cuba; *P. anisomerum* Müll. Arg., Sporen ebenfalls 2-zellig, doch sind die beiden Zellen auffallend ungleich in der Größe, Guyana; *P. polysemum* (Nyl.) Müll. Arg. (Fig. 37, *C—D*) mit 4-zelligen Sporen in Neugranada; *P. trichosporum* Müll. Arg. und *P. punctuliforme* Müll. Arg. mit fädlichen, vielzelligen Sporen.

2. **Plagiotrema** Müll. Arg. Lager krustig, einförmig, epi- oder endophlöodisch, unberindet, mit Chroolepus-Gonidien. Perithezien einfach und einzeln stehend, vom Lager bekleidet oder nackt, mit schiefem, oft zusammengedrücktem, schwarzem eigenem Gehäuse und mit seitenständiger kanalartiger Mündung. Schläuche 4—6-sporig. Sporen länglich-ellipsoidisch, parallel 4—6-zellig, mit kugelig-linsenförmigen Fächern, farblos.

2 rindenbewohnende Arten. *P. lageniferum* (Ach.) Müll. Arg. mit in das Lager versenkten Perithezien und liegendem, flaschenförmigem Gehäuse, Guyana; *P. cubanum* Müll. Arg. mit nackten Perithezien, Cuba.

3. **Parathelium** (Nyl.) Müll. Arg. Lager krustig, einförmig, epi- oder endophlöodisch, unberindet, mit Chroolepus-Gonidien. Perithezien einfach, mehr weniger vom Lager bekleidet oder nackt mit schiefem, ganzem, schwarzem eigenem Gehäuse und seitenständigem Mündungskanal. Paraphysen verzweigt und verbunden. Schläuche 4—8-sporig. Sporen ellipsoidisch bis spindelförmig, parallel mehr(4—10)zellig, mit linsenförmigen Fächern, braun.

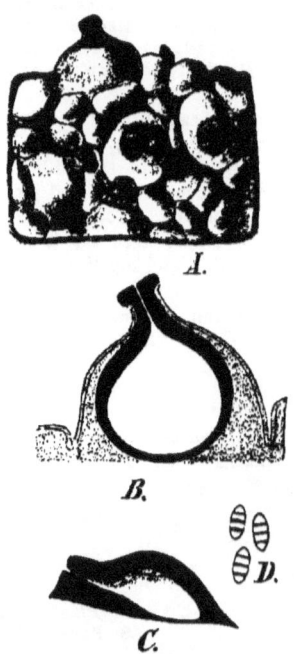

Fig. 37. *Campylothelium Puiggarii* Müll. Arg. *A* Habitusbild (vergrößert), *B* Senkrechter Medianschnitt durch ein Perithezium. — *Pleurotrema polysemum* (Nyl.), *C* Senkrechter Medianschnitt durch ein Perithezium. *D* Sporen. (*A—B* Original; *C—D* nach Nylander.)

5 rindenbewohnende Arten in den tropischen Zonen beider Hemisphären. *P. superans* Müll. Arg., mit 4—5-zelligen Sporen, die größten der Gattung (150—180×50—55 μ), Costa-Rica; *P. emergens* Müll. Arg. mit 8—10-zelligen Sporen und hervorragender Mündung, Cuba.

4. **Campylothelium** Müll. Arg. (*Parathelium* Nyl. pr. p.). Lager krustig, einförmig, epi- oder endophlöodisch, unberindet oder oberseits mit amorpher aus fast wagrecht verlaufenden, verschmolzenen Hyphen gebildeter Rinde und mit Chroolepus-Gonidien. Perithezien einfach, zerstreut stehend, vom Lager mehr weniger bekleidet mit schiefem, schwarzem eigenem Gehäuse. Paraphysen verzweigt und verbunden. Schläuche 4—8-sporig. Sporen länglich, mauerartig vielzellig, farblos, mit Schleimhof.

7 rindenbewohnende tropische Arten. *C. Puiggarii* Müll. Arg. (Fig. 37 *A—B*), mit dickem Lager, Brasilien; *C. superbum* (E. Fr.) Müll. Arg. mit großen Fruchtwarzen, in Ostindien.

5. **Pleurothelium** Müll. Arg. Lager krustig, einförmig, epi- oder endophlöodisch, unberindet, mit Chroolepus-Gonidien. Perithezien einfach, einzeln stehend oder gehäuft, eingesenkt oder hervortretend, vom Lager bekleidet oder nackt, mit ganzem, schiefem, schwarzem eigenem Gehäuse und mit seitenständiger kanalartiger Mündung. Paraphysen verzweigt und netzartig verbunden. Schläuche 4—8-sporig. Sporen mauerartig vielzellig, braun.

5 rindenbewohnende unter den Tropen lebende Arten. *P. australiense* Müll. Arg., Schläuche 1—2-sporig; *P. salvatum* Müll. Arg., einer kleinfrüchtigen Pyrenula nitida nicht unähnlich, mit 6—8-sporigen Schläuchen, Cuba.

Astrotheliaceae.

Lager krustig, einförmig, epi- oder endophlöodisch, unberindet oder oberseits mit amorpher (nie pseudoparenchymatischer) Rinde, mit Chroolepus-Gonidien. Perithezien mehr weniger radiär angeordnet, frei oder zusammenfließend und in einem Stroma vereinigt, die Perithezien mit schiefem oder wagrechtem Gehäuse und langer kanalförmiger Mündung, die Mündungen der einzelnen Perithezien vereinigen sich normal zu einem gemeinschaftlichen Mündungskanal, seltener bleiben sie getrennt. Pyknokonidien exobasidial.

Einteilung der Familie.

A. Sporen parallel mehrzellig.
  a. Sporenfächer zylindrisch . . . . 1. **Lithothelium**.
  b. Sporenfächer kugelig-linsenförmig.
    α. Sporen farblos . . . . 2. **Astrothelium**.
    β. Sporen braun . . . . 3. **Pyrenastrum**.
B. Sporen mauerartig-vielzellig.
  a. Sporen farblos . . . . 4. **Heufleria**.
  b. Sporen braun . . . . 5. **Parmentaria**.

1. Lithothelium Müll. Arg. Lager krustig, einförmig, endophlöodisch, unberindet, mit Chroolepus-Gonidien. Stromen mehrfrüchtig, niedergedrückt-kegelförmig, innen dunkel. Perithezien schief bis liegend mit kugeligem, ganzem, schwarzem eigenem Gehäuse, die langen Mündungen fließen entweder in einen gemeinsamen Kanal zusammen oder bleiben getrennt und treten am Scheitel der Stromen gehäuft hervor. Schläuche linealisch, 8-sporig. Paraphysen südlich, unverzweigt und frei. Sporen länglich-ellipsoidisch bis spindelförmig, gerade, parallel mehr(4)zellig, mit zylindrischen Fächern, farblos. Konzeptakel der Pyknokonidien mehrkammerig; Pyknokonidien stäbchenförmig, schlank, leicht S-förmig oder sichelförmig gekrümmt.

2 Arten, *L. cubanum* Müll. Arg. auf Kalkfelsen und *L. paraguayense* Müll. Arg. auf Baumrinden.

2. Astrothelium (Eschw.) Trev. (*Pyrenodium* Fée). Lager krustig; einförmig, epi- oder endophlöodisch, unberindet oder oberseits mit amorpher, knorpeliger Rinde, mit Chroolepus-Gonidien. Perithezien gehäuft, vom Lager bekleidet oder in die Unterlage versenkt, in Stromen sitzend, Stromen kegelförmig, halbkugelig oder konvex und wenig deutlich, zerstreut oder zusammenfließend; Perithezien schief oder fast wagrecht mit ganzem, kugeligem bis eiförmigem, schwarzem eigenem Gehäuse, Mündungen lang, schief aufsteigend, in der Regel in einen gemeinsamen Kanal mündend. Paraphysen verzweigt und netzartig verbunden. Schläuche 8-sporig. Sporen länglich, ellipsoidisch oder fast spindelförmig, parallel mehr(3—8)zellig, mit kugelig-linsenförmigen Fächern, farblos.

Fig. 38. *Astrothelium sulphureum* (Eschw.) Müll. Arg. A Habitusbild. B Längs- und Querschnitt durch ein Stroma. (Nach Martius.)

25 Arten, auf Baumrinden im subtropischen und tropischen Amerika und in Neucaledonien. *A. conicum* Eschw. mit 4-zelligen Sporen in den tropischen Regionen Amerikas; *A. diplocarpoides* Müll. Arg., mit 6—8-zelligen Sporen, Cuba; *A. sulphureum* (Eschw.) Müll. Arg., (Fig. 38, *A—B*) mit blassgelbem Lager in Brasilien.

3. Pyrenastrum Eschw. Lager krustig, einförmig, epi- oder endophlöodisch, unberindet oder oberseits mit amorpher, knorpeliger Rinde, mit Chroolepus-Gonidien. Perithezien in das Lager versenkt, gehäuft, mehr weniger zusammenfließend oder in halbkugelige bis fast flache, zerstreut stehende oder zusammenfließende Stromen vereinigt, schief oder fast wagrecht, mit ganzem, schwarzem eigenem Gehäuse. Paraphysen verzweigt und verbunden. Schläuche 4—8-sporig. Sporen länglich-ellipsoidisch, parallel mehr(4—8)zellig, mit kugelig-linsenförmigen Fächern, braun.

8 auf Baumrinden in den tropischen Regionen lebende Arten. A. Sporen 4-zellig. *P. lageniferum* (Fée) Müll. Arg. mit kegelförmigen-halbkugeligen Stromen; *P. clandestinum* (Fée) Müll. Arg. mit flachen Stromen. — B. Sporen 8-zellig. *P. Knightii* Müll. Arg.

4. **Heufleria** Trev. (*Astrothelium* Nyl. pr. p., *Cryptothelium* Mass.). Lager krustig, einförmig, epi- oder endophlöodisch, unberindet oder oberseits mit amorpher knorpeliger Rinde, mit Chroolepus-Gonidien. Perithezien gehäuft, mehr weniger zusammenfließend, in die Unterlage versenkt mit schiefem, ganzem, fast kugeligem, hellem (dann nur am Scheitel gebräuntem) oder schwarzem eigenem Gehäuse, Mündungen lang, schief oder seitenständig, gewöhnlich in einen gemeinsamen Kanal mündend. Paraphysen fast einfach oder wenig verzweigt und netzartig verbunden. Schläuche 2—8-sporig. Sporen ellipsoidisch, länglich bis fast spindelförmig, mauerartig vielzellig, farblos.

12 hauptsächlich im tropischen Amerika auf Baumrinden wachsende Arten. *H. chlorogastrica* Müll. Arg. mit hellem, nur am Scheitel dunklerem Gehäuse, Brasilien; *H. sepulta* (Montg.) Trev. mit olivenfarbigem, glänzendem Lager, großen Stromen und Sporen, in Guayana, Brasilien und Cuba; *H. purpurascens* Müll. Arg. mit endlich purpurgefärbten Stromen, Cuba.

5. **Parmentaria** Fée (*Heufleridium* Müll. Arg., *Plagiothelium* Strt., *Pyrenastrum* Tuck. non Eschw.). Lager krustig; einförmig, epi- oder endophlöodisch, unberindet oder oberseits mit amorpher knorpeliger Rinde, mit Chroolepus-Gonidien. Perithezien gehäuft, vom Lager bekleidet oder nackt oder in Stromen sitzend, schief oder fast wagrecht, mit ganzem, schwarzem eigenem Gehäuse und langen in einen gemeinschaftlichen Kanal mündenden Kanälen. Paraphysen verzweigt und netzartig verbunden. Schläuche 4—8-sporig. Sporen eiförmig bis länglich, mauerartig vielzellig, braun.

Bei 25 Arten, welche auf Baumrinden in den subtropischen und tropischen Regionen auftreten. *P. astroidea* Fée mit 4—6 radiär angeordneten, nackten Perithezien, weit verbreitet; *P. Toowoombensis* Müll. Arg. mit 2-sporigen Schläuchen in Australien; *P. Ravenelii* (Tuck.) Müll. Arg. mit getrennten Mündungen, Carolina.

Strigulaceae.

Lager krustig, unberindet, ohne Rhizinen, mit den Hyphen der Markschicht an die Unterlage befestigt, mit Cephaleurus- oder Phyllactidium-Gonidien. Perithezien einfach, gerade, mit senkrechter Mündung. Pyknokonidien exobasidial.

Fast durchwegs unter den Tropen auf perennierenden, lederartigen Blättern lebende Flechten.

Einteilung der Familie.

A. Lager krustig, einförmig.
  a. Perithezien unbehaart, kahl.
    α. Paraphyhysen unverzweigt und frei.
      I. Sporen parallel mehrzellig, farblos . . . . 3. **Phylloporina**.
      II. Sporen mauerartig-vielzellig, farblos . . . . 5. **Phyllobathelium**.
    β. Paraphysen verzweigt und miteinander verbunden.
      I. Sporen einzellig, dunkel . . . . 1. **Haplopyrenula**.
      II. Sporen parallel 2—4-zellig, braun . . . . 2. **Microtheliopsis**.
  b. Perithezien am Scheitel mit gebüschelten, fast wagrecht abstehenden Borsten besetzt, Sporen parallel mehrzellig, farblos . . . . 4. **Trichothelium**.
B. Lager kreisförmig, klein, am Rande lappig effiguriert . . . . 6. **Strigula**.

1. **Haplopyrenula** Müll. Arg. Lager krustig, einförmig, dünn und fast homöomerisch, mit Phyllactidium-Gonidien. Perithezien einfach, gerade, anfangs vom Lager bekleidet, später mehr weniger nackt, mit halbkugeligem, schwarzem, kohligem eigenem Gehäuse. Paraphysen verzweigt und miteinander verbunden. Schläuche länglich oder fast bauchig, an der Spitze mit etwas verdickter Membran, 8-sporig. Sporen eiförmig bis länglich, einzellig, schwarz. Pyknokonidien länglich.

H. minor Müll. Arg. mit weißlichgrauem Lager in Brasilien.

Müller Arg. hat mehrere in diese Gattung gehörige Arten beschrieben, dieselben jedoch später wegen der fehlenden Gonidien als Pilze erklärt; für die obige Species hat Wainio den Algenkomponenten nachgewiesen, für die übrigen ist diesbezüglich erst der Nachweis zu liefern.

2. Microtheliopsis Müll. Arg. Lager krustig, einförmig, epiphlöodisch, mit Phyllactidium-Gonidien. Perithezien einfach, gerade, mit halbkugeligem, schwarzem, kohligem eigenem Gehäuse und mit gerader punktförmiger Mündung. Paraphysen verzweigt und miteinander verbunden. Schläuche 8-sporig. Sporen spindelförmig bis ellipsoidisch, parallel mehr(2—4)zellig, mit zylindrischen Zellen, braun.
1 Art, *M. Uleana* Müll. Arg. in Brasilien.

3. Phylloporina Müll. Arg. Lager krustig, einförmig, unberindet, ohne Rhizinen, mit Phyllactidium-Gonidien. Perithezien einfach, gerade, vom Lager bekleidet oder nackt, mit halbkugeligem oder kugeligem, hellem oder schwarzem und kohligem eigenem Gehäuse, mit punktförmiger, gerader Mündung. Paraphysen unverzweigt und frei. Schläuche 8-sporig. Sporen spindel- bis stäbchenförmig, parallel mehr(2—8)zellig, mit zylindrischen Fächern, farblos. Gehäuse der Stylosporen halbkugelig mit kohligem Gehäuse und unbemerkbarer Mündung; Basidien kurz, fast pfriemlich; Stylosporen farblos, stäbchen- bis fingerförmig, 2-zellig, gerade oder schwach gekrümmt.

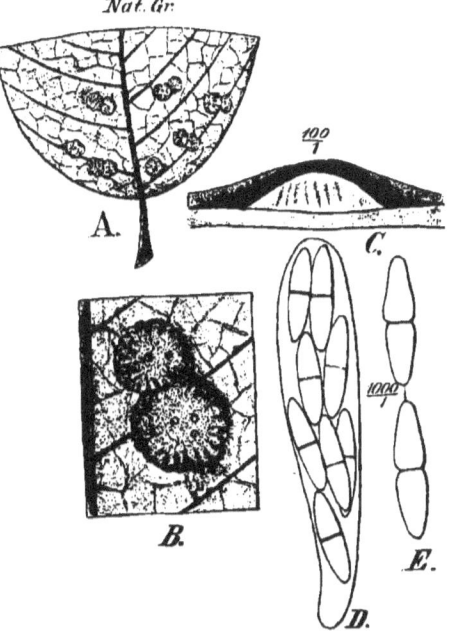

Fig. 30. *Strigula elegans* (Fée) Müll. Arg. *A—B* Habitusbild. *C* Senkrechter Medianschnitt durch ein Perithezium. *D* Schlauch. *E* Sporen. (Original.)

Etwa 30 Arten, deren meiste in den heißen Regionen auf derben, lederigen Blättern der Farne und phanerogamen Pflanzen leben.
Sekt. I. sect. *Sagediastruus* Müll. Arg. [*Verrucaria* sect. *Ulvella* Nyl.; *Ulvella* Trevis non Crouan]. Perithezien vom Lager entblößt, mit kohligem eigenem Gehäuse. *Ph. phyllogena* Müll. Arg., mit 2-zelligen Sporen, im tropischen Amerika; *Ph. Begoniae* Müll. Arg., Sporen 6-zellig, beiderseits zugespitzt, in Brasilien; *Ph. chlorospila* (Nyl.) A. Zahlbr., mit stäbchenförmigen Sporen, auf Knochen, und *Ph. elaeospila* (Nyl.) A. Zahlbr. mit spindelförmigen Sporen auf Glasscherben, beide auf der Insel Ile d'Yeu (Vendée) gefunden.

Sekt. II. *Segestrinula* Müll. Arg. Perithezien vom Lager mehr weniger entblößt mit hellem oder gefärbtem, doch nicht kohligem eigenem Gehäuse; *P. rufula* (Krph.) Wainio mit rötlichbraunem eigenem Gehäuse, verbreitet.

Sekt. III. *Euphylloporina* Müll. Arg. Perithezien vom Lager bekleidet, mit hellem eigenem Gehäuse. *P. epiphylla* (Fée) Müll. Arg. mit 8-zelligen Sporen, in den Tropen weit verbreitet.

4. Trichothelium Müll. Arg. Lager krustig, einförmig, unberindet, mit Phyllactidium-Gonidien. Perithezien einfach, gerade, außen am Scheitel mit steifen, gebüschelten, hellen oder dunklen, fast wagrecht abstehenden Borsten besetzt, mit kegelförmighalbkugeligem, schwarzem, kohligem eigenem Gehäuse und mit gerader, punktförmiger Mündung. Paraphysen unverzweigt und frei. Schläuche schmal, 8-sporig. Sporen schmal spindelig, parallel mehr(8)zellig, mit zylindrischen Zellen, farblos.
Die einzige bekannte Art, *T. epiphyllum* Müll. Arg. in Brasilien.

5. Phyllobathelium Müll. Arg. (*Thelenella* sect. *Phyllobathelium* Wainio). Lager krustig, einförmig, unberindet, mit Phyllactidium-Gonidien. Perithezien einfach, gerade, zerstreut stehend oder zusammenfließend, vom Lager bekleidet, mit halbkugeligem, schwarzem, kohligem eigenem Gehäuse und mit gerader Mündung. Paraphysen unverzweigt und frei. Schläuche länglich, mit dünner Membran, 4—8-sporig. Sporen länglich, ellipsoidisch oder spindelförmig, mauerartig-vielzellig, mit kubischen Zellen, farblos. Pykniden mit mehreren (5—12) Fächern; Stylosporen keulig, gegen die Basis verschmälert, etwas gekrümmt.

1 Art, *Ph. epiphyllum* Müll. Arg., mit olivenfarbigem bis grünlichem Lager, blattbewohnend in Brasilien.

6. **Strigula** E. Fr. (*Craspedon* Fée, *Haploblastia* Trev., *Melanophthalmum* Fée, *Nemathora* Fée, *Phyllocharis* Fée, *Rhacoplaca* Fée). Lager krustig, unberindet, kleine, am Rande gelappte Flecken bildend, ohne Rhizinen, mit den Hyphen der Markschicht an die Unterlage befestigt, mit Cephaleurus- oder Phyllactidium-Gonidien. Perithezien einfach, gerade, vom Lager bedeckt und hervortretend, mit halbkugeligem, schwarzem, kohligem eigenem Gehäuse; mit senkrechter Mündung. Fruchtkern ohne Hymenialgonidien. Paraphysen einfach, unverzweigt und frei. Schläuche cylindrisch, 8-sporig. Sporen länglich bis spindelförmig, parallel mehr(2—4)zellig, mit zylindrischen Zellen, farblos. Konzeptakel der Pyknokonidien und Pykniden klein, hervortretend, mit schwarzem, halbkugeligem Gehäuse; Pyknokonidien ellipsoidisch bis länglich oder spindelförmig, gerade; Stylosporen länglich, spindelförmig oder stäbchenförmig, 2—8-zellig, farblos.

Bis 25 Arten, welche ausschließlich auf lederigen, perennierenden Blättern in den subtropischen und tropischen Regionen vorkommen. *A. elegans* (Fée) Müll. Arg. (Fig. 39, *A—E*) mit grünlichem bis weißlichem, tiefgelapptem Lager, eine variable und weit verbreitete Art; *St. complanata* Montg. Lappen des Lagers der Länge nach fein gerippt oder gefurcht, im tropischen Amerika nördlich bis Alabama reichend; *St. subtilissima* (Fée) Müll. Arg., mit endlich netzartig durchbrochenem Lager in franz. Guyana und Brasilien. — Die für England angegebene *St. Babingtonii* Berk. ist ein Pilz.

Pyrenidiaceae.

Lager häutig, krustig-schuppig, kleinlappig oder blätterig, homöomerisch oder geschichtet, mit Nostoc-, Scytonema- oder Sirosiphon-Gonidien. Perithezien einfach, gerade.

Einteilung der Familie.

A. Lager homöomerisch, unberindet.
  a. Schläuche 6—8-sporig.
    α. Sporen spindelförmig, 2-zellig . . . . 1. **Eolichen**.
    β. Sporen stäbchenförmig-fädlich, einzellig . . . . 2. **Hassea**.
  b. Schläuche vielsporig, Sporen einzellig, ellipsoidisch . . . 3. **Placothelium**.
B. Lager berindet.
  a. Lager nur oberseits berindet, mit Polycoccus-Gonidien . . . . . 4. **Coriscium**.
  b. Lager allseits berindet, mit Nostoc-Gonidien . . . . 5. **Pyrenidium**.

1. **Eolichen** Zuk. Lager rundlich, gallertig, häutig, homöomerisch, mit der ganzen Fläche der Unterlage aufgewachsen, mit leptothrixartig gegliederten Hyphen und Sirosiphon- oder Scytonema-Gonidien. Perithezien einfach, gerade, dem Lager aufsitzend. Fruchtkern ohne Hymenialgonidien, eigenes Gehäuse kugelig, braunrot häutig, mit pseudoparenchymatischer Wandung und mit punktförmiger Mündung. Paraphysen fehlen. Schläuche keulig, 8-sporig. Sporen spindelförmig, 2-zellig, farblos. Behälter der Pyknokonidien kugelig, 3—4mal kleiner als die Perithezien; Sterigmen einfach und kurz; Pyknokonidien exobasidial, kurz stäbchenförmig.

3 Arten auf Felsen in Niederösterreich, von welchen jedoch nur bei *E. Heppii* Zuk. Perithezien mit ausgebildeten Sporen aufgefunden wurden.

Die Zugehörigkeit der diese Gattung bildenden pflanzlichen Gebilde zu den Flechten ist endgültig noch nicht festgestellt.

2. **Hassea** A. Zahlbr. Lager krustig, einförmig, dünn, leprös-schleimig, ohne Vorlager, mit Nostoc-Gonidien. Perithezien einfach, sitzend, kugelig bis fast konisch, vom Lager nicht bekleidet, mit eigenem, schwarzem Gehäuse und feindurchbohrtem Scheitel; Periphysen zart, kurz. Schläuche zahlreich, walzlich-zylindrisch, kurz,

6—8-sporig. Sporen stäbchenförmig-fädlich, lang, an den Enden stumpflich oder abgestutzt, ungeteilt, farblos.

1 Art, *H. bacillosa* (Nyl.) A. Zahlbr. auf zerbröckelndem Sandstein in Kalifornien.

3. **Placothelium** Müll. Arg. Lager kleinschuppig, homöomerisch, unberindet, ohne Rhizinen, mit geknäuelten Scytonema-Gonidien (wie bei der Gattung *Heppia*). Perithezien einfach, gerade, in das Lager versenkt mit hellem, weichem, kugeligem eigenem Gehäuse und punktförmiger Mündung. Periphysen kurz; Fruchtkern ohne Hymenialgonidien. Paraphysen zart, fädlich, unverzweigt und frei. Schläuche bauchig, an der Spitze mit stark verdickter Membran, vielsporig. Sporen sehr klein, ellipsoidisch, einzellig, farblos.

1 Art, *P. staurothelioides* Müll. Arg. mit schwarzbraunem Lager, auf Urgestein am Zambesi.

4. **Coriscium** Wainio (*Normandina* Nyl. pr. p.). Lager kleinblättrig, oberseits pseudoparenchymatisch berindet, unten unberindet, ohne Rhizinen und mit den Hyphen der breiten, gonidienlosen Markschicht der Unterlage aufliegend, mit gelbgrünen Polycoccus-Gonidien. Perithezien unbekannt.

1 Art, *C. viride* (Ach.) Wainio über Moosen in Europa, Nordamerika und China.

5. **Pyrenidium** Nyl. Lager krustig, kleine, oft zusammenfließende Flecken bildend, am Rande in schmale, zylindrische, getrennte, strahlig angeordnete, aufsteigende oder aufrechte Lappen aufgelöst, allseits berindet, mit in kurzen Ketten angeordneten Nostoc-Gonidien. Perithezien klein, in der Mitte des Lagers entwickelt, etwas hervorragend; Gehäuse kohlig, kugelig oder fast kugelig, mit punktförmiger, nicht hervorragender Mündung. Paraphysen zart, bald zerfließend. Schläuche länglich, 4-sporig. Sporen länglichelliptisch, 4-zellig, Fächer zylindrisch, bräunlich. Konzeptakel der Pyknokonidien bisher unbekannt.

1 Art, *P. actinellum* Nyl. (Fig. 40, *A—H*), welche auf Kreide- und Kalkfelsen in England lebt.

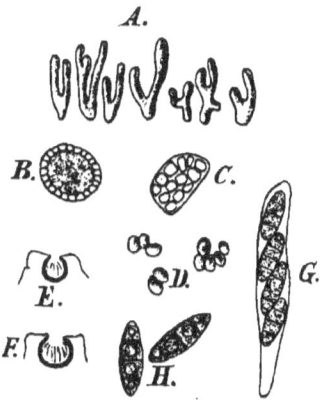

Fig. 40. *Pyrenidium actinellum* Nyl. *A* Thalluslappen. *B—C* Schnitte durch das Lager. *D* Gonidien. *E—F* Senkrechte Medianschnitte durch die Perithezien. *G* Schlauch. *H* Sporen. (Nach Crombie.)

Zweifelhafte Gattung.

Lophothelium Strt. Lager krustig, dick, dunkel, einförmig (mit Nostoc-Gonidien), mit zahlreichen aufsitzenden weißlichen und Pleurococcus-Gonidien bergenden phyllokladienähnlichen Gebilden besetzt. Perithezien zu mehreren (8—50) in weißlichen, dem dunklen Lager aufsitzenden Pseudostromen vereinigt. Die Pseudostromen enthalten im fortgeschrittenen Stadium Gonidien und stehen mit den phyllocladienähnlichen Gebilden mehr weniger in Zusammenhang. Perithezien einfach, eingesenkt, mit kugeligem, braunschwarzem eigenem Gehäuse. Paraphysen zart, unverzweigt und frei. Schläuche 8-sporig. Sporen in den Schläuchen oft einreihig angeordnet, fast eiförmig, 2-zellig, Zellen ungleich, die eine stumpf dreieckig, die andere größer und eiförmig, zuerst farblos, dann dunkelbraun bis schwarz.

1 Art, *L. acervatum* Strt., auf Torfboden in Schottland.

Mycoporaceae.

Lager krustig, einförmig, epi- oder endophlöodisch, unberindet, mit Palmella- oder Chroolepus-Gonidien. Fruchtgehäuse durch unvollständige, seltener vollständige Scheidewände unregelmäßig in mehrere Kammern geteilt, mit gipfelständigen Mündungen.

Einteilung der Familie.

A. Lager mit *Palmella*-Gonidien, Sporen mauerartig vielzellig . . . . 1. **Mycoporum**.
B. Lager mit *Chroolepus*-Gonidien, Sporen parallel mehrzellig . . . 2. **Mycoporellum**.

1. Mycoporum Flot. (*Dermatina* Almqu.) Lager krustig, einförmig, fast homöomer, unberindet, ohne Rhizinen, mit Palmella-Gonidien. Fruchtgehäuse durch unvollständige, seltener vollständige Kammern geteilt, in der Regel mehrere Hymenien umfassend; Gehäuse kohlig, mit endständigen Poren oder mit einem unregelmäßigen Risse sich öffnend. Paraphysen zerfließend oder bleibend und dann verzweigt-verbunden. Schläuche mit an der Spitze verdickter Wandung, längliche oder birnförmig ellipsoidisch, 6—8-sporig. Sporen ungefärbt oder schließlich schwärzlich, mauerartig vielzellig. Fulkren exobasidial; Pyknokonidien länglich oder zylindrisch-länglich, gerade.

Es wurden bisher bis 30 Arten beschrieben, doch die Mehrzahl derselben besitzt kein eigenes Lager. Diese Arten ohne Gonidien sind zumeist bei der Pilzgattung *Cyrtidula* Mks. einzureihen. Ein nachgewiesenes Lager besitzen *M. elabens* Flot. (Fig. 41) auf der Rinde der Laub- und Nadelbäume in Mitteleuropa; *M. pyrenocarpum* Nyl., rindenbewohnend in Nord- und Südamerika; *M. microscopicum* (Müll. Arg.) Nyl. an glatter Pappelrinde in Deutschland und in der Schweiz; *M. fuscocinereum* (Zwackh.) Nyl. an Buchen in Deutschland und *M. consimillimum* Nyl., rindenbewohnend, San Thomé.

Fig. 41. *Mycoporum elabens* Flot. A Habitusbild (vergrößert). B Senkrechter Medianschnitt durch die Perithezien. (Original.)

2. Mycoporellum (Müll. Arg.) A. Zahlbr. (*Mycoporopsis* Müll. Arg.). Lager krustig, einförmig, unberindet, mit Chroolepus-Gonidien. Fruchtgehäuse durch mehr oder weniger unvollständige Scheidewände in Kammern geteilt und mehrere (ausnahmsweise nur ein) Hymenien umfassend; Gehäuse kohlig, am Grunde oft fehlend, mit endständiger Pore oder mit einem unregelmäßigen Risse sich öffnend. Paraphysen fehlend oder nur spärlich entwickelt und dann verzweigt-verbunden. Schläuche eiförmig oder ellipsoidisch, gegen die Spitze verschmälert und daselbst mit stark verdickter Wandung, 8-sporig. Sporen ellipsoidisch, ei- oder sohlenförmig, länglich bis südlich-nadelförmig, parallel mehr(2—6)zellig, mit zylindrischen, oft ungleich großen Fächern, bleibend hell oder endlich dunkel werdend oder schon vom Anfange an braun.

15 rindenbewohnende, über beide Hemisphären zerstreute Arten. Sporen zweizellig, farblos: *M. Eschweileri* Müll. Arg., Sporen in die Mitte eingeschnürt, Brasilien; *M. Lahmii* Müll. Arg. mit fingerförmigen Sporen, auf Banksien in Victoria; *M. ellipticum* (Müll. Arg.) A. Zahlbr., Sporen länglich-zylindrisch. — Sporen zweizellig, braun: *M. leucoplacum* (Müll. Arg.) A. Zahlbr., Brasilien. — Sporen 2—4-zellig: *M. tetramerum* Müll. Arg., Costa Rica. — Sporen 4—6-zellig, länglich, zylindrisch oder fingerförmig, farblos oder braun: *M. roseolum* (Müll. Arg.) A. Zahlbr. und *M. tantillum* (Müll. Arg.) A. Zahlbr. in Costa Rica; *M. perexiguum* Müll. Arg., Australien. — Sporen fast nadelförmig: *M. trichosporellum* (Nyl.) A. Zahlbr., auf Birken in Finnland.

Auszuschließen sind folgende zu den *Pyrenocarpeae* gestellten Gattungen:
a) als Pilze:
Athecaria Nyl. (der Thallus des Originalstückes gehört sicher zu *Lecanora calcarea* [L.], die Perithezien gehören einem parasitischen Pilze an), **Cercidospora** Kbr. (vergl. I. Teil, 1. Abt. S. 434), **Cyrtidula** Mks., **Dacampia** Mass. (Syn. *Stigmidium* Trev.) (eine auf *Rhizocarpon Hookeri* [Born.] lebende Sphaeriacee), **Endococcus** Nyl. (vergl. I. Teil, 1. Abt. S. 426), **Gassicourtia** Nyl., **Glomerilla** Norm., **Muellerella** Hepp. (vergl. I. Teil, 1. Abt. S. 421, 426 und 427), **Phaeospora** Kbr. (vergl. I. Teil, 1. Abt. S. 426), **Pharcidia** Kbr. (vergl. I. Teil, 1. Abt. S. 421, 426 und 427), **Polycoccum** Saut., **Rhagadostoma** Kbr. (vergl. I. Teil, 1. Abt. S. 399), **Sorothelia** Kbr. (vergl. I. Teil, 1. Abt. S. 395, 403 und 404), **Spolverinia** (Mass.) Kbr., **Tichothecium** (Fw.) Kbr., Syn. (*Sychnogonia* Trev. non Kbr.) (vergl. I. Teil, 1. Abt. S. 421,

426 und 427), **Trematosphaeriopsis** Elenk., **Trichoplacia** Mass. (vergl. Müll. Arg. in Flora, 1890, p. 201), **Verrucula** Stnr. und **Xenosphaeria** Trevis.

b) als krankhafte Zustände:
Rimularia Nyl. (eine krankhafte Form der Lecidea inconcinna Nyl.) und **Tricharia** Fée.

2. Reihe **Gymnocarpeae.**

Einteilung der Reihe.

1. Unterreihe. *Coniocarpineae.* Scheibe der Apothezien mehr weniger geöffnet. Paraphysen über die Schläuche hinauswachsend, daselbst ein Netzwerk (Capillitium) bildend, welches in Gemeinschaft mit den aus den bald zerfallenden Schläuchen austretenden Sporen eine der Scheibe lange anhaftende staubartige Masse (Mazaedium) bildet.

2. Unterreihe. *Graphidineae.* Apothezien lineal, länglich, ellipsoidisch oder fast eckig, selten rundlich. Paraphysen mit den Sporen kein Mazaedium bildend.

3. Unterreihe. *Cyclocarpineae.* Scheibe der Apothezien kreisrund; Paraphysen mit den Sporen kein Mazaedium bildend.

1. Unterreihe **Coniocarpineae.**

Lager krustig, blattförmig oder strauchig, ohne Rhizinen, mit Pleurococcus-, Protococcus-, Stichococcus- und Chroolepus-Gonidien. Früchte offen mit schmaler oder erweiterter Scheibe. Schläuche zylindrisch (ausnahmsweise elliptisch), sehr bald vergänglich. Die reifen entleerten Sporen bilden mit den in ein ± verzweigtes Capillitium sich fortsetzenden Paraphysen eine pulverige Masse, das »Mazaedium«, welche lange Zeit dem Hymenium anhaftet. Sporen zu 8 in den Schläuchen, hell oder dunkel, kugelig und und einfach oder septiert und länglich. Pyknokonidien endo- oder exobasidial.

Wichtigste Litteratur. Außer den auf S. 2 angeführten Werken noch die folgenden: H. G. Floerke, Beschreibung der deutschen Staubflechten (Berliner Magaz. für die gesamte Naturkunde, 1807, p. 3). — E. Acharius, Afhandling om de cryptogamiske Vexter, som komma under namn of Caliciodea. (Acta Reg. Acad. Scient. Holm., 1815, p. 246, 1816, p. 260 und 1817, p. 220). — A. Le Prévost, Mémoire concernant les plantes cryptogames, qui pouvent être réunis sous le nom de Calicioïdes par Acharius, traduit du suédois (Mémoir. Soc. Linn. Normandie 1826 et 1827). — L. E. Schaerer, Lichenes helvetici parenchymate pulveraceo instructi (Naturwiss. Anzeiger für die Schweiz, 1822). — J. De Notaris, Abozzo di una nuova disposizione delle Caliciee (Giorn. Botan. Ital. vol. II. fasc. 5—6, 1847). — G. Fresenius, Über die Calicien (Flora, Bd. XXXI. 1848, p. 753). — W. Nylander, Monographia Calicieorum (Helsingfors, 1897, 8°). — V. Trevisan, Summa lichenum coniocarporum (Flora, Bd. XLV. 1862, p. 3). — J. Müller, Lichenologische Beiträge (Flora, Bd. LVII. 1874—LXXIV. 1891). — W. A. Leighton, Lichen-Flora of Great Britain, Ireland and the Channel Islands 3 edit. (London, 1884, 8°). — F. R. M..Wilson, On Lichens collected in the Colony of Victoria, Australia (Journ. Linn. Soc. London, Botany, vol. XXVIII. 1891, p. 353). — E. Neubner, Untersuchungen über den Thallus und die Fruchtanfänge der Calycieen (Wiss. Beilage z. d. IV. Jahresber. kgl. Gymnas. zu Plauen i. V., 1893, 4°). — J. Reinke, Abhandlungen über Flechten (Pringsh. Jahrb. f. wiss. Botanik, Bd. XXVI. 1894—XXIX, 1896). — A. M. Hue, Lichenes extraeuropaei a pluribus collectoribus ad Museum Parisiense missi (Nouv. Archiv. Muséum, 3. sér., vol. X. 1898, p. 213). — A. Jatta, Sylloge Lichenum Italicorum (Trani, 1900, 8°).

Merkmale. Das Lager der Coniocarpineae durchläuft alle Typen des Flechtenlagers; von der einfachsten krustigen Form finden sich alle Übergänge bis zum strauchigen, mit einem soliden Markstrange versehenen Thallus. Als Algenkomponenten beteiligen sich Pleurococcaceen und Chroolepus, erstere jedoch bei der Mehrzahl der Gattungen. Durch den mechanischen Einfluss der parallel sich streckenden Lagerhyphen werden die Pleurococcaceen direkt in Stichococcus überführt. Echte Sorale scheinen zu fehlen, indes löst sich das Lager mitunter sorediös-pulverig auf. Die Apothecien sind häufig gestielt, doch ist die Entwickelung eines Fruchtstieles durchaus kein die Unterordnung definierendes Merkmal. Die Fruchtscheibe ist in einzelnen Fällen sehr schmal, trägt jedoch stets den Charakter der offenfrüchtigen Flechten. Das Gehäuse ist entweder ein eigenes, einfaches oder vom Lager mehr weniger bekleidet oder ein rein thallodisches. Die Verlängerung der Paraphysen über die Schläuche, die frühzeitige Hinfälligkeit der Schläuche, das Zusammentreten der Sporen mit dem Capillitium zu einer staubartigen Masse, zu dem »Mazaedium« sind jene Merkmale, welche der Unterordnung ihren Charakter verleihen. Die Sporen treten oft noch perlschnurartig verbunden aus den Schläuchen und lösen sich erst später in einzelne Individuen auf. Trotz mannigfacher Gestaltung dominiert die einzellig oder nur wenig septierte, oft dunkel gefärbte Spore. Die Pyknokonidien sind bei der Familie der *Calicaceae* und *Cypheliaceae* exobasidial, bei den thallodisch höher stehenden *Sphaerophoraceae* endobasidial; bei ersteren sind die Konzeptakel der Pyknokonidien einfach, mehr weniger kugelig, bei letzteren in einzelnen Gattungen bruchsackartig-ausgebuchtet. Die Pyknokonidien sind elliptisch, stabförmig bis nadelförmig, gerade oder gekrümmt, mitunter (so z. B. bei *Calicium trachelinum*) dimorph. Stylosporen länglich-eiförmig, einzellig, hellbräunlich.

Den Coniocarpineae eigentümlich ist die Oidien- oder Chlamydosporenbildung (vergl. S. 40, Fig. 24).

Verwandtschaftliche Beziehungen. Die Coniocarpineae bilden durch ihren Fruchtbau zweifellos die natürlichste Gruppe der Flechten. Die offene Fruchtscheibe bedingt ihre Unterbringung in der Ordnung der *Gymnocarpeae*, obgleich sie keiner Familie derselben näher stehen. Weniger scharf ist die Abgrenzung der Conicarpineae von den Pilzen und es ist derzeit unmöglich für alle Arten die Zugehörigkeit festzustellen. Mit den Pilzen, werden die Coniocarpeae durch die Protocaliciaceae Reinke's insbesondere durch die Gattungen *Mycocalicium* Reinke, *Caliciopsis* Peck. und *Roesleria* Thuem. et Passer. (vergl. Teil I. 1. Abt., S. 167) verbunden.

Einteilung der Unterreihe.
A. Lager horizontal ausgebreitet, unberindet.
  a. Früchte in der Regel ± gestielt, mit eigenem Rande . . . . . . **Caliciaceae.**
  b. Früchte sitzend, mit eigenem oder mit thallodischem Rande . . . **Cypheliaceae.**
B. Lager blattartig oder strauchig, berindet, Früchte sitzend . . . **Sphaerophoraceae.**

Caliciaceae.

Lager krustig, horizontal ausgebreitet, mitunter verschwindend, unberindet, homöomer oder in eine Gonidien- und Markschicht gegliedert, mit Proto-, Pleuro- und Stichococcus-Gonidien. Früchte mit eigenem Gehäuse, in der Regel gestielt, mit kreisel- bis kugelförmigem Köpfchen; Stiele normal einfach und einköpfig, ausnahmsweise verzweigt oder gegabelt oder mehrköpfig.

Einteilung der Familie.
A. Früchte in der Regel langgestielt (ausnahmsweise sitzend).
  a. Sporen kugelig, einfach, hell oder gefärbt.
    α. Scheibe mit dauernd erkennbarem eigenen Rande, ± flach, Sporenmasse dunkel
        1. **Chaenotheca.**
    β. Scheibe durch die überquellende helle Sporenmasse bald kugelig oder kopfförmig, Mazaedium hell . . . . 3. **Coniocybe.**
  b. Sporen septiert.
    α. Sporen länglich bis eiförmig, zweiteilig dunkel, Früchte mit offener Scheibe 2. **Calicium.**
    β. Sporen elliptisch bis spindelig, 4—8-teilig, anfangs hell, dann dunkel, Scheibe schmal, punktförmig . . . . 4. **Stenocybe.**
B. Apothecien kurz gestielt, Stiel dick.
  a. Sporen kugelig, ungeteilt . . .   6. **Sphinctrina.**
  b. Sporen zweiteilig . . . . 5. **Pyrgidium.**

1. Chaenotheca Th. Fr. (*Cyphelium* DNotrs., *Chaenotheca* β) *Phacotium* Stzbgr., *Calicium* Subgen. *Chaenotheca* Wainio). Lager horizontal ausgebreitet, unterrindig oder der Unterlage aufliegend, krustig, staubig, körnig, schorfig bis warzig, selten schuppig, mit Proto-, Pleuro- oder Stichococcus-Gonidien. Früchte zumeist gesellig, gestielt, mit kreisel- bis birnförmigen Köpfchen, mit schon anfangs offener Scheibe und eigenem bleibendem, dunklem Rande. Gehäuse schwarz, weiß-, gelb- oder braun-bereift. Schläuche zylindrisch, mit einreihig übereinander liegenden Sporen, 8-sporig. Paraphysen fädlich. Sporen kugelig, seltener elliptisch-rundlich, einzellig, ± dunkel gefärbt. Konzeptakel

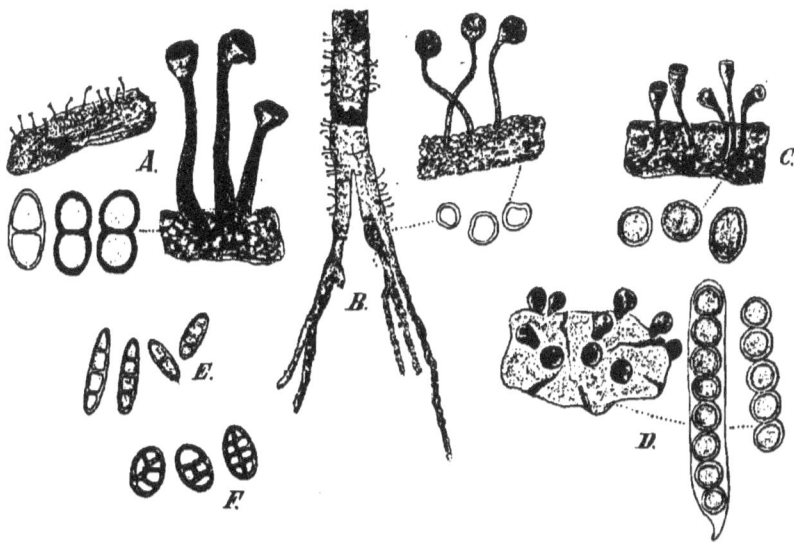

Fig. 42. *A Calicium hyperellum* (Ach.) Pers. Habitusbild, Fruchtkörper und Sporen. — *B Coniocybe furfuracea* Ach Habitusbild, Fruchtkörper und Sporen. — *C Chaenotheca chrysocephala* (Turn.) Th. Fr. Habitusbild und Sporen. — *D Sphinctrina turbinata* (Pers.) Fr. Habitusbild, Schlauch und Sporen. — *E Stenocybe byssacea* (Fr.) Nyl. Sporen. — *F Cyphelium Notarisii* (Tul.) A. Zahlbr. Sporen. (Original.)

der Pyknokonidien punktförmig, schwarz; Basidien einfach oder wenig verzweigt; Pyknokonidien exobasidial, länglich-elliptisch, kurz. — Auf morschem Holz, Baumrinden, seltener auf Steinen lebende, gebirgige und schattige Lagen vorziehende Flechten.

Bei 20 Arten, deren Mehrzahl für Europa konstatiert wurde, ferner wurden sie beobachtet in Nordamerika, in Brasilien (2 Arten in hoher Lage), Nord- und Mittelasien und Australien.

A. Gehäuse schwarz. *Chaenotheca melanophaea* (Ach.) Zw., mit körnigem, weißem oder weißgrauem Lager, auf Nadelbäumen, Eichen und Holzwerk verbreitet.

B. Gehäuse weiß bereift. *Ch. trichialis* (Ach.) Th. Fr. und *Ch. stemonea* (Ach.) Müll. Arg. mit schwarzem Stiele, beide häufig; *Ch. albida* (Schaer.) A. Zahlbr. mit am Grunde hellerem und durchscheinendem Fruchtstiele.

C. Gehäuse gelb oder gelbgrün bereift. *Ch. chrysocephala* (Turn.) Th. Fr. (Fig. 42 C) mit citron- oder grünlichgelbem, körnigem Lager, auf Rinden der Nadelhölzer unserer Gebirgsgegenden häufig, wurde auch in Australien aufgefunden; *Ch. phaeocephala* (Turn.) Th. Fr. mit körnigem, hellgrauem Lager, an Baumstämmen nicht selten; *Ch. arenaria* (Hpe.) A. Zahlbr. an schattigen Urgesteinfelsen.

D. Gehäuse braun. *Ch. brunneola* (Ach.) Müll. Arg., auf faulem Holz, Baumstrünken verbreitet.

2. Calicium (Pers.) DNotrs. Lager wie bei der vorhergehenden Gattung. Früchte gestielt, zumeist gesellig sitzend, selten vereinzelt, gestielt, Köpfchen kreiselförmig bis linsenförmig, mit flacher oder oft stark gewölbter, offener Scheibe; eigenes Gehäuse schwarz oder bereift. Paraphysen zart, fädlich. Schläuche zylindrisch oder zylindrisch-keulig, 8-sporig. Sporen länglich bis fast eiförmig, zweizellig, ausnahmsweise mit undeutlicher Querwand, in der Mitte mitunter eingeschnürt, rauchgrau bis bräunlich-schwärzlich. Konzeptakel der Pyknokonidien, Basidien und Pyknokonidien wie bei der vorhergehenden Gattung. — In allen Teilen der Welt auf faulem oder trockenem Holz, Baumrinden, trockenen Grashalmen und Felsen lebende, höhere und feuchtere Lagen vorziehende Flechten.

Für mehrere Arten der Gattung *Calicium* konnte bisher das Vorhandensein eines Lagers nicht nachgewiesen werden, diese Arten, welche die Reihe der coniocarpen Flechten mit den echten Pilzen verbinden, hat Reinke in die Pilzgattung *Mycocalicium* versetzt. Der häufigste Vertreter dieser Übergangsgattung ist das auf trockenem Holze häufige *M. parietinum* (Ach.) Wainio.

Bisher wurden etwa 70 Arten der Gattung *Calicium* beschrieben, die sich vorläufig am besten nach der Bereifung des Gehäuses gruppieren lassen.

A. Gehäuse nackt, schwarz. **Aa.** Sporen mit undeutlicher Querwand, daher einzellig. *C. populneum* De Brond., auf dünnen Zweigen und glatter Rinde der Pappeln. — **Ab.** Sporen zweizellig, mit deutlicher Scheidewand. — **ba.** Mit schwarzem, undurchscheinbarem Fruchtstiele. *C. pusillum* Flk., *C. nigrum* Schaer. und *C. minutum* Koerb., kleinfrüchtige, unscheinbare, doch nicht seltene Arten. — **bβ.** Fruchtstiele am Grunde weißlich und durchscheinend. *C. pusiolum* Ach.

B. Gehäuse rost- oder kastanienbraun bereift. *C. hyperellum* Ach. (Fig. 42, *A*), mit grünlichgelbem Lager, hauptsächlich auf Nadelholz; *C. salicinum* Pers. mit aschgrauem, oft fehlendem Lager, an Laubbäumen, besonders gern an Eichen; *C. Curtisii* Tuck. eine durch den unten durchscheinenden Stiel, durch große, einfache oder zweizellige Sporen ausgezeichnete, in Nordamerika lebende Art.

C. Gehäuse weiß bereift. *C. curtum* Borr. mit in der Mitte nicht eingeschnürten Sporen, eine an Brettern, Baumstrünken und Rinden lebende, häufige, außer für Europa auch für Brasilien und Neuseeland nachgewiesene Flechte; *C. quercinum* Pers. mit eingeschnürten Sporen, vornehmlich auf Eichen.

D. Gehäuse gelbgrün bereift. *C. adspersum* Pers. mit gestielten Früchten, an verschiedenen Bäumen; *C. disseminatum* Ach. mit fast sitzenden Früchten, an Eichen, Birken und Tannen.

3. **Coniocybe** Ach. Lager krustig, pulverig bis fast fehlend, mit Proto- und Stichococcus-Gonidien. Früchte gesellig, in der Regel lang gestielt; Stiele zart; Köpfchen anfangs offen, bald durch die überquellende Sporenmasse kugelig und mit verdrängtem, eigenem Gehäuse. Paraphysen fädlich. Sporen kugelig, seltener elliptisch oder länglich-elliptisch, einzellig, gelblich oder fast ungefärbt. Konzeptakel der Pyknokonidien kugelig, warzig auf dem Lager hervortretend, punktförmig; Basidien einfach; Pyknokonidien exobasidial, länglich-elliptisch. — Auf Holz, Rinden, seltener auf Gestein lebende Flechten.

Mit Ausschluss jener Arten, welche kein nachweisbares Lager besitzen, und welche bei der Pilzgattung *Roesleria* (vergl. Engl.-Prantl, Natürl. Pflanzenfam. I. 1, p. 467) und *Caliciopsis* unterzubringen sind, verbleiben 8 Arten in dieser Flechtengattung; ihre Vertreter sind in Europa, Nord- und Südamerika (Brasilien mit 1 endemischen Art), Japan und Australien beobachtet worden. Die häufigste Art ist *C. furfuracea* Ach. (Fig. 42, *B*), deren grünlichgelbes, schorfig-pulveriges Lager in schattigen Hohlwegen vornehmlich entblößte Wurzeln auf weite Strecken überzieht; *C. straminea* Wainio aus Brasilien äußerlich der vorigen ähnlich durch zweierlei Sporen, rundliche und längliche charakterisiert; *C. gracilenta* Ach. mit grünlichgrauem Lager und sehr schlanken Fruchtstielen, in Europa und Japan vorkommend; *C. rhodocephala* Wils. in Australien lebend besitzt fleischfarbige Köpfchen und länglich-elliptische Sporen.

4. **Stenocybe** Nyl. Lager dürftig, fast fehlend, fleckenartig, oder die Früchte sitzen einem fremden Lager auf. Früchte mehr vereinzelt, zart und lang gestielt, mit kreiselförmig-keuligem bis birnförmigem, hornartigem, schwarzem Gehäuse, zuerst geschlossen, später mit schmaler, punktförmiger Scheibe. Paraphysen fädlich. Schläuche linear-zylindrisch, 8-sporig, die Sporen einreihig angeordnet. Sporen elliptisch bis länglich-spindelig, normal 4-, seltener 2—8-zellig, mit zylindrischen Fächern, dunkel gefärbt, verhältnismäßig groß.

Hierher gehören 4 Arten, welche montane oder alpine Lage vorziehend in Europa, Californien und Japan vorkommen. *St. major* Nyl. zieht Nadelhölzer vor; *St. byssacca* (Fr.) Nyl. Fig. 42, *E*), an Zweigen von Erlen, Weiden und anderen Laubhölzern in Mittel- und Nordamerika häufig, doch leicht zu übersehen.

5. **Pyrgidium** Nyl. Lager krustig, dünn, verschwindend. Früchte fast köpfchenförmig, mit sehr enger Scheibe, gegen den Grund leicht verschmälert und in einen kurzen, verdickten Stiel übergehend; eigenes Gehäuse schwarz. Schläuche 8-sporig, die Sporen in denselben nicht streng einreihig angeordnet. Sporen elliptisch, 2-zellig, braun.

1 Art, *P. bengalense* (Krph.) Nyl. aus der Umgebung Calcuttas.

6. **Sphinctrina** E. Fries. Eigenes Lager fehlt, die Früchte sitzen auf der Kruste anderer Flechten, insbesondere auf *Pertusaria*-Arten. Früchte meist gesellig, sitzend oder kurz gestielt, birnförmig oder keulig, schwarz, glänzend, anfangs geschlossen, mit stark vertiefter Scheibe, später sich punktförmig öffnend; eigenes Gehäuse dick, eingebogen. Paraphysen fädlich, zumeist einfach. Schläuche walzlich, verhältnismäßig lange erhalten bleibend. Sporen in den Schläuchen einreihig angeordnet, kugelig-elliptisch, einzellig (nur ausnahmsweise 2-zellig), zuerst hell, dann bald dunkel gefärbt. Konzeptakel der Pyknokonidien eingesenkt, krugförmig, Basidien kurz, einfach, Pyknokonidien lang, nadelförmig, gebogen.

15 Arten, die sich auf alle Teile der Welt verteilen. *Sph. turbinata* (Pers.) E. Fr. (Fig. 42, *D*) und *Sp. tubaeformis* Mass. auf Pertusarien in Europa nicht selten.

2. Cypheliaceae.

Lager krustig, horizontal ausgebreitet, einförmig oder am Rande effiguriert, unberindet, mit Pleuro-, Protococcus- und Chroolepus-Gonidien. Früchte sitzend, mit eigenem und thallodischem oder nur thallodischem Gehäuse.

Einteilung der Familie.

A. Lager mit Proto- oder Pleurococcus-Gonidien.
 a. Sporen fast kugelig, einzellig, hell . . . . 1. **Farriolla**.
 b. Sporen 2—4-zellig, braun (nur ausnahmsweise mauerartig-vielzellig oder einzellig, aber nicht hell) . . . . 2. **Cyphelium**.
B. Lager mit Chroolepus-Gonidien.
 a. Schläuche vielsporig . . . . 5. **Tylophorella**.
 b. Schläuche 8-sporig.
  α. Früchte nur mit eigenem Gehäuse, Sporen 2—4-zellig . . . . 3. **Pyrgillus**.
  β. Früchte mit thallodischem Gehäuse, Sporen 2—3-zellig . . . . 4. **Tylophoron**.

1. **Farriolla** Norm. Lager homöomerisch, undeutlich oder gänzlich (?) fehlend. Apothezien sitzend, verkehrt oval-kegelförmig bis birnförmig, mit eigenem, dunklem Gehäuse und verschmälerter Scheibe; Sporenmasse hell. Paraphysen zart. Schläuche schmal-keulig, mit einreihig angeordneten Sporen. Sporen einzellig, fast kugelig, einzellig, hell.

Eine einzige Art, *F. distans* Norm. auf Birkenrinde in Norwegen.

2. **Cyphelium** Th. Fr. (*Acolium* DNotrs., *Trachylia* Nyl.). Lager schorfig-pulverig, krustenförmig oder warzig, einförmig oder am Rande effiguriert, ohne Rindenschicht, Gonidien- und Markschicht in der Regel ausgebildet. Früchte in die Lagerwarzen fast eingesenkt oder auf dem Lager sitzend, anfangs fast geschlossen, halbkugelig bis kegelförmig, später geöffnet mit erweiterter Scheibe. Die Berandung der Früchte wechselt, bald beschränkt sie sich auf ein eigenes, zumeist schmales und schwarzes Gehäuse, bald ist ein eigenes und thallodisches Gehäuse wohl ausgebildet, oder es ist nur ein thallodisches Gehäuse vorhanden, in welchem Falle manchmal die Spuren des eigenen Randes als dunkler Keimboden unter dem Hymenium noch ersichtlich sind. Paraphysen fädlich, sparsam. Schläuche aus kurzstielförmiger Basis schmal keulig, 8-sporig. Sporen einreihig angeordnet, normal 2-zellig, selten einzellig, oder vierzellig mit einer Längswand, dunkel. Konzeptakel der Pyknokonidien klein, schwarz; Basidien einfach, kurz;

Pyknokonidien eirund-länglich bis elliptisch und schmäler, größer und gekrümmt, mitunter heteromorph. — Auf trockenem Holze, Baumstrünken, seltener auf Gestein lebende Flechten.

Etwa 30 Arten.

Sekt. I. *Cypheliopsis* A. Zahlbr. Sporen unseptiert, fast kugelig. 1 Art, *C. Bolanderi* (Tuck.) A. Zahlbr. auf Sandsteinfelsen in Californien.

Sekt. II. *Eucyphelium* A. Zahlbr. Sporen 2-zellig, in der Mitte gewöhnlich etwas eingeschnürt. Lager am Rande effiguriert: *C. californicum* (Tuck.) A. Zahlbr.; Lager einförmig: Lager gelb oder grünlichgelb: *C. tigillare* (Pers.) Th. Fr. auf trockenem Holze in höheren Lagen weit verbreitet; *C. lucidum* Th. Fr. an Rinden in den höheren Gebirgen Europas; *C. carolinianum* (Tuck) A. Zahlbr. in Nordamerika; Lager grau: *C. inquinans* (Sm.) Trevis, auf Rinden und trockenem Holz in den Gebirgen Europas und Algiers; *C. leptoconium* (Nyl.) A. Zahlbr. in Neugranada; *C. leucocampyx* (Tuck.) A. Zahlbr. auf Cuba; *C. Neesii* (Flot.) A. Zahlbr. auf Steinen; *C. ventricosulum* (Müll. Arg.) A. Zahlbr. in Nordamerika, auffallend durch die kurz zylindrischen Früchte. Eigenes Lager fehlt: *C. stigonellum* (Ach.) A. Zahlbr. auf dem Lager von Pertusarien in Europa und Nordamerika.

Sekt. III. *Pseudocyphelium* A. Zahlbr. (*Pseudacolium* Stzbgr. als Gattung). Sporen mit 1—3 Querwänden und einer die Spore ganz oder nur einzelne Querwände durchschneidenden Längswand: *C. Notarisii* (Tul.) A. Zahlbr. (Fig. 42, *F*), auf Nadelholzrinden in Mitteleuropa.

3. **Pyrgillus** Nyl. Lager dünn, krustig, mit Chroolepus-Gonidien. Früchte kurzzylindrisch oder kegelförmig-zylindrisch, mit breiter Basis im Lager sitzend; eigenes

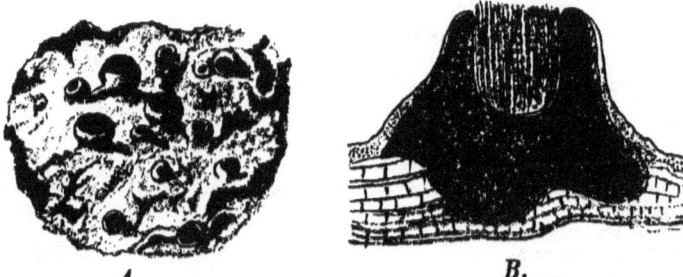

Fig. 43. *A Tylophoron protrudens* Nyl. Habitusbild. — *B Pyrgillus javanicus* Nyl. Senkrechter Medianschnitt durch das Apothezium. (Nach Reinke.)

Gehäuse krug- oder becherförmig, dunkel, Scheibe schmal und flach. Schläuche zylindrisch, 8-sporig. Sporen einreihig in den Schläuchen angeordnet, normal länglich-elliptisch bis elliptisch, 2—4-zellig, mit linsenförmigen Fächern und verdicktem Epispor, braun. Pyknokonidien fädlich, gekrümmt.

8 Arten. *P. americanus* Nyl. auf Rinden in Nordamerika; *P. javanicus* Nyl. (Fig. 43, *B*) auf morschem Holz, Java und Australien; *P. cubanus* Nyl. und *P. sodalis* Nyl. auf Cuba; *P. substipitatus* Wainio steinbewohnend in Brasilien, 3 Arten mit 2-zelligen Sporen in Australien.

4. **Tylophoron** Nyl. Lager häutig, krustig oder verschwindend, mit ChroolepusGonidien. Früchte zuerst in kugelige Lagerwarzen eingeschlossen, dann sitzend, fast zylindrisch bis becherförmig, mit offener Scheibe, eigenem und thallodischem Gehäuse; Hypothezium hell oder dunkel und dann konisch nach abwärts verlängert. Schläuche zylindrisch, 8-sporig, 1-reihig. Sporen 2-, seltener 3-zellig, fast kugelig, elliptisch bis elliptisch-spindelig, mit kleinen, fast viereckigen Fächern und verdicktem Epispor. Konzeptakel der Pyknokonidien in das Lager eingesenkt, mit heller Wandung, Basidien zylindrisch, schwach verzweigt, Pyknokonidien nadelförmig, gerade.

10 Arten. *T. Eckfeldtii* Müll. Arg. aus Nordamerika und *T. triloculare* Müll. Arg. aus Australien mit 3-zelligen Sporen. Von den übrigen Arten, die zweizellige Sporen besitzen, ist *T. moderatum* Nyl. in Neugranada und Brasilien verbreitet; in diesen Gebieten kommen

ferner noch 3 andere Arten vor, 2 Arten sind auf Borneo und 1 ist auf Ostindien beschränkt. *T. protrudens* Nyl. (Fig. 43, *A*) rindenbewohnend um Bogota.

5. Tylophorella Wainio. Lager krustig, dünn, einförmig. Früchte fast zylindrisch, zuerst geschlossen, dann mit geöffneter Scheibe, mit eigenem und thallodischem Gehäuse. Paraphysen zart. Schläuche breit keulenförmig, vielsporig; Sporen in mehreren Längsreihen angeordnet, kugelig bis eckig-kugelig, einzellig, Epispor verdickt.

1 Art, *T. polyspora* Wainio in Neugranada.

3. Sphaerophoraeeae.

Lager blattartig oder strauchig, beiderseits gleichmäßig oder unterseits unvollkommener berindet, mit Protococcus-Gonidien. Früchte ungestielt, randständig oder auf der Unterseite des Lagers sitzend schon im Anfange offen oder zuerst von einem thallodischen Gehäuse umschlossen.

Einteilung der Familie.

A. Lager blattartig.
   a. Lager nur aus Lagerschuppen bestehend, an welchen die Früchte randständig aufsitzen
     2. Calycidium.
   b. Lager aus horizontalen sterilen Schuppen und vertikalen, fast zylindrischen fertilen Podezien gebildet . . . . **1. Tholurna.**
B. Lager strauchartig.
   a. Lager innen hohl, Früchte auf der Unterseite des Lagers sitzend . . **3. Pleurocybe.**
   b. Lager mit solidem Markstrang. Früchte endständig.
     α. Früchte ohne thallodische Umkleidung, becherförmig . . . . **4. Acroscyphus.**
     β. Früchte zuerst von einem kugeligen thallodischen Gehäuse umschlossen, welches später an der Spitze unregelmäßig aufspringt . . . . . **5. Sphaerophorus.**

1. Tholurna Norm. Lager schuppig, aus fiederspaltig-eingeschnittenen, beiderseits berindeten sterilen Blättchen und fast zylindrischen, längsfaltigen, fertilen Podezien zusammengesetzt; das Lager besitzt eine doppelte Rinde, eine Gonidienschicht mit Protococcus-Gonidien und eine lockere Markschicht. Früchte einzeln an der Spitze der Podetien sitzend, becherförmig, mit eigenem Gehäuse und offener Scheibe. Paraphysen dünn. Schläuche schmal, an der Basis fast stielartig verschmälert, 8-sporig, 1-reihig, Sporen 2-zellig, in der Mitte eingeschnürt, mit fast kugeligen Fächern und spiralig schief gestreiftem Epispor. Konzeptakel der Pyknokonidien am Rande der sterilen Lagerschuppen, klein, etwas warzig hervortretend, mit gebräunter, weicher Wandung, Fulkren septiert, mit fast kugeligen Zellen; Pyknokonidien endobasidial, gerade, in der Mitte etwas eingeschnürt.

Die einzige Art *Th. dissimilis* Norm. (Fig. 44, *A—C*) ist in Skandinavien endemisch.

2. Calycidium Stirt. [1887] (*Coniophyllum* Müll. Arg. [1892]). Lager blattartig, Lagerschuppen flach, ausgebreitet oder aufstrebend, dorsiventral, oberseits von stark entwickelter Rinde gleichmäßig bedeckt, auf der Unterseite ist die Rinde in Schollen, welche dem lockeren Marke aufliegen, aufgelöst; Haftfasern fehlen. Früchte am Rande der Lagerschuppen sitzend, mit vom Anfange an offener Scheibe und schmalem, thallodischem Gehäuse. Sporen in den Schläuchen 1- oder 2-reihig angeordnet, einzellig, kugelig, braun.

1 Art, *C. cuneatum* Stirt. (Fig. 44, *D*) (Syn. *Coniophyllum Colensoi* Müll. Arg.) auf Rinden in Neuseeland.

3. Pleurocybe Müll. Arg. Lager strauchartig, der Unterlage an einer Stelle anhaftend, gabelig verzweigt, Äste zusammengedrückt-zylindrisch, innen hohl, allseitig hornartig berindet, ohne Lagerschüppchen und Fasern, mit Protococcus-Gonidien. Früchte auf der Unterseite des Lagers randständig sitzend, anfangs kugelig-birnförmig, fast geschlossen, später becherförmig, am Scheitel sich mit sternförmigem Risse öffnend; Gehäuse thallodisch. Paraphysen weniger zart. Schläuche linear, 8-sporig. Sporen einzellig, kugelig, violett oder blauschwarz.

Die einzige Art *Pl. madagascarea* (Nyl.) A. Zahlbr. (Fig. 44, *E*) lebt auf Baumzweigen in Madagascar.

4. **Acroscyphus** Lév. Lager dicht strauchig-verzweigt, Äste zylindrisch, pseudoparenchymatisch allseitig berindet und mit solidem Markstrange. Früchte zu mehreren an den etwas keulig oder fast kugelig erweiterten Lageräsien eingesenkt aufsitzend, becherförmig, von eigenem Gehäuse umgeben. Schläuche zylindrisch. Sporen elliptisch,

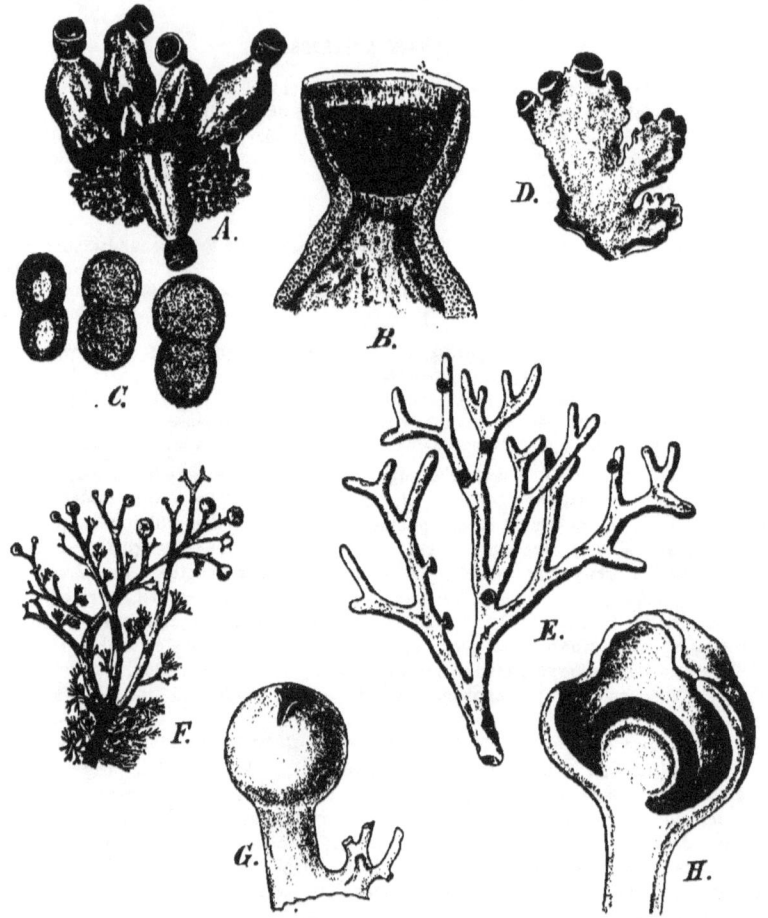

Fig. 44. *Tholurna dissimilis* Norm. *A* Habitusbild (vergrößert). *B* Senkrechter Medianschnitt durch das Podetium und das Apothezium. *C* Sporen. — *D* *Calycidium cuneatum* Stirt. Habitusbild (vergrößert). — *E* *Pleurocybe madagascarca* (Nyl.) A. Zahlbr., Müll. Arg., Habitusbild. — *F* *Sphaerophorus coralloides* Pers. Habitusbild. *G* Apothezium, von außen. *H* Apothezium, durchschnitten. (*A—C*, *F* Original; *D—E* nach Reinke; *G—H* nach Tulasne.)

2-zellig, in der Mitte eingeschnürt, braun. Konzeptakel der Pyknokonidien auf den Spitzen der Lageräste sitzend, bruchsackartig ausgebuchtet, mit oberseits dunkler, unten heller Wandung; Fulkren kurz gegliedert; Pyknokonidien endobasidial, länglich gerade.

1 Art, *A. sphaerophoroides* Lév., auf Erde und Holz in Mexiko, Peru und im Himalaya.

5. **Sphaerophorus** Pers. Lager rasig-strauchig, zerbrechlich, mit drehrunden oder abgeplatteten Ästen, ringsum mit knorpeliger Rinde umgeben, mit solidem Markstrang

und mit Protococcus-Gonidien. Früchte endständig in kopfförmigen Anschwellungen der Astspitzen, anfangs geschlossen, später mit an der Spitze unregelmäßig aufreißendem, thallodischem Gehäuse. Schlauchschicht kugelig oder fast kugelig. Paraphysen zart. Schläuche zylindrisch, 8-sporig. Sporen 1-reihig in den Schläuchen liegend, kugelrund, einzellig mit dunklem Epispor. Konzeptakel der Pyknokonidien endständig, punktförmig, mit dunkler Wandung; Pyknokonidien endobasidial, länglich, gerade.

10 Arten, welche auf der Erde, an der Basis von Baumstämmen und ausnahmsweise auch auf morschem Holze leben. *Sp. compressus* Ach. mit zusammengedrückten Lagerästen, kosmopolitisch, doch befindet sich das Verbreitungszentrum in der südlichen Hemisphäre; *Sp. coralloides* Pers. (Fig. 44, *F—H*) mit drehrunden Lagerästen, in den Gebirgen Europas, Madeiras, Nordamerikas und Neuseelands; *Sp. tener* Laur. in marinen, kälteren Lagen der südlichen Hemisphäre; *Sp. fragilis* Pers. in Nord- und Mitteleuropa und Nordamerika.

Als den Coniocarpineae nicht angehörig sind die zu ihnen gestellten Pilzgattungen: *Lahmia* Kbr. (I. Teil, 1. Abt. S. 222 und 229) und *Poetschia* Kbr. (I. Teil, 1. Abt. S. 225) zu streichen. Auch die Gattung *Stromatopogon* A. Zahlbr. dürfte den Pilzen zuzurechnen sein.

2. Unterreihe Graphidineae.

Wichtigste Litteratur. — E. Acharius, Arthonia, novum genus Lichenum (Schrader, Neues Journ. für die Botan., Bd. I., 1906, p. 4). — Derselbe, Glyphis and Chiodecton, two new Genera of the Family of Lichenes (Transact. Linn. Soc. London, Vol. XII. 1817, p. 35) — L. Dufour, Révision du genre Opegrapha de la Flore Française (Journ. de Physique, de Chimie et de Hist. Nat., Vol. CXXXVII. 1818, p. 200). — F. F. Chevallier, Essai sur les Hypoxylons Lichenoïdes etc. (Delamétherie Journ. de Physique, de Chimie et d'Hist. Nat. et des Arts, Vol. XCIV. 1822, p. 28). — Derselbe, Histoire des Graphidées (Paris, 1824, 4°). — F. de Brotero, Historia natural da Orzella (Lisboa, 1824). — A. L. A. Fée, Monographie du genre Chiodecton (Annal. scienc. natur., Vol. XVII. 1829, p. 3). — W. A. Leighton, Monograph of the British Graphideae (The Annals and Magazin of Nat. Hist. 1824). — W. Nylander, Synopsis du genre Arthonia (Mémoir. de le Soc. scienc. nat. Cherbourg Vol. IV. 1856, p. 85). — A. Massalongo. Catagraphia nonnullarum Graphidearum Brasiliensium (Verhandl. zool.-bot. Gesellsch. Wien, Bd. X. 1806, p. 675). — E. Stizenberger, Conspectus specierum saxicolarum generis Opegraphae (Flora, Bd. XLVII. 1865, p. 71). — J. J. Kickx, Monographie des Graphidées de Belgique (Bullet. de l'Acad. de Belgique, ser. 2a, Vol. XX. 1865, p. 97). — E. Stizenberger, Über die Steinbewohnenden Opegrapha-Arten (Nova Acta Leop.-Carol., Vol. XXXI. 1865). — W. Nylander, Graphidei et Lecanorei quidam novi (Flora, Bd. XLVI. 1864, p. 487). — M. A. Fée, Matériaux pour une flore lichénologique du Brésil. II. Les Graphidées (Bullet. Soc. Botan. France, Vol. XXI, 1874, p. 21). — J. Müller, Lichenologische Beiträge (Flora Bd. LVII. 1874—LXXIII. 1890). — S. Almquist, Monographia Arthoniarum Scandinaviae (Kgl. Svenskska Vetensk.-Akad. Handl. Bd. XVII. No. 6, 1879). — W. Nylander, Arthoniae novae Americae borealis (Flora, Bd. LXVIII. 1885, p. 447). — J. Müller, Graphideae Féeanae inclus. trib. affinibus nec non Graphideae exoticae Acharii, El. Friesii et Zenkeri etc. (Mémoir. Soc. Phys. et Hist. Nat. Genève, Vol. XXIX. No. 8, 1887). — H. Willey, Synopsis of the Genus Arthonia (New-Bedford, 1890, 8°). — J. Reinke, Abhandlungen über Flechten (Pringsheim's Jahrbuch f. wissensch. Botanik, Bd. XXVI. 1894—XXVIII. 1896). — J. Müller, Thelotremeae et Graphideae novae, quas praesertim ex hb. Reg. Kewensi exponit. (Journ. Linn. Soc. London, Botany, Vol. XXX. 1895, p. 457). — Derselbe, Sertum 'Australiense (Bullet. Herb. Boissier, Vol. III. 1895, p. 313). — Derselbe, Arthoniae et Arthothelii species Wrightianae in insula Cuba lectae (Bullet. Herb. Boissier, Vol. II. 1894, p. 725). — O. V. Darbishire, Monographia Roccelleorum (Bibliotheca Botanica, Heft XLV. 1898 4°). — A. Jatta, Sylloge Lichenum Italicorum (Trani, 1900, 8°).

Merkmale. Lager in der einfachsten Form krustig, homoeo- oder heteromoisch, unberindet oder mit einer unvollkommenen, fast amorphen Rinde; in der nächst höheren Form (*Dirinaceae*) krustig, einförmig, aber mit einer aus senkrecht zur Lagerfläche verlaufenden Hyphen gebildeten oberseitigen Rinde; in der höchst entwickelten Form ist das Lager strauchig, aufrecht oder hängend, mit deutlicher Rinden- und

Markschicht. Die krustigen Lagerformen sind mit den Hyphen der Markschicht oder mit denjenigen des Vorlagers, die strauchigen Formen (*Roccellaceae*) mit einer Basalscheibe an die Unterlage befestigt. Ein typisches blattartiges, mit Rhizinen an die Unterlage befestigtes Lager fehlt in der Unterreihe der *Graphidineae*. Die Rinde der strauchigen Formen wird aus senkrecht zur Lagerfläche oder parallel mit derselben laufenden Hyphen zusammengesetzt; eine pseudoparenchymatische Rinde kennen wir in der Unterreihe nicht. Die Hyphen der Markschicht sind dünnwandig. Die Gonidien gehören zu *Palmella, Chroolepus, Phycopeltis* und *Phyllactidium*. Sorale finden sich nur bei den strauchigen Lagerformen; Soredien sind bei den Arten mit krustigem Lager sehr selten. Die Apothezien sind gänzlich unberandet (*Arthoniaceae*) oder mit einem eigenem, gut entwickeltem oder rudimentärem, oft noch vom Lager bekleideten Gehäuse versehen; sie sind in das Lager versenkt oder sitzen demselben auf; bei den *Roccellaceae* kommen auch kurzgestielte Apothezien vor. Vorwiegend und für die Unterreihe charakteristisch ist das ± in die Länge gezogene, lineale Apothezium mit schmaler, ritzenförmiger Scheibe. Indes finden sich alle Übergänge zum rundlichen bis kreisrunden Apothezium, die letzten sind bei den Formen mit austransversal laufenden Hyphen gebildeten Rinde die häufigeren. Die Apothezien sitzen entweder einzeln oder gesellig auf oder im Lager oder vereinigen sich in Stromen (*Chiodectonaceae*). Diese Stromen, gut ausgebildet sehr charakteristisch, werden mitunter undeutlich. Bei der Mehrzahl der Gattungen besitzt jedes Apothezium nur ein Hymenium, bei zwei Gattungen kommen jedoch auch Apothezien mit 2—4, parallel zur Längsrichtung angeordneten Hymenien vor. Das Hypothezium ist kohlig, dunkel oder hell. Die Paraphysen sind entweder unverzweigt und frei und verzweigt und mehr oder weniger netzartig verbunden. Sporen farblos oder dunkel, mit dünner oder nur mäßig verdickter Wand, von verschiedener Gestalt und Septierung, doch herrscht die länglich-spindelige Form und die parallele und mauerartige Septierung vor. Die Pyknokonidien sind bei den *Graphidaceae* selten, für einige Gattungen derselben bisher selbst noch unbekannt, bei den *Arthoniaceae, Roccellaceae* und *Dirinaceae* nicht selten. Fulkren, soweit sie bekannt, stets exobasidial. Stylosporen bei den blattbewohnenden Arten nicht selten.

Verwandtschaftliche Beziehungen. Die Graphidineae lassen sich ungezwungen in fünf Familien gliedern, und zwar in die *Arthoniaceae, Graphidaceae, Chiodectonaceae, Dirinaceae* und *Roccellaceae*. Von den *Graphidaceae* werden bei den meisten Autoren die *Xylographidaceae* wegen der Palmella-Goniden als eigene Familie abgetrennt; sie zeigen jedoch im Baue der Apothezien und in ihren biologischen Verhältnissen eine so große Übereinstimmung mit den übrigen Gattungen der *Graphidaceae*, dass eine Abgliederung nicht unbedingt durchgeführt werden muss. Aus demselben Grunde erfahren auch die *Arthoniaceae* keine weitere auf die Gonidienform begründete Zersplitterung.

Der Anschluss der *Graphidineae* an die Pilze ist ein mehrfacher und recht enger. Die *Arthoniaceae* sind mit den *Celidiaceae*, die *Graphidaceae* mit den *Hysteriaceae*, die Gattung *Xylographa* mit den *Stictidaceae* in phylogenetische Beziehungen zu bringen. Hingegen scheinen die stromenbildenden *Chiodectonaceae* ihren Ursprung von den bereits in Symbiose befindlichen Formen genommen zu haben. Die Zugehörigkeit der *Roccellaceae* und *Dirinaceae* zu den *Graphidineae* wurde von *Almquist, Reinke* und *Darbishire* in ausreichender Weise begründet; die in jüngster Zeit erfolgte Entdeckung der Gattung *Roccellographa* hat für diese Auffassung eine neue kräftige Stütze erbracht. Durch die beiden letztgenannten Familien ergeben sich auch Beziehungen der *Graphidineae* zu den *Patellariaceae* und, so wie die letzteren sich zu den *Hysteriaceae* verhalten, verhalten sich auch die *Graphidineae* zu den *Cyclocarpineae*. Aus all diesen Beziehungen zu verschiedenen Gruppen der Pilze ergiebt sich auch die polyphyletische Abstammung der *Graphidineae*.

Einteilung der Unterreihe.

A. Apothezien unberandet . . . . **Arthoniaceae.**
B. Apothezien berandet (Rand mitunter rudimentär).

a. Lager krustig, mit den Hyphen des Vorlagers oder der Markschicht an die Unterlager befestigt.
 α. Lager unberindet
  I. Apothezien einzeln . . . . Graphidaceae.
  II. Apothezien in Stromen . . . . Chiodectonaceae.
 β. Lager oberseits berindet . . . . Dirinaceae.
b. Lager strauchig, aufrecht oder hängend, mit einer Basalscheibe an die Unterlage befestigt, berindet . . . . Roccellaceae

Arthoniaceae.

Lager krustig, einförmig, homeo- oder heteromerisch, mit den Hyphen der Markschicht an die Unterlage befestigt, unberindet, mit Palmella-, Chroolepus- oder Phyllactidium-Gonidien, Apothezien fleckenförmig, rundlich, oval bis lineal, einfach oder verzweigt, einzeln oder in Stromen vereinigt, unberandet, Paraphysen verzweigt und verbunden. Pyknokonidien exobasidial.

Einteilung der Familie.

A. Apothezien einzeln.
 a. Lager mit Palmella-Gonidien . . . . 2. **Allarthonia.**
 b. Lager mit Chroolepus-Gonidien.
  α. Sporen parallel-mehrzellig . . . . 1. **Arthonia.**
  β. Sporen mauerartig-vielzellig . . . . 3. **Arthothelium.**
 c. Lager mit Phyllactidium-Gonidien . . . . 4. **Arthoniopsis.**
B. Apothezien in Stromen . . . . 5. **Synarthonia.**

1. **Arthonia** (Ach.) A. Zahlbr. Lager krustig, einförmig oder am Rande fast lappig effiguriert, epi- oder endophleodisch, unberindet, mit dem Vorlager oder mit den Hyphen der Markschicht an die Unterlage befestigt, mit Chroolepus-Gonidien. Apothezien in das Lager versenkt und anfänglich von dem letzteren bekleidet oder sitzend, rundlich, fleckenartig, unregelmässig sternförmig, gelappt oder mehr weniger in die Länge gezogen, ohne Gehäuse; Hymenium ausdauernd oder im Alter zerfallend; Hypothezium aus dicht

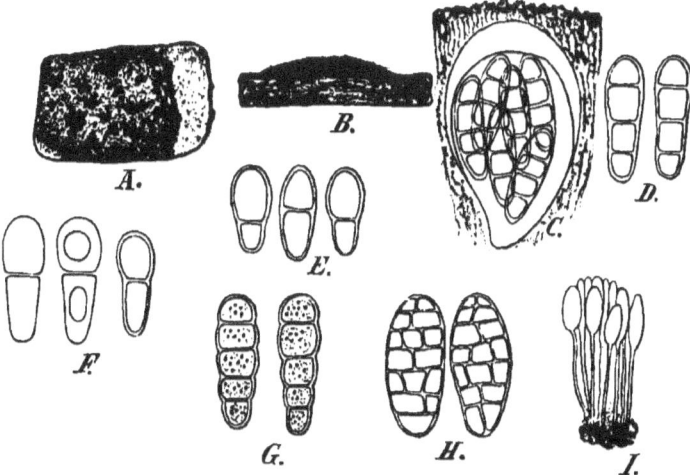

Fig. 45. *Arthonia radiata* (Pers.) Th. Fr. *A* Habitusbild. *B* Querschnitt durch das Apothezium. *C* Hymenium mit Schlauch. *D* Sporen. *J* Stylosporen. — *Arthonia galactites* (DC.) Duf. *E* Sporen. — *Arthonia didyma* Körb. *F* Sporen. — *Arthonia punctiformis* Ach. *G* Sporen. — *Arthothelium spectabile* (Fw.) Mass. *H* Sporen. (*J* nach Lindsay, das Übrige Original.)

verwebten Hyphen gebildet; Paraphysen verzweigt und verbunden, zumeist undeutlich und erst nach Behandlung mit chemischen Reagenzien (Kalilauge u. a.) deutlich sichtbar: Schläuche fast kugelig, birnförmig, verkehrt eiförmig, seltener elliptisch, mit am Scheitel stark verdickter Membran, 8sporig; Sporen länglich bis eiförmig, keilförmig, länglichspindelförmig oder puppenförmig, parallel 2 bis mehrzellig, mit zylindrischen, oft ungleich großen Fächern, farblos oder selten gebräunt. Konzeptakel der Pyknokonidien flächenständig, geschlossen, mit dunklem Gehäuse, Fulkren aus mehr weniger gestreckten Zellen gebildet, exobasidial, Basidien fast zylindrisch, Pyknokonidien zylindrisch bis länglich, mitunter an den Enden etwas verdickt, gerade oder gekrümmt. Stylosporen in mehr flachen Behältern, auf fädlichen Stützhyphen endständig sitzend, oval oder ellipsoidisch, hell oder mehr weniger gebräunt, einzellig oder parallel mehrzellig.

Bei 500 stein- und rindenbewohnende Arten, deren Mehrzahl in den subtropischen und tropischen Gebieten lebt.

Die lagerlosen oder syntrophen Formen gehören den Pilzgattungen *Celidiopsis* Mass., *Celidium* (Tulz.) Körb., *Conida* Mass., *Conidella* Elenk., *Lecideopsis* (Almqu.) Rehm, *Mycarthonia* Reinke und *Phacopsis* Tul. an.

Sekt. I. *Euarthonia* (Th. Fr.) A. Zahlbr. *(Arthonia* subgen. *Euarthonia* stirps *Naeviella* Wainio, *Arthonia* sect. *Naevia* Almqu. pr. p., *Naevia* Mass., *Arthonia* sect. *Trachylia* Almqu. pr. p., *Trachylia* (Mass.) Kbr.). Lager in der Regel dünn, unscheinbar; Apothezien schwarz oder schwärzlich, unbereift, keine durch Hinzufügung von Kalilauge sich lebhaft färbende Substanzen enthaltend; Sporen parallel zwei- bis vielzellig.

In diese Section gehört die Mehrzahl der Arthonien.

A. Sporen 2—3zellig. a. Apothezien mehr weniger rundlich. *A. glebosa* Tuck. mit klumpig-kleinschuppigem Lager, über Moosen in Colorado und Californien; *A. granitophila* Th. Fr., Lager auf einem dicken, schwarzbraunen Vorlager sitzend, an Urgestein in Skandinavien; *A. melaspermella* Nyl., mit braunen Sporen, auf Rinde in England; *A. copromyza* Anzi, Sporen am unteren Ende keulig zugespitzt, an der Rinde von *Pinus Cembra*. b) Apothezien verlängert, einfach oder sternförmig. *A. dispersa* (Schrad.) Nyl., Apothezien lirellenförmig, einfach oder spärlich verzweigt, an glatten Rinden in Europa und Nordamerika; *A. galactites* (DC.) Duf. (Fig. 45 *E*) Apothezien länglich mit blassen Hymenien, an Pappeln in Europa weit verbreitet.

B. Sporen 4—8zellig. a. Sporen 4-zellig, Zellen gleich gross: *A. lecideoides* Th. Fr. (Syn. *Trachylia arthonioides* Fr.), auf Felsen in Europa; *A. mediella* Nyl., an Rinden in Europa; *A. stenospora* Müll. Arg., mit schmalen, spindelförmigen Sporen, rindenbewohnend in der Schweiz, *A. radiata* (Pers.) Th. Fr., (Fig. 45 *A—D, J*). Apothezien unregelmüßig, oft sternförmig, an Rinden, kosmopolitisch und sehr variabel; b. Sporen 4—6zellig: *A. punctiformis* Ach. (Fig. 45 *G*) mit kleinen rundlichen oder länglichen Apothezien, in Europa und Nordamerika an der Rinde verschiedener Bäume weit verbreitet; *A. complanata* Fée, mit 5zelligen Sporen, deren Endfächer bedeutend größer sind, als die übrigen Zellen, an Rinden im tropischen Amerika. *A. melanophthalma* Duf., an Rinden in Europa und Südamerika.

C. Sporen parallel vielzellig. *A. calospora* Müll. Arg., Sporen 10—12zellig, Socotra; *A. angulata* Fée, Apothezien fast eckig, Sporen 12—14zellig, auf Rinden unter den Tropen verbreitet; *A. platygraphidea* Nyl., Sporen 14—16zellig, rindenbewohnend in Florida und Brasilien.

Sekt. II. *Pachnolepia* (Mass.) Almqu. (*Pachnolepia* Mass., *Leprantha* Kbr., *Pyrenothea* Ach.) Lager verhältnismäßig dick, Apothezien schwarz, dicht bereift, keine nach Hinzufügung von Kalilauge sich lebhaft färbenden Substanzen enthaltend).

A. Sporen 2—3zellig, *A. Mülleri* Wainio, mit reihenförmig angeordneten Apothezien, an Felsen in Brasilien.

B. Sporen 4—5zellig; a. Sporenfächer gleich groß. *A. impolita* (Ehrh.) Borr., Lager ergossen, rissig, vorzüglich an Eichenrinde, in Europa und Nordamerika, b. Sporen makrozephal, d. h. die Endzelle der Sporen bedeutend größer, als die übrigen: *A. byssacea* (Weig.) Almqu., an Eiche weit verbreitet in Europa, doch nicht häufig, die sterilen, pyknidentragenden Lager dieser Art wurden als *Pyrenothea biformis* Mass. und *P. stictica* Fr. bezeichnet; *A. caesiopruinosa* Schaer., an Rinden verschiedener Bäume in Europa und Nordamerika, auch diese Art entwickelt gern Konzeptakel der Pyknokonidien, doch sind diese klein, während sie bei der vorhergehenden Art groß und augenfällig sind.

C. Sporen 4—6zellig *A. Tuckermaniana* Will., mit bräunlichen, makrozephalen Sporen, rindenbewohnend in Florida.

Sekt. III. *Ochrocarpon* (Wainio) A. Zahlbr. Apothezien blass oder hell gefärbt, keine durch Kalilauge sich lebhaft färbende Substanzen enthaltend. *A. Antillarum* (Fée) Nyl., mit blassgelben Fruchtscheiben und 4zelligen Sporen, an Rinden unter den Tropen weit verbreitet; *A. Laongana* Müll. Arg., Apothezien gelblich, Sporen 6—7zellig, in Westafrika: *A. flavidosanguinea* A. Zahlbr. mit strichförmigen, eingesenkten, rötlichen Scheiben und 6—7zelligen Sporen, rindenbewohnend in Brasilien; *A. undinaria* Nyl. mit weißen, rundlichen Apothezien und 6—12zelligen Sporen, an Rinden in Neugranada; *A. Hampeana* Müll. Arg. mit weißen Fruchtscheiben und 16zelligen Sporen, an Rinden in Südamerika.
Sekt. IV. *Coniocarpon* (DC.) A. Zahlbr. (*Coniocarpon* DC. pr. p. *Coniangium* Fw., *Conioloma* Flk., *Pyrrochroa* Eschw.) Apothezien verschieden gefärbt, doch selten schwarz, eine nach Hinzufügung von Kalilauge sich violett oder blau färbende Substanz enthaltend. *A. lurida* (Ach.) Schaer., Apothezien dunkelbraun, Sporen 2zellig, an Rinden in Europa und Nordamerika; *A. didyma* Körb. (Fig. 45 *F*), mit winzigen Apothezien, namentlich auf Koniferen gern, in Europa verbreitet; *A. helvola* Nyl. mit rostfarbigen Apothezien und 3zelligen Sporen, an Holz und Rinden in Europa; *A. elegans* (Ach.) Almqu. (Syn. *A. ochracea* Kbr.) mit ockerfarbigen, bereiften Apothezien, Sporen 4zellig, rindenbewohnend in Mitteleuropa; *A. gregaria* (Weig.) Kbr. mit roten, mehr weniger bereiften Apothezien und 5zelligen Sporen, eine auf Rinden lebende, weit verbreitete und variable Flechte; *A. pyrrhula* Nyl. mit linealen, sparrig ästigen, roten Apothezien und 6—8zelligen Sporen, an Rinden in Nordamerika.

2. Allarthonia Nyl. (*Arthonia* sect. *Leoideopsis* Almqu.) Wie *Arthonia*, das Lager jedoch mit Palmella-Gonidien.

Bei 20 beschriebene Arten, von welchen indes mehrere als lagerlos ausgeschieden und zu den Pilzen gestellt werden dürften.

A. Sporen 2zellig, Zellen gleich groß: *A. patellulata* (Nyl.) A. Zahlbr., an Pappelrinde in Europa verbreitet; *A. catillaria* (Wainio) A. Zahlbr., an Felsen in Brasilien.

B. Sporen 2zellig, die obere Zelle größer und breiter: *A. lapidicola* (Tayl.) A. Zahlbr., an Kalkfelsen in Europa; *A. rugulosa* (Krphbr.) A. Zahlbr., an Eschen in Deutschland, in der Schweiz und Italien.

C. Sporen 4zellig: *A. caesia* (Fw.), Apothecien bereift, rindenbewohnend; *A. psimmythodes* (Nyl.), an Felsen.

3. Arthothelium Mass. (*Myriostigma* Krph.). Wie *Arthonia*, aber die Sporen mauerartig-vielzellig, farblos.

Bei 100, vorzüglich an Rinden in den wärmeren Regionen lebenden Arten.

Sekt. I. *Lamprocarpon* A. Zahlbr. Apothecien blass, gelb, zinnoberrot braun, aber nicht schwarz. *A. aleurocarpum* (Nyl.) A. Zahlbr. mit schneeweißen Apothezien in Neugranada; *A. xanthocarpum* (Nyl.) A. Zahlbr., Apothezien gelb, in Neugranada; *A. gregarinum* (Will.) A. Zahlbr. und *A. sanguineum* (Will.) A. Zahlbr. mit zinnoberroten Apothezien in den südlichen Staaten Nordamerikas; *A. nephelinum* (Nyl.) A. Zahlbr. in Neugranada und *A. atrorufum* Müll. Arg. in Australien mit braunen Apothezien.

Sekt. II. *Euarthothelium* A. Zahlbr. Apothecien schwarz. *A. spectabile* (Fw.) Mass. (Fig. 45 *H*), mit fleckenartigen, unregelmäßigen Apothezien, an Rinden in Europa und Amerika; *A. albidum* Müll. Arg. mit länglichen, geraden oder gekrümmten, kurz verästelten Apothezien, in Australien; *A. phyllogenum* Müll. Arg., Schlauch 1sporig, auf lederigen Blättern in Brasilien.

4. Arthoniopsis Müll. Arg. Wie *Arthonia*, aber das Lager mit Phyllactidium-Gonidien.

10 unter den Tropen lebende blattbewohnende Arten. *A. leptosperma* Müll. Arg., mit zweizelligen Sporen in Brasilien; *A. obesa* Müll. Arg. mit 4zelligen und *A. palmulacea* Müll. Arg. mit 3—5zelligen Sporen an Palmenblätter im Gebiete des Amazonenstromes; *A. Myristicae* Müll. Arg., Philippinen.

5. Synarthonia Müll. Arg. Lager krustig, einförmig, mit den Hyphen der Markschicht an die Unterlage befestigt, unberindet, mit Chroolepus-Gonidien. Apothezien in Stromen vereinigt, eingesenkt, unberandet (der Rand ist nur an der Seite der Hymenien in Form dunklerer Linien angedeutet); Paraphysen netzartig verbunden; Schläuche 8sporig; Sporen anfangs farblos, dann bräunlich, parallel mehrzellig, mit zylindrischem Fächern, die oberste Zelle bedeutend größer als die übrigen.

1 Art, *S. bicolor* Müll. Arg. an Rinden in Costarica.

Anhang. **Cryptothecia** Strf. wird von ihrem Urheber in der Nähe der Arthoniaceen untergebracht. Diese Gattung soll keine Apothezien besitzen, es sollen die Sporen in außen behaarten Säcken eingeschlossen sein. Diese Diagnose gestattet kein weiteres Urteil über den Organismus und erst eine eingehende Nachuntersuchung wird Aufklärung bringen können.

Graphidaceae.

Lager krustig, einförmig, homoeo- oder heteromerisch, mit den Hyphen der Markschicht an die Unterlage befestigt, unberindet oder mit unvollkommener, nie pseudoparenchymatischer Rinde, mit Palmella- oder Chroolepus-Gonidien. Apothezien in der Regel in die Länge gezogen, seltener fleckartig, oval oder rundlich, einzeln oder gehäuft, doch nie in Stromen sitzend, einfach oder verzweigt, mit gut entwickeltem, eigenem Gehäuse (rudimentäres Gehäuse bei *Gymnographa*), oft von einem Lagerrande überkleidet; Scheibe normal schmal, ritzenförmig oder mehr weniger erweitert; Paraphysen einfach, unverzweigt oder verzweigt und netzartig verbunden; bleibend und nur ausnahmsweise schleimig zerfließend. Pyknokonidien exobasidial.

Einteilung der Familie.

A. Lager mit Palmella-Gonidien.
  a. Apothezien mit einem einzigen Hymenium.
    α. Hypothezium hell oder bräunlich (nie kohlig).
      I. Sporen farblos.
        X Sporen einzellig . . . .   2. **Xylographa**.
        X X Sporen parallel mehrzellig .   . 5. **Aulaxina**.
      II. Sporen braun oder schwärzlich.
        Sporen parallel zweizellig . . . . 6. **Encephalographa**.
        Sporen zuerst parallel mehrzellig, später mauerartig-vielzellig 7. **Xyloschistes**.
    β. Hypothezium kohlig (ausnahmsweise braun), Sporen einzellig, farblos 1. **Lithographa**.
  b. Apothezien mit 2—4 parallel mit der Längsrichtung verlaufenden Hymenien.
    α. Sporen einzellig, farblos . . . . 3. **Ptychographa**.
    β. Sporen parallel mehrzellig, farblos . . . . 4. **Diplogramma**.
B. Lager mit Chroolepus-Gonidien.
  a. Sporenfächer zylindrisch oder kubisch.
    α. Gehäuse rudimentär; Sporen parallel mehrzellig, braun   8. **Gymnographa**.
    β. Gehäuse gut entwickelt, kohlig.
      I. Sporen in der Jugend farblos, später dunkel; Sporen 2, seltener mehrzellig.
                                                         11. **Melaspilea**.
      II. Sporen stets farblos.
        X Schläuche vielsporig; Sporen nadelförmig, spiralig ineinander gewunden
                                                        10. **Spirographa**.
        X X Schläuche 8sporig.
          § Sporen stets parallel mehrzellig . . . . 9. **Opegrapha**.
          §§ Sporen zuerst parallel-mehrzellig, endlich durch Längsscheidewände mauerartig-vielzellig . . . . 12. **Dictyographa**.
  b. Sporenfächer linsenförmig bis fast kugelig.
    α. Paraphysen unverzweigt (einfach) und nicht verbunden.
      I. Paraphysenende nur wenig verdickt, glatt.
        X Sporen parallel-mehrzellig.
          § Sporen farblos . . . . 13. **Graphis**.
          §§ Sporen braun oder dunkel .   . 14. **Pheographis**.
        X X Sporen mauerartig-vielzellig
          § Sporen farblos . . . . 15. **Graphina**.
          §§ Sporen braun oder dunkel . . . . 16. **Phaeographina**.
      II. Paraphysenende keulig verdickt und kleinwarzig bis fast stachelig 17. **Acanthothecium**.
    β. Paraphysen verzweigt und netzartig-verbunden . . . . 18. **Helminthocarpon**.
C. Lager mit Phyllactidium-Gonidien.
  a. Sporen farblos, parallel mehrzellig; Paraphysen verzweigt und verbunden
                                                          19. **Opegraphella**.
  b. Sporen braun, parallel mehrzellig; Paraphysen einfach und frei. 20. **Micrographa**.

1. Lithographa Nyl. (*Placographa* Th. Fries, *Haplographa* Anzi). Lager krustig, epiphloedisch und verhältnismäßig dick, seltener endophloedisch, einförmig, mit den Hyphen der Markschicht an die Unterlage befestigt, unberindet, mit Palmella-Gonidien. Apothezien sitzend oder angepresst, länglich, lirellenförmig oder rundlich-eckig, mit ritzenförmiger oder etwas verbreiteter Scheibe, mit eigenem, kohligem Gehäuse, Hypothezium dunkel, Paraphysen locker, verzweigt und verbunden, bald schleimig zerfließend; Schläuche 6—8 sporig, Sporen einzellig, länglich, ellipsoidisch bis eiförmig, farblos, mit dünner Wand.

8 in den gemäßigten Regionen zerstreute Arten.

Sekt. I. *Haplographa* (Anzi) Th. Fries. Apothezien lirellenförmig, mit ritzenförmiger Scheibe und dickem Gehäuse. *L. tesserata* (DC.) Nyl. auf Urgesteinsfelsen in den Gebirgen Europas und Algiers.

Sekt. II. *Leptographa* Th. Fries. Apothecien klein, länglich bis eckig mit unregelmäßig verbreiteter Scheibe und schmalem Gehäuse. *L. flexella* (Ach.) A. Zahlbr. auf Holz und *L. varangarica* (Th. Fries) A. Zahlbr. auf Sandsteinfelsen in Skandinavien.

Der Nylander'sche Gattungsname besitzt die Priorität und bezieht sich wie aus den zitierten Arten hervorgeht, zweifellos auf die obige Gattung, er muss daher aufrecht erhalten bleiben, trotz der zum Teile unrichtigen Diagnose.

L. cyclocarpa Anzi und einige andere bei der Gattung *Lithographa* untergebrachte Arten mit hellem Hypothezium und vielsporigem Schlauch sind der Gattung Blatorella zuzurechnen.

2. Xylographa Fr. (*Stictis* B. *Xylographa* Fr., *Hysterium* Walbg. non Tode, *Melanormia* Kbr.). Lager unterrindig oder in Form von Wärzchen und Soralen hervorbrechend,

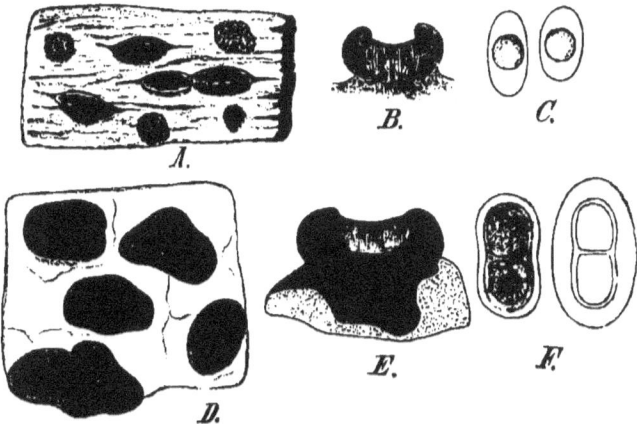

Fig. 46. *Xylographa minutula* Körb. *A* Habitusbild, Lager mit Soredien. *B* Querschnitt durch ein Apothezium. *C* Sporen. — *Encephalographa cerebrina* (Ach.) Mass. *D* Habitusbild. *E* Querschnitt durch ein Apothezium. *F* Sporen. (Original.)

ungeschichtet, mit Palmella-Gonidien. Apothezien aus der Unterlage hervorbrechend, rundlich, länglich bis strichförmig oder difform, gewöhnlich gerade und unverzweigt, einzeln, mit weichem, hellem bis dunkelbraunem Gehäuse, mit schmaler, ritzenförmiger oder etwas verbreiterter Scheibe, mit hellem Hypothezium, Paraphysen locker, unverzweigt, dünn septiert; Schläuche 8-sporig; Sporen einzellig, farblos, zumeist ellipsoidisch. Konzeptakel der Pyknokonidien sehr klein, dunkel, Fulkren exobasidial, Pyknokonidien nadelförmig.

Holz, seltener rindenbewohnende Flechten; 11 Arten in Europa und Nordamerika, 1 Art in Nordafrika und 2 Arten in Neu-Seeland.

Die gonidienlosen Formen gehören zur Pilzgattung Agyrium Fr. (siehe Band I, 1. Abteil. S. 219).

Xylographa parallela (Ach.) Fr. mit unterrindigem Lager auf trockenem und morschem Holz in Europa und Nordamerika weit verbreitet; *X. minutula* Kbr. (Syn. *X. spilomatica* Anzi)

(Fig. 46 A—C) mit hervorbrechenden Soralen, auf trockenem Holz in der Berg- und Alpenregion Europas nicht selten.

3. **Ptychographa** Nyl. Lager endophlöodisch, unberindet, mit gehäuften Palmella-Gonidien. Apothezien fast sitzend, spindelförmig-länglich, mit 2—4 parallel mit der Längsrichtung der Apothezien verlaufenden Hymenien, Gehäuse kohlig, verhältnismäßig dick, nach einwärts gebogene Lippen bildend; Hypothezium mit dem Gehäuse zusammenfließend, kohlig; Scheibe schmal, ritzenförmig; Schläuche 8-sporig; Sporen farblos, einzellig, ellipsoidisch.

1 Art, *P. xylographoides* Nyl., an einem entrindeten Vogelbeerbaumstamme in Schottland.

4. **Diplogramma** Müll. Arg. Apothezien mit zwei parallel mit der Längsrichtung derselben verlaufenden Hymenien; Paraphysen netzartig verbunden; Sporen farblos, fingerförmig, parallel 4-zellig; im übrigen wie die vorhergehende Gattung.

1 Art, *D. australiense* Müll. Arg. auf Rinden in Australien.

5. **Aulaxina** Fée. Lager krustig, einförmig, mit den Hyphen der Markschicht an die Unterlage befestigt, unberindet, mit Palmella-Gonidien. Apothezien zuerst rundlich, dann bald länglich bis lineal, sitzend, einfach, gerade oder gekrümmt, mit eigenem kohligem, nur seitlich entwickeltem Gehäuse; Hypothezium hell, bräunlich; Paraphysen sehr dünn, verbunden; Schläuche 2—6-sporig; Sporen farblos, parallel mehr (4—9)zellig, länglich bis länglich-fingerförmig, mit zylindrischen Fächern.

2 Arten, blattbewohnend in den tropischen Wäldern Brasiliens. *A. opegraphina* Fée mit 4—9zelligen, *A. velata* Müll. Arg. mit 4zelligen Sporen.

6. **Encephalographa** Mass. (*Melanospora* Mudd). Lager epi- oder endophloeodisch, krustig, einförmig, mit den Hyphen der Markschicht an die Unterlage befestigt, unberindet, mit Palmella-Gonidien. Apothezien sitzend, in der Regel gehäuft und zu Gruppen vereinigt, seltener einzeln stehend, länglich, gerade oder gewunden, einfach oder auch kurz gabelig oder dreistrahlig; Scheibe zumeist schmal, ritzenförmig oder stellenweise verbreitert; Gehäuse dick uud kohlig; Hypothezium kohlig, dick, seltener heller, bräunlich; Paraphysen verklebt, dicht, verzweigt und verbunden, unseptiert; Schläuche 5 bis 8sporig; Sporen hell- bis dunkelbraun, zweizellig, länglich bis eiförmig, in der Mitte mitunter eingeschnürt, die untere Zelle manchmal etwas kleiner, als die obere. Konzeptakel der Pyknokonidien flächenständig, klein, kugelig, mit am Scheitel dunklem Gehäuse, Fulkren exobasidial, Pyknokonidien länglich, gerade.

8 steinbewohnende, die Gebirge der gemäßigten Zone bewohnende Arten. *E. cerebrina* (Rom.) Mass. (Fig. 46 D—F) mit zusammenhängendem, dicklichem, weißem Lager, länglichen Sporen, in Europa an Kalkfelsen zerstreut; *E. Elisae* Mass., mit endolithischem Lager, breiten Sporen, an Kalkfelsen in Dalmatien und Norditalien; *E. cerebrinella* (Nyl.) A. Zahlbr., Kerguelen Island; *E. Stizenbergeri* A. Zahlbr. (Syn. *E. cerebrinella* Stizbgr. non Nyl.), an Sandsteinfelsen in den Bergen des nördlichen Abyssinien; *E. otagensis* (Linds.) Müll. Arg., in Neu-Seeland.

7. **Xyloschistes** Wainio. Lager unterrindig, ungeschichtet, mit Palmella-Gonidien(?). Apothezien anfangs eingesenkt, aus der Unterlage hervorbrechend, zuerst krugförmig, dann fast flach, rundlich bis länglich, mit dünnem, schwärzlichem, unten offenem Gehäuse; Hypothezium bräunlich, nicht kohlig; Paraphysen locker, verhältnismäßig dick; Schläuche 1-, seltener 2sporig; Sporen länglich, zuerst parallel mehr (6—10)zellig, dann mauerartig-vielzellig, bräunlichschwarz.

1 Art, *X. platytropa* (Nyl.) Wainio, auf Holz oder entrindeten Zweigen in Finland.

8. **Gymnographa** Müll. Arg. Lager epilithisch, krustig, einförmig, mit den Hyphen des Vorlagers oder der Markschicht an die Unterlage befestigt, unberindet, mit Chroolepus-Gonidien. Apothezien in das Lager eingesenkt, zerstreut stehend, stark in die Länge gezogen und sternförmig verzweigt; mit rudimentärem Gehäuse (an Querschnitten an den oberen Ecken des Hymeniums als kleine dunkle Partien sichtbar) oder unberandet; Hypothezium hell; Schläuche 8sporig; Sporen braun, länglich-spindelförmig, parallel mehr (4)zellig, mit zylindrischen Fächern.

1 Art, *G. medusulina* Müll. Arg., an Felsen in Australien.

9. **Opegrapha** Humb. (*Scaphis* Eschw., *Zwackhia* Kbr.) Lager krustig, einförmig, mit den Hyphen des Vorlagers oder der Markschicht an die Unterlage befestigt, unberindet,

mit Chroolepus-Gonidien. Apothezien eingesenkt, angedrückt oder sitzend, rundlich, zumeist mehr weniger in die Länge gezogen, mit eigenem, kohligem Gehäuse; Scheibe schmal, ritzenförmig oder etwas verbreitert; Hypothezium dunkel oder hell; Paraphysen verzweigt und miteinander verbunden; Schläuche keulig oder länglich, mit dünner Wandung, 8 sporig; Sporen eiförmig, länglich bis spindelförmig, gerade oder leicht gekrümmt, farblos, parallel mehr (2—18) zellig, mit zylindrischen Fächern. Fulkren exobasidial; Pyknokonidien länglich bis fädlich, gerade oder gekrümmt. Stylosporen an einfachen Stützhyphen terminal, eiförmig bis länglich, gerade oder leicht gekrümmt, farblos.

Die Gattung ist in allen Klimaten in zahlreichen rinden-, holz- und felsbewohnenden Arten, deren einige weit verbreitet sind, vertreten.

Sekt. I. *Euopegrapha* Müll. Arg. (*Xylastra* Mass.). Das kohlige Gehäuse fließt mit dem kohligen Hypothezium zusammen, im Querschnitte erscheint daher das Gehäuse an der Basis geschlossen. In diese Sektion gehört die Mehrzahl der Arten und alle mitteleuropäischen Formen. Die wichtigsten der letzteren sind:
A. Sporen vierzellig; felsbewohnend: *O. saxicola* Ach.; an Rinden: *O. herpetica* Ach. mit grau- oder grünbräunlichem Lager und gekrümmten Pyknokonidien, an Laub- und Nadelholzrinden sehr häufig; *O. rufescens* Pers. mit rötlichgrauem Lager, schmalen Schläuchen und geraden Pyknokonidien; *O. atra* Pers. mit weißlichem Lager und geraden Pyknokonidien.
B. Sporen 6zellig: *O. varia* Pers. (Fig. 47 A—D) mit stäbchenförmigen, geraden Pyknokonidien; *O. diaphora* (Ach.) Nyl. mit eiförmig-länglichen, fast geraden Pyknokonidien;

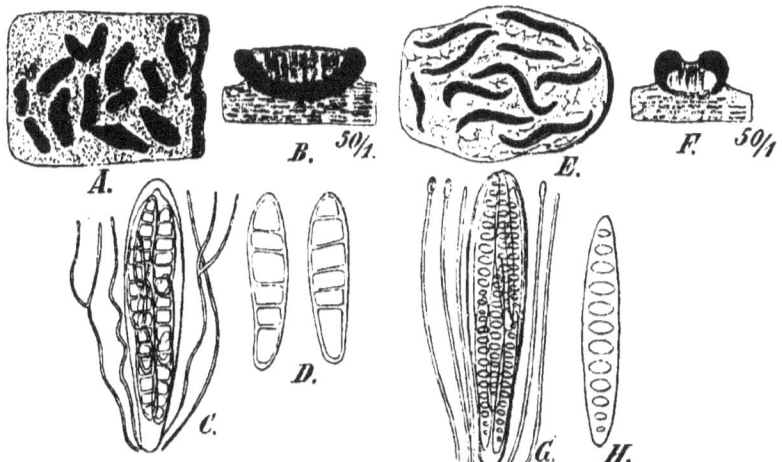

Fig. 47. *Opegrapha varia* Pers. *A* Habitusbild. *B* Querschnitt durch ein Apothezium. *C* Schläuche und Paraphysen. *D* Sporen. — *Graphis scripta* (L.) Ach. *E* Habitusbild. *F* Querschnitt durch ein Apothezium. *G* Schlauch und Paraphysen. *H* Sporen.

O. vulgata Ach., mit langen, fädlichen und stark gekrümmten Pyknokonidien, alle drei auf Rinden; *O. lithyrga* Ach., an Felsen; *O. phyllobia*, Nyl. Sporen 3—6zellig, auf lederigen Blättern in Brasilien.
C. Sporen 12—14zellig: *O. viridis* Pers. (Syn. *Zwackhia involuta* Kbr.), rindenbewohnend. Von den tropischen Arten dieser Sektion seien angeführt: *O. confusula* Müll. Arg., auf Cascarillarinde; und *O. Bonplandii* Fée, unter den Tropen weit verbreitet und sehr variabel.

Sekt. II. *Pleurothecium* Müll. Arg. (*Plagiographis* Kn. et Mitt.) Gehäuse kohlig, Hypothecium hell, ersteres daher unten offen. In diese Sektion gehören durchwegs außereuropäische Arten; so *O. enteroleuva* Ach., an Chinarinden.

Sekt. III. *Solenotheca* Müll. Apothezien in das Lager eingesenkt, Gehäuse braun, schmal, mit dem etwas breiterem und dunklem Hypothezium zusammenfließend, mit erweiterter Scheibe, der Querschnitt des Apotheziums halbmondförmig. *O. polymorpha* Müll. Arg. in Marokko.

10. Spirographa A. Zahlbr. Lager wie bei *Opegrapha*, Apothezien wie bei *Opegrapha* sect. *Euopegrapha*, die Schläuche jedoch vielsporig und die Sporen farblos, 2zellig, nadelförmig, spiralig in einander gewunden.

1 Art, *Sp. spiralis* (Müll. Arg.) A. Zahlbr., an glatten Rinden in Brasilien.

11. Melaspilea Nyl. (*Hazslinszkya* Kbr., *Melanographa* Müll. Arg., *Stictographa* Mudd). Lager krustig, epi- oder endophlöodisch, unberindet, mit dem Vorlager oder mit den Hyphen der Markschicht an die Unterlage befestigt, mit Chroolepus-Gonidien. Apothezien eingesenkt, angedrückt oder sitzend, fleckenartig, rundlich oder mehr weniger in die Länge gezogen, einfach oder kurzästig, mit eigenem, geschlossenem oder an der Basis fehlendem Gehäuse, mit etwas verbreiteter oder rinniger Scheibe; Paraphysen einfach, frei, mitunter fehlend; Schläuche länglich oder schmal keulig, dünnwandig, selten an der Spitze mit etwas verdickter Membran, 8sporig; Sporen ellipsoidisch, eiförmig, spindelförmig oder schuhsohlenförmig, parallel 2-, selten mehrzellig. mit zylindrischen Fächern, in der Jugend farblos, später dunkel. Pyknokonidien exobasidial, länglich, gerade.

Etwa 60 zumeist rindenbewohnende Arten, welche über die ganze Erde zerstreut vorkommen.

Im 1. Teile des I. Bandes dieses Werkes (S. 226) wird die Gattung *Melaspilea* Nyl. bei den Pilzen behandelt, indes können nur die gonidienlosen oder parasitischen Arten zu diesen Zellkryptogamen gerechnet und dann zur Gattung *Mycomelaspilea* Reinke gestellt werden.

Sekt. I. *Holographa* Müll. Arg. Das kohlige Gehäuse fliesst mit dem kohligen Hypothezium zusammen, ist daher geschlossen; die Lippen des Randes sind nach einwärts gebogen und die Scheibe schmal, rinnig oder ritzenförmig.

M. lentiginosa (Lyell) Müll. Arg. an Rinden in England, *M. opegraphoides* Nyl. in Neu-Granada, beide mit 2zelligen Sporen; *M. leucina* Müll. Arg. mit 4zelligen Sporen.

Sekt. II. *Hemigrapha* Müll. Arg. Kohliges Gehäuse auf der Seite des Hymeniums entwickelt, an der Basis fehlend, Lippen oben nach einwärts gebogen, Scheibe schmal, rinnig: *M. comma* Nyl. mit 2zelligen, *M. heterocarpa* (Fée) Müll. Arg. mit 4zelligen Sporen, beide auf Cascarillarinde.

Sekt. III. *Eumelaspilea* Müll. Arg. Kohliges Gehäuse dünn, unten offen, nach oben auseinanderstehend, die Scheibe daher erweitert. *M. arthonioides* (Fée) Nyl. (Syn. *Abrothallus Ricasolii* Mass.) an Rinden in Europa, Amerika und Afrika weit verbreitet, mit 2zelligen in der Mitte eingeschnürten Sporen mit gleichgrossen Fächern; *M. megalyna* (Ach.) Arn. (Syn. *Hazslinszkya gibberulosa* Kbr.) mit 2zelligen farblosen Sporen, an Rinden in Europa nicht selten. *M. maculosa* (Fr.) Müll. Arg., mit 2zelligen Sporen, deren Fächer ungleich groß, an officinellen Rinden; *M. amota* Nyl., Hymenium ohne deutliche Paraphysen, rindenbewohnend in Irland.

Sekt. IV. *Melaspileopsis* Müll. Arg. Gehäuse geschlossen, Lippen oben auseinanderstehend, Scheibe daher erweitert. *M. diplosiospora* (Nyl.) Müll. Arg. in Neu-Granada.

12. Dictyographa Müll. Arg. Lager krustig, epiphlöodisch, einförmig, mit den Hyphen der Markschichte an die Unterlage befestigt, unberindet, mit Chroolepus-Gonidien. Apothezien in die Länge gezogen, elliptisch bis lineal, zerstreut stehend oder gesellig, einfach oder verästelt, aus dem Lager hervorbrechend oder sitzend; Gehäuse kohlig; Lippen außen vom Lager bleibend bedeckt oder endlich mehr weniger nackt, zusammenneigend; Scheibe schmal; Hypothezium hell; Paraphysen verästelt und netzartig verbunden; Schläuche länglich bis fast zylindrisch, mit dünner, an der Spitze kaum verdickter Wandung, 8sporig; Sporen farblos; zuerst parallel mehrzellig, mit zylindrischen Fächern, die mittleren Fächer später durch Längswände geteilt und die Sporen dann mauerartig vielzellig.

4 rindenbewohnende Arten in den wärmeren Gebieten: *D. arabica* Müll. Arg. in Arabien, *D. contortuplicata* Müll. Arg. in Bolivien.

13. Graphis (Adans.) Müll. Arg. Lager krustig, epi- oder endophlöodisch, einförmig, mit den Hyphen des Vorlagers oder der Markschicht an die Unterlage befestigt, unberindet oder mit einer unvollkommenen, aus dicht verwebten Längshyphen gebildeten, nie pseudoparenchymatischer Rinde, mit Chroolepus-Gonidien. Apothezien eingesenkt, angepresst oder sitzend, selten rundlich, zumeist in die Länge gezogen, einfach oder verzweigt, nackt oder vom Lager bekleidet; Scheibe in der Regel schmal und ritzenförmig, seltener mehr weniger erweitert; eigenes Gehäuse kohlig, hell oder farblos, Lippen des Gehäuses zusammenneigend oder auseinanderstehend, auf der Oberseite ganzrandig oder durch Längsfurchen gestreift; Hymenium eine gelatinöse Masse enthaltend und von Öltropfen durchsetzt, mit Jod nicht gebläut; Hypothezium kohlig, hell oder farblos; Paraphysen einfach, unverzweigt, frei und straff, an der Spitze kaum verdickt;

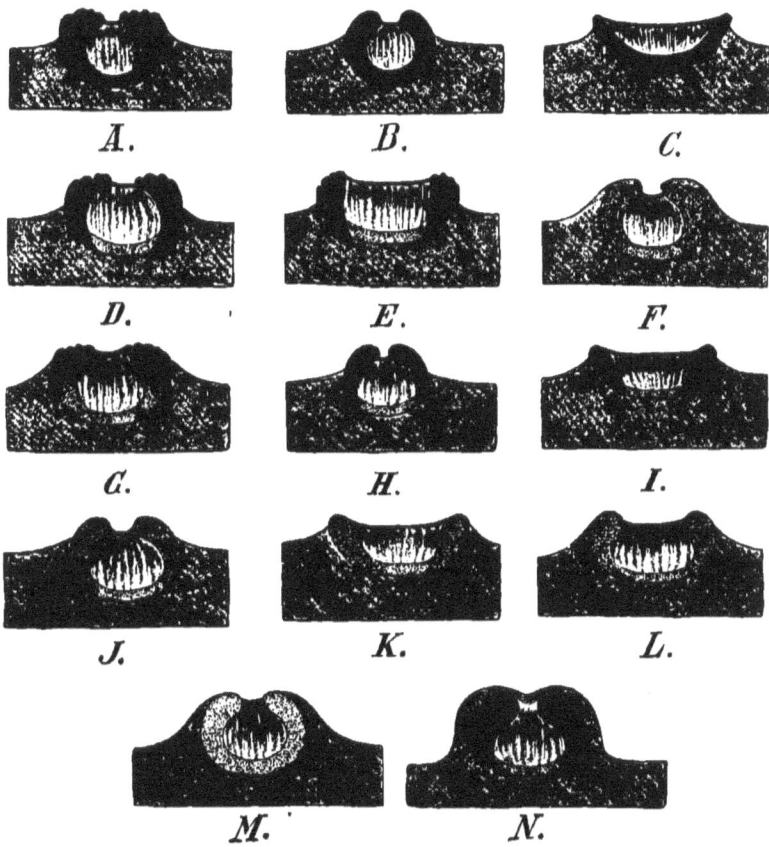

Fig. 48. Schematische Darstellung der Sektionen der Gattung *Graphis*. *A* Sekt. *Aulacogramma* Müll. Arg. — *B* Sekt. *Solenographa* (Mass.) Müll. Arg. — *C* Sekt. *Phanerographa* Müll. Arg. — *D* Sekt. *Aulacographa* (Leight.) Müll. Arg. — *E* Sekt. *Anomothecium* Müll. Arg. — *F* Sekt. *Diplographis* (Mass.) Müll. Arg. — *G* Sekt. *Mesographis* Müll. Arg. — *H* Sekt. *Eugraphis* (Eschw.) Müll. Arg. — *I* Sekt. *Chaenographis* Müll. Arg. — *J* Sekt. *Chlorographopsis* Wainio. — *K* Sekt. *Chlorographa* Müll. Arg. — *L* Sekt. *Fissurina* (Fée) Müll. Arg. — *M* Sekt. *Anomomorpha* (Nyl.) Müll. Arg. — *N* Sekt. *Leucographis* Müll. Arg. (Original).

Schläuche keulig bis länglich, 1—8sporig[*]); Sporen farblos, spindelförmig bis länglich, parallel, 2—mehrzellig, mit linsenförmigen bis fast kugeligen Fächern, Jod färbt die Sporen blau oder violettblau. Pyknokonidien selten, Fulkren exobasidial, Pyknokonidien länglich, zylindrisch bis stäbchenförmig.

Beschrieben zahlreiche (über 400) Arten, von welchen viele jedoch zu den nächsten Gattungen gezogen werden müssen. Die Mehrzahl der Arten bewohnt die tropischen und

---

[*]) Bei *Graphis fusisporella* Nyl., deren Zugehörigkeit zur Gattung indes noch der Prüfung bedarf, sind die Schläuche vielsporig.

subtropischen Regionen und bevorzugt als Unterlage Baumrinden. In Europa treten nur 4 Arten auf, von welchen eine sehr häufig ist.

Sekt. I. *Aulacogramma* Müll. Arg. Gehäuse kohlig, mit dem kohligen Hypothezium zusammenfließend, im Querschnitte daher geschlossen erscheinend, Lippen zusammenneigend, gefurcht, Scheibe schmal, ritzenförmig, schwarz. *G. cinerea* Fée mit 1—3sporigen Schläuchen und großen (130—150×20—38 μ) Sporen, auf Chinarinden; *G. vestita* E. Fr., Gehäuse von Lager bekleidet, Sporen 17—20zellig, ebenfalls auf Chinarinden; *G. rimulosa* (Mont.) Müll. Arg. unter den Tropen weit verbreitet.

Sekt. II. *Solenographa* Müll. Arg. (*Oxystoma* Eschw., *Solenographa* Mass.) Gehäuse kohlig, mit dem kohligen Hypothezium zusammenfließend, Lippen zusammenneigend, ganzrandig; Scheibe schmal, ritzenförmig, schwarz. *G. conferta* Zenk. mit 8zelligen und *G. subimmersa* (Fée) Müll. Arg. mit 12—14zelligen Sporen; auf Chinarinden.

Sekt. III. *Phanerographa* Müll. Arg. Gehäuse kohlig, mit dem kohligen Hypothezium zusammenfließend, Lippen ganzrandig, auseinanderstehend; Scheibe weit geöffnet. *G. aperiens* Müll. Arg., rindenbewohnend in Japan.

Sekt. IV. *Aulacographa* Müll. Arg. (*Aulacographa* Leight.) Gehäuse kohlig, Hypothezium hell; Lippen zusammenneigend, gefurcht; Scheibe schmal, ritzenförmig, schwarz oder schwärzlich. *G. elegans* (Sm.) Ach., mit ansehnlichen Apothezien auf Rinden in England und Nordwestdeutschland. *G. petrina* Nyl., in Schottland, vielleicht nur die felsenbewohnende Form der vorigen; *G. striatula* (Ach.) Nyl. unter den Tropen weit verbreitet, wurde auch in Portugal beobachtet; *G. duplicata* Ach. in Südamerika.

Sekt. V. *Anomothecium* Müll. Arg. Gehäuse schwarzbraun, oben gefurcht, Lippen auseinanderstehend; Hypothezium hell; Scheibe flach, erweitert; Sporen mehr als 4zellig. *G. celtidis* Müll. Arg. in Nordamerika.

Sekt. VI. *Diplographis* Müll. Arg. (*Diplographis* Mass.) Gehäuse hell, (bräunlich), vom Lager bekleidet, Lippen zusammenneigend, vom Lager überkleidet, gefurcht; Hypothezium hell; Sporen 2—4zellig. *G. rufula* Mont., in den tropischen Regionen auf Rinden häufig.

Sekt. VII. *Mesographis* Müll. Arg. Gehäuse oben kohlig, die unteren Teile hell gefärbt, Lippen zusammenneigend, gefurcht; Scheibe schmal, ritzenförmig. *G. endoxantha* Müll. Arg., Gehäuse im unteren Teile gelb, an der Spitze schwarz, an Rinden in Neu-Kaledonien.

Sekt. VIII. *Eugraphis* (Eschw.) Müll. Arg. Gehäuse kohlig, Hypothezium hell, Lippen zusammenneigend, ganzrandig; Scheibe schmal, ritzenförmig, schwarz oder schwärzlich *G. scripta* (L.) Ach. (Fig. 47 *E—H*) weit verbreitet, in Europa eine der häufigsten und veränderlichsten*) Flechten; *G. Lineola* Ach. unter den Tropen weit verbreitet.

Sekt. IX. *Chaenographis* Müll. Arg., Gehäuse kohlig. Hypothezium hell, Lippen nicht gefurcht, auseinanderstehend, Scheibe erweitert, *G. aterrima* Müll. Arg., auf Rinden in Usambara.

Sekt. X. *Chlorographopsis* Wainio. Gehäuse hell, nicht kohlig, Hypothezium hell, Lippen zusammenneigend, ganzrandig, Scheibe schmal, ritzenförmig, blass. *G. albescens* Wainio, auf Rinden in Brasilien.

Sekt. XI. *Chlorographa* Müll. Arg. Gehäuse nicht kohlig, hell, aus dem Lager nicht hervortretend, Hypothezium hell, Lippen ganzrandig; Scheibe mehr weniger erweitert, hell; Sporen mehr als 4zellig. *G. tortuosa* Fée, auf Cascarillarinde.

Sekt. XII. *Fissurina* Müll. Arg. (*Fissurina* Fée; *Emblemia* Pers.). Gehäuse nicht kohlig, hell, aus dem Lager hervorbrechend; Scheibe hell, mehr weniger erweitert; Lippen ganzrandig; Sporen 4zellig. *G. grammitis* Fée mit rötlicher Scheibe, auf offizinellen Rinden; *G. Novae Zelandiae* (Kn.) Müll. Arg., mit ockerfarbigem Lager, auf Felsen.

Sekt. XIII. *Anomomorpha* Müll. Arg. (*Anomomorpha* Nyl.) Gehäuse und Hypothezium farblos, Lippen ganzrandig, Sporen 3zellig. *G. turbulenta* Nyl., an Rinden unter den Tropen.

Sekt. XIV. *Leucographis* Müll. Arg. (*Dyplolabia* Maß.) Apothezien sitzend, Gehäuse kohlig, Lippen aufgedunsen, zusammenneigend, ganzrandig, oben mit einem schneeweißen, aus dicht verwebten Hyphen gebildeten Gewebe, welches auch zum Teile die schmale, ritzenförmige Scheibe bedeckt, bekleidet; Sporen 4zellig. *S. Afzelii* Ach., in den wärmeren Gebieten allgemein verbreitet.

---

*) Bezüglich der Varietäten und Formen dieser Art vergl. F. Arnold in »Flora« Band LXIV (1881) pag. 138—142 und A. Malbranche in Bullet. Soc. Botan. France, Tome XXXI (1884) pag. 93—104).

14. Phaeographis Müll. Arg. (*Leiogramma* Eschw. p. p.) Wie *Graphis*, aber die Sporen dunkel.

Bei 100 Arten, welche fast durchwegs auf die wärmeren Gebiete beschränkt sind und vornehmlich Rinden besiedeln. In Europa 3 Arten.

Sekt. I. *Schizographis* Müll. Arg. Gehäuse kohlig, Lippen zusammenneigend, der Länge nach tief und lamellös gespalten, vom Lager bedeckt oder fast nackt; Hypothezium hell; Scheibe schmal, ritzenförmig, schwarz. *Ph. sordida* (Fée) Müll. Arg., auf Chinarinden.

Sekt. II. *Grammothecium* Müll. Arg. Gehäuse kohlig, Lippen zusammenneigend, gefurcht; Hypothezium hell; Scheibe schmal, fast flach. *Ph. praestans* Müll. Arg. in Costa-Rica.

Sekt. III. *Solenothecium* Müll. Arg. Gehäuse kohlig, Lippen zusammenneigend, nicht gefurcht; Hypothezium kohlig, mit dem Gehäuse zusammenfließend; Scheibe schmal, ritzenförmig, schwarz oder schwärzlich. *Ph. subbifida* (Zenk) Müll. Arg. mit 4—6zelligen, stumpfen Sporen, auf Chinarinden: *Ph. cinerascens* Müll. Arg. mit 7—8zelligen, an den Spitzen verschmälerten Sporen in Australien.

Sekt. IV. *Melanobasis* Müll. Arg. (*Chiographa* Leight) Gehäuse kohlig, mäßig dick; Lippen ganzrandig, weit auseinanderstehend, von Lager bekleidet oder nackt, Hypothezium kohlig, mächtig entwickelt, mit dem Gehäuse zusammenfließend; Scheibe erweitert, flach, schwärzlich. *Ph. Patellula* (Fée) Müll. Arg., in den tropischen Regionen Amerikas; *Ph. melanostalazans* (Leight.) Müll. Arg. in Java und Ceylon; *Ph. Lyelli* (Sm.) A. Zahlbr. in England und Frankreich.

Sekt. V. *Platygramma* Müll. Arg. (*Platygramma* Eschw., *Hymenodecton* Leight.), Gehäuse schwärzlich, schmal; Lippen stark auseinanderstehend, ganzrandig; Hypothezium schwärzlich, schmal, im Querschnitte mit dem Gehäuse eine fast halbkreisige Linie bildend; Scheibe weit geöffnet, schwärzlich, flach oder fast flach. *Ph. dendritica* (Ach.) Müll. Arg., kosmopolitisch, auch in Europa.

Sekt. VI. *Anisothecium* Müll. Arg. Gehäuse kohlig, Lippen zusammenneigend, ganzrandig; Hypothezium hell; Scheibe schmal, ritzenförmig. *Ph. computata* (Krph.) Müll. Arg. in Borneo.

Sekt. VII. *Hemithecium* Müll. Arg. (*Theloschisma* Trev.) Gehäuse kohlig oder dunkel, mitunter nur rudimentär; Lippen nicht gefurcht, auseinanderstehend; Hypothezium hell; Scheibe erweitert, schwärzlich. *Ph. tortuosa* (Ach.) Müll. Arg., im tropischen Amerika und auf der Insel Labuan; *Ph. inusta* (Ach.) Müll. Arg., in den tropischen Regionen weit verbreitet und sehr veränderlich, wurde auch in Großbritannien gefunden; *Ph. lobata* (Eschw.) Müll. Arg., in den wärmeren Gebieten weit verbreitet.

Sekt. VIII. *Phaeodiscus* Müll. Arg., Gehäuse schwärzlich oder braun, Lippen ganzrandig aus dem Lager hervorbrechend, vom Lager nicht bedeckt; Hypothezium hell, Scheibe braun, endlich weit geöffnet, flach; Sporen 4zellig. *Ph. Cascarillae* (Fée) Müll. Arg., mit spindelförmigen Sporen. im tropischen Amerika.

Sekt. IX. *Pyrrographa* Müll. Arg. (Pyrrographa Mass., *Ustalia* Fr.) Gehäuse braun Lippen auseinanderstehend, von Lager überdeckt; Hypothezium hell; Scheibe endlich weit, geöffnet, rot oder orange. *Ph. haematites* (Fée) Müll. Arg., in den tropischen Gebieten Amerikas.

Sekt. X. *Coelogramma* Müll. Arg. Gehäuse braun, Lippen endlich auseinanderstehend, vom Lager wulstig überdeckt, ganzrandig; Hypothezium hell oder dunkel, dann jedoch sehr schmal; Scheibe zuerst konkav, dann erweitert, schwärzlich. *Ph. concava* Müll. Arg. Ceylon.

Sekt. XI. *Pelioloma* Müll. Arg. Gehäuse hell, weder schwärzlich, noch braun; Lippen auseinanderstehend, vom Lager wulstartig überzogen; Hypothezium hell; Scheibe blass; endlich weit geöffnet und flach. *Ph. schizoloma* Müll. Arg. in Brasilien.

15. Graphina Müll. Arg. (*Ectographis* Trev. pr. p., *Glaucinaria* Fée. pr. p., *Leiogramma* Eschw. pr. p.). Wie *Graphis*, aber die Sporen mauerartig-vielzellig, mit fast kugeligen Fächern, farblos. Schläuche zumeist nur wenige (1—3) und sehr große Sporen enthaltend.

Über 200 Arten, welche in den wärmeren Gebieten der Erde vornehmlich auf Rinde leben. Im Westen Europas kommen 3 Arten der Gattung vor.

Sekt. I. *Rhabdographina* Müll. Arg. (*Graphis* subgen. *Graphina* sekt. *Hololoma* Wainio pr. p.; *Allographa* Chev.; *Ctesium* Pers.). Gehäuse kohlig, Lippen mit Längsfurchen versehen, zusammenneigend, Hypothezium kohlig, mit dem Gehäuse zusammenfließend; Scheibe schmal, ritzenförmig, schwarz. *G. Acharii* (Fée) Müll. Arg. (Syn. *Graphis rigida* Nyl.) unter den Tropen weit verbreitet und variabel; *G. chrysocarpa* (Raddi) Müll. Arg., Lippen und Scheibe rostrot bereift, in Brasilien.

Sekt. II. *Aulacographina* Müll. Arg. Gehäuse kohlig, Lippen gefurcht, vom Lager bekleidet oder nackt, zusammenneigend; Scheibe ritzenförmig, schwarz; Hypothezium hell oder farblos. *G. sophistica* (Nyl.) Müll. Arg., kosmopolitisch, für England und Frankreich angegeben; *G. oryzaeformis* (Fée) Müll. Arg. in Brasilien.

Sekt. III. *Schizographina* Müll. Arg. Gehäuse nur im oberen Teile schwarz oder dunkelbraun; Lippen gefurcht, zusammenneigend; Scheibe ritzenförmig, schwarz; Hypothezium hell oder farblos. *G. acrophaea* Müll. Arg. in Louisiana.

Sekt. IV. *Chlorogramma* Müll. Arg. (*Hemithecium* Trevis. pr. p.). Gehäuse verschieden gefärbt, doch nie kohlig oder blass; Lippen gefurcht, zusammenneigend; Scheibe schmal, ritzenförmig, nicht schwarz; Hypothezium blass oder farblos. *G. chlorocarpa* (Fée) Müll. Arg. in Peru.

Sekt. V. *Solenographina* Müll. Arg. (*Graphis* subgen. *Graphina* sect. *Hololoma* Wainio pr. p.), Gehäuse kohlig, dick; Lippen ganzrandig (nicht gefurcht), zusammenneigend; Hypothezium kohlig, mit dem Gehäuse zusammenfließend; Scheibe schmal, ritzenförmig, schwarz. *G. scaphella* (Ach.) Müll. Arg. im tropischen Amerika.

Sekt. VI. *Eugraphina* Müll. Arg. Gehäuse kohlig, verhältnismäßig dick, Lippen ganzrandig, zusammenneigend, von Lager bedeckt oder nackt; Scheibe schmal, ritzenförmig schwärzlich, Hypothezium hell oder farblos. *G. globosa* (Fée) Müll. Arg., Apothezien nackt, *G. rugulosa* (Fée) Müll. Arg., Apothezien von Lager überzogen, beide auf Chinarinden.

Sekt. VII. *Mesographina* Müll. Arg. Gehäuse nur im oberen Teile schwarz oder dunkel, nach unten verschieden gefärbt oder blass; Lippen ganzrandig, zusammenneigend; Scheibe ritzenförmig; Hypothezium braun, bräunlich oder blass. *G. marcescens* (Fée) Müll. Arg. in den warmen Gebieten Amerikas.

Sekt. VIII. *Chlorographina* Müll. Arg. Gehäuse dick, verschieden gefärbt, nie kohlig (auch im oberen Teile nicht), Lippen dick, ganzrandig, zusammenneigend, vom Lager bedeckt, Scheibe schmal, ritzenförmig, schwarz, nackt oder nur sehr dünn vom Lager bekleidet, Hypothezium braun oder bräunlich. *G. frumentaria* (Fée) Müll. Arg. in Südamerika.

Sekt. IX. *Platygraphopsis* Müll. Arg. Gehäuse schwarz, nicht zu dick; Lippen ganzrandig, vom Lager bedeckt, auseinanderstehend; Scheibe weit geöffnet, nicht schwarz; Hypothezium schwarz, mit dem Gehäuse zusammenfließend. *G. confluens* (Fée) Müll. Arg. auf Chinarinden.

Sekt. X. *Platygrammopsis* Müll. Arg. Gehäuse dünn, im oberen Teile braun, unten hell, Lippen dünn, ganzrandig, auseinanderstehend, von Lager bekleidet; Hypothezium hell; Scheibe weit geöffnet, flach, schwärzlich, nackt. *G. lapidicola* (Fée) Müll. Arg.

Sekt. XI. *Platygrammina* Müll. Arg. Gehäuse dünn, bräunlich oder blass, vom Lager bedeckt; Lippen ganzrandig, auseinanderstehend; Scheibe weit geöffnet, flach, hell; Hypothezium hell. *G. virginea* Müll. Arg. (Syn. *Leiogramma virgineum* Eschw.) in den südlichen Staaten Nordamerikas und in Südamerika.

Sekt. XII. *Thalloloma* Müll. Arg. (*Thalloloma* Trevis., *Diorygma* Eschw. pr. p., *Stenographa* Mudd), Gehäuse blass oder farblos, oft nur rudimentär entwickelt; Lippen etwas undeutlich, ganzrandig, vom Lager bedeckt, auseinanderstehend; Scheibe sehr erweitert, flach, hell und nackt, Hypothezium hell oder farblos. *G. anguina* (Mont.) Müll. Arg. in Südamerika weit verbreitet und auch in Europa beobachtet: *G. Boschiana* (Mont.) Müll. Arg. in Java.

Sekt. XIII. *Platygraphina* Müll. Arg. Gehäuse dünn, braun oder hell, oft verschwindend; Lippen auseinanderstehend, ganzrandig; Scheibe weit geöffnet, hell, ebenso wie die Lippen vom Lager dick überzogen; Hypothezium hell oder farblos. *G. hololeuca* (Mont.) Müll. Arg., Java.

16. **Phaeographina** Müll. Arg. (*Ectographis* Trevis pr. p., *Glaucinaria* Fée. pr. p., *Leiogramma* Eschw. pr. p., *Leiorreuma* Aut. pr. p., *Megalographa* Mass.). Wie *Graphina*, aber die Sporen gebräunt oder dunkel.

Etwa 60 in den wärmeren Gebieten lebende, fast durchwegs rindenbewohnende Arten. In Europa besitzt die Gattung keinen Vertreter.

Sekt. I. *Hololoma* Müll. Arg. (*Thecographa* Mass.) Gehäuse braunschwarz; Lippen ganzrandig, dick, zusammenneigend, vom Lager nicht bedeckt; Scheibe schmal, ritzenförmig, schwarz; Hypothezium braunschwarz, mit dem Gehäuse zusammenfließend. *P. prosiliens* (Montg. et v. d. Bosch) Müll. Arg., in Java.

Sekt. II. *Diploloma* Müll. Arg. Gehäuse braunschwarz; Lippen ganzrandig, mäßig dick, zusammenneigend, vom Lager bleibend bedeckt; Scheibe schmal, ritzenförmig, schwarz; Hypothezium mit dem Gehäuse gleichgefärbt und mit demselben zusammenfließend. *P. basaltica* (Krph.) Müll. Arg., felsbewohnend in Brasilien.

Sekt. III. *Epiloma* Müll. Arg. Gehäuse kohlig, oberseits mächtig entwickelt, gegen die Basis rasch enger werdend und verschwindend; Lippen ganzrandig, vom Lager bleibend bedeckt, zusammenneigend; Scheibe schmal, ritzenförmig, schwarz oder schwärzlich; Hypothezium hell oder farblos. *P. subsordida* Müll. Arg. in Südamerika.

Sekt. IV. *Diagraphina* Müll. Arg. Gehäuse verschieden gefärbt, jedoch nie kohlig; Lippen ganzrandig oder fast ganzrandig, zusammenneigend, vom Lager bedeckt; Scheibe schmal, ritzenförmig; Hypothezium farblos. *P. Balfourii* Müll. Arg. in Socotra, durch die riesigen Sporen auffällig.

Sekt. V. *Pachyloma* Müll. Arg. (*Thecaria* Fée). Gehäuse kohlig, Lippen dick, ganzrandig, aus dem Lager mehr weniger hervorbrechend, auseinanderstehend; Scheibe weit geöffnet, flach; Hypothezium kohlig, mit dem Gehäuse zusammenfließend. *P. quassiaecola* (Fée) Müll. Arg., auf offizinellen Rinden.

Sekt. VI. *Eleutheroloma* Müll. Arg. (*Leiorreuma* Mass. non Eschw., *Thelographis* Nyl.) Gehäuse kohlig oder schwarzbraun, schmal, oft verschwindend; Lippen ganzrandig, vom Lager bedeckt, oder endlich hervorbrechend und nackt, auseinanderstehend; Scheibe erweitert, fast flach, schwarzbraun oder schwärzlich; Hypothezium hell oder farblos. *P. scalpturata* (Ach.) Müll. Arg., in Südamerika häufig; *P. caesiopruinosa* (Fée) Müll. Arg., unter den Tropen weit verbreitet.

Sekt. VII. *Mesochromatium* Müll. Arg. (*Creographa* Mass.) Gehäuse verschieden gefärbt, aber nie kohlig oder schwarzbraun; Lippen ganzrandig, vom Lager nicht bedeckt, auseinanderstehend; Scheibe weit geöffnet, blass; Hypothezium farblos. *P. rhodoplaca* Müll. Arg. in Costarica.

Sekt. VIII. *Chromogramma* Müll. Arg. (*Phariona* Mass.) Gehäuse verschieden gefärbt (nie kohlig), dick; Lippen vom Lager bleibend bedeckt, ganzrandig, auseinanderstehend; Scheibe weit geöffnet, flach, verschieden gefärbt (nie schwarz), nackt; Hypothezium mit dem Gehäuse gleichfarbig und mit demselben zusammenfließend. *P. Montagnei* (v. d. Bosch) Müll. Arg. in Java.

Sekt. IX. *Chromodiscus* Müll. Arg. Gehäuse hell; Lippen ganzrandig, vom Lager bleibend bedeckt, auseinanderstehend; Scheibe weit geöffnet, verschieden gefärbt, aber nie schwarz; Hypothezium hell. *P. irregularis* Müll. Arg. auf Chinarinden, mit rötlichbrauner Scheibe.

Sekt. X. *Chrooloma* Müll. Arg. (*Hemithecium* Trevis. pr. p. *Leucogramma* Mass; *Graphis* subgen. *Phaedographina* sect. *Leucogramma* Wainio). Gehäuse hell (gelb oder rotbraun), dick; Lippen tief gefurcht, zusammenneigend, vom Lager bleibend bedeckt oder endlich aus demselben hervorbrechend und nackt; Scheibe schmal, ritzenförmig, hell; Hypothezium farblos. *P. chrysentera* (Mont.) Müll. Arg., in den warmen Gebieten häufig.

17. Acanthothecium Wainio. Lager krustig, epiphlöodisch, einförmig, mit den Hyphen der Markschicht an die Unterlage befestigt, unberindet oder mit undeutlicher (aus Längshyphen gebildeter) Rinde, mit Chroolepus-Gonidien. Apothezien anfänglich eingesenkt, endlich angepresst, rundlich, elliptisch oder in die Länge gezogen, einfach oder verzweigt, Gehäuse weißlich oder verschwindend, Lippen dick, zuerst zusammenneigend, später auseinanderstehend, vom Lager bedeckt, auf der Innenseite mit keuligen, gedrängt stehenden Hyphen, deren Wandungen dicht mit sehr kleinen Würzchen oder Stachelchen bedeckt sind, besetzt; Scheibe ritzenförmig oder erweitert; Hymenium durch Jod nicht gefärbt; Paraphysen zahlreich, einfach und unverzweigt, an der Spitze keulig, kleinwarzig

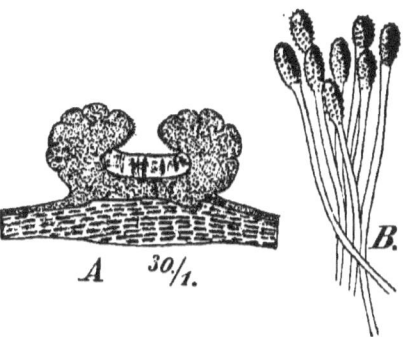

Fig. 49. *Acanthothecium pachygraphoides* Wainio. *A* Querschnitt durch ein Apothezium. *B* Paraphysen, mit den keuligen und stacheligen Enden. (Original.)

oder fast stachelig; Schläuche fast keulig, mit dünner Membran, 2—8sporig; Sporen farblos, länglich, parallel mehr (bis 38) zellig, mit linsenförmigen Fächern oder mauerartig-vielzellig.

3 rindenbewohnende Arten in Brasilien.

Sekt. I. *Acanthographina* Wainio, Sporen mauerartig-vielzellig. *A. pachygraphoides* Wainio (Fig. 49 *A—B*) mit ritzenförmiger und *A. caesio-carneum* Wainio mit erweiterter flacher Scheibe.

Sekt. II. *Acanthographis* Wainio Sporen parallel vielzellig. *A. clavuliferum* Wainio.

18. **Helminthocarpon** Fée. (*Leiogramma* Eschw. pr. p.). Lager krustig, epiphlöodisch, einförmig, mit den Hyphen der Markschichte an die Unterlage befestigt, ohne deutliche Rinde, mit Chroolepus-Gonidien. Apothezien zerstreut stehend, zuerst eingesenkt, dann angepresst, rundlich oder in die Länge gezogen, gerade oder gekrümmt, einfach oder verzweigt, eigenes Gehäuse schwärzlich oder hell, schmal; Lippen zuerst zusammenneigend, dann mehr weniger auseinanderstehend oder aufrecht, vom Lager wulstig bekleidet und manchmal mit den Spitzen aus dem letzteren hervorbrechend; Scheibe erweitert; Hypothezium hell oder farblos; Hymenium durch Jod gelb gefärbt, Paraphysen zart, verzweigt und netzartig verbunden, dicht verwebt, an der Spitze nicht verdickt; Schläuche länglich bis keulenförmig, mit dünner, an der Spitze etwas verdickter Membran, 6—8 sporig; Sporen spindelförmig bis länglich, farblos, mauerartig-vielzellig, durch Jod violettlich.

5 Arten unter den Tropen, auf Rinden. *H. Le Prévostii* Fée, eine durch die wulstigen, weißlichen Apothezien auffallende, zierliche Flechte, in den warmen Gebieten; *H. Lojkanum* Müll. Arg., mit rundlichen Apothezien, in Australien.

19. **Opegraphella** Müll. Arg. (*Fouragea* Trevis.) Lager epiphlöodisch, krustig, einförmig, unberindet, mit den Hyphen der Markschichte an die Unterlage befestigt, mit Phyllactidium-Gonidien. Apothezien einzeln, sitzend, lirellenförmig, einfach, seltener spärlich und kurz verzweigt, mit eigenem, kohligem Gehäuse; Lippen ganzrandig, zusammenneigend; Scheibe schmal, ritzenförmig; Hypothezium hell; Paraphysen verbunden; Schläuche mit nicht verdickter Wandung, 4—8 sporig; Sporen farblos, parallel mehr (4—10)zellig, mit zylindrischen Fächern. Pyknokonidien unbekannt.

2 unter den Tropen lebende, blattbewohnende Arten; *O. filicina* (Mont.) Müll. Arg., im tropischen Amerika.

20. **Micrographa** Müll. Arg. Lager epiphlöodisch, einförmig, unberindet, mit Phyllactidium-Gonidien; Hyphen des Lagers oft gebräunt oder schwärzlich. Apothezien in der Regel sehr klein, rundlich, länglich bis lirellenförmig, zerstreut oder gesellig, sitzend, unverzweigt; mit eigenem, kohligem Gehäuse; Lippen zusammenneigend oder auseinanderstehend, die Scheibe daher ritzenförmig oder erweitert; Hypothezium hell; Paraphysen frei; Schläuche mit gleich dicker oder an der Spitze stark verdickter Wandung, 8 sporig; Sporen zuerst farblos, dann braun, zweizellig, Zellfächer mitunter ungleich groß.

3 auf Baumblättern lebende Arten im tropischen Amerika. *M. anisomera* Müll. Arg. in Brasilien, *M. phaeoplaca* Müll. Arg. in Paraguay, beide mit ungleichen Sporenfächern; *M. abbreviata* Müll. Arg., mit gleich großen Sporenfächern.

Chiodectonaceae.

Lager krustig, einförmig, homeo- oder heteromerisch, mit den Hyphen des (mitunter kräftig entwickelten) Vorlagers oder der Markschicht an die Unterlage befestigt, unberindet oder mit unvollkommener, fast amorpher Rinde, mit Chroolepus- oder Phycopeltis-Gonidien. Apothezien in Stromen, zumeist eingesenkt, rundlich oder in die Länge gezogen, einfach oder verzweigt, mit eigenem, dunklem oder farblosem, mitunter rudimentärem Gehäuse; Paraphysen einfach und frei oder verzweigt und netzartig verbunden; Sporen parallel mehrzellig oder mauerartig, Sporenfächer zylindrisch oder linsenförmig. Pyknokonidien exobasidial.

Einteilung der Familie.

A. Lager mit Chroolepus-Gonidien.
  a. Paraphysen unverzweigt und frei.
    α. Sporenfächer linsenförmig oder fast kugelig.

I. Sporen parallel mehrzellig.
   X Sporen farblos. . . . . 1. **Glyphis.**
   X X Sporen braun . . . . 2. **Sarcographa.**
II. Sporen mauerartig-vielzellig.
   X Sporen farblos . . . . 3. **Cyrtographa.**
   X X Sporen dunkel . . . . 4. **Sarcographina.**
   β. Sporenfächer kubisch . . . . 5. **Enterodyction.**
b. Paraphysen verzweigt und netzartig verbunden.
  α. Sporen parallel mehrzellig.
    I. Sporen farblos . . . . 6. **Chiodecton.**
    II. Sporen dunkel . . . . 7. **Sclerophyton.**
   β. Sporen mauerartig-vielzellig, braun . . . 8. **Enterostigma,**
B. Lager mit Phyllactidium-Gonidien.
  a. Paraphysen verzweigt und netzartig verbunden . . . . 9. **Mazosia.**
  b. Paraphysen unverzweigt und frei . . . . . . 10. **Pycnographa.**

1. **Glyphis** (Ach.) Fée. (*Glyphidium* Mass., *Graphis* subgen. *Scolaecospora* sect. *Glyphis* Wainio). Lager krustig, hypophloeodisch, einförmig, mit den Hyphen des Vorlagers oder der Markschicht an die Unterlage befestigt, unberindet oder mit fast amorpher, aus Längshyphen hervorgegangener Rinde, mit Chroolepus-Gonidien. Apothezien in mehr weniger erhabene Stromen eingesenkt, rundlich oder in die Länge gezogen, einfach oder verzweigt, eigenes Gehäuse schwärzlich oder schwarzbraun, gut entwickelt, mit ganzrandigen, selten gefurchten Lippen; Scheibe etwas erweitert, flach; Hypothezium hell oder farblos; Hymenium gallertig, durch Jod gelblich oder blassbläulich; Paraphysen einfach, unverzweigt, frei; Schläuche länglich, mit an der Spitze etwas verdickter Wandung, 4—8sporig; Sporen länglich bis spindelförmig, farblos parallel mehr (4—12)zellig, mit linsenförmigen Fächern, durch Jod gebläut oder violett gefärbt. Pyknokonidien bisher unbekannt.

Etwa 7 Arten, die übrigen der beschriebenen Spezies gehören zumeist der nächsten Gattung an. Rindenbewohnende, auf die Tropen beschränkte Flechten. *G. cicatricosa* (Ach.) A. Zahlbr. (Syn. *G. favulosa* Ach.) eine weit verbreitete, veränderliche Art.

2. **Sarcographa** Fée. (*Actinoglyphis* Mont.). Wie *Glyphis*, aber die Sporen gebräunt. Stromen oft flach und fleckenförmig, mitunter undeutlich. Pyknokonidien stäbchenförmig, gekrümmt.

Bei 40 in den warmen Gebieten auf Rinden lebende Arten.

Sekt. I. *Eusarcographa* Müll. Arg. Gehäuse kohlig, mit dem kohligen Hypothezium zusammenfließend; Scheibe schwarz. *S. labyrinthica* (Ach.) Müll. Arg., mit weißlichen Stromen, sternförmig und vielfach verästelten Apothezien, unter den Tropen weit verbreitet; *S. tricosa* (Ach.) Müll. Arg., ebenfalls weit verbreitet, von der vorhergehenden durch das schmale, oberseits oft verschwindende Gehäuse verschieden.

Sekt. II. *Hemithecium* Müll. Arg. Gehäuse kohlig oder dunkel; Hypothezium hell oder farblos; Scheibe schwarz. *S. inquinans* Fée, auf Chinarinden.

Sekt. III. *Flegographa* Müll. Arg. (*Flegographa* Mass.) Gehäuse dunkel, oft rudimentär oder fast verschwindend; Hypothezium gefärbt, rot. *S. Leprieurii* (Montg.) Müll. Arg. im tropischen Amerika.

Sekt. IV. *Phaeoglyphis* Müll. Arg. (*Medusula* Eschw.) Gehäuse hell oder farblos; Hypothezium farblos; Scheibe in angefeuchtetem Zustande hell. *S. pedata* (E. Fr.) Müll. Arg.

3. **Cyrtographa** Müll. Arg. (?*Medusulina* Müll. Arg.) Lager und Apothezien wie bei *Glyphis*, aber die Sporen mauerartig vielzellig, farblos.

1 Art. *C. irregularis* Müll. Arg, mit kohligem Gehäuse und Hypothezium, auf Rinden in Costarica.

4. **Sarcographina** Müll. Arg. Wie *Cyrtographa*, aber die Sporen dunkelbraun bis schwärzlich.

2 Arten im indischen Florengebiete, 1 in Australien, rindenbewohnend. *S. cyclospora* Müll. Arg., mit farblosem Hypothezium in Queensland; *S. contortuplicata* Müll. Arg. mit gefurchten Lippen und kohligem Hypothezium in Ceylon.

5. **Enterodictyon** Müll. Arg. Lager krustig, epiphlöodisch, einförmig, unberindet, mit den Hyphen der Markschicht an die Unterlage befestigt, mit Chroolepus-Gonidien. Apothezien in Stromen sitzend; eigenes Gehäuse braun, rudimentär oder farblos; Scheibe erweitert; Paraphysen einfach, unverzweigt, frei, Sporen mauerartig vielzellig, farblos.

2 rindenbewohnende Arten, *E. indicum* Müll. Arg. in Ostindien, *E. oblongellum* Müll. Arg., Java.

6. **Chiodecton** (Ach.) Müll. Arg. Lager krustig, epiphlöodisch, einförmig, mit dem Vorlager oder mit den Hyphen der Markschicht an die Unterlage befestigt, ohne Rhizinen, unberindet, mit Chroolepus-Gonidien, deren Zellen zu Fäden verbunden bleiben oder sich aus dem Verbande loslösen und dann dickwandig werden. Apothezien in Stromen vereinigt, eingesenkt oder sitzend, rundlich oder mehr weniger in die Länge gezogen, einfach, verästelt oder sternförmig; eigenes Gehäuse gut entwickelt und kohlig oder dunkel, rudimentär bis fehlend; Hypothezium kohlig, dunkel oder farblos; Paraphysen verästelt und netzartig verbunden; Schläuche mit dünner oder nur wenig verdickter

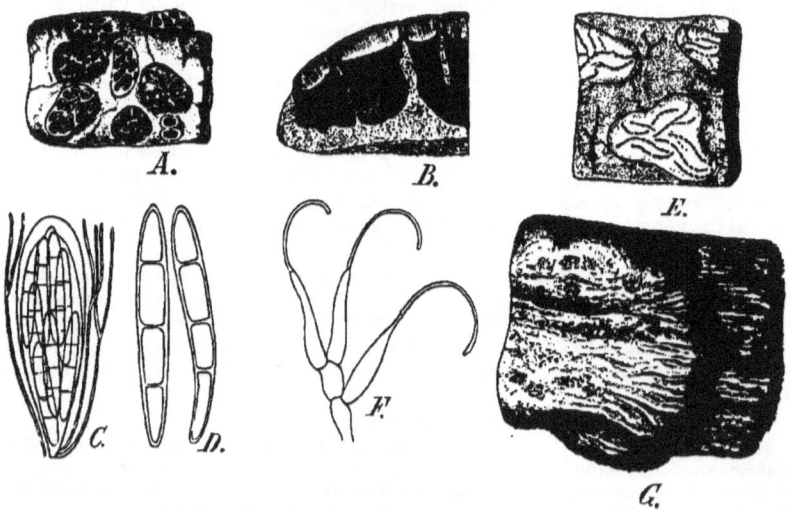

Fig. 50. *Chiodecton myrticola* Fée. *A* Habitusbild. *B* Querschnitt durch ein Stroma und durch die Apothezien. *C* Schlauch und Paraphysen. *D* Sporen. *F* Fulkren und Pyknokonidien. — *Chiodecton seriale* Ach. *E* Habitusbild. — *Chiodecton sanguineum* (Sw.) Wainio. *G* Habitusbild. (Original.)

Membran, 8sporig; Sporen spindel- bis nadelförmig, länglich bis eiförmig-länglich, farblos, parallel mehrzellig, mit zylindrischen Fächern, Pyknokonidien exobasidial, zylindrisch, länglich bis elliptisch, gerade oder gekrümmt.

Bei 80 Arten, deren Mehrzahl in wärmeren Gebieten auf Rinden lebt. In Europa einige wenige, auch felsbewohnende Arten der Untergattungen *Enterographa* und *Stigmatidiopsis*.

Untergatt. I. *Enterographa* (Fée) Wainio (*Enterographa* Fée, *Stigmatella* Mudd., *Stigmatidium* Mey.) Lager aus dicht verwebten Hyphen gebildet, Vorlager undeutlich oder wenn vorhanden ähnlich dem Lager aus dicht verflochtenen Hyphen bestehend; Stromen gut entwickelt, undeutlich bis fehlend, mit einem bis vielen Hymenien; Gehäuse schmal oder rudimentär bis fehlend; Hypothezium hell oder farblos.

A. Sporen vierzellig; *Ch. dendriticum* (Leight.) A. Zahlbr., auf Felsen in Großbritannien; *Ch. verrucarioides* (Fée) Müll. Arg., im tropischen Amerika, auf Cascarillarinde.

B. Sporen 6—8zellig; *Ch. crassum* (Dub.) A. Zahlbr., mit undeutlichem Gehäuse, auf Rinden in England, Mittel- und Südeuropa und Nordafrika; *Ch. Hutschinsiae* (Leight.) A. Zahlbr. auf Felsen in Europa selten.

C. Sporen bis 14zellig; *Ch. venosum* (Ach) A. Zahlbr. mit nadelförmigen Sporen, auf alten Bäumen in Europa, nicht häufig.

Untergatt. II. *Stigmatidiopsis* Wainio (*Leucodecton* Mass., *Melanodecton* Mass., *Syncesia* Tayl., *Chiodecton* sect. *Euchiodecton* Müll. Arg. pr. p.). Lager wie bei der vorhergehenden Untergattung, das Hypothezium jedoch dunkel oder kohlig, gut oder mächtig entwickelt, oft fließen die Hypothezien mehrerer Apothezien an der Basis zusammen; Stromen mit Gonidien.

A. Apothecien nicht reihenförmig angeordnet: *Ch. sphaerale* Ach. mit schwarzer, unbereifter Scheibe, auf Rinden in den wärmeren Gebieten weit verbreitet und häufig; *Ch. depressum* Fée mit bereiften Scheiben, im tropischen Amerika, rindenbewohnend; *Ch. albidum* (Tayl.) Leight, mit hellbraunen Scheiben, an Felsen in Europa äußerst selten; *Ch. myrticola* Fée, (Fig. 50 A—D), mit weißlichem Lager und Stromen, auf Myrtenzweiglein in Südfrankreich; *Ch. cretaceum* A. Zahlbr., an Kalkfelsen der adriatischen Inseln.

B. Apothecien in Reihen angeordnet: *Ch. seriale* Ach., (Fig. 50 E) unter den Tropen weit verbreitet, auf Rinden.

Untergatt. III. *Byssocarpon* Wainio (*Platyrapha* Nyl. pr. p.) Lager aus dicht oder locker verflochtenen Hyphen gebildet; Stromen erhaben, aus lockeren Hyphen zusammengesetzt und keine Gonidien enthaltend, mit einem (seltener wenigen) Hymenium; Hypothezium dunkel.

Sekt. I. *Pycnothallus* Wainio. Lagerhyphen dicht verflochten; Vorlager fehlend oder wenn vorhanden aus dicht verflochtenen Hyphen gebildet. *Ch. saxatile* Wainio, felsbewohnend in Brasilien.

Sekt. II. *Byssophoropsis* Wainio. Lagerhyphen locker, Vorlager byssusartig, aus lockeren Hyphen zusammengesetzt. *Ch. dilatatum* (Nyl.) Wainio, rindenbewohnend im tropischen Amerika.

Untergatt. IV. *Byssophorum* Wainio (*Byssus* Sw., *Hypochnus* Ehrbg., *Chiodecton* sect. *Euchiodecton* Müll. Arg. pr. p.) Lagerhyphen locker, Vorlager zumeist mächtig entwickelt, aus sehr lockeren Hyphen zusammengesetzt; Stromen mit Gonidien, in der Regel mehrere Hymenien enthaltend; Hypothezium dunkel, gut entwickelt. *Ch. sanguineum* (Sw.) Wainio (Syn. *Hypochnus rubrocinctus* Ehrbg., *Chiodecton rubrocinctum* Nyl.) (Fig. 50 G) eine durch das scharlachrote mächtige Vorlager auffallende, unter den Tropen weit verbreitete und sehr häufige Flechte, deren Apothezien bisher unbekannt sind, und deren Zugehörigkeit zur Gattung *Chiodecton* daher noch nicht sichergestellt ist; *Ch. pterophorum* (Nyl.) Wainio, mit grauweißem, von einem breiten, hellbräunlichen Vorlager umgürteten Thallus, auf Rinden im tropischen Amerika; *Ch. nigrocinctum* Mont., mit schwarzem Vorlager, rindenbewohnend in den warmen Regionen Amerikas.

7. **Sclerophyton** Eschw. (*Chiodecton* subg. *Sclerophyton* Wainio). Wie *Chiodecton*, aber die Sporen dunkel.

5 Arten, davon eine in Europa.

S. circumscriptum (Tayl.) A. Zahlbr., felsenbewohnend in England; *S. elegans* Eschw., auf Rinden in Brasilien.

8. **Enterostigma** Müll. Arg. (*Chiodecton* subgen. *Enterostigma* Wainio). Lager und Apothezien wie bei *Chiodecton*, aber die Sporen mauerartig-vielzellig und braun.

1 Art, *E. compunctum* (Ach.) Müll. Arg., mit rundlichen Apothezien, auf Rinden im tropischen Amerika.

9. **Mazosia** Mass. (*Rotula* Müll. Arg.). Wie *Chiodecton*, aber das Lager mit Phycopeltis-Gonidien.

9 unter den Tropen lebende, blattbewohnende Arten.

M. rotula (Mont.) Müll. Arg. und *M. strigulina* (Nyl.) A. Zahlbr. im tropischen Amerika.

10. **Pycnographa** Müll. Arg. Lager epiphlöodisch, krustig, einförmig, unberindet, mit Phyllactidium-Gonidien. Apothezien in Stromen sitzend, lirellenförmig, mit eigenem, kohligem Gehäuse, mit zusammenneigenden oder etwas auseinander stehenden Lippen; Hypothezium kohlig; Paraphysen frei; Sporen farblos, zweizellig, Zellfächer ungleich groß.

1 Art, *P. radians* Müll. Arg., blattbewohnend in Brasilien.

Dirinaceae.

Lager krustig, einförmig, heteromerisch, mit den Hyphen der Markschicht an die Unterlage befestigt, berindet, mit Chroolepus-Gonidien. Apothezien rund, rundlich oder in die Länge gezogen, mit eigenem Gehäuse und mit Lagerrand; Hypothezium kohlig; Sporen parallel mehrzellig.

Einteilung der Familie.
A. Sporen farblos . . . . 1. **Dirina**.
B. Sporen braun . . . . 2. **Dirinastrum**.

1. **Dirina** E. Fries (*Dirinopsis* DNotrs.) Fr. Lager krustig, einförmig, mit den Hyphen der Markschicht an die Unterlage befestigt; Rinde aus senkrecht zum Lager verlaufenden, unseptierten Hyphen gebildet; Markschicht locker, im oberen Teile die Chroolepus-Gonidien enthaltend. Apothezien rundlich oder in die Länge gezogen, mit dünnem, eigenem Gehäuse und dickerem Lagerrand; Hypothezium kräftig entwickelt, kohlig; Paraphysen einfach, unverzweigt; Schläuche 8sporig; Sporen farblos, länglich bis spindelförmig, parallel mehr (4—8)zellig. Konzeptakel der Pyknokonidien eingesenkt, einfach; Pyknokonidien exobasidial, stäbchenförmig, bogig gekrümmt.

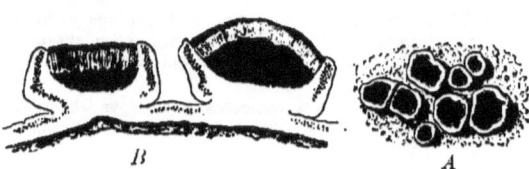

Fig. 51. *Dirina ceratoniae* (Ach.) DNotrs. *A* Habitusbild. *B* Querschnitt durch das Lager und durch die Apothezien. (Nach Reinke.)

12 über die Welt verteilte Arten, welche an den Meeresküsten auf Felsen und Rinden vorkommen. *D. repanda* (Fr.) Nyl. auf Felsen der Meeresgestade Englands, Südeuropas und Nordafrikas; *D. ceratoniae* (Ach.) DNotris (Fig. 51 *A—B*) auf Rinden im Mediterrangebiet und Senegal; beide mit runden Apothecien und mit 4zelligen Sporen; *D. multiformis* Montg. et v. d. B., mit runden und in die Länge gezogenen Apothezien und 8zelligen Sporen, rindenbewohnend in Java.

2. **Dirinastrum** Müll. Arg. Wie *Dirina*, die Sporen jedoch braun
1 Art, *D. australiense* Müll. Arg., an Kalkfelsen der Meeresküste in Australien.

Roccellaceae.

Lager strauchig, aufrecht (krustig-strauchig bei *Roccelina*), mit einer Basalscheibe an die Unterlage befestigt, mit getrennter Rinden- und Markschicht und mit Chroolepus-Gonidien. Apothezien rund bis lirellenförmig, eingesenkt oder sitzend. Pyknokonidien exobasidial.

Einteilung der Familie.
A. Die Hyphen der Rinde verlaufen parallel zur Lageroberfläche.
  a. Apothezien länglich, lirellenförmig . . . . 1. **Ingaderia**.
  b. Apothezien rund.
    α. Hypothezium kohlig-schwarz.
      I. Lagerrand der Apothezien rindenlos, mit Gonidien . . . 2. **Dendrographa**.
      II. Gehäuse der Apothezien ohne Gonidien . . . . 3. **Roccellaria**.
    β. Hypothezium hell . . . . 4. **Darbishirella**.
B. Die Hyphen der Rinde verlaufen senkrecht (transversal) zur Lageroberfläche.
  a. Apothezien lirellenförmig.
    α. Apothezien in das Lager versenkt, mit hellem Hypothezium . 5. **Roccellographa**.
    β. Apothezium sitzend, angepreßt, mit kohlig-schwarzem Hypothezium 6. **Reinkella**.
  b. Apothezien kreisrund.
    α. Apothezien ganzrandig; Sporen farblos.
      I. Hypothezium kohlig-schwarz.
        X Lager stark strauchig . . . . 8. **Roccella**.
        X X Lager krustig-strauchig . . . . 7. **Roccellina**.
      II. Hypothezium hell.
        X Unter dem Hypothezium Gonidien . . . . 10. **Pentagenella**.
        X X Unter dem Hypothezium keine Gonidien . . . . . . 9. **Combea**.

3. Apothezien tief buchtig-gespalten; Sporen bräunlich oder braun,
I. Markschicht durchwegs hell . . . . 11. **Schizopelte.**
II. Innere Markschicht schwarz . . . . 12. **Simonyella.**

1. **Ingaderia** Darbish. Lager aufrecht, strauchig, gabelig, sehr dicht verzweigt, Verzweigungen fädlich, aus längslaufenden, zu Strängen vereinten Hyphen gebildet, zwischen diesen Strängen liegt inselförmig ein lockeres Mark, welches die Chroolepus-Gonidien enthält; Basalscheibe mit Gonidien; Sorale fehlen. Apothezien seitenständig, sitzend, lineal, einfach oder verzweigt, mit eigenem, kohligem Gehäuse, ohne Lagerrand, mit schmaler, ritzenförmiger Scheibe; Hypothezium kohlig, dick, mit dem Gehäuse zusammenfließend; Paraphysen verzweigt; Schläuche 8sporig; Sporen farblos, spindelförmig, parallel mehr (8—9)zellig, Sporenfächer zylindrisch. Konzeptakel der Pyknokonidien einfach, eingesenkt, flaschenförmig, mit oben dunklem, unten hellem Gehäuse; Pyknokonidien stäbchenförmig, bogig gekrümmt.
1 Art., *J. pulcherrima* Darbish., rindenbewohnend in Chile.

2. **Dendrographa** Darbish. Lager aufrecht, strauchig, dicht gabelig-verzweigt, Verzweigungen drehrund oder zusammengedrückt; Rinde aus mit der Längsachse parallel verlaufenden, fest miteinander verschmolzenen Hyphen gebildet; Mark hell, lose gewebt, zumeist aus längslaufenden Hyphen zusammengesetzt; Basalscheibe mit Gonidien; Sorale vorhanden oder fehlend. Apothezien kreisrund, seitenständig, etwas über die Lagerfläche erhoben, vom unberindetem, gonidienführendem Lagerrand umgeben; Scheibe von säulchenförmigen Erhebungen des Hypotheziums durchsetzt; eigenes Gehäuse und Hypothezium kohlig-schwarz; Paraphysen verzweigt; Schläuche 8 sporig; Sporen farblos, spindelförmig, gerade oder gekrümmt, parallel 4-zellig. Konzeptakel der Pyknokonidien einfach, kugelig, mit farblosem, an der Mündung dunklem Gehäuse; Fulkren wenig verzweigt; Pyknokonidien stäbchenförmig, bogig gekrümmt.

2 Arten. *D. leucophaea* (Tuck.) Darbish., baumbewohnend in Californien und Mexiko; *D. minor* (Tuck.) Darbish. auf Meeresstrandsfelsen in Californien.

3. **Roccellaria** Darbish. Lager aufrecht, strauchig, dicht gabeligverzweigt; Rinde verhältnismäßig dünn, aus Längshyphen gebildet; Markschicht locker, hell, mit zumeist in einzelnen Zellen aufgelösten Chroolepus-Gonidien; Basalscheibe mit Gonidien; Sorale fehlen. Apothezien kreisrund, sitzend, seitenständig, mit dunklem, nach außen etwas hellem, eigenem Gehäuse, ohne Lagerrand; Hypothezium kohlig-schwarz, kräftig entwickelt; Paraphysen verzweigt; Schläuche 8sporig; Sporen farblos, spindelförmig, parallel 4zellig. Konzeptakel der Pyknokonidien seitenständig, fast kugelig, eingesenkt, mit dunklem Gehäuse; Pyknokonidien stäbchenförmig, bogig gekrümmt.

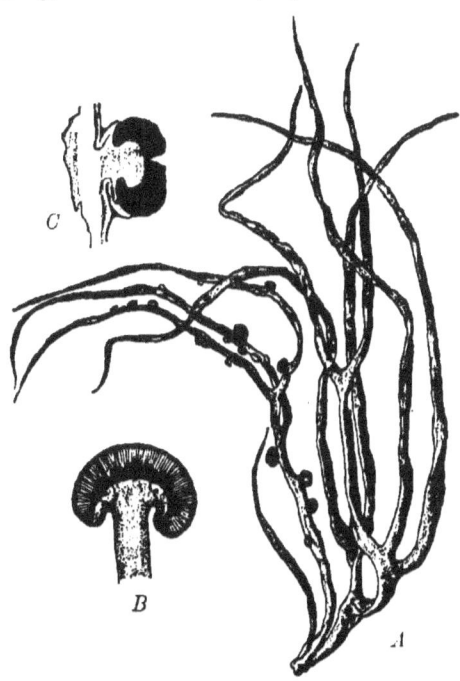

Fig. 52. *Roccella fuciformis* DC. *A* Habitusbild. *B* Querschnitt durch Lager und Apothezium. — *Roccella tinctoria* DC. *C* Längsschnitt durch Lager und Apothezium. (Nach Reinke und Tulasne.)

1 Art., *R. intricata* (Mont.) Darbish. auf alten Pflanzenresten oder auf der Erde in den Spalten der Felsen in Chile und Peru.

4. **Darbishirella** A. Zahlbr. (*Dictyographa* Darbish. non Müll. Arg.), Lager hängend strauchig, dicht verzweigt, Verzweigungen netzartig gespalten; eine scharf abgegrenzte Rinde fehlt, das ganze Lager wird aus längslaufenden Hyphen zusammengesetzt, zwischen diesen Strängen liegt inselförmig die scharf abgegliederte, aus lockeren Hyphen gebildete Markschicht, in welcher die Chroolepus-Gonidien liegen; Basalscheibe unberindet und ohne Gonidien; Sorale nicht vorhanden. Apothezien seitenständig, kreisrund, angedrückt, mit Lagerrand; Hypothezium hell, unterhalb desselben Gonidien; Paraphysen verzweigt; Schläuche keulig angeschwollen, 8sporig; Sporen bräunlich, oval, parallel 3zellig, das mittlere Fach kleiner, als die beiden endständigen, die Wandung der Sporen ist mit sehr kleinen braunen Stacheln besetzt. Konzeptakel der Pyknokonidien einfach, fast kugelig, seitenständig, mit hellem Gehäuse; Pyknokonidien stäbchenförmig, bogig gekrümmt.

1 Art. *D. gracillima* (Darbish.) A. Zahlbr. zwischen anderen Roccellen oder auf Pflanzenresten in Chile und südlichem Peru.

5. **Roccellographa** Stnr. Lager aufrecht, strauchig, Verzweigungen flach, breit und lappenförmig; Rinde aus transversal verlaufenden Hyphen zusammengesetzt; äußere und innere Markschicht farblos, nicht scharf getrennt, aus gleichmäßig verwebten Hyphen gebildet, erstere enthält die Chroolepus-Gonidien; Basalscheibe berindet, Gonidien führend; Sorale fehlen. Apothezien gänzlich in das Lager versenkt, in die Länge gezogen, sehr schmal, unscheinbar, strichförmig oder gekrümmt, oft verzweigt; Scheibe ritzenförmig, sehr schmal; Gehäuse nicht entwickelt; Hypothezium schmal, farblos; Paraphysen verzweigt, netzartig verbunden; Schläuche mit stark verdickter, endlich schleimig zerfließender Wandung, 8sporig; Sporen länglich-fingerförmig, zuerst farblos, dann gebräunt, parallel mehr (6—8)zellig. Pyknokonidien unbekannt.

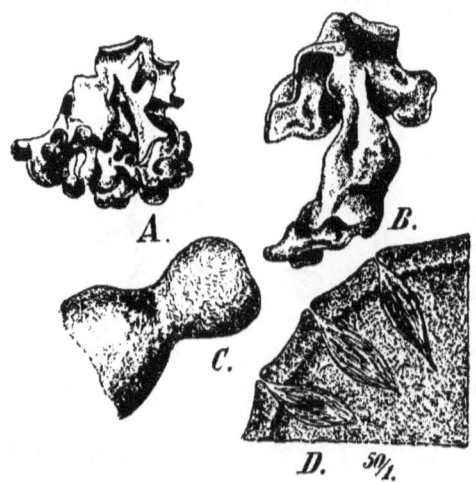

Fig. 53. *Roccellographa cretacea* Stnr. *A—B* Lager. *C* Fertiler Lagerlappen. *D* Querschnitt durch Lager und Apothezien. (Original.)

1 Art., *R. cretacea* Stnr., (Fig. 53 *A—D*) auf Kalkfelsen der Insel Semha.

6. **Reinkella** Darbish. Lager aufrecht, strauchig, dicht gabelig verzweigt, Verzweigungen etwas flach gedrückt; Rinde aus senkrecht zur Lagerfläche verlaufenden Hyphen gebildet; Markschicht zum Teile lose verwebt, zum Teile fester, aus längslaufenden Hyphen zusammengesetzte Stränge bildend, mit Chroolepus-Gonidien; Basalscheibe unberindet, ohne Gonidien; Sorale vorhanden, kreisrund. Apothezien sitzend, lirellenförmig, verzweigt (in der Jugend oft einfach und fast kreisrund), mit kohligem, vom Lager nicht bekleideten eigenen Gehäuse; Hypothezium kohlig; Paraphysen verzweigt und verbunden; Schläuche 8sporig; Sporen farblos, länglich-spindelförmig, parallel mehr (8)zellig, mit zylindrischen Fächern. Pyknokonidien bisher unbekannt.

1 Art, *R. lireilina* Darbish., auf Felsen in Peru.

7. **Roccellina** Darbish. Lager fast krustig, aus kleinen höckerigen, unregelmäßig gewundenen und welligen Podezien gebildet; die äußere Rinde besteht aus senkrecht zur Lagerfläche abstehenden Hyphen, die darunter liegende innere Rinde bilden wirr verlaufende Hyphen, die Chroolepus-Gonidien liegen unter der inneren Rinde und

bilden eine oft unterbrochene Schicht, die Markschicht wird aus ziemlich regellos verlaufenden, losen Hyphen zusammengesetzt; die Basalscheibe besteht aus schwarzbraunen, verschmolzenen Hyphen; Rhizinen sind keine vorhanden, ebenso fehlen Sorale. Apothezien endständig, sitzend, rund, Gehäuse dunkel, vom Lagerrand umkleidet; Hypothezium schwarzbraun; Paraphysen verzweigt; Schläuche 8sporig; Sporen farblos, spindelförmig, parallel 4zellig. Konzeptakel der Pyknokonidien eingesenkt, fast kugelig, mit bräunlichem Gehäuse; Pyknokonidien stäbchenförmig, gekrümmt.

1 Art, *R. condensata*, auf Felsen (?) in Chile.

8. **Roccella** DC. Lager strauchig, aufrecht, mehr weniger dicht verzweigt, Verzweigungen flach oder drehrund; Rinde aus transversal laufenden Hyphen gebildet; in der Markschicht laufen die Hyphen mehr weniger parallel zur Längsachse des Lagers; die Chroolepus-Gonidien liegen in der äußeren Markschicht und auch noch im inneren Teile der Rinde; Basalscheibe berindet oder unberindet; Sorale vorhanden, seitenständig und kreisrund. Apothezien seitenständig, sitzend, rund oder rundlich, mit schwärzlichem oder entfärbtem eigenem Gehäuse, welches vom Lagerrand bedeckt wird oder nackt bleibt; Hypothezium kräftig, kohlig; Paraphysen verzweigt; Schläuche 8sporig; Sporen farblos, länglich bis spindelförmig, parallel mehr (4-)zellig. Konzeptakel der Pyknokonidien seitenständig, in das Lager versenkt, kugel- bis eiförmig, mit hellem Gehäuse; Pyknokonidien exobasidial, stäbchenförmig, bogig gekrümmt.

23 Arten, auf Felsen, seltener auf Bäumen lebend, in den wärmeren und gemäßigten Erdstrichen und fehlen den kälteren vollständig. Im allgemeinen bevorzugen sie die Meeresküsten, treten jedoch am amerikanischen Kontinente in stattlicher Anzahl auf[*]. *R. fuciformis* DC. (Fig. 52 *A—B*) an der Basis mit weißen Hyphen, an Felsen im Mittelmeergebiet und Westafrika; *R. Montagnei* Bél. auf Bäumen und nur höchst selten auf Felsen in Afrika, Asien und Australien; *R. portentosa* Mont. mit festem Mark, auf Meeresstrandfelsen in Chile und Peru; *R. tinctoria* DC. (Fig. 52 *C*) ohne Sorale und *R. Arnoldi* Wainio, mit Soralen, beide mit lockerer Markschicht, an den Felsen der Meeresgestade im Mittelmeergebiet, Afrika und Australien; *R. fucoides* (Dicks.) Wainio (Syn. *R. phycopsis* (Ach.) Darbish), an der Basis mit gelben Hyphen und mit lezideinischen Apothezien, am Meeresstrande, felsenbewohnend, selten auf Bäumen, in Europa, Afrika und Australien.

Aus verschiedenen Roccella-Arten werden Farbstoffe, die *Orseille*, der *Persio* (auch *Cudbear* oder *Roter Indigo*), der *Lakmus* und der *französische Purpur* (*Guignons Purpur*) hergestellt. *R. tinctoria* DC., *R. Arnoldi* Wainio und *R. fucoides* (Dicks.) Wainio liefern den meisten Farbstoff. Der Farbstoff ist nicht als solcher in den *Roccellen* enthalten; es bildet sich aus den Flechtensäuren (Lecanorsäure, Parellsäure, Roccellsäure, u. a.) bei Behandlung mit Alkalien oder alkalischen Erden ein farbloser, in Wasser löslicher Körper, das *Orcin* ($C_7H_8O_2$), der bei Zutritt von Sauerstoff und Ammoniak in eine braune amorphe Substanz, das *Orceïn* ($C_7H_7NO_3$) übergeht, welches sich in Alkohol und in Alkalien mit violetter Farbe löst. Die Orseillegärung, bis in die jüngste Zeit als ein rein chemischer Prozess aufgefasst, soll nach *Czapek* durch einen obligat aëroben Bacillus hervorgerufen werden. Die Herstellung der Farbstoffe aus den Roccellen wird seit der Erfindung der Anilinfarben nur mehr in beschränktem Maße betrieben.

9. **Combea** DNotrs. Lager strauchig, aufrecht, gabelig verzweigt; Rinde aus transversalen Hyphen zusammengesetzt; Markschicht locker, mit Chroolepus-Gonidien; Basalscheibe berindet und Gonidien enthaltend; Sorale fehlen. Apothezien endständig, kreisrund, eigenes Gehäuse hell, vom Lagerrande überzogen; Hypothezium hell, einer Gonidienschicht auflagernd; Paraphysen verzweigt; Schläuche 8sporig; Sporen farblos, spindelförmig, parallel 4zellig. Konzeptakel der Pyknokonidien seitenständig, kugelig, mit hellem, um die Mündung schwärzlichem Gehäuse; Pyknokonidien stäbchenförmig, gekrümmt.

C. mollusca (Ach.) DNotrs. die einzige bisher bekannte Art, auf Felsen der Meeresküste in Südafrika.

---

[*] Bezüglich der Umgrenzung der Arten vergl. außer *Darbishire's* angeführten Monographie noch die Bearbeitung der Gattung von *Wainio* in »Catalogue of Welwitsch African Plants«, Vol. II, Part. II, pag. 434—435.

10. Pentagenella Darbish. Lager strauchig, aufrecht, gabelig verzweigt, Verzweigungen radiär gebaut; Rinde aus senkrecht zur Lagerfläche laufenden Hyphen gebildet; Markschicht knorpelig, mit Chroolepus-Gonidien; Basalscheibe unvollständig berindet und nur wenige Gonidien einschließend; Sorale fehlen. Apothezien seitenständig, kreisrund, etwas über die Lagerfläche erhoben und am Grunde eingeschnürt, vom Lager umrandet, Hypothezium hell, unter demselben keine Gonidien; Paraphysen verzweigt; Schläuche 8sporig; Sporen farblos, spindelförmig, parallel 4zellig. Konzeptakel der Pyknokonidien seitenständig, kugelig, in das Lager eingesenkt, Pyknokonidien exobasidial, stäbchenförmig, bogig gekrümmt.

1 Art, *P. fragillima* Darbish., auf Felsen (?) in Chile.

11. Schizopelte Th. Fr. Lager aufrecht, strauchig, gabelig verzweigt, Äste stielrund, radiär gebaut, Rinde aus senkrecht abstehenden Hyphen gebildet, darunter liegen die zu Chroolepus gehörigen Gonidien, Markschicht hell, ziemlich dicht verwebt, aus parallel mit der Längsachse laufenden Hyphen zusammengesetzt; Basalscheibe aus wirr durcheinanderlaufenden Fasern gebildet, wie es scheint ohne Rinde und mit einer Gonidienschicht. Apothezien endständig, im Umrisse buchtig und spaltig-geteilt; eigenes Gehäuse schwärzlich oder verschwindend, vom hellen Lagerrand bekleidet; Hypothezium schwarz, kräftig entwickelt; Paraphysen verzweigt; Schläuche 8sporig; Sporen bräunlich, spindelförmig, parallel 4zellig. Konzeptakel der Pyknokonidien seitenständig, in das Lager eingesenkt, einfach, fast kugelig, oder wenig verzweigte Höhlungen aufweisend, mit braunschwarzem Gehäuse; Pyknokonidien exobasidial, stäbchenförmig, bogig-gekrümmt.

1 Art, *S. californica* Th. Fr., auf der Erde in Kalifornien.

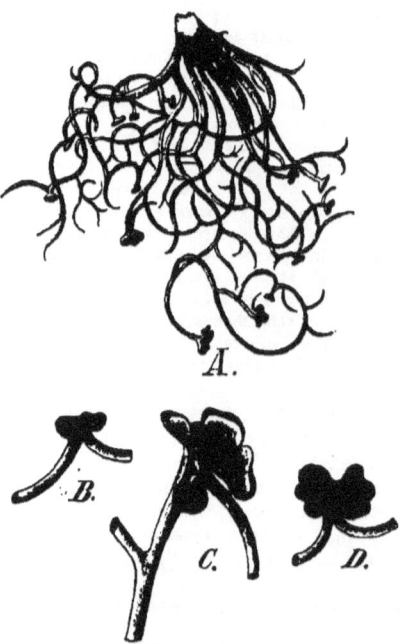

Fig. 54. *Simonyella variegata* Stnr. A Habitusbild. B—D Apothezien. (Original.)

12. Simonyella Stnr. Lager aufrecht, strauchig, fast gabelig verzweigt, Verzweigungen bogig-abstehend, rundlich, radiär gebaut; Rinde aus transversalen Hyphen gebildet; die äußere Markschicht, welche die Chroolepus-Gonidien einschließt, besteht aus dicht und wirr verlaufenden Hyphen, die innere Markschicht ist solid, schwarz und wird aus dicht verwebten Längshyphen zusammengesetzt und ist im unteren Teile mitunter hohl; Basalscheibe aus hellbraunen, verworrenen Hyphen gebildet; Sorale fehlen. Apothezien seiten- oder fast endständig, kurz gestielt, tief buchtig-gespalten, eigenes Gehäuse undeutlich, Lagerrand gut entwickelt; Hypothezium dunkel; Paraphysen verzweigt; Schläuche mit an der Spitze stark verdickter Wandung, 8sporig. Sporen bräunlich, fingerförmig, parallel 4zellig. Konzeptakel der Pyknokonidien seitenständig, einzeln oder an den Enden kürzerer Äste gesellig, immer durch 1—2 Falten geteilt, mit schwarzem Gehäuse; Pyknokonidien exobasidial, stäbchenförmig, gerade oder fast gerade.

1 Art, *S. variegata* Stnr. (Fig. 54) an Felsen auf der Insel Semha.

Ungenügend bekannte Gattung der *Roccellaceae*:

Sagenidium Strt. Soll sich nach *Müller Arg.* von der Gattung *Roccella* nur durch unberandete Apothezien unterscheiden. Wenn sonst keine Unterschiede vorhanden wären,

müsste Sagenidium als Synonym zu *Roccella*, deren Apothezien vom Lager bekleidet werden oder nur ein eigenes Gehäuse besitzen, gezogen werden.
1 Art, *S. molle* Strt. in Neuseeland.

Von den *Graphidineae* auszuschließende Gattungen:
a) als Pilze:
Bactrospora Mass. (vergl. I. Teil, 1. Abt. S. 222, 229), **Krempelhuberia** Mass., gehört nach Saccardo, Sylloge, Fungorum vol. III, p. 769 zu *Pseudographis* Nyl., **Pseudographis** Nyl. (vergl. I. Teil, 1. Abt. S. 260), **Pragmopora** Mass. (vergl. I. Teil, 1. Abt. S. 222, 228); **Schizographa** Nyl., könnte zur Gattung *Hysteriographium* Corda gehören; **Ucographa** Mass. (= *Pragmopora* Mass.).
b) als »nomen nudum«
Leucographa Nyl.

3. Unterreihe Cyclocarpineae.

Merkmale. Das Lager durchläuft bei der Unterreihe alle Stufen von der einfachsten bis zur höchst differenzierten Form. Es tritt auf als einförmige oder am Rande gelappte Kruste, in Schüppchen oder Blattform und als radiär gebauter, aufrecht oder hängender, einfacher oder vielfach verzweigter Thallus. Typisch homöomerisch ist das Lager bei den *Collemaceae*, *Pyrenopsidaceae*, *Coenogoniaceae* und *Calotricaceae*. Bei den beiden ersten liegen die Hyphen und Gonidien in einer angefeuchtet gallertartig quellenden Masse; bei den *Coenogoniaceae* wird der Thallus aus radiär angeordneten, dicht stehenden *Chroolepus*fäden, welche von Hyphen umzogen sind, zusammengesetzt, und bei den *Calotricaceae* endlich bilden die Hyphen ein verworrenes, lockeres Gewebe, in dessen Lücken die Gonidien liegen. Die Befestigung des Lagers an die Unterlage erfolgt bei den krustigen Formen durch die Hyphen des Vorlagers oder durch diejenigen der Markschicht, bei den laub- und strauchartigen Lagerformen in der Regel durch Haftfasern, Haftscheiben oder mit einem Nabel; die schuppig-blätterigen *Pannariaceae* zeichnen sich durch die Entwickelung eines mächtigen Vorlagers aus. Bei dem krustigen Lager fehlt meist die Rinde, oder dieselbe ist amorph, bei den höheren Lagerformen wird sie aus horizontalen oder vertikalen, dicht verflochtenen Hyphen zusammengesetzt oder nimmt die Form eines Pseudoparenchyms an; sie bedeckt dann entweder nur die Oberseite oder Ober- und Unterseite des Lagers, in dem letzteren Falle ist sie nach ihrer Lage verschieden oder gleich gestaltet. Die Markschicht wird aus dünn- oder dickwandigen Hyphen zusammengesetzt, ist mehr weniger locker oder in der höchsten Lagerform dicht verflochten und von knorpeliger Konsistenz. Die Gonidien gehören zu *Protococcus*, *Pleurococcus*, *Palmella*, *Chroolepus*, *Gloeocapsa*, *Nostoc*, *Scytonema*, *Stigonema*, *Calothrix* und *Rivularia*. In der Regel werden die einzelnen Familien der Unterreihe durch eine Algenform charakterisiert, bei gewissen Familien, z. B. bei den *Stictaceae*, kommen verschiedene Algentypen vor. Die Apothezien· sind meist ausgesprochen scheibenförmig, seltener ist die Scheibe sehr eng, so dass die Schlauchfrüchte eine krugförmige Gestalt annehmen und äußerlich den Perithezien der kernfrüchtigen Flechten nicht unähnlich sind; indes fehlen in diesem Falle stets die Periphysen und ausgesprochene porenartige Mündungen. Die Apothezien sitzen auf dem Lager, sind denselben mehr weniger eingesenkt oder in Fruchtwarzen gebettet, oder sie sind ausgesprochen gestielt, und bei gewissen Familien bilden die Stiele oft stark verzweigte, einen strauchigen Thallus ähnliche, mächtig entwickelte Podetien. Ausnahmsweise treten die Apothezien auch auf der Lagerunterseite auf. Das Gehäuse fehlt bei einigen Gattungen, in der Regel ist es deutlich ausgebildet und wird dann entweder lediglich aus mehr weniger dicht verflochtenen Hyphen, welche keine Gonidien einschließen, oder vom Lager gebildet. Im ersteren Falle ist das Gehäuse weich oder wachsartig, fast farblos oder hell gefärbt (biatorinisch) oder schwarz und kohlig (lecideïnisch). Das vom Lager gebildete Gehäuse wird als ein lecanorinisches bezeichnet. Hypothezium farblos, hell, verschieden gefärbt oder kohlig. Das Epithezium ist oft stark ausgebildet und dann körnig oder pulverig, verschiedene Flechtensäuren enthaltend. Die Paraphysen sind einfach oder verzweigt, frei oder netzartig verbunden, unseptiert oder durch Querwände geteilt, an ihren Enden oft stark verdickt; sie sind eng verklebt oder durchlaufen eine, nicht selten von Öltröpfchen durchsetzte, gallertige Masse. Eine sekundäre Verlängerung der Paraphysen und ein Zusammenschmelzen derselben mit den Sporen zu einem Mazädium erfolgt nicht. Die Schläuche sind ausdauernd, einbis vielsporig. Sporen einzellig, parallel 2—mehrzellig, mauerförmig oder plakodiomorph, farblos, gebräunt oder dunkel, mit dünner oder sehr stark verdickter Wandung, in welchem Falle die Sporen mit vielen Keimschläuchen keimen. Pyknokonidien endo- oder exobasidial, mannigfach gestaltet; im allgemeinen herrschen bei den thallodisch höher entwickelten Gattungen die endobasidialen Pyknokonidien vor. Von Nebenfruktifikationen kommen in der Unterreihe vor: Konidien bei *Arnoldia minutula* Bor. (Fig. 22) und bei *Caloplaca decipiens* (Arn.); Sorale sind bei vielen Familien zu finden und für einzelne derselben (so für die *Pertusariaceae*) von großer Bedeutung.

Verwandtschaftliche Beziehungen. Alle neueren Flechtensystematiker stimmen darin überein, dass die *Cyclocarpineae* keine phylogenetisch einheitliche Gruppe der Flechten darstellen. Hingegen ist es nach dem dermaligen Stande unseres Wissens nicht möglich, die ursprünglichen Konsortien und die von diesen abgeleiteten Gruppen mit Sicherheit festzustellen. Wainio[*]) nimmt 22 Familien an, über deren gegenseitiges Verhältnis er sich indes näher nicht ausspricht. Reinke[**]) leitet die Familien der *Cyclocarpineae* von drei Primärreihen ab, und zwar von den *Lecideales*, *Parmeliales* und den *Cyanophili*; Nilson[***]) dagegen glaubt 5 ursprüngliche Reihen, die *Lecideales*, *Patillariales*, *Blasteniales*, *Buelliales* und *Biatoridiales* annehmen zu müssen. Mir scheinen als natürlich die folgenden Entwickelungsreihen: *Lecideaceae* — *Cladoniaceae* — *Phyllopsoraceae* — *Lecanoraceae* — *Parmeliaceae* — *Usneaceae*, die *Cyanophili* im Sinne Reinke's, die vier Familien mit plakodiomorphen Sporen und die *Lecanactidaceae* — *Gyalectaceae* — *Thelotremaceae*. Für mehrere Familien, so *Chrysotriaceae* u. a. ist mir der phylogenetische Ursprung unklar.

Einteilung der Unterreihe.

A. Sporen normal zweizellig (ausnahmsweise parallel dreizellig) mit stark verdickten, oft von einem engen Kanale durchzogenen Scheidewänden und dann in der Regel farblos, oder die Scheidewände sind nur wenig verdickt, in diesem Falle die Sporen stets braun.
  a. Sporen farblos, typisch plakodiomorph.
    α. Lager krustig, einförmig oder am Rande gelappt, unberindet . Caloplacaceae.
    β. Lager blattartig oder strauchig, berindet . . . . Theloschistaceae.
  b. Sporen braun, plakodiomorph oder nur mit mehr weniger verdickten Scheidewänden.
    α. Lager krustig, einförmig oder am Rande gelappt, unberindet; Pyknokonidien exobasidial . . . . Buelliaceae.
    β. Lager blattartig oder strauchig, berindet; Pyknokonidien endobasidial
                                                           Physciaceae.
B. Sporen einzellig, parallel mehrzellig oder mauerförmig, farblos, seltener gebräunt, Scheidewände stets dünn.
  a. Lager in angefeuchtetem Zustande mehr weniger gelatinös, meist ungeschichtet, stets mit Cyanophyceen-Gonidien, schuppig, blattartig oder strauchig, seltener krustig.
    α. Lager mit Rivulariaceen-Gonidien, Apothezien krugförmig . . Lichinaceae.

---

[*] Wainio, E., Etude sur la classification naturelle et la morphologie des Lichens du Brésil, vol. I., pag. XXVII—XXIX.
[**] Reinke, J., in Pringsh., Jahrbücher für wissensch. Botanik, Band XXIX. p. 192—236).
[***] Nilson, B., in Botaniska Notiser. 1903, p. 1—33.

β. Lager mit Scytonema- oder Stigonema-Gonidien; Apothezien krug- oder scheibenförmig . . . . **Ephebaceae.**
γ. Lager mit Nostoc-Gonidien; Apothezien scheibenförmig, sitzend .**Collemaceae.**
δ. Lager mit Gloeocapsa-Gonidien; Apothezien oft unscheinbar, krugförmig oder scheibenförmig . . . . **Pyrenopsidaceae.**
b. Lager angefeuchtet nicht aufquellend.
  α. Lager schwammig, byssinisch oder spinnwebig, ungeschichtet.
    I. Lager mit Cladophora- oder Chroolepus-Gonidien, aus dicht radiär angeordneten, von Hyphen umzogenen Chroolepusfäden gebildet, lamellös, mit einer Kante der Unterlage aufsitzend oder derselben blätterig auflagernd; Apothezien biatorinisch . . . . **Coenogoniaceae.**
    II. Lager schwammartig, byssinisch, mit Palmella-Gonidien, welche in die lockeren, verzweigten Hyphen eingelagert sind; Apothezien lekanorinisch
                                                   Chrysothricaceae.
β. Lager krustig, einförmig oder am Rande gelappt, horizontal ausgebreitet, mit den Hyphen des Vorlagers oder der Markschicht an die Unterlage befestigt, unberindet oder mit schmaler Rinde; Pyknokonidien exobasidial, seltener endobasidial.
  I. Lager mit Chroolepus- oder Phyllactidium-Gonidien.
    1. Apothezien stets nur mit eigenem, mitunter fehlendem oder rudimentärem Gehäuse . . . . **Lecanactidaceae.**
    2. Apothezien wenigstens in der Jugend oder dauernd vom Lager berandet.
      * Apothezien zuerst krugförmig, vom Lager mehr weniger bedeckt, endlich biatorinisch oder lezideïnisch . . . . **Gyalectaceae***).
     ** Apothezien bleibend vom Lager bekleidet, einzeln oder zu mehreren in das Lager oder in Lagerwarzen versenkt . . . . **Thelotremaceae.**
  II. Lager mit Pleurococcus- oder Palmella-Gonidien.
    1. Schläuche 1—8sporig, seltener 16—32 Sporen enthaltend.
      * Apothezien unberandet, oder das Gehäuse ist nur rudimentär und seitlich entwickelt . . . . **Ectolechiaceae.**
     ** Apothezien stets mit deutlichem Gehäuse.
       † Apothezien mit eigenem Gehäuse, keine Gonidien einschließend.
        O Gehäuse aus lockeren Hyphen zusammengesetzt, spinnwebig
                                                     Pilocarpaceae.
        OO Gehäuse aus dicht verflochtenen oder verklebten Hyphen gebildet, hell und weich oder dunkel und kohlig.
          △ Apothezien sitzend . . . . **Lecideaceae.**
          △△ Apothezien gestielt . . . . **Cladoniaceae.**
      †† Apothezien vom Lager bekleidet, lekanorinisch.
        O Apothezien auf dem Lager sitzend; Scheibe deutlich
                                                   Lecanoraceae.
        OO Apothezien einzeln oder zu mehreren in Lagerwarzen versenkt; Scheibe meist sehr schmal . . . . **Pertusariaceae.**
    2. Schläuche vielsporig; Apothezien lezideïnisch, biatorinisch oder lekanorinisch . . . . **Acarosporaceae.**
γ. Lager schuppig oder blattartig, horizontal oder mit aufstrebenden Rändern, mit Haftfasern oder mit einem Nabel (selten mit dem Vorlager) an die Unterlage befestigt, durchweg pseudoparenchymatisch oder nur oberseits oder beiderseits berindet.
  I. Apothezien in der Jugend oder bleibend mit ihrer ganzen Unterseite dem Lager eingewachsen, unberandet oder höchstens von den Resten des Schleiers umsäumt . . . . **Peltigeraceae.**
  II. Apothezien sitzend oder sehr kurz gestielt, deutlich berandet.

---

*) Bei der Gattung *Petractis* besitzt das Lager ausnahmsweise Scytonema-Gonidien.

1. Markschicht des Lagers fehlend oder undeutlich; Lager ganz oder zum größten Teile pseudoparenchymatisch, mit Scytonema-Gonidien; Pyknokonidien exobasidial . . . . **Heppiaceae.**
2. Markschicht des gut geschichteten Lagers deutlich.
   * Sporen mehr weniger spindelförmig, parallel mehrzellig, farblos oder bräunlich; Lagerunterseite häufig mit Zyphellen oder Pseudozyphellen **Stictaceae.**
   ** Sporen eiförmig, ellipsoidisch oder länglich-eiförmig, einzellig (ausnahmsweise zweizellig) oder mauerartig-vielzellig und dann dunkel; Lager stets ohne Zyphellen oder Pseudozyphellen.
   † Lager normal mit Scytonema-Gonidien . . . . . **Pannariaceae.**
   †† Lager stets mit Pleurococcus- oder Palmella-Gonidien.
   ○ Apothezien lezideïnisch oder biatorinisch.
   △ Lager kleinschuppig, mit Haftfasern an die Unterlage befestigt; Scheibe der Apothezien stets glatt. . . **Phyllopsoraceae.**
   △△ Lager groß- und meist einblätterig, mit einem Nabel an die Unterlage befestigt; Scheibe der Apothezien meist rillig **Gyrophoraceae.**
   ○○ Apothezien lekanorinisch . . . . **Parmeliaceae.**
III. Apothezien deutlich gestielt, die Stiele (Podezien) oft mächtig entwickelt und strauchartig verzweigt, nackt oder mit Lagerschüppchen besetzt **Cladoniaceae.**
δ. Lager walzlich oder strauchig, aufrecht oder hängend, mit einer Haftscheibe an die Unterlage befestigt oder vom Grunde aus absterbend, radiär gebaut, allseitig berindet . . . . **Usneaceae.**

Lecanactidaceae.

Lager krustig, einförmig, mit den Hyphen des Vorlagers oder der Markschicht an die Unterlage befestigt, unberindet, mit *Chroolepus*-Gonidien. Apothezien kreisrund, sitzend oder eingesenkt, mit fehlendem, rudimentärem oder gut entwickeltem, eigenem Gehäuse, nackt oder vom Lager bekleidet; Paraphysen verzweigt und mehr weniger netzartig verbunden; Sporen parallel mehrzellig, farblos, mit zylindrischen Fächern und dünner Wandung. Pyknokonidien exobasidial.

Die verwandtschaftlichen Beziehungen der *Lecanactidaceae* zu den *Graphidaceae* sind sehr nahe; die Selbständigkeit der Familie innerhalb der *Cyclocarpineae* wurde von Wainio begründet.

Einteilung der Familie.

A. Gehäuse fehlend oder nur rudimentär, seitlich entwickelt.
   a. Apothezien nackt, nur mit eigenem Gehäuse . . . . 3. **Melampydium.**
   b. Apothezien mit Lagerrand . . . . 2. **Schismatomma.**
B. Eigenes Gehäuse gut entwickelt, kohlig und mit dem kohligen Hypothezium zusammenfließend . . . . 1. **Lecanactis.**

1. **Lecanactis** (Eschw.) Wainio. (*Opegrapha* sect. *Lecanactis* Müll. Arg.). Lager krustig, einförmig, zumeist homöomerisch, mit den Hyphen des Vorlagers oder der Markschicht an die Unterlage befestigt, unberindet, ohne Rhizinen, mit *Chroolepus*-Gonidien. Apothezien eingesenkt, angedrückt oder sitzend, einzeln oder gesellig, kreisrund, lezideïnisch, mit kohligem, eigenem, vom Lager nicht bedecktem Gehäuse; Hypothezium kohlig, mit dem Gehäuse zusammenfließend; Paraphysen verzweigt oder verzweigt-verbunden, mehr weniger schlaff; Schläuche 4—8sporig; Sporen farblos, länglich, spindelförmig bis nadelförmig, parallel 2 bis mehr (12—16)zellig; Zellfächer zylindrisch. Konzeptakel der Pyknokonidien kugelig, mit halbkugeligem, dunklem Gehäuse; Pyknokonidien exobasidial, oval, länglich bis zylindrisch.

Bis 50 auf Rinde und auf Felsen lebende, über die Erde zerstreute Arten, in den wärmeren Regionen häufiger.

Zur Gattung *Lecanactis* können nur die Arten mit typisch runden Apothezien gezogen werden, Arten mit mehr weniger in die Länge gezogenen Apothezien gehören zur Gattung *Opegrapha* (z. B. *Opegrapha lyncea* (Sm.) Borr., u. a.).

Sekt. I. *Arthoniactis* Wainio. Sporen 2zellig. *L. ostrearum* Wainio, auf Muschelschalen, Ilha do Principe.

Sekt. II. *Eulecanactis* A. Zahlbr. Sporen parallel 4 bis mehrzellig. — **A.** Sporen 4zellig *L. abietina* (Ach.) Körb. (Fig. 55 C—F). Scheibe weißgelblich bereift, die ansehnlichen, nur pyknokonidientragenden Stücke als *Pyrenotheca leucocephala* Leiht. bekannt, auf Eichen in Europa; *L. illecebrosa* (Duf.) Körb., Apothezien eingesenkt, klein, weiß bereift, auf Rinden; *L. Dilleniana* (Ach.) Körb. mit dünnerem Lager, auf Urgesteinsfelsen in Europa.

B. Sporen 10—14zellig: *L. insignior* (Nyl.) Wainio, mit größeren Apothezien und braunbereifter Scheibe, auf Rinden im tropischen Amerika; *L. myriadea* (Fée) A. Zahlbr. mit nadelförmigen Sporen, rindenbewohnend in Brasilien.

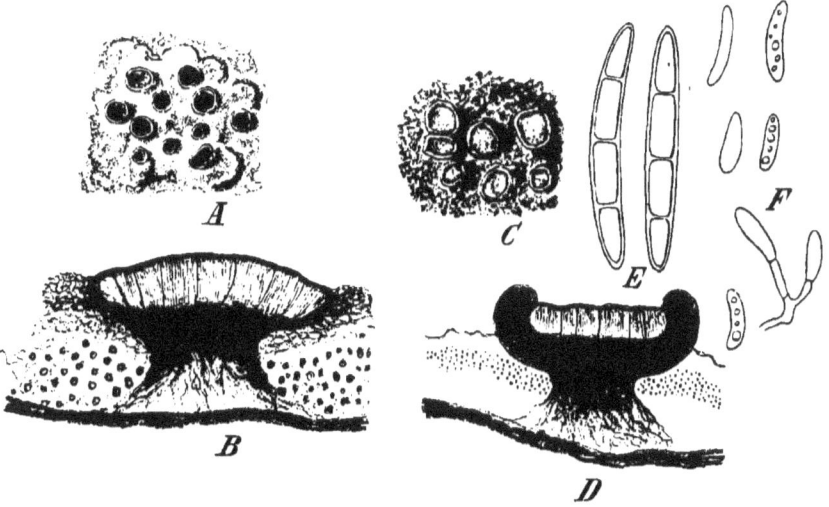

Fig. 55. *A—B Schismatomma abietinum* (Ehrh.) Körb. *A* Habitusbild (vergrößert). *B* Querschnitt durch ein Apothezium. — *C—F Lecanactis abietina* (Ach.) Körb. *C* Habitusbild (vergrößert). *D* Querschnitt durch ein Apothezium. *E* Sporen. *F* Fulkren, Basidien und Pyknokonidien. (*A—D* nach Reinke; *F* nach Glück.)

2. **Schismatomma** Fw. et Körb. (*Gomphospora* Mass., *Platygrapha* Nyl., *Chiodecton* subgen. *Schismatomma* Wainio). Lager krustig, einförmig, mehr weniger homömerisch, mit den Hyphen des Vorlagers oder der Markschicht an die Unterlage befestigt, unberindet, mit Chroolepus-Gonidien. Apothezien kreisrund oder etwas eckig oder buchtig, nie in die Länge gezogen; eigenes Gehäuse nur selten kohlig und bis zur Höhe der Scheibe reichend und dann stets sehr schmal, zumeist rudimentär oder fehlend, an der Außenseite stets vom Lager bekleidet; Hypothezium kohlig; Paraphysen verzweigt und netzartig verbunden; Schläuche 8sporig; Sporen farblos, spindelig bis fast stäbchenförmig, gerade oder bogig gekrümmt, parallel mehr (4—14)zellig; Zellfächer zylindrisch, gleich groß oder ein Fach größer und breiter; Pyknokonidien exobasidial, stäbchenförmig, gerade oder gekrümmt.

Beschrieben etwa 80 Arten, von denen viele wegen den in die Länge gezogenen Apothezien bei der Gattung *Chiodecton* untergebracht werden müssen. Die Mehrzahl der Arten bewohnt Rinden und bevorzugt die wärmeren Gebiete.

S. abietinum (Ehrh.) Körb. (Syn. *Platygrapha periclea* (Ach.) Nyl.) (Fig. 55 *A—B*), mit 4zelligen Sporen und schwarzen Scheiben, insbesondere auf Nadelholzrinde in Europa; *S. viridescens* (Fée) A. Zahlbr., mit olivengrünem Lager, 4—5zelligen Sporen, deren oberes Endfach breiter und größer ist, als die übrigen Zellfächer, auf Rinden unter den Tropen; *S.*

byssisedum (Fée) A. Zahlbr., Sporen 6—8zellig, Lager am Rande fast byssinisch, auf Chinarinden; *S. pluriloculare* A. Zahlbr., Sporen 12—14zellig, auf Rinden in Californien.

Platygraphopsis Müll. Arg. soll sich nach ihrem Urheber von *Schismatomma* nur durch die braunen Sporen unterscheiden; indes besitzt die einzige hierher gezogene Art lineale Apothezien und gehört daher zu den Graphidineen, und dürfte eine *Gymnographa* Müll. Arg. mit dunklem Hypothezium sein.

3. **Melampydium** (Strt.) Müll. Arg. Lager krustig, einförmig, mit den Hyphen des Vorlagers oder der Markschicht an die Unterlage befestigt, mit Chroolepus-Gonidien. Apothezien sitzend, klein, rund oder rundlich, flach oder endlich sehr schwach gewölbt, mit schmalem, im Alter herabgedrücktem Rande, mit dünnem, eigenem Gehäuse und hellem Hypothezium; Paraphysen locker, frei, einfach, seltener gegabelt; Schläuche 2—8sporig, eiförmig-länglich, am Grunde stark verschmälert, mit gleichmäßig dünner Wand; Sporen farblos, zuerst parallel mehrzellig, endlich mauerartig.

Nylander und Knight bezeichnen die Apothezien als unberandet, Müller Arg. hingegen führt sie unter jenen Gattungen an, welche einen »margo proprius, nigro-opegraphinus« besitzen.

1 Art, *M. metabolum* (Nyl.) Müll. Arg., rindenbewohnend, Neuseeland und Neukaledonien.

Pilocarpaceae.

Lager krustig, unberindet, mit Protococcus-Gonidien. Apothezien kreisrund, angedrückt; Gehäuse ohne Gonidien, byssinisch, aus lockeren Hyphen gebildet; Paraphysen verzweigt und verbunden; Sporen farblos, parallel mehrzellig.

Pilocarpon Wainio (*Tricholechia* Mass. (?), *Byssoloma* Trevis. (?)). Lager krustig, einförmig, mit den Hyphen des Vorlagers und der Markschicht an die Unterlage befestigt,

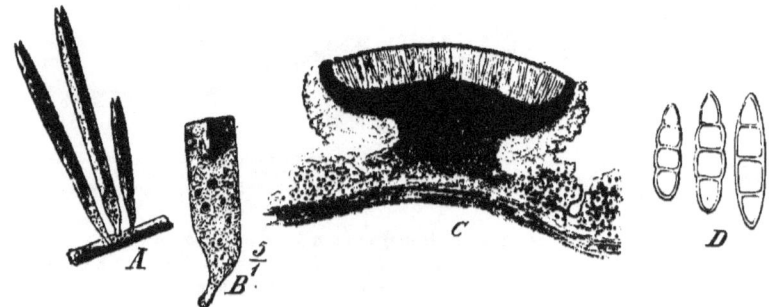

Fig. 56. *Pilocarpon leucoblepharum* (Nyl.) Wainio. *A* Habitusbild (natürliche Größe). *B* Desgleichen (vergrößert). *C* Querschnitt durch ein Apothezium. *D* Sporen. (Original.)

unberindet, mit Protococcus-Gonidien. Apothezien zuerst fast eingesenkt, endlich angedrückt, kreisrund; Gehäuse aus sehr lockeren, dünnwandigen, spärlich septierten Hyphen gebildet, fast spinnwebig, Hypothezium knorpelig; Paraphysen spärlich, verzweigt und verbunden; Schläuche mit an der Spitze schwach verdickter Wand, keulenförmig, 8sporig; Sporen farblos, länglich, eiförmig-länglich oder fast spindelförmig, parallel mehr(4)zellig, mit zylindrischen Fächern und dünner Wandung.

Die von Nylander als krugförmig bezeichneten Pyknokonidien sind nach Wainio die Konidien eines auf der Pilocarponkruste lebenden parasitischen Pilzes.

3—4 Arten. *P. leucoblepharum* (Nyl.) Wainio (Fig. 56) weit verbreitet, lebt auf Rinden, den Nadeln der Fichten und Tannen oder auf den lederigen Blättern verschiedener verholzender Gewächse; *P. polychromum* (Müll. Arg.) Wainio, auf Farnwedeln in Brasilien.

Chrysothricaceae.

Lager schwammartig-byssinisch, homöomerisch, aus verzweigten, locker verwebten Hyphen, zwischen welchen die Palmella-Gonidien lagern, gebildet. Apothezien scheibenförmig, vom Lager berandet.

Litteratur: A. B. Massalongo, Sulla Chrysothrix nolitangere Mont. (Atti dell' Istit. Veneto Sc., Lett. ed Arti, ser. III., vol. V., 1859—60, p. 499—504, Tab. III).

Verwandtschaftliche Beziehungen. Die *Chrysothricaceae* wurden von den älteren Autoren in die keine systematisch einheitliche Gruppe bildende Familie der *Byssaceae* untergebracht und hier zumeist neben *Coenogonium* gestellt. Auf eine nähere Verwandtschaft mit der genannten Gattung wurde insbesondere von Montagne, Stizenberger und Tuckerman hingewiesen. Massalongo, der die Gattung näher beschrieb, wollte sie zu den *Parmeliaceae* stellen; Nylander, und ihm folgend Willey, vereinigt die einzige bisher bekannte Gattung mit *Arthonia*. Wainio stellt die *Chrysothricaceae* zwischen die Familien der *Thelotremaceae* und *Pilocarpaceae*.

Chrysothrix Mont. (*Cilicia* Mont., haud E. Fries). Lager kleine, fast kugelige oder unregelmäßig gestaltete, gehäufte, schwammartig-pulverige, der Unterlage aufsitzende Klümpchen bildend, homöomerisch; der Pilzanteil der Flechte besteht aus wiederholt gegabelten und anastomisierenden, locker verflochtenen, dickwandigen und derben Hyphen, welchen in großer Menge kleine, gelbe Körner, wohl einer Flechtensäure angehörend, aufgelagert sind; die kugeligen, großen, hellgrünen Gonidien gehören zu Palmella und liegen zu Gruppen vereinigt unregelmäßig in den Lücken des Hyphenmaschenwerks. Apothezien in die Spitzen kurzer, zylindrischer Lagerteile schwach eingesenkt, scheibenförmig, mit vertiefter Scheibe vom Lager umkleidet, eigenes Gehäuse seitlich nur schwach entwickelt oder fast fehlend; Hypothezium hell, schmal, aus zarten, dicht verflochtenen Hyphen zusammengesetzt; Paraphysen schleimig aufgelöst; Schläuche zahlreich, keulenförmig, 6—8 sporig, mit dünner Wandung; Sporen farblos, spindelförmig bis länglich-ellipsoidisch, parallel 2—4zellig; Zellwand und Scheidewände dünn.

Massalongo bildet die Gonidien dickwandig ab und schreibt ihnen einen gelblichen Zellinhalt zu, so dass man glauben könnte, dass die Gonidien zu *Chroolepus* gehören. Ich fand die Gonidien stets dünnwandig, freudiggrün, wenn auch die Farbe im Inneren des Lagers oft stark ausblasst, und typisch zu *Palmella* gehörend. Die Hyphen des Lagers werden durch Chlorzinkjod gebläut, die Zellwände der Gonidien bleiben hingegen ungefärbt. Letzterer Umstand spricht auch gegen eine Chroolepusnatur der Gonidien.

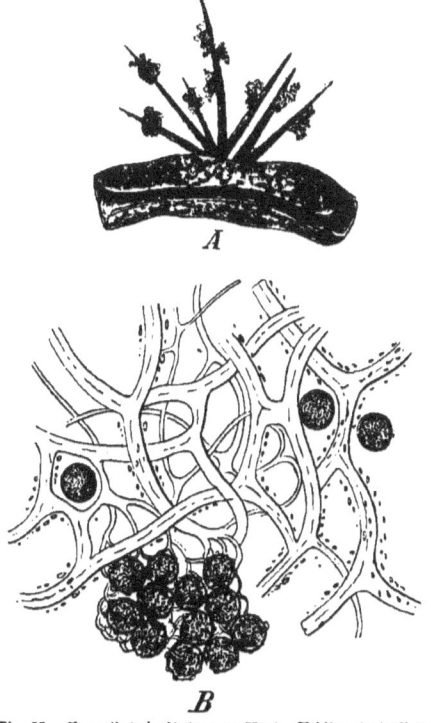

Fig. 57. *Chrysothrix 'noli tangere* Mont. Habitus (natürliche Größe). *B* Querschnitt durch das Lager (stark vergrößert). (Original.)

1 Art, *Ch. noli tangere* Mont. mit goldgelbem Lager und wachsbraunen, weißlich bereiften Scheiben, an Kaktusstacheln in Chile.

Thelotremaceae.

Wichtigste Litteratur: Außer den auf S. 2 angeführten Werken noch die folgenden: W. Nylander, Conspectus generis Thelotrematis (Annal. scienc. nat., Boton., 4. sér., tome XVI., 1862, p. 377—378). — A. von Krempelhuber, Die Flechten-Gattung Ascidium Fée (VI. Bericht der Botan. Verein. Landshut, 1877, p. 119—138). — J. Müller, Graphideae Féeanae inclus. trib. affinibus etc. (Mémoir. Soc. Phys. et Hist. Nat. Genève, vol. XXIX. No. 8, 1887). — A. Hue, Lichenes exotici (S. A. Paris, 1892, p. 170—179). — E. Wainio, Etude sur la classific. nat. et la morphol. de Lichens du Brésil, vol. II., p. 75—88.

Lager krustig, einförmig, geschichtet oder ungeschichtet, unberindet oder mit unvollkommener, amorpher Rinde, mit Chroolepus-Gonidien und mit einer wergartigen Markschicht; Apothezien in das Lager versenkt oder sich aus demselben etwas hervorhebend, in Lagerwarzen einzeln oder in Stromen zu mehreren liegend oder vom Rande wiederholt hervorsprossend, mit krugförmiger, schmaler, seltener erweiterten Scheibe, gut entwickeltem, eigenem Gehäuse und vom Lager umrandet; Paraphysen deutlich, einfach oder verzweigt, frei oder mit einander verbunden; Schläuche 1—8sporig; Sporen farblos, gebräunt oder dunkel, parallel mehrzellig oder mauerartig vielzellig, mit fast kugeligen oder linsenförmigen Zellen; Pyknokonidien, soweit bekannt, exobasidial.

Einteilung der Familie.

A. Apothezien einzeln, weder zu mehreren in Stromen vereinigt, noch aus dem Rande aussprossend.
  a. Lager mit Chroolepus-Gonidien.
    α. Paraphysen zahlreich, unverzweigt, netzartig nicht verbunden.
      I. Sporen farblos.
        1. Sporen parallel 2 bis mehrzellig . . . . 1. **Ocellularia.**
        2. Sporen mauerartig vielzellig . . . . 3. **Thelotrema.**
      II. Sporen gebräunt, braun oder dunkel.
        1. Sporen parallel mehrzellig. . . . . 2. **Phaeotrema.**
        2. Sporen mauerartig vielzellig . . . . 4. **Leptotrema.**
    β. Paraphysen spärlich, verzweigt und netzartig verbunden . . . 6. **Gyrostomum.**
  b. Lager mit Phyllactidium-Gonidien . . . . 5. **Phyllophthalmaria.**
B. Apothezien zu mehreren in Stromen vereinigt; Paraphysen verzweigt, netzartig oder leiterförmig verbunden . . . . 7. **Tremotylium.**
C. Apothezien aus dem Fruchtrande wiederholt aussprossend, aufrechte, gegabelte Ketten von Apothezien bildend. . . . . 8. **Polystroma.**

1. Ocellularia Sprgl. (*Thelotrema* subgen. *Ocellularia* Wainio; *Coniochila* Mass.(?); *Chapsa* Mass.(?); *Stigmagora* Trevis.(?)). Lager krustig, einförmig, geschichtet oder ungeschichtet, mit den Hyphen des Vorlagers oder der Markschicht an die Unterlage befestigt, unberindet oder mit amorpher Rinde, mit Chroolepus-Gonidien; Apothezien mehr weniger in das Lager gesenkt oder einzeln in Fruchtwarzen sitzend; Scheibe kreisrund, seltener länglich, punktförmig, schmal, krugförmig oder flach, eigenes Gehäuse in der Jugend die Scheibe mehr weniger bedeckend, endlich strahlig oder ringsum aufreißend, mit ihren Resten die nunmehr freie Scheibe mehr weniger einsäumend, vom Lager dauernd umrandet; Paraphysen einfach, frei oder verklebt; Schläuche 1—8sporig; Sporen parallel 2 bis vielzellig, farblos, mit linsenförmigen Zellen.

Die Gattung dürfte über 100 Arten, welche in den subtropischen und tropischen Gebieten vornehmlich als Rindenbewohner leben, umfassen.

Sekt. I. *Ascidium* Müll. Arg. (*Ascidium* Fée; *Ectolechia* Mass., non Trevis.; *Stegobolus* Mont.) Fruchtwarzen kugelig oder fast kugelig, am Grunde eingeschnürt; *O. Berkleyana* (Mont.) A. Zahlbr., mit 4zelligen Sporen und ringsum aufreißendem, eigenem Gehäuse, auf Rinden, Philippinen; *O. cinchonarum* (Fée) Müll. Arg. mit 10—12zelligen Sporen, auf Chinarinden.

Sekt. II. *Myriotrema* A. Zahlbr. (*Myriotrema* Fée; *Coscinedia* Mass.; *Ocellularia* sect. *Euocellularia* Müll. Arg.). Fruchtwarzen halbkugelig, an der Basis nicht verengt, oft flach und undeutlich. Sporen 3—4zellig: *O. alba* (Fée) Müll. Arg. mit weißem, *O. olivacea* (Fée) Müll. Arg. mit olivenfarbigem Lager auf Bonplandia-Rinden im tropischen Amerika; Sporen 6—8zellig: *O. terebrata* (Ach.) Mass., rindenbewohnend in Südamerika; Sporen 12zellig: *O. Féeana* Müll. Arg., auf Chinarinden.

2. Phaeotrema Müll. Arg. (*Thelotrema* subgen. *Phaeotrema* Wainio; *Macropyrenium* Hpe.). Wie *Ocellularia*, aber die Sporen gebräunt, braun oder schwärzlich. Etwa 20 Arten, welche in warmen Gebieten Rinden bewohnen.
P. subfarinosum (Fée) Müll. Arg., Sporen 4zellig, auf Chinarinden; *P. sitianum* (Wainio) A. Zahlbr., mit 24zelligen Sporen in Brasilien.

3. Thelotrema (Ach.) Müll. Arg. (*Brassia* Mass.; *Hymenoria* Ach.; *Schistostoma* Strt.; *Volvaria* Mass. pr. p., non DC.; *Thelotrema* subgen. *Brassia* Wainio). Lager epi- oder endophlöodisch, geschichtet oder ungeschichtet, krustig, einförmig, mit den Hyphen des

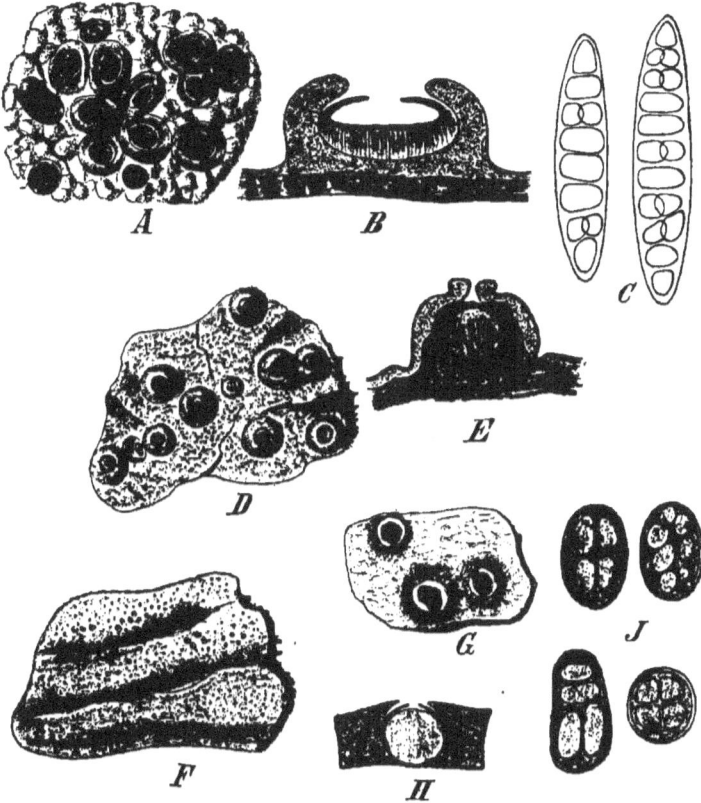

Fig. 58. *A—C Thelotrema lepadinum* Ach. *A* Habitus (vergrößert). *B* Querschnitt durch ein Apothezium. *C* Sporen. — *D—E Thelotrema umbonatum* Müll. Arg. *D* Habitus (vergrößert). *E* Querschnitt durch ein Apothezium. — *F—J Leptotrema Wightii* Müll. Arg. *F* Habitus (natürliche Größe). *G* Desgleichen (vergrößert). *H* Querschnitt durch ein Apothezium. *J* Sporen. (*A* nach Reinke; das übrige Original.)

Vorlagers oder der Markschicht an die Unterlage befestigt, unberindet oder mit unvollkommener, amorpher oberseitiger Rinde, mit Chroolepus-Gonidien; Markschicht wergartig, aus dünnwandigen Hyphen zusammengesetzt. Apothezien in das Lager versenkt oder in Fruchtwarzen einzeln sitzend; Scheibe kreisrund, ausnahmsweise länglich, punktförmig, schmal, nur selten erweitert; eigenes Gehäuse gut entwickelt, weich, verschieden gefärbt, in der Jugend über der Scheibe geschlossen, dann einreißend und sich durch eine allmählich erweiternde Pore öffnend, endlich die Scheibe freilegend und mit ihrem Reste dieselbe umsäumend, dauernd vom Lager umrandet; Hymenium mitunter durch säulchenförmige Verlängerungen des eigenen Gehäuses geteilt; Paraphysen einfach, unverzweigt, frei; Schläuche 1—8sporig, mit gleichmäßig dünner Wand; Sporen farblos, mauerartig vielzellig, mit kugeligen oder fast linsenförmigen Zellen. Pyknokonidien exobasidial, kurzwalzig.

Über 100 Arten, die warmen Gebiete bevorzugend und hauptsächlich auf Rinden lebend.

Sekt. I. *Euthelotrema* A. Zahlbr. Scheibe der Apothezien endlich freigelegt, krugförmig oder flach. *Th. lepadinum* Ach. (Fig. 58 *A—C*), auf Nadel- und Laubholzrinden, seltener auf Gestein, weit verbreitet, mit 4—8sporigen Schläuchen und vielzelligen Sporen; *Th. concretum* Fée, Schläuche 8sporig, Sporen wenig (6)zellig, auf Chinarinden; *Th. subtile* Tuck., mit 10—18zelligen Sporen und mit weißpulverigem, innerem Gehäuse, in Nordamerika und auch in England gefunden; *Th. megalophthalmum* Müll. Arg., mit flacher, bis 2,5 mm breiter Scheibe von lekanorischem Aussehen, auf Rinden in Australien.

Sekt. II. *Pseudo-Ascidium* Müll. Arg. Fruchtwarzen vom Lager bleibend berandet, am Scheitel genabelt. *Th. umbonatum* Müll. Arg. (Fig. 58 *D—E*), rindenbewohnend in Japan.

4. Leptotrema Mont. et van der Bosch. (*Antracocarpon* Mass.; *Volvaria* Mass. pr. p., non DC., *Thelotrema* subgen. *Leptotrema* Wainio). Sporen braun oder dunkel, sonst wie *Thelotrema*.

Bis 40 Arten, welche in den wärmeren Gebieten auf Rinden, selten auf der Erde oder auf Steinen leben.

L. leiospodium (Nyl.) A. Zahlbr., auf der Erde in Portugal; *L. bahianum* (Ach.) Müll. Arg., die arm (4—6)zelligen Sporen zu 8 in den Schläuchen, auf Rinden in Südamerika; *L. monosporum* (Nyl.) Müll. Arg., Schläuche 1—4sporig, Sporen vielzellig, unter den Tropen weit verbreitet; *L. albocoronatum* (Kn.) Müll. Arg., mit weißem, strahlig-rissigem Lagerrand in Australien; *L. Wightii* Müll. Arg. (Fig. 58 *F—J*) rindenbewohnend, Kuba.

5. Phyllophthalmaria (Müll. Arg.) A. Zahlbr. Lager krustig, einförmig, mit den Hyphen des Vorlagers oder der Markschicht an die Unterlage befestigt, unberindet, mit Phyllactidium-Gonidien. Apothezien in das Lager gesenkt oder in mehr weniger entwickelten Fruchtwarzen sitzend, mit gut entwickeltem, eigenem Gehäuse, vom Lager berandet; Scheibe krugförmig oder flach, in der Regel schmal; Paraphysen unverzweigt und frei; Schläuche 1—8sporig; Sporen farblos, parallel mehrzellig, mit linsenförmigen Zellen.

10 Arten, Blattbewohner unter den Tropen.

Sekt. I. *Euphyllophthalmaria* A. Zahlbr. (*Ocellularia* sect. *Phyllophthalmaria* Müll. Arg.). Scheibe der Apothezien schwarz oder schwärzlich. *Ph. Zamiae* (Müll. Arg.) A. Zahlbr., auf Zamiablättern in Mexiko.

Sekt. II. *Chroodiscus* (Müll. Arg.) A. Zahlbr. (*Ocellularia* sect. *Chroodiscus* Müll. Arg.). Scheibe hell, verschieden gefärbt. *Ph. coccinea* (Müll. Arg.) A. Zahlbr., mit karminroter Fruchtscheibe, in Südamerika.

6. Gyrostomum E. Fries. (*Gymnotrema* Nyl.). Lager krustig, einförmig, mit den Hyphen des Vorlagers und der Markschicht an die Unterlage befestigt, unberindet, mit Chroolepus-Gonidien, welche die ganze Markschicht erfüllen. Apothezien in der Jugend in das Lager gesenkt, endlich angepresst, rund, mit krugförmiger oder konkaver Scheibe; eigenes Gehäuse kohlig oder braun, geschlossen oder nur seitlich entwickelt, außen vom Lager vorübergehend oder dauernd bekleidet; Paraphysen schwach verzweigt und netzartig verbunden, an den Spitzen kaum verdickt; Schläuche dünnwandig, 2—8sporig; Sporen zuerst farblos, dann gebräunt, länglich bis spindelförmig-länglich, mauerartig-vielzellig.

2 Arten. *G. scyphuliferum* (Ach.) E. Fries (Fig. 59 *A—C*), in den wärmeren Gebieten auf Rinden weit verbreitet.

7. Tremotylium Nyl. Lager krustig, einförmig, mit den Hyphen des Vorlagers oder der Markschicht an die Unterlage befestigt, unberindet oder mit amorpher Rinde, mit Chroolepus-Gonidien. Apothezien zu mehreren in rundliche oder in die Länge gezogene Stromen vereinigt, jedes Apothezium mit gut entwickeltem, eigenem Gehäuse, vom Lager berandet; Scheibe krugförmig oder schmal; Paraphysen verzweigt und netzoder leiterartig verbunden; Schläuche 1—8sporig; Sporen farblos oder gebräunt, mauerartig-vielzellig, mit fast kugeligen Zellen.

6 Arten, rindenbewohnend in den warmen Gebieten.
Schläuche einsporig: *T. occultum* Strt. mit dunklen Sporen, in Neuseeland; *T. australiense* Müll. Arg. mit farblosen Sporen. Schläuche 4—8sporig: *T. Sprucei* Müll. Arg. (Fig. 59 *D*), mit dunkelroter Scheibe in Brasilien.

8. Polystroma Clem. (*Ozocladium* Mont.). Lager krustig, fast häutig, einförmig. Apothezien kurzgestielt, aus dem Rande wiederholt aussprossend und endlich fast perlschnurartige, aufrechte, gegabelte Fruchtstände bildend; Einzelapothezien mit krugförmiger Scheibe, mit in der Jugend geschlossenem, später aufreißendem, eigenem Gehäuse, vom Lager berandet; Sporen farblos, spindelförmig, parallel 6—8zellig. Pyknokonidien exobasidial, länglich, auf wenig verzweigten Fulkren.

Die Gonidien wurden bisher nicht beschrieben, die Stellung der Gattung bei den Thelotremaceae ist daher noch nicht sichergestellt.

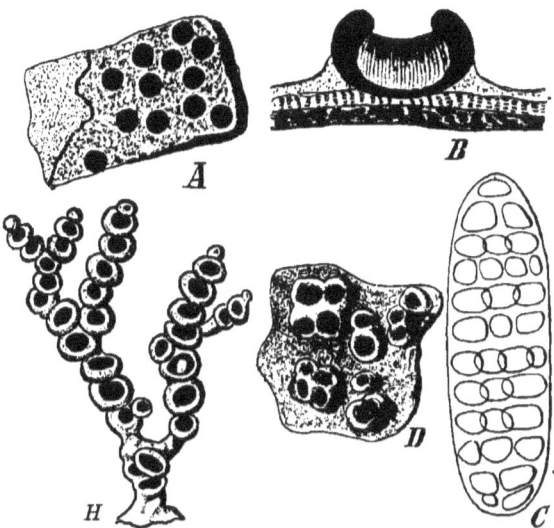

Fig. 59. *A—C Gyrostomum scyphuliferum* (Ach.) E. Fries. *A* Habitus (schwach vergrößert). *B* Querschnitt durch ein Apothezium. *C* Sporen. *D Tremotylium Sprucei* Müll. Arg. Habitus (vergrößert). — *H Polystroma Ferdinandezii* Clem. Habitus (vergrößert). (*H* nach Montagne; das übrige Original.)

1 Art, *P. Ferdinandezii* Clem. (Syn. *Ozocladium Leprieurii* Mont.) (Fig. 59 *H*), auf Rinden in Spanien und franz. Guyana.

Diploschistaceae.

Lager krustig, geschichtet, einförmig, mit den Hyphen des Vorlagers oder der Markschicht an die Unterlage befestigt, unberindet mit Protococcus-Gonidien; Markschicht wergartig, aus verhältnismäßig dickwandigen Hyphen gebildet. Apothezien kreisrund, in das Lager versenkt oder angedrückt, mit krugförmiger oder endlich flacher Scheibe; eigenes Gehäuse gut entwickelt, geschlossen oder nur seitlich entwickelt, vom Lager schwach berandet; Paraphysen einfach oder verzweigt; Sporen parallel 2—mehrzellig oder mauerartig. Pyknokonidien exobasidial.

Einteilung der Familie.
A. Sporen parallel-vielzellig, farblos . . . . 1. Conotrema.
B. Sporen mauerartig, dunkel. . . . . 2. Diploschistes.

1. Conotrema Tuck. Lager epiphlöodisch, krustig, einförmig, mit den Hyphen des Vorlagers und der Markschicht an die Unterlage befestigt, unberindet, mit Protococcus-Gonidien. Apothezien eingedrückt, sitzend, zuerst geschlossen, dann geöffnet, fast krugartig, mit eigenem, kohligem Gehäuse, vom Lager leicht berandet; Scheibe bereift, endlich nackt und schwarz, vertieft bleibend; Paraphysen im oberen Teile einmal oder wiederholt gegabelt, spärlich septiert; Schläuche dünnwandig, 8sporig; Sporen vertikal gelagert, farblos, zylindrisch, leicht gebogen, parallel viel(30—40)zellig, mit rundlich-eckigen Zellen. Pyknokonidien länglich, gerade.

2 Arten. *C. urceolatum* (Ach.) Tuck. (Fig. 60 *G*), in England und Deutschland selten, in Nordamerika von Kanada bis Südkarolina häufiger, auf Baumrinden; *C. volvarioides* (Fée) Müll. Arg., auf Cascarillarinden.

2. Diploschistes Norm. (*Acrorixis* Trevis.; *Lagerheimina* O.K.; *Limboria* Körb.; *Urceolaria* Ach. [1798] non Willd. [1790]). Lager krustig, einförmig, mit den Hyphen des Vorlagers und der Markschicht an die Unterlage befestigt, unberindet oder mit aus wagrechten Hyphen hervorgegangener, unvollkommener Rinde, mit Protococcus-Gonidien. Apothezien in das Lager versenkt oder endlich angepresst, mit enger oder geöffneter, krugförmiger oder flacher Scheibe; eigenes Gehäuse gut entwickelt, kohlig oder hell, vom Lager dauernd oder vorübergehend berandet; Paraphysen einfach oder an den Spitzen verzweigt; Schläuche dünnwandig, 4—8sporig; Sporen mauerartig vielzellig,

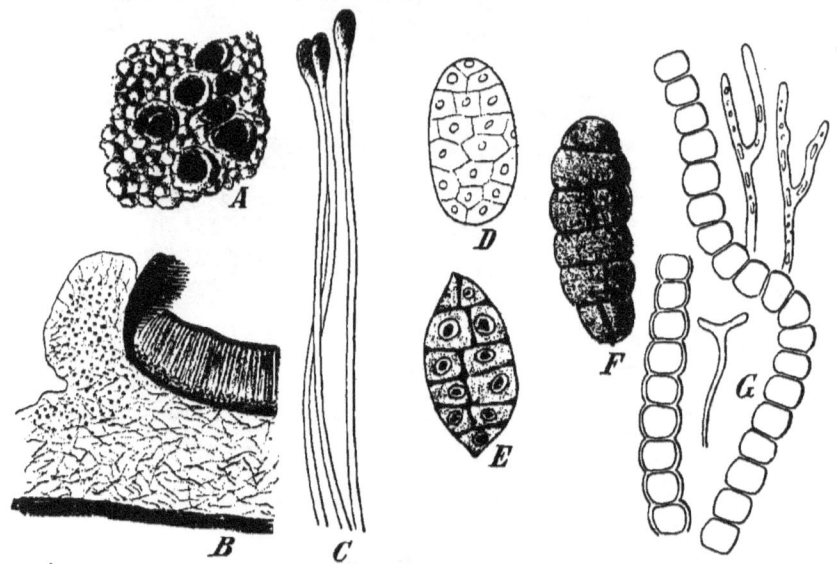

Fig. 60. *A—F Diploschistes scruposus* (L.) Norm. *A* Habitus (vergrößert). *B* Querschnitt durch ein Apothezium und durch den angrenzenden Teil des Lagers. *C* Paraphysen. *D—F* Sporen. — *G Conotrema urceolatum* (Ach.) Tuck. Sporen und Paraphysenende. (*A—B* nach Reinke; das übrige Original.)

dunkel gefärbt. Behälter der Pyknokonidien flächenständig, kugelig bis birnförmig; Pyknokonidien länglich oder kurz-zylindrisch, gerade.

Bis 30 Arten in den kalten und gemäßigten Gebieten oder in den wärmeren Gebieten im Hochgebirge; vornehmlich Steinbewohner. Die syntrophen Arten bringt Steiner in einer eigenen Gattung, *Polyschistes* Stnr., unter.

D. scruposus (L.) Norm. (Fig. 60 *A—E*), mit grauem oder grauweißem Lager, geschlossenem, kohligem Gehäuse und geöffneter Scheibe, auf Steinen, Holz oder auf Cladoniaschuppen lebend in den gemäßigten Zonen weit verbreitet; *D. ocellatus* (DC.) Norm., mit kreidigem kräftigem Lager und offenen Scheiben, auf Kalkfelsen im Mediterrangebiet; *D. hypoleucus* (Wainio) A. Zahlbr., mit nur seitlich entwickeltem, kohligem Gehäuse und hellem Hypothezium, auf sandigem Boden in Brasilien; *D. actinostomus* (Pers.) A. Zahlbr., mit kleinen, eingesenkten, an pyrenokarpe Perithezien erinnernden Früchten, auf Felsen in den gemäßigten Zonen.

Ectolechiaceae.

Lager krustig, homöomerisch, mit den Hyphen des Vorlagers oder der Markschicht an die Unterlage befestigt, mit Protococcus-Gonidien. Apothezien kreisrund, eingesenkt bis sitzend, klein; Gehäuse fehlend oder seitlich rudimentär entwickelt, mit schüsselförmiger bis flacher, stets nackter oder in der Jugend von einem später aufreißenden Häutchen bedeckter Scheibe; Epithezium mit oder ohne Gonidien; Hypothezium hell, ohne Gonidien oder einer Gonidienschicht auflagernd; Paraphysen gut entwickelt, einfach oder

Ascolichenes. (Zahlbruckner.) 123

verzweigt und verbunden; Schläuche 1—8sporig; Sporen farblos, parallel 2—mehrzellig oder mauerartig. — Ausschließlich unter den Tropen auf lederigen Blättern und Farnwedeln lebende Flechten.

Litteratur: V. Trevisan, Saggio di una classificazione naturale des Licheni. Memoria I. Sulla tribù delle Patellariee (Revista period. dei lavori dell R. Accad. Padova, 1853). — J. Müller, Lichenes epiphylli novi (Genevae, 1890). — E. Wainio, Lichenes Antillarum a W. R. Elliot collecti (Journ. of Botany, vol. XXXIV., 1896, pag. 205—209). — Derselbe, Catalogue of the African Plants collect. by D. Fr. Welwitsch in 1853—1861 (Vol. II., Part. II., London, 1901, pag. 427—429).

Einteilung der Familie.

A. Scheibe auch in der Jugend nackt, ohne Velum.
  a. Unter dem Hypothezium keine Gonidien.
    α. Paraphysen verzweigt und verbunden.
      I. Sporen zweizellig . . . . 6. **Actinoplaca**.
      II. Sporen mauerartig vielzellig . . . . 3. **Sporopodium**.
    β. Paraphysen unverzweigt und frei; Sporen mauerartig vielzellig . 2. **Lopadiopsis**.
  b. Hypothezium einer gonidienführenden Schichte aufgelagert.
    α. Sporen parallel 3zellig . . . . 4. **Lecaniella**.
    β. Sporen mauerartig . . . . 5. **Arthotheliopsis**.
B. Scheibe in der Jugend von einem Häutchen bedeckt, welches später mit dreieckigen Lappen aufreißt und endlich verschwindet. . . . . 1. **Asterothyrium**.

1. **Asterothyrium** Müll. Arg. Lager krustig, einförmig, fleckenförmig, mit den Hyphen des Vorlagers und der Markschicht an die Unterlage befestigt, unberindet, mit Protococcus-Gonidien. Apothezien kreisrund, zuerst eingesenkt, dann angepresst, in der Jugend von einem Häutchen bedeckt, welches später mit einigen wenigen dreieckigen Lappen strahlig aufreißt und endlich ganz verschwindet und die schüsselförmige bis fast flache Scheibe freilegt; Epithezium ohne Gonidien; Hymenium schleimig; Paraphysen unverzweigt, frei, zart; Hypothezium hell, ohne Gonidien; Schläuche 1—8sporig, parallel 2—3zellig, farblos, ellipsoidisch, länglich bis schmal spindelförmig, an den Septen mitunter eingeschnürt, dickwandig.

5 Arten. *A. monosporum* Müll. Arg., mit einsporigen Schläuchen, Brasilien; *A. Pittieri* Müll. Arg., Schläuche 2—3sporig, Kostarika.

2. **Lopadiopsis** Wainio. Lager krustig, fleckenartig, einförmig oder am Rande dicht strahlig gefaltet, mit den Hyphen des Vorlagers und der Markschicht an die Unterlage befestigt, unberindet, mit Protococcus-Gonidien. Apothezien klein, eingesenkt, die Scheibe von dem seitlich ausgebildeten Gehäuse etwas überragt; Epithezium und Hypothezium ohne Gonidien; Paraphysen zahlreich, fädlich, unverzweigt und frei; Schläuche 1 sporig; Sporen farblos, mauerartig.

1 Art, *L. Coffeae* (Müll. Arg.) Wainio, in Brasilien.

3. **Sporopodium** Mont. (*Ectolechia* Trevis., *Echinoplaca* Fée(?)). Lager krustig, fleckenartig, einförmig oder am Rande undeutlich gelappt, mit den Hyphen des Vorlagers und der Markschicht an die Unterlage befestigt, unberindet, mit Protococcus-Gonidien. Apothezien kreisrund, zuerst etwas eingesenkt, dann sitzend, unberandet oder mit seitlich entwickeltem, rudimentärem Gehäuse; Scheibe schüsselförmig bis flach oder leicht gewölbt; Epithezium mit oder ohne Gonidien; Hypothezium hell, ohne Gonidien; Paraphysen verzweigt und verbunden; Schläuche 1 sporig; Sporen farblos oder leicht gebräunt, mauerartig.

Als den tropischen blattbewohnenden Flechten eigentümlich und auch dieser Gattung angehörend beschreibt Müller Arg. unter dem Namen »Campylidium« eine Nebenfruktifikation. Diese ist jedoch nach Wainio ein auf dem Lager parasitierender Pilz, die *Cyphella aeruginascens* Karst.

7 Arten wurden bisher beschrieben.

Sekt. I. *Gyalectidium* (Müll. Arg.) A .Zahlbr. (*Gyalectidium* Müll. Arg.). Epithezium ohne Hymenialgonidien; *S. filicinum* (Müll. Arg.) A. Zahlbr., unter den Tropen weit verbreitet.

Sekt. II. *Gonothecium* Wainio. (*Lecidea* sect. *Gonothecium* Wainio). Epithezium mit Hymenialgonidien; *S. phyllocharis* (Mont.) Mass., im tropischen Amerika und Ozeanien.

4. **Lecaniella** Wainio. Lager krustig, fleckenartig, einförmig, mit den Hyphen der Markschicht an die Unterlage befestigt, unberindet, mit Protococcus-Gonidien. Apothezien kreisförmig, eingesenkt, häutig, mit flacher oder etwas gewölbter Scheibe; Gehäuse sehr schmal oder verschwindend; Scheibe flach oder etwas gewölbt; Epithezium ohne Gonidien; Hypothezium hell, einer gonidienführenden Schicht aufgelagert; Paraphysen unverzweigt, verklebt; Schläuche 8sporig; Sporen farblos, länglich, parallel 3zellig.
1 Art, *L. hymenocarpa* Wainio, in Brasilien.

5. **Arthotheliopsis** Wainio. Lager krustig, fleckenartig, einförmig, mit den Hyphen der Markschicht an die Unterlage befestigt, unberindet, mit Protococcus-Gonidien. Apothezien kreisförmig, häutig und arthonienähnlich, gegen die Basis verschmälert; Gehäuse nur seitlich entwickelt und schmal oder unberandet; Epithezium ohne Hymenialgonidien; Hypothezium hell, einer Gonidienschicht aufgelagert; Paraphysen einfach oder zum Teile verzweigt und anastomisierend; Schläuche 8sporig; Sporen farblos, spindelförmig bis ellipsoidisch, mauerartig.
1 Art, *A. hymenocarpoides* Wainio, St. Vincent.

6. **Actinoplaca** Müll. Arg. Lager krustig, am Rande strahlig gelappt, mit den Hyphen der Markschicht an die Unterlage befestigt, unberindet, mit Pleurococcus-Gonidien. Apothezien zuerst gestielt und kugelig, später angedrückt-schildförmig, häutig, unberandet; Hypothezium farblos, ohne Gonidien; Paraphysen sehr zart, unregelmäßig verzweigt und verbunden; Schläuche am Grunde schwanzartig verschmälert, 8sporig; Sporen farblos, länglich bis eiförmig, parallel, 2zellig.
1 epiphylle Art, *A. strigulacea* Müll. Arg. in Zentralamerika.

Gyalectaceae.

Lager krustig, homöomerisch oder heteromerisch, einförmig, seltener am Rande gelappt, unberindet, ohne Rhizinen, mit Chroolepus- oder Phyllactidium-, ausnahmsweise mit Scytonema-Gonidien. Apothezien kreisrund, eingesenkt bis sitzend, einzeln; eigenes Gehäuse weich und hell oder kohlig, vom Lager dauernd oder vorübergehend berandet oder nackt; Paraphysen gut entwickelt, einfach meist locker; Schläuche 6—vielsporig; Sporen farblos, einzellig, parallel 2—vielzellig oder mauerartig, eiförmig bis nadelförmig, mit zylindrischen Fächern und dünner Wand; Gehäuse der Pyknokonidien flächenständig, eingesenkt, kugelig, Fulkren exobasidial.

Litteratur: aus den Genannten: C. V. Trevisan, Sulla Garovaglinee, nuova tribù di Collemacee. (Rendic. R. Istitut. Lombardo, ser. II., vol. XIII., 1880, p. 66, Fußnote).

Einteilung der Familie.
A. Lager mit Scytonema-Gonidien . . . . 1. **Petractis**.
B. Lager mit Chroolepus- oder Phyllactidium-Gonidien.
 a. Schläuche 6—8sporig.
  α. Eigenes Gehäuse und Hypothezium kohlig . . . . 7. **Sagiolechia**.
  β. Eigenes Gehäuse hell, wachsartig bis knorpelig; Hypothezium hell.
   I. Sporen einzellig. . . . . 2. **Jonaspis**.
   II. Sporen zweizellig . . . . 3. **Microphiale**.
   III. Sporen 4—mehrzellig oder außerdem noch durch Längswände geteilt und dann mauerartig . . . . 5. **Gyalecta**.
 b. Schläuche 12—vielsporig.
  α. Sporen zweizellig, kahnförmig . . . . 4. **Ramonia**.
  β. Sporen parallel 6—vielzellig, spindel- bis nadelförmig. . . . 6. **Pachyphiale**.

1. **Petractis** E. Fr. (*Volvaria* DC. pr. p.). Lager krustig, einförmig, mit den Hyphen der Markschicht an die Unterlage befestigt, homöomerisch, aus dünnwandigen, dicht verwebten Hyphen und untermischten Scytonemafäden zusammengesetzt. Apothezien halb eingesenkt, kreisförmig, mit hellem, eigenem Gehäuse, das Lager überdeckt dasselbe in der Jugend und reißt am Scheitel später strahlig auf und legt die Scheibe frei; Paraphysen locker, einfach; Schläuche 8sporig; dünnwandig; Sporen farblos, länglich-spindelförmig, parallel 4zellig, mit zylindrischen Fächern; Zellwand und Scheidewände dünn.
1 Art. *P. clausa* (Hoffm.) Arn. auf Kalk- und Dolomitfelsen in den Gebirgsgegenden Europas.

2. Jonaspis Th. Fr. Lager krustig bis häutig, einförmig oder am Rande gelappt, mit den Hyphen des Vorlagers oder der Markschicht an die Unterlage befestigt, mit Chroolepus-Gonidien, deren Zellen zu Ketten vereinigt sind. Apothezien kreisrund, eingesenkt bis fast sitzend, mit hellem oder dunklem Gehäuse, welches vom Lager mehr weniger berandet wird; Scheibe krugförmig bis fast flach; Paraphysen einfach, locker; Schläuche 8sporig; Sporen farblos, einzellig, eiförmig bis ellipsoidisch, mit dünner Wand. Pyknokonidien kurzwalzig, gerade.

Sekt. I. *Aphragmia* (Trevis.) A. Zahlbr. (*Aphragmia* Trev.). Lager häutig, am Rande gelappt.

1 Art, *J. microsperma* (Nyl.) A. Zahlbr., rindenbewohnend auf der Insel Bourbon.

Sekt. II. *Euionaspis* A. Zahlbr. Lager krustig, einförmig.

Etwa 10 Arten, welche auf Felsen in den kälteren und gemäßigten Gebieten leben Habituell erinnern sie an Arten der Gattung *Lecanora* sect. *Aspicilia* und unterscheiden sich von diesen durch die Gestalt der Gonidien. Angefeuchtet duftet die Kruste nach Veilchen. *J. chrysophana* (Kbr.) Stein, mit weinsteinartigem, feinrissigem Lager und schwarzen Fruchtscheiben, auf Kalk- und Urgesteinfelsen; *J. epulotica* (Ach.) Arn., mit sitzenden, fleischfarbigen Apothezien, auf Kalk- und Dolomitfelsen; *J. odora* (Ach.) Stein, mit firnissartigem, ergossenem Lager und endlich hervorragenden Apothezien, an Urgestein in Europa und Nordamerika.

3. Microphiale (Stzbgr.) A. Zahlbr. (*Biatorinopsis* Müll. Arg.; *Dimerella* Trev.; *Gyalectella* Lahm; *Gyalecta* sect. *Microphiale* Wainio und sect. *Lecaniopsis* Wainio). Lager krustig, häutig, einförmig, mit den Hyphen des Vorlagers und der Markschicht an die Unterlage befestigt, unberindet, mit kettenförmigen Chroolepus- oder Phyllactidium-Gonidien und wergartiger Markschicht. Apothezien kreisrund, klein, sitzend oder angepreßt, mit weichem oder knorpeligem, hellem, ganzrandigem, meist pseudoparenchymatischem Gehäuse, rudimentär vom Lager bekleidet, zumeist nackt; Scheibe krugförmig bis leicht gewölbt; Hypothezium hell; Paraphysen locker, unverzweigt; Schläuche 8sporig; Sporen farblos, zweizellig, spindelförmig bis länglich, mit dünner Wand und zartem Septum. Pyknokonidien fast ellipsoidisch, gerade.

15 Arten, auf Rinden und über Moosen, unter den Tropen auch auf lederigen Blättern und dann auch Übergänge zu Phyllactidium-Gonidien (nach Müller Arg.) zeigend oder mit typischen Phyllactidium-Gonidien; *M. lutea* (Dicks.) Stnr., mit geglättetem Lager, kleinen gelben bis fleischfarbigen Apothezien, in den gemäßigten und warmen Gebieten weit verbreitet; *M. diluta* (Pers.) A. Zahlbr., der vorigen ähnlich, mit kleineren Apothezien, ebenfalls weit verbreitet, in Mitteleuropa gerne am Grunde älterer Föhren; *M. perminuta* (Wainio) A. Zahlbr., mit Phyllactidium-Gonidien, blattbewohnend in Brasilien.

4. Ramonia Stzbgr. Lager krustig, einförmig; Apothezien zuerst in kleine Lagerwärzchen versenkt; später erweitert sich die Scheibe, drängt den Lagerrand mehr und mehr zurück und wird endlich von dem eigenen, weißen, strahlig-rissigen und zurückgeschlagenen Gehäuse umgeben; Schläuche vielsporig; Sporen zweizellig, kahnförmig. Angaben über die Gonidien und über die Farbe der Sporen fehlen. Die Einreihung der Gattung in das Flechtensystem an dieser Stelle begründet sich auf den Vorgang Tuckermans.

1 Art, *R. valenzuelana* (Mont.) Stzbgr., rindenbewohnend, Kuba.

5. Gyalecta (Ach.) A. Zahlbr. (*Volvaria* DC. pr. p., *Secoliga* Norm. pr. p.). Lager krustig, einförmig mit den Hyphen des Vorlagers und der Markschicht an die Unterlage befestigt, unberindet, mit Chroolepus-Gonidien, deren Zellen zu Fäden oder Ketten angeordnet sind, mit spinnwebartiger, aus dünnwandigen Hyphen gebildeter Markschicht. Apothezien kreisrund, in das Lager dauernd versenkt, emporgehoben oder erhaben sitzend; Gehäuse wachsartig oder hornig, hell, nackt oder vom Lager mehr weniger berandet, mit schüsselförmiger bis ebener Scheibe; Hypothezium hell und weich; Paraphysen straff, locker, unverzweigt; Schläuche 8sporig; Sporen farblos, spindelförmig, ellipsoidisch, länglich bis eiförmig, parallel 4—mehrzellig oder nach beiden Richtungen des Raumes mehr weniger geteilt und mauerartig, mit zylindrischen, beziehungsweise kubischen Zellen, dünner Wand und zarten Scheidewänden. Fulkren exobasidial; Pyknokonidien linealisch bis kurzwalzig, gerade.

Bei 40 Arten, hauptsächlich den kälteren und gemäßigten Gebieten angehörend, auf Rinden, Felsen, über Moosen und auf dem Erdboden lebend.

Sekt. I. *Secoliga* (Norm.) A. Zahlbr. (*Biatorinopsis* sect. *Polyphragma* Müll. Arg.; *Bryophagus* Nitschke; *Gyalecta* sect. *Tronidia* Wainio pr. p.; *Lepidolemma* Trev.; *Phialopsis* Kbr.; *Secoliga* Norm. pr. p.; *Secoliga* sect. *Tronidia* Mass.). Sporen parallel 4—mehrzellig; *G. leucaspis* (Krph.) mit fast sitzenden Apothezien, bereifter Scheibe, 4—6zelligen Sporen, auf Kalk- und Dolomitfelsen in Europa; *G. gloeocapsa* (Nitschke) A. Zahlbr., mit 4—8zelligen, fast nadelförmigen Sporen, auf Moospolstern; *G. foveolaris* (Ach.) Th. Fr., mit 4zelligen Sporen, auf humöser Erde; *G. croatica* Schul. et A. Zahlbr., mit 8—10zelligen Sporen und sehr kleinen Fruchtkörpern, in Dalmatien auf Kalk; *G. ulmi* (Sw.) A. Zahlbr. [Syn. *Phialopsis rubra* Körb.],

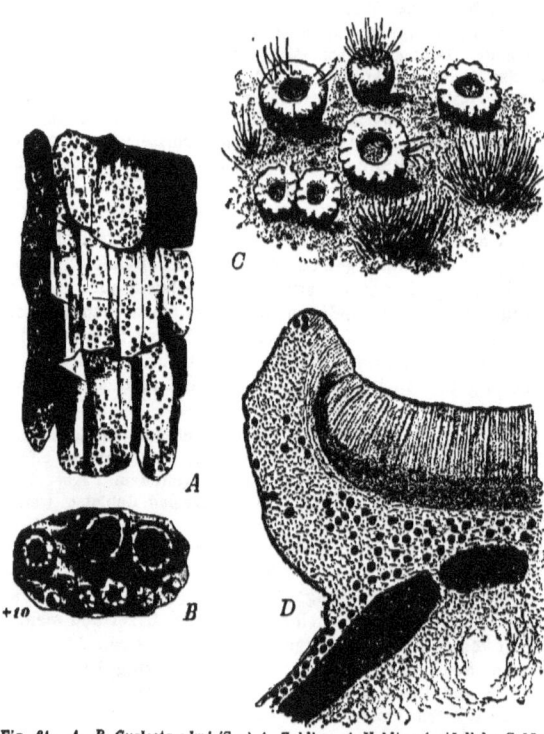

(Fig. 61 *A—B*), mit großen Gonidien, roter Scheibe und weißem, zackigem Lagerrand, auf Rinden älterer Laubbäume in den gemäßigten Zonen weit verbreitet.

Sekt. II. *Eugyalecta* A. Zahlbr. (*Secoliga* Norm. pr. p., *Gyalecta* sect. *Secoliga* Wainio). Sporen nach beiden Richtungen des Raumes geteilt, mauerartig; *G. cupularis* (Ehrh.) E. Fr. (Fig. 61 *C—D*), mit rötlicher Scheibe, dickem, wulstigem, weißem Gehäuse, auf Kalkfelsen verbreitet; *G. truncigena* Ach., mit kleinen Apothezien, fleischrotem, später gebräuntem Gehäuse, auf Rinden häufig; *G. lecideopsis* Mass., mit trocken schwärzlicher, angefeuchtet hyaliner Scheibe, an Kalkfelsen.

6. **Pachyphiale** Lönnr. (*Wilmsia* Lahm). Lager krustig, einförmig, mit den Hyphen des Vorlagers und der Markschicht an die Unterlage befestigt,

Fig. 61. *A—B Gyalecta ulmi* (Sw.) A. Zahlbr. *A* Habitus (natürliche Größe). *B* Desgleichen (vergrößert). — *C—D Gyalecta cupularis* (Ehrh.) E. Fries. *C* Habitus. Lager und Apotheziumrand mit auswachsenden Chroolepusfäden (vergrößert). *D* Querschnitt durch ein Apothezium und durch den Fruchtrand. (*A—B* Original; *C—D* nach Reinke.)

unberindet, mit kettenförmigen Chroolepus-Gonidien. Apothezien kreisrund, klein, anfangs geschlossen, sitzend, mit hornigem, lichtem, ganzrandigem Gehäuse, vom Lager kaum oder nicht berandet; Scheibe krugförmig bis fast flach; Paraphysen locker, schlank, einfach; Hypothezium hell; Schläuche 12—mehrsporig; Sporen farblos, spindel- bis nadelförmig, gerade oder leicht gekrümmt, parallel 4—14zellig, mit zylindrischen Fächern und dünnen Wandungen.

2—3 Arten, auf Rinden in den Wäldern der gemäßigten Zone. *P. fagicola* (Hepp) Zwackh, Sporen 4—8zellig, spindelförmig; *P. carneola* (Ach.) Arn., Sporen 8—14zellig, nadelförmig, in Europa und Nordamerika.

7. **Sagiolechia** Mass. (*Rhexophiale* Th. Fr.). Lager krustig, einförmig, mit den Hyphen der Markschicht an die Unterlage befestigt, unberindet, mit Chroolepus-Gonidien. Apothezien kreisrund, zuerst in das Lager versenkt, dann hervorragend und sitzend, mit

dunklem, kohligem Gehäuse, welches mit dem kohligen Hypothezium zusammenfließt, vom Lager dauernd oder vorübergehend berandet; Scheibe schüsselförmig bis gewölbt, mitunter unregelmäßig; Schläuche 8sporig; Sporen farblos, spindelförmig bis fast ellipsoidisch parallel 3—4zellig, mit zylindrischen Fächern, dünner Wand und zarten Scheidewänden.

2 oder 3 Arten, in den arktischen Gebieten oder in den Gebirgen der gemäßigten Zone. *S. fusiformis* (Müll. Arg.) A. Zahlbr., mit zugespitzten Sporen felsenbewohnend in Japan; *S. protuberans* (Ach.) Mass., mit strahlig-rissigem Gehäuse, auf Kalkfelsen in Nord- und Mitteleuropa.

Gattung unsicherer Stellung.

Rhabdospora Müll. Arg. Lager krustig, einförmig, unberindet, homöomerisch, mit stäbchenförmigen, senkrecht zur Lageroberfläche verlaufenden, confervenähnlichen Gonidien. Apothezien kreisrund, eingesenkt, sehr klein, vom eigenen Gehäuse, vom Lager nur mäßig berandet oder nackt; Schläuche 8—20sporig; Sporen farblos, einzellig, ellipsoidisch.

1 Art, *R. polymorpha* Müll. Arg., mit variabler Kruste auf Felsen in Brasilien.

Müller Arg. begründet auf die Gattung eine eigene Familie. Er spricht sich in der Beschreibnug nicht genau über die Gonidien aus, so dass ihr Charakter unentschieden bleibt.

Coenogoniaceae.

Lager schwammartig-byssinisch oder kleine, weiche Räschen bildend, homöomerisch, mit Chroolepus- oder Conferva-Gonidien, deren Fäden von den Hyphen umsponnen werden. Apothezien mit eigenem Gehäuse; Schläuche 8sporig; Sporen farblos, ein- oder zweizellig. Pyknokonidien exobasidial.

Litteratur: C. G. Ehrenberg, De Coenogonio, novo Lichenum genere etc. (Horae Physicae Berolin., 1820, p. 120, Tab. XXVII. — P. H. K. Thwaitos, Note on Cystocoleus, a new Genus of minute Plants (Ann. and Magaz. Nat. Hist., 2. ser., vol. III., 1849, p. 241— 242, Tab. VIII., fig. B). — M. Karsten, De la vie sexuelle des plantes et de la parthénogénèse. (Ann. scienc. nat. Bot., 4. sér., vol. XIII., 1860, p. 252—287, Tab. 11. — W. Nylander, Quelques observations sur le genre Coenogonium (Ann. scienc. nat. Bot., 4. ser., vol. XVI., 1862, p. 83—89, Tab. XII). — S. Schwendener, Über die Entwicklung der 'Apothecien von Coenogonium Linkii, mit Berücksichtigung der Darstellung Karstens (Flora, Band XLV., 1862, p. 225—234, Taf. I). — Derselbe, Untersuchungen über den Flechtenthallus (Naeg., Beiträge zur wiss. Botan. 4. Heft). — A. de Bary, Morphologie und Physiologie der Pilze, Flechten und Myxomyceten (1866, p. 270—271). — P. Hariot, Sur quelques Coenogonium (Journ. de Botan., vol. V., 1891). p. 288—290). — E. Wainio, Études sur la classific. nat. et la morphol. des Lichens du Brésil. (vol. II., p. 63—67). — H. Glück, Ein deutsches Coenogonium (Flora, Band LXXXII., 1896, p. 268—285).

Einteilung der Familie.

Lager mit Cladophora-Gonidien . . . . 2. Racodium.
Lager mit Chroolepus-Gonidien . . . . 1. Coenogonium.

1. Coenogonium Ehrbg. Lager locker, schwammartig-byssinisch, runde oder fast nierenförmige flache Körper bildend, welche entweder mit einer Kante der Unterlage angewachsen sind und von dieser wagrecht abstehen oder herabhängen, oder mit der Unterseite flach dem Substrate aufliegen, seltener stellt das Lager kleine, aufrechte und weiche Räschen dar, homöomerisch; die Chroolepus-Gonidien bilden in der Regel nur wenig verzweigte und zumeist radiär angeordnete Fäden, deren Außenseite von der Länge nach verlaufenden, dünnwandigen, mehr weniger septierten, verzweigten Hyphen, welche ein dichtes Maschwerk oder einen lückenlosen Zylindermantel bilden, umsponnen wird. Apothezien end- oder seitenständig, schildförmig, kurzgestielt, biatorinisch, mit eigenem, pseudoparenchymatischem Gehäuse ohne Markschicht; Paraphysen locker, unverzweigt, unseptiert oder durch zarte Scheidewände gegliedert; Schläuche 8sporig; Sporen farblos, spindelförmig, ellipsoidisch bis länglich, ein- oder zweizellig. Behälter der

Pyknokonidien kugelig; Fulkren exobasidial; Basidien gebüschelt, mit untermischten Anaphysen; Pyknokonidien spindelförmig, gerade.

Die Gonidien wurden von den älteren Autoren als zu *Conferva* gehörend gedeutet, sie gehören jedoch zweifellos zu *Chroolepus*, da ihr Zellinhalt von karotinhältigen Öltröpfchen durchsetzt ist.

Über 30 Arten beschrieben, von denen jedoch einige der Gattung *Chroolepus* angehören und bei den Algen unterzubringen sind. Sie bewohnen vornehmlich die warmen Gebiete, 1 Art tritt in Europa auf.

C. Linkii Ehrbg. (Fig. 62 *C—D*), übereinander gelagerte, mit einer Kante befestigte Scheibchen von hellgrünlicher Farbe bildend, Apothezien klein, orangegelb; Sporen 2zellig, an Baumästchen und Rinden im tropischen Amerika; *C. Leprieurii* (Mont.) Nyl., der vorhergehenden ähnlich; Sporen einzellig, Chroolepusfäden dünner, unter den Tropen weit verbreitet; *C. germanicum* Glück, schwarze, kleine Räschen darstellend, Apothezien bisher unbekannt, an schattigen Stellen in Deutschland.

2. Racodium E. Fr. (*Cystocoleus* Thwait.). Lager kleine, aufrechte und weiche Räschen darstellend, welche mit Rhizoiden an die Unterlage befestigt sind, homöomerisch; Gonidien aus Cladophorafäden bestehend, welche an der Außenseite von mit

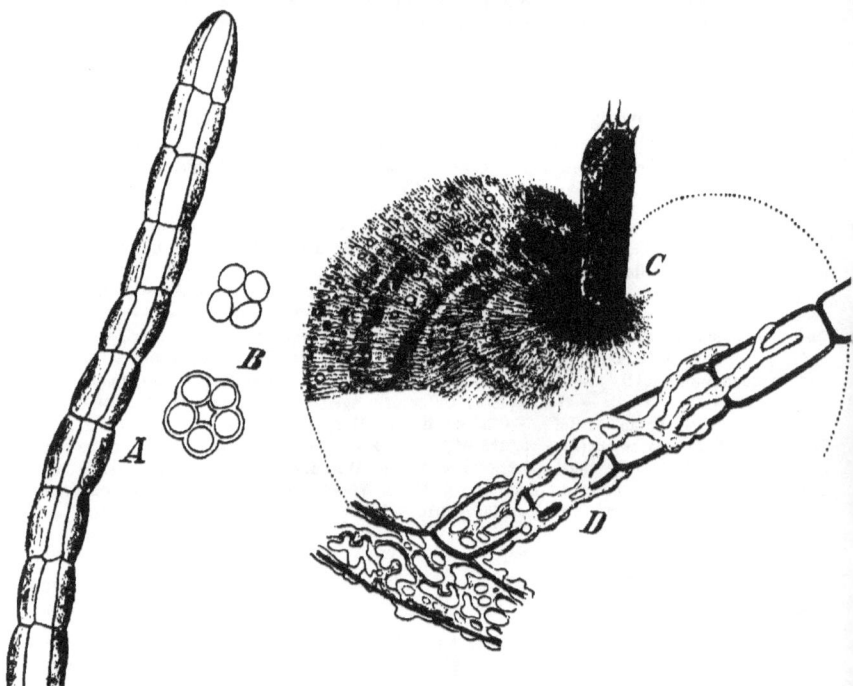

Fig. 62. *A—B Racodium rupestre* Pers. *A* Ein Faden des Lagers. *B* Querschnitt durch denselben. — *C—D Coenogonium Linkii* Ehrbg. *C* Habitus. *D* Chroolepusfäden, von den Hyphen umsponnen. (*A—B* nach Glück; *D* nach Tulasne.)

der Längsrichtung der Gonidienfäden parallel laufenden, unverzweigten, dunkelgefärbten, septierten Hyphen derart umsponnen werden, dass letztere um die Gonidien einen interstitienlosen Zylindermantel bilden. Apothezien und Pyknokonidien unbekannt.

Die Faserhülle der Gonidienfäden sind bei *Racodium* aus 4—5, seltener aus 7 Hyphen gebildet, bei *Coenogonium* hingegen ist die Zahl der umspinnenden Hyphen eine größere.

2 Arten, *R. rupestre* Pers. (Fig. 62 *A—B*), an schattigen Örtlichkeiten in Europa und Nordamerika.

Lecideaceae.

Lager krustig, einförmig oder am Rande gelappt, zusammenhängend, rissig bis schuppig, (ausnahmsweise zwergig strauchig) mit den Hyphen des Vorlagers oder der Markschicht an die Unterlage befestigt, ohne echte Rhizinen, unberindet oder mit unvollkommener, aus dickwandigen, vertikalen Hyphen gebildeter, nie pseudoparenchymatischer Rinde, Markschicht wergartig, mit echten oder Gloocapsa-ähnlichen Protococcus-Gonidien. Apothezien kreisrund, sitzend, seltener eingesenkt oder kurzgestielt, mit eigenem, hellem oder kohligem, vom Lager nicht berandetem Gehäuse, welches in der Regel keine Markschicht einschließt; Hypothezium farblos bis kohlig, Gonidien nicht enthaltend; Paraphysen zumeist einfach, seltener verzweigt, verklebt oder locker; Schläuche 1—8, nur ausnahmsweise 16—30sporig; Sporen farblos oder gebräunt, einzellig, parallel 2- bis mehrzellig oder mauerartig vielzellig, mit zumeist dünner, selten stark verdickter Wand, mit zylindrischen bis linsenförmigen Zellen, mit oder ohne Schleimhülle. Gehäuse der Pyknokonidien in das Lager versenkt; Fulkren exo-, seltener endobasidial; Pyknokonidien länglich, elliptisch bis zylindrisch.

Wichtigste Litteratur: Außer den auf S. 2 angeführten Werken noch die folgenden: L. E. Schaerer, Lecidearum Helveticarum enumeratio ordine analectico etc. (Naturwiss. Anzeiger für die Schweiz, 1819, p. 9—12). — Th. Schuchardt, Zur Kenntniss der Gattungen Urceolaria und Lecidea (Botan. Zeitung, Band XIII., 1855, p. 145—148). — L. Lindsay, On the Structure of Lecidea lugubris (Sommerf.) (Quart. Journ. of Microscop. Science, 1857). — W. Nylander, De Lecideis quibusdam europaeis observationes (Flora, Band XLV. p. 145— 148). — E. Stizenberger, Kritische Bemerkungen über die Lecideaceen mit nadelförmigen Sporen (Nova Act. Acad. Caes. Leop.-Carol., vol. XXX. 1863). — Derselbe, Lecidea sabuletorum Flörke und die ihr verwandten Flechten-Arten (Nova Act. Acad. Caes. Leop.-Carol., vol. XXXIV. 1866). — F. Arnold, Lichenologische Ausflüge in Tirol I—XXX. (Verhandl. zool.-botan. Gesellsch. Wien, 1868, p. 34—40, 1 Taf.). — V. Trevisan, Nuovi studi sui licheni spettanti alle tribù delle Patellariee, Baeomycee e Lecideinee (Revista period. dei lavori della accad. Padova, vol. V. 1857, p. 63—79). — T. Hedlund, Kritische Bemerkungen über einige Arten der Flechtengattungen Lecanora (Act.), Lecidea (Act.) und Micarea (Fr.) (Bihang till Kgl. Svenska Vet.-Akad. Handl., vol. XVIII. Afd. III. No. 3, 1892, 104 pp., 1 Taf.). J. Müller, Lecanoreae et Lecideae australienses novae (Bullet. Herb. Boissier, vol. III. 1895, p. 632—642). — A. Jatta, Sylloge Lichenum Italicorum (Trani, 1900). — H. Olivier, Exposé systématique et Description des Lichens de l'Ouest et du Nord-Ouest de la France, 2e partie. (S. A. Le Mans, 1900—1901).

Einteilung der Familie.

A. Lager krustig, horizontal ausgebreitet.
  a. Paraphysen unverzweigt, straff, mehr weniger verklebt oder frei.
    α. Sporen einzellig.
      I. Sporen mit dünner Wand, klein.
        * Sporen farblos . . . . 1. **Lecidea.**
        ** Sporen braun. . . . . 2. **Orphniospora.**
      II. Sporen mit stark verdickter Wand, groß . . . . . 3. **Mycoblastus.**
    β. Sporen parallel zweizellig.
      I. Sporen klein; höchstens 30 μ lang, dünnwandig; Fulkren exobasidial
        5. **Catillaria.**
      II. Sporen groß, über 40 μ lang, mit dicker Wand; Fulkren endobasidial
        6. **Megalospora.**
    γ. Sporen parallel 4 bis mehrzellig.
      I. Lager unberindet, ergossen.
        * Sporen dickwandig; Fächer der Sporen fast linsenförmig 9. **Bombyliospora.**
        ** Sporen dünnwandig; Fächer der Sporen zylindrisch . . . . . 7. **Bacidia.**
      II. Lager berindet, warzig, blasig bis schuppig oder kleinblätterig . . 8. **Toninia.**
    δ. Sporen mauerartig-vielzellig . . . . 10. **Lopadium.**
  b. Paraphysen verzweigt, schlaff, ein schleimiges Hymenium durchsetzend; Sporen zweizellig oder mauerartig-vielzellig, farblos bis dunkel . . . . . 11. **Rhizocarpon.**
B. Lager aufrecht, walzlich, spärlich verzweigt, homöomerisch. . 4. **Sphaerophoropsis.**

1. **Lecidea** (Ach.) Th. Fr. (*Lecideola* Mass.). Lager krustig, einförmig (zusammenhängend, rissig, warzig, gefeldert oder schuppig) oder am Rande gelappt, mit den Hyphen

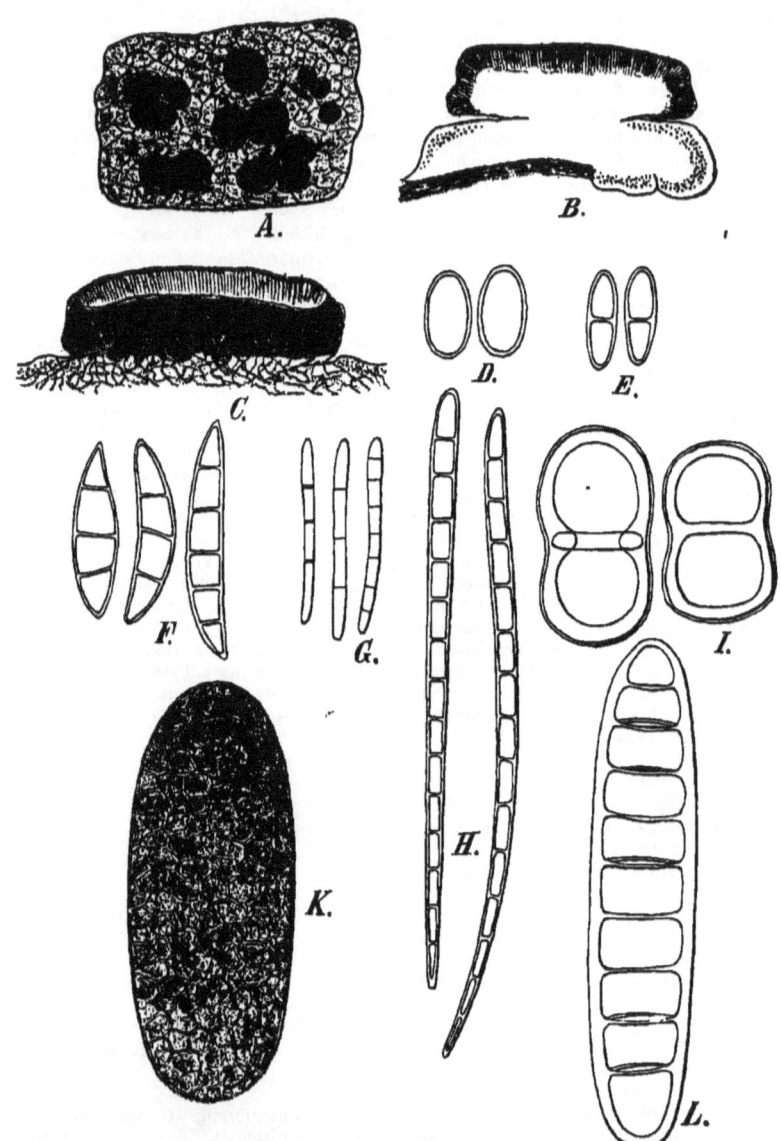

Fig. 63. *A, C Lecidea confluens* (Web.) Kbr. Habitusbild und Querschnitt durch das Apothezium. — *B Lecidea* (sect. *Biatora*) *vitulosa* Ach., Querschnitt durch ein Apothezium. — *D Lecidea parasema* Ach., Sporen. — *E Catillaria* (sect. *Biatorina*) *sphaeroides* (Mass.) A. Zahlbr., Sporen. — *F Bacidia* (sect. *Bilimbia*) *borborodes* (Kbr.) A. Zahlbr., Sporen. — *G Bacidia Beckhausii* (Kbr.) Arn., Sporen. — *H Bacidia rosella* (Pers.) DNotrs., Sporen. — *J Megalospora sulphurata* Mey. et Fw., Sporen. — *K Lopadium leucoxanthum* (Sprgl.) A. Zahlbr., Spore. — *L Bombyliospora pachycarpa* (Del.) DNotrs., Spore. — (*B* und *C* nach Reinke, das übrige Original. Alle Figuren vergrößert.)

des Vorlagers und der Markschicht an die Unterlage befestigt, ohne Rhizinen, unberindet oder mit schmaler Rinde, nackt oder sorediös, echte Sorale und Zephalodien selten, mit Protococcus-Gonidien. Apothezien kreisrund (durch gegenseitigen Druck mitunter unregelmäßig oder eckig, ausnahmsweise etwas in die Länge gezogen), eingesenkt, sitzend oder sehr kurz gestielt, mit hellem, gefärbtem bis kohligem, aus dicht verwebten Hyphen gebildetem, eigenem Gehäuse, vom Lager nicht oder ausnahmsweise vorübergehend oder unvollkommen berandet; Scheibe hell bis schwarz, nackt oder bereift; Hypothezium farblos, gefärbt bis kohlig; Paraphysen unverzweigt, an ihren Enden kaum breiter oder mehr weniger kopfig verdickt, verklebt oder locker; Schläuche 8-, ausnahmsweise 16 sporig; Sporen farblos, einzellig, klein, kugelig, eiförmig, ellipsoidisch bis länglich stäbchenförmig, gerade oder etwas gekrümmt, mit dünner Wand. Behälter der Pyknokonidien eingesenkt, mit dunklem Scheitel, kugelig, Pyknokonidien exobasidial, kurzwalzig bis fädlich, gerade oder gekrümmt.

Beschrieben bei 500 Arten, welche vornehmlich den kalten und gemäßigten Gebieten angehören. Die Arten der Sekt. *Eulecidea* bewohnen hauptsächlich Urgesteinsfelsen der höheren Berge und der alpinen Region; ihre Arten sind oft schwer zu unterscheiden.

Sekt. I. *Eulecidea* Th. Fr. (*Helocarpon* Th. Fr.; *Lecidella* Körb.; *Oedemocarpus* Norm. pr. p.; *Porpidia* Körb.; *Stenhammara* Körb.). Lager einförmig; Apothezien mit kohligem Gehäuse, hellem oder kohligem Hypothezium.

A. Lager braun oder dunkel: a) Hyphen des Lagers amyloïdhaltig, daher mit Jod gebläut: *L. atrobrunnea* (Ram.) Schaer., mit sitzenden Apothezien, auf Urgesteinsfelsen in den Alpen und im arktischen Gebiete; *L. athroocarpa* Ach., Apothezien eingesenkt; Sporen verhältnismäßig groß. b) Hyphen des Lagers nicht amyloïdhaltig: *L. fumosa* (Hoffm.) Ach., mit gefeldertem, glänzendem Lager, Felderchen des Lagers flach, auf Steinen und Urgesteinsfelsen in der montanen Region der gemäßigten Zone weit verbreitet; *L. intumescens* (Fw.) Nyl., Lager warzig-faltig, bildet auf sonnigen Urgesteinsfelsen auf dem Lager der *Lecanora sordida* (Pers.) Th. Fr., indem sie dasselbe zum Absterben bringt, dunkle, oft zusammenfließende Flecken.

B. Lager hell, gelblich, grau, weißlich bis weiß. a) Hyphen des Lagers amyloïdhaltig: 1. Hypothezium schon in jungen Apothezien und bleibend kohlig. *L. confluens* Fr. (Fig. 63 A, C) mit grauem, rissig-felderigem Lager und großen, schwarzen Apothezien, auf Urgesteinsfelsen in den höheren Lagen sehr häufig; *L. speirea* Ach. (Syn. *Porpidia trullisata* Körb.), Apothezien flach, mit pseudolekanorinischem, weißlich bereiftem Rande, in den Alpen; 2. Hypothezium farblos, hell oder braun, jedoch nie kohlig. *L. silacea* Ach., mit blasig-warzigem, grauem, häufig durch Eisenoxyd rostfarbigem Lager, auf Urgestein in den Alpen; *L. pantherina* (Ach.) Th. Fr., mit felderig-rissigem Lager, welches durch Kalilauge blutrot gefärbt wird, und mit kleinen Sporen, ebenfalls auf Urgestein in den Alpen; *L. lapicida* (Ach.) Arn., der vorigen ähnlich, Kalilauge färbt das Lager nicht, Vorkommen wie dasjenige der vorhergehenden Arten. b) Hyphen des Lagers nicht amyloïdhaltig. I. Paraphysen verklebt. 1. Hypothezium kohlig. *L. pannaeola* Ach., Lager grau, mit rötlichbraunen Höckern besetzt; Sporen verhältnismäßig groß, in den höheren Lagen auf Urgestein; *L. macrocarpa* (DC.) Ach., Lager zumeist undeutlich, fleckig, Apothezien groß, endlich gewölbt, auf Steinen und Felsen weit verbreitet; *L. albocoerulescens* (Wulf.) Schaer., mit dickem, hellem Lager und bläulichgrau bereiften Apothezien, auf Urgestein; *L. crustulata* (Ach.) Körb., mit wenig entwickeltem Lager und kleinen, flachen Apothezien, auf herumliegenden Steinen (Urgesteine) in der Bergregion sehr häufig; *L. jurana* Schaer., *L. emergens* Fw., *L. petrosa* Arn. und *L. rhaetica* Hepp, verwandte, durch geringfügige, jedoch konstante Merkmale charakterisierte Arten dieser Gruppe, welche durchwegs auf Kalkfelsen leben; *L. Dicksonii* Ach., mit rostfarbigem, dünnem Lager und kleinen, fast eingesenkten Apothezien, in der Tracht an *Lecanora* sect. *Aspicilia* erinnernd, eine urgesteinbewohnende Hochgebirgsflechte; *L. xanthococca* Smrft., mit körnigem, bis warzigem Lager, holzbewohnend in den kälteren Gebieten; *L. crassipes* (Th. Fr.) Nyl., Apothezien kurzgestielt, über Moosen im arktischen Gebiete und in den Alpen. 2. Hypothezium hell oder gefärbt, nie kohlig. *L. lithophila* (Ach.) Th. Fr., Apothezien hechtgrau bereift, angefeuchtet rötlichbraun, Sporen klein, verbreitet; *L. plana* Lahm, Apothezien stets schwarz, auf Urgestein; *L. armeniaca* (DC.) E. Fr., Lager ockerfarbig bis gelblich, durch Kalilauge blutrot gefärbt, in der alpinen Region auf Urgestein; *L. elata* Schaer., mit schwefelgelbem, oft ausgebleichtem Lager und eingesenkten, vom Lager umrandeten Apothezien, Urgesteinsalpen; *L. alpestris* Smrft., mit grauem, dickem Lager und stark gewölbten Apothezien, auf dem Erdboden im

Hochgebirge; *L. elabens* E. Fr., mit körnigem bis körnig-warzigem Lager und fast halbkugeligen Apothezien, auf altem Holz und entrindeten Stämmen in den Alpen; *L. sylvicola* Fw., mit sehr kleinen, gewölbten Apothezien und kleinen Sporen, an beschatteten Urgesteinsfelsen; *L. tuberculata* Smrft., mit schwärzlichen bis spangrünen, kleinen, hochgewölbten Apothezien; Sporen länglich-stäbchenförmig, auf Urgesteinsfelsen; *L. buelliana* Müll. Arg., Apothezien eingesenkt, mit schmalem oder verschwindendem, eigenem Gehäuse und rotvioletten Hypothezium, in der Fruchtform Übergänge zur Gattung *Lecanora* zeigend, auf Urgesteinsfelsen in Brasilien. II. Paraphysen locker. 1. Pyknokonidien gerade, kurz. *L. tenebrosa* Fw., mit grauem Lager, eingesenkten oder angepressten, flachen Apothezien, auf sonnigen Urgesteinsfelsen; 2. Pyknokonidien lang, fädlich bogen- oder hakenförmig gekrümmt.; *L. latypaea* Ach., mit dicklichem, warzigem, gelblichbraunem Lager, auf Urgestein in der Bergregion nicht selten; *L. enteroleuca*, Ach., mit fast verschwindendem Lager, auf Steinen und Felsen über die ganze Erde verbreitet und sehr veränderlich; *L. parasema* Ach. (Fig. 63 *D*), Lager grau bis weißlich, durch $CaCl_2O_2$ nicht gefärbt, auf Rinden und Holz, eine der gemeinsten, von der Ebene bis ins Gebirge steigende, formenreiche Flechte; *L. olivacea* Hoffm., der vorhergehenden ähnlich, $CaCl_2O_2$ färbt das Lager ockerfarbig, auf Rinden, namentlich in den südlichen Teilen Europas sehr häufig.

Sekt. II. *Biatora* Th. Fr. (*Biatora* Körb.; *Mittidea* Strt. pr. p.; *Oedemocarpus* Norm. pr. p.; *Psilotechia* Mass.; *Pyrrhospora* Körb.; *Tetramelas* Norm. pr. p.). Lager einförmig; Apothezien mit hellem oder gefärbtem, nie kohligem, eigenem Gehäuse; Scheibe hell bis schwarz; Hypothezium farblos oder gefärbt.

A. Apothezien auf dem Lager sitzend. a) Hypothezium farblos oder fast farblos. 1. Paraphysen verklebt: *L. vernalis* (L.) Ach., Apothezien fuchsrot oder gelblich-rostfarbig, schon in der Jugend stark gewölbt; Sporen verhältnismäßig groß, über Moosen, auf Rinden und Holz, in der Waldregion nicht selten; *L. sylvana* (Körb.) Th. Fr., Apothezien zuerst braun, dann braunschwarz, hochgewölbt, auf Rinden; *L. lucida* Ach., mit körnigem bis leprösem, gelbem Lager und kleinen, schwachgewölbten, gelben Apothezien und fast zylindrischen Sporen, an überhängenden oder beschatteten Urgesteinsfelsen, seltener auf Holz oder auf Rinden; *L. granulosa* (Ehrb.) Schaer., mit körnig-warzigem Lager, fleischroten, bräunlichen bis schwärzlichen Apothezien, Markschicht des Lagers durch $CaCl_2O_2$ rot gefärbt, auf der Erde und morschem Holz in Europa und Nordamerika nicht selten; *L. flexuosa* (E. Fr.) Nyl., mit flachen, schwarzen Apothezien und erhabenem, gebogenem Fruchtrande, auf trockenfaulem Holz, seltener auf Rinden; *L. Nylanderi* (Anzi) Th. Fr., mit flachen Apothezien und kugeligen Sporen, rindenbewohnend. 2. Paraphysen locker. *L. coarctata* (Sm.) Nyl., mit rötlichen, vom Lager dauernd oder vorübergehend berandeten Apothezien, auf Urgestein, Ziegeln und auf der Erde, sehr häufig; *L. rivulosa* Ach. (Fig. 63 *B*), Lager rissig-gefeldert, mausgrau, Paraphysen kopfig; Sporen bohnenförmig, auf Urgesteinsfelsen, seltener auf Rinde. b) Hypothezium dunkel. *L. fusca* (Schaer.) Th. Fr., Apothezien braun bis schwarz, zuerst flach, dann mehr weniger gewölbt, Hymenium von braunen oder violetten Körnern durchsetzt, über Moosen, abgestorbenen Pflanzenresten, auf morschem Holz, seltener auf Rinden, häufig; *L. fuscorubens* Nyl., mit schwarzen Apothezien, an den Spitzen braunen Paraphysen und braunrotem Hypothezium, auf Kalkfelsen häufig; *L. geophana* Nyl., Schläuche 16sporig, Sporen kugelig, auf lehmigem Erdboden; *L. uliginosa*, Lager körnig bis pulverig, braun bis schwärzlich, Apothezien endlich konkav, auf humöser Erde und trockenfaulem Holz häufig; *L. russula* Ach., mit karminroten Apothezien, auf Rinden in den subtropischen und tropischen Gebieten sehr häufig, auch in Südeuropa gefunden.

B. Apothezien eingesenkt. *L. immersa* (Web.) Körb., mit endolithischem Lager, schwärzlichbraunen Apothezien und dunklem Hypothezium, auf Kalkfelsen, insbesondere im Mediterrangebiet, häufig.

Sekt. III. *Psora* (Hall.) Th. Fr. (*Astroplaca* Bagl.; *Placolecis* Trev.; *Psora* Hall.; *Schaereria* Körb.), Lager am Rande gelappt oder schuppig bis schuppig-gefeldert; Apothezien mit hellem oder dunklem Gehäuse.

L. decipiens (Ehrh.) Ach., Lagerschuppen fast schildförmig, ziegelrot oder ausgebleicht, Apothezien gewölbt, schwarz, auf kalkhaltigem Boden, eine sehr häufige, xerophile Flechte; *L. testacea* (Hoffm.) Ach., Lagerschuppen angepresst, grünlichgrau, Apothezien stark gewölbt, orangerot bis bräunlich, an Kalkfelsen; *L. lurida* (Sw.) Ach., Lager hell- oder dunkelbraun; Apothezien schwärzlich, flach, auf kalkhaltigem Boden an sonnigen Stellen häufig; *L. ostreata* (Hoffm.) Schaer., Lagerschuppen aufstrebend, grau bis bräunlich, unten weiß, Apothezien flach, schwarz, hechtgrau bereift, auf Holz, gern auf angekohltem, seltener auf Rinden, in der Bergregion: *L. cinereorufa* Schaer., Lager aus sehr kleinen Schuppen zusammengesetzt grau oder rötlichbraun, Apothezien schwarz, Sporen kugelig, auf Urgesteinsfelsen in der Alpenregion; *L. globifera* Ach. (Fig. 64 *A*), Lager grünlichbraun bis braunrot, Apothezien hochgewölbt, auf der Erde und über Moosen, [*L. opaca* Duf., Lager dunkel, am Rande gelappt, Markschicht orangegelb, durch Kalilauge violett; Apothezien flach, an Kalkfelsen in dem Mediterrangebiet häufig; *L. icterica* (Mont.) Nyl., mit gelbem Lager, in Südamerika.

2. **Orphniospora** Körb. Lager krustig, einförmig, mit den Hyphen des Vorlagers und der Markschicht an die Unterlage befestigt. Apothezien kreisrund, sitzend, mit kohligem, eigenem, vom Lager nicht berandętem Gehäuse; Hypothezium braun; Paraphysen verklebt; Schläuche 6—8 sporig; Sporen braun, einzellig, klein, eiförmig bis fast kugelig.

1 Art, *O. groenlandica* Körb., auf quarzigem Gestein.

3. **Mycoblastus** Norm. (*Megalospora* Mass. non Mey. et Fw., *Oedemocarpus* Trev.). Lager krustig, einförmig, mit den Hyphen des Vorlagers und der Markschicht an die Unterlage befestigt, unberindet, mit Protococcus-Gonidien. Apothezien kreisrund, sitzend, mit eigenem, dunklem, vom Lager nicht umsäumtem Gehäuse, mit flacher bis gewölbter Scheibe; Schläuche 1—2 sporig; Sporen farblos, verhältnismäßig groß, einzellig (ausnahmsweise und sehr selten zweizellig), ellipsoidisch bis länglich, mit dicker Wandung, bei der Keimung mehrere Keimschläuche treibend. Pyknokonidien exobasidial, kurz nadelig, gerade.

7 Arten, den Gebirgen der gemäßigten und kalten Regionen angehörig.
M. sanguinarius (L.) Th. Fr. mit blutrotem Hypothezium, auf Rinden, Felsen und über Moosen in den Hochgebirgen Europas.

4. **Sphaerophoropsis** Wainio. Podetien niedrig, spärlich verzweigt, aufrecht, drehrund, aus kugeligen Jugendstadien hervorgehend, ohne Rhizinen und ohne Vorlager, homöomerisch, aus dickwandigen, lockeren Hyphen und Pleurococcus-Gonidien zusammengesetzt. Apothezien kreisrund, sitzend, end- oder seitenständig, endlich fast kugelig, mit gefärbtem, vom Lager nicht berandetem, eigenem Gehäuse, welches keine Markschicht zeigt; Hymenium gallertig; Paraphysen zum Teile unverzweigt, zum Teile verzweigt und verbunden; Hypothezium gefärbt; Schläuche keulig, am Scheitel mit verdickter Membran, 8sporig; Sporen ellipsoidisch bis länglich, farblos, endlich zweizellig. Pyknokonidien unbekannt.

1 Art, *S. stereocauloides* Wainio (Fig. 64 *B*), Podezien 1,5—3,5 mm hoch, auf sandigem und humösem Erdboden über Felsen bei Carassa in Brasilien, ca. 1500 m ü. d. M.

5. **Catillaria** (Mass.) Th. Fr. (*Lecidea* subgen. *Catillaria* Wainio, *Sporoblastia* Trev. pr. p.); Lager krustig, endo- oder epilithisch, einförmig oder am Rande gelappt, mit den Hyphen des Vorlagers und der Markschicht an die Unterlage befestigt, unberindet, mit Protococcus-Gonidien, welche nur von der Zellwand oder außer dieser noch von einer Schleimhülle begrenzt sind. Apothezien kreisrund, eingesenkt bis sitzend, mit hellem, gefärbtem bis kohligem, vom Lager nicht berandetem, eigenem Gehäuse; Scheibe vertieft bis gewölbt, hell bis dunkel; Hypothezium hell, gefärbt oder kohlig; Paraphysen unverzweigt, frei oder verklebt, an ihren Enden mitunter kopfartig verdickt; Schläuche 8sporig; Sporen in der Regel verhältnismäßig klein, farblos, eiförmig, ellipsoidisch, länglich bis stäbchenförmig, gerade oder gekrümmt, 2zellig (oft lange Zeit einzellig), mit dünner Wand und dünnen Scheidewänden, ohne Schleimhülle. Pyknokonidien exobasidial, länglich, länglich-ellipsoidisch oder schmal hantel- oder flaschenförmig, gerade oder leicht gekrümmt.

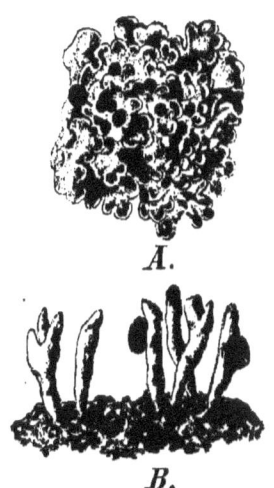

Fig. 64. *A Lecidea* (sect. *Psora*) *globifera* Ach., Habitusbild. — *B Spaerophoropsis stereocauloides* Wainio, Habitusbild (vergrößert.) (*B* nach Reinke; *A* Original.)

Über 450 auf Rinden, Holz, Felsen, über Moosen und Pflanzenresten lebende, ausnahmsweise auch Knochen und altes Leder besiedelnde Arten, welche über die beiden Hemisphären verbreitet sind. Die auf dem Lager oder den Apothezien parasitierenden zu dieser Gattung gerechneten Organismen sind Pilze und gehören der Gattung *Scutula* Tul. (Syn. *Spilodium* Mass.) (vergl. I. Teil, Abt. 1. S. 222, 224) an.

Sekt. I. *Biatorina* (Mass.) Th. Fr. (*Biatorina* Mass.; *Patellaria* sect. *Biatorina* Müll. Arg.; *Ulocodium* Mass.). Apothezien mit hellem oder gefärbtem (nie kohligem) Gehäuse und ebensolchem Hypothezium.

Stirps: *Gloecapsidium* (Wainio) A. Zahlbr. (*Micarea* É. Fr.). Lager mit *Gloeocapsa*-ähnlichen Gonidien, deren Zellen zu mehreren in eine gemeinschaftliche Gallerthülle gebettet sind. Nach Hedlund lassen sich diese Gonidienformen in typische Protococcus-Gonidien überführen. *C. micrococca* (Körb.) Th. Fr., auf Rinden und morschem Holz in Europa, Nordamerika und in den Gebirgen Brasiliens.

Stirps: *Protococcophila* (Wainio) A. Zahlbr. Lager mit typischen Protococcus-Gonidien.
A. Lager am Rande gelappt: *C. olivacea* (E. Fr.) A. Zahlbr., mit olivenfarbigem Lager, auf Kalkfelsen im Mediterrangebiete häufig.
B. Lager einförmig: *C. Ehrhartiana* (Ach.) Th. Fr., mit strohgelbem Lager, gelblichen kleinen Apothezien, mit verhältnismäßig großen, schwarzen Pyknokonidienbehältern, welche als selbständige Flechte angesehen als *Cliostomum corrugatum* E. Fr., *Limboria corrugata* Ach. und *Rhytisma corrugatum* E. Fr. benannt wurden, auf bearbeitetem Holz und auf Rinden häufig; *C. atropurpurea* (Schaer.) Th. Fr., mit schwärzlicher oder dunkelpurpurfarbiger Scheibe und lockeren Paraphysen, auf den Rinden der Laub- und Nadelhölzer; *C. lenticularis* (Ach.) Th. Fr., mit kleinen, gewölbten, dunklen Apothezien, Paraphysen locker, auf Felsen, Ziegeln und auch auf Rinden; *C. tricolor* (With.) Th. Fr., mit flachen, verschieden gefärbten Apothezien und verklebten Paraphysen, auf Rinden und auf Holz; *C. globulosa* (Flk.) Th. Fr. mit schon in der Jugend gewölbten, dunklen und kleinen Apothezien und verklebten Paraphysen, rinden- und holzbewohnend, weit verbreitet; *C. Bouteillii* (Desm.) A. Zahlbr., mit hellem Lager und fleischroten Apothezien, auf Tannennadeln in Europa; *C. pyrophthalma* (Bab.) A. Zahlbr., mit orangefärbigen Apothezien, auf Rinden in Neuseeland; *C. sphaeroides* (Mass.) A. Zahlbr. (Fig. 63 *E*).

Sekt. II. *Eucatillaria* Th. Fr. (*Catillaria* Mass.; *Patellaria* sect. *Catillaria* Müll. Arg.). Gehäuse der Apothezien und das Hypothezium dunkel oder kohlig.
A. Sporen größer, bis 30 μ lang: *C. grossa* (Pers.) Blomb., mit großen, flachen, schwarzen Apothezien und weißlicher, fast knorpeliger Kruste, auf Rinden in den Gebirgen Europas; *C. endochroma* (Fée) A. Zahlbr., Apothezien mit schwarzer Scheibe und gelbem Rande, auf Rinden im tropischen Amerika.
B. Sporen kleiner, 20 μ kaum erreichend: *C. Laureri* Hepp, Sporen bis 20 μ lang, Apothezien sehr bald stark gewölbt, rindenbewohnend in Nord- und Mitteleuropa und in den nördlichen Teilen Nordamerikas; *C. athallina* (Hepp) Hellb., mit zuerst eingesenkten, kleinen Apothezien und dunkelrotem Hypothezium, an Kalkfelsen in Europa häufig.

6. **Megalospora** Mey. et Fw. (*Psorothecium* Mass. pr. p.; *Patellaria* sect. *Psorothecium* Müll. Arg.; *Heterothecium* ** *Psorothecium* Tuck.; *Lecidea* subgen. *Psorothecium* Wainio). Lager krustig, einförmig, mit den Hyphen des Vorlagers und der Markschicht an die Unterlage befestigt, Oberfläche nackt oder sorediös, unberindet, mit Protococcus-Gonidien. Apothezien kreisrund, sitzend oder angedrückt, mit dunklem oder hellem, aus strahlig angeordneten, septierten Hyphen gebildetem, eigenem Gehäuse, vom Lager nicht berandet, mit flacher oder gewölbter Scheibe; Epithezium meist dunkel; Hypothezium hell; Hymenium schleimig, mit Öltröpfchen, von unverzweigten oder verzweigten und netzartig-verbundenen Paraphysen durchsetzt; Schläuche 1—8sporig; Sporen farblos, groß, zweizellig, gerade oder gekrümmt, mit stark verdickter Innenwand, ohne Schleimhülle. Pyknokonidien endobasidial, kurz.

Etwa 50 Arten, welche auf Rinden und auf lederigen Blättern in den wärmeren Gebieten vorkommen.

M. sulphurata Mey. et Fw. (Fig. 63 *J*), mit strohgelber oder gelblicher Kruste und nierenförmigen Sporen, auf Rinden unter den Tropen verbreitet; *M. versicolor* (Fée) A. Zahlbr., mit weißgrauem Lager und geraden Sporen, rindenbewohnend in den warmen Zonen; *M. premneella* (Müll. Arg.) A. Zahlbr., auf Blättern in Brasilien.

7. Bacidia (DNotrs.) A. Zahlbr. Lager krustig, einförmig, homöo- oder heteromerisch, mit den Hyphen des Vorlagers und der Markschicht an die Unterlage befestigt, unberindet, mit Protococcus-Gonidien. Apothezien kreisrund, sitzend, seltener etwas eingesenkt oder fast gestielt, mit flacher oder stark gewölbter Scheibe, mit hellem oder dunklem, vom Lager nicht berandetem, eigenem Gehäuse, nackt oder in der Jugend, seltener bleibend, behaart; Paraphysen unverzweigt, locker oder verklebt, an ihren Enden oft kopfartig verdickt; Hypothezium hell oder dunkel; Schläuche 8-, ausnahmsweise 16 sporig; Sporen farblos, parallel 3- bis vielzellig, länglich, spindelförmig bis schmal nadelförmig, an beiden Enden gleich gestaltet oder an einem Ende schwanzartig zugespitzt, gerade, bogig gekrümmt oder spiralig in einander gewunden, mit zylindrischen Fächern, dünnen, oft undeutlichen Scheidewänden, ohne Schleimhof. Pyknokonidien exobasidial, kurzwalzig, länglich, zylindrisch bis nadelförmig, gerade oder gekrümmt.

Über 200 Arten, welche als Rinden-, Holz-, Steinbewohner oder über Moosen und abgestorbenen Pflanzenresten lebend über die ganze Erde verbreitet sind. Die lagerlosen, auf anderen Flechten lebenden hierher gezogenen Organismen gehören den Pilzgattungen *Patellaria* E. Fries (vergl. I. Teil, Abt. 1, S. 228) und *Arthrorhaphis* Th. Fr. an.

In ihren typischen Formen sind die Sporenformen der einzelnen Sektionen sehr charakteristisch, es kommen indes mannigfach Übergangsformen vor, und eine Zergliederung der Gattung auf Grundlage der Sporengestalt würde wenig natürlich erscheinen.

Sekt. I. *Arthrosporum* (Mass.) A. Zahlbr. (*Arthrosporum* Mass.; *Arthrospora* Th. Fr.). Sporen parallel 4zellig, länglich, bohnenförmig gekrümmt, an beiden Enden abgerundet. Pyknokonidien nadelförmig, bogig gekrümmt. *B. acclinis* (Körb.) A. Zahlbr., mit flachen lezideinischen Apothezien, Schläuche mit 8—16 Sporen, auf Rinden in Europa und Nordamerika.

Sekt. II. *Weitenwebera* (Op.) A. Zahlbr. (*Bilimbia* DNotrs. [1856] non Reichb. [1837]; *Patellaria* sect. *Bilimbia* Müll. Arg.; *Skolekites* Norm. pr. p.; *Stereocauliscum* Nyl.? *Temnospora* Mass.; *Weitenwebera* Op.). Sporen länglich, finger- bis spindelförmig, parallel 4—8, ausnahmsweise 10zellig, gerade oder nur leicht gekrümmt, an beiden Enden gleichgestaltet. Pyknokonidien kurzwalzig.

A. Sporen vierzellig: *B. sphaeroides* (Dicks.) A. Zahlbr., Apothezien fast kugelig, hell, über Moosen, auf faulem Holz, seltener auf Rinden in Europa, Nordamerika und Nordasien; *B. obscurata* (Smrft.) A. Zahlbr., mit großen, braunen bis schwärzlichen Apothezien, über Moosen auf Holz und Rinde, verbreitet; *B. trisepta* (Naeg.) A. Zahlbr., Apothezien klein, fast halbkugelig, schwärzlich bis schwarz, auf trockenem Holz, auf der Erde, über Moosen, seltener auf Felsen, auf der ganzen Erde; *B. lividofuscescens* (Nyl.) A. Zahlbr., mit schwarzem Hypothezium und konkaven braunen Apothezien, rindenbewohnend in Brasilien; *B. argyrotricha* (Müll. Arg.) A. Zahlbr., Apothezien in der Jugend mit langen, silberigen Haaren bekleidet, auf lederigen Blättern in Brasilien; *B. floridana* (Tuck.) A. Zahlbr., Lager fast schuppig, Apothezien fleischrot bis fuchsrot, rindenbewohnend in Nordamerika.

B. Sporen bis 8zellig: *B. Naegelii* (Hepp) A. Zahlbr., mit gewölbten, fleischfarbigen bis schwärzlichen Apothezien und hellem Hypothezium, auf Rinden in Europa und Nordamerika.

Sekt. III. *Ropalospora* (Mass.) A. Zahlbr. (*Ropalospora* Mass.; *Bilimbia* ** *Urophora* Th. Fr.). Sporen länglich, parallel 6—8zellig, gerade, am Grunde geschwänzt. Pyknokonidien kurz zylindrisch, gerade. *B. lugubris*. (Smrft.) A. Zahlbr., mit flachen, schwarzen Apothezien, auf Urgesteinsfelsen in den nördlichen Teilen Europas und Amerikas.

Sekt. IV. *Eubacidia* A. Zahlbr. (*Bacidia* DNotrs.; *Byssospora* Mass.; *Mycobacidia* Rehm, *Patellaria* sect. *Bacidia* Müll. Arg.; *Rhaphiospora* Mass.; *Sporacestra* Mass.). Sporen schmal und lang, nadel- bis fast haarförmig, seltener spindel- oder stäbchenförmig, gewöhnlich an einem Ende zugespitzt, seltener an beiden Enden abgerundet, gerade oder leicht gekrümmt, parallel 6—vielzellig. Pyknokonidien gerade oder gekrümmt.

A. Lager spinnwebig: *B. stupposa* (Mass.) A. Zahlbr., Kap.

B. Lager nicht spinnwebig: I. Apothezien hell: *B. rosella* (Pers.) DNotrs. (Fig. 63 *H*), Apothezien leicht bereift, hell rosarot, Sporen lang, auf Rinden weit verbreitet; *B. rubella* (Ehrh.) Mass., mit gelbroten Apothezien, nackter Scheibe, nackten oder bereiftem Fruchtrande und langen Sporen, auf Rinden über die ganze Erde verbreitet; *B. albescens* (Arn.) Zwackh, mit kleinen, gewölbten, weißlichen oder weißlichrötlichen Apothezien und sehr schmalen Sporen, auf Rinde und Holz; *B. herbarum* (Hepp) Arn., mit rötlichen bis kastanienbraunen Apothezien und sehr schmalen Sporen, über Moosen in den gemäßigten Zonen; *B. inundata* (E. Fr.) Körb., Farbe der Apothezien wechselnd, auf feuchten Steinen und Felsen;

B. millegrana (Tayl.) A. Zahlbr., mit warzigem, zum Teile sorediös-körnigem Lager, auf Rinden unter den Tropen weit verbreitet und auch in Portugal gefunden; II. Apothezien dunkel: *B. accrina* (Pers.) Arn., mit flachen, verschieden gefärbten, fleischroten bis schwärzlichen Apothezien und lockeren Paraphysen, rindenbewohnend; *B. endoleuca* (Nyl.) Kickx, mit an der Außenseite violettlichem Gehäuse, lockeren, an den Enden kopfförmig verdickten Paraphysen, auf Rinden in beiden Hemisphären; *B. arceutina* (Ach.) Arn., mit kleinen, gewölbten Apothezien, gelbem oder gelblichem Hypothezium, rindenbewohnend in Europa; *B. atrosanguinea* (Schaer.) Th. Fr., mit kleinen, flachen Apothezien und an den Enden smaragdblau gefärbten Paraphysen, über Moosen und auf Rinden in den gemäßigten Teilen Europas, Amerikas und Asiens; *B. Beckhausii* (Körb.) Arn. (Fig. 68 *G*), mit stäbchenförmigen, an beiden Enden abgerundeten Sporen, welche sich stark denjenigen der Sekt. *Weitenwebera* nähern, auf Holz und Rinden in Europa und Neu-Granada; *B. Buchanani* (Stirt.) A. Zahlbr. mit fast gestielten Apothezien, über Moosen in Neuseeland.

Sekt. V. *Scoliciosporum* (Mass.) A. Zahlbr. (*Scoliciosporum* Mass.). Sporen nadelförmig, stark gekrümmt oder spiralig ineinander gewunden, 4—16zellig; Pyknokonidien gerade, kurz zylindrisch. *B. vermifera* (Nyl.) Th. Fr., Apothezien endlich gewölbt, Paraphysende rötlich-schwärzlich, Sporen 4—8zellig, auf Rinden in Europa; *B. umbrina* (Ach.) Br. et Rostr., Paraphysen oben bräunlich, olivenfarbig oder blaugrün, Sporen 4—16zellig, auf Felsen in Europa und Nordamerika.

8. **Toninia** (Mass.) Th. Fr. (*Skolekites* Norm. pr. p.). Lager krustig-schuppig, fast blattartig, wulstig, blasig bis stengelig, am Rande gelappt, mit den Hyphen der Markschicht an die Unterlage befestigt, ohne echte Rhizinen, mit amorpher oder aus vertikal verlaufenden dickwandigen, septierten Hyphen gebildeter, fast horniger Rinde, mit Pleurococcus-Gonidien. Apothezien kreisrund, auf dem Lager sitzend, mit gefärbtem, bis dunklem, hornigem, vom Lager nicht berandetem, eigenem Gehäuse, welches aus strahlig verlaufenden, verklebten Hyphen gebildet wird; Paraphysen einfach, frei oder verklebt, an den Enden oft kopfartig verdickt; Hypothezium hell oder dunkel; Schläuche mit dünner Wandung, 8sporig; Sporen farblos, länglich, ellipsoidisch bis fast stäbchenförmig, parallel 2 bis mehr (8)zellig, mit zylindrischen Fächern, dünner Wand, ohne Schleimhülle. Gehäuse der Pyknokonidien eingesenkt, kugelig bis birnförmig; Fulkren exobasidial; Pyknokonidien haarförmig oder nadelförmig, bogig gekrümmt, seltener fast gerade.

Bei 80 Arten, welche vornehmlich in den gemäßigteren Strichen als Xerophyten auf Erdboden und an Felsen wachsen.

Sekt. I. *Thalloedema* Th. Fr. (*Thalloidima* Mass.; *Biatorina* sect. *Thalloidima* Jatta; *Lecidea* subgen. *Thalloidima* Wainio). Sporen 2, ausnahmsweise 3zellig. *T. coeruleonigricans* (Lightf.) Th. Fr., Lagerschuppen blasig oder knotig, schmutzig braungrün, mit mattschwarzen oder bereiften Apothezien, auf Erdboden und an Kalkfelsen in sonnigen Lagen von der Ebene bis ins Hochgebirge verbreitet; *T. candida* (Web.) Th. Fr., Lager wulstig-lappig, weiß, dicht bereift, Apothezien ebenfalls dicht blauweiß bereift, in ähnlichen Lagen wie die Vorbergeheode und ebenfalls sehr häufig; *T. Toninianum* (Mass.) A. Zahlbr., Lager gefeldert, rötlich bestaubt, Apothezien bläulich bereift, an Kalk- und Dolomit; *T. mesenteriformis* (Vill.) Oliv., Lager mehlig, am Rande gelappt, Apothezien endlich gewölbt, unbereift, an Kalkfelsen, seltener; *T. squalescens* (Nyl.) Th. Fr., Lager höckerig-warzig, gelb- oder lederbraun, Apothezien schwarz, unbereift, endlich gewölbt, über Moosen und auf der Erde im Gebirge; *T. tabacinum* (Ren.) A. Zahlbr., Lager wulstig-faltig, dunkelbraun, an Kalkfelsen.

Sekt. II. *Eutoninia* Th. Fr. (*Toninia* Mass.; *Bilimbia* sect. *Toninia* Jatta; *Lecidea* subgen. *Toninia* Wainio). Sporen 4- bis mehrzellig. *T. cinereovirens* (Schaer.) Mass., Lager bräunlich oder schwärzlichgrün, Apothezien bleibend flach, Hypothezium hell, auf der Erde und in Felsritzen; *T. squarrosa* (Ach.) Th. Fr., Lager hirschbraun oder bräunlichgrau, Apothezien endlich fast halbkugelig, Hypothezium hell, auf humösem oder sandigem Erdboden und über Moosen; *T. aromatica* (Sm.) Mass., Lager grau bis braun, Hypothezium rotbraun, Sporen spindelförmig, auf Kalkboden und an Kalkfelsen; *T. syncomista* (Flk.) Th. Fr., Lager kleinschuppig bis körnig, bräunlichgrau bis weiß, Apothezien halbkugelig, auf Erdboden und über Moosen nicht selten.

9. **Bombyliospora** DNotrs. (*Patellaria* sect. *Bombyliospora* Müll. Arg. *Heterothecium* ***Bombyliospora Tuck.; *Lecidea* subgen. *Bombyliospora* Wainio). Lager krustig, einförmig, mit den Hyphen des Vorlagers und der Markschicht an die Unterlage befestigt, glatt oder mit Sorodien oder Isidien besetzt, unberindet, mit Protococcus-Gonidien. Apothezien

kreisrund, sitzend oder angepresst; eigenes Gehäuse hell oder dunkel, knorpelig, aus strahlig angeordneten, septierten, dickwandigen Hyphen gebildet, mit oder ohne Markschicht; Scheibe flach oder leicht gewölbt; Hypothezium hell oder dunkel, keine Gonidien enthaltend; Epithezium häufig mit Kalilauge gefärbt; Hymenium schleimig, von unverzweigten, fädlichen, mehr oder weniger lockeren Paraphysen durchsetzt; Schläuche 1—8-sporig; Sporen groß, farblos, seltener etwas gebräunt, parallel 3 bis mehrzellig, mit fast linsenförmigen Fächern, dicker Wandung, ohne Schleimhülle. Pyknokonidien länglichzylindrisch, gerade.

Bei 30, hauptsächlich auf Rinden in den wärmeren Zonen lebende Arten.

B. domingensis (Pers.) A. Zahlbr., mit gelblichem Lager, braunroten Apothezien, 2—8-sporigen Schläuchen und 6—9zelligen Sporen, unter den Tropen weit verbreitet und mannigfach variierend; *B. tuberculosa* (Fée) Mass., mit grauweißem, glattem Lager, braunen Apothezien, einsporigen Schläuchen und 8—9zelligen Sporen, unter den Tropen häufig; *B. pachycarpa* (Del.) DNotrs. (Fig. 63 *L*), mit gelblichgrauem Lager, braunen Apothezien, einsporigen Schläuchen und 8—12zelligen Sporen, in Südfrankreich, Nordafrika, in den subtropischen und tropischen Gebieten weit verbreitet.

10. **Lopadium** Körb. (*Heterothecium* **** *Lopadium* Tuck.; *Lecidea* subgen. *Lopadium* 1. *Gymnothecium* Wainio; *Brigantiaea* Trev.; *Heterothecium* Fw.). Lager krustig, einförmig, mit den Hyphen des Vorlagers und der Markschicht an die Unterlage befestigt, unberindet, mit Protococcus-Gonidien. Apothezien kreisrund, sitzend oder erhaben, eigenes Gehäuse weich oder knorpelig, hell oder dunkel und kohlig, ohne Gonidien, am Rande kahl oder behaart, vom Lager nicht berandet, aus dickwandigen, septierten, strahlig angeordneten Hyphen gebildet oder pseudoparenchymatisch und dann großzellig. Hypothezium hell, bräunlich bis dunkel; Hymenium schleimig, von unverzweigten, freien oder verklebten oder von verzweigten mit untermischten unverzweigten Paraphysen durchsetzt; Schläuche 1—8sporig, mit oft stark verdickter Wandung; Sporen farblos, gerade oder gekrümmt, mauerartig-vielzellig, dünnwandig, ohne Schleimhülle. Pyknokonidien kurz, eiförmig bis ellipsoidisch, gerade.

Bei 60 Arten, welche auf Rinden, über Moosen, auf lederigen, ausdauernden Blättern vornehmlich in den wärmeren Gebieten leben. Einige Arten sind auch den gemäßigten Zonen eigentümlich.

Schläuche einsporig: *L. fuscoluteum* (Dicks.) Mudd, mit orangegelber oder schmutzigolivenfärbiger Scheibe, über Moosen in Europa, Nordasien bis Japan und Neuseeland; *L. pezizoideum* (Ach.) Körb., mit erhabenen Apothezien, schwarzer oder schwarzbrauner Scheibe, in den gemäßigten Zonen; *L. leucoxanthum* (Sprgl.) A. Zahlbr. (Fig. 63 *K*), mit weißem oder gelblichem Lager, ockerfärbig gebräunter Scheibe, Epithezium mit Kalilauge violett, rindenbewohnend unter den Tropen; *L. melaleucum* Müll. Arg. mit kleinen, schwarzen Apothezien auf lederigen Blättern in Brasilien; Schläuche 2—4sporig; *L. perpallidum* (Nyl.) A. Zahlbr., Kuba und Guadaloupe; *L. Leprieurii* (Mont.) Müll. Arg. mit am Rande behaarten Apothezien.

11. **Rhizocarpon** (Ram.) Th. Fr. (*Abacina* Norm. pr. p.; *Buellia* sect. *Rhizocarpon* Tuck.; *Diplotomma* sect. *Rhizocarpon* Jatta; *Lepidoma* Link; *Siegertia* Körb.). Lager krustig, einförmig, mit den Hyphen des Vorlagers und des oft stark entwickelten Vorlagers an die Unterlage befestigt, unberindet, mit Pleurococcus-Gonidien. Apothezien kreisrund, zwischen den Lagerschollen oder auf dem Lager sitzend oder in dasselbe eingesenkt, mit eigenem, kohligem (ausnahmsweise braunem), vom Lager nicht berandetem Gehäuse, Hypothezium dunkel; Hymenium schleimig, von den verzweigten und verbundenen, schlaffen Paraphysen durchsetzt; Schläuche 1—8sporig; Sporen farblos oder endlich braun oder schon in der Jugend dunkel, parallel 2 bis mehrzellig oder auch durch senkrechte Wände geteilt und dann mauerartig, mit deutlicher Schleimhülle. Pyknokonidien zylindrisch bis nadelförmig, gerade oder fast gerade.

Bei 90 Arten, welche als Steinbewohner die Gebirge der kalten und gemäßigten Gebiete beider Hemisphären bewohnen.

Sekt. I. **Catocarpon** (Körb.) Arn. (*Buellia* sect. *Catocarpus* Körb.; *Catolechia* Mass. pr. p.; *Catocarpus* Arn.; *Catocarpus* sect. *Eucatocarpus* und *Catillariopsis* Stein.). Sporen zweizellig, farblos oder braun.

A. Sporen farblos: *R. polycarpum* (Hepp) Th. Fr., Lager bräunlich oder bräunlichgrau. Hyphen der Markschicht amyloïdhaltig, auf Urgestein.
B. Sporen braun oder dunkel: *R. chionophilum* Th. Fr., mit gelbem, durch Kalilauge blutrot gefärbtem, warzig-gefelderiem Lager, in den Alpen; *R. oreites* (Wainio) A. Zahlbr., der vorigen äußerlich ähnlich, Kalilauge färbt das Lager nicht, auf Urgestein in den subalpinen und alpinen Lagen; *R. badioatrum* (Flk.) Th. Fr., mit braunem Lager, nicht amyloïdhaltigen Hyphen der Markschicht, auf Urgestein.
Sekt. II. *Eurhizocarpon* Stzbgr. Sporen mauerartig.
A. Gehäuse braun: *R. pertutum* (Nyl.) A. Zahlbr., mit weißem Lager und rotbraunen Apothezien, auf Felsen in Irland.
B. Gehäuse kohlig: I. Lager gelb: *R. geographicum* (L.) DC., Markschicht durch Jod gebläut, auf Urgestein in den Gebirgsgegenden sehr häufig und mannigfach abändernd; *R. viridiatrum* (Flk.) Körb., der vorigen ähnlich, Hyphen der Markschicht nicht amyloïdhaltig, ebenfalls auf Urgestein und nicht selten; *R. ridescens* (Nyl.) A. Zahlbr., mit sorediösen Lagerschollen, in Siebenbürgen; II. Lager grau oder braun: a) Markhyphen nicht amyloïdhaltig, durch Jod daher nicht gebläut: *R. geminatum* (Fw.) Körb. mit zweisporigen und *R. Montagnei* (Fw.) Körb. mit einsporigen Schläuchen, beide auf Urgestein häufig; *R. obscuratum* (Ach.) Körb., Schläuche 8sporig; Sporen farblos, eine häufige Art; b) Hyphen der Markschicht amyloïdhaltig: *R. distinctum* Th. Fr., mit farblosen Sporen; *R. petraeum* (Nyl.) A. Zahlbr., Lager durch Kalilauge nicht gefärbt und *R. eupetraeum* (Nyl.) A. Zahlbr., Lager durch Kalilauge blutrot gefärbt, beide mit endlich braunen Sporen, auf Urgestein häufig auftretende Flechten; III. Lager weiß: *R. calcareum* (Weis) Th. Fr., Apothezien eingesenkt oder niedergedrückt, Schläuche 8sporig, auf Kalkfelsen in den Gebirgen häufig.

Auszuschließen sind aus der Familie der Lecideaceae folgende zu den Pilzen zu stellende Gattungen:

Abrothallus DNotrs., *Epiphora* Nyl., *Karschia* Körb. (Syn. *Poetschia* Körb., vergl. I. Teil, 1. Abt., S. 225), *Leciographa* Nees (Syn. *Dactylospora* Körb., vergl. I. Teil, 1. Abt., S. 228), *Lecozania* Trevis., *Lichenomyces* Trevis., *Lichenopeziza* Zuk., *Monerolechia* Trevis., *Nesolechia* Mass. (vergl. I. Teil, 1. Abt., S. 225), *Phaeothecium* Trevis., *Phymatopsis* Tul., *Tricharia* Krph. (vergl. Müll. Arg. in Flora, Band LXXIII, 1890, S. 204), *Trichoplacia* Mass. (vergl. Müll. Arg. a. a. O.).

Phyllopsoraceae.

Lager schuppig bis blattartig, geschichtet, mit oft dicht verwebten Rhizinen an die Unterlage befestigt, mit berindeter Oberseite und mit Pleurococcus-Gonidien. Apothezien kreisrund, sitzend, mit hellem oder dunklem, vom Lager nicht berandetem, eigenem Gehäuse; Paraphysen unverzweigt; Sporen farblos, ein- bis parallel mehrzellig. Fulkren exobasidial.

Einteilung der Familie.

A. Sporen einzellig . . . . 1. **Phyllopsora**.
B. Sporen parallel mehrzellig . . . . 2. **Psorella**.

1. Phyllopsora Müll. Arg. (*Psoromidium* Strl.?). Lager kleinschuppig bis blattartig, geschichtet, mit Rhizinen oder mit zu einem dichten Filze verwebten Haftfasern an die Unterlage befestigt, mit berindeter Oberseite und Pleurococcus-Gonidien. Apothezien kreisrund, auf dem Lager sitzend, mit hellem oder kohligem, vom Lager nicht berandetem Gehäuse, welches aus strahlig angeordneten, dicht verbundenen Hyphen gebildet wird; Hypothezium hell oder gefärbt, pseudoparenchymatisch (Zellen zumeist sehr klein); Paraphysen einfach, septiert und verklebt; Schläuche schmal, 8sporig; Sporen farblos, länglich, ellipsoidisch bis spindelförmig, einzellig, mit zarter Wand. Pyknokonidien zylindrisch, gerade oder fast gerade.

Bei 15 Arten, welche in den tropischen und subtropischen Gebieten vornehmlich Baumrinden bewohnen.

Ph. breviuscula (Nyl.) Müll. Arg., Lager gelblich bis fast olivenfarbig, oft mit einem Stich ins Graue, Apothezien bräunlich, Hypothezium bräunlich, durch KHO nicht verändert; *Ph. furfuracea* (Pers.) A. Zahlbr., der vorigen habituell ähnlich, Hypothecium purpurrot, durch KHO mit violetter Farbe gelöst; *Ph. corallina* (Eschw.) Müll. Arg., Lager mit drehrunden, aufrechten Isidien bedeckt, alle drei Arten unter den Tropen weit verbreitet; *Ph.*

coroniformis (Krph.) A. Zahlbr., mit muscheligen, kreideweißen Lagerschuppen und dunklen, gewölbten Apothezien, auf dem Erdboden in Texas.

2. Psorella Müll. Arg. Wie die vorhergehende Gattung, die Sporen jedoch parallel mehr- (4—16) zellig.

1 Art, *P. pannarioides* (Kn.) Müll. Arg., auf Rinden in Neuseeland.

Zweifelhafte Gattung.

Trichoplacia Mass. Lager schuppig, an die Unterlage mit schwarzen Rhizinen befestigt; Apothezien sehr klein, mit krugförmiger Scheibe, mit hellem, eigenem Gehäuse, Hypothezium einer gonidienführenden Schicht auflagernd; Schläuche kurz, 6sporig; Sporen farblos, spindelförmig, parallel 3zellig.

1 Art, *T. microscopica* (Mont.) Mass., blattbewohnend in Franz.-Guyana.

Cladoniaceae.

Lager krustig, einförmig oder am Rande geluppt, schuppig bis blattartig, mit den Hyphen des Vorlagers, mit Rhizinen oder mit einer kurzen, verzweigten Achse an die Unterlage befestigt, unberindet oder berindet, mit Pleurococcus- (ausnahmsweise mit Cyanophyceen-) Gonidien; Zephalodien vorhanden oder fehlend. Podezien flächen-, seltener randständig, kurz, verlängert oder mächtig entwickelt, einfach oder verzweigt, in letzterem Falle bis strauchartig, walzlich, spießförmig bis becherförmig erweitert, nackt oder mit Schuppen mehr oder weniger bekleidet, unberindet oder berindet, innen hohl oder solid; Apothezien end- oder seitenständig; Gehäuse (mit Ausnahme einiger weniger *Stereocaulon*-Arten) nur aus Hyphen zusammengesetzt und keine Gonidien einschließend; Hypothezium zumeist hell, selten dunkel, mit oder ohne Gonidien unterhalb desselben; Paraphysen in der Regel unverzweigt; Schläuche 6—8sporig; Sporen farblos, einzellig, parallel mehrzellig oder mauerartig-vielzellig, mit dünner Wand und dünnen Scheidewänden. Fulkren exobasidial.

Der phylogenetische Ausgangspunkt der *Cladoniaceae* bilden zweifellos die *Lecideaceae*, aus welchen sie durch eine fortschreitende Ausgestaltung des Apothezienstieles hervorgegangen sind. Wohl wurden in der allerletzten Zeit von E. Baur bei einigen wenigen *Cladonien* die ersten Fruchtanlagen im Rande des Bechers selbst gefunden, und es könnte für [diese Arten die bisherige morphologische Deutung der Podezien in Zweifel gezogen werden. Es ist indes abzuwarten, ob dieser Befund für alle *Cladonien* zutrifft, und bis dahin die von Krabbe und Wainio vertretene, auf gründlichen Untersuchungen basierende Anschauung zu bewahren.

Wichtigste Litteratur: H. G. Floerke, Beschreibung der rotfrüchtigen deutschen Becherflechten (Berliner Magazin f. d. ges. Naturk., 1808). — Derselbe, Beschreibung der Capitularia pyxidata (a. o. a. O. 1808). — Derselbe, Die braunfrüchtigen deutschen Becherflechten (Weber und Mohr, Beiträge zur Naturkunde, Band II. 1810, p. 117—154, 1 Taf.). — L. Dufour, Révision des genres Cladonia, Scyphophorus, Helopodium, Baeomyces (Annales génér. sc. phys. Bruxelles, T. VIII. 1817). — F. W. Wallroth, Naturgeschichte der Säulchenflechten, oder monographischer Abschluss über die Flechtengattung Cenomyce Ach. (Nürnberg, 1829, 8°). — H. G. Floerke, De Cladoniis difficillimo Lichenum genere Commentatio nova (Rostockii, 1828, 8°). — Th. M. Fries, De Stereocaulis et Pilophoris Commentatio (Upsaliae, 1857, 8°). — Derselbe, Monographia Stereocaulorum et Pilophororum (Upsaliae, 1858, 4°). — V. Trevisan, Nuovi studii sui licheni spettanti alle tribù delle Patellariee, Baeomyce e Lecideine e (Rev. period. dei lav. d. Accad. Padova, vol. V. 1857, p. 63—79). — W. Mudd, A Monograph of the British Cladoniae (1866). — W. A. Leighton, Notulae Lichenologicae, Nr. XII. On the Cladoniei in the Hookerian Herbarium at Kew (Annals and Magaz. Nat. Hist., vol. XIX. 1867, p. 99—124). — E. Wainio, Monographia Cladoniarum Universalis, vol. I—III. (1887—1898). — G. Krabbe, Entwicklungsgeschichte und Morphologie der polymorphen Flechtengattung Cladonia. Ein Beitrag zur Kenntnis der Ascomyceten. (Leipzig, A. Felix, 1891. 4°). — A. Zahlbruckner, O. Kuntze's »Revisio generum plantarum« mit Bezug auf einige Flechtengattungen (Hedwigia, Band XXXI. 1892, p. 34—38). — J. Reinke, Abhandlungen über Flechten (Pringsheim's Jahrb. für wiss. Botan., Band XXVIII. 1895 und Band XXIX. 1896). —

E. Wainio, Clathrinae herbarii Mülleri (Bullet. Herb. Boiss., vol. VI. 1898, p. 732). — M.
Britzelmayer, Cladonien-Abbildungen (Berlin, R. Friedländer, 1898—1900). — E. Baur,
Untersuchungen über die Entwicklungsgeschichte der Flechtenapothezien. I. (Botanische
Zeitung, 1903, Heft II, p. 26, 2 Taf.).
Exsiccaten: H. G. Floerke: Cladoniarum exemplaria exsiccata, commentationem novam
illustrantia (Rostockii 1829). — L. Rabenhorst, Cladoniae exsiccatae (Dresden 1860, Suppl.
1868). — E. Coemans, Cladoniae Belgicae exsiccatae (Gand 1863—1868). — M. Anzi, Cladoniae Cisalpinae exsiccatae. — H. Rehm, Cladoniae exsiccatae. — F. Arnold, Lichenes
exsiccati. (Enthalten außer den Exsiccaten noch die Lichtbilder der Originalien Floerke's,
Wallroth's, u. a.).

Einteilung der Familie.

A. Podezien kurz, einfach, selten gegabelt, mit endständigen Apothezien abgeschlossen.
  a. Podezien gleichmäßig dick, walzlich, im oberen Teile nicht erweitert.
   α. Podezien flächenständig.
    I. Hypothezium hell.
     * Lager häutig; Sporen fadenförmig, parallel viel (bis 100) zellig 2. **Gomphillus**.
     ** Lager körnig-krustig bis kleinschuppig oder einförmig oder am Rande gelappt;
       Sporen ellipsoidisch, einzellig oder parallel 2 bis 4zellig . . 1. **Baeomyces**.
     *** Lager blattartig; Sporen stäbchenförmig, parallel 4zellig . 3. **Heteromyces**.
    II. Hypothezien kohlig . . . . 7. **Pilophoron**.
   β. Podezien am blattartigen Lager randständig . . . . 4. **Gymnoderma**.
  b. Podezien im oberen Teile fächerartig gelappt oder zungenförmig erweitert und auf der
   einen Seite des erweiterten Teiles das Hymenium tragend.
   α. Unter dem Hymenium keine Gonidien; Markschicht der Podezien gleichförmig
     5. **Glossodium**.
   β. Unter dem Hymenium eine gonidienführende Schicht; Markschicht der Podezien mit
     verdickten Strängen . . . . 6. **Thysanothecium**.
B. Podezien becherförmig oder mehr oder weniger strauchartig verzweigt und zumeist sehr
  ansehnlich; Apothezien end- oder seitenständig.
  a. Zephalodien fehlen; Podezien innen hohl; Sporen einzellig . . . . 8. **Cladonia**.
  b. Zephalodien vorhanden; Podezien mit solidem Markstrang; Sporen nicht einzellig.
   α. Sporen parallel 4 bis mehrzellig . . . . 9. **Stereocaulon**.
   β. Sporen mauerartig parenchymatisch . . . . 10. **Argopsis**.

1. Baeomyces Pers. (*Ludovicia* Trev.; *Sphyridium* Fw.; *Tubercularia* Web. pr. p.).
Lager krustig, körnig bis kleinschuppig, einförmig, oder am Rande gelappt, mit den
Hyphen der Markschicht an die Unterlage befestigt, ohne Rhizinen, unberindet, mit
Pleurococcus-Gonidien (ausnahmsweise mit Cyanophyceen-Gonidien). Apothezien mehr
weniger gestielt, kreisrund, mit endlich herabgedrücktem Rand und dann schildförmig
oder fast kugelig, mit hellem, weichem, vom Lager nicht berandetem, eigenem Gehäuse,
Stiele der Apothezien einfach, selten verzweigt, innen hohl, spinnwebartig oder solid und
hornartig, außen nackt oder vom Lager umkleidet; Hypothezium zumeist hell, seltener
dunkel; Paraphysen unverzweigt, locker; Schläuche schmal, mit gleichmäßig dünner
Wand, 8sporig; Sporen farblos, ellipsoidisch bis spindelförmig, einzellig oder parallel
2—4zellig, mit zylindrischen Fächern und dünner Wand. Gehäuse der Pyknokonidien
in Lagerwärzchen versenkt, mehr weniger kugelig; Fulkren kurzgliederig, exobasidial;
Pyknokonidien kurz, zylindrisch, gerade.

Bei 25 auf Erde und an Felsen bewohnende Arten, hauptsächlich den gemäßigteren
Klimaten angehörend.

B. byssoides (L.) Schwer., mit grauer, körniger bis fast schuppiger Kruste, rötlichbraunen
Apothezien, soliden Stielen und einzelligen Sporen, auf dem Erdboden, über Moosen, seltener
an Felsen, weit verbreitet: *B. placophyllus* Wnbg. (Fig. 66 *A*—*B*). Lager runzelig-faltig, am Rande
blattartig effiguriert, Stiele solid, vom Lager mehr weniger bekleidet, Apothezien rötlichbraun,
Sporen einzellig, an ähnlichen Standorten wie die Vorhergehende, doch seltener; *B. absolutus*
Tuck., mit fleischfarbigen Apothezien und soliden Stielen, im subtropischen und tropischen
Amerika; *B. roseus* Pers., mit weißlicher Kruste, fleischfarbigen Apothezien, Stiele innen
spinnwebig-locker, Sporen endlich 2zellig, auf Sand- und Heideboden an sonnigen Plätzen von

Ascolichenes. (Zahlbruckner.)

der Ebene bis ins Gebirge, häufig: *B. paeminosus* Krph., Lager mit blaugrünen Gonidien, Sporen 4zellig, an Baumrinden, Insel Viti.

2. Gomphyllus Nyl. (*Bacopodium* Trevis.; *Berengeria* Mass. von Trevis.; *Mycetodium* Mass.). Lager krustig, häutig, am Rande gelappt, homöomerisch, ohne Rhizinen, mit

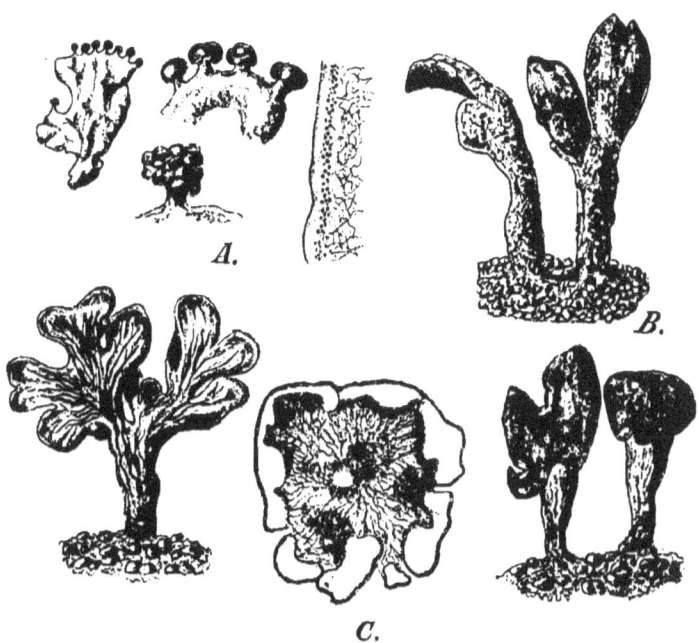

Fig. 65. *A Gymnoderma coccocarpum* Nyl., Habitusbild (natürliche Größe), Lagerrand mit Apothezien, Apothezien und Längsschnitt durch die Randpartie des Lagers. — *B Glossodium aversum* Nyl. Habitusbild (2/1). — *C Thysanothecium Hookeri* Berk. et Mont., Habitusbild (2/1) und Querschnitt eines Podeziums. (Nach Reinke.)

Pleurococcus-Gonidien. Podezien flächenständig, an der Spitze ein bis fünf Apothezien tragend, nicht beschuppt; Gehäuse der Apothezien keine Gonidien einschließend, hornartig, gefärbt; Hypothezium farblos, fast hornartig; Paraphysen fädlich, unverzweigt; Schläuche zylindrisch, 8sporig; Sporen farblos, fadenförmig, parallel viel- (bis 100-)zellig, mit zylindrischen Fächern und dünner Wand. Fulkren exobasidial; Pyknokonidien zylindrisch, gerade.

1 Art, *G. calicioides* (Del.) Nyl., über Moosen in England; Frankreich und Italien.

3. Heteromyces Müll. Arg. Lager blattartig gekerbt-lappig, geschichtet, mit berindeter Oberseite, Markschicht in einen schmalen Filz übergehend, ohne

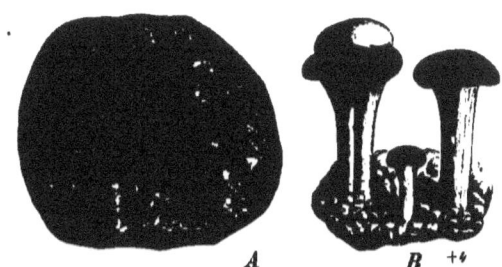

Fig. 66. *Baeomyces placophyllus* Wnbg. *A* Habitusbild (natürliche Größe). *B* Podezien (vergrößert.) (Original.)

Rhizinen, mit Pleurococcus-Gonidien. Podezien flächenständig, kurz; Apothezien kreiselförmig, mit hellem, eigenem Gehäuse, mit fast krugförmiger Scheibe; Schläuche 8sporig;

Sporen farblos, stäbchenförmig, parallel 4zellig, Gehäuse der Pyknokonidien flächen- oder randständig, eiförmig-konisch; Fulkren exobasidial; Pyknokonidien länglich-stäbchenförmig, bogig gekrümmt.

1 Art, *H. rubescens* Müll. Arg. auf Felsen in Brasilien.

4. Gymnoderma Nyl. Lager blattartig, geschichtet, mit berindeter Oberseite, lockerer Markschicht, ohne Rhizinen, mit Pleurococcus-Gonidien. Podezien kurz, randständig, Apothezien an den Spitzen derselben traubig gehäuft, fast kugelig, mit hellem, vom Lager nicht berandetem, eigenem Gehäuse; Paraphysen verzweigt; Sporen farblos, länglich bis spindelförmig, einzellig, mit dünner Wand.

1 Art, *G. coccocarpum* Nyl. (Fig. 65 *A*) auf morschen Stämmen im Himalaya.

Von dieser Gattung generisch nicht verschieden dürfte, soweit die Beschreibung ein Urteil zulässt, **Neophyllis** Wils. sein. Sie besitzt ein kleinschuppiges, vielfach zerschlitztes, am Rande gekerbtes, beiderseits konvexes Lager, dessen letzte Verästelungen fast drehrund sind, welches oben berindet ist und unten keine Rhizinen trägt. Podezien an den unteren Lagerschuppen randständig, kurz, innen hohl; Apothezien kopfförmig bis fast kugelig, höckerig; Paraphysen verklebt, bräunlich; Sporen farblos, eiförmig-ellipsoidisch, einzellig, mit dünner Wand. Pyknokonidien stäbchenförmig, an einem Ende verdickt.

1 Art, *N. melacarpa* Wils., an Baumstämmen in Australien.

5. Glossodium Nyl. Lager krustig, einförmig, körnig bis pulverig, mit den Hyphen der Markschicht an die Unterlage befestigt, ohne Rhizinen, mit Pleurococcus-Gonidien. Podezien einfach, selten gespalten, nach oben zungenförmig erweitert, die Außenseite körnig, unberindet, mit lockerer Markschicht, welche mitunter die Anfänge eines Hohlraumes zeigt, die eine Seite des abgeplatteten Teiles der Podezien trägt das Hymenium, die andere Seite ist steril und höckerig; Hypothezium hell, unter demselben keine Gonidien; Scheibe hell, im Umfange unregelmäßig; Paraphysen zart; Schläuche länglich, mit gleichmäßig dünner Wand, 8sporig; Sporen farblos, spindelförmig, 2—4zellig, mit dünner Wand.

1 Art, *G. aversum* Nyl. (Fig. 65, B.) auf der Erde in Neugranada.

6. Thysanothecium Berk. et Mont. (*Cladonia?, Acropeltis* E. Fr.). Lager krustig, einförmig, körnig bis kleinschuppig, mit den Hyphen der Markschicht an die Unterlage befestigt, ohne Rhizinen, unberindet, mit Pleurococcus-Gonidien. Podezien aufrecht, im unteren Teile mehr oder weniger drehrund, mit einer aus dicht verbundenen Hyphen hervorgegangenen hornartigen Rinde, unter welcher die Gonidienschicht liegt, Markschicht locker, mit einem oder mehreren soliden Marksträngen im oberen Teile des Podeziums, wo dieses fächerförmig erweitert oder unregelmäßig gelappt ist und auf der Oberseite in Form eines ausgebreiteten Überzuges die Apothezien trägt, die Rückseite hingegen ist steril und von aus längslaufenden Hyphen gebildeten Strängen nervenartig durchzogen; Apothezien im Umfange unregelmäßig, mit eigenem Gehäuse; Hypothezium hell, aus dicht verflochtenen Hyphen zusammengesetzt, unter demselben Gonidien; Schläuche 8sporig, Sporen farblos, ellipsoidisch, ein- bis zweizellig, mit dünner Wand.

2 Arten, *T. Hookeri* Berk. et Mont. (Fig. 65, C.) und *T. hyalinum* (Tayl.) Nyl. auf der Erde wachsend, in Australien.

7. Pilophoron (Tuck.) Th. Fr. (*Stereocaulon* B. *Pilophoron* Tuck., *Pilophorus* Nyl.). Lager körnig-krustig, warzig bis angepresst-schuppig, mit den Hyphen der Markschicht an die Unterlage befestigt, unberindet, mit Pleurococcus-Gonidien und außerdem mit kleinen, bräunlichen Zephalodien, welche Cyanophyceen-Gonidien einschließen. Podezien aufrecht, einfach oder spärlich verzweigt, zylindrisch, außen körnig-schuppig, unberindet, äußere Markschicht locker, die Gonidien einschließend, innere Markschicht aus längslaufenden Hyphen zusammengesetzt, fester gewebt, solid oder ausgehöhlt. Apothezien endständig, einzeln oder gehäuft, bald kopfig oder halbkugelig und unberandet; Hypothezium dick, hornig, dunkel, unterhalb desselben keine Gonidien; Paraphysen unverzweigt, verklebt, querseptiert, mit dunklen Spitzen; Schläuche schmal, mit am Scheitel verdickter Wandung, 8sporig; Sporen farblos, ellipsoidisch bis länglich-ellipsoidisch, einzellig, mit dünner Wand. Gehäuse der Pyknokonidien auf den Spitzen der Podezien

sitzend, kugelig; Fulkren exobasidial; Pyknokonidien stäbchenförmig, gerade oder nur leicht gekrümmt.
6 Arten, den arktischen und gemäßigten Gebieten angehörend. *P. robustum* Th. Fr., Podezien im oberen Teile spärlich verzweigt, felsbewohnend in den arktischen und subarktischen Gebieten; *P. cereolus* Th. Fr. Podezien kurz, unverzweigt, auf Felsen in Europa und Nordamerika.

8. **Cladonia** (Hill.) Wainio (*Capitularia* Flk., *Cenomyce* Ach., *Helopodium* Ach., *Pyxidaria* Mchx., *Pyxidium* Hill., *Schasmaria* S. Gray, *Scyphophora* S. Gray, *Scyphophorus* Ach., *Thamnium* Vent.). Lager schuppig bis blattartig, seltener krustig, geschichtet, mit Pleurococcus-Gonidien, berindet, Rinde aus dickwandigen, senkrecht zur Oberfläche verlaufenden Hyphen gebildet, einem ergossenen Vorlager aufliegend oder durch zahlreiche am Rande oder an die Unterseite der Lagerschuppen angeheftete Rhizinen oder durch eine kurze, verzweigte Achse an die Unterlage befestigt; Podezien flächen-, seltener randständig, einfach, spieß- oder becherförmig, wiederholt sprossend oder strauchartig verzweigt, nackt oder mit Lagerschuppen mehr oder weniger bekleidet, an den Achsenenden geschlossen oder durchbohrt, röhrig, Rindenschicht fast amorph, aus mehr oder weniger längslaufenden, verklebten Hyphen gebildet, äußere Markschicht locker, spinnwebig, innere Markschicht fester verwebt, aus längslaufenden Hyphen gebildet. Apothezium an den Enden der Podezien oder am Rande der Becher, ausnahmsweise auf den Lagerschuppen sitzend, verschieden gefärbt, mit hellem oder dunklem, vom Lager nicht berandetem, eigenem Gehäuse, welches aus mehr oder weniger strahlenförmig angeordneten, dickwandigen und verklebten Hyphen gebildet wird; Hypothezium farblos oder gefärbt, aus dicht verwebten Hyphen zusammengesetzt; Paraphysen einfach, verklebt, seltener gegabelt; Schläuche keulig-zylindrisch, mit anfangs am Scheitel verdickter Wand, 6—8sporig; Sporen farblos, eiförmig, länglich bis spindelförmig, in der Regel einzellig, ausnahmsweise 2—4zellig, mit dünner Wand. Gehäuse der Pyknokonidien an den Enden der Podezien, am Rande und an den Seitenwänden der Becher, seltener auf den Schuppen des Lagers sitzend oder kurz gestielt, zylindrisch, konisch, eiförmig, an der Basis mitunter verschmälert; Fulkren exobasidial; Pyknokonidien zylindrisch bis fädlich, leicht gebogen oder fast gerade.

Bei 140 Arten, welche über die ganze Erde verbreitet sind. Sie bewohnen hauptsächlich den Erdboden, kommen jedoch auch auf morschem Holz, an Felsen, zwischen Moosen, und über anderen Flechten vor. Viele dieser, unter dem Namen »Becherflechten« allgemein bekannten Flechten zeichnen sich durch einen außerordentlichen Formenreichtum aus.

Subgen. I. *Cladina* Wainio (*Cladina* Nyl.). Vorlager ergossen; Lager krustig, körnig, unberindet und bald verschwindend. Podezien am Grunde absterbend, verlängert, dicht verzweigt, nicht becherbildend, fast zylindrisch, unberindet; die äußere Markschicht bildet Wärzchen oder Flecken, welche die Gonidien einschließen, die übrigen Teile der Podezienaußenwand sind spinnwebig-wollig; innere Markschicht gut entwickelt; Apothezien trugdoldig angeordnet, hell oder braun; Sporen einzellig; *C. rangiferina* (L.) Web. (Fig. 67 C). Lager grau oder weißlich, den kälteren und gemäßigten Regionen angehörend; *C. sylvatica* (L.) Hoffm. Lager strohgelb, die Gehäuse der Pyknokonidien mit farbloser Schleimmasse, kosmopolitisch; *C. alpestris* (L.) Rabh., Lager hellgelb, Gehäuse der Pyknokonidien mit einer roten Schleimmasse erfüllt. Diese drei Arten sind unter dem Namen »Renntierflechte« bekannt. Sie dienen in den arktischen Gebieten zur Winterzeit den Renntieren zur Nahrung und werden in Skandinavien auch zur Alkoholbereitung verwendet. *C. pycnoclada* (Gaudich.) Nyl., mit dicht verzweigten Podezien, in der südlichen Hemisphäre weit verbreitet auch in Südeuropa aufgefunden.

Subgen. II. *Clathrina* Wainio (*Cladia* Nyl., *Clathrina* Müll. Arg.). Lager unbekannt, Podezien vom Grunde absterbend, nicht becherbildend, verzweigt, mit durchlöcherten Wandungen, kahl, mit dicker, aus längslaufenden Hyphen gebildeter Rinde, die innere Markschicht fehlt. Apothezien braun. *C. aggregata* (Sw.) Ach., mit braunen Podezien, auf dem Erdboden, in der südlichen Hemisphäre weit verbreitet; *C. retipora* (Labill.) E. Fr. (Fig. 67 B) mit gelblichen Podezien, in Australien.

Subgen. III. *Pycnothelia* Ach. (*Pycnothelia* Duf.). Vorlager aus zahlreichen, fast vertikalen Fäden gebildet. Lager krustig-warzig, unberindet, ausdauernd oder endlich verschwindend. Podezien am Grunde nicht absterbend, kurz oder stark reduziert, nicht becherbildend, einfach oder verzweigt, ohne Soredien, unberindet, äußere Markschicht gut entwickelt. Apothezien sitzend oder kurz gestielt, gehäuft, in der Jugend schmal berindet, braun; Sporen

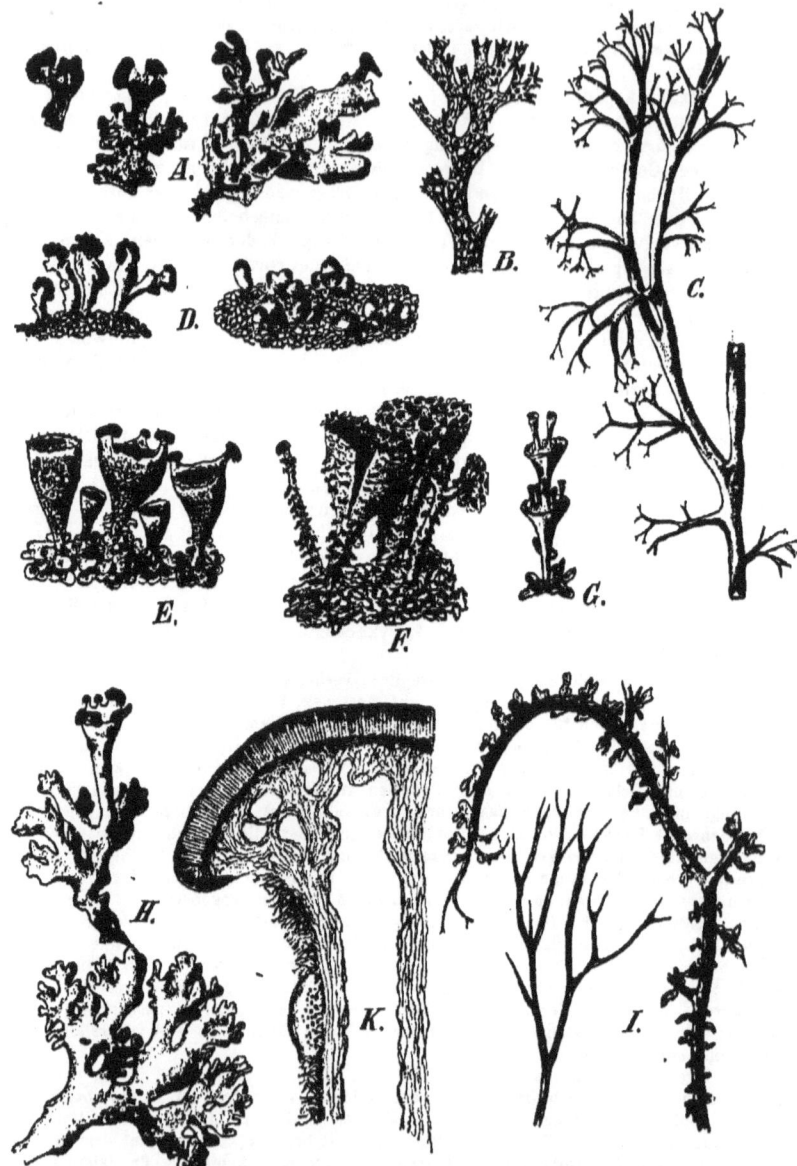

Fig. 67. *A Cladonia miniata* Mey., Habitusbild. — *B Cladonia retipora* (Labill.) E. Fr., Habitusbild. — *C Cladonia rangiferina* (L.) Web., Habitusbild. — *D Cladonia papillaria* (Ehrh.) Hoffm. — *E Cladonia pyxidata* (L.) E. Fries, Habitusbild. — *F Cladonia bellidiflora* (Ach.) Schaer., Habitusbild. — *G* und *K Cladonia verticillata* Hoffm., Habitusbild und Querschnitt durch ein Apothezium. — *H Cladonia foliosa* var. *alcicornis* (Lam. et DC.) E. Fries. — *J Cladonia furcata* (Huds.) Schrad. Habitusbild, zwei Formen darstellend. (*E—F* Original, das übrige nach Reinke; mit Ausnahme von *K*, natürliche Größe.)

einzellig, ausnahmsweise 2—4zellig. *C. papillaria* (Ehrh.) Hoffm. (Fig. 67 *D*), in Europa und Nordamerika, nicht sehr häufig.

Subgen. IV. *Cenomyce* (Ach.) Th. Fr. Vorlager eine kurze und verzweigte, rand- oder mittelständige Achse bildend. Lager schuppig bis blattförmig, mit in der Regel berindeter Oberseite. Podezien am Grunde absterbend oder ausdauernd, becherbildend oder am oberen Ende nicht erweitert, einfach oder mehr weniger verzweigt, zumeist berindet, mit oder ohne Soredien. Apothezien blass, rot oder braun; Sporen einzellig.

Ser. A. *Cocciferae* Del. Apothezien purpur- oder scharlachrot, selten ausgebleicht, mit Kalilauge eine violette Lösung abgebend; Gehäuse der Pyknokonidien rot oder mit rotem Scheitel und eine rote Schleimmasse enthaltend, welche bei den Formen mit blassen Apothezien ebenfalls ausgebleicht sein kann. I. Lagerschuppen grünlichgrau oder bräunlich. a) Podezien nicht becherbildend: *C. miniata* Mey. (Fig. 67 *A*), Schuppen des Lagers im Inneren und an der Unterseite rot, in den Gebirgen Südamerikas; *C. Floerkeana* (E. Fr.). Sommerfl., Podezien grau, zum Teil berindet, durch Kalilauge nicht verändert, kosmopolitisch und nicht selten; *C. bacillaris* Nyl., Podezien dicht mehlig-sorediös, durch Kalilauge nicht gefärbt, ebenfalls häufig; *C. macilenta* (Hoffm.) Nyl., der vorhergehenden ähnlich, Kalilauge färbt die Rinde der Podezien gelb, weit verbreitet; b) Podezien becherbildend: *C. digitata* Schaer., mit großen Lagerschuppen, kosmopolitisch; II. Lagerschuppen und in der Regel auch die Podezien mehr weniger strohgelb; a) Podezien becherbildend: *C. coccifera* (L.) Willd., mit nicht beschuppten, körnigen Podezien, kosmopolitisch, die kälteren und gemäßigteren Gebiete vorziehend; *C. deformis* Hoffm., Podezien nicht beschuppt, mehlig-sorediös, über die ganze Erdeverbreitet; *C. bellidiflora* (Ach.) Schaer. (Fig. 67 *F*) das »Korallenmoos«, Podezien dicht beschuppt, namentlich im Hochgebirge; b) Podezien nicht becherbildend, walzlich: *C. cristatella* Tuck., Podezien berindet, innere Markschicht entwickelt, in Nordamerika.

Ser. B. *Ochrophaeae* Wainio. Apothezien blass oder hellbraun, durch Kalilauge nicht verändert. 1. *Unciales* (Del.) Wainio. Lager bald verschwindend, Podezien vom Grunde absterbend, in der Regel nicht becherbildend, stark verzweigt, gelblich, Apothezien klein, schildförmig, blass. *C. amourocraea* (Flk.) Schaer., Gehäuse der Pyknokonidien mit scharlachroter Schleimmasse, in den Gebirgen der kälteren und gemäßigten Zone. *C. uncialis* (L.) Web., Gehäuse der Pyknokonidien mit farbloser Schleimmasse, kosmopolitisch. II. *Chasmariae* (Ach.) Flk. Lager ausdauernd, oder endlich verschwindend, Podezien vom Grunde absterbend oder ausdauernd weißlich, grau oder bräunlich, Achsenenden durchlöchert. a) *Microphyllae* Wainio. Lagerschuppen klein und schmal; a) Lagerstiele nicht sorediös; *C. rangiformis* Hoffm., Podezien dicht verzweigt, nicht becherbildend, durch Kalilauge gefärbt, Achsenenden oft undeutlich durchbohrt, kosmopolitisch, zumeist an sonnigen und trockenen Örtlichkeiten; *C. furcata* (Huds.) Schrad. (Fig. 67 *J*), Podezien dicht verzweigt, mit gabelig zugespitzten Ästen, glatt, durch Kalilauge nicht gefärbt, Gehäuse der Pyknokoniden am Grunde verschmälert, formenreich und weit verbreitet; *C. crispata* (Ach.) Fw., Podezien gewöhnlich becherbildend, häufig wiederholt sprossend, grünlichgrau, nicht selten; *C. squamosa* (Scop.) Hoffm., Podezien einfach oder mit trichterförmig erweiterten Spitzen, gänzlich oder nur fleckig berindet, beschuppt, eine der häufigsten und variabelsten Arten. β) Podezien dicht mehligsorediös: *C. cenotea* (Ach.) Schaer., in der Regel becherbildend, auf morschem Holz und auf der Erde in den gemäßigten Gebieten. III. *Clausae* Wainio. Lager verschwindend oder ausdauernd, verhältnismäßig dick, Podezien nicht becherbildend oder becherförmig, Achsenenden und Diaphragmen der Becher nicht durchbohrt. 1) *Podostelides* (Wallr.) Wainio, Podezien nicht becherbildend, durch die Apothezien abgeschlossen, Höhlung der Podezien eng. a) *Helopodium* (Ach.) Wainio, Podezien kurz, Gehäuse der Pyknokonidien auf den Lagerschuppen sitzend; *C. mitrula* Tuck., Podezien gleichmäßig körnig bekleidet, durch Kalilauge nicht gefärbt, Apothezien blass, im nördlichen und zentralen Amerika; *C. cariosa* (Ach.) Sprgl., Podezien warzig, gitterig zerrissen, durch Kalilauge gelb gefärbt, fast kosmopolitisch; b) *Macropus* Wainio, Podezien verlängert; Apothezien braun; Gehäuse der Pyknokonidien am Rande des Bechers: *C. alpicola* (Fw.) Wainio, innere Markschicht faserig, in den Gebirgen Europas und Amerikas; 2. *Thallostelides* Wainio. Podezien in der Regel becherbildend; Höhlung der Podezien breit. *C. gracilis* (L.) Willd., Podezien verlängert, hornartig berindet, glatt, fast glänzend, *C. pyxidata* (L.) E. Fr. (Fig. 67 *E* und Fig. 44), Podezien becherbildend, Becher weit, unregelmäßig, körnig bis warzig, *C. fimbriata* (L.) E. Fr., Podezien becherbildend oder spießförmig, dicht mehlig, alle drei Arten sind Kosmopoliten und sind die formenreichsten Glieder der Gattung; *C. verticillaris* (Raddi) E. Fr., hauptsächlich in wärmeren Teilen Amerikas vorkommend, und *C. verticillata* Hoffm. (Fig. 67 *G* und *K*), kosmopolitisch, durch die wiederholt sproßenden Podezien auffällig; 3. *Foliosae* (Bagl. et Car.) Wainio. Schuppen des Lagers sehr groß mit meist schwefelgelblicher

Unterseite, Apothezien berandet und blass: *C. foliosa* (Huds.) Schaer, (Fig. 67 *H*), xerophytische Art; 4. *Ochroleucae* E. Fr. Lagerschuppen klein, Podezien gelb, Apothezien blass, *C. botrytes* (Hag.) Willd., an morschen Baumstünken in den kälteren uud gemäßigten Gebieten.

9. **Stereocaulon** Schreb. (*Leprocaulon* Nyl.). Lager fast krustig, körnig, warzig bis schuppig. Podezien strauchartig verzweigt, ansehnlich, seltener einfach, aufrecht, von berindeten Schuppen, verschieden gestalteten Warzen oder mit kurzen, einfachen oder verzweigten, fast drehrunden Adventivsprossen (Phyllokladien) bedeckt, mehr weniger hornartig berindet oder unberindet, äußere Markschicht spinnwebig, die gehäuften Protococcus-Gonidien einschließend, innere Markschicht aus längslaufenden, dickwandigen, verklebten Hyphen zusammengesetzt und einen soliden zentralen Markstrang bildend; an den Podezien finden sich ferner, den Phyllokladien untermischt, Zephalodien von unregelmäßig kugeliger oder kopfartig-höckeriger Gestalt und hell- bis dunkelbrauner Farbe, welche Cyanophyceen-Gonidien einschließen. Apothezien braun bis schwarz, mit eigenem Gehäuse ohne Gonidien, seltener mit Gonidien einschließendem lekanorinischen Gehäuse, in allen Fällen besitzt das Gehäuse eine spinnwebige Markschicht; Hypothezium farblos, Paraphysen einfach, locker; Schläuche schmal, keulig, 6—8sporig; Sporen farblos, länglich, spindelförmig bis nadelförmig, parallel 4 bis mehrzellig, ausnahmsweise einzellig, mit zylindrischen Fächern und dünner Wand. Gehäuse der Pyknokonidien endoder seitenständig, eingesenkt, eiförmig bis kugelig, mit dunklem Scheitel; Fulkren exobasidial; Pyknokonidien fädlich bis fast zylindrisch, gerade oder gekrümmt.

Etwa 80 Arten, welche hauptsächlich Felsen und den Erdboden besiedeln und über die ganze Erde verbreitet sind.

Subgen. I. *Lecidocaulon* Wainio. Apothezien mit eigenem Gehäuse. *St. ramulosum* Ach., Podezien hoch, außen spinnwebig oder nackt, mit walzlichen Phyllokladien und kurz gestielten Zephalodien, auf Felsen und auf der Erde in den Gebirgen Amerikas; *St. coralloides* E. Fr., rasenbildend, an die Unterlage fast angeheftet, endlich ganz kahl, Phyllokladien fingerförmig ästig bis fadenförmig, Zephalodien hellgrau, weit verbreitet; *St. tomentosum* E. Fr., an die Unterlage nicht anhaftend und nicht rasenbildend, Podezien spinnwebig, Phyllokladien eingeschnitten-gekerbt, Zephalodien grau, auf Erdboden in den gemäßigten und kalten Gebieten; *St. alpinum* Laur., der Unterlage fest anhaftend, Phyllokladien geknäult, warzenförmig, weiß, im Hochgebirge; *St. incrustatum* Flk., fest aufsitzend, Podezien dicht filzig, Phyllokladien warzig, bläulichgrau, auf Sand- und Heideboden von der Ebene bis ins Gebirge; *St. paschale* (L.) Ach., der Unterlage nicht anhaftend, lockerrasig, Podezien zusammengedrückt, Phyllokladien warzig-schuppig, gekerbt, Sporen haarförmig, auf Felsen und auf der Erde, weit verbreitet; *St. denudatum* Flk., der Unterlage fest anhaftend, Podezien nackt, Phyllokladien schildförmig, grüngrau, in subalpinen und alpinen Lagen auf Urgestein; *St. condensatum* Hoffm., Podezien warzig, zumeist fast fehlend, anfangs dicht filzig, endlich kahl. Phyllokladien grundständig, seltener als die vorhergehenden; *St. cereolus* Ach., Podezien zwergig, der Unterlage fest anhaftend, glatt, Phyllokladien körnig-schuppig, Zephalodien dunkel, Sporen spindelförmig, auf Urgestein in den Gebirgen Europas und Amerikas; *St. nanum* Ach., Podezien zwergig, weich, Phyllokladien flockig, staubig, spangrün, Zephalodien und Apothezien bisher unbekannt, in den Spalten der Felsen und zwischen Moosen in Europa und Nordafrika.

Subgen. II. *Lecanocaulon* (Nyl.) Wainio (*Corynophoron* Nyl.). Apothezién mit lekanorinischem Gehäuse. *St. Colensoi* Bab. mit berindeten Podezien und einzelligen Sporen, auf Felsen in Neuseeland; *St. salazinum* Bory, mit unberindeten Podezien und 4—8zelligen Sporen, felsbewohnend auf der Insel Mauritius und Bourbon.

10. **Argopsis** Th. Fr. Lager nicht bekannt; Podezien strauchartig

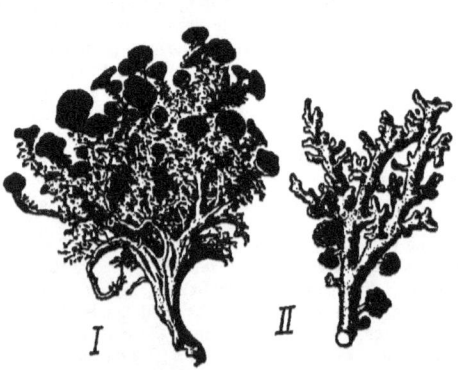

Fig. 68. *Argopsis megalospora* Th. Fr. *I* Habitusbild, natürliche Größe. *II* Ein Zweig mit Phyllokladien und Zephalodien, vergrößert. (Nach Reinke.)

verzweigt, ansehnlich, aufrecht, mehr weniger drehrund, am Grunde durch Längsfurchen zerklüftet; äußere Markschicht lappig eingeschnitten, locker verwebt, die Pleurococcus-Gonidien einschließend, im Alter abgestoßen, innere Markschicht einen aus längslaufenden Hyphen zusammengesetzten soliden Strang bildend, Phyllokladien fast fädlich, verzweigt, Zephalodien gestielt, kugelig-höckerig, mit Cyanophyceen-Gonidien. Apothezien endständig, zuerst schüsselförmig, dann fast flach, schwarz, mit hervortretendem, später fast verschwindendem Rande, mit eigenem Gehäuse, welches eine lockere Markschicht einschließt; Hypothezium kohlig, unterhalb desselben keine Gonidien; Schläuche schmal, mit am Scheitel stark verdickter Wand, 8sporig; Sporen farblos, mauerartig parenchymatisch, mit dünner Wand, im Alter zu einer dunklen Masse zerfließend.

1 Art, *A. megalospora* Th. Fr., (Fig. 68) an Felsen in den Gebirgen Kerguelenlands.

Gyrophoraceae.

Lager blattartig, ein- bis vielblätterig, mit einem zentralen oder fast zentralen Nabel an die Unterlage befestigt, geschichtet, Unterseite mehr weniger mit Fasern besetzt, Ober- und Unterseite berindet, Markschicht locker, mit Pleurococcus-Gonidien. Apothezien flächenständig, angepresst, sitzend oder fast gestielt, mit eigenem, zumeist kohligem Gehäuse, welches mitunter auch eine lockere Markschicht und ausnahmsweise einige wenige Gonidien einschließt, Scheibe der Apothezien gerillt, seltener glatt; Schläuche 1—8sporig; Sporen farblos oder dunkel, einzellig bis parallel mehrzellig oder mauerartigvielzellig, mit dünner Wand. Fulkren exo- oder endobasidial.

Wichtigste Litteratur: Außer den auf S2 angeführten Werken noch die folgenden: L. E. Schaerer, Gyrophorarum Helveticarum adumbratio. (Naturwissensch. Anzeiger für die Schweiz, 1847. p. 6—8). — Derselbe, Umbiliariae Helveticae descriptae (Séringe: Musée helvét. d'hist. natur., vol. VI. 1829. p. 86—111, p. 1 Tab.). — A. Perktoldt, Die Umbilicarien von Tirol (Ferdinandeum, Band VIII. 1841). — W. A. Leighton, A Monograph of the British Umbilicarieae (Annal. and Magaz. of Natur. Hist. 1856). — W. Nylander, Conspectus. Umbilicarum (Flora, Band XLIII. 1860. p. 417—418). — Derselbe, De reactionibus in genere Umbilicaria (Flora, Band LII. 1869. p. 387—389). — F. Arnold, Lichenologische Ausflüge in Tirol. XVIII. (Verhandl. zool.-bot. Gesellsch. Wien, Band XXVIII. 1878. p. 263—267). — G. Lindau, Beiträge zur Kenntnis der Gattung Gyrophora (Botanische Untersuchungen. Festschrift für Schwendener, Berlin, 1899. 8° p. 19—36, Taf. II). — A. Minks, Analysis der Flechtengattung Umbilicaria. Zugleich ein lichenologischer Beitrag der Entstehung und des Begriffes der naturwissenschaftlichen Art. (Mémoirs Herbier Boissier, 1900. No. 22, 77 pp. 1 Taf.). — A. M. Hue, Lichenes extra-europaei (Nouv. Archives du Muséum, 4° ser., vol. II, 1900. p. 111—122, Tab. V.).

Die *Gyrophoraceae* stellen den höchstentwickelten Lagertypus der *Lecideaceae* dar, unter der Voraussetzung, dass die Podezien der *Cladoniaceae* morphologisch der Frucht angehören. Sollte die Auffassung des morphologischen Wertes der Podezien durch neuere Untersuchungen umgeworfen werden, dann würden die *Cladoniaceae* mit ihrem strauchigen und höchstentwickelten Lager als der Endpunkt der Entwicklungsweite der *Lecideaceae* anzusehen sein. Ein Analogon des blattartigen und mit einem Nabel an die Unterlage befestigten Lagers hervorgegangen aus den *Lecanoraceae* ist die Gattung *Omphalodium* Mey. et Fw.

Einteilung der Familie.

A. Sporen einzellig, klein (in einem einzigen Falle parallel 2—mehrzellig), Schläuche 8sporig, Fulkren endobasidial . . . . 1. **Gyrophora**.
B. Sporen mauerartig-vielzellig; Schläuche 1—2sporig, Fulkren endobasidial 2. **Umbilicaria**.
C. Sporen 2zellig, braun, Fulkren exobasidial . . . . 3. **Dermatiscum**.

1. **Gyrophora** Ach. (*Gyromium* Wahlbg. pr. p., *Scalopodora* Ehrh., *Umbilicaria* subgen. *Gyrophora* Hue). Lager blattartig, ein- bis vielblätterig, mit einem mittelständigen oder fast mittelständigen Nabel an die Unterlage befestigt, geschichtet, dorsiventral, Unterseite nackt oder mit Fasern mehr weniger bekleidet, Rinde der Oberseite pseudoparenchymatisch, häufig von einer viel schmäleren amorphen äußeren Rinde überdeckt,

Markschicht spinnwebig, mit Pleurococcus-Gonidien, Unterseite ununterbrochen berindet, Rinde pseudoparenchymatisch oder aus kurzgliederigen, verbundenen, senkrecht zur Fläche verlaufenden Hyphen zusammengesetzt. Apothezien flächenständig, eingesenkt, sitzend bis fast gestielt, kreisrund, mit eigenem, kohligem Gehäuse ohne Markschicht oder mit hellerem Gehäuse, welche eine Markschicht, aber keine Gonidien einschließt; Scheibe seltener glatt, zumeist kreisfaltig-sprossend oder rillig-faltig; Hypothezium bräunlich bis kohlig; Paraphysen locker; Schläuche keulig oder sackartig-keulig, 8sporig; Sporen farblos, im Alter oft gebräunt, ellipsoidisch bis länglich, einzellig (in einem einzigen Falle parallel mehrzellig), mit dünner Wand, ohne Schleimhof. Gehäuse der Pyknokonidien papillenartig, eingesenkt, mit schwärzlichem Scheitel; Fulkren exobasidial, kurzgliederig, verzweigt; Pyknokonidien kurz bis zylindrisch, walzig oder an den Enden etwas verdickt.

Bei 35 Arten, welche als Bewohner der Urgesteinsfelsen in den Gebirgen der kalten und gemäßigten Gebiete leben.

Sekt. I. *Agyrophora* A. Zahlb., (*Agyrophora* Nyl.). Scheibe der Apothezien nicht gerillt; Gehäuse mit oder ohne Markschicht. *G. anthracina* (Wulf.) Körb., (Fig. 69 D), Lager derbhäutig, schwarz, Oberseite rissig-gefeldert, Unterseite nackt, Apothezien fast gestielt, in den Hochgebirgen Europas und Nordamerikas; *G. lecanocarpoides* (Nyl.). Lager grau, unten dicht graufaserig, Apothezien mit hellgrauem Gehäuse, in der Alpenregion des Himalaya; *G. haplocarpa* Nyl. Lager grau, Unterseite mit grauen Fasern besetzt, Sporen parallel 2 bis mehrzellig, in Peru.

Sekt. II. *Eugyrophora* A. Zahlbr. Apothezien gerillt; Gehäuse stets ohne Markschicht. *G. cirrosa* (Hoffm.) Wainio (Syn. *G. spodochroa* (Ehrh.) Ach.). Lager lederartig, grüngrau bis bräunlich, glatt, unten faserig, Apothezien spärlich gerillt; *G. vellea* (L.) Ach., Lager lederartig, bräunlich-grau, feinfelderig-rissig, Unterseite dicht mit Fasern besetzt, Apothezien stark-rillig; *G. hirsuta* (Ach.) Fw., Lager papierartig, reifartig bestaubt, feinrissig gefeldert; *G. cylindrica* (L.) Ach. (Fig. 69 A—C). Lager lederartig, grau, bereift, fast glatt, am Rande schwarzfaserig, unten hell, mehr weniger mit Fasern bekleidet; *G. proboscidea* (L.) Ach., (Fig. 70 A—B), Lager derbhäutig, einblätterig, grau, Oberseite netzartig rauh, Unterseite dunkelgrau,

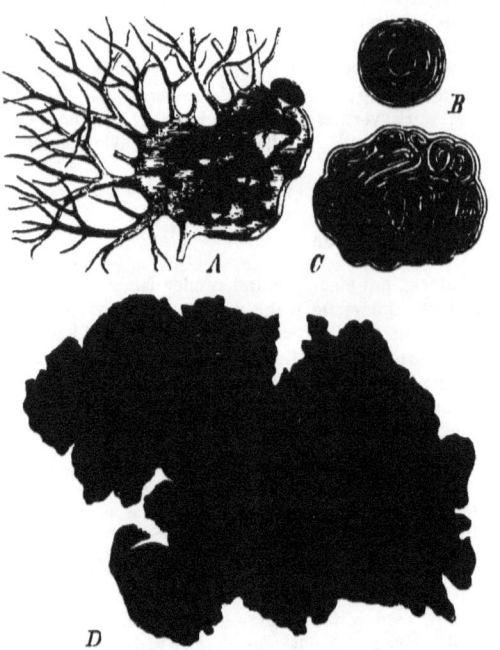

Fig. 69. A—C *Gyrophora cylindrica* (L.) Ach. A Habitusbild. B—C Apothezien, vergrößert. — D *Gyrophora anthracima* (Wulf.) Körb., Habitusbild, natürliche Größe. (Original.)

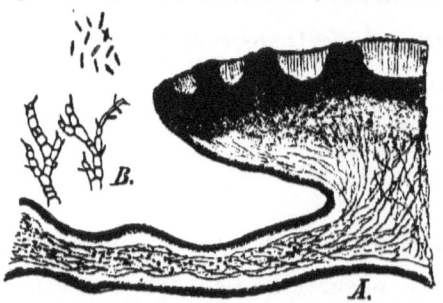

Fig. 70. *Gyrophora proboscidea* (L.) Ach. A Querschnitt durch das Lager und das Apothezium; B Fulkren und Pyknokonidien. (Original.)

nackt oder spärlich faserig, Apothezien gerillt; *G. hyperborea* (Hoffm.) Mudd, Lager derbhäutig, blasig-warzig, grün- bis schwarzbraun, am Rande zerrissen-gelappt, Unterseite dunkel, nackt, netzig-grubig; *G. erosa* (Web.) Ach., Lager derbhäutig, braun bis braunschwarz, Oberseite fein punktiert, am Rande zerfressen oder zerrissen-zerschlitzt, Unterseite heller, um den Nabel zerfressen-durchblöchert, Apothezien rillig kreisfaltig; *G. polyphylla* (L.) Körb., Lager kreiselartig brüchig, vielblätterig, schwarz bis schwarzbraun, Unterseite glatt, schwarz und nackt; *G. deusta* (L.) Ach., der vorhergehenden ähnlich, die Oberseite jedoch körnig-kleiig, alle die bisher genannten sind in Gebirgen Nord- und Mitteleuropas nicht selten; *G. Dillenii* (Tuck.) Müll. Arg., Lager derbhäutig, einblätterig, groß, längsgrubig, Unterseite mit kurzen, schwarzen Fasern besetzt, Apothezien tiefrillig, den Gebirgen Nordamerikas eigentümlich; *G. esculenta* Miyoshi, mit braunem Lager, dient in Japan als Nahrungsmittel.

2. **Umbilicaria** (Hoffm.) Fw. (*Gyromium* Wahlbg. pr. p., *Lassallia* Mér., *Macrodyctia* Mass.). Lager großblätterig, mit einem zentralen oder fast zentralen Nabel an die Unterlage befestigt, ohne Rhizinen, geschichtet, Ober- und Unterseite pseudoparenchymatisch berindet, Rinde der Oberseite ununterbrochen, Rinde der Unterseite unterbrochen, Markschicht im oberen Teil aus vornehmlich vertikal verlaufenden und lockeren Hyphen

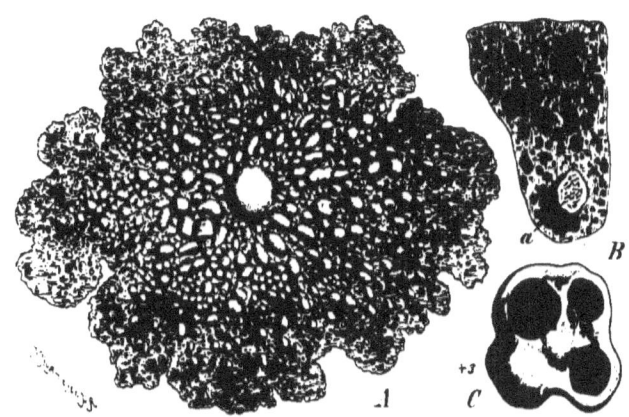

Fig. 71. *Umbilicaria pustulata* (L.) Hoffm. *A* Habitusbild; *B* Lagerunterseite; *C* Apothezien. (*A—B* natürliche Größe; *C* vergrößert, Original.)

gebildet, die Pleurococcus-Gonidien einschließend, im unteren Teile aus in radialer Richtung parallel mit der Oberfläche verlaufenden und dicht verflochtenen Hyphen zusammengesetzt. Apothezien kreisrund, sitzend, in der Regel mit einfacher, glatter, seltener mit kreisförmig sproßender Scheibe, mit eigenem Gehäuse, welches eine Markschicht, jedoch keine Gonidien einschließt, pseudoparenchymatisch; Hypothezium dunkel; Schläuche ellipsoidisch, mit am Scheitel verdickter Wand, 1—2sporig; Sporen ellipsoidisch, endlich dunkel, mauerartig-vielzellig, mit dünner Wand, ohne Schleimhof. Behälter der Pyknokonidien warzenförmig; Fulkren endobasidial, kurzgliederig, spärlich verzweigt; Pyknokonidien klein, lineal, zylindrisch.

6 Arten, welche in den Gebirgen der gemäßigten Zonen als Felsbewohner leben.

U. pustulata (L.) Hoffm. (Fig. 71 *A—C*). Lager grau, Oberseite bereift, beulig-blasig, oft mit korallinischen Gebilden besetzt, Unterseite netzartig grubig, auf Urgestein häufig; *U. pennsilvanica* Hoffm. Lager bräunlich bis dunkelbraun, in Nordamerika, im östlichen Asien und in Japan; *U. porphyrea* Pers., Lager rötlich, Kap der guten Hoffnung.

3. **Dermatiscum** Nyl. Lager einblätterig, mit einem zentralen Nabel an die Unterlage befestigt, ohne Rhizinen, geschichtet, dorsiventral, Oberseite mit einer schmalen, undeutlich pseudoparenchymatischen Rinde; Markschicht kräftig entwickelt, im oberen Teile lockerer und die Hauptmasse der Pleurococcus-Gonidien einschließend, im untern

Teile aus dicht verflochtenen Hyphen zusammengesetzt, mit spärlichen Gonidien; Unterseite berindet, Rinde im oberen Teile farblos, aus dicht und wirr verflochtenen Hyphen gebildet, im untersten Teile dunkel, aus senkrecht zur Fläche verlaufenden, septierten Hyphen zusammengesetzt. Apothezien zuerst fast eingesenkt, endlich angedrückt sitzend einzeln oder zusammenfließend, rund oder etwas unregelmäßig, Scheibe endlich gewölbt, nicht gerillt, Gehäuse fehlend, oder es ist ein wenig entwickeltes eigenes Gehäuse, welches mitunter auch spärliche Gonidien einschließt, vorhanden; Hypothezium hell, farblos, kräftig, einer unterbrochenen und schmalen Gonidienzone auflagernd; Paraphysen einfach, mehr weniger verklebt, straff, an den Enden etwas kopfig verdickt und gegliedert; Schläuche länglich-keulig, am Scheitel mit verdickter Wand, 8sporig; Sporen braun, zweizellig, in der Mitte etwas eingeschnürt. Behälter der Pyknokonidien auf der Oberfläche kleine Warzen bildend, eingesenkt, am Scheitel blass; Gehäuse fast fehlend, hell; Fulkren exobasidial, wenig verzweigt; Basidien gebüschelt, fast walzig, kurz; Pyknokonidien spindelförmig-zylindrisch, gerade.

2 Arten: *D. Thunbergii* (Ach.) Nyl., mit schwefelgelbem Lager an Sandsteinfelsen auf dem Tafelberg (Kap); *D. Catawbense* (Will.) Nyl. in Nordamerika.

Acarosporaceae.

Lager wenig entwickelt, krustig, schuppig bis blattartig, homöomerisch oder geschichtet, mit den Hyphen der Markschicht und des Vorlagers oder mit einem Nabel an die Unterlage befestigt, ohne Rhizinen, unberindet oder mit mehr weniger ausgebildeter Rinde, mit Pleurococcus- oder Protococcus-Gonidien. Apothezien in Lagerwarzen eingeschlossen, scheinbar pyrenokarp oder kreisrund, eingesenkt, sitzend oder sehr kurz gestielt, einzeln oder gehäuft, mit kreisrunder, oft sehr schmaler oder unregelmäßiger Scheibe, mit eigenem Gehäuse oder mit Lagerand; Schläuche vielsporig; Sporen sehr klein, einzellig, selten zweizellig, mit dünner Wand, ohne Schleimhof. Fulkren exobasidial.

Die Notwendigkeit der Abgrenzung dieser Familie hat Reinke mit voller Schärfe ausgesprochen. Ich schließe mich der Anschauung, dass der myriospore Schlauch im Zusammenhange mit der unregelmäßigen Scheibe auf einen phylogenetischen Zusammenhang hinweist, nur in bezug auf die in die Familie der *Acarosporaceae* einzureihenden Gattungen welche ich von Reinke insofern ab, als ich die Gattung *Anzia*, der ich nicht den typischen Bau der Ascoporaceenschläuche zuerkennen vermag, und welche infolge des anatomischen Baues des Lagers und des pyknokonidialen Apparates bei den *Parmeliaceae* untergebracht werden muss, ausschließe.

Einteilung der Familie.

A. Horizontaler Thallus nicht entwickelt; Apothezien in Lagerwarzen von verschiedener Gestalt eingesenkt; Gehäuse fast fehlend . . . . 1. **Thelocarpon**.
B. Horizontaler Thallus entwickelt; Apothezien in dieses Lager eingesenkt oder auf diesem sitzend; Gehäuse gut entwickelt.
   a. Apothezien nur mit eigenem Gehäuse . . . . 2. **Biatorella**.
   b. Apothezien vom Lager bekleidet.
     α. Lager mit den Hyphen der Markschicht oder des Vorlagers an die Unterlage befestigt; Apothezien einfach.
       I. Lager ergossen-krustig, unberindet oder mit unvollkommener Rinde; Apothezien sitzend; Sporen 1—2zellig; Pyknokonidien fädlich-zylindrisch . . 3. **Maronea**.
       II. Lager kleinschuppig, mit pseudoparenchymatischer, kleinzelliger Rinde; Apothezien eingesenkt; Sporen stets einzellig; Pyknokonidien länglich-ellipsoidisch
                                                                                    4. **Acarospera**.
     β. Lager mit einer Haftscheibe an die Unterlage befestigt; Apothezien zusammengesetzt
                                                                            5. **Glypholecia**.

1. **Thelocarpon** Nyl. (*Thelomphale* Laur., *Sphaeropsis* Fw.). Horizontales Lager fehlend. Apothezien in kleine, einzelnstehende oder gehäufte, kugelige oder fast kugelige bis kurzzylindrische, unberindete, in der Regel gelbe oder gelbliche Lagerwarzen eingesenkt, welche auch die Pleurococcus- oder Protococcus-Gonidien einschließen, mit

eingedrücktem Scheitel, Scheibe sehr schmal, punktförmig, mitunter von einer hyphösen Schicht überkleidet, seltener etwas erweitert; Gehäuse fast fehlend oder sehr schmal und hell; Hymenium im Querschnitte mehr weniger rund, oval bis verkehrt konisch; Paraphysen fehlend oder spärlich entwickelt, einfach, unverzweigt oder verzweigt und verbunden, ebenso lang oder nur halb so lang als die Schläuche; Schläuche walzlich, keulig oder bauchig-flaschenförmig, vielsporig; Sporen sehr klein, farblos, einzellig, kugelig bis eiförmig-länglich, mitunter in der Mitte leicht eingeschnürt und dann scheinbar zweizellig. Pyknokonidien unbekannt.

Wichtigste Litteratur: W. Nylander, Circa Thelocarpa europaea notula (Flora, Band XLVIII. 1863, p. 260—262. — A. M. Hue, Addenda ad Lichenographiam Europaeam (1886, p. 265—268). — H. Rehm, Die Discomycetengattung *Ahlesia* Fuck. und die Pyrenomycetengattung *Thelocarpon* Nyl. (Hedwigia, Band XXX, 1891, p. 1—12).

Die Gattung *Thelocarpon* wurde schon bei den Pilzen unter *Hypocreales* (vgl. I. Teil, 1. Abteil. S. 354) behandelt. Indes gehört eine Reihe der Arten wegen der in die Fruchtwarzen eingeschlossenen Gonidien sicher zu den Flechten, andere Arten hingegen, z. B *Ahlesia lichenicola* Fuck., müssen bei den Pilzen untergebracht werden. Dies halte ich von meiner einstigen, von Lindau a. a. O. produzierten Ansicht aufrecht, nur muss diese vorläufige Mitteilung dahin rektifiziert werden, dass es mir bisher bei den von mir untersuchten *Thelocarpon*-Arten nicht gelungen ist, einen eigentlichen Porus aufzufinden, auch bei jenen Formen nicht, welche bauchig-flaschenförmige Schläuche besitzen. Am besten läßt sich die *Thelocarpon*-Lagerwarze mit dem eingeschlossenen Apothezium mit einer monokarpen *Pertusaria* vergleichen. Jedenfalls bedarf die Gattung dringend einer auf die Untersuchung aller Arten beruhenden Revision.

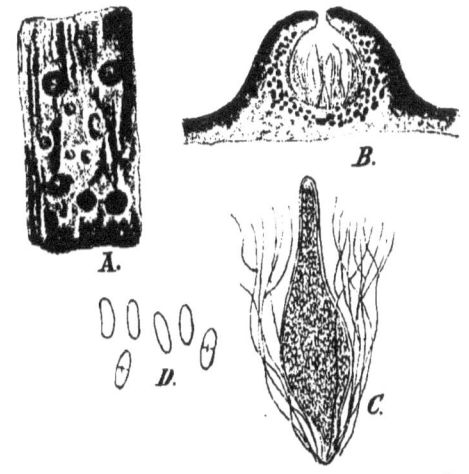

Fig. 72. *Thelocarpon prasinellum* Nyl. *A* Habitusbild. *B* Querschnitt durch ein Apothezium. *C* Schlauch und Paraphysen. *D* Sporen. (Original; alles vergrößert.)

Bisher wurden 24 Arten beschrieben, welche auf Holz, auf dem Lager anderer Flechten und auf herumliegenden Steinen leben und in Europa und Nordamerika gefunden wurden.

A. Schläuche walzlich oder walzlich keulig: *Th. vicinellum* Nyl., Hymenium im Querschnitte fast keulig.

B. Schläuche bauchig-flaschenförmig: *Th. prasinellum* Nyl. Fig. 72), Hymenium im Querschnitt fast kreisrund, Paraphysen verzweigt; *Th. intermixtulum* Nyl., ähnlich der vorigen, Paraphysen fehlen.

Die Gattung *Thelococcum* Nyl. soll sich von *Thelocarpon* durch zweizellige Sporen unterscheiden. Nachdem jedoch die einzige Art, *Th. albidum* Nyl., welche auf Kalkfelsen in Algier gefunden wurde, eine warzige Kruste besitzen soll, läßt sich ohne Untersuchung des Originalstückes nicht feststellen, ob das Verhältnis des Lagers zum Apothezium dieselbe ist, als wie bei *Thelocarpon*.

2. Biatorella (DNotrs.) Th. Fr.Lager epi- oder hypophlöodisch, krustig, einförmig oder am Rande gelappt, mit den Hyphen des Vorlagers und der Markschicht an die Unterlage befestigt, ohne Rhizinen, unberindet oder mit einer schmalen, aus unregelmäßig verlaufenden Hyphen zusammengesetzter Rinde, mit werkartiger Markschicht und Pleurococcus-Gonidien Apothezien kreisrund, seltener unregelmäßig, eingesenkt, sitzend oder sehr kurz gestielt, einzeln, mit weichem oder kohligem, hellem oder dunklem, eigenem Gehäuse, welches keine Gonidien einschließt, Gehäuse mitunter fehlend; Scheibe glatt, warzig oder rillig-faltig; Hypothezium hell bis dunkel; Paraphysen zart, fädlich, einfach, seltener verzweigt, ausdauernd oder schleimig zerfließend; Schläuche mehr weniger aufgetrieben keulig, vielsporig; Sporen farblos, einzellig, ellipsoidisch bis kugelig, sehr klein, mit dünner Wand. Behälter der Pyknokonidien in das Lager oder in kleine Lagerwärzchen versenkt; Fulkren exobasidial; Pyknokonidien eiförmig bis kurzzylindrisch.

Bei 60 Arten, welche auf Holz, Rinden, auf Felsen und auf dem Erdboden leben, über die ganze Erde zerstreut die kälteren und gemäsigteren Gebiete vorziehen.

Sekt. I. *Eubiatorella* Th. Fr. (*Biatorella* DNotrs., *Biatoridium* Lahm, *Chiliospora* Mass., *Myriablastus* Trevis., *Piccolia* Mass.(?), *Sarcosagium* Mass., *Strangospora* Körb) Lager hypo- oder epiphlöodisch; Apothezien biatorinisch, mit weichem, hellem eigenem Gehäuse.

B. fossarum (Duf.) Th. Fr., mit konvexen, mennigroten oder gelbbräunlichen Apothezien und mit länglichen Sporen, auf der Erde und über Moosen auf Kalkboden; *B. campestris* (E. Fr.) Th. Fr., Lager körnig bis pulverig, Apothezien flach oder nur schwach gewölbt, wachsartig, blass, bräunlich bis fleischrot, auf humöser Erde, über abgestorbenen Flechten und auf morschem Holz; *B. moriformis* (Ach.) Th. Fr., Lager kleiig bis pulverig, grau, Apothezien dunkel, Hymenium sehr schleimig, auf Rinden und Holz.

Sekt. II. *Sporastatia* Th. Fr. (*Gyrothecium* Nyl., *Sporastatia* Mass.). Lager gut entwickelt, epilitisch; Apothezien eingesenkt, lezideïnisch, Gehäuse fast fehlend oder entwickelt und dann kohlig.

B. testudinea (Ach.) Mass., Lager hell- oder dunkelgrau, glänzend, am Rande strahlend faltig, glänzend, Apothezien glatt oder grubig punktiert, Hypothezium hell, auf Urgestein in den Alpen häufig; *B. cinerea* (Schaer.) Th. Fr., Lager heller grau, matt, am Rande gefaltet, Scheibe der Apothezien warzig oder rillig-faltig, Hypothezium braun bis braunschwarz, ebenfalls auf Urgestein der Alpen.

Sekt. III. *Sarcogyne* Th. Fr. (*Myriosperma* Naeg., *Sarcogyne* Mass., *Stereopeltis* DNotrs., *Lecidea* sect. *Rimularia* Müll. Arg.). Lager schwach entwickelt, Apothezien angedrückt bis sitzend oder kurz gestielt, lezideïnisch, mit fast fehlendem oder kohligem Gehäuse.

B. pruinosa (Sm.) Mudd., Apothezien weich, sitzend oder fast eingesenkt, schwarz oder schwarzbraun, mehr weniger weiß bereift, Hypothezium hell, auf Kalkfelsen, Mörtel und Ziegeln weit verbreitet; *B. simplex* (Dav.) Br. et Rostr., Apothezien difform, mit dickem Rande und hellem Hypothezium, auf Urgestein nicht selten; *B. clavus* (DC.) Th. Fr., Apothezien verhältnismäßig groß, kurz gestielt, rundlich oder eckig verbogen, mit rissig-warzigem Rande, Hypothezium braun bis braunschwarz, auf Urgestein.

Aus der Gattung *Biatorella* Th. Fr. auszuschließen und bei den Pilzen unterzubringen ist *Tromera* Mass. (vgl. 1. Teil, 1. Abteil., S. 230).

3. **Maronea** Mass. (*Acarospora* sect. *Maronea* Sizbgr., *Lecania* sect. *Maronea* Müll. Arg.) Lager krustig, einförmig, mit den Hyphen der Markschicht an die Unterlage befestigt, ohne Rhizinen, geschichtet, unberindet oder mit unvollkommener Rinde, Markschicht werkartig, mit Protococcus- oder Pleurococcus-Gonidien. Apothezien einfach, zuerst eingesenkt, dann angedrückt oder sitzend, ohne eigenes Gehäuse, mit Laggerrand, welcher mit einer knorpeligen Rinde bekleidet ist; Hymenium schleimig; Hypothezium hell, einer gonidienführenden Schicht aufgelagert; Paraphysen einfach oder verzweigt, an den Spitzen mitunter gegliedert; Schläuche vielsporig; Sporen sehr klein, farbios, länglich, ellipsoidisch bis kugelig, ein- bis zweizellig. Pyknokonidien fädlichzylindrisch.

7 rindenbewohnende Arten, über die Erde zerstreut. *M. constans* (Nyl.) Th. Fr. (Fig. 73 E—G), Lager körnig-warzig, bräunlichgrau, Apothezien braun bis braunschwarz, auf Baumrinden in Europa; *M. multifera* (Nyl.) Wainio, Lager weißlich, dünn, Apothezien rötlich oder braun mit fast glänzender Scheibe, auf Rinden und Holz in Südamerika.

4. **Acarospora** Mass. (*Gussonea* Tornab., *Myriospora* Hepp, *Pleopsidium* Körb., *Acarospora* sect. *Archacarospora* Th. Fr.) Lager krustig, schuppig, bis blattartig-schuppig, einförmig oder am Rande gelappt, mit den Hyphen des Vorlagers und der Markschicht an die Unterlage befestigt, ohne Rhizinen, geschichtet, entweder nur oben oder oben und unten kleinzellig-pseudoparenchymatisch berindet, mit Protococcus-Gonidien. Apothezien eingesenkt, seltener sitzend, einzeln oder zu mehreren in den Lagerschuppen, mit zumeist enger, runder oder unregelmäßiger Scheibe, vom Lager bekleidet; Hymenium mitunter schleimig; Paraphysen einfach, gegliedert; Hypothezium hell, einer Gonidienschicht aufgelagert; Schläuche aufgeblasen, vielsporig (ausnahmsweise 2 4 sporig); Sporen

klein, farblos, einzellig, breit ellipsoidisch bis länglich, mit dünner Wand, ohne Schleimhof. Behälter der Pyknokonidien eingesenkt, mit ovalem bis krugförmigem, hellem Gehäuse; Fulkren exobasidial; Pyknokonidien länglich-ellipsoidisch bis fast kugelig.

Bei 70 Arten, Fels- und Erdbewohner, über die ganze Erde zerstreut, im Mediterrangebiet häufig.

A. chlorophana (Walbg.) Mass. (Fig. 73 *B—D*), Lager und Fruchtscheiben gelb, auf Urgestein in den Alpen sehr häufig; *A. glaucocarpa* (Wnbg.) Körb. Lager schuppig, schmutzigbraun, unten weißlich, Apothezien groß, rotbraun, mit dickem Rande, auf Kalkfelsen von dem Hügelland bis ins Hochgebirge; *A. fuscata* (Schrad.) Arn., Lager felderig geschuppt, hell kastanienbraun oder rotbraun, $KHO + CaCl_2O_2$ rötlich, Unterseite schwärzlich, auf Urgestein häufig; *A. smaragdala* (Wnbg.) Mass., Lager schuppig, grünlich bis grünlichbraun, durch $KHO + CaCl_2O_2$ nicht verändert, Lagerschollen klein und flach, Apothezien einzeln oder zu wenigen in den Schuppen, ebenfalls auf Urgestein und nicht selten; *A. discreta* (Ach.) Th. Fr.

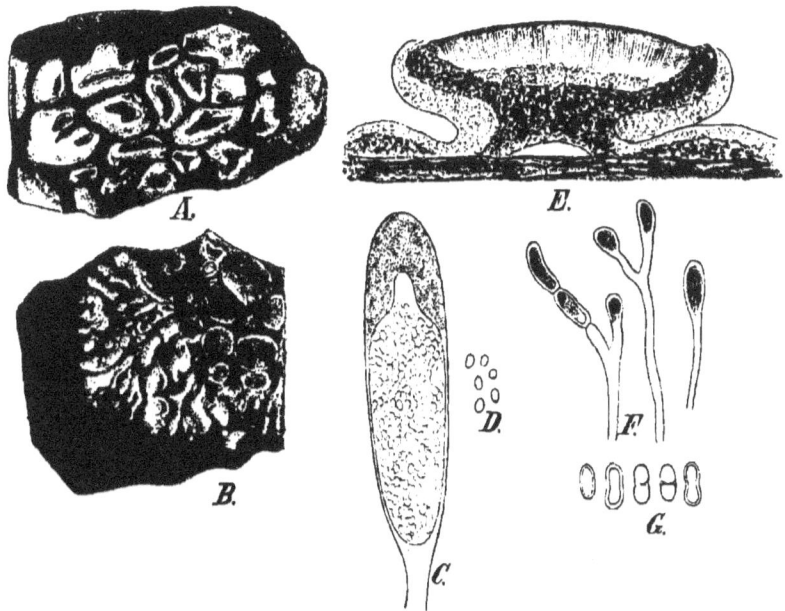

Fig. 73. *A Acarospora discreta* (Ach.) Th. Fr. Habitusbild. — *B—D Acarospora chlorophana* (Wnbg.) Mass. *B* Habitusbild; *C* Schlauch und *D* Sporen derselben. — *E—G Maronea constans* (Nyl.) Th. Fr. *E* Querschnitt des Apotheziums;. *F* Paraphysen; *G* Sporen. (Original; alles vergrößert.)

(Fig. 73 *A*), Lager braun, warzig-schuppig, Apothezien einzeln in den Lagerschollen, Sporen klein, auf Urgestein nicht selten; *A. squamulosa* (Schrad.) Th. Fr., Lager unten weißlich, oben braun, und *A. rufescens* (Sm.) Th. Fr., Lager rotbraun, unten dunkel, bei beiden wird der Thallus durch $KHO + CaCl_2O_2$ nicht gefärbt; *A. Heppii* (Naeg.) Körb., Lager sehr dünn, ausgebreitet, weißlich bis hell ockerfarbig, mit punktförmiger, rotbrauner bis schwärzlicher Scheibe, auf Kalksteinen häufig, doch leicht zu übersehen; *A. globosa* Körb., Lager schuppig, braun, Schläuche 24—30sporig, Sporen verhältnismäßig groß, auf Urgestein; *A. Schleicheri* Mass., mit gelbem Lager und goldgelben Fruchtscheiben, auf der Erde; *A. peltastica* A. Zahlbr. Lagerschuppen gestutzt-pyramidenförmig, kreideweiß, Apothezien klein mit schwarzer Scheibe, an Granit in Kalifornien; *A. reagens* A. Zahlbr., Lager schuppig, grauweiß, durch KHO rostbraun, Apothezien verhältnismäßig groß, schwarzbraun, auf dem Erdboden in Kalifornien.

5. **Glypholecia** Nyl. (*Laureriella* Hepp) Lager einblätterig, gelappt, mit einem Nabel an die Unterlage befestigt, ohne Rhizinen, geschichtet, Oberseite pseudoparenchymatisch berindet, Unterseite nackt, Markschicht spinnwebig, mit Pleurococcus-Gonidien.

Apothezien zusammengesetzt, die Einzelapothezien punktförmig bis rillig, von den Resten des Lagerrandes umsäumt; Paraphysen gut gegliedert; Schläuche bauchig aufgetrieben, vielsporig; Sporen klein, farblos, einzellig, kugelig, mit dünner Wand.

2 Arten, *G. scabra* (Pers.) Th. Fr. (Fig. 74) mit weißen felderigrissigen Lagerschuppen, auf Urgestein in Europa und Nordamerika; *G. candidissima* Nyl. in Algier.

Ephebaceae.

Fig. 74. *Glypholecia scabra* (Pers.) Th. Fr. Habitusbild (6/1). (Nach Reinke.)

Lager zwergig strauchig, verzweigt und mehr weniger verfilzt, ohne Rhizinen, krustig bis schuppig, mit Scytonemaoder Stigonema-Gonidien, homöomerisch oder geschichtet, unberindet oder berindet. Apothezien klein, oft mit unscheinbarer, punktförmiger Scheibe und dann scheinbar kernfrüchtig, auf dem Lager sitzend oder in Anschwellungen desselben versenkt; Paraphysen gut entwickelt oder fehlend; Schläuche 8 sporig; Sporen farblos, ein- bis zweizellig. Fulkren exo- oder endobasidial.

Wichtigste Litteratur: J. von Flotow, Ephebe pubescens (L.) (Botanische Zeitung, Band VIII, 1850, p. 73—76). — E. Bornet, Recherches sur la structure de l'Ephebe pubescens Fl. etc. (Annal. scienc. nat. Botan. 3. sér. tom. XVIII. 1852, p. 155—171, Tab. VII). — E. Stizenberger, Untersuchungen über Ephebe (Hedwigia, Band II, 1858, p. 1). — S. Schwendener, Untersuchungen über den Flechtenthallus (Nägeli; Beitr. zur wissensch. Botanik, 4. Heft, 1868, p. 166—171). — H. Zukal, Eine neue Flechte, Ephebe Kerneri (Österr. Botan. Zeitschrift, Band XXXIII, 1883, p. 209—210, mit 1 Taf.). — E. Bornet, Recherches sur les gonidies des Lichens (Annal. scienc. nat. Botan. 5. sér. tom. XVII, 1873, p. 45—110, Tab. VI—IX).

Einteilung der Familie.

A. Lager krustig bis kleinschuppig.
  a. Lager homöomerisch . . . . **8. Pterigyopsis.**
  b. Lagerunterseite berindet, Oberseite unberindet . . . . **9. Porocyphus.**
B. Lager zwergig strauchig, dicht verzweigt und mehr weniger verfilzt, dunkel.
  a. Apothezien in Anschwellung des Lagers, einzeln oder zu mehreren, versenkt.
    α. Sporen septiert; Paraphysen fehlen . . . . **3. Ephebe.**
    β. Sporen einzellig; Paraphysen entwickelt. . . . . **4. Ephebeia.**
  b. Apothezien auf dem Lager sitzend, end- oder seitenständig.
    α. Lager ohne pseudoparenchymatische Rinde und ohne zentralen Markstrang.
     I. Paraphysen verhältnismäßig dick, gegliedert; Fulkren endobasidial **2. Spilonema.**
     II. Paraphysen fädlich, ungegliedert; Fulkren exobasidial . . . . . **1. Thermutis.**
    β. Lager großzellig pseudoparenchymatisch berindet, mit zentralem Markstrang.
     I. Rinde einreihig; Sporen zweizellig . . . . **5. Leptodendriscum.**
     II. Rinde mehrreihig.
      1. Sporen einzellig . . . . **6. Leptogidium.**
      2. Sporen zweizellig . . . . **7. Polychidium.**

1. Thermutis E. Fr. (*Gonionema* Nyl.). Lager zwergig strauchig, dicht verzweigt und verfilzt, Verzweigungen fädlich, ohne Rhizinen, aus Scytonema-Gonidien gebildet, in deren Gallertscheide parallel zur Längsrichtung der Fäden die Hyphen verlaufen. Apothezien klein, seitenständig, angedrückt, schüsselförmig, bis fast kugelig, biatorinisch, mit kleiner, oft vertiefter Scheibe; Hypothezien hell; Paraphysen unverzweigt, nicht gegliedert, fädlich, an ihren Enden kaum verdickt; Schläuche länglich, mit gleichmäßig dünner Wand, 8 sporig; Sporen farblos, ellipsoidisch bis länglich, einzellig, mit dünner Wand, ohne Schleimhof. Behälter der Pyknokonidien seiten- oder endständig, sitzend, mehr weniger kugelig; Fulkren exobasidial; Pyknokonidien sehr klein, eiförmig bis länglich.

2 Arten, auf Urgesteinfelsen in den Gebirgen der gemäßigten Zone. *Th. velutina* (Ach.) Th. Fr. (Fig. 75), mit dunkelbraunem Lager in Europa und Nordamerika.

2. Spilonema Born. Lager zwergig strauchartig, korallinisch bis fast pulverig, dicht verzweigt, ohne Rhizinen, Lageräste zylindrisch, aus übereinander geschichteten mittelständigen Stigonema-Kolonien gebildet, deren gallertige Hülle von längs- und querlaufenden Hyphen durchzogen wird. Apothezien endständig, klein, lezideïnisch, mit gewölbter Scheibe und schmalem, endlich herabgedrücktem Rande; Hypothezium schmutzig oder dunkel; Paraphysen dick, unverzweigt, gegliedert, an der Enden kopfartig verdickt und dunkel; Schläuche länglich, 8 sporig; Sporen farblos, länglich bis eiförmig-länglich, ein- bis zweizellig, mit dünner Wand, ohne Schleimhof. Gehäuse der Pyknokonidien seitenständig, in kleine Lagerwarzen versenkt; Fulkren endobasidial, kurzgliederig; Pyknokonidien sehr kurz, fast zylindrisch.

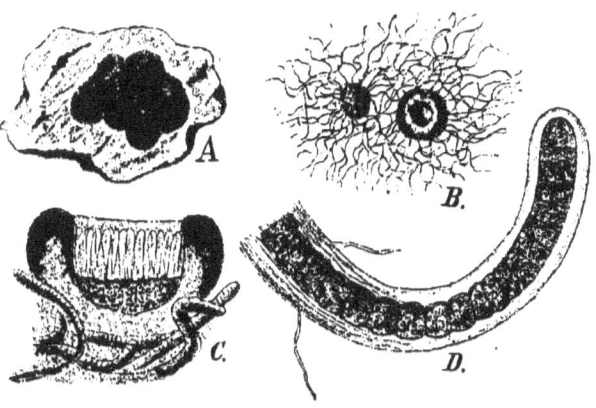

Fig. 75. *Thermutis velutina* (Ach.) Th. Fr. *A* Habitusbild (1/1); *B* Thallusfäden mit Apothezien (15/1); *C* Medianer Querschnitt durch ein Apothezium (50/1); *D* Scheitel eines Lagerfadens (400/1). (Nach Reinke.)

5 Arten, auf Urgesteinfelsen oder zwischen Moosen, in den Gebirgen der kälteren und gemäßigten Gebiete. *S. paradoxum* Born., mit schwärzlichem Lager, an Felsen des Meeresstrandes oder der Gebirge in Europa und Nordamerika.

3. **Ephebe** E. Fr. (*Girardia* S. Gray). Lager zwergig strauchartig, dicht verzweigt und verfilzt, ohne Rhizinen, Lageräste drehrund, die jüngeren Lagerfäden werden aus braungelben, übereinander geschichteten Stigonema-Kolonien gebildet, welche von längs- und querlaufenden, dünnwandigen und septierten Hyphen interstitienlos umsponnen werden, in den älteren Fäden finden sich die Gonidien mehr an die Peripherie gedrängt, und die Hyphen bilden eine zentrale Hyphenachse. Apothezien sehr klein, zu mehreren in verdickte oder aufgeblasene Teile der Lagerfäden versenkt, im Querschnitte fast kugelig, scheinbar kernfrüchtig, mit punktförmiger, endlich nur sehr wenig erweiterter Scheibe; eigenes Gehäuse sehr schmal; Paraphysen nicht entwickelt; Schläuche länglich-keulig, 8 sporig; Sporen farblos, länglich, endlich zwei- bis dreizellig, mit dünner Wand, ohne Schleimhof. Behälter der Pyknokonidien in fast halbkugelige Anschwellungen des Lagers versenkt, kugelig; Fulkren exobasidial; Basidien walzlich-fädlich; Pyknokonidien kurz, zylindrisch bis länglich.

4 Arten, felsbewohnend in Gebirgen. *E. lanata* (L.) Wainio Fig. 76 *A*, *C—D* (Syn. *E. pubescens* E. Fr., *Stigonema atrovirens* Ag.) in Europa und Nordamerika auf Urgestein; *E. solida* Born. (Fig. 76 *B*), auf Urgestein in Nordamerika.

4. **Ephebeia** Nyl. Im Baue des Lagers mit den vorhergehenden Gattungen völlig übereinstimmend, auch die Apothezien sind ähnlich, sie besitzen jedoch gut entwickelte, mehr weniger verzweigte Paraphysen, und ihre Sporen sind stets einzellig.

5 Arten. *E. hispidula* (Ach.) Nyl., auf Urgesteinfelsen in subalpinen Lagen Europas; *E. brasiliensis* Wainio in Brasilien.

5. **Leptodendriscum** Wainio. Lager rasig, niedrig, dicht verzweigt und verfilzt, ohne Rhizinen, deutlich geschichtet, Verästelungen drehrund, allseitig großzellig pseudoparenchymatisch berindet, Zellen der Rinde eine einzige Lage bildend, dünnwandig, unter der Rinde liegen die kettenförmigen Scytonema-Gonidien, welche parallel mit der Längsrichtung der Äste verlaufen, die Mitte der Fäden bildet ein kaum schleimiger

zentraler Markstrang, welcher aus längslaufenden, mehr weniger septierten Hyphen zusammengesetzt wird und in unteren Lagerästen fast pseudoparenchymatisch erscheint. Apothezien endständig, sitzend, schildförmig, lezideïnisch, mit pseudoparenchymatischem Gehäuse, welches keine Gonidien und keine Markschicht einschließt; Hypothezium hell, aus unregelmäßig verlaufenden, dicht verwebten Hyphen gebildet, ohne Gonidien; Paraphysen verklebt, unverzweigt, septiert, an ihren Enden keulig verdickt; Schläuche keulig, mit kaum verdickter Wand, 8 sporig; Sporen farblos, länglich bis fast spindelförmig, zweizellig.

1 Art. *L. delicatulum* Wainio auf Rinden in Brasilien.

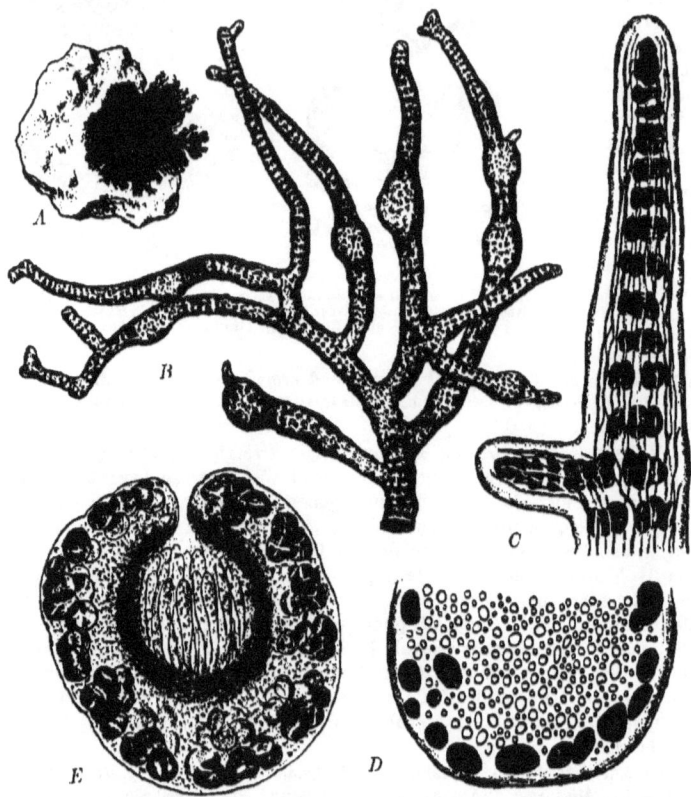

Fig. 76. *A*, *C—D Ephebe lanata* (L.) Wainio. *A* Habitusbild (1/1); *C* Scheitel eines Lagerfadens (350/1); *D* Querschnitt durch einen älteren Lagerfaden (350/1); *E* Schnitt durch ein Apothezium. — *B Ephebe solida* Born. Fertiles Lager (30/1).

6. **Leptogidium** Nyl. Lager zwergig strauchartig, dicht verzweigt und verfilzt, ohne Rhizinen, Äste drehrund, allseitig großzellig berindet, Rinde aus mehreren Lagern zusammengesetzt, mit Scytonema-Gonidien und zentralem Markstrang, der aus längs- und querlaufenden Hyphen gebildet wird. Apothezien klein, braun, mit endlich etwas gewölbter Scheibe; Sporen farblos, ellipsoidisch, einzellig.

1 Art, *L. dendriscum* Nyl. Lager bis 2,5 mm hoch, auf Farnenarten der Tropen.

7. **Polychidium** (Ach.) A. Zahlbr. (*Garovaglia* Trevis., *Garovaglina* Trevis., *Leptogium* sect. *Polychidium* Wainio). Lager blattartig, tief gelappt und zerschlitzt, mit angedrückten oder mehr weniger aufstrebenden Lagerabschnitten oder niedrig strauchartig,

aufrecht, mit dichotom verzweigten drehrunden Ästchen, Lagerästchen am Rande nackt oder bewimpert, durchweg pseudoparenchymatisch oder beiderseits mit einer mehrschichtigen, zartmaschigen, pseudoparenchymatischen Rinde überzogen, mit kettenförmigen Scytonema-Gonidien. Apothezien sitzend, flächen- oder endständig, hell (braun), biatorinisch, mit flacher oder schwach gewölbter Scheibe; Gehäuse pseudoparenchymatisch; großmaschig, keine Gonidien einschließend; Hypothezium hell; Paraphysen einfach, an den Enden etwas kopfig verdickt und septiert, mehr weniger verklebt; Schläuche keulig, 8 sporig, Sporen farblos kahn- oder spindelförmig-länglich, gerade, zweizellig, mit dünner Wand. Fulkren endobasidial, perlschnurartig gegliedert; Pyknokonidien kurz, walzig, in der Mitte schwach eingeschnürt.

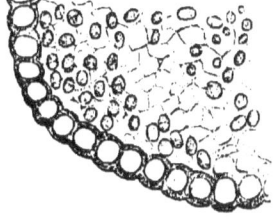

3—4 Arten, den gemäßigten Klimaten angehörend.

Sekt. I. *Pseudoleptogium* (Jatta) A. Zahlbr. (*Pseudoleptogium* Jatta). Lagerlappen flach, am Rande bewimpert oder gefranst beiderseits pseudoparenchymatisch berindet. *P. albociliatum* (Desm.) A. Zahlbr., unter oder zwischen Moosen in Europa und Nordamerika.

Sekt. II. *Eupolychidium* A. Zahlbr. Lager zwergig strauchig, aufrecht, mit drehrunden, nackten, durchweg pseudoparenchymatischen Lagerästchen. *P. muscicolum*

Fig. 77. *Polychidium muscicolum* (Sw.) S. Gray. Querschnitt durch das Lager (500/1). (Nach Schwendener.)

(Sm.) S. Gray (Fig. 77), dunkelbraune, bis 5 mm hohe Polsterchen bildend, über Moosen in Europa und Nordafrika.

8. **Pterygiopsis** Wainio. Lager krustig, bis fast schuppig, am Rande kleinlappig effigurirt, ohne Vorlager und Rhizinen, Oberseite unberindet, hauptsächlich aus den zu Stigonema gehörenden Gonidien zusammengesetzt, Unterseite berindet, Rinde aus vertikalen, dünnwandigen, fast pseudoparenchymatisch septierten Hyphen zusammengesetzt. Apothezien in halbkugelige Lagerwarzen versenkt, mit enger, fast punktförmiger Scheibe, ohne Gehäuse; Paraphysen locker, kaum verzweigt, gegliedert; Hypothezium hell, aus unregelmäßig verlaufenden, verklebten Hyphen gebildet; Schläuche mehr weniger länglich, 8 sporig; Sporen farblos, ellipsoidisch bis fast kugelig, einzellig.

1 Art, *P. atra* Wainio, an Granitfelsen des Meerestrandes bei Rio de Janeiro.

9. **Porocyphus** Körb. Lager krustig, ergossen oder mehr weniger gefeldert oder körnig bis korallinisch, der Unterlage aufliegend, ohne Rhizinen, mäßig gallertig, homöomerisch, unberindet, aus spärlichen Hyphen und Scytonema-Gonidien zusammengesetzt. Apothezien sehr klein, eingesenkt, zuerst geschlossen, später nur wenig geöffnet, lekanorinisch, eigenes Gehäuse hell und schmal; Hymenium fast abgestutzt kegelförmig; Paraphysen fädlich, einfach und frei; Schläuche im Hymenium strahlig gelagert, zylindrisch, gekrümmt bis gewunden, 8 sporig; Sporen farblos, eiförmig bis ellipsoidisch, einzellig, dünnwandig. Gehäuse der Pyknokonidien eingesenkt, fast kugelig, mit hellem Gehäuse; Fulkren exobasidial; Pyknokonidien kurz, länglich-ellipsoidisch.

5 Arten, an feuchten Felsen der Gebirge Europas. *P. coccodes* (Fr.) Körb., mit dunklem, körnig-warzigem Lager in Deutschland.

Zweifelhafte Gattung.

Lichenosphaeria Born. Lager zwergig strauchig, dicht verzweigt und verfilzt, Äste drehrund, aus Stigonema-Gonidien gebildet, in deren Gallertscheiden stellenweise Hyphen parallel zur Längsrichtung verlaufen. Apothezien seitenständig, kernfrüchtig; eigenes Gehäuse kohlig, mit punktförmiger Mündung; Paraphysen nicht entwickelt; Schläuche keulig-länglich, mit am Scheitel schwach verdickter Membran, 8 sporig; Sporen farblos, länglich, in der Mitte etwas eingeschnürt, zweizellig, mit dünner Wand. Fulkren exobasidial; Pyknokonidien kurz, walzlich.

1 Art, *L. Lenormandi* Born., bildet niedrige, schwärzliche Rasen auf Felsen in den Hochgebirgen Perus. — Die Apothezien gehören möglicherweise einem parasitischen Pilze an.

Anzuschließende Gattungen und Arten:

Scytonema Ag. und **Sirosiphon** Kütz. sind echte Algen.

Ephebella Hegetschweileri Itzigs. ist nach H. Zukal (Flora, Band LXXIV, 1904, p. 103—106, Taf. III, Fig. 34) ein auf Scytonemafäden lebender Pilz, **Endomyces Scytonematum** Zuk.

Ephebella Hegetschweileri Hazsl. ist mit der vorhergehenden, gleichnamigen Art nicht identisch; sie soll nach Hazzlinszky selbst keine Hyphen besitzen und wäre demnach ebenfalls ein auf Scytonema parasitierender Pilz.

Pyrenopsidaceae.

Lager krustig, blattartig bis strauchig, dunkel, mit den Hyphen des Lagers, mit Rhizinen oder mit einem Nabel an die Unterlage befestigt, in der Regel homöomerisch und nur ausnahmsweise mehr weniger geschichtet; Hyphensystem locker, dichter verflochten oder pseudoparenchymatisch, mit den Endverzweigungen oft in die Gallerthülle eindringend; mit Gloeocapsa-Gonidien, welche in drei Typen (*Gloeocapsa*, *Chroococcus* und *Xanthocapsa*) an der Symbiose Anteil nehmen. Apothezien geschlossen oder offenfrüchtig, auch in Übergangsformen zwischen diesen beiden Fruchttypen; eigenes Gehäuse entwickelt oder fehlend; Lagerrand bei den scheibenfrüchtigen vielfach gut ausgebildet; Paraphysen verschleimt oder deutlich, unverzweigt oder septiert, mitunter in einem Hymenium dimorph; Schläuche 8- bis vielsporig; Sporen farblos, eiförmig, ellipsoidisch bis kugelig, ein-, seltener zweizellig, mit dünner Wand, ohne Schleimhof. Fulkren exobasidial. Pyknokonidien eiförmig, länglich bis nadelförmig, gerade oder gekrümmt.

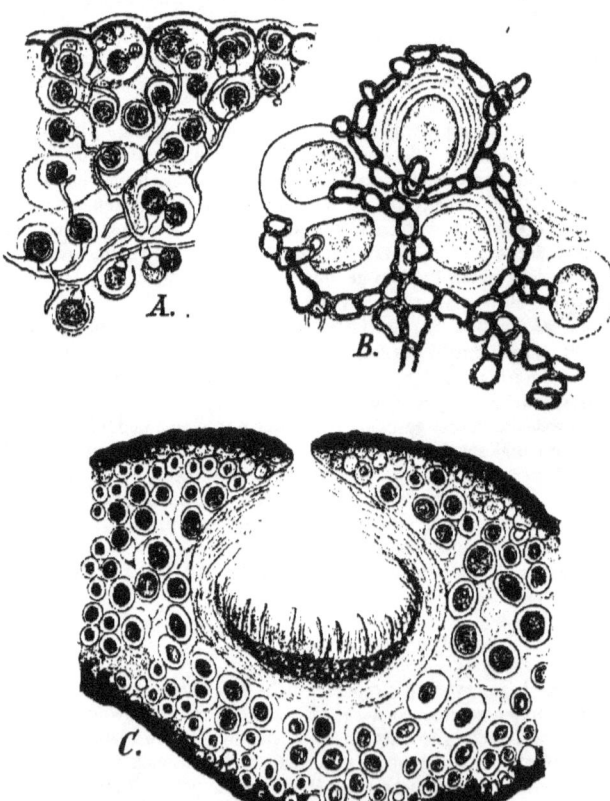

Fig. 79. *A Pyrenopsis conferta* (Born. et Nyl.) Forss. Querschnitt durch das Lager. — *B Anema Notarisii* (Mass.) Forss. Querschnitt durch das Lager. — *C Phylliscum Demangeonii* (Mont. et Moug.) Nyl. Querschnitt durch das Lager. (*A* und *B* nach Bornet; *C* nach Reinke; alles stark vergrößert.)

Wichtigste Litteratur: A. L. A. Fée, Monographie du genre Paulia, famille des Lichens, tribu des Endocarpées (Linnea, vol. X., 1836, p. 466—472, Tab. IV). — K. B. Forsell, Beiträge zur Kenntnis der Anatomie und Systematik der Gloeolichenen. (Stockholm, 1885, 4°). — W. Wächter, Jenmania Goebelii, eine neue Flechtengattung (Flora, LXXXIV., 1897, p. 349—354). — J. Steiner, Bearbeitung der von O. Simony 1898 und 1899 in Südarabien, auf Sokotra und den benachbarten Inseln gesammelten Flechten (Denkschr. der math.-naturwiss. Klasse der kais. Akademie der Wiss. Wien, Band LXXI., 1902, p. 93—102). — Derselbe, Zweiter Beitrag zur Flechtenflora Algiers (Verhandl. zool.-botan. Gesellsch. Wien, Band LII., 1902, p. 469—487).

Einteilung der Familie.

A. Lager mit Gloeocapsa-Gonidien. Blaugrüne, runde, zu Kolonien vereinigte Zellen, welche von ineinander geschachtelten, durch Gloeocapsin rotgefärbten und mit Behandlung durch Kalilauge sich violett färbenden Gallerthüllen umgeben sind. (Die Farbe der Gallerthüllen bleicht bei allen Typen im Inneren des Lagers aus.)
  a. Lager krustig, kleinschuppig, korallinisch bis zwergig strauchartig.
    α. Sporen einzellig . . . . 2. **Pyrenopsis**.
    β. Sporen zweizellig . . . . 1. **Cryptothele**.
  b. Lager strauchartig, mit zarten Rhizinen an die Unterlage befestigt . . 3. **Synalissa**.
  c. Lager einblätterig, mit einem Nabel an die Unterlage befestigt . . 4. **Phylliscidium**.
B. Lager mit Chroococcus-Gonidien. Große, blaugrüne Zellen, größer als diejenigen der anderen Typen, einzeln oder zu zweien liegend und von einer dicken, am Rande des Lagers mitunter rötlich gefärbten Gallerthülle umschlossen.
  a. Lager krustig; Apothezien mehr weniger geöffnet . . . . 5. **Pyrenopsidium**.
  b. Lager einblätterig, genabelt; Apothezien geschlossen . . . . 6. **Phylliscum**.
C. Lager mit Xanthocapsa-Gonidien. Zellen rundlich, blaugrün, mit gelblicher bis gelbbrauner Gallerthülle.
  a. Lager krustig.
    α. Sporen einzellig.
      I. Hymenium von einer aus Gonidien und Hyphen zusammengesetzten epithezialen Schicht überdeckt . . . . 8. **Gonohymenia**.
      II. Hymenium ohne epitheziale Schicht.
        1. Hyphensystem des Lagers an keiner Stelle pseudoparenchymatisch
          9. **Psorotichia**.
        2. Hyphensystem des Lagers am Rande pseudoparenchymatisch 10. **Forssellia**.
    β. Sporen zweizellig; Apothezien geschlossen . . . . 7. **Collemopsidium**.
  b. Lager blattartig, einblätterig, schildförmig oder mehr weniger gelappt, mit einem Nabel an die Unterlage befestigt.
    α. Hyphen des Lagers pseudoparenchymatisch, kleinmaschig . . . . . 11. **Anema**.
    β. Hyphen des Lagers nicht pseudoparenchymatisch.
      I. Sporen einzellig.
        1. Hyphen des Lagers locker, am Rande des Lagers mehr netzartig, in der Mitte oft parallel mit der Oberfläche laufend . . . . 12. **Thyrea**.
        2. Hyphen des Lagers am Rande senkrecht zu demselben laufend, deutlich, in der Mitte hingegen parallel zur Oberfläche orientiert, weniger deutlich, allenthalben dicht verklebt . . . . 13. **Jenmania**.
      II. Sporen zweizellig . . . . 14. **Paulia**.
  c. Lager strauchig, verzweigt, aufrecht.
    α. Lager ungeschichtet . . . . 15. **Peccania**.
    β. Lager geschichtet, mit einer farblosen, aus parallel zur Oberfläche verlaufenden, dicht verklebten Hyphen gebildeten Rinde . . . . 16. **Phloeopeccania**.

1. **Cryptothele** (Th. Fr.) Forss. Lager krustig, dünn, einförmig, mit den Hyphen der Markschicht an die Unterlage befestigt, ungeschichtet, hauptsächlich aus gehäuften Gloeocapsa-Gonidien gebildet, welchen spärliche, mitunter undeutliche Hyphen untermischt sind. Apothezien lekanorinisch, mit sehr schmaler Scheibe, scheinbar pyrenokarp; Paraphysen spärlich entwickelt; Schläuche 8 sporig; Sporen farblos, länglich, zweizellig, mit dünner Wand. Pyknokonidien nadelförmig, gerade oder gekrümmt.
  2 steinbewohnende Arten, *C. permiscens* (Nyl.) Th. Fr. in Schweden, *C. africana* Müll. Arg. in Nyamnyamland.

2. **Pyrenopsis** (Nyl.) Forss. (*Cladopsis* Nyl., *Euopsis* Nyl., *Eupyrenopsis* Nyl., *Malmgrenia* Trevis., *Synalissopsis* Nyl.). Lager krustig, einförmig, körnig, warzig kleinschuppig

bis zwergig strauchartig, mit den Hyphen der Markschicht an die Unterlage befestigt, ungeschichtet, aus gehäuften Gloeocapsa-Gonidien und zwischen oder auch innerhalb der Algenkolonien verlaufenden, oft netzartig verbundenen, mehr weniger septierten Hyphen zusammengesetzt. Apothezien eingesenkt oder sitzend, lekanorinisch, mit mehr weniger erweiterter, mitunter jedoch auch sehr enger, vertiefter oder gewölbter Scheibe, mit deutlichem oder verschwindendem eigenem Gehäuse; Paraphysen deutlich oder undeutlich, unverzweigt, septiert oder einfach; Schläuche 8, ausnahmsweise auch mehr (bis 32) sporig, in der Regel am Scheitel mit verdickter Wand, Sporen farblos, länglich bis fast kugelig, einzellig, mit dünner Wand. Behälter der Pyknokonidien eingesenkt; Fulkren gebüschelt; Pynokonidien länglich bis länglich-zylindrisch, ausnahmsweise fädlich und gekrümmt.

Bei 40, über die Erde zerstreute, felsbewohnende Arten.

Sekt. I. *Protopyrenopsis* A. Zahlbr. Pyknokonidien länglich bis länglich-zylindrisch, gerade.

A. Schläuche 32 sporig; *P. picina* (Nyl.) Forss. in Europa und Zentralamerika;
B. Schläuche 8 sporig; a. Lager zwergig-strauchartig, zusammenhängend: *P. micrococca* (Born. et Nyl.) Forss. mit ungefärbtem, *P. conferta* (Born. et Nyl.) Forss. (Fig. 78 A), mit gelblichem bis bräunlichem Epithezium, beide in Frankreich; b. Lager kleinschuppig: *P. foederata* Nyl., ebenfalls in Frankreich; c. Lager krustig: *P. pulvinata* (Schaer.) Th. Fr., mit rotbraunen Apothezien und *P. sanguinea* Anzi mit schwarzen Apothezien, beide in Europa verbreitet.

Sekt. II. *Cryptotheliopsis* A. Zahlbr. Pyknokonidien fädlich gekrümmt. *P. phylliscina*, Tuck. in Nordamerika.

3. **Synalissa** E. Fr. (*Enchylium* Mass., pr. p. *Synalissis* Lindl.) Lager strauchig, aufrecht, verzweigt, mit zylindrischen bis keulenförmigen, einfachen oder knotigen bis korallinischen Ästen, mit Rhizinen an die Unterlage befestigt, ungeschichtet, aus Gloeocapsa-Gonidien, welche im zentralen oder basalen Teile des Lagers fehlen können, und aus zumeist spärlich verästelten Hyphen zusammengesetzt. Apothezien endständig, eingesenkt, zuerst geschlossen, endlich lekanorinisch, mit verhältnismäßig dickem Lagerrand; Paraphysen fädlich, zart, unverzweigt; Schläuche 8—32 sporig, mit dünner Wandung; Sporen farblos, ellipsoidisch bis kugelig, einzellig, mit dünner Wand. Behälter der Pyknokonidien eingesenkt, oval; Fulkren einfach; Pyknokonidien ellipsoidisch bis eiförmig-länglich, sehr klein.

5 steinbewohnende Arten; *S. ramulosa* (Hoffm.) E. Fr., an Kalkfelsen in Europa, Algier und Nordamerika. Einige hierher gezogene Arten sind auf ihre Zugehörigkeit zur Gattung noch zu prüfen.

4. **Phylliscidium** Forss. Lager einblätterig, mit einem mittelständigen Nabel an die Unterlage befestigt, ungeschichtet, mit Gloeocapsa-Gonidien, welche in ein pseudoparenchymatisches Maschwerk der Hyphen eingelagert sind; Apothezien lekanorinisch, mit dickem Lagerrand; Schläuche 8 sporig; Sporen farblos, ellipsoidisch, einzellig. Pyknokonidien länglich.

1 Art, *P. monophyllum* (Krph.) Forss. auf Urgestein in Brasilien.

5. **Pyrenopsidium** (Nyl.) Forss. (*Philliscum* subgen. *Pyrenopsidium* Nyl.). Lager krustig, körnig bis warzig, zusammenhängend oder gefeldert, mit den Hyphen der Markschicht an die Unterlage befestigt, homöomerisch, die reichlich verzweigten und sehr zarten Hyphen sind zu einem feinmaschigen Gewebe vereinigt; welches große Höhlungen bildet, in welchen einzeln oder zu zweien die großen, von einer dicken Gallerthülle umschlossenen Chroococcus-Gonidien liegen. Apothezien lekanorinisch, mit mitunter sehr schmaler Scheibe, von einem mehr weniger entwickelten Lagerrand umgeben; Paraphysen zumeist deutlich, verklebt oder frei, unverzweigt; Schläuche 8 sporig; Sporen farblos, länglich bis fast kugelig, einzellig, mit dünner Wand. Pyknokonidien ellipsoidisch-länglich.

7 Arten, welche als steinbesiedelnde Flechten in den kälteren Gebieten leben. *P. granuliforme* (Nyl.) Forss., mit fast geschlossenen Apothezien, *P. extendens* (Nyl.) Forss. mit offener Scheibe und länglichen Sporen, beide mit dunkelbraunem, fast schwärzlichem Lager auf Urgestein.

6. **Phylliscum** Nyl. (*Omphalaria* * *Endocarpoma* Tuck.). Lager blattartig, mit einem mittelständigen, kurzen, manchmal verzweigten Nabel an die Unterlage befestigt, homöomerisch, im anatomischen Baue der vorhergehenden Gattung ähnlich. Apothezien in das Lager versenkt, geschlossen, mit einem weichen, hellen und geschlossenen Gehäuse und einer einfachen Pore am Scheitel; Paraphysen undeutlich; Periphysen kurz, kräftig; Schläuche 8—16 sporig; Sporen farblos, länglich, einzellig, mit dünner Wand. Pyknokonidien fädlich, gekrümmt.
1 Art, *P. Demangeonii* (Mont. et Moug.) Nyl., (Fig. 78 C und Fig. 79 C.) mit schwarzem, angefeuchtet quellendem Lager, auf Urgesteinsfelsen in Mitteleuropa und Nordamerika.

7. **Collemopsidium** Nyl. Lager krustig, dünn, körnig-gefeldert, zusammenhängend oder in einzelne Lagerkörner aufgelöst, mit den Hyphen der Markschicht an die Unterlage befestigt; mit Xanthocapsa-Gonidien. Apothezien sehr klein, eingesenkt, geschlossen, eigenes Gehäuse kugelig oder halbkugelig, gefärbt (violett oder bräunlichviolett), am Scheitel mit einer einfachen Pore; Paraphysen fädlich, etwas verklebt, verzweigt und oft auch netzartig verbunden; Schläuche 8 sporig, am Scheitel mit kaum verdickter Wandung; Sporen farblos, länglich bis länglich-eiförmig, zweizellig, Zellen gleich groß oder die eine größer. Behälter der Pyknokonidien in das Lager versenkt, kugelig, mit hellem Gehäuse; Fulkren einfach; Pyknokonidien ellipsoidisch bis eiförmig, klein.
2 Arten; *C. iocarpum* Nyl., auf Urgestein- in Nordeuropa und *C. calcicolum* Stnr. in der Sahara.

8. **Gonohymenia** Stnr. Lager krustig, kleinschuppig, Schuppen zusammenhängend oder zerstreut, ohne Rhizinen, ungeschichtet, aus verzweigten Hyphen und gehäuften Xanthocapsa-Gonidien zusammengesetzt. Apothezien lekanorinisch; Hymenium von einer epithezialen, aus aneinander schließenden Xanthocapsa-Gonidien und Hyphen gebildeten Schicht überdeckt, welche zum Teile in das Hymenium selbst eindringt und mit dem Lagerrand verschmilzt; eigenes Gehäuse fehlend; Paraphysen fädlich, verklebt; Schläuche vielsporig; Sporen farblos, länglich bis fast kugelig, einzellig, klein, mit dünner Wand. Behälter der Pynokonidien eingesenkt; Pyknokonidien ellipsoidisch.
2 kalkbewohnende Arten, *G. algerica* Stnr. in der algerischen Sahara und *G. myriospora* A. Zahlbr. um Fiume.

9. **Psorotichia** (Mass.) Forss. (*Collemopsis* Nyl., *Montinia* Mass. non Linn., *Pyrenocarpus* Trev. *Stenhammera* Mass., *Thelignya* Mass.[?], *Thelochroa* Mass.). Lager krustig, körnig-gefeldert, kleinschuppig bis fast korallinisch, ohne Rhizinen, ungeschichtet, aus verzweigten Hyphen und gehäuften Xanthocapsa-Gonidien gebildet. Apothezien eingesenkt, zuerst geschlossen, endlich gewöhnlich offen, in der Regel von einem Lagerrand, seltener nur vom eigenen Gehäuse umrandet; Paraphysen meist spärlich, fädlich, einfach, frei oder mehr weniger verklebt; Schläuche normal 8 sporig, ausnahmsweise 4 oder 16—32 sporig, am Scheitel mit verdickter Wand, Sporen farblos, länglich bis fast kugelig, einzellig mit dünner Wand. Fulkren einfach; Pyknokonidien länglich-ellipsoidisch.
Bei 40 stein- und erdbewohnenden Arten, welche hauptsächlich in Mitteleuropa und im Mittelrangebiet vorkommen.
P. Montinii (Mass.) Forss., mit sehr kleinen, braunen Apothezien, auf Kalkfelsen in Mittel- und Südeuropa; *P. frustulosa* Anzi, mit schwarzen, konkaven Scheiben, in Italien.
Bei vielen Arten dieser Gattung, so bei den nicht seltenen *P. Arnoldiana* (Hepp.) Körb., *P. Flotowiana* (Hepp.) Müll. Arg., *P. riparia* Arn., *P. Schaereri* (Mass.) Arn., *P. lugubris* (Mass.) Körb. müssen erst die Gonidien eingehend studiert und auf ihre Zugehörigkeit zu *Xanthocapsa* geprüft werden. Es müssen dann jene Arten, deren Gonidien zu *Scytonema* oder *Nostoc* gehören, bei der Gattung *Porocyphus*, beziehungsweise bei der Gattung *Pannaria* untergebracht werden.

10. **Forssellia** A. Zahlbr. (*Enchylium* Mass. pr. p. non Ach.). Lager krustig, gefeldert oder körnig, mehr weniger zusammenhängend, mit den Hyphen der Markschicht an die Unterlage befestigt, das Hyphensystem bildet an der Außenfläche des Lagers eine pseudoparenchymatische Rinde, welche sich nach innen in lockere, verzweigte Hyphen auflöst; die Xanthocapsa-Gonidien liegen vornehmlich in den äußeren Teilen des Lagers. Apothezien eingesenkt, zuerst geschlossen, dann etwas geöffnet, krugförmig, lekanorinisch,

vom Lagerrand umsäumt; Paraphysen locker; Schläuche vielsporig; Sporen sehr klein, farblos, breit ellipsoidisch, einzellig, mit dünner Wand. Pyknokonidien länglich-ellipsoidisch.

2 Arten; *F. affinis* (Mass.) A. Zahlbr., an Kalk- und Dolomitfelsen in Mittel- und Südeuropa, nicht selten.

11. Anema Nyl. Lager blattartig, einblätterig, klein, mit einem mittelständigen Nabel an die Unterlage befestigt, ungeschichtet, Hyphensystem ein dichtes, pseudoparenchymatisches Maschwerk bildend, in dessen Lücken die Xanthocapsa-Gonidien einge-

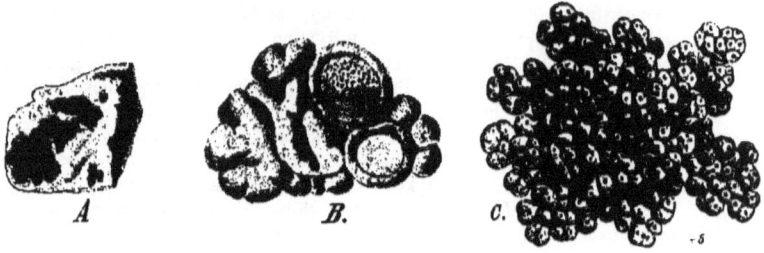

Fig. 79. *Anema Notarisii* (Mass.) Forss. *A* Habitusbild (1/1); *B* Lager mit Apothezien (20/1). — *C Phylliscum Demangeonii* (Mont. et Moug.) Nyl. Habitusbild. (*A—B* nach Reinke; *C* Original.)

lagert sind. Apothezien eingesenkt, zuerst geschlossen, später offen, vom Lagerrand umgeben; Paraphysen fädlich, unverzweigt und unseptiert oder breiter und fast perlschnurartig gegliedert; Hypothezium hell; Schläuche 8, ausnahmsweise 16sporig; Sporen farblos, ellipsoidisch bis fast kugelig, einzellig, mit dünner Wand. Pyknokonidien länglich bis länglich-ellipsoidisch.

8, auf Kalkfelsen in Mitteleuropa und im Mediterrangebiet lebende Arten. *A. decipiens* (Mass.) Forss., Hymenium durch Jodlösung weinrot, *A. Notarissi* (Mass.) Forss. (Fig. 78 *B*, Fig. 79*A—B*), Hymenium durch Jod gebläut, beide mit ellipsoidischen Sporen; *A. moedlingense* A. Zahlbr. mit kugeligen Sporen, in Niederösterreich.

12. Thyrea Mass. (*Omphalaria* Gir. [1844] non Ach. [1803] nec E. Fries [1821]). Lager blattartig, einblätterig, fast ganzrandig und schildförmig, oder buchtig bis eingeschnitten, breit- bis schmallappig, mit einem mittelständigen Nabel oder nabelartigen Fuße an die Unterlage befestigt, ungeschichtet, Hyphensystem locker, mehr weniger verzweigt und mit hauptsächlich am Rande des Lagers liegenden, gehäuften Xanthocapsa-Gonidien. Apothezien eingesenkt oder etwas hervortretend, zuerst geschlossen, später scheibenförmig, oft mit sehr enger Scheibe, mit dickem Lagerrand; Schläuche 8—24sporig; Sporen farblos, ellipsoidisch, einzellig, mit dünner Wand. Pyknokonidien länglich.

Fig. 80. *Thyrea pulvinata* (Schaer.) Mass. Habitusbild (1/1). (Nach Reinke.)

20 Arten, auf Kalkfelsen oder kalkhaltigem Erdboden in Europa, Mittelmeergebiet und im tropischen Amerika.

A. Lager schildförmig, klein: *T. plectopsora* Mass., Sporen an beiden Enden abgerundet, in Italien; *T. nummularioides* (Nyl.) A. Zahlbr. Sporen zugespitzt, in Algier.

B. Lager größer, gelappt oder ausgebreitet: *T. Girardi* (Dur. et Mont.) Bagl. et Car. und *T. pulvinata* (Schaer.) Mass. (Fig. 80), beide in Europa.

C. Lager schmallappig, mit linealen, fast spatelförmigen Lappen, *T. radiata* (Sommrft) A. Zahlbr., im nördlichen Europa.

13. Jenmania Wächt. Lager blattartig, wiederholt fast dichotomisch verzweigt und in schmale, flache Lappen geteilt, mit einem Nabel an die Unterlage befestigt, Hyphen im Randteile des Lagers senkrecht zur Oberfläche verlaufend, eng aneinander schließend, oft gegabelt, verklebt, scheinbar eine Rinde bildend und die Hauptmasse der Xanthocapsa-Gonidien einschließend, im Inneren des Lagers sind die oft undeutlichen Hyphen ebenfalls dicht verklebt und parallel zur Lagerfläche orientiert und enthalten nur wenige

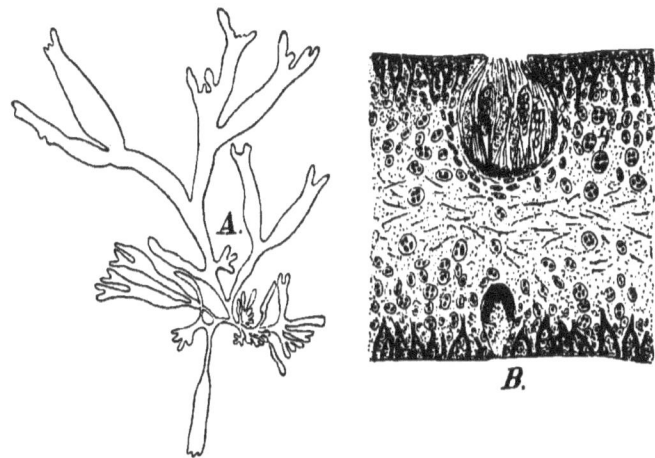

Fig. 51. *Jenmania Goebelii* Wächt. *A* Habitusbild (1/1); *B* Querschnitt durch das fruchtende Lager (vergrößert). (Nach Wächter.)

Gonidien. Apothezien eingesenkt, nahezu geschlossen, im Querschnitte fast kugelig, mit sehr enger Scheibe, eigenes Gehäuse fehlend; Hypothezium hell; Paraphysen zart, einfach schlaff; Schläuche 6—8 sporig; Sporen farblos eiförmig bis ellipsoidisch, einzellig, mit dünner Wand. Behälter der Pyknokonidien eingesenkt, mehr weniger eiförmig; Pyknokonidien länglich, sehr klein.

1 Art, *J. Goebelii* Wächt. (Fig. 81), auf zeitweise überfluteten Felsen in Britisch-Guyana.

14. **Paulia** Fée. Lager blattartig, am Rande in sich dachziegelartig deckende Lappen aufgelöst, mit einem Nabel an die Unterlage befestigt, ungeschichtet, Hyphensystem spärlich entwickelt, locker, mit Xanthocapsa - Gonidien. Apothezien eingesenkt, mit etwas erweiterter Scheibe, mit eigenem Gehäuse, vom Lager umrandet; Paraphysen deutlich; Schläuche 6 sporig; Sporen farblos, länglich, zweizellig, mit dünner Wand.

1 Art, *P. pullata* Fée (Fig. 82), auf Felsen der Insel Rawack (Polynesien).

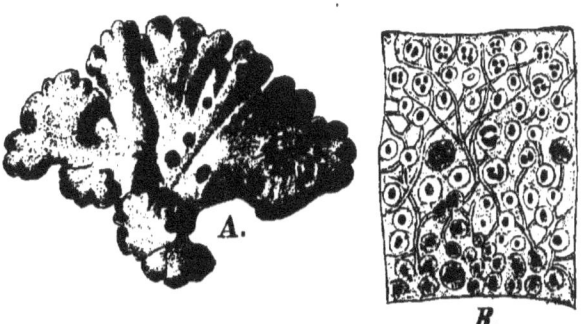

Fig. 52. *Paulia pullata* Fée. *A* Fruchtendes Lager (14/1); *B* Querschnitt durch das Lager (200/1). (Nach Reinke.)

15. **Peccania** (Mass.) Forss. (*Corinophoros* Mass. non Pal.). Lager strauchartig, mit aufrechten, mehr weniger verzweigten, drehrunden Ästen, welche kleine Rasen oder Polsterchen bilden, mit Rhizinen an die Unterlage befestigt, ungeschichtet, aus locker

verlaufenden Hyphen und hauptsächlich am Rande des Lagers liegenden Xanthocapsa-Gonidien zusammengesetzt. Apothezien end- oder nahezu endständig, schildförmig, zuerst geschlossen, endlich geöffnet, mit dickem Lagerrand; Hypothezium farblos; Paraphysen verhältnismäßig kräftig, unverzweigt, verklebt; Schläuche 8 bis mehrsporig; Sporen farblos, eiförmig, ellipsoidisch bis fast kugelig, einzellig, mit dünner Wand. Pyknokonidien ellipsoidisch, länglich bis nadelförmig.

Etwa 8 Arten, felsbewohnend in den gemäßigten und wärmeren Gebieten.

P. corallinoides Mass. (Fig. 83), mit nadelförmigen Pyknokonidien, an Kalkfelsen in Mittel- und Südeuropa, *P. Wrightii* (Tuck.) Forss. mit ellipsoidischen Pyknokonidien, Kuba, beide mit 8 sporigen Schläuchen; *P. Kansana* (Tuck.) Forss., Schläuche 12 bis mehrsporig, Sporen in der Mitte etwas eingeschnürt, an Kalkfelsen in Nordamerika.

Fig. 83. *Peccania corallinoides* Mass. Stück des fertilen Lagers (15/1). (Nach Reinke.)

16. **Phloeopeccania** Stnr. Lager kleine Polster bildend, welche aus korallinisch verzweigten, mehr weniger aufrechten Ästen zusammengesetzt werden, mit Haftfasern an die Unterlage befestigt, geschichtet, Rindenmantel farblos, aus parallel zur Oberfläche verlaufenden, etwas netzartig verbundenen Hyphen gebildet, Hyphen der Markschicht spärlich, mehr weniger verzweigt, mit ihren Enden in die gehäuften Xanthocapsa-Gonidien eindringend. Apothezien seitenständig, eingesenkt, kreisrund; eigenes Gehäuse fehlend; Paraphysen fädlich, unverzweigt, an den Spitzen verklebt; Schläuche zylindrisch oder zylindrisch-keulig, 8 sporig; Sporen farblos, eiförmig bis breit ellipsoidisch oder fast kugelig, einzellig, mit dünner Wand. Behälter der Pyknokonidien eingesenkt, nahezu kugelig, mit hellem Gehäuse; Basidien einfach; Pyknokonidien ellipsoidisch.

1 Art, *P. pulvinula* Stnr., auf Lava in Südarabien.

Zweifelhafte Gattungen.

Leptogiopsis Nyl. Lager blattartig, häutig, dünn, aufstrebend, homöomerisch, unberindet, mit Gloeocapsa-Gonidien. Apothezien pyrenocarp, eingesenkt, mit hellem Gehäuse; Paraphysen sehr spärlich bis fast fehlend; Anaphysen deutlich entwickelt; Schläuche 8 sporig; Sporen spindelförmig-länglich, einzellig, farblos, Fulkren exobasidial; Pyknokonidien länglich.

1 Art, *L. complicatula* Nyl., Behringstraße, an Schieferfelsen.

Nylander selbst bezweifelt, dass die pyrenokarpen Apothezien genetisch zum Lager gehören und neigt der Ansicht zu, dass dieselben einen Parasiten darstellen. Sollte die Gattung indes sich als autonom herausstellen, so müsste der Namen umgeändert werden, da derselbe bereits früher von Trevisan angewendet wurde.

Auszuschließen sind die zu den Pilzen gehörenden Gattungen: *Melanormia* Körb., *Naetrocymbe* Körb. (Syn. *Coccodinium* Mass.).

Lichinaceae.

Lager krustig, einförmig oder am Rande strahlig gelappt, schuppig oder zwergig strauchig, ohne Vorlager und Haftfasern der Unterlage aufsitzend, homöomerisch oder geschichtet, mit Rivulariaceen-Gonidien. Apothezien end- oder flächenständig, bei *Calothricopsis* ausgesprochen kernfrüchtig, bei *Lichina* und *Lichinella* kugelig, mit sehr enger, runder oder unregelmäßiger Scheibe, scheinbar kernfrüchtig, vom Lager berandet, endlich bei *Pterygium* und *Steinera* mit weit erweiterter Scheibe lekanorinisch oder lezideïnisch; Paraphysen einfach; Schläuche 8 sporig; Sporen farblos, kugelig bis länglich, einzellig oder seltener parallel 2—4 zellig, mit dünner Wand. Fulkren endo- oder exobasidial.

Die für die *Rivulariaceen* charakteristische Spitze der Fäden ist im Lager der *Lichinaceen* in der Regel nicht ausgebildet, deutlich ist sie nur im gallertigen Lager der Gattung *Calothricopsis* und in gewissen, wahrscheinlich jugendlichen Lagerästen der Gattung *Lichina*. Letztere, als eigene Gattung *Thamnidium* Tuck. aufgefasst, liefern den Beweis für die Zugehörigkeit der spitzenlosen Fäden zu den *Rivulariaceen*.

Einteilung der Familie.

A. Lager schuppig-krustig, am Rande nicht gelappt; Apothezien kernfrüchtig
   . . . . 1. **Calothricopsis**.
B. Lager schuppig oder körnig bis korallinisch, aber dann am Rande strahlig gelappt; Apothezien mit erweiterter Scheibe.
   a. Apothezien lezideïnisch; Gonidienketten im Lager längslaufend . . . 2. **Pterygium**.
   b. Apothezien lekanorinisch; Gonidienketten im Lager parallel zu den Hyphen bogig aufsteigend . . . . 3. **Steinera**.
C. Lager zwergig strauchig; Apothezien fast kugelförmig, mit sehr schmaler Scheibe.
   a. Gonidienketten in der Mitte des Lagers liegend und parallel zur Längsrichtung der Äste verlaufend . . . . 4. **Lichinodium**.
   b. Apothezien unter der Rinde des Lagers randständig; zentrale Markschicht ohne Gonidien.
      α. Gonidienketten parallel zur Längsrichtung der Lageräste laufend . . 7. **Lichina**.
      β. Gonidienketten senkrecht auf die Längsrichtung der Lageräste laufend.
         I. Paraphysen vorhanden . . . . 5. **Lichinella**.
         II. Paraphysen fehlen . . . . 6. **Homopsella**.

1. Calithricopsis Wainio. Lager fast schuppig oder krustig und gefeldert, ohne Vorlage, Rhizinen fehlend, homöomerisch, zarte, dünnwandige, spärlich septierte Hyphen durchziehen in geringer Zahl eine gallertige, bräunliche Masse, in das Hyphensystem eingelagert und dasselbe gleichmäßig erfüllend liegen die Calothrix-Gonidien, deren Zellen über eine basale Heterocyste perlschnurartig angeordnet sind, zu mehreren in einer Gallertscheide, aus welcher nur die fädlichen Spitzen hervorragen. Apothezien in Lagerwarzen eingesenkt, mit enger, punktförmiger Scheibe und sehr schmalem oder verschwindendem, hellem eigenen Gehäuse, Hypothezium hell, einer Gonidienschicht nicht

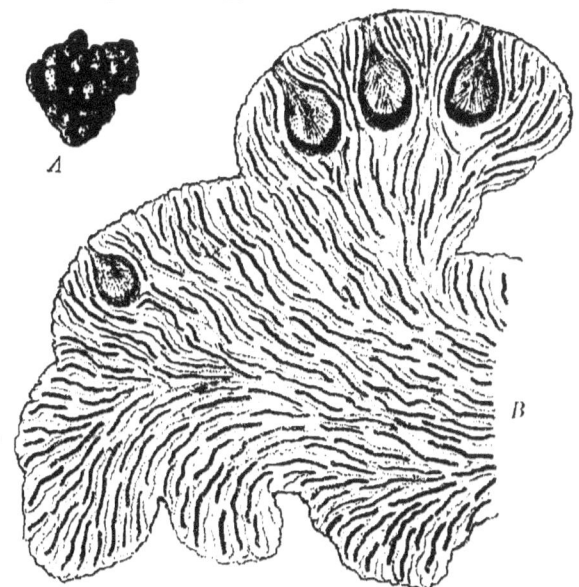

Fig. 84. *Calothricopsis insignis* Wainio. *A* Habitusbild (10/1); *B* Durchschnitt durch das Lager und die Apothezien (56/1). (Nach Reinke.)

aufgelagert; Paraphysen locker, kaum verzweigt; Schläuche zylindrisch, mit dünner Wand, 8 sporig; Sporen farblos, kugelig, einzellig.
1 Art, *C. insignis* Wainio (Fig. 84), auf den Felsen eines Flussufers in Brasilien.

2. Pterygium Nyl. (*Wilmsia* Körb., non Lahm). Lager angefeuchtet nicht gallertig, dunkel, kleinschuppig, rissig, kleiig, körnig bis korallinisch im Zentrum, am Rande mehr weniger strahlig-lappig, Lappen schmal, geteilt; Vorlager fehlend; aus längslaufenden, septierten Hyphen gebildet; Gonidien im oberen und unteren Teile des Lagers liegend und mehr weniger längslaufende Ketten bildend. Apothezien flächenständig, lezideïnisch, sitzend, flach oder etwas gewölbt; Gehäuse dunkel, zellig; Hypothezium gefärbt bis dunkel, zellig; Paraphysen kräftig, unverzweigt, septiert; Schläuche keulig, 8 sporig; Sporen farblos, ellipsoidisch bis eiförmig, parallel 2—4 zellig, dünnwandig. Gehäuse der Pyknokonidien in das Lager versenkt; Fulkren endobasidial, verzweigt, vielzellig; Pyknokonidien gerade, walzlich.

8 Arten, auf Felsen in Europa und Nordamerika. *P. subradiatum* Nyl., Lager im Zentrum absterbend, Sporen zweizellig, an Kalkfelsen in den Hochgebirgen Europas; *P. panariellum* Nyl.. Sporen vierzellig, auf Urgestein im nördlichen Europa.

3. **Steinera** A. Zahlbr. (*Amphidium* Nyl. pr. p.). Lager angefeuchtet nicht gallertig, hellfarbig, schuppig, am Rande blattartig gelappt, ohne Rhizinen und ohne Vorlager, der Unterlage aufliegend, homöomerisch, durchweg aus dünnwandigen, verklebten und dicht septierten, am Grunde des Lagers wagrecht verlaufenden, gegen den Rand und gegen die Lageroberfläche bogig aufsteigenden Hyphen und aus kettenförmig, parallel mit den Hyphen verlaufenden Calothrix-Gonidien zusammengesetzt. Apothezien flächenständig, etwas eingesenkt bis sitzend, lekanorinisch, mit schmalem Lagerrand, vertiefter

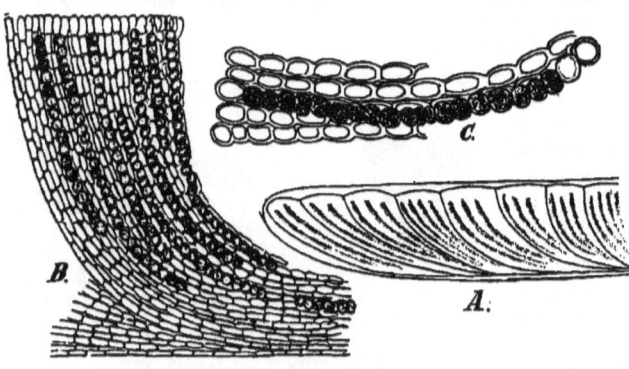

Fig. 85. *Steinera molybdoplaca* (Nyl.) A. Zahlbr. *A—C* Längsschnitte durch das Lager. (Alles vergrößert. Original.)

bis etwas gewölbter, brauner oder schwarzer Scheibe; Paraphysen unverzweigt, septiert, an den Enden kaum verdickt oder fast rosenkranzartig; Hypothezium hell, nicht pseudoparenchymatisch; Schläuche zylindrisch oder länglich zylindrisch, gerade oder gekrümmt, 8 sporig; Sporen farblos, breit ellipsoidisch bis länglich-eiförmig, parallel 2—4 zellig, dünnwandig, mit dünnen Scheidewänden, ohne Schleimhof. Gehäuse der Pynokonidien eingesenkt; Fulkren exobasidial, verzweigt, septiert (Zellen länglich); Pyknokonidien walzig, gerade und kurz.

2 Arten, Kerguelenland, auf Felsen; *St. molybdoplaca* (Nyl.) A. Zahlbr. (Fig. 85) mit brauner Fruchtscheibe und 4 zelligen Sporen.

4. **Lichinodium** Nyl. Lager zwergig strauchig, polsterig, dunkel, verzweigt, Äste mehr weniger walzlich, verfilzt, ungeschichtet, in allen Teilen aus einem sehr zartwandigen Pseudoparenchym zusammengesetzt; Gonidien lange, mehr weniger gewundene Ketten bildend und parallel zur Längsrichtung des Lagers dasselbe in Büscheln durchlaufend. Apothezien unbekannt.

1 Art, *L. sirosiphoideum* Nyl., an Felsen auf dem Lager der *Parmelia saxatilis*, in Finnland.

5. **Lichinella** Nyl. Lager strauchartig, rasig, dunkel, verästelt, Äste mehr wenig zylindrisch, ohne Rhizinen, geschichtet, Rinde pseudoparenchymatisch, Gonidien kurze, großzellige Ketten bildend und senkrecht auf die Längsrichtung der Äste verlaufend,

Markschicht keine Gonidien enthaltend, aus dünnwandigen, septierten, längslaufenden Hyphen zusammengesetzt. Apothezien endständig, lekanorinisch, mit sehr schmaler Scheibe; Paraphysen fädlich, einfach, unseptiert, Schläuche 8 oder vielsporig; Sporen farblos, ellipsoidisch, einzellig, dünnwandig. Fulkren exobasidial; Basidien gebüschelt; Pyknokonidien ellipsoidisch.

2 felsenbewohnende Arten. *L. stipatula* Nyl., Schläuche vielsporig, in Frankreich und Algier; *L. Lojkana* Hue, Schläuche 8 sporig, Kaukasus.

6. **Homopsella** Nyl. Lager dunkel, krustig, gefeldert, aus kleinen, gehäuften Wärzchen zusammengesetzt, innen unregelmäßig pseudoparenchymatisch, Apothezien klein, lekanorinisch; Lagerrand nicht hervorragend; Paraphysen fehlen; Schläuche zylindrisch, 8 sporig; Sporen farblos, ellipsoidisch bis fast kugelig.

1 Art, *H. aggregatula* Nyl., auf Sandsteinfelsen in Südungarn.

7. **Lichina** Ag. (*Pygmaea* Stackh., *Thamnidium* Tuck.). Lager zwergig strauchartig, rasig, wiederholt gabelig verästelt, Äste zylindrisch oder abgeflacht, geschichtet, Rinde

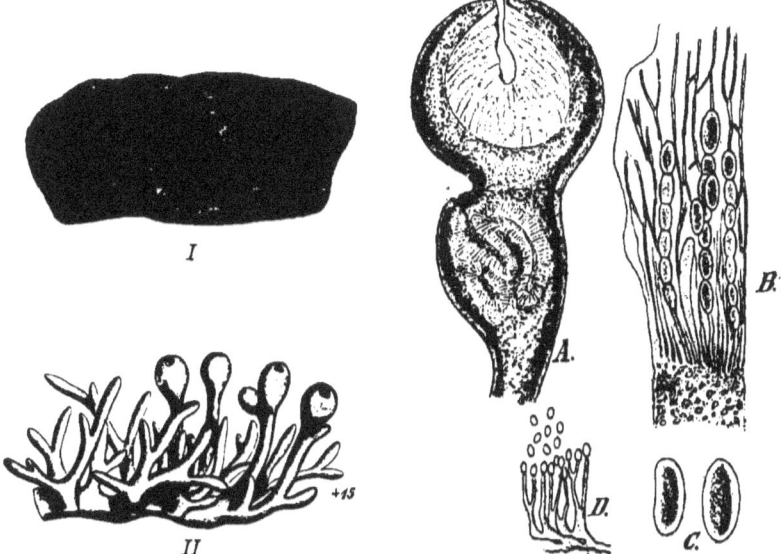

Fig. 56. *Lichina confinis* Ag. *I—II* Habitusbild. *A* Querschnitt durch das Apothezium und durch einen Behälter der Pyknokonidien; *B* Querschnitt durch das Hymenium; *C* Sporen; *D* Fulkren und Pyknokonidien. (*I, II* Original; *A—D* nach Tulasne.)

aus verworrenen Hyphen gebildet, undeutlich pseudoparenchymatisch, die zu Calothrix gehörigen Gonidien liegen unter der Rinde in Form mehr weniger zickzackförmig gewundener oder gerader parallel mit der Längsrichtung der Äste verlaufender Fäden; Markschicht aus längslaufenden, dünnwandigen und septierten Hyphen gebildet. Apothezien an der Spitze oft etwas erweiterter Lageräste, einzeln oder gehäuft, in kugelige Lageranschwellungen versenkt, im Querschnitte fast kreisrund, mit enger, runder oder unregelmäßig aufreißender Scheibe, lekanorinisch, mit schmalem, hellem eigenen Gehäuse; Paraphysen fädlich, unseptiert, sehr spärlich verzweigt; Hymenium gallertig; Schläuche fast zylindrisch, dünnwandig, 8 sporig; Sporen farblos, ellipsoidisch, einzellig, dünnwandig, in den Schläuchen ein- oder zweireihig angeordnet. Gehäuse der Pyknokonidien in das Lager versenkt, einzeln oder gehäuft, in der Nähe der Apothezien liegend, fast kugelig, mit hellem Gehäuse; Fulkren exobasidial; Basidien schmal; Pyknokonidien länglich.

4 Arten, Bewohner der Meeresstrandfelsen beider Hemisphären. *L. pygmaea* (Lightf.) Ag., Lager dunkelbraungrün, Äste des Thallus mehr weniger zylindrisch; *L. confinis* Ag. (Fig. 86), im Wuchse etwas niedriger, Äste abgeflacht.

Zweifelhafte Gattungen.

Siphulastrum Müll. Arg. Lager aufrecht, zwergig strauchartig, dicht verzweigte Rasen bildend, Äste mehr weniger abgeflacht, allseitig berindet, Rinde aus unregelmäßig verlaufenden Hyphen zusammengesetzt, Markschicht locker, mit Calothrix- (nach Jatta Scytonema-) Gonidien. Apothezien und Pyknokonidien unbekannt.
2 Arten, *S. triste* Müll. Arg., Lager gelblichweiß, dann olivenfarbig-bräunlich, am Grunde schwarz, an Felsen in Feuerland.

Lichiniza Nyl. Lager kleinschuppig, braun, Schuppen an die Unterlage angepreßt, unregelmäßig, Oberseite mit kleinen, fast kugeligen Würzchen bedeckt; kleinzellig pseudoparenchymatisch; Gonidien in den Lagerwärzchen strahlig angeordnet. Apothezien lekanorinisch(?); Schläuche 8 sporig; Sporen farblos, ellipsoidisch, einzellig. Pyknokonidien unbekannt.
1 Art, *L. Kenmorensis* Nyl., an Glimmerschieferfelsen in Schottland.

Als zu den Pilzen gehörig anzuschließen ist die Gattung **Pilonema** Nyl.

Collemaceae.

Lager angefeuchtet gallertig, fast krustig, schuppig, blattartig oder zwergig strauchig, mit oder ohne Rhizinen, seltener mit einem Nabel an die Unterlage befestigt, homöomerisch, pseudoparenchymatisch berindet oder durchweg pseudoparenchymatisch mit Nostoc-Gonidien. Apothezien kern- oder offenfrüchtig, in das Lager eingesenkt oder sitzend, mit der ganzen Unterseite dem Lager aufliegend oder am Grunde mehr weniger eingeschnürt, zumeist lekanorinisch, seltener biatorinisch, eigenes Gehäuse fehlend oder ausgebildet, mit punktförmiger bis erweiterter Scheibe; Paraphysen einfach; Schläuche 8 sporig; Sporen farblos, kugelig bis nadelförmig, gerade oder gewunden, einzellig, parallel 2- bis mehrzellig oder mehr weniger mauerartig, zumeist mit dünner Wand. Fulkren endo- oder exobasidial.

Wichtigste Litteratur. Außer den auf p. 2 angeführten Werken: J. J. Bernhard, Lichenum gelatinosorum illustratio (Schraders Journ. für die Botanik, I. Stück, 1799, p. 1—12 2 Taf.). — J. von Flotow, Über Collemaceen (Linnaea, Band XXIII, 1850, p. 147—304). — F. Arnold, Lichenologische Fragmente (Flora, Band L, 1867, p. 119—123 u. 129—143, 4 Taf.). — W. Archer, On a minute Nostoc with Spores, with brief Notice on recently published Observations on Collema. (Quart. Journ. of Microscop. Scienc., new Series, Vol. XII, 1872, p. 367—374). — Derselbe, Recent Observations on Collema (Grevillea, 1872, p. 22—26). — J. M. Crombie, Revision of the British Collemacei (Journ. of Botany, new Series, Vol. III, 1874, p. 320—337). — W. C. Sturgis, On the carpologic Structure and Development of the Collemacei and allied Groups. (Proceed. Americ. Acad. Scienc., Vol. XXV, 1890, p. 15—52, Tab. I—VIII]. — J. Harmand, Catalogue descriptif des Lichens observés dans la Lorraine (Nancy, 1894, p. 48—71, Tab. I—II). — O. Billing, Untersuchungen über den Bau der Früchte bei den Gallertflechten. (Inaug. Dissert., Kiel, 1897, 8°). — A. Jatta, Sylloge Lichenum Italicorum (Trani. 1900, 8°).

Einteilung der Familie.

A. Apothezien kernfrüchtig   1. **Pyrenocollema.**
B. Apothezien offenfrüchtig.
  a. Sporen einzellig.
    α. Sporen kugelig bis ellipsoidisch-spindelförmig, gerade.
      I. Lager krustig, kaum gallertig, Apothezien biatorinisch . . . 2. **Leprocollema.**
      II. Lager zwergig strauchartig oder kleinblätterig, gallertig; Sporen dünnwandig; Fulkren exobasidial.
        1. Lager unberindet.

```
  * Apothezien lekanorinisch . . . . . . . . . . . . . 4. Physma.
 ** Apothezien lezideïnisch . . . . . . . . . . . . 3. Leciophysma.
  2. Lager pseudoparenchymatisch berindet . . . . . . . . . 5. Lemmopsis.
III. Lager großblätterig, gallertig; Sporen dickwandig oder von einem Schleimhof um-
     geben; Fulkren endobasidial . . . . . . . . . . . . . 6. Dichodium.
  β. Sporen nadelförmig, gewunden . . . . . . . . . . . . 9. Koerberia.
  b. Sporen parallel 2- bis mehrzellig oder mehr weniger mauerartig.
    α. Lager unberindet.
      I. Apothezien mit eigenem Gehäuse, biatorinisch; Sporen zweizellig 7. Homothecium.
     II. Apothezien lekanorinisch: zwei- bis mehrzellig oder mauerartig . . 8. Collema.
    β. Lager einseitig oder beiderseitig pseudoparenchymatisch berindet oder durchwegs
       pseudoparenchymatisch.
      I. Apothezien lekanorinisch . . . . . . . . . . . . . 11. Leptogium.
     II. Apothezien biatorinisch . . . . . . . . . . . . . . 10. Arctomia.
```

1. **Pyrenocollema** Reinke. Lager faltig gelappte Gallertklumpen bildend, aus einer gleichmäßigen Gallerte bestehend, in welcher spärlich dünne Hyphen verlaufen, und in welche kettenförmige Nostoc-Gonidien eingelagert sind, die Hyphen und Gonidienschnüre verlaufen in den Randpartien des Lagers unregelmäßig, im Inneren parallel zur Oberfläche der Lagerlappen. Apothezien in das Lager versenkt, kernfrüchtig, kugelig, mit

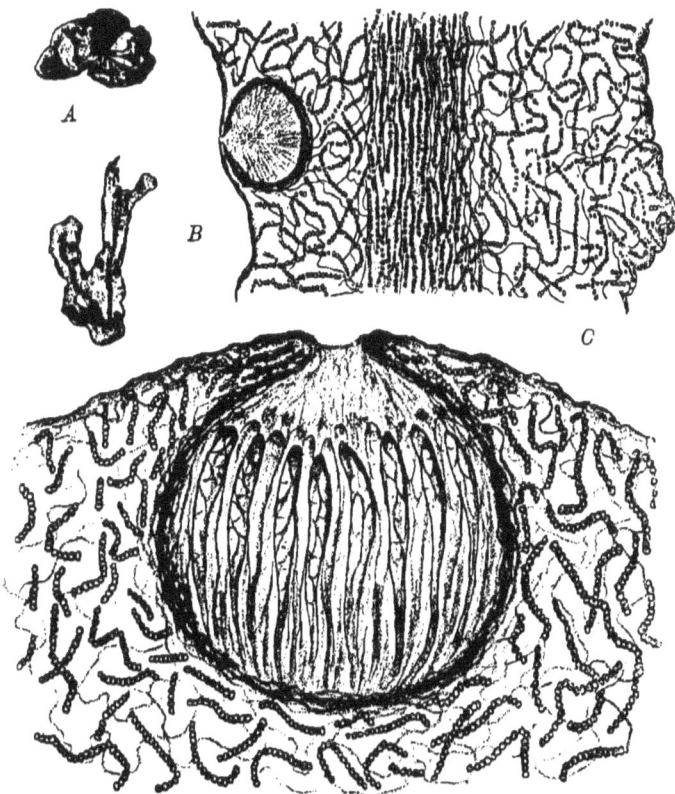

Fig. 57. *Pyrenocollema tremelloides* Reinke. *A* Habitusbild (1/1); *B* Durchschnitt durch das Lager (3/1); *C* Durchschnitt durch das Lager und einen Behälter der Pyknokonidien (100/1); *C* Durchschnitt eines Apotheziums (100/1). (Nach Reinke.)

schmaler Mündung; Paraphysen fädlich; Schläuche zylindrisch keulig, 8sporig, Sporen farblos, ellipsoidisch bis spindelförmig, zweizellig.

1 Art, *P. tremelloides* Reinke (Fig. 87), Vaterland unbekannt.

2. Leprocollema Wainio. Lager krustig, kaum gallertig, ohne Rhizinen und Vorlager, unberindet, aus spärlichen, dünnwandigen, septierten Hyphen und kettenförmigen, zu mehr weniger kugelförmigen Knäueln geballten Nostoc-Gonidien zusammengesetzt. Apothezien angepreßt, kreisrund, scheibenförmig, mit großmaschig pseudoparenchymatischem, Gonidien nicht einschließendem, eigenem Gehäuse; Hymenium durch unter dem basalen Teile des Gehäuses entspringenden aufrechten und ringförmigen Scheidewänden zerlegt; Hypothezium hell, aus unregelmäßig verflochtenen Hyphen gebildet; Paraphysen verklebt, spärlich septiert, an ihren Enden kaum oder nur wenig verdickt; Schläuche keulig bis länglich, mit mitunter am Scheitel verdickter Wand, 8sporig; Sporen farblos, ellipsoidisch bis länglich, einzellig, mit dünner Wand.

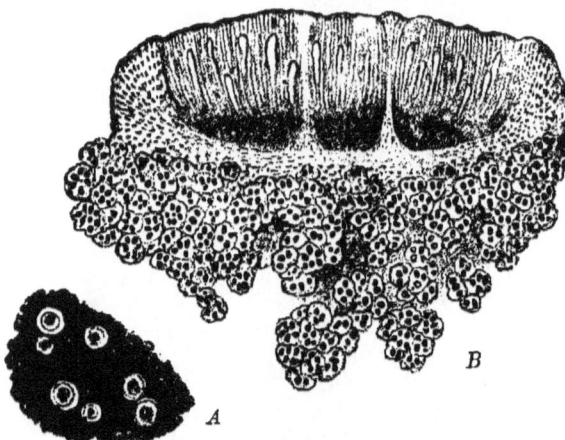

Fig. 89. *Leprocollema americanum* Wainio. A Habitusbild (6/1); B Durchschnitt des Lagers und Apotheziums (120/1). (Nach Reinke.)

1 Art, *L. americanum* Wainio (Fig. 88) mit grünlich-bräunlichem Lager, auf Mörtel bei Rio de Janeiro.

Die Einreihung dieser Gattung in das System bereitet Schwierigkeiten. Sie wurde von ihrem Urheber zu den *Collemaceen* gestellt, Reinke dagegen wäre geneigt, in ihrem Lagerbau die unterste Stufe der Gloeolichenen zu sehen. Indes passt der Bau des Lagers, trotzdem er kaum gallertig ist, und auch die Apothezien besser in den Rahmen der *Collemaceen*.

3. Leciophysma Th. Fr. Lager kleine, dunkle Polsterchen bildend, welche aus aufrechten, drehrunden, verzweigten oder fast warzigen Lageräslchen zusammengesetzt werden, unberindet, mit kettenförmigen Nostoc-Gonidien, Apothezien lezideïnisch, schwarz, bald gewölbt, mit endlich herabgedrücktem Rande, Hypothezium farblos; Paraphysen fädlich, locker, mit dunklen Spitzen; Schläuche keulig, 8 sporig; Sporen farblos, kugelig bis eiförmig, einzellig.

1 Art, *L. finmarkicum* Th. Fr., zwischen Moosen in Skandinavien.

4. Physma (Mass.) A. Zahlbr. (*Amphinomium* Nyl.?). Lager warzig, kleinblätterig, verschieden gelappt, fast krustig oder zwergig strauchartig, angefeuchtet gallertig, mit der ganzen Unterseite, mit Rhizinen oder mit einem faserigen Nabel an die Unterlage befestigt, homöomerisch, unberindet, mit kettenförmigen Nostoc-Gonidien. Apothezien flächen- oder endständig, zumeist in das Lager versenkt, lekanorinisch, mit unberindetem oder pseudoparenchymatischem Lagerrand, eigenes Gehäuse farblos; Scheibe schmal, punktförmig oder krugförmig; Hypothezium farblos; Paraphysen fädlich, einfach; Schläuche keulig, mitunter gekrümmt oder gewunden, 8sporig; Sporen farblos, spindelförmig, ellipsoidisch, eiförmig oder kugelig, mit dünner und glatter Membran. Fulkren exobasidial; Basidien fädlich; Pyknokonidien kurz, walzlich, in der Mitte leicht eingeschnürt. Als Nebenfruktifikation wurde bei einer Art Konidienbildung (Fig. 22) beobachtet.

Etwa 15 Arten, welche auf dem Erdboden und zwischen Moosen gedeihen, an Baumrinden, und den gemäßigten Klimaten angehören.

Sekt. I. *Arnoldiella* (Wainio) A. Zahlbr. Lager keulig-warzig, mit Rhizinen an die Unterlage befestigt; Apothezien endständig, eingesenkt; Lagerrand unberindet. *P. minutula* (Born.) A. Zahlbr. (Fig. 22), auf Erde in Frankreich.
Sekt. II. *Lempholemma* A. Zahlbr. (*Lempholemma* Körb.; *Staurolemma* Körb.). Lager kleinblätterig, mit der ganzen Unterseite dem Substrate aufliegend; Lagerrand der Apothezien unberindet. *P. chalazanum* (Ach.) Arn., Lager mit körnigen Sprossungen; Sporen eiförmig, auf nackter Erde in Europa; *P. polyanthes* (Bernh.) Arn., mit kugeligen oder fast kugeligen Sporen, ebenfalls in Europa; *P. omphalarioides* (Anzi) Arn. (Fig. 91 *A*) mit bemerkenswerten Inhaltskörpern in der Gallerte des Lagers (vergl. A. Zahlbruckner in Österr. Botan. Zeitschr., Band LI, 1901, p. 336), auf Baumrinden im Mittelmeergebiet.
Sekt. III. *Lepidora* (Wainio) A. Zahlbr., Lager kleinblätterig, ohne Rhizinen; Lagerrand der Apothezien am Grunde mit einer ein- oder zweischichtigen pseudoparenchymatischen Rinde überzogen. *P. Vámbéryi* (Wainio) A. Zahlbr., an Kalkfelsen und auf kalkhaltiger Erde in der Krim.
Sekt. IV. *Plectopsora* A. Zahlbr. (*Arnoldia* Mass. non Cass., *Plectopsora* Mass.). Lager einblätterig, klein, mit einem faserigen Nabel an die Unterlage befestigt; Lagerrand der Apothezien unberindet. *P. botryosa* (Mass.) A. Zahlbr., Lager schwärzlich, angefeuchtet schmutziggrün, an Kalk- und auch an Urgesteinfelsen.
Sekt. V. *Collemella* (Tuck.) A. Zahlbr. Lager zwergig-strauchig; Apothezien mit punktförmiger Scheibe und unberindetem Lagerrand. *P. cladodes* (Tuck.) A. Zahlbr. Lager polsterig; Ästchen drehrund; Apothezien endständig, an Felsen in Nordamerika.

5. Lemmopsis (Wainio) A. Zahlbr. Lager im anatomischen Baue mit *Leptogium* übereinstimmend. Sporen farblos, einzellig, mit dünner Wand.
1 Art, *L. Arnoldianum* (Hepp) A. Zahlbr. Lager fast krustig, an Kalkfelsen im fränkischen Jura.

6. Dichodium Nyl. Lager blattartig, groß- oder kleinblätterig, polsterig, gelappt, mit Rhizinen an die Unterlage befestigt, berindet, Rinde pseudoparenchymatisch, groß- oder kleinzellig, mehrschichtig; mit Nostoc-Gonidien. Apothezien flächenständig, lekanorinisch, mit erweiterter Scheibe, Lagerrand wulstig, Hypothezium hell; Paraphysen fädlich, einfach, unseptiert oder septiert; Schläuche 8 sporig; Sporen farblos, ellipsoidisch oder ellipsoidisch-spindelförmig, einzellig, mit dicker, fast warziger Wand oder mit einem Schleimhofe. Gehäuse der Pyknokonidien in das Lager versenkt, außen durch dunkle Anschwellungen angedeutet, quer- ellipsoidisch, mit hellem, fast pseudoparenchymatischem Gehäuse; Fulkren endobasidial, einfach oder gegabelt, gegliedert, Zellen kurz; Pyknokonidien kurz, walzlich, gerade.

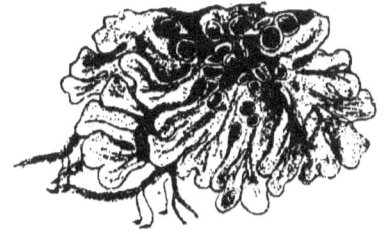

Fig. 89. *Dichodium byrsinum* (Ach.) Nyl. Habitusbild (1/1). (Original.)

2 Arten. *D. byrsinum* (Ach.) Nyl. (Fig. 89). Lager großblätterig; Sporen mit dicker Wand; Lagerrand faltig, auf Rinden und unter Moosen in den Tropen; *D. pulvinatum* (Hue) A. Zahlbr. Lager polsterig; Sporen mit Schleimhof; Java.

7. Homothecium Mont. (*Lecidocollema* Wainio). Lager blattartig, angefeuchtet gallertig, mit Rhizinen an die Unterlage befestigt, unberindet, Hyphensystem locker, mit kettenförmigen Nostoc-Gonidien. Apothezien sitzend, rund, biatorinisch, Gehäuse am Rande pseudoparenchymatisch, im Inneren aus unregelmäßig verlaufenden, zum Teile verklebten Hyphen gebildet, keine Gonidien einschließend; Schläuche 8 sporig; Sporen farblos, ellipsoidisch, zweizellig, mit dünner Wand, ohne Schleimhof.
1 Art, *H. opulentum* Mont., mit bräunlich-grünlichem Lager, über Moosen in Chile.

8. Collema (Hill.) A. Zahlbr. (*Gabura* Adans. pr. p.; *Scytenium* S. Gray.) Lager laubartig, groß- oder kleinblätterig bis fast krustig, häutig, angefeuchtet gallertig, mit der ganzen Unterseite dem Substrate aufliegend, ohne Rhizinen, homöomerisch, unberindet, Hyphensystem locker, Nostoc-Gonidien kettenförmig. Apothezien kreisrund, zuerst eingesenkt, endlich angedrückt, sitzend oder schildförmig und am Grunde verschmälert, lekanorinisch, Lagerrand homöomerisch, unberindet oder pseudoparenchymatisch berindet, eigenes Gehäuse fehlend oder entwickelt, aus verflochtenen Hyphen gebildet oder pseudoparenchymatisch; Hypothezium hell, aus dicht verflochtenen Hyphen zusammengesetzt oder groß- oder kleinzellig pseudoparenchymatisch; Paraphysen einfach, mehr weniger verklebt, zumeist septiert; Schläuche 8sporig; Sporen farblos, zylindrisch nadelförmig, spindelförmig, länglich, ellipsoidisch, eiförmig bis fast kubisch, an den Enden zugespitzt oder abgerundet, parallel zwei- bis mehrzellig oder durch eingeschobene Längswände mehr weniger mauerförmig, mit dünner Wand, ohne Schleimhof. Gehäuse der Pyknokonidien in das Lager oder in Lagerwarzen versenkt, mit hellem Gehäuse; Fulkren endobasidial, einfach oder verzweigt, gegliedert, mit kurzen Zellen; Pyknokonidien kurz, länglich bis ellipsoidisch, gerade.

Bei 80 Arten, welche auf Felsen, auf dem Erdboden, auf Rinde, über oder zwischen Moosen leben und über die ganze Erde zerstreut sind.

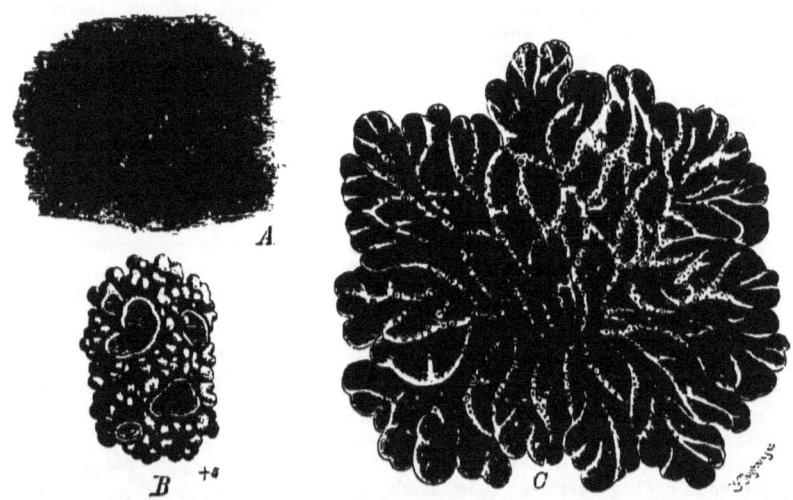

Fig. 90. *A—B Collema pulposum* (Bernh.) Ach. Habitusbild (1/1 und 5/1). — *C Leptogium Hildebrandtii* (Garvogl.) Nyl. Habitusbild. (Original.)

Sekt. I. **Synechoblastus** (Trev.) Körb. (*Lethagrium* Mass. pr. p.; *Synechoblastus* Trev.). Apothezien mit unberindetem, homöomerischem Lagerrand; Sporen parallel mehrzellig, länglich, spindelförmig bis nadelförmig. *C. vespertilio* (Lightf.) Wainio (Fig. 91 *D*). Lager großblätterig, grünbräunlich, strahlend runzelförmig, ohne Isidien; Sporen schmal zylindrisch bis nadelförmig, 8—10zellig, auf Baumrinden; *C. Laureri* (Fw.) Nyl. (Fig. 91 *B*). Lager derbblätterig, grünlichbraun bis schwärzlich, Lagerlappen mit aufrechtem, wellig-krausigem Rande, Sporen walzlich, abgerundet, 4 zellig, an Kalkfelsen in Europa; *C. glaucophthalmum* Nyl. Lager faltig bis netzfaltig, nackt, Apothezien mit bereifter Scheibe, Sporen 7—10zellig, im tropischen Amerika auf Baumrinden; *C. pycnocarpum* Nyl. Lager klein, vielfach geteilt, Apothezien gehäuft, schildförmig, Sporen zweizellig, im nördlichen und südlichen Amerika rindenbewohnend.

Sekt. II. **Collemodiopsis** Wainio. (*Lethagrium* Mass. pr. p.), Lagerrand der Apothezien mit einer pseudoparenchymatischen Rinde überzogen, Sporen parallel mehrzellig, schmal. *C. nigrescens* (Leers) Wainio, Lageroberseite mit Isidien besetzt, Sporen spindelförmig, 5—6zellig, auf Rinden und über Moosen, kosmopolitisch; *C. rupestre* (L.) Wainio, Lager großblätterig, nackt, schmutzig-dunkelgrün oder grünbraun, unten bleigrau, Lagerlappen blasigwulstig, Sporen 7—8zellig, in feuchten Lagen über die ganze Erde verbreitet.

Sekt. III. **Blennothallia** Wainio. (*Blennothallia* Trevis., *Rostania* Trevis.), Lagerrand der Apothezien homöomerisch, unberindet, Sporen länglich bis ellipsoidisch, eiförmig bis fast kubisch, mehr weniger mauerartig. *C. ceraniscum* Nyl., Lager klein, zerschlitzt, polsterig, fast körnig, in England; *C. quadratum* Lahm., Lager fast krustig, knorpelig, kleinlappig,

Sporen fast kubisch, übers Kreuz 4—8 teilig, an Rinden; *C. cheileum* Ach., Lager dachziegelartig lappig, Lappen klein, anliegend, Apothezien mit körnig-gezähntem Rande, auf dem Erdboden und zwischen Moosen, auf Mauern, in Europa und Nordafrika; *C. tenax* (Sw.) Ach Lager häutig, großblätterig, anliegend und strahlig gelappt, schwarzgrün. Apothezien eingesenkt, Lagerrand dick, Sporen wenigzellig, auf feuchtem Lehm- und Kalkboden in Europa und Nordamerika; *C. pulposum* (Bernh.) Ach. (Fig. 90 A—B), Lager lederartig, dicklich, großblätterig, braunschwarz bis schwärzlich, Gallerte durch Jod weinrot gefärbt, Apothezien. sitzend, mit körnig-gezähntem Lagerrand, Sporen wenigzellig, auf kalkhaltiger Erde, in den gemäßigten und tropischen Gebieten; *C. furvum* Ach., Lager häutig, großblätterig, grünbraun bis schwärzlich, Lappen breit, abgerundet, fast ungeteilt, beiderseits körnig bestreut, Gallerte durch Jod beim Trocknen blutrot, an Felsen, weit verbreitet; *C. auriculatum* Hoffm., Lager derbhäutig, großblätterig, dunkeloder graugrün, Lagerlappen abgerundet, nackt oder körnig, querrunzelig, an Felsen; *C. multifidum* (Scop.) Schaer. (Fig. 91 G—H), Lager fast knorpelig, großblätterig, kreisrund, strahlend, Lagerlappen schmal, mehr weniger fiederspaltig oder handartig zerschlitzt, mit aufrechten, wellig-faltigen Rändern, an Kalkfelsen in Europa und Nordafrika.

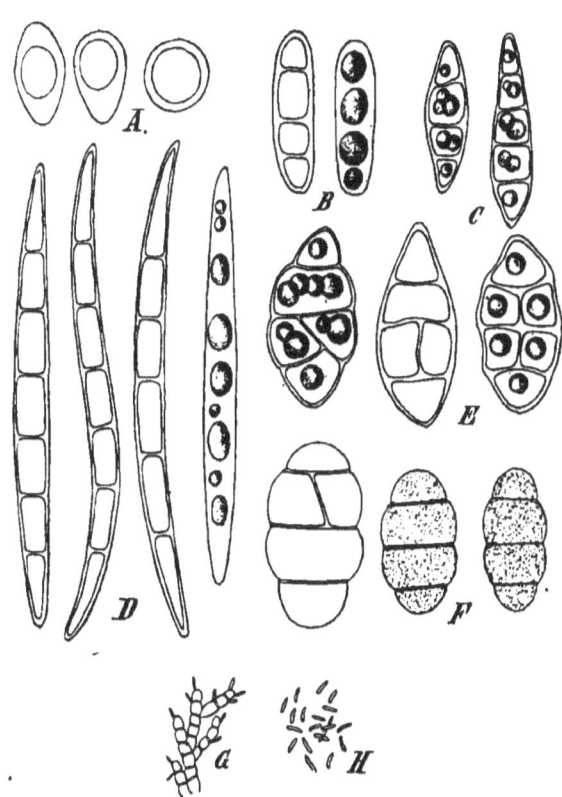

Fig. 91. *A Physma omphalarioides* (Anzi) Arn., Spore. — *B Collema Laureri* (Fw.) Nyl., Spore. — *C Collema orbicularis* (Schaer.) Dalla Torre et Sarnth., Spore. — *D C. vespertilio* (Lightf.) Wainio, Spore. — *E Leptogium saturninum* (Dicks.) Nyl., Spore. — *F Leptogium Hildebrandii* (Garvogl.) Nyl., Spore. — *G—H Collema multifidum* (Scop.) Schaer., Fulkren und Pyknokonidien. (Alles vergrößert, 1000/1. A nach Arnold; G und H nach Tulasne; alles übrigo Original.)

9. **Koerberia** Mass. Lager mäßig gallertig, blattartig tief gelappt und zerschlitzt, Lagerabschnitte zum Teile flach, zum Teile fädlich, mit einzelnen Haftfasern an die Unterlage befestigt, beiderseits pseudoparenchymatisch berindet, Hyphen dicht septiert, nicht locker, mit kettenförmigen Nostoc-Gonidien. Apothezien kreisrund, sitzend, biatorinisch; Gehäuse pseudoparenchymatisch, aus strahlig verlaufenden, septierten Hyphen zusammengesetzt; Hypothezium hell, aus dicht verfilzten Hyphen gebildet; Paraphysen verklebt, einfach, gegliedert, mit köpfchenförmigen, braunen Spitzen; Schläuche 8 sporig; Sporen farblos, nadelförmig, gewunden bis stark gedreht, einzellig, mit dünner Wand.

1 Art, *K. biformis* Mass., an Baumrinden im Mittelmeergebiet.

10. **Arctomia** Th. Fr. Lager krustig, körnig bis warzig, angefeuchtet gelatinös, der Unterlage aufliegend, ohne Rhizinen, homöomerisch, durchweg pseudoparenchymatisch und großzellig, mit kurzen Ketten bildende Nostoc-Gonidien. Apothezien sitzend,

biatorinisch, mit schmalem, eigenem Gehäuse, schildförmiger Scheibe; Hypothezium farblos, aus dicht verfilzten Hyphen gebildet, nicht pseudoparenchymatisch; Paraphysen verklebt, fädlich, zart septiert, mit perlschnurartigen Spitzen; Schläuche aufgeblasen keulig, 6—8 sporig; Sporen farblos, gerade, leicht bogig gekrümmt oder fast wurmartig, schmal spindelförmig, beiderseits, unten indes länger zugespitzt, parallel 6—8 zellig, Zellen zylindrisch, Wände zart.
1 Art, *A. delicatula* Th. Fr., über Moosen in den Torfmooren Finnlands.
11. **Leptogium** (Ach.) S. Gray. Lager zumeist häutig, krustig, mit lappigem Rande, schuppig, körnig-warzig, blattartig oder zwergig strauchig mit zylindrischen Ästen, einfach oder aus zwei übereinander gelagerten Lamellen gebildet, angefeuchtet gelatinös,

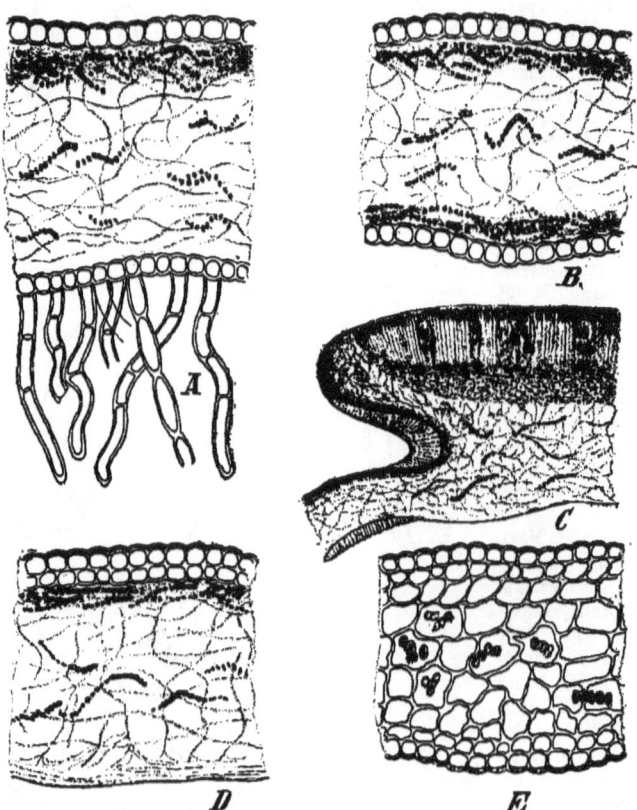

Fig. 92. *A Leptogium saturninum* (Dicks.) Nyl., Durchschnitt des Lagers. — *B Leptogium tremelloides* (Linn. f.) Wainio, Durchschnitt des Lagers. — *C Leptogium microphyllum* (Ach.) A. Zahlbr., Durchschnitt des Lagers und Apotheziums. — *D Leptogium diffractum* Krph., Durchschnitt des Lagers. — *E Leptogium tenuissimum* (Sm.) Körb., Durchschnitt des Lagers. (Original.)

Unterseite nackt oder mit mehr weniger zusammenhängenden bis filzigen Haftfasern an die Unterlage befestigt, oberseits, beiderseits oder durchweg klein- oder großzellig pseudoparenchymatisch, Markschicht in den ersten Fällen homöomerisch, aus dünnwandigen Hyphen, welche eine mehr weniger ausgebildete Gallerte durchlaufen, gebildet; Nostoc-Gonidien zu kettenförmigen Reihen angeordnet. Apothezien in der Jugend eingesenkt, dann angedrückt, sitzend bis fast kurzgestielt, lekanorinisch, flächen-, seltener randständig, mit erweiterter, kreisrunder Scheibe; Gehäuse großzellig pseudoparenchymatisch, Gonidien einschließend; Hypothezium aus dicht verflochtenen Hyphen gebildet oder pseudoparenchymatisch; Paraphysen einfach, verklebt; Schläuche 8 sporig; Sporen farblos, eiförmig, ellipsoidisch, kahnförmig, länglich spindelförmig bis fast nadelförmig, gerade oder leicht gekrümmt, parallel 4 bis mehrzellig oder mauerartig, arm bis vielzellig, mit dünner Wand. Gehäuse der Pyknokonidien in das Lager oder in Lagerwürzchen versenkt; Fulkren endobasidial, kurzgliederig; Pyknokonidien klein, eiförmig, mehr weniger zylindrisch oder an beiden Enden etwas verdickt, gerade.

Über 100 Arten, welche auf Baumrinden, über oder zwischen Moosen, auf Felsen oder auf dem Erdboden leben und über die ganze Erde verbreitet sind.

Sekt. I. *Collemodium* A. Zahlbr. (*Collemodium* Nyl.), Lager stellenweise berindet, Zellen der Rinde klein und unscheinbar, Lagerrand der Apothezien in derselben Weise berindet, Sporen ellipsoidisch bis eiförmig, mehr weniger mauerartig; *L. microphyllum* (Ach.) A. Zahlbr. (Fig. 92 C), Lager sehr kleinblätterig, rosettenartig bis büschelig, auf Rinden in Mittel- und Südeuropa; *L. plicatile* (Ach.) Nyl., Lager derbhäutig, geschlitzt-gelappt, Lager am Rande gekräuselt oder körnig-staubig, an Kalkfelsen, selten auf Baumrinden in Europa, Algier und Nordamerika; *C. fluviatile* (Sm.) A. Zahlbr., mit schmalen Sporen, in Europa.

Diese Sektion vermittelt den Übergang zur Gattung *Collema*. Die Berindung ist nur an dünnen Quer- oder Längsschnitten des Lagers deutlich sichtbar.

Sekt. II. *Pseudoleptogium* A. Zahlbr. (*Pseudoleptogium* Müll. Arg., *Leptogiopsis* Trevis. non Müll. Arg.). Oberseite des Lagers pseudoparenchymatisch berindet, Unterseite aus horizontal verlaufenden Hyphen gebildet, ohne Rhizinen; Sporen länglich bis ellipsoidisch parallel 4—6 zellig; *L. diffractum* Krph. (Fig. 92 D), an Kalkfelsen in Europa.

Sekt. III. *Leptogiopsis* A. Zahlbr. (*Leptogiopsis* Müll. Arg. non Trevis.), Lager blattartig, einfach, ohne Rhizinen, Ober- und Unterseite pseudoparenchymatisch berindet; Sporen parallel mehrzellig; *L. reticulatum* Mont., mit 6 zelligen Sporen im tropischen Amerika.

Sekt. IV. *Euleptogium* Crombie (*Myxopuntia* Dur. et Mont., *Obryzum* Wallr., *Stephanophoron* Nyl., *Stephanophorus* Mont.), Lager blattartig, einfach, ohne Rhizinen, Ober- und Unterseite mit einer einschichtigen, großzellig pseudoparenchymatischen Rinde bedeckt, Sporen mauerartig vielzellig.

A. Apothezien randständig: *L. marginellum* (Sw.) Mont., Lager faltig, am Rande gekräuselt, in subtropischen oder tropischen Lagen, auf Rinden oder zwischen Moosen.

B. Apothezien flächenständig: *L. lacerum* (Sw.) S. Gray, Lager kleinblätterig, rasig, zerrissen bis zerschlitzt, längsfurchig, in der Zerteilung des Lagers ungemein variabel, zwischen Moosen, an Steinen und auf nackter Erde, in den gemäßigten Gebieten, namentlich in der Bergregion, häufig; *L. tremelloides* (Linn. f.) Wainio (Fig) 92 B), Lager blattartig, verhältnismäßig groß, unregelmäßig gelappt, bleifarbig bis graublau, mit kahler Oberseite und gelatinösem Lager; *L. caesium* (Ach.) Wainio, habituell der vorhergehenden ähnlich, mit isidiöser Lageroberseite; *L. Moluccanum* (Pers.) Wainio, in der Tracht ebenfalls den beiden vorhergehenden gleich, mit dünnem, kaum gelatinösem Lager, alle drei Arten, namentlich in den wärmeren Gebieten zwischen Moosen, auf Felsen und lederigen Blättern sehr häufig; *L. bullatum* (Ach.) Nyl., Lager faltig, Apothezien in die Spitzen fingerförmig-aufgeblasener Lagerlappen versenkt oder diesen angepresst, an ähnlichen Standorten, wie die vorhergehenden, in den wärmeren Gebieten; *L. phyllocarpum* (Pers.) Nyl., Lager scharffaltig, Apothezien ebenfalls am Scheitel aufgeblasener Lagerlappen, mit dickem, wulstigem, querfaltigem oder mit kleinen Lagerschuppen bedecktem Lagerrande, in subtropischen und tropischen Lagen.

Sekt. V. *Diplothallus* Wainio. Lager aus zwei übereinander gelagerten, gleichen Lamellen, welche stellenweise durch Balken verbunden sind, gebildet; jede Lamelle ist oben und unten mit einer einschichtigen, pseudoparenchymatischen Rinde bekleidet, Rhizinen fehlen auf der Unterseite, Sporen mauerartig vielzellig; *L. punctulatum* Nyl., auf dem Erdboden in Mexiko und Brasilien.

Sekt. VI. *Homodium* Nyl. (*Amphidium* Nyl. p. p., *Homodium* Oliv., *Epiphloea* Trev.), Lager schuppig, krustig, kleinblätterig bis fast strauchartig, ohne Rhizinen, durchweg pseudoparenchymatisch, Sporen mauerartig vielzellig, seltener nur querseptiert. *L. tenuissimum* (Sm.) Körb. (Fig. 92 E), Lager kleinblätterig, dicht, polsterförmig oder fast korallinisch, Sporen vielzellig, auf der Erde, zwischen Moosen, auf Steinen und Mauern in Europa; *L. subtile* (Sm.) Nyl., Lager kleinblätterig bis schuppig, körnig, Apothezien mit wulstigem Lagerrand, Sporen spärlich septiert, auf der Erde, auf Baumwurzeln und morschem Holz in Europa;

L. *microscopicum* Nyl., Lager zwergig strauchartig, Apothezien mit vertiefter Scheibe, an Felsen; L. *terrenum* Nyl., mit pannariaähnlichem Lager, Frankreich. — Sekt. VII. *Mallotium* Ach. (*Mallotium* Fw.), Lager ansehnlich, blattartig, einfach, gelappt, Oberseite pseudoparenchymatisch berindet, Rinde einschichtig, Unterseite dicht filzig-faserig, Sporen mauerartig vielzellig. L. *saturninum* (Dicks.) Nyl. (Fig. 91 E, Fig. 92 A), Lager fast lederartig, großblätterig, dunkelgraugrün bis schwärzlich, Unterseite weißfilzig, Zellen der Rhizinen zylindrisch, am Grunde alter Stämme, an bemoosten Felsen in schattigen Lagen der gemäßigten Gebiete; L. *Hildebrandii* (Garvogl.) Nyl. (Fig. 90 C und Fig. 91 F), Unterseite mit langen, gebüschelten Rhizinen besetzt, sonst den vorigen ähnlich; L. *Bourgesii* Mont., Zellen der Rhizinen kugelig, in subtropischen und tropischen Gegenden.

Zweifelhafte Gattungen.

Schizoma Nyl. Lager dunkel, zerschlitzt, Lappen sehr schmal, der Unterlage aufliegend, unberindet, hauptsächlich aus einer gallertigen Masse gebildet, welche von zarten, kurzen, nach verschiedenen Richtungen verlaufenden Röhrchen (Hyphen?) durchkreuzt wird und vornehmlich in den peripherischen Teilen Gruppen von geknäuelten Nostoc-Gonidien einschließt. Apothezien unbekannt. Gehäuse der Pyknokonidien eingesenkt; Fulkren exobasidial; Basidien gebüschelt, einfach oder seltener gegabelt; Pyknokonidien schwach hantelförmig.

1 Art, *S. lichinoideum* Nyl., über Moosen im Hochgebirge Schottlands.

Wenn die Pyknokonidien thatsächlich dem Organismus angehören, und die röhrchenartigen Risse der Gallerte Hyphen sind, so ist an seiner Flechtennatur nicht zu zweifeln. Solange jedoch die Apothezien unbekannt sind, lässt sich die systematische Stellung innerhalb der Familie der Collemaceen nicht präzisieren.

Aphanopsis Nyl. wurde von Nylander auf *Lecidea terrigena* Ach. begründet, neben *Psorotichia* gestellt, jedoch nicht eingehend beschrieben. An schweizerischen Exemplaren fand ich ein hyphöses Lager, in welches Algen verschiedener Gruppen eingeschlossen waren oder mit demselben nur in loser Verbindung standen oder von denselben auf der Oberfläche besiedelt wurden. Ich konnte den Eindruck eines einheitlichen Lagers nicht gewinnen und glaube nicht, daß die Gattung aufrecht zu erhalten sei.

Dendriscocaulon Nyl. (*Leptogium* sect. *Dendriscocaulon* Mitt. Arg.) ist keine selbständige Flechte, sondern stellt nach Forssell Zephalodien dar, welche in Form korallinischer Gebilde auf dem Lager der *Lobaria amplissima* (Scop.) Leight. zur Ausbildung gelangen. Als selbständige Flechte betrachtet, wurde dieses Gebilde *D. umhauensis* Arn. (*Cornicularia umhauensis* Aurw.) benannt.

Von den **Collemaceen** auszuschließen sind:

Nemacola Mass., nach Jatta ein Gemisch von einer *Collema* (*C. tenax*?) mit *Microcoleus terrestris* Desm.

Nematonostoc Nyl. ist eine Alge aus der Familie der *Nostochinaceae*.

Heppiaceae.

Lager schuppig, kleinblätterig, höckerig bis fast strauchartig, mit einem mäßig entwickelten Vorlager, mit Haftfasern oder mit einem zentralen Nabel an die Unterlage befestigt, ungeschichtet oder mehr weniger geschichtet, zum größten Teile aus einem großzelligen Pseudoparenchym gebildet und mit Scytonema-Gonidien. Apothezien eingesenkt, eigenes Gehäuse undeutlich, mitunter vom Lager berandet, Paraphysen gut entwickelt, einfach; Schläuche 4—vielsporig, Sporen farblos, einzellig, ellipsoidisch bis kugelig, Fulkren exobasidial; Pyknokonidien gerade, kurz.

Wichtigste Litteratur: Ph. Hepp, *Guepinia*, eine neue Flechtengattung (Verhandl. Schweizer Naturforsch. Gesellsch. Band XLVIII. 1864, S. 86). — F. Baglietto, Nota sull' Endocarpon Guepini Del. (Nuovo Giorn. Botan. Ital., vol. II. 1870, S. 171—176).

1. **Heppia** Naeg. Lager krustig-schuppig, schuppig kleinblätterig, höckerig bis fast strauchartig, dunkel, mit einem mäßig entwickelten, endlich verschwindenden Vorlager, mit Haftfasern oder mit einem Nabel an die Unterlage befestigt, homöomerisch, durchweg großzellig pseudoparenchymatisch; Pseudoparenchym aus senkrecht zur Lagerfläche verlaufenden dünnwandigen Hyphen hervorgegangen und allenthalben oder mit Ausnahme einer schmalen Randzone in den Interstizien die Scytonema-Gonidien einschließend, oder das Lager besitzt eine mehr weniger, aus lockeren oder sehr lockeren Hyphen gebildete, gonidienlose Markschicht. Apothezien flächenständig, bleibend eingesenkt oder etwas vorragend, mit vertiefter oder flacher, mitunter sehr enger Scheibe; eigenes Gehäuse fehlend oder verschwindend; Lagergehäuse mitunter das Hymenium berandend; Hypothezien hell, Paraphysen unverzweigt, zumeist gegliedert; Schläuche 4—vielsporig;

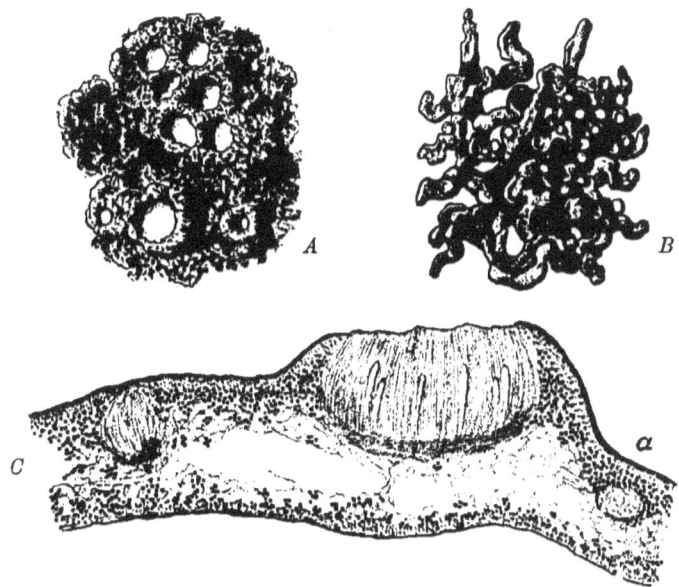

Fig. 93. *A Heppia virescens* (Despr.) Nyl. Habitusbild (3/1). — *B Heppia tortuosa* (Ehrbg.) Wainio. Habitusbild (5/1). *C* Schnitt durch das Lager und Apothezien (75/1). (Nach Reinke.)

Sporen farblos, einzellig, länglich, ellipsoidisch bis kugelig, mit dünner Wand. Gehäuse der Pyknokonidien in das Lager versenkt; Fulkren exobasidial, Pyknokonidien ellipsoidisch bis länglich, gerade.

Bei 40 Arten, hauptsächlich auf Erde und Felsen lebende, über die ganze Welt zerstreute Xerophyten.

Sekt. I. *Solorinaria* Wainio. Lager fast krustig bis schuppig, angedrückt, ohne Haftfasern und Nabel, mit schwach entwickeltem, undeutlichem weißen Vorlager der Unterlage aufsitzend, Pseudoparenchym durchweg Gonidien einschließend oder eine schmale, rindenähnliche, gonidienlose Außenschicht bildend.

H. virescens (Despr.) Nyl. (Fig. 93*A*, 94*A—C*), Lager schuppig, schmutziggrün, Schläuche 8 sporig, auf humösem oder sandigem Boden in dem wärmeren Teile der gemäßigten Gebiete; *H. fuscata* Wainio, Lager schuppig, braun, Schläuche vielsporig, an Granitfelsen in Brasilien.

Sekt. II. *Pannariella* Wainio, Lager schuppig, Schuppen am Rande mehr oder weniger aufsteigend, mit einigen wenigen, dicken Haftfasern an die Unterlage befestigt, Pseudoparenchym allenthalben Gonidien einschließend oder beiderseits gonidienlos rindenartig,

Markschicht mehr weniger entwickelt, aus sehr locker und unregelmäßig verlaufenden Hyphen zusammengesetzt.

H. Dolanderi (Tuck.) Wainio, Lagerschuppen dachziegelartig sich deckend, aufstrebend, Apothezien mit hervortretendem Lagerrand, Schläuche vielsporig, auf Felsen in Nord- und Südamerika.

Sekt. III. *Peltula* (Nyl.) Wainio (*Endocarpiscum* Nyl., *Guepinella* Bagl., *Guepinia* Hepp. non E. Fr., *Peltula* Nyl.). Lager schuppig, Schuppen kleinblätterig, jede für sich mit einem centralen Nabel an die Unterlage befestigt.

H. Guepini (Del.) Nyl., mit kleinschuppigem Lager, Apothezien in der Jugend sehr enge, von pyrenokarpem Aussehen, auf Urgesteinfelsen in Europa und Nordamerika.

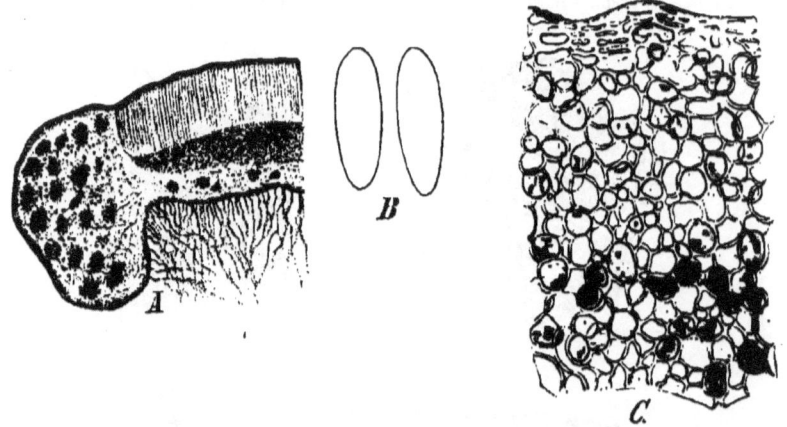

Fig. 91. *Heppia virescens* (Despr.) Nyl. *A* Schnitt durch ein Apothezium (50/1). *B* Sporen (1000/1). *C* Schnitt durch das Lager (515/1). (*C* nach Schwendener, das übrige Original.)

Sekt. IV. *Heterina* (Nyl.) Wainino (*Heterina* Nyl.), Lager aufrecht oder niederliegend, höckerig oder fast strauchartig, verzweigt, ohne Haftfasern und Nabel, Markschichte deutlich, aus sehr lockeren Hyphen gebildet.

H. tortuosa (Ehrbg.) Wainio (Fig. 93 *B—C*), Lager unregelmäßig verzweigt, Verzweigungen gedreht, fast stielrund oder zusammengedrückt mit schild- oder schuppenartigen Auszweigungen, Apothezien eingesenkt, ohne Gehäuse, Schläuche vielsporig, auf Felsen im tropischen Amerika.

Pannariaceae.

Lager krustig-körnig, einförmig oder am Rande gelappt, schuppig bis blattartig, nicht gallertig, Vorlager und Haftfasern zumeist gut entwickelt; geschichtet, Oberseite berindet, Rinde aus senkrechten, unregelmäßigen oder wagerechten Hyphen gebildet, pseudoparenchymatisch; Markschicht entwickelt, ausnahmsweise undeutlich, mit Nostoc- oder Scytonema, ausnahmsweise mit Pleurococcaceen-Gonidien; unterseits berindet oder unberindet. Apothezien kreisrund, flächen- oder randständig, lekanorinisch oder biatorinisch; Paraphysen unverzweigt; Schlauch 8 sporig; Sporen farblos, einzellig, seltener parallel 2—4 zellig, mit dünner Wand, ohne Schleimhof. Fulkren endobasidial, gegliedert, Pyknokonidien kurz, gerade.

Wichtigste Litteratur: V. Trevisan, Sulla supposità identicà di specifica licheni riuniti delle Schaerer sotto il nome di Lecidea microphylla (Ann. di Bologna, 1854, 12 S.). — J. L. Russell, Hydrothyria nervosa, a new genus and species of the Collemaceae (Proceedings Essex-Instit.. vol. I. 1856, S. 88). — W. Nylander, Dispositio Psoromatum et Pannariarum (Annal. scienc, natur., Botan., 4. serie, tome XII. 1859, S. 293). — W. C. Sturgis, On the carpologie structure and development of the Collemaceae and allied groups. (Proceed. Americ. Acad. Scienc.

vol. XXV. 1890, S. 15—52, Taf. 1—8). — A. M. Hue, Causerie sur les Pannaria (Bullet. Soc. Botan. france, tome XLVIII. 1902, sess. extraord., S. XXXI.—LXV.).

Verwandtschaftliche Beziehungen. Die *Pannariaceen* sind mit den *Heppiaceen* und *Stictaceen* nahe verwandt. Sie stehen bezüglich des Baues ihres Lagers und ihrer Apothezien zwischen den beiden letztgenannten Familien und sind nach beiden Seiten durch intermediäre Gattungen (*Lepidocollema* einerseits, *Ricasolia* andererseits), deren richtige Einreihung Schwierigkeiten bereitet, verbunden. Diese drei Familien stellen möglicherweise eine monophyletische Entwicklungsreihe dar, als deren Ausgangspunkt Reinke

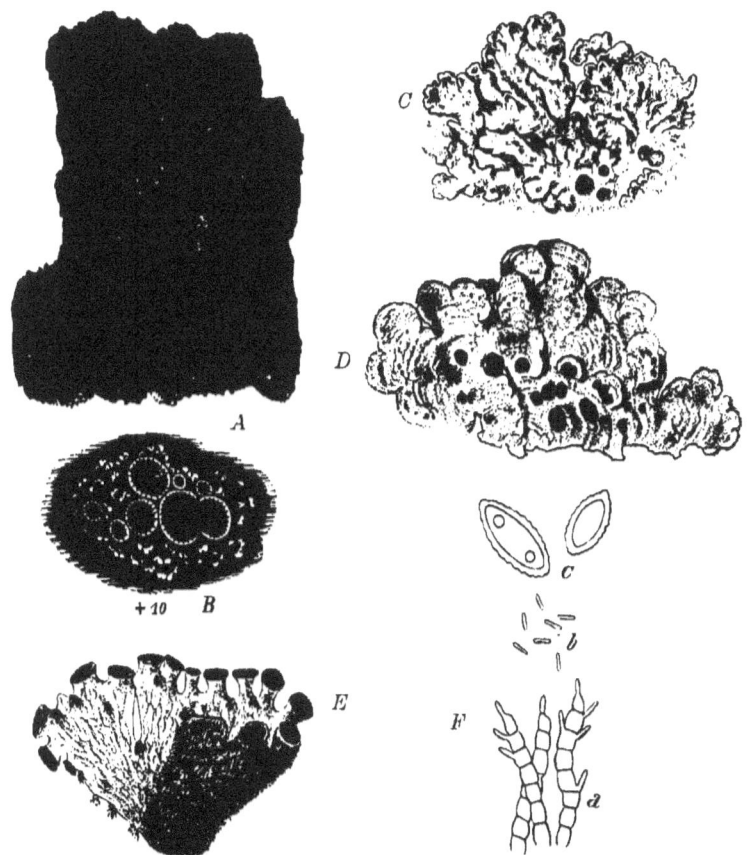

Fig. 95. *Pannaria leucosticta* Tuck. *A* Habitusbild (1/1), *B* desgleichen (10/1). — *C Psoroma sphinctrinum* (Mont.) Nyl. Habitusbild (1/1). — *D. Coccocarpia aurantiaca* (Hook. f. et Tayl.) Mont. et v. d. Bosch. Habitusbild (1/1). — *E Erioderma polycarpum* Fée. Habitusbild (2/1). — *F Psoroma hypnorum* (Dicks.) Hoffm. Sporen, Fulkren und Pyknokonidien. (*C—D* nach Reinke; *F* nach Crombie; das übrige Original.)

die Gattung *Parmeliella* betrachtet. Auch zu den *Peltigeraceen* sind nähere verwandtschaftliche Beziehungen vorhanden, die Gattung *Hydrothyria* weist auf dieselben hin. Die Gattung *Psoroma*, welche zu mehreren Autoren zu den *Lecanoraceen*, und zwar als Sektion der Gattung *Lecanora* selbst gestellt wurde, scheint trotz der abweichenden, hellgrünen Gonidien am besten innerhalb der *Panariaceen* untergebracht zu sein; der Bau des pyknokonidialen Apparates ist geeignet, diese Annahme zu stützen.

Einteilung der Familie.

A. Lager mit hellgrünen Plurococcaceen-Gonidien.
    a. Apothezien lekanorinisch . . . . 6. **Psoroma**.
    b. Apothezien biatorinisch. . . . . 7. **Psoromaria**.

B. Lager mit blaugrünen Nostoc- oder Scytonema-Gonidien.
    a. Lagerunterseite nicht oder nur undeutlich aderig; Vorlager und Haftfasern zumeist reichlich entwickelt; Sporen ein- ausnahmsweise zweizellig.
        α. Rinde der Oberseite sehr schmal, undeutlich, Gonidienschicht fast die ganze Breite des Lagers einnehmend . . . . 1. **Lepidocollema**.
        β. Rinde der Oberseite gut entwickelt, deutlich
            I. Rinde der Lageroberseite aus senkrecht zu derselben verlaufenden Hyphen gebildet.
                1. Lageroberseite nackt.
                    * Apothezien lekanorinisch.
                        † Lager mit Nostoc-Gonidien; Sporen einzellig . . . . 4. **Pannaria**.
                        †† Lager mit Scytonema-Gonidien; Sporen zweizellig. . . 5. **Massalongia**.
                    ** Apothezien biatorinisch oder lezideïnisch.
                        § Sporen einzellig . . . . 2. **Parmeliella**.
                        §§ Sporen parallel 2- bis mehrzellig . . . . 3. **Placynthium**.
                2. Lageroberseite zottig . . . . 8. **Erioderma**.
            II. Rinde der Lageroberseite aus wagerecht verlaufenden Hyphen zusammengesetzt
                                                        9. **Coccocarpia**.
    b. Lagerunterseite aderig, Vorlager und Haftfaseren fehlen; Sporen parallel 4zellig
                                                                      10. **Hydrothyria**.

1. **Lepidocollema** Wainio. Lager schuppig, mit gut entwickeltem, dunklem, fast filzigem Vorlager der Unterlage aufliegend, geschichtet; obere Rinde schmal, kleinzellig pseudoparenchymatisch, aus senkrechten Hyphen hervorgegangen; Gonidienschicht breit,

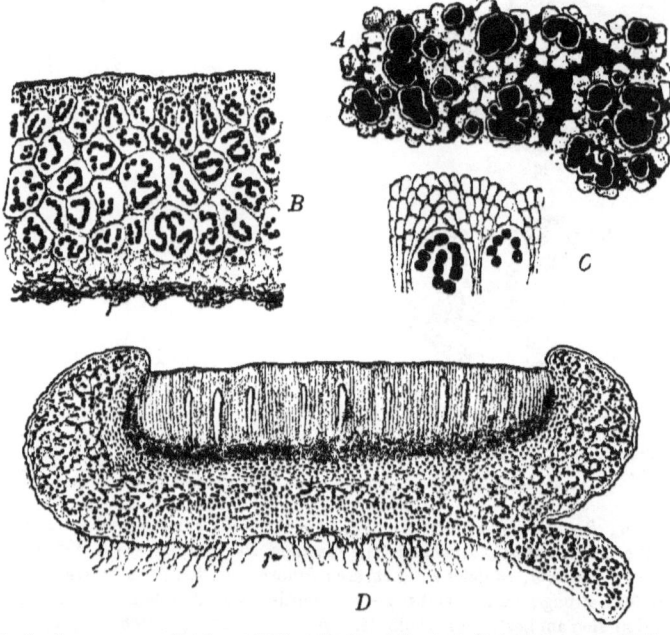

Fig. 96. *Lepidocollema carassense* Wainio. *A* Habitusbild (3/1). *B* Durchschnitt durch das Lager (200/1). *C* Rinde der Lageroberseite und Gonidien (700/1). *D* Durchschnitt eines Apotheziums (160/1). (Nach Reinke.)

fast das ganze Lager einnehmend, fast ausschließlich aus geknäuelten Nostoc-Kolonien gebildet; die schmale Markschicht nimmt den untern Teil des Lagers ein und ist aus dünnwandigen, spärlich septierten, dicht verwebten Hyphen zusammengesetzt. Apothezien zuerst in das Lager versenkt, endlich angepresst, schildförmig, kreisrund oder etwas gelappt, biatorinisch; Gehäuse großzellig pseudoparenchymatisch, unter das Hymenium reichend, hier jedoch kleinzelliger; Hypothezium hell, im unteren Teile aus unregelmäßig verflochtenen, im obern Teile aus fast aufrechten Hyphen gebildet; Paraphysen locker, Schläuche keulig, am Scheitel mit verdickter Wand, 8 sporig; Sporen farblos, ellipsoidisch bis spindelförmig-ellipsoidisch, einzellig. Pyknokonidien unbekannt.

1 Art, *L. carassense* Wainio (Fig. 96 *A—D*), auf Rinden in Brasilien.

2. **Parmeliella** Müll. Arg. (*Lemniscium* Wallr. pr. p., *Pannularia* Nyl., *Trachyderma* Norm. pr. p.) Lager schuppig, am Rande gelappt oder fast blattartig, mit gut entwickeltem, dunklem Vorlager oder mit Haftfasern an die Unterlage befestigt, mit Nostoc-Gonidien; obere Rinde pseudoparenchymatisch, aus senkrecht verlaufenden Hyphen hervorgegangen, Markschicht spinnwebig; Unterseite unberindet. Apothezien flächenständig, biatorinisch, Gehäuse aus strahlig angeordneten, septierten Hyphen gebildet, keine Gonidien einschließend; Schläuche 8 sporig; Sporen farblos, einzellig, länglich bis ellipsoidisch, mit dünner Wand. Fulkren endobasidial; Pyknokonidien kurz, gerade.

Etwa 14, über Moosen, auf Baumrinden, Erde und Felsen lebende Arten. Mehrere in diese Gattung gestellte Arten gehören der Gattung *Placynthium* an.

P. triptophylla (Ach.) Müll. Arg., Lager graubraun, kleinschuppig aufstrebend und dann fast korallinisch, Apothezien braunrot, flach oder nur leicht gewölbt, auf Felsen und unter Moosen in Europa und Nordamerika; *P. microphylla* (Sw.) Müll. Arg., Lager kleinschuppig, aschgrau bis schwärzlich, Apothezien rotbraun bis schwärzlich, hoch gewölbt, an Felsen in den Bergen der gemäßigten und kälteren Gebiete; *P. plumbea* (Lighf.) Wainio, Lager kreisrund, fast einblätterig, gelappt, knorpelig-blattartig, grau, Apothezien klein, röttlichbraun, flach oder konvex, auf Baumstämmen oder moosigen Felsen in mehr wärmeren Lagen.

3. **Placynthium** (Ach.) Harm. (*Collolechia* Mass., *Lecothecium*, Trevis., *Lemniscium* Wallr. pr. p., *Racoblenna* Mass.) Lager krustig-gefeldert, körnig, korallinisch bis kleinschuppig, Vorlager mehr weniger entwickelt und dann blauschwarz; fast ungeschichtet, hauptsächlich aus einem dünnwandigen Pseudoparenchym, in deren Interstizien die Scytonema-Gonidien liegen, gebildet und oben sowohl, wie unten von einer nur wenige wagerechte Zellreihen umfassenden Rinde überzogen. Apothezien sitzend, lezideïnisch oder biatorinisch, flach oder gewölbt; Hypothezien hell bis dunkel; Paraphysen verhältnismäßig dick, unverzweigt, septiert, an den Enden verdickt und dunkel gefärbt; Schläuche keulig, 8 sporig; Sporen farblos, länglich bis ellipsoidisch-eiförmig, parallel 2—8 zellig, dünnwandig. Gehäuse der Pyknokoniden kleinwarzig, im obern Teile dunkel und zellig; Fulkren endobasidial; Pyknokonidien zylindrisch-stäbchenförmig, gerade oder ganz leicht gekrümmt.

6 Arten, auf Felsen, Mörtel, Rinden und über Moosen, zerstreut. *P. nigrum* (Huds.) S. Gray (Fig. 97), mit unbereiftem, schwärzlichem Lager und dunklen Apothezien, auf Kalk- und Sandsteinfelsen, ausnahmsweise auf Baumwurzeln oder Holz in den gemäßigten und kälteren Gebieten nicht selten; *P. caesium* (Duf.) Harm., Lager am Rande gelappt, bleigrau bereift, an schattigen Kalkfelsen in Europa; *P. pluriseptatum* Arn., mit 6—8 zelligen Sporen, auf Sandstein in Tirol.

4. **Pannaria** Del. (*Leioderma* Nyl., *Aminiscium* Wallr. pr. p., *Trachyderma* Norm. pr. p.) Lager körnig, schuppig bis blattartig, mit einem gut entwickelten, blauschwarzen oder schwarzen Vorlager, seltener mit dunklen, mehr weniger verfilzten Haftfasern an die Unterlage befestigt, mit nackter oder isidiöser Lageroberfläche, geschichtet; Lageroberseite berindet, Rinde großzellig pseudoparenchymatisch, aus senkrechten, septierten Hyphen hervorgegangen und mehrere übereinander gelagerte Zellreihen bildend; Nostoc-Gonidien geknäuelte Ketten darstellend; Markschicht einfach oder doppelt, im ersteren Falle gleichmäßig spinnwebig, im letzteren Falle im oberen Teile aus unregelmäßigen, mehr weniger wagerecht verlaufenden, dünnwandigen Hyphen zusammengesetzt und sehr

locker, im unteren Teile aus dichter verfilzten Hyphen gebildet; Unterseite des Lagers unberindet, aus dicht verwebten Hyphen bestehend. Apothezien zuerst eingesenkt, endlich sitzend bis schildförmig, flächenständig, lekanorinisch; Gehäuse aus einer großzellig pseudoparenchymatischen Rinde und einer Gonidien enthaltenden Markschicht zusammengesetzt; Hypothezium farblos oder hellfarbig; Schläuche keulig, 8 sporig; Sporen farblos, einzellig, länglich, ellipsoidisch bis fast spindelförmig, mit mitunter etwas verdickter und kleinwarziger Wand. Gehäuse der Pyknokonidien in halbkugelige Lagerwärzchen versenkt, mit hellem Gehäuse; Fulkren endobasidial, gegliedert, mit kurzen, breiten Zellen; Pyknokonidien gerade oder kaum merklich gekrümmt, länglich-zylindrisch.

Etwa 50 Arten, welche auf Erde, über Moosen, auf Baumrinde und Felsen lebend über die ganze Erde zerstreut sind.

Die Apothezien sind bei der Gattung *Pannaria* nicht immer typisch lekanorinisch, wie sie sich bei *Parmeliella* auch nicht immer ausgesprochen biatorinisch zeigen; es kommen

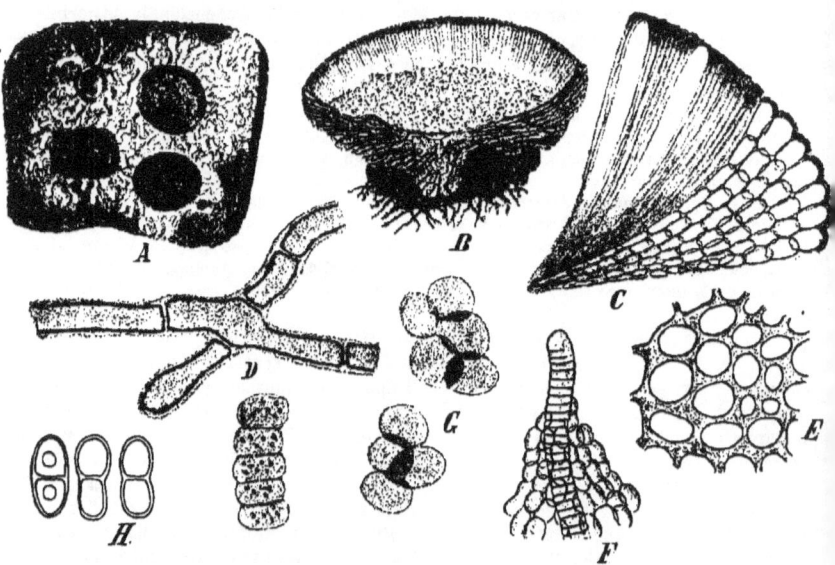

Fig. 97. *Placynthium nigrum* (Huds.) Gray. *A* Habitusbild (schwach vergrößert). *B* Schnitt durch ein Apothezium (schwach vergrößert). *C* Schnitt durch ein Gehäuse eines Apotheziums. *D* Hyphen des Vorlagers. *E* Pseudoparenchym des Lagers. *F—G* Gonidien. *H* Sporen. (Original.)

hier dieselben Zwischenformen vor, wie sie zwischen den Gattungen *Lecidea* und *Lecanora* angetroffen werden. Wie nun diese beiden letztgenannten Gattungen trotz der Übergangsformen mit Recht getrennt werden, da sie doch in den typischen Ausbildungen der Apothezien verschiedene Entwicklungsstufen darstellen, wird es auch als folgerichtig und angemessen betrachtet werden müssen, wenn dieses Auseinanderhalten zweier verschiedener Fruchtformen auch anderwärts, insbesondere wenn die Verwandtschaftsverhältnisse der Arten dem nicht widersprechen, durchgeführt wird.

P. *lurida* (Mont.) Nyl. mit großblätterigem, gerunzeltem Lager und doppelter Markschicht und breiten Apothezien, auf Baumrinden in den tropischen und subtropischen Gebieten weit verbreitet; P. *pycnophora* (Nyl.) Müll. Arg., Lager großblätterig, Markschicht einfach, Apothezien nur unter dem Hymenium Gonidien enthaltend, auf Baumrinden in Neuseeland; P. *rubiginosa* (Thunb.) Del., Lager mehr weniger kreisrund, gelappt, Lagerschuppen gekerbt und weiß berandet, Fruchtrand gekerbt, auf verschiedenen Unterlagen in Europa; P. *Mariana* (E. Fr.) Müll. Arg., Unterseite mit sehr dichten, dunklen Haftfasern besetzt, unter den Tropen; P. *Hookeri* (Hook.) Nyl. Lager strahlig-krustig, angedrückt, grau bis bräunlichgrau, Apothezien schwarz oder schwärzlich, auf Urgestein in alpinen Lagen Europas; *P. pezizoides* (Web.) Lightf. (Syn. *P. brunnea* [Sw.] Nyl.), Lager körnig-schuppig, grau bis braungrau, Apothezien rötlichbraun, mit breiter Scheibe, im Berglande und Hochgebirge häufig; *P. nebulosa* Nyl., Lager, körnig-krustig, Apothezien klein, Sporen kleiner und schmäler als bei der vorhergehenden Art, auf der Erde im Gebirge nicht selten; *P. leucosticta* Tuck. (Fig. 95 *A—B*), Lager dachziegelartig-schuppig, asch- bis bräunlichgrau, Lagerschuppen am Rande weiß gekerbt, Lagerrand weißlich, an Baumrinden: England, Südeuropa und Nordamerika.

5. **Massalongia** Körb. Lager kleinblätterig-schuppig, gelappt, das dunkle Vorlager mäßig entwickelt und endlich verschwindend, Rinde der Lageroberseite aus senkrecht auf die Lagerfläche verlaufenden, septierten Hyphen hervorgegangen, pseudoparenchymatisch, Zellen nur wenige übereinander gelagerte Reihen bildend, die geknäuelten Scytonema-Gonidien liegen unter der Rinde der Lageroberseite, Markschicht mehr weniger locker, Lagerunterseite unberindet. Apothezien randständig, biatorinisch; Gehäuse pseudoparenchymatisch, ohne Gonidien; Fruchtscheibe flach; Fruchtrand dünn, gewellt; Hypothezium hell, über einer gonidienführenden Schicht liegend; Schläuche keulig, fast gestielt, 8 sporig; Sporen farblos, endlich etwas bräunlich werdend, spindelförmig, zweizellig, mit dünner Wand. Gehäuse der Pyknokonidien randständig, in das Lager versenkt und außen nur durch eine kleine Erhebung des Lagers kenntlich, mit hellem Gehäuse; Fulkren endobasidial, gegliedert, mit kurzen, rundlichen Zellen; Pyknokonidien kurz, gerade, schmal hantelförmig.

1 Art, *M. carnosa* (Dicks.) Körb., mit hirsch- bis dunkelbraunem Lager, dunkelbraunen Apothezien, auf feuchten Felsen in den Bergen und im Hochgebirge Europas.

6. **Psoroma** (Ach.) Nyl. (*Lecanora* sect. *Psoroma* Nyl.) Lager blattartig bis kleinschuppig, Rhizinen spärlich entwickelt oder fehlend; geschichtet, Lageroberseite nackt, berindet, Rinde aus senkrecht zur Oberfläche verlaufenden, septierten Hyphen gebildet, pseudoparenchymatisch und mit mehreren übereinander liegenden Zellreihen, seltener ist die Rinde der Lageroberseite aus unregelmäßig verlaufenden Hyphen hervorgegangen; Markschicht mehr weniger locker, mit freudiggrünen (Dactylococcus-?) Gonidien; Unterseite des Lagers aus dicht verwebten, parallel zur Lagerfläche laufenden Hyphen zusammengesetzt; Apothezien flächenständig, sitzend, lekanorinisch, am Grunde mitunter verschmälert; Hypothezium farblos; Paraphysen unverzweigt, mehr weniger verklebt; Schläuche 8 sporig; Sporen farblos, einzellig (ausnahmsweise 2 zellig), ellipsoidisch bis kugelig, dünnwandig. Fulkren endobasidial, kurzgliederig; Pyknokonidien kurz, walzig oder etwas hantelförmig, gerade.

Bis 30 auf Moosen und Baumrinden, hauptsächlich in den kälteren und gemäßigten Gebieten lebend.

P. hypnorum (Dicks.) Hoffm. (Fig. 95 *F*), Lager körnig-schuppig, gelblich-bräunlich, mit rotbraunen Apothezien, gekerbtem Fruchtrand, über Moosen in den Bergen und im Hochgebirge Europas und Nordamerikas, aber auch in den antarktischen Gebieten; *P. sphinctrinum* (Mont.) Nyl. (Fig. 95 *C*), Lager strahlig gelappt, bräunlich, Apothezien rötlichbraun, mit fast strahligem, faltigem Rande, auf Baumrinden in den wärmeren Zonen, in Europa nicht; *P. xanthomelaenum* Nyl., Lager blassgelb, Unterseite mit schwarzen Haftfasern besetzt, rindenbewachsend in Neuseeland und Magellanstraße; *P. holophaeum* (Nyl.) Hue, mit zweizelligen Sporen, in Europa und Nordafrika.

7. **Psoromaria** Nyl. Lager wie bei *Psoroma*; Apothezien biatorinisch, im übrigen ebenfalls mit der vorhergehenden Gattung übereinstimmend.

2 Arten, *P. subdescendens* Nyl., in Patagonien und Feuerland.

8. **Erioderma** Fée. Lager blattartig, aufstrebend, gelappt, mit flächen- oder randständigen Haftfasern an die Unterlage befestigt; Lageroberseite zottig, berindet, Rinde großzellig pseudoparenchymatisch, aus senkrecht zur Oberfläche oder unregelmäßig verlaufenden, etwas dickwandigen, septierten Hyphen gebildet, Zellen in mehreren übereinander gelagerten wagerechten Reihen; die geknäuelten, kurze Ketten darstellenden Scytonema-Gonidien, welche in eine dünne Scheide eingebettet sind, liegen unter der oberen Rinde; Markschicht spinnwebig, mehr weniger locker, aus dünnwandigen und spärlich septierten Hyphen gebildet; Lagerunterseite unberindet, mitunter etwas aderig.

Apothezien rand- oder flächenständig, schildförmig, am Grunde verschmälert, fast gestielt, biatorinisch, Gehäuse aus einem großzelligen und dickwandigen Pseudoparenchym und einer spinnwebigen Marschicht zusammengesetzt; Hypothezium hell; Schläuche 8 sporig; Sporen farblos, einzellig, ellipsoidisch, länglich fast spindelförmig oder kugelig. Gehäuse der Pyknokonidien randständig, kleine, schwärzliche Würzchen darstellend; Fulkren endobasidial, dicht septiert; Pyknokonideń kurz, länglich-zylindrisch, gerade.

9 Arten auf Baumrinden und morschem Holz in den wärmeren Zonen.

E. polycarpum Fée (Fig. 95 *E*), Lagerunterseite weißlich, mit randständigen, schwärzlichen Haftfasern, im tropischen Amerika; *E. chilense* Mont., Lagerunterseite hellfarbig, etwas aderig, Oberseite des Lagers grubig.

9. **Coccocarpia** Pers. Lager schuppig bis blattartig, ein- bis vielblätterig, mit dunklen oder hellen Haftfasern und mit einem Filze an die Unterlage befestigt, beiderseits berindet, Lageroberseite nackt, obere Rinde aus längslaufenden, dünnwandigen, septierten Hyphen gebildet, pseudoparenchymatisch; die Scytonema-Gonidien liegen unmittelbar unter der oberen Rinde, die Gonidienketten gewunden und mit einer dünnen Scheide versehen; Markschicht sich von der unteren Rinde nicht scharf abhebend, aus dünnwandigen, mehr weniger verklebten oder lockeren, septierten Hyphen zusammengesetzt; Rinde der Lagerunterseite ebenfalls aus längslaufenden, mehr weniger septierten Hyphen gebildet, Apothezien flächenständig, mit der ganzen Unterseite aufliegend oder am Grunde mäßig verschmälert, aber nie gestielt, biatorinisch, Gehäuse am Rande großzellig pseudoparenchymatisch, im übrigen aus strahlig angeordneten, septierten Hyphen gebildet, ohne Markschicht; Hypothezium hell oder dunkel; Schläuche 8 sporig; Sporen farblos, einzellig, kugelig, länglich bis ellipsoidisch-spindelförmig, dünnwandig. Gehäuse der Pyknokonidien in Lagerwärzchen versenkt; Fulkren endobasidial, dicht septiert; Pyknokonidien gerade, länglich-zylindrisch.

Bis 20 Arten, auf Rinden und auf lederigen Blättern in den subtropischen und tropischen Gebieten.

C. pellita (Ach.) Müll. Arg., Lager grau bis grünlichgrau, gelappt oder zerschlitzt, Apothezien hell bis dunkel, eine stark abändernde, in den wärmeren Gebieten weit verbreitete Art; *C. aurantiaca* (Hook. f. et Tayl.) Mont. et v. d. Bosch (Fig. 95|*D*), Unterseite mit helleren Haftfasern, Apothezien bräunlichgelb, auf Rinde in Java, Neukaledonien' und Neuseeland.

10. **Hydrothyria** Russ. Lager blattartig, häutig, großblätterig, tief gelappt, Lagerabschnitte verkehrt keilförmig, tiefbuchtig, ohne Rhizinen, Unterseite mit strahlig verlaufenden, wiederholt gegabelten Adern, welche aus längslaufenden, von der Rinde überzogenen Hyphen gebildet werden, besetzt, angefeuchtet gallertig, beiderseits berindet, Rinde aus einer Schicht von großen Zellen gebildet; Hyphensystem ziemlich dicht; Nostoc-Gonidien kettenförmig, kurz. Apothezien randständig, biatorinisch, mit schmalem, endlich verschwindendem Rande, Scheibe flach bis etwas gewölbt; Hypothezium hell, aus dicht

Fig. 98. *Hydrothyria venosa* Russ. *A* Habitusbild, von oben gesehen (1/1). *B* Ein Lagerlappen von der Unterseite gesehen (1/1). *C* Durchschnitt durch das Lager und durch einen Nerven von (100/1). (Nach Reinke.)

verflochtenen Hyphen gebildet, nicht pseudoparenchymatisch; Paraphysen einfach, septiert; Schläuche länglich-keulig, 8 sporig; Sporen farblos, spindel- bis kahnförmig, parallel 4 zellig, mit dünner Wand. Pyknokonidien wurden bisher vergeblich gesucht.

1 Art, *H. venosa* Russ. (Fig. 98) mit blaugrauem Lager in klaren Gebirgsbächen Nordamerikas auf Steinen.

Gattung zweifelhafter Stellung.

Thelidea Hue. Lager der Unterlage wagerecht aufliegend, blattartig, Oberseite berindet, Rinde aus mehr weniger senkrecht zur Oberfläche verlaufenden, septierten Hyphen hervorgegangen, pseudoparenchymatisch; Palmellaceen-Gonidien gehäuft; Unterseite des Lagers unberindet. Apothezien biatorinisch; Sporen farblos, zweizellig.

1 Art, *T. corrugata* Hue, mit zerknittert-faltiger Lageroberfläche, die jungen Apothezien wärzchenförmig, Insel Campbell.

Hue begründet auf diese Gattung eine eigene Tribus, die *Thelideae*. Insofern die kurze Beschreibung einen Schluss gestattet, widerspricht der anatomische Bau des Lagers und der Apothezien den Merkmalen der Familien der *Pannariaceen* in unseren Umgrenzungen nicht.

Stictaceae.

Lager blattartig, großblätterig, wagerecht ausgebreitet oder am Rande aufstrebend, seltener gestielt und aufrecht, mit einem mehr weniger entwickelten Faserfilz an die Unterlage befestigt, geschichtet, beiderseits berindet, obere Rinde klein- oder großzellig pseudoparenchymatisch, mehrere parallele, wagerechte Zellzeihen bildend, seltener fibrös, Markschicht spinnwebig, aus dünnwandigen, septierten Hyphen zusammengesetzt, Gonidienschicht unter der oberen Rinde liegend, mit Palmellaceen- oder Nostoc-Gonidien, untere Rinde ebenfalls pseudoparenchymatisch und mehrere Zellreihen bildend, kontinuierlich, von Zyphellen (Fig. 100 F), Pseudozyphellen oder undeutlich fleckenartig durchbrochen; Zyphelloblasten kugelig, farblos, mit glatter oder kleinstacheliger Hülle. Apothezien flächen- oder randständig, aufsitzend oder schildförmig, mit am Grunde verschmälertem Gehäuse, welches gonidienlos ist oder Gonidien einschließt, von einem großzelligen Pseudoparenchym berandet wird und eine Markschicht umfasst; Paraphysen gut entwickelt, unverzweigt, septiert; Sporen farblos oder braun, spindel-, nadel- bis stäbchenförmig, dünnwandig, parallel 2-bis mehrzellig, bei den zweizelligen Sporen liegen die beiden kleinen Zellen mitunter an den Scheiteln und sind durch einen Kanal verbunden. Behälter der Pyknokonidien randständig; Fulkren endobasidial; Pyknokonidien kurz, gerade, Stylosporen selten.

Wichtigste Litteratur: D. Delise, Histoire des Lichens. Genre Sticta (Caën, 1825, 8°). — G. De Notaris, Osservazioni sul genere Sticta (Torino, 1851, 4°). — W. Nylander, Enumeretio synoptica Sticteorum (Flora Band XLVIII. 1865, S. 296—299). — Derselbe, Conspectus synopticus Sticteorum (Bullet Sociét. Linn. de Normandie, 2e série, tome II. 1868). — Ch. Knight, Notes on Stictei in the Kew Herbarium (Journ. Linn. Soc. London, Bot., vol. XI. 1869, S. 243—246). — K. B. J. Forrsell, Studier öfver Cephalodierna. Bidrag till kännedomen on lafvarnes anatomi och utwecklings historia (Bidrag till King Svenska Vet.-Akad. Handlinger, Bd. VIII. n. 3, 1883, 142 S, 2 Taf.). — E. Stizenberger, Die Grübchenflechten (Stictei) und ihre geographische Verbreitung (Flora, Band LXXXI. 1898, S. 88—130). — A. M. Hue, Lichenes extra-europaei (Nouv. Archives du Muséum, 4e série, tome III. 1901, S. 21—102, Taf. I.—IV. — A. Zahlbruckner, Studien über brasilianische Flechten (Sitzungsber. kais. Akad. Wiss. Wien, math.-naturw. Klasse, Bd. LXI. 1902, S. 48—53).

Einteilung der Familie.

Rinde der Lagerunterseite kontinuierlich, ohne Zyphellen oder Pseudozyphellen 1. **Lobaria**.
Rinde der Lagerunterseite mit Zyphellen oder Pseudozyphellen . . . . 2. **Sticta**.

1. **Lobaria** (Schreb.) Hue. Lager großblätterig, wagerecht aufliegend oder zum Teil aufstrebend, geschichtet, beiderseits berindet, obere Rinde großzellig pseudoparenchymatisch, aus senkrechten oder fast senkrechten septierten Hyphen hervorgegangen und mehrere parallele wagerechte Zellreihen bildend; Gonidienschicht sich der oberen Rinde anschließend, mit Cystococcus-, Protococcus- oder Nostoc-Gonidien; Markschicht spinnwebig, aus mehr weniger längslaufenden, verzweigten, septierten, dünnwandigen Hyphen zusammengesetzt; untere Rinde ebenfalls pseudoparenchymatisch, der oberen Rinde ähnlich, in der Regel nur etwas schmäler, kontinuierlich, ohne Gewebslücken, filzig, Filzfasern mehr weniger gebüschelt. Zephalodien mitunter kräftig entwickelt.

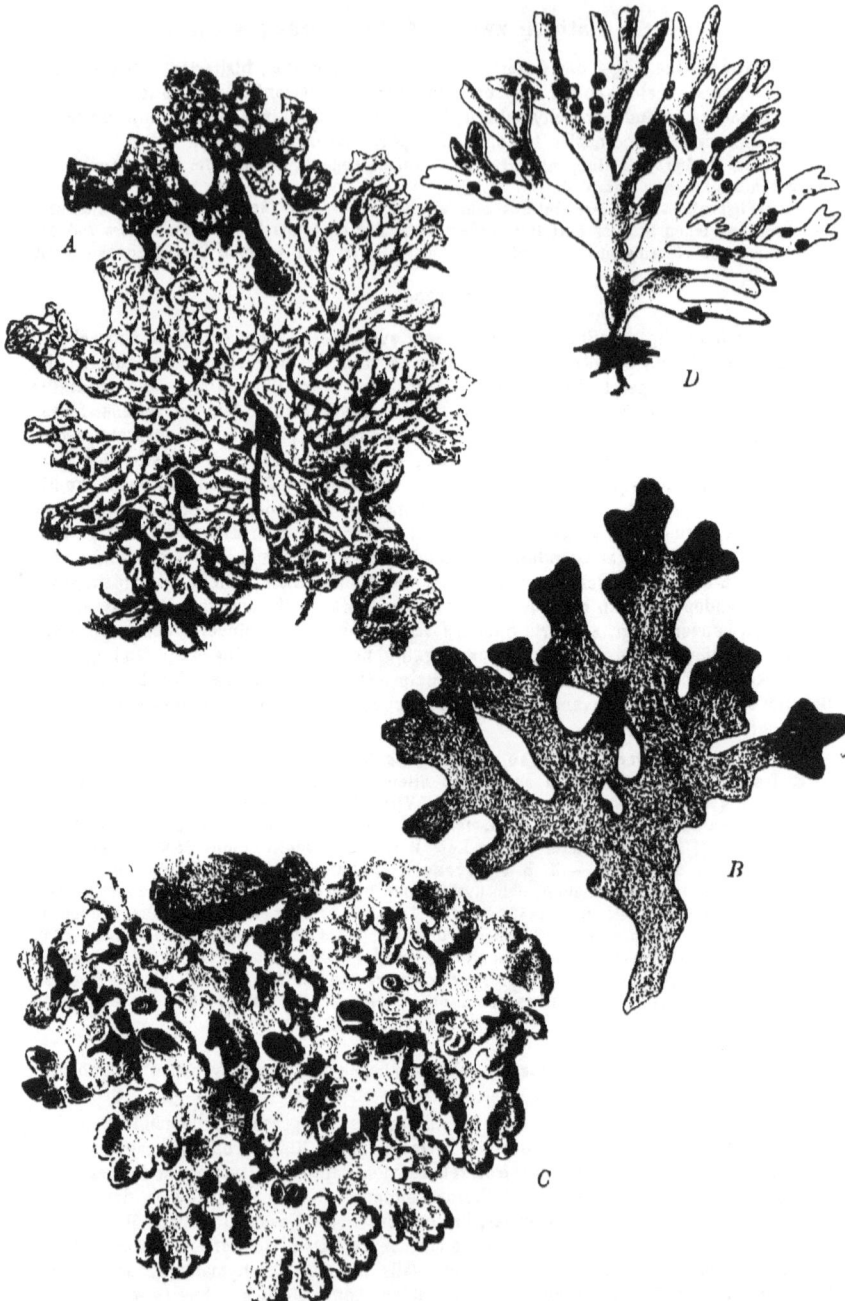

Fig. 99. *A Lobaria pulmonaria* (L.) Hoffm. Habitusbild (1/1). — *B Sticta damaecornis* Ach. Habitusbild (1/1). — *C Lobaria amplissima* (Scop.) Arn. Habitusbild (1/1). — *D Sticta dichotomoides* Nyl. Habitusbild. (*A—B* Original; *C* nach Reinke; *D* nach Hue.)

Apothezien rand- oder flächenständig, kreisrund, parmeloid, in der Jugend fast becherförmig geschlossen; Gehäuse großzellig pseudoparenchymatisch berindet, eine Markschicht und Gonidien einschließend, seltener finden sich Gonidien nur am Grunde des Hypotheziums, oder sie fehlen in den Apothezien gänzlich; Hypothezium hell oder gefärbt; Paraphysen unverzweigt, gegliedert, verklebt; Schläuche 8sporig; Sporen farblos bis braun, spindel-, nadel- bis stäbchenförmig, parallel 2—10 zellig, dünnwandig. Behälter der Pyknokonidien kleine Wärzchen bildend, seltener eingesenkt, mit hellem Gehäuse; Fulkren endobasidial, verzweigt, dicht septiert, mit fast kugeligen Gliedern und mit deutlichen Sterigmen; Pyknokonidien kurz, gerade, zylindrisch oder an beiden Enden etwas verdickt.

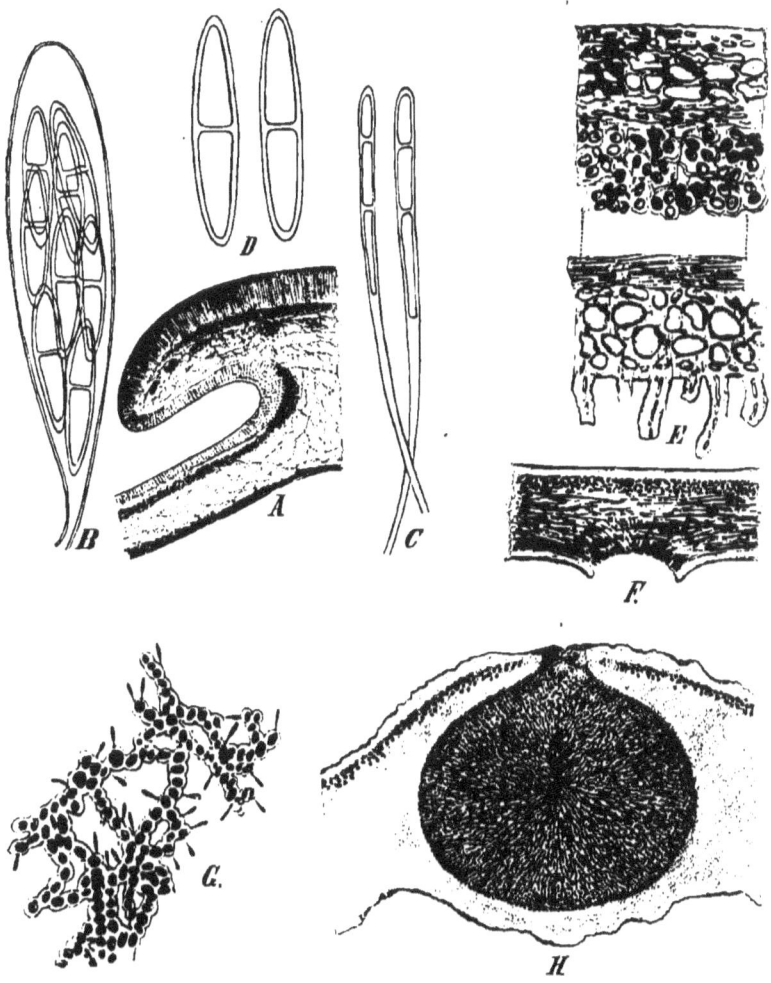

Fig. 100. *Lobaria pulmonaria* (L.) Hoffm. *A* Schnitt durch ein Apothezium (50/1). *B* Schlauch mit Sporen (500/1). *C* Paraphysen (1000/1). *D* Sporen (1000/1). — *E* *Sticta filicina* Ach. Durchschnitt des Lagers (500/1). — *F* *Sticta dichotoma* Del. Durchschnitt durch den Thallus und eine Zyphelle (60/1). — *Lobaria linita* Ach. *G* Fulkren mit Pyknokonidien. *H* Durchschnitt durch einen Behälter der Pyknokonidien. (*A—D* Original; *E—F* nach Schwendener; *G—H* nach Glück.)

Bis 150 auf Baumrinden, über Moosen und auf bemoosten Felsen lebende Arten, deren Mehrzahl den wärmeren Klimaten angehört.

Sekt. I. *Knightiella* (Müll. Arg.) A. Zahlbr. (*Knightiella* Müll. Arg.) Lager mit Cystococcus-Gonidien (freudig grüne, kleine, mit Membranen versehene Zellen, die zu mehreren in eine gemeinschaftliche, ziemlich lange ausdauernde Gallerthülle zu Zenobien vereinigt sind). *L. leucocarpa* (Müll. Arg.) A. Zahlbr., Lager gelblichweiß, Lagerunterseite weiß, mit schwarzem Faserfilz, Scheibe der Apothezien fleischfarbig, in der Jugend mehlig bereift, Australien.

Sekt. II. *Ricasolia* (DNotrs.) Hue (*Lobaria* sect. *Eulobaria* et *Ricasolia* Wainio; *Pulmonaria* Hoffm.; *Pseudosticta* Bab.; *Reticularia* Bgtn.; *Ricasolia* DNotrs.; *Sticta* sect. *Eusticta* Müll. Arg.), Lager mit freudig-grünen, kugeligen Protococcus-Gonidien, Gehäuse der Apothezien in der Regel Gonidien einschließend.

L. laetevirens (Lightf.) A. Zahlbr., Lager dünnhäutig, angefeuchtet grün, trocken grünlichgrau, Unterseite mit weißlichen Filzfasern besetzt, Apothezien rotbraun, Sporen spindelförmig, zweizellig, auf Baumrinden, seltener auf Felsen in West- und Südeuropa, Afrika und Amerika; *L. amplissima* (Scop.) Arn. (Fig. 99 C), Lager derb, gebrechlich, grau bis gelblichgrau, Unterseite hell, mit bräunlichem Faserfilz, Apothezien rotbraun, ganzrandig, Sporen 2—4 zellig, an Baumstämmen in den gemäßigten Gebieten weit verbreitet, auf dem Lager dieser Flechte kommen strauchartige, dunkle Zephalodien vor, welche von Nylander als eigene, zu den Collemaceen gehörige Gattung, *Dendriscocaulon*, angesehen wurde: *L. adscripta* (Nyl.) Hue, mit 3—4 zelligen, bis 50 μ langen und 10 μ breiten, bräunlichen Sporen, auf Rinden unter den Tropen; *L. quercizans* Michx., Lager blei- bis gelblichgrau, dicht gelappt, Lappen an den Spitzen oberseitig spinnwebig-haarig, Sporen fast stäbchenförmig, bräunlich, in den wärmeren Teilen Amerikas; *L. pulmonaria* (L.) Hoffm. (Fig. 99 A, 100 A—D) (Lungenflechte, Lungenmoos), Lager bräunlich, matt, tief buchtig gelappt, lederartig, netzadrig-grubig, Unterseite zwischen den Buckeln dunkelfilzig, Sporen 2—4 zellig, farblos, am Grunde alter Laubbäume, insbesondere Buchen und Eichen, und auf bemoosten Felsen im Berglande der gemäßigten Zonen häufig. Die Apothezien werden häufig von einem parasitischen Pilze, *Celidium stictarum* Tul. befallen und deformiert. Früher offizinell spielt die Flechte auch heute noch in der Volksmedizin der Gebirgsbewohner eine nicht unerhebliche Rolle; *L. linita* (Ach.) Wainio (Fig. 100 S—H), kleiner als die vorhergehende, Lager hirschbraun, glänzend, Lappen weniger tief geteilt, auf bemooster Erde und Felsen in Europa und Nordamerika.

Sekt. III. *Lobarina* (Nyl.) Hue (*Lobarina* Nyl., *Sticta* sect. *Lecanolobarina* et *Lobaria* Wainio), Lager mit geknäuelten blaugrünen Nostoc-Gonidien; Gehäuse der Apothezien mit wenigen Gonidien oder gonidienlos.

L. retigera (Bory) Nyl., der *Lobaria pulmonaria* habituell sehr ähnlich, doch schon durch die Gonidien verschieden, Fruchtgehäuse mit Gonidien, an Baumstämmen in den tropischen Gebieten der östlichen Hemisphäre; *L. scrobiculata* (Scop.) DC., Lager großblätterig, wenig gelappt, weißgrünlich oder graugrün, matt, grubig, am Rande der Gruben mit grauweißen Soredien besetzt, Apotheziengehäuse ohne Gonidien, Sporen 4—8 zellig, an Baumstämmen und Ästen, sowie über bemoosten Felsen in den kälteren und gemäßigten Gebieten beider Hemisphären.

2. **Sticta** Schreb. (*Crocodia* Link, *Delisea* Fée non Lamour., *Diclasmia* Trevis., *Phaeosticta* Trevis.; *Plectocarpon* Feé; *Pseudocyphellaria* Wainio, *Saccardoa* Trevis., *Seranxia* Neck?) Lager blattartig, zumeist ansehnlich, wagerecht ausgebreitet, mehr weniger aufstrebend oder gestielt und dann aufrecht, Lageroberseite nackt, kurzhaarig, mit Soredien oder Zephalodien besetzt, geschichtet, beiderseits berindet, obere Rinde pseudoparenchymatisch, aus senkrecht zur Oberfläche verlaufenden Hyphen hervorgegangen, großzellig und dünnwandig, mehrere übereinander gelagerte Zellreihen bildend, seltener aus weniger senkrechten oder fast unregelmäßig verlaufenden Hyphen gebildet und dann ein Netzwerk darstellend; Gonidienschicht unmittelbar unter der oberen Rinde, mit Palmellaceen- oder Nostoc-Gonidien, im ersteren Falle finden sich im Lager nicht selten Zephalodien mit blaugrünen Gonidien; Markschicht wergartig, aus mehr weniger wagerecht verlaufenden, verzweigten Hyphen zusammengesetzt, weiß oder gelb; untere Rinde der oberen ähnlich, nur zumeist etwas schmäler und weniger parallele Zellreihen bildend, von Zyphellen oder Pseudozyphellen unterbrochen; Lagerunterseite von einem mehr weniger entwickelten, aus einfachen oder gebüschelten Fasern bestehenden Filz bekleidet. Apothezien rand- oder flächenständig, zuerst becherförmig, dann flach, biatorinisch,

lekanorinisch oder parmeloid, Lagergehäuse von einem Pseudoparenchym berandet, mit Markschicht, mit oder ohne Gonidien; Hypothezium hell oder gefärbt; Paraphysen unverzweigt, gegliedert, zumeist verklebt; Schläuche 8 sporig; Sporen farblos bis braun, länglichspindelförmig, spindel- bis nadelförmig, parallel 2—8 zellig, dünnwandig. Behälter der Pyknokonidien in das Lager versenkt, rand- oder flächenständig, warzig; Gehäuse hell, nur an der Mündung dunkler, kugelig, zellig; Fulkren endobasidial, einfach oder verzweigt, gegliedert; Pyknokonidien kurz, gerade, zylindrisch oder an beiden Enden etwas verdickt.

Etwa 150 Arten, über die ganze Erde zerstreut, die Tropen und subtropischen Gebiete bevorzugend, vornehmlich Rindenbewohner.

Sekt. I. *Eusticta* Hue. Lager mit kugeligen, freudig-grünen *Palmellaceen*-Gonidien. **A.** Lagerunterseite mit Pseudozyphellen. a. Lager mit weißen Pseudozyphellen. *S. cellulifera* Hook. et Tayl., Lager niederliegend, gelblichgrünlich, derbhäutig, lappig geteilt, Lappen kurz, Markschicht weiß, durch Kalilauge gelb, Apothezien randständig, lekanorinisch, Sporen 2 zellig, in Neuseeland und im antarktischen Amerika; *S. physciospora* Nyl., Lager gelblich bis schmutziggrau, dicho- oder trichotomisch geteilt, Lagerlappen schmal, abstehend, Oberseite tief grubig, Markschicht weiß, durch Kalilauge nicht gefärbt, Apothezien lekanorinisch, randständig, Sporen braun, zweizellig, die Zellen klein, an die Enden der Sporen gereiht und durch einen Kanal verbunden, auf Baumstämmen in Neuseeland; *S. Freycinetii* Del., Sporen 4 zellig, farblos, Bewohner der Antarktis. b. Lager mit gelben Pseudozyphellen. α. Apothezien mit lekanorischem Gehäuse. *S. endochrysea* Del., Lager niederliegend oder etwas aufstrebend, gelbgrau bis grau, Markschicht gelb, Sporen 3—4 zellig, farblos, eine stark abändernde in Australien, Neuseeland und im südlichsten Teile Amerikas weit verbreitete, häufige Art. β. Apothezien parmeloid: *S. aurata* Ach., Lager grau, rotgrau bis rotbraun, niederliegend, wenig gelappt, Lappen abgerundet, am Rande reichlich mit goldgelben Soredien besetzt, Markschicht goldgelb, Sporen rotbraun, 4 zellig, an Baumstämmen in Westeuropa, in den subtropischen und tropischen Gebieten häufig; *S. clathrata* DNotrs., der vorhergehenden ähnlich, ohne Randsoredien, im tropischen Afrika und Amerika; *S. flavissima* Müll. Arg., Sporen 4—6 zellig nadelförmig, farblos, auf Baumrinden in Queensland. **B.** Lagerunterseite mit echten Zyphellen: a. Lager wagerecht ausgebreitet oder aufstrebend, ungestielt: α. Apothezien lekanorinisch; *S. platyphylla* Nyl., Lager häutig, durch Kalilauge gelblich gefärbt, gabelig oder unregelmäßig verzweigt, Apothezien flächenständig, mit gezähntem Lagerrand, Sporen 2—3 zellig, zuerst farblos, endlich bräunlich, an Rinden in Japan und Ostindien; β. Apothezien biatorinisch: *S. sinuosa* Pers., Lager niederliegend oder am Rande aufstrebend, buchtig-gelappt, Lappen rund, gekerbt, Markschicht weiß durch KOH gelblich, Apothezien randständig, unter den Tropen weit verbreitet und häufig; *S. damaecornis* Ach. (Fig. 99 B), Lager ansehnlich, wiederholt gabelig geteilt, Lappen schmal, Markschicht weiß, durch KOH nicht verändert, Apothezien rand- seltener flächenständig, Sporen spindelförmig, 2—4 zellig, ebenfalls weit verbreitet in den subtropischen und tropischen Gebieten, stark abändernd; b. Lager kurz gestielt, aufrecht: *S. filix* (Hoffm.) Nyl. Lager ockerfarbig bis gelblich, vom Grunde des Laubes aus geteilt, Sporen farblos, 4 zellig, auf Rinden in Neuseeland; *S. dichotomoides* Nyl. (Fig. 99 D), Lagerlappen schmal, mit randständigen, zwergig strauchartigen Zephalodien besetzt, Sporen farblos, zweizellig, in Australien, Neukaledonien und Tahiti.

Sekt. II. *Stictina* (Nyl.) Hue (*Stictina* Nyl.) Lager mit geknäuelten, blaugrünen Nostoc-Gonidien.

A. Unterseite des Lagers mit Pseudozyphellen; a. Pseudozyphellen gelb; α. Lager wagerecht ausgebreitet oder etwas aufstrebend, ungestielt: 1. Apothezien lekanorinisch: *S. crocata* Ach., Lager dunkel, rotbraun, braun oder weißrötlich, kleinblätterig, Lageroberseite mit Soredien oder Isidien besetzt, Markschicht durch KOH gelb, Sporen braun, zweizellig, auf Baumrinden und über Moosen in Westeuropa, außerdem sehr häufig in den subtropischen und tropischen Gebieten; *S. carpoloma* Del., Lager gelblichgrau bis grau, Markschicht durch KOH nicht gefärbt, Apothezien rand- oder flächenständig, Sporen braun, zweizellig, mit durch einen engen Kanal verbundenen Zellen, in den warmen Teilen beider Hemisphären; *S. Mougeotiana* Del., Lager bäunlich, glänzend, großblätterig, isidiös oder gelb sorediös, Sporen braun, vierzellig, gleichfalls in den wärmeren Gebieten weit verbreitet; 2. Apothezien parmeloid: *S. hirsuta* Mont., Lagerunterseite behaart, Sporen zweizellig, an Baumrinden von Brasilien bis in die äußerste Südspitze Amerikas; β. Lager gestielt aufrecht; *S. endochrysoides* (Müll. Arg.) Hue, Lager breitlappig, Sporen farblos, 2—8 zellig, nadel- bis stäbchenförmig, auf Rinden in Chile; b. Pseudozyphellen weiß: *S. argyracea* Bory, Lager hellgelb bis hellockerfarbig oder lederfarbig, matt, mit schmalen Lagerlappen, Lagerunterseite dunkel, filzfaserig, Sporen 2—4zellig braun, unter den Tropen; *S. Hookeri* Bab., Sporen 2zellig mit Poruskanal, in Neuseeland.

B. Lagerunterseite mit echten Zyphellen; a. Lager niederliegend oder am Rande aufstrebend, ungestielt; α. Lagergehäuse Gonidien einschließend: *S. Ambavillaria* (Bory) Del., Lager gelblichgrau bis grau, Oberseite nackt, etwas faltig, Unterseite hell, mehr weniger dichtfilzig, Sporen farblos, 2—4zellig, an Bäumen in den wärmeren Teilen beider Hemisphären häufig; β. Lagergehäuse ohne Gonidien: *S. fuliginosa* (Dicks.) S. Gray, Lager rot- bis graubraun, fast einblätterig, matt, Lappen abgerundet, Oberseite mit kurzen, dunklen Isidien besetzt, Apothezienrand in der Jugend behaart-wimperig, auf moosigen Felsen und Baumrinden über die ganze Welt verbreitet, an schattigen Stellen nicht selten; *S. sylvatica* (Huds.) S. Gray, ähnlich der vorhergehenden Art, Lager tiefer geteilt, Lappen schmäler, fast glänzend, Lageroberseite nackt oder kleiig, an bemoosten Felsen und Baumwurzeln in Europa, Nordafrika, Nordamerika und Kap der guten Hoffnung; *S. tomentosa* (Sw.) Ach., Lager bräunlich- oder gelblichgrau, Unterseite mit braunem Faserfilz, Sporen farblos, 2—4zellig, nur an einem oder an beiden Enden zugespitzt, an Baumstämmen in den wärmeren Gebieten häufig; *S. Weigelii* (Ach.) Wainio, Lager unregelmäßig gelappt, heller oder dunkler braun, Oberseite netzartig-runzelig, Lappen am Rande isidiös, Sporen farblos, 2—4zellig, unter den Tropen sehr häufig; b. Lager gestielt, aufrecht, *S. filicina* Ach. (Fig. 100 E) hell- oder dunkelbraun, vom Grunde des Laubes ungelappt, Lappen kurz, fast rund, Unterseite hell, filzig, Apothezien flächenständig, Sporen farblos, spindelförmig, 2—4zellig, unter den Tropen verbreitet.

Peltigeraceae.

Lager gut entwickelt, ansehnlich und blattartig oder stark reduziert in Form kleiner, dreieckiger Lappen die Fruchtscheibe strahlenförmig umrandend, mit Haftfasern an die Unterlage befestigt, geschichtet, beiderseits oder nur oben berindet, Rinde großzellig, pseudoparenchymatisch, mehrere wagerecht übereinander liegende Zellreihen bildend; Gonidienschicht unter der oberen Rinde, mit Palmella- oder Nostoc-Gonidien; Markschicht wergartig, aus dünnwandigen, spärlich septierten Hyphen zusammengesetzt; Unterseite des Lagers netzartig aderig, mehr weniger filzig. Apothezien rand- oder flächenständig, kreisrund bis nierenförmig, auf der Oberseite oder Unterseite des Lagers sitzend, unberandet, mit der ganzen Unterseite aufsitzend, Hypothezium hell; Paraphysen gut entwickelt, unverzweigt; Schläuche (2)—8-vielsporig; Sporen farblos, hell- bis dunkelbraun, ellipsoidisch, spindel- bis nadelförmig, parallel 2—mehrzellig, dünnwandig. Zephalodien nicht selten, mitunter mächtig entwickelt. Fulkren endobasidial.

Bei einigen Gattungen der *Peltigeraceen* sind die Zephalodien stark entwickelt und verdrängen allmählich mit ihren Nostoc-Gonidien zum Teil oder auch ganz die ursprünglich dem Lager angehörigen Palmella-Gonidien. Dieser Umstand, sowie die, auch schon bei den *Stictaceen* zu konstatierende Tatsache, dass bei näher verwandten Arten die Gonidien bald den *Palmellaceen*, bald den *Nostocaceen* angehören, machen es unmöglich, die Form der Gonidien, obwohl diese bei anderen Reihen mit Erfolg zur Abgrenzung natürlicher Gattungen verwendet werden können, bei den *Peltigeraceen* und *Stictaceen*, als Gattungsmerkmal zu benutzen. Einige Gattungen der *Peltigeraceae* sind höchstwahrscheinlich apogam; ihre Karpogone sind stark rückgebildet und trichogynlos. Damit im Zusammenhange scheint das Fehlen typischer Pyknokonidien in mehreren Fällen zu stehen.

Wichtigste Litteratur: G. De Notaris, Osservazioni sulla tribù delle Peltigeree (Torino, 1851, 19 S., 2 Taf.). — E. Stizenberger, Actinopelte, eine neue Flechten-Sippe (Flora, Band XLIV. 1861, S. 1—5, Taf. I.). — M. Fünfstück, Beiträge zur Entwicklungsgeschichte der Lichenen (Jahrbuch kgl. botan. Gart. und Museum Berlin, Band III. 1884, S. 156—174, Taf. III—V). — Derselbe, Lichenologische Notizen (Beiträge zur wissensch. Botanik, Band III 1899, S. 290—292). — W. Nylander, Classification des Peltigerées (La Naturaliste, 6. année, 1884, S. 387). — K. B. J. Forssel, Die anatomischen Verhältnisse und die phyllogenetische Entwicklung der Lecanora granatina (Botan. Centralblatt, Band XXII, 1885, S. 86—87). — G. Bitter, Über maschenförmige Durchbrechungen der unteren Gewebsschicht oder des gesamten Thallus bei verschiedenen Laub- und Strauchflechten (Festschrift für Schwendener,

1899, S. 120—149). — Derselbe, Peltigeren-Studien (Bericht Deutsch. Botan. Gesellsch., Bd. XXII, 1904, S. 248—254, Taf. XIV). — E. Baur, Untersuchungen über die Entwicklungsgeschichte der Flechtenapothezien I. (Botan. Zeitung, Band XXVI, 1904, S. 21—44).

Einteilung der Familie.

A. Lager rückgebildet, in Form kleiner dreieckiger Lappen die Fruchtscheibe strahlenförmig berandend.
   a. Schläuche vielsporig, Sporen farblos, 2 zellig . . . . 2. **Solorinella**.
   b. Schläuche 8 sporig; Sporen bräunlich, parallel 4—6 zellig . . . . . . 1. **Asteristion**.
B. Lager ansehnlich, blattartig.
   a. Lager allseitig berindet.
     α. Untere Rinde nur unterhalb der Apothezien ausgebildet, Apothezien flächenständig
       3. **Solorina**.
     β. Untere Rinde kontinuierlich; Apothezien auf der Unterseite der Lagerlappen, endständig
       4. **Nephroma**.
   b. Lager nur oben berindet, Unterseite deutlich netzaderig . . . . 5. **Peltigera**.

1. **Asteristion** Leight. Lager rückgebildet, nur die Fruchtscheibe in Form kleiner, dreieckiger Lappen berandend, weiß oder weißlich, Oberseite feinpulverig, Unterseite schmutzig. Apothezien kreisrund, flächenständig, einzeln oder zusammenfließend, angedrückt, flach, mit zinnoberroter, vertiefter Scheibe, in der Jugend von einem Schleier

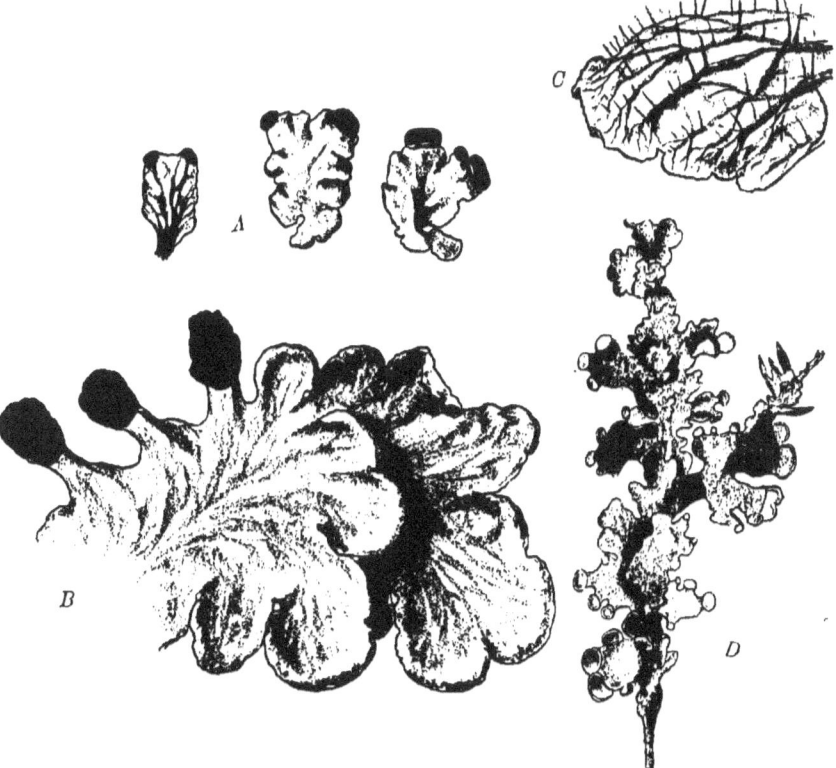

Fig. 101. *A Peltigera venosa* (L.) Hoffm. Habitusbild (1/1). — *B—C Peltigera canina* (L.) Hoffm. Habitusbild (1/1). — *D Nephroma resupinatum* (L.) Fw. Habitusbild (1/1). (*A—C* nach Reinke; *D* nach Schaerer.)

bedeckt, welcher später zerreißt und in Form unregelmäßiger Fetzen die Scheibe umrandet; Paraphysen gut entwickelt, verklebt; Schläuche 8 sporig; Sporen bräunlich, linearischlänglich, an beiden Enden abgerundet, parallel 4—6 zellig, dünnwandig. Eine Nachuntersuchung des Lagers dieser Gattung ist erwünscht.

1 Art, *A. erumpens* Leight., auf Baumrinden, Ceylon.

2. Solorinella Anzi (Actinopelte Stizbg.). Lager stark rückgebildet, kleine, dreieckige Lappen darstellend, welche die Fruchtscheibe sternartig umranden und sich unter das Apothezium fortsetzen, unter der Fruchtscheibe ist das Lager geschichtet, im oberen Teile aus dicht verwebten, dünnwandigen, unregelmäßig verlaufenden Hyphen zusammengesetzt, im unteren Teile in die Palmellaceen-Gonidien enthaltende Gonidienschicht übergehend, die die Scheibe umrandenden Lappen (nach Reinke aus den Gehäuse hervorgegangen) werden aus netzartig verbundenen, fast wagerecht verlaufenden Hyphen gebildet, enthalten keine oder zu unregelmäßig verteilten Nestern angeordnete Gonidien. Apothezien kreisrund, einzeln, flächenständig, mit dunkler, zumeist vertiefter Scheibe; Gehäuse hell, aus strahlig angeordneten, septierten Hyphen hervorgegangen, kleinzellig pseudoparenchymatisch, Paraphysen locker, unverzweigt, unseptiert, Schläuche länglich keulig, vielsporig, Sporen farblos, länglich-ellipsoidisch, gerade oder leicht gekrümmt, zweizellig, in der Mitte zuweilen leicht eingeschnürt, dünnwandig. Pyknokonidien unbekannt.

1 Art *Solorinella astericus* Anzi (Fig. 102 *A—B*), auf sandigem Erdboden und auf Löss in Mittel- und Südeuropa.

3. Solorina Ach. (*Peltidea* *** *Pleurothea* und **** *Perophora* Arch., *Solorinia* Nyl). Lager blattartig, wagerecht ausgebreitet, mit Haftfasern an die Unterlage befestigt, Unterseite netzaderig, heteromerisch, Oberseite gleichmäßig berindet, Rinde aus einem verhältnismäßig dickwandigen, großzelligen, aus senkrecht zur Oberfläche verlaufenden Hyphen hervorgegangenen Pseudoparenchym gebildet, die Gonidienschicht liegt unmittelbar unter der obern Rinde und enthält Palmellaceen- oder Nostoc-Gonidien; Markschicht wergartig, aus dünnwandigen, septierten Hyphen zusammengesetzt, die untere Rinde ist nur unterhalb der Apothezien ausgebildet, sie ist gleich der oberen Rinde pseudoparenchymatisch, die übrigen Teile der Lagerunterseite sind unberindet. Apothezien flächenständig, eingesenkt, kreisrund oder etwas unregelmäßig, mit vertiefter Scheibe; Gehäuse nicht entwickelt, das Hymenium wächst sekundär am Rande weiter, wodurch die Rinde abgehoben wird und die Fruchtscheibe schleierartig berandet; Hypothezium hell; Schläuche 2—8 sporig; Sporen braun, spindelförmig länglich bis ellipsoidisch, braun. Pyknokonidien scheinen zu fehlen.

7 Arten, in den kälteren und mäßigen Klimaten erdbewohnende Gebirgsflechten.

S. saccata (L.) Ach. (Fig. 102 *C* und *E*), Lager apfelgrün bis grüngrau, Markschicht weiß, Apothezien braun, vertieft-krugförmig, Schläuche 4—8 sporig, auf Kalkboden; *S. crocea* (L.) Ach., Lager braungrün, Markschicht schön orangerot, durch KOH violett, auf Urgestein im Hochgebirge, die europäischen Exemplre besitzen Palmella-Gonidien, die vom Himalaya hingegen Nostoc-Gonidien, letztere wurden als »*Solorinina crocoides*« Nyl. bezeichnet; *S. spongiosa* (Sm.) Nyl., mit stark entwickelten, Nostoc-Gonidien enthaltenden Zephalodien, durch deren Ausbildung das Lager schuppig wird, Apothezien tief-krugförmig, im Hochgebirge Europas.

4. Nephroma Ach. (*Peltidea* ** *Opisteria* Ach.). Lager blattartig, ansehnlich, wagerecht ausgebreitet, mit gutentwickelten und verzweigten oder rudimentären Haftfasern an die Unterlage befestigt, heteromerisch, beiderseits berindet, die obere, wie auch die untere Rinde großzellig und dünnwandig pseudoparenchymatisch, mehrere übereinander gelagerte Zellreihen bildend; Gonidienschicht unterhalb der obern Rinde, mit Nostoc- oder Palmellaceen-Gonidien; Markschicht wergartig, aus dünnwandigen, spärlich septierten Hyphen zusammengesetzt, Lagerunterseite nicht netzartig aderig. Apothezien kreisrund bis nierenförmig, mit der ganzen Unterseite auf der Rückseite vorgezogener Lagerlappen angewachsen und erst durch Drehung dieser Lappen nach aufwärts gerichtet, ohne Gehäuse; Hypothezium hell; Paraphysen unverzweigt, fast eingeschnürt septiert; Schläuche keulig, 8 sporig; Sporen farblos oder fast farblos, länglich-spindelförmig bis spindelförmig, parallel 2—4 zellig, dünnwandig. Behälter der Pyknokonidien randständig, in kleine, halbkugelige Würzchen versenkt; Gehäuse hell, kugelig; Fulkren endobasidial, verzweigt und eingeschnürt gegliedert; Pyknokonidien gerade, kurz, schmal hantelförmig.

46 Arten, auf Baumrinden, moosigen Felsen und moosigem Erdboden in den gemäßigten Zonen beider Hemisphären.

Sekt. I. *Eunephroma* Stizbgr. (*Nephroma* Nyl.), Lager mit freudiggrünen, kugeligen Palmellaceen-Gonidien.

N. arcticum (L.) E. Fr., Lager großblätterig, stroh- bis weißgelb, Unterseite mit schwarzen oder schwärzlichen Haftfasern, Apothezien groß, rotbraun, über Moosen, auf der Erde und

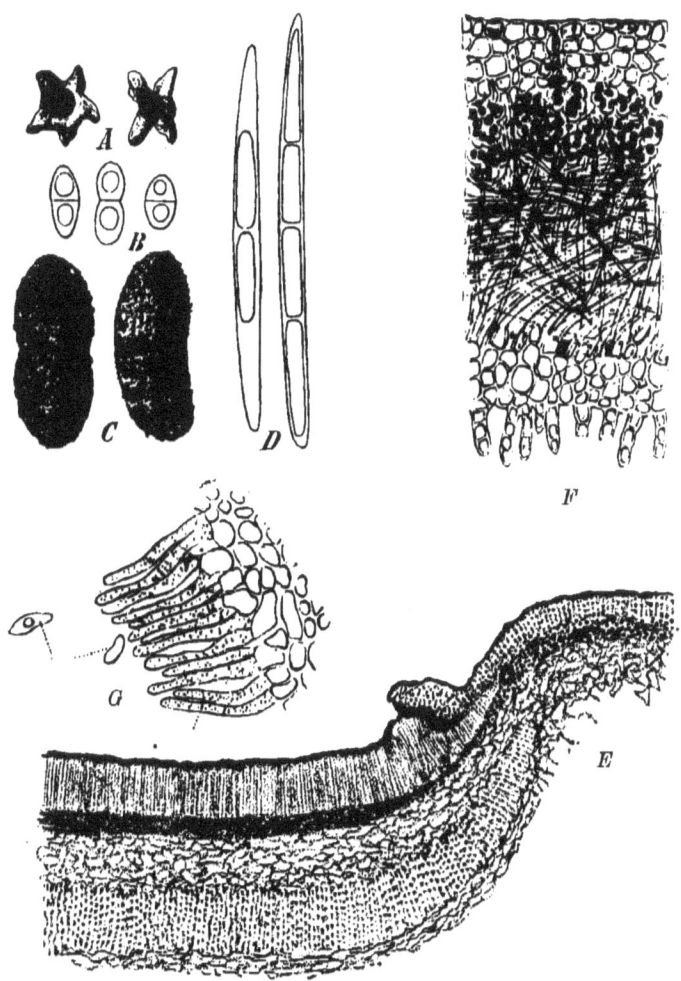

Fig. 102. *Solorinella asteriscus* Anzi. A Habitusbild (1/1). B Sporen (1000/1). — C *Solorina saccata* (L.) Ach. Sporen (1000/1). — D *Peltigera malacea* (Ach.) E. Fries. Sporen (1000/1). — E *Solorina saccata* (L.) Ach. Schnitt durch Lager und Apothezium (45/1). — F *Nephroma resupinatum* (L.) Fw. Durchschnitt durch das Lager (500/1). — G *Peltigera rufescens* (Sm.) Hoffm. Makrokonidien. (A und E nach Reinke; F nach Schwendener; G nach Glück; B—D nach Hepp.)

Rinden in den arktischen Gebieten und in der Hohen Tatra (Ungarn); *N. antarcticum* (Wulf.) Nyl., der vorhergehenden Art sehr ähnlich, Unterseite weiß, Oberseite seichtgrubig, der Antarktis eigentümlich.

Sekt. II. Nephromium Stzbg. (*Nephromium* Nyl.), Lager mit geknäuelten, blaugrünen Nostoc-Gonidien.

A. Markschicht weiß, durch KOH nicht verändert; *N. resupinatum* (L.) Fw. (Fig. 101 *D*, 102 *F*), Lager graubraun bis braun, Unterseite fein- und dichtfilzig, an Baumrinden und über Moosen in den Gebirgen Europas, Nordafrikas und Nordamerikas; *N. laevigatum* Ach., Unterseite nackt und fein runzelwarzig, in den gemäßigten Gebieten häufig; *N. parile* (Ach.) Wainio, der vorhergehenden Art ähnlich, die Lagerlappen am Rande mit grauen Soredien besetzt; *N. cellulosum* Ach. mit netzig-grubigem Lager und großen Apothezien, Südspitze Amerikas.

B. Markschicht gelb, durch KOH purpurrot; *N. lusitanicum* Schaer., auf Baumrinden in West- und Südeuropa.

5. Peltigera Willd. Lager blattartig, großblätterig, wagerecht ausgebreitet oder am Rande mehr weniger aufstrebend, mit büschelförmigen Haftfasern an die Unterlage befestigt, heteromerisch, Lageroberseite nackt oder feinfilzig, berindet, Rinde großzellig und dünnwandig pseudoparenchymatisch, aus senkrecht zur Oberfläche verlaufenden Hyphen hervorgegangen und mehrere wagerechte übereinander gelagerte Zellreihen bildend; Gonidienschicht unter der Rinde der Lageroberseite mit blaugrünen, geknäuelten Nostoc- oder freudiggrünen Dactylococcus-Gonidien; Markschicht wergartig, locker, aus verhältnismäßig dickwandigen und spärlich septierten Hyphen zusammengesetzt; Lagerunterseite unberindet, mit mehr weniger ausgebildeten, zusammenfließenden Netzadern besetzt. Apothezien kreisrund, randständig auf den Oberseiten vorgezogener Lagerlappen mit der ganzen Unterseite aufsitzend, flach oder von der Seite eingerollt, ohne Gehäuse; Scheibe in den Fugen von einem Schleier (Reste der oberen Rinde, unter welcher die Fruchtanlage erfolgt) bedeckt, der später aufreißt und in Fetzen die Frucht berandet; Hypothezium hell bis bräunlich, zellig; Paraphysen unverzweigt, septiert, an den Enden verdickt; Schläuche 6—8sporig; Sporen farblos oder bräunlich, länglich-ellipsoidisch, spindel- bis nadelförmig, parallel 4—8zellig, dünnwandig. Echte Pyknokonidien fehlen. Behälter der Makrokonidien randständig, mit pseudoparenchymatischem, hellem Gehäuse; Sterigmen fädlich, unverzweigt, auf kurzen Basalzellen sitzend; Makrokonidien eiförmig oder länglich-eiförmig, gerade, einzellig und farblos.

Bis 20 über die ganze Erde verbreitete Arten.

Sekt. I. Peltidea (Ach.) Wainio (*Peltidea* Nyl., *Peltigera* C. *Phlebia* Wallr.), Lager mit freudiggrünen, fast kugeligen oder ellipsoidischen Dactylococcus-Gonidien.

P. aphthosa (L.) Hoffm., Lager großblätterig, fast lederartig, trocken grau- bis weißlich grün, angefeuchtet schön apfelgrün, Oberseite mit dunklen, warzigen Zephalodien besetzt, Unterseite weißlich, schwärzlich netzaderig, auf der Erde, moosigen Felsen in den Bergen und im Hochgebirge der kälteren und gemäßigten Zonen beider Hemisphären häufig; *P. venosa* (L.) Hoffm. (Fig. 101 *A*), Lager einblätterig, klein, lederartig, graugrün, angefeuchtet grün, Unterseite aderig, Apothezien der Lagerspitzen wagerecht angeheftet, Sporen stumpf spindelig, 4zellig, an schattigen Plätzen und Wegrändern häufig und weit verbreitet.

Sekt. II. Eupeltigera (DNotrs.) Hue (*Peltidea* *Emprostea* Ach. pr. p., *Peltigera* sect. *Emprostea* Wainio: *Peltigera* D. *Antilyssa* Wallr.), Lager mit geknäuelten, blaugrünen Nostoc-Gonidien.

A. Apothezien kurzen Lagerlappen wagerecht aufsitzend; *P. horizontalis* (L.) Hoffm., Lager großblätterig, reh- bis graubraun, glänzend, Sporen spindelförmig, auf bemooster Erde und Baumwurzeln und an Felsen in den kälteren und gemäßigten Zonen weit verbreitet und häufig.

B. Apothezien mehr weniger senkrecht stehenden Lagerlappen aufsitzend; *P. canina* (L.) Hoffm. (Fig. 101 *B—C*), Lager weißgrau oder bräunlichgrau, schlaff, Oberseite feinfilzig, matt, Unterseite weißlich mit gleichfarbigen oder dunkleren kräftigen Adern, kosmopolitisch und häufig; *P. spuria* (Ach.) DC., Lager kleinlappig, aufstrebend, starr, Unterseite weißlich, mit gleichfarbigen, kräftigen Netzadern, an sonnigen Stellen auf der Erde; *P. rufescens* (Sm.) Hoffm. (Fig. 102 *G*), Lager fast lederartig, großblätterig, Oberseite feinfilzig, im Alter kahl, hirsch- bis kastanienbraun, Unterseite weißlich, mit schwarzbraunen, zusammenfließenden

Netzadern, auf trockenem Heideboden und auch in Wäldern; kosmopolitisch; *P. malacea* (Ach.) E. Fr. (Fig. 102 *D*), Lager großblätterig, schwammig, olivenbraun, mit dicker, rissiger Rinde, Unterseite durch stark zusammenfließende Adern schwärzlich, in den gemäßigten Zonen beider Hemisphären; *P. polydactyla* (Neck.) Hoffm., Lager glänzend, glatt, graubraun, apothezientragende Lappen fingerartig gespalten, aufrecht, Unterseite mit schwärzlichen Adern, an sonnigen Plätzen weit verbreitet, die rein tropischen Gebiete indes meidend; *P. scutata* (Dicks.) Leight., Lager dünnhäutig, kleinblätterig, bräunlich, mit tief zerschlitzten, am Rande bleigraue Soredien tragenden Lagerlappen, Unterseite weißlich oder fleischfarbig, an bemoosten Baumstümmen oder auf moosigen Felsen in Europa nicht häufig.

Pertusariaceae.

Lager krustig, einförmig, mit den Hyphen des Vorlagers oder der Markschicht an die Unterlage befestigt, Oberseite berindet oder unberindet, Markschicht wergartig, Gonidienschicht oberhalb der Markschicht liegend, mit Pleurococcus-Gonidien. Apothezien einzeln oder zu mehreren in Fruchtwarzen versenkt, mit in der Regel sehr enger Scheibe, seltener ist die Scheibe gut erweitert, wodurch das Apothezium einen deutlich lekanorinischen Habitus gewinnt, bei einer Gattung ist sie durchbohrt und das Apothezium scheinbar pyrenokarp; eigenes Gehäuse fehlt; Hymenium vom Lager bekleidet; Paraphysen gut entwickelt, in der Regel verzweigt und netzartig verbunden, seltener unverzweigt und frei; Schläuche 1—8 sporig; Sporen farblos oder gebräunt, zumeist groß und dickwandig, 1—2 zellig. Fulkren exobasidial; Basidien einfach oder nur wenig verzweigt.

Mit Rücksicht auf das von Reinke selbst betonte Vorkommen großer und dickwandiger Sporen bei anderen Flechtenfamilien, mit Rücksicht ferner darauf, dass der Nachweis, dass auch die kleinen und dünnwandigen Sporen der Pertusarien mehrere Keimschläuche treiben, noch nicht erbracht ist, scheint es noch nicht ausreichend bewiesen zu sein, dass in dem eigenartigen Bau und biologischem Verhalten der Sporen der *Pertusariaceen* ein phylogenetischer Hinweis liegt. Es konnte daher die Umgrenzung dieser Familie im Sinne Darbishires derzeit noch nicht angenommen werden.

Wichtigste Litteratur: W. Ahles, De Germaniae Pertusariis, Conotremate et Phlyctidibus commentatio (Dissert.-Inaugur., Heidelberg, 1860, 8°). — S. Garovaglio, Del posto che le Pertusarie devono occupare in una disposizione metodica dei licheni (Rendic Istitut. Lombardo, Ser. II, vol. IV, 1871, S. 195—198). — Derselbe, De Pertusariis Europae mediae commentatio (S. A. Memor. Societ. Italiana di Scienze Natur., vol. III, 1871, 4°, 39 S., 4 Taf.). — J. Müller (Arg.); Lichenologische Beiträge, XIX (Flora, Band LXVII, 1884, S. 268—274, 283—289, 299—306, 349—354, 396—402 und 460—465). — A. M. Hue, Les Pertusaria de la flore française (Bull. Soc. Botan. France, tome XXXVII, 1890, S. 83—109). — H. Olivier, Étude sur les Pertusaria de la flore française (Revue de Botanique, tome VIII, 1890, 9—24). — O. V. Darbishire, Die deutschen Pertusarien mit besonderer Berücksichtigung ihrer Soredienbildung (Englers Botan. Jahrbücher, Band XXII, S. 593—671).

Einteilung der Familie.

A. Paraphysen verzweigt und netzartig verbunden; Fruchtscheibe nicht durchbohrt.
 a. Sporen einzellig . . . . 2. **Pertusaria**.
 b. Sporen zweizellig . . . . 3. **Varicellaria**.
B. Paraphysen unverzweigt, frei; Fruchtscheibe durchbohrt . . . . 1. **Perforaria**.

1. Perforaria Müll. Arg. Lager krustig, einförmig, mit den Hyphen der Markschicht an die Unterlage befestigt, mit Protococcus-Gonidien. Apothezien in Fruchtwarzen versenkt, ohne eigenes Gehäuse, Hymenium vom Lager berandet, mehr weniger kugelig; Fruchtrand schmal, in der Mitte fein und scharf abgegrenzt durchbohrt; Paraphysen unverzweigt und nicht verbunden; Sporen farblos, einzellig, Wände im allgemeinen dünner als bei *Pertusaria*.

2 rindenbewohnende Arten; *P. cucurbitula* (Mont.) Müll. Arg. (Fig. 103 *B—D*), Lager grau, glänzend, mehr weniger warzig, Fruchtwarzen kugelig, in Neuseeland und Japan.

2. Pertusaria DC. (*Variolaria* Ach. pr. p.). Lager krustig, einförmig, ober- oder unterrindig, mit den Hyphen des Vorlagers oder der Markschicht an die Unterlage befestigt, ohne Rhizinen, mit oder ohne Sorale, unberindet oder mit einer schmalen, knorpeligen, pseudoparenchymatischen Rinde, welche aus mehr weniger senkrecht zur Lageroberfläche verlaufenden, verklebten und septierten, mäßig dickwandigen Hyphen hervorgegangen ist; mit Protococcus-Gonidien; Markschicht wergartig, aus dünnwandigen oder mäßig verdickten Hyphen gebildet. Apothezien einzeln oder zu mehreren in gonidienführenden Fruchtwarzen eingeschlossen, seltener in das Lager versenkt; Fruchtscheibe sehr eng,

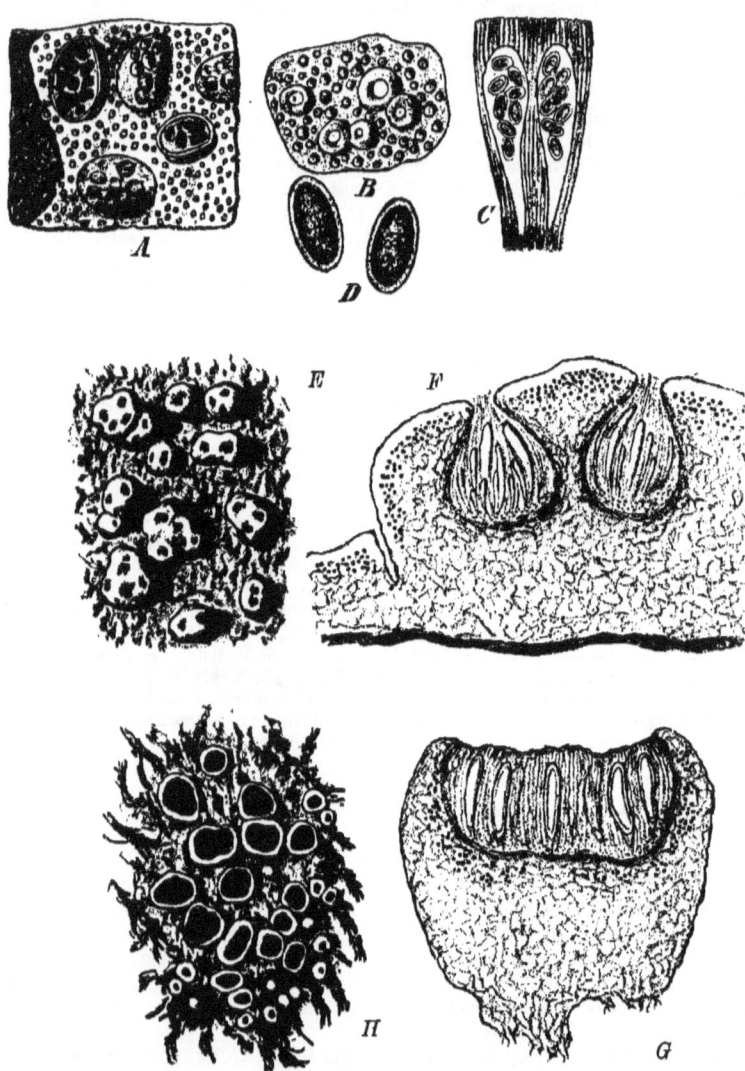

Fig. 103. *A Pertusaria verrucosa* Mont. Habitusbild (4/1). — *B—D Perforaria cucurbitula* Mont. Habitusbild (1/1). Schnitt durch das Hymenium, Sporen. — *E—F Pertusaria communis* DC. Habitusbild (3/1) und Schnitt durch Lager und Apothezien (30/1). — *G—H Pertusaria bryontha* (Ach.) Nyl. Habitusbild (3/1) und Schnitt durch ein Apothezium (60/1). (*A* nach Fée; *B—D* nach Montagne; *E—H* nach Reinke.)

fast punktförmig oder mehr weniger erweitert; Hymenien kugelig bis scheibenförmig, mit reichlicher Gallerte; eigenes Gehäuse fehlt, oder es ist nur wenig entwickelt und dann hell und aus parallel zum Hymenium verlaufenden Hyphen zusammengesetzt; Hypothezium hell, unter denselben nur ausnahmsweise Gonidien; Paraphysen verzweigt und netz- oder leiterartig verbunden, zart; Schläuche 1—8 sporig; Sporen in der Regel groß oder sehr groß, farblos, seltener gebräunt oder braun, einzellig, mit stark verdickter, konzentrisch geschichteter Wand, innere Sporenwand glatt oder mit quer gestellten Leisten oder Rippen versehen. Behälter der Pyknokonidien in Lagerwärzchen versenkt; Fulkren exobasidial; Pyknokonidien zylindrisch, faden- bis nadelförmig.

Etwa 200 Arten auf Rinden, Felsen und über Moosen, über die ganze Erde zerstreut.

Sekt. I. *Lecanorastrum* Müll. Arg. (*Lecanora* sect. *Pionospora* Th. Fr. pr. p., *Pionospora* Darb. pr. p.). Scheibe erweitert, Apothezien von lekanorinischem Habitus, Lagerrand zumeist wulstig, nackt oder mit Soredien besetzt, unter dem Hypothezium zumeist Gonidien. *P. bryontha* (Ach.) Nyl. Fig. 103 *G*—*H*), Lager sorediös, Schlauch einsporig, über Moosen und Pflanzenresten in den Alpen; *P. commutata* Müll. Arg., Scheibe fleischfarbig oder rosa, Schläuche einsporig, unter den Tropen weit verbreitet.

Sekt. II. *Porophora* Müll. Arg. (*Porophora* Mey.) Scheibe eng, mehr weniger punktförmig.

A. *Verucosae* Müll. Arg. Fruchtwarzen niedergedrückt halbkugelig, mehrere Hymenien einschließend, die Scheiben der einzelnen Apothezien sind höckerig berandet, wodurch die gemeinschaftliche Fruchtwarze auf der Oberfläche wie mit Warzen bedeckt erscheint. *P. verrucosa* Mont. (Fig. 103 *A*), mit dünnem, weißlichem Lager, mit schwärzlichen Fruchtscheiben, Schläuche 6—8 sporig, auf Rinden im tropischen Amerika.

B. *Glomeratae* Müll. Arg. Fruchtwarzen mehr weniger gehäuft, fast kugelig, aufgedunsen, am Grunde verschmälert, ein, selten mehrere Apothezien einschließend, Scheiben endlich eingedrückt. *P. glomerata* (Schleich.) Schaer., Lager ergossen, körnig- oder faltigwarzig, gelblichweiß, Scheiben dunkel, Schläuche viersporig, auf Moosen, abgestorbenen Pflanzen, ausnahmsweise auch auf Holz im Hochgebirge.

C. *Pertusae* Müll. Arg. Fruchtwarzen fast kugelig, aufgedunsen, am Grunde verschmälert, mehrere Apothezien einschließend, Scheiben endlich scharf eingesenkt; a. Lager und Fruchtwarzen gelb; *P. Wulfenii* (DC.) E. Fr. Lager faltig-runzelig, Schläuche 4—8 sporig, auf Rinden, seltener auf Felsen, in den gemäßigten Gebieten weit verbreitet, kommt auch in Brasilien vor; b. Lager weißlich bis grau; *P. communis* DC. (Fig. 103 *E*—*F*), Lager grünlichgrau, dickwulstig runzelig oder warzig, Epithezium schwärzlich, durch Kalilauge violett, Schläuche 1—2 sporig, auf Baumrinden und auf Felsen weit verbreitet und häufig.

D. *Pustulatae* Müll. Arg. Fruchtwarzen halbkugelig, am Scheitel nicht eingedrückt, Scheiben verhältnismäßig breit, zusammenfließend und etwas hervortretend. *P. acromelana* Müll. Arg., mit weißlichgrauem Lager, auf Rinden in Brasilien; *P. pustulata* Duby, Lager sehr dünn, gelb, Scheiben schwarz, Schläuche 2-, ausnahmsweise 4 sporig, innere Sporenwand mit hervorspringenden Leisten versehen, auf Rinden über die ganze Erde verbreitet.

E. *Depressae* Müll. Arg. Fruchtwarzen halbkugelig, am Scheitel endlich deutlich eingedrückt und konkav, die Scheibe an der vertieften Stelle des Fruchtwarzenscheitels gehäuft oder zusammenfließend; *P. xanthodes* Müll. Arg., mit gelbem Lager, Scheiben bräunlich, Schläuche 2—3 sporig, auf Rinden in Texas; *P. melaleuca* (Sm.) Duby, Lager weißlich, durch KOH + $CaCl_2O_2$ orangerot, Schläuche zweisporig, innere Sporenwand glatt, auf Rinden weit verbreitet.

F. *Leioplacae* Müll. Arg. Fruchtwarzen halbkugelig oder fast kugelig, am Scheitel abgeflacht oder flach abgerundet (nie vertieft), Scheiben zerstreut, nicht eingedrückt, in der gleichen Höhe mit dem Lager oder etwas emporgehoben; *P. tuberculifera* Nyl., Lager weißlich oder grünlichgrau, durch Kalilauge nicht gefärbt, Fruchtwarzen am Grunde mehr weniger verschmälert, innere Sporenwand quer gestreift, unter den Tropen weit verbreitet; *P. leioplaca* (Ach.) Schaer. (Fig. 104 *A*—*B*), Lager grau bis gelblichgrau, durch Kalilauge gelblich, innere Sporenwand glatt, auf Rinden auf der ganzen Erde und eine häufig auftretende Art; *P. leioplacella* Nyl., Lager strohgelb, innere Sporenwand glatt, eine häufige Flechte der tropischen Gebiete.

G. *Tuberculiferae* Müll. Arg. Fruchtwarzen breit, abgeflacht, am Grunde nicht verschmälert, sondern allmählich in das Lager übergehend, Scheiben eingedrückt, punktförmig, zerstreut und blass. *P. carneopallida* Müll. Arg., Lager weißlich, Schläuche 8 sporig, innere Sporenwand gerippt, rindenbewohnend in Brasilien.

H. *Dilatatae* Müll. Arg. Fruchtwarzen breit, flach, am Grunde nicht verschmälert, allmählich in das Lager übergehend, am Scheitel etwas eingedrückt, Scheiben schwärzlich, gedrängt. *P. laevis* Kn. auf Rinden in Neuseeland.

I. *Seriales* Müll. Arg. Fruchtwarzen halbkugelig, gedrängt, in vielgliederige mehr weniger gerade, gewundene oder gekrümmte Reihen angeordnet, Scheiben zerstreut, kaum eingedrückt. *P. Araucariae* Müll. Arg., Lager gelb, Schläuche 8 sporig, in Brasilien.

K. *Subirregulares* Müll. Arg. Fruchtwarzen fast kugelig, am Grunde mehr weniger verschmälert, unregelmäßig aneinander gerückt, im Umrisse eckig-rundlich, Scheiben zerstreut-stehend, eingesenkt. *P. subirregularis* Müll. Arg., Lager grau, Schläuche 8 sporig, auf Rinden im tropischen Amerika.

L. *Chiodectonoides* Müll. Arg. Fruchtwarzen halbkugelig, am Grunde scharf abgegrenzt, später erweitert, länglich bis fast eckig werdend, Scheiben zahlreich, zerstreut stehend, abgeflacht, nicht eingesenkt. *P. chiodectonoides* Nyl., Schläuche 2—3 sporig, rindenbewohnend im tropischen Amerika.

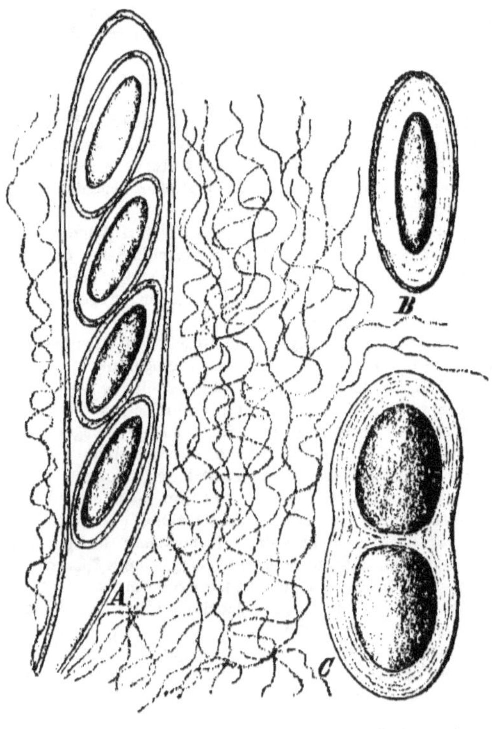

M. *Irregulares* Müll. Arg. Fruchtwarzen wenig entwickelt, sehr niedrig oder undeutlich, unregelmäßig zusammenfließend, Scheiben zerstreut, punktförmig, kaum eingesenkt; *P. cryptocarpa* Nyl., Sporen farblos, innere Sporenwand glatt, auf Rinden in Brasilien; *P. Pentelici* Stnr., mit braunen Sporen, auf Felsen in Griechenland.

N. *Polycarpicae* Müll. Arg. Fruchtwarzen unregelmäßig, abgeflacht, niedrig, nicht zusammenfließend, Scheiben zerstreutstehend, zahlreich, grubig eingesenkt; *P. polycarpa* Krph., auf Rinden in Brasilien.

O. *Graphicae* Müll. Arg. Fruchtwarzen unregelmäßig, wenig hervortretend, am Scheitel nicht eingesenkt, Scheiben mehr weniger strahlig angeordnet, strichförmig in die Länge gezogen; *P. graphica* Kn. auf Felsen in Neuseeland.

3. **Varicellaria** Nyl. Lager krustig, einförmig, häutig, körnig bis pulverig, beiderseits mit einer schmalen pseudoparenchymatischen, aus 2—3 übereinander gelagerten Zellreihen gebildeten Rinde bekleidet, Gonidienschicht unterhalb der obern Rinde liegend, mit Pleurococcus-Gonidien, unterhalb dieser die wergartige Markschicht, welche aus längslaufenden Hyphen zusammengesetzt wird. Apothezien einzeln oder zu 2—3 in den Fruchtwarzen; Scheibe schmal; Paraphysen verworren verzweigt; Schläuche bauchig, einsporig; Sporen sehr groß, farblos, zweizellig mit dicker Wand. Pyknokonidien unbekannt.

Fig. 104. *A—B Pertusaria leioplaca* (Ach.) Schaer. Schlauch, Paraphysen und Sporen (1000/1). — *C Varicellaria rhodocarpa* (Körb.) Th. Fries. Spore (1000/1). (Original.)

1 Art, *V. rhodocarpa* (Körb.) Th. Fr. (Fig. 104 C). Fruchtwarzen an der Außenseite lepröes aufgelöst, auf Baumrinden, Holz, über Moosen, auf der Erde und auch an Felsen in alpinen Lagen Europas und im antarktischen Amerika.

Zweifelhafte Gattung.

Bacillina Nyl. Lager krustig, einförmig, aus einzelnen, gedrängten oder rasenförmig gehäuften stäbchenförmigen, 1—2 mm hohen und 0,3—0,4 mm breiten Isidien zusammengesetzt, berindet, Rinde kleinzellig; Markschicht gut entwickelt, wergartig, aus zarten- und dünnwandigen Hyphen gebildet. Apothezien unbekannt.

1 Art, *B. antipolitana* Nyl., auf eisenschüssigen Lehmboden in Südfrankreich.

Lecanoraceae.

Lager krustig, einförmig oder am Rande gelappt, ausnahmsweise strauchartig, verzweigt und niedrig, mit den Hyphen des Vorlagers oder der Markschicht an die Unterlage befestig, ohne Rhizinen, geschichtet und nur in einem Falle homöomerisch, unberindet oder berindet, mit Protococcus- oder Pleurococcus-Gonidien. Apothezien dauernd in das Lager versenkt oder sitzend, kreisrund, vom Lager berandet; eigenes Gehäuse fehlend oder nur unvollkommen entwickelt; Hypothezium hell, unter demselben zumeist Gonidien; Paraphysen unverzweigt und frei oder verzweigt und verbunden; Schläuche 8—32 sporig, Sporen farblos, ausnahmsweise bräunlich, einzellig, parallel 2—mehrzellig oder mauerartig vielzellig, dünnwandig. Fulkren exo- oder endobasidial.

Wichtigste Litteratur: Außer den bereits angeführten: F. Baglietto, Nuove specie del genere Lecania (Comment. Societ. Crittogamolog. Italiana, vol. I, 1862, S. 126). — S. Garovaglio, Manzonia Cantiana, novum lichenum angiocarporum genus (Memor. Societ. Italian. Sc. Natur. vol. II, 1866). — E. Stizenberger, De Lecanora subfusca ejusque formis commentatio (Botanische Zeitung, 1868, S. 889—902). — P. Hedlund, Kritische Bemerkungen über einige Arten der Flechtengattungen Lecanora (Ach.), Lecidea (Ach.) und Micarea (Fr.) (Bihang kgl. svensk. vetensk. akadem. handling., Afd. III, vol. XVIII, n. 3, 1892, 104 S., 1 Taf.). — A. M. Hue, Causerie sur le Lecanora subfusca (Bullet. Soc. Botan. france, tome L, 1903).

Einteilung der Familie.

A. Lager homöomerisch, durchweg pseudoparenchymatisch, Sporen halbmond- bis sichelförmig . . . . 1. **Harpidium**.
B. Lager geschichtet.
  a. Sporen einzellig.
    α. Paraphysen unverzweigt, frei.
      I. Pyknokonidien fädlich, gerade oder gekrümmt . . . . 2. **Lecanora**.
      II. Pyknokonidien ellipsoidisch, gerade; Lager dottergelb . . . 13. **Candellariella**.
    β. Paraphysen verzweigt und verbunden . . . . 3. **Ochrolechia**.
  b. Sporen zweizellig.
    α. Fulkren exobasidial.
      I. Paraphysen unverzweigt, frei.
        1. Lager grau oder braun, Pyknokonidien fädlich, gerade oder gekrümmt . . . . 5. **Lecania**.
        2. Lager dottergelb; Pyknokonidien ellipsoidisch, gerade. . 13. **Candelariella**.
      II. Paraphysen verzweigt und verbunden . . . . 6. **Calenia**.
    β. Fulkren endobasidial.
      I. Lager krustig, einförmig . . . . 4. **Icmadophila**.
      II. Lager am Rande gelappt . . . . 7. **Placolecania**.
  c. Sporen parallel mehrzellig.
    α Lager unberindet, Apothezien in das Lager versenkt.
      I. Paraphysen unverzweigt und frei . . . . 11. **Phlyctella**.
      II. Paraphysen verzweigt und verbunden . . . . 12. **Phlyctidia**.
    β. Lager berindet, Apothezien sitzend . . . . 8. **Haematomma**.
  d. Sporen mauerartig vielzellig.
    α. Apothezien dauernd in das Lager versenkt, schmal . . . . 10. **Phlyctis**.
    β. Apothezien sitzend, breit. . . . . 9. **Myxodictyon**.

1. **Harpidium** Körb. Lager krustig, einförmig, felderig, mit den Hyphen der Unterseite an die Unterlage befestigt, ohne Rhizinen, homöomerisch, durchweg aus einem

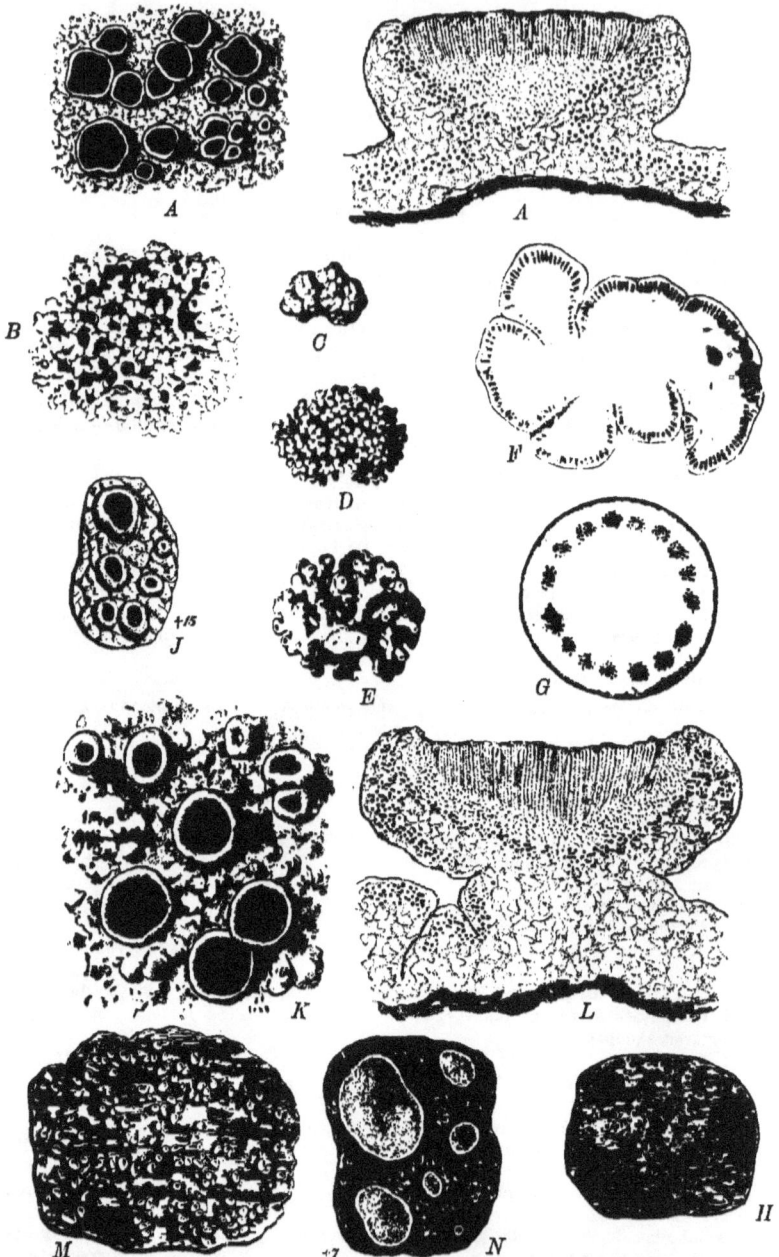

Fig. 105. *A Lecanora subfusca* (L.) Ach. Habitusbild (3/1) und Schnitt durch das Apothezium (60/1) — *B Lecanora* (sect. *Placodium*) *lentigera* (Web.) Ach. Habitusbild (1/1). — *C Lecanora* (sect. *Aspicilia*) *esculenta* Eversm. Habitusbild (1/1). — *D Lecanora* (sect. *Aspicilia*) *fruticulosa* Eversm. Habitusbild (1/1), *E* dieselbe (4/1), *G* dieselbe, Querschnitt eines Zweiges (40/1). — *F Lecanora esculenta* Eversm. Durchschnitt durch das Lager und Apothezium bei *a* (9/1). — *H—J Haematomma puniceum* (Ach.) Wainio. Habitusbild. — *K—L Ochrolechia tartarea* (L.) Mass. Habitusbild (3/1) und Schnitt durch das Lager und Apothezium (30/1). — *M—N Icmadophila ericetorum* (L.) A. Zahlbr. Habitusbild. (*A—G, K—L* nach Reinke; *H—J, M—N* Original.)

dünnwandigen, großzelligen Pseudoparenchym gebildet, mit großen Palmella-Gonidien. Apothezien ein wenig eingesenkt, kreisrund, klein, vom Lager berandet, eigenes Gehäuse nicht entwickelt; Hypothezium hell; Hymenium gallertig; Paraphysen unverzweigt, perlschnurartig, septiert; Schläuche kürzer als das Hymenium, 8 sporig; Sporen farblos, halbmond- bis sichelförmig, mit abgerundeten Enden, einzellig, sehr dünnwandig. Behälter der Pyknokonidien eingesenkt, mit kaum bemerkbarer Mündung, mit hellem Gehäuse; Fulkren exobasidial; Basidien einfach, gebüschelt, fast walzig; Pyknokonidien kurz, länglich-ellipsoidisch, gerade.

»Erythrogonidien«, wohl Gloeocopsa-Gonidien, sah ich nie; diese irrtümliche Angabe Körbers dürfte auf das Vorkommen der durch eine Flechtensäure rotgefärbten randständigen Zellen des Pseudoparenchyms zurückzuführen sein. Durch den anatomischen Bau des Lagers unterscheidet sich *Harpidium* von allen übrigen Gattungen der *Lecanoraceen*.

1 Art, *H. rutilans* (Fw.) Körb., mit braunrotem Lager, auf Urgesteinsfelsen in Europa selten.

2. Lecanora Ach. (*Scutellaria* Hoffm.). Lager krustig, einförmig, am Rande gelappt oder schuppig-blattartig, seltener strauchartig, niedrig, mit den Hyphen des Vorlagers und der Markschicht an die Unterlage befestigt, ohne Rhizinen, geschichtet, Lageroberseite unberindet oder mit einer aus mehr weniger senkrecht oder wagrecht verlaufenden, verklebten, dünnwandigen Hyphen hervorgegangener Rinde; Markschicht wergartig, aus dünn- oder dickwandigen verflochtenen Hyphen zusammengesetzt; Gonidienschicht mit Protococcus-Gonidien. Apothezien dauernd eingesenkt bis sitzend, im letzteren Falle in der Regel mit der ganzen Unterseite aufsitzend, kreisrund, vom Lager berandet, eigenes Gehäuse, zumeist nur unvollkommen, seltener gut entwickelt; Paraphysen unverzweigt, frei; Hypothezium hell oder gefärbt; Sporen normal 8 sporig, ausnahmsweise 16—32-sporig; Sporen farblos, ellipsoidisch, länglich bis kugelig, gerade, seltener bohnenförmig gekrümmt, dünnwandig, ohne Schleimhof. Fulkren exobasidial, ausnahmsweise auch endobasidial; Pyknokonidien stäbchenförmig, zylindrisch, fädlich, gerade oder bogig- bis sichelförmig gekrümmt.

Über 200 Arten, welche auf den verschiedensten Unterlagen leben und über die ganze Erde zerstreut vorkommen.

Sekt. I. *Aspicilia* (Mass.) Th. Fr. (*Amygdalaria* Norm., *Aspicilia* Mass., *Chlorangium* Link, *Hymenelia* Mass., *Manzonia* Garvogl., *Mosigia* Fw., *Pachyospora* Mass., *Pinacisca* Mass., *Sphaerothallia* Nees), Lager krustig, einförmig, Lageroberseite mehr weniger berindet, Apothezien dauernd eingesenkt, mit vertiefter, konkaver bis fast flacher Scheibe, Paraphysen zumeist schlaff, septiert; Fulkren exobasidial, stäbchen- bis nadelförmig, gerade.

L. calcarea (L.) Sommrft., Lager weiß, KOH —, gefeldert, Felderchen flach, zusammenhängend oder zerstreut, Apothezien bereift, eine häufige und variable Flechte, welche in Europa, Nordafrika und Nordamerika vorkommt; *L. gibbosa* (Ach.) Nyl., Lager hell- oder dunkelgrau, gefeldert, höckerig-warzig, KOH —, Scheiben krugförmig, nackt, auf Urgestein in den gemäßigten Gebieten nicht selten; *L. cinerea* Ach., Lager gefeldert, weißgrau bis grau, durch KOH blutrot, Scheiben schwarz, nackt, Sporen verhältnismäßig groß, auf Urgestein in den gemäßigten Gebieten weit verbreitet und sehr häufig auftretend; *L. olivacea* (Bagl. et Car.) Stnr., Lager dünn, kleinfelderig, braun, Apothezien sehr klein, auf Urgestein in Nord- und Südeuropa; *L. flavida* Hepp, Lager sehr dünn, schmutziggelblich, ergossen, Apothezien winzig, Scheibe schwarz, auf Felsen; *L. coerulea* (DC.) Nyl. (Syn. Manzonia Cantiana Garvogl.), Lager ergossen, dünn, bläulich, eigenes Gehäuse entwickelt, Sporen kugelig, an Kalkfelsen in Mittel- und Südeuropa; *L. esculenta* Eversm. (Fig. 105 F), *L. fruticulosa* Eversm. (Fig. 105 D, E, G) und *L. affinis* Eversm., von Elenkin in eine Art, *Aspicilia alpino-desertorum* zusammengezogen, sind unter dem Namen »Mannaflechte« bekannt[*]. Das Lager dieser ursprünglich alpinen Art ist zuerst krustig und gefeldert, später lösen sich die einzelnen Areolen von der Unterlage ab, rollen an den Rändern ein und wachsen schließlich in aegagrophile oder isidioidische Formen aus, welche vom Winde oft in großer Menge auf weite Strecken in den Steppen und Wüsten fortgetrieben werden. Sie ist die angebliche Manna

---

[*] Über diese Flechte besteht eine reiche Literatur; dieselbe ist zusammengestellt bei A. Elenkin, Wanderflechten der Steppen und Wüsten in Bullet. Jard. Bot. St. Pétersbourg, vol. I, 1901, S. 66—71.

der Hebräer; ihr Verbreitungsgebiet reicht von Kleinasien über Griechenland bis in die westlichen Teile Nordafrikas.

Sekt. II. *Eulecanora* Wainio (*Byssiplaca* Mass., *Lecanidium* Mass., *Polyozosia* Mass., *Zeora* Körb.) Lager krustig, einförmig, ergossen, gefeldert bis warzig, berindet oder mit mehr weniger unvollkommener Rinde, Apothezien sitzend.
A. Lager weiß bis grau: a. Schläuche 8sporig; *L. atra* (Huds.) Ach., Lager körnigwarzig, Apothezien ansehnlich, mit schwarzer, glänzender Scheibe, Hymenium rötlichviolett, auf Rinden, Felsen, Holz und über Moosen sehr häufig, kosmopolitisch; *L. subfusca* (L.) Ach. (Fig. 105 A, 106 A—B), Lager geglättet oder rissig, seltener fast warzig, Apothezien hell- bis dunkelbraun, Lagerrand ganz oder gekerbt, eine mannigfache Unterlagen besiedelnde, außerordentlich häufige, über die ganze Erde verbreitete, stark abändernde Flechte; *L. albella* (Pers.) Ach., Lager dünn, geglättet, Apothezien fleischfarbig bis hellbraun, bereift, ebenfalls häufig; *L. cinereocarnea* (Eschw.) Wainio, Lager warzig uneben, Apothezien mit gelblichen Scheiben, auf Rinden im tropischen Amerika; *L. sordida* (Pers.) Th. Fr., Lager rissig gefeldert, Apothezien grau bereift, zumeist mit eigenem Gehäuse und endlich herabgedrücktem Lagerrand, auf Urgesteinsfelsen sehr häufig; *L. cyrtospora* Kn., Sporen bohnenförmig, gekrümmt, auf Rinden in Neuseeland; b. Schläuche 12—32sporig; *L. sambuci* (Pers.) Nyl., Lager sehr dünn, verschwindend, Fruchtscheibe braunrot, Fulkren exobasidial, auf Rinden in Europa und Nordamerika; *L. multifera* Nyl., Fulkren endobasidial, rindenbewachsend im tropischen Amerika.
B. Lager gelb; *L. frustulosa* Ach., Lager verhältnismäßig dick, warzig bis blasig, Apothezien mit dunkelbrauner Scheibe, auf Felsen in den gemäßigten Gebieten; *L. sulphurea* (Hoffm.) Ach., Lager rissig gefeldert, grünlichgelb, Apothezien bräunlich bis olivenfarbig, bereift, auf Urgestein in Europa und Nordafrika; *L. varia* Ach., Lager warzig gefeldert bis körnig, $CaCl_2O_2$ —, Apothezien flach blaßgelb, seltener schwärzlich, mit bleibendem Lagerrand, auf Rinden und Holz weit verbreitet; *L. symmicta* Ach. (Fig. 106 C), Lager ergossen, sehr dünn, kleiig oder kleinkörnig, durch $CaCl_2O_2$ orangefarbig bis rot, Apothezien fast biatorinisch, blassgelb, seltener dunkel, auf Holz und Rinden in den gemäßigten Gebieten.
C. Lager braun; *L. badia* (Pers.) Ach., Lager mehr weniger glänzend, Apothezien dunkelbraun, Pyknokonidien fast stäbchenförmrig, gerade, auf Felsen weit verbreitet.

Sekt. III. *Placodium* (Hill.) Th. Fr. (*Lecanora* sect. *Squamaria* Nyl., *Placodium* Körb. pr. p.; *Rhizoplaca* Zopf, *Squamaria* DC. pr. p.), Lager im Zentrum krustig, am Rande gelappt, in den höchst entwickelten Formen schuppenförmig, ohne Rhizinen, Oberseite berindet, Unterseite bei den thallodisch hoch entwickelten Arten mit unvollkommener, aus längslaufenden Hyphen gebildeter Rinde, Apothezien sitzend, eigenes Gehäuse manchmal wohl entwickelt und dann geschlossen und nur unter dem Hymenium Gonidien einschließend; Pyknokonidien zylindrisch und gerade oder fädlich und gekrümmt.
A. Pyknokonidien zylindrisch, gerade, Fulkren verzweigt; *L. circinata* Ach., Lager graubraun, Apothezien braun oder schwarzbraun, auf Felsen weit verbreitet.
B. Pyknokonidien fädlich, bogig gekrümmt; *L. pruinosa* Chaub., Lager am Rande gelappt, weiß, durch $CaCl_2O_2$ rot, Apothezien bereift, an Kalkfelsen in Westeuropa und im Mediterrangebiet; *L. saxicola* (Poll.) Ach., Lager im Zentrum gefeldert, am Rande gelappt, grünlich- oder blassgelb, Apothezien rotbraun, auf Gestein jeder Art häufig und mannigfach abändernd; *L. rubina* (Vill.) Wainio, Lager gelb, lappig-schuppig, Schuppen schildförmig, Apothezien fleischrot oder dunkel, mit dickem Lagerrand, auf Urgesteinsfelsen in subalpinen und alpinen Lagen; *L. lentigera* (Web.) Ach., (Fig. 105 B) Lager krustig-blattartig, weiß oder weißlich, Apothezien bräunlich, ganzrandig, auf kalkhaltigem Boden weit verbreitet; *L. crassa* (Huds.) Ach., Lager ansehnlich, locker der Unterlage aufliegend, kleinblätterig-schuppig, knorpelig, schmutzig-gelblich bis bräunlich, Apothezien fast biatorinisch, eine auf Kalkboden häufige, xerophile Flechte; *L. gypsacea* (Sm.) Th. Fr. (Fig. 107 E), der vorhergehenden ähnlich, mit großen eingedrückten, blassen Apothezien, auf Kalkboden.

Sekt. IV. *Urceolina* (Tuck.) A. Zahlbr. (*Urceolina* Tuck., *Placodium* sect. *Urceolina* Müll. Arg.), Lager am Rande gelappt, ohne Zephalodien, Apothezien mehr weniger eingesenkt, mit krugförmiger Scheibe, ähnlich wie bei der Gattung *Diploschistes* von konzentrisch orientierten Lappen, den Resten des im oberen Teile des Apotheziums wohl entwickelten eigenen Gehäuses umsäumt; Schläuche linealisch, Sporen einreihig angeordnet; Paraphysen fädlich, straff.
L. Kerguelensis (Tuck.) Nyl., Lager bräunlich orangefarbig, Apothezien klein, auf Felsen.

Sekt. V. *Placopsis* Nyl. (*Placodium* sect. *Placopsis* Müll. Arg.; *Placopsis* Wainio), Lager am Rande gelappt, im Zentrum krustig, mit großen, in das Lager versenkten Zephalodien, welche blaugrüne Gonidien enthalten; Apothezien sitzend, Schläuche linearisch, Sporen einreihig angeordnet, Pyknokonidien fädlich, mäßig gekrümmt oder fast gerade.

L. gelida (L.) Ach., Lager ansehnlich, grauweiß, Zephalodien etwas dunkler, Apothezien blass bräunlich, auf Urgestein in den Gebirgen der arktischen und subarktischen Regionen.

Sekt. VI. *Aspiciliopsis* (Müll. Arg.) A. Zahlbr. (*Placodium* sect. *Aspiciliopsis* Müll. Arg.). Wie die vorhergehende Sektion, die Apothezien jedoch wie bei der Sektion *Aspicilia* eingesenkt, mit konkaver Scheibe.

L. macrophthalma (Tayl.) Nyl., Lager weißlich, Pyknokonidien bis 60 μ lang, auf Urgesteinfelsen, Kerguelenland.

Sekt. VII. *Cladodium* Tuck. Lager strauchig, niedrig oder warzig strauchig, unberindet; Sporen einzellig.

L. thamnitis Tuck., Lager gelblich, Scheibe gelblich endlich rotbraun, an Sandsteinfelsen der Meeresküsten Kaliforniens.

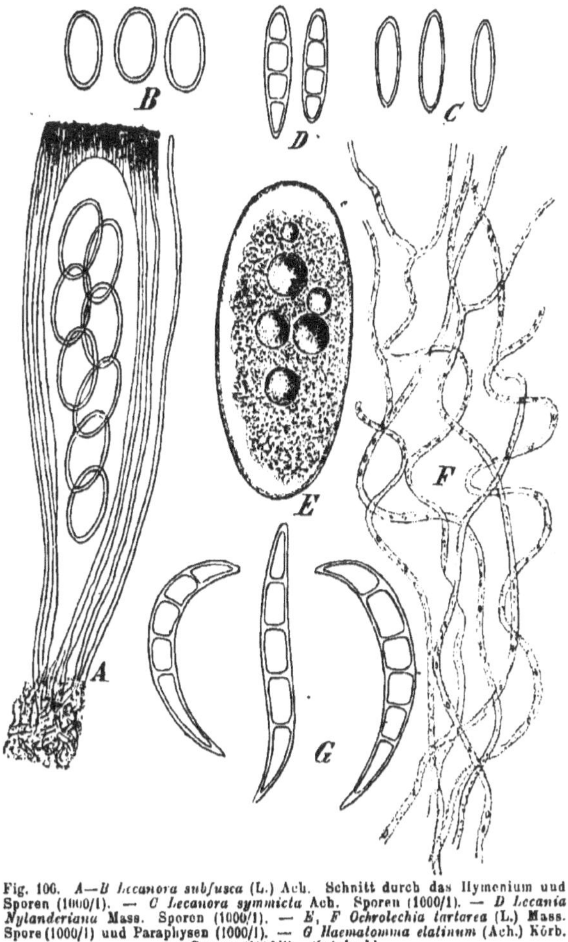

3. **Ochrolechia** Mass. (*Cryptolechia* Mass., *Lecanora* sect. *Ochrolechia* Müll. Arg., *Patellaria* Ehrh., *Petrolopus* Ehrh., Lager krustig, einförmig, ergossen, gefeldert, Felderchen mitunter zwergigstrauchartig verlängert, mit den Hyphen des Vorlagers oder der Markschicht an der Unterlage befestigt, ohne Rhizinen, geschichtet, Oberseite unberindet oder schmal berindet, Rinde aus fast senkrechten oder fast unregelmäßigen septierten, verklebten, dünnwandigen Hyphen hervorgegangen, Markschicht wergartig, aus dünnwandigen Hyphen gebildet, Gonidienschicht mit Pleurococcus-Gonidien; Sorale häufig. Apothezien zuerst etwas eingesenkt, dann sitzend und am Grunde etwas verschmälert, kreisrund, vom Lager berandet; Hypothezium hell; Paraphysen verzweigt und verbunden; Schläuche 2—8 sporig, am Scheitel mit verdickter Membran; Sporen farblos, groß, ellipsoidisch bis eiförmig, einzellig, mit dünner oder nur mäßig verdickter Wand. Behälter der Pyknokonidien warzenförmig, Höhlung oft verzweigt; Fulkren exobasidial, Basidien einfach, mit untermischten sterilen Fäden; Pyknokonidien länglich bis zylindrisch, gerade.

10 Arten, auf Rinden über Moosen und Felsen, über die Erde zerstreut.

Fig. 106. *A—B Lecanora subfusca* (L.) Ach. Schnitt durch das Hymenium und Sporen (1000/1). — *C Lecanora symmicta* Ach. Sporen (1000/1). — *D Lecania Nylanderiana* Mass. Sporen (1000/1). — *E, F Ochrolechia tartarea* (L.) Mass. Spore (1000/1) und Paraphysen (1000/1). — *G Haematomma elatinum* (Ach.) Körb. Sporen (1000/1). (Original.)

O. tartarea (L.) Mass. (Fig. 105 *K—L*, 106 *E—F*), Lager hellgrau, durch Kalilauge gelblich, Apothezien groß, mit dickem Rande, Scheibe rötlich, fnnckt, durch $CaCl_2O_2$ rot, auf Rinden, über Moosen und Gestein in den gemäßigten Gebieten häufig; *O. pallescens* (L.) Mass., Lager hell- bis dunkelgrau, durch Kalilauge und Chlorkalk nicht verändert, Apothezien kleiner, Lagergehäuse durch $KOH + CaCl_2O_2$ rot, auf Rinden, kosmopolitisch; *O. parella* (L.) Mass., Lager dick, felderig rissig, gelblichgrau, durch KOH oder $CaCl_2O_2$ nicht gefärbt, Apothezien mit dickem Rande, welche durch die genannten Reagenzien ebenfalls nicht gefärbt wird, Scheibe grau bereift, namentlich auf Felsen weit verbreitet. Die letzte Art wie auch *O. tartarea*, kamen unter den Namen »Parelle d'Auvergne« oder »Erdorseille« in den Handel und fanden als Farbstoffe Verwendung.

4. **Icmadophila** Trevis. (*Baeomyces* B. *Icmadophila* Crb.). Lager krustig, einförmig, mit den Hyphen der Markschicht an die Unterlage befestigt, ohne Rhizinen, unberindet, Markschicht wergartig, mit Pleurococcus-Gonidien, Apothezien fast gestielt, lekanorinisch, Lagerrand mäßig oder gut entwickelt oder endlich verschwindend, eigenes Gehäuse entwickelt; Hypothezium hell, unter demselben zum Teile Gonidien; Paraphysen fädlich, unverzweigt und frei, Schläuche zylindrisch, 8 sporig; Sporen farblos, spindelförmig, zwei- bis vierzellig, mit zylindrischen Fächern, dünnwandig. Behälter der Pyknokonidien in das Lager versenkt, kugelig, mit hellem Gehäuse; Fulkren endobasidial, einfach oder spärlich verzweigt und gegliedert; Pyknokonidien gerade, zylindrisch, an beiden Enden etwas verdickt.

Die systematische Stellung ist noch nicht sichergestellt; sie wird von Nylander und Reinke zu den *Coniocarpaceae*, von Th. M. Fries und Wainio zu den *Lecanoraceen* gestellt.

2 Arten in den gemäßigten Gebieten; *J. ericetorum* (L.) A. Zahlbr. (Fig. 105 *M—N*), Lager ergossen, körnig, grüngrau, Apothezien verhältnismäßig groß, fleischrot, auf morschem Holz, auf der Erde oder über Moosen in subalpinen und alpinen Lagen häufig; *J. coronata* Müll. Arg., auf Baumrinden in Japan.

5. **Lecania** (Mass.) A. Zahlbr. (*Aipospila* Trevis., *Dimerospora* Th. Fr., *Diphratora* Trevis. pr. p.). Lager krustig, einförmig, am Rande gelappt oder schuppig-blattartig, zwergig-strauchartig, mit den Hyphen des Vorlagers oder der Markschicht an die Unterlage befestigt, ohne Haftfasern, geschichtet, unberindet oder berindet; Markschicht wergartig, aus dünnwandigen Hyphen gebildet; Gonidienschicht mit Pleurococcus-Gonidien. Apothezien sitzend, kreisrund, lekanorinisch, vom Lager berandet; eigenes Gehäuse fehlend, unvollkommen oder gut entwickelt, Hypothezium hell, unterhalb desselben Gonidien; Paraphysen unverzweigt, nicht verbunden; Schläuche normal 8, ausnahmsweise 16—32 sporig; Sporen farblos, länglich bis ellipsoidisch, gerade oder gekrümmt, parallel 2—mehrzellig, dünnwandig, mit zylindrischen Zellen. Fulkren exobasidial.

Bei 50 Arten, welche auf Rinden, Felsen, Mörtel oder auf lederigen Blättern leben und über die ganze Erde zerstreut vorkommen.

Sekt. I. *Eulecania* Stizbgr. (*Lecanora* sect. *Lecania* Wainio, *Lecania* sect. *Dimerospora* Stnr., *Diphratora* sect. *Lecaniella* Jatta). Lager krustig, einförmig, unberindet oder unvollkommen berindet, Fulkren exobasidial, Pyknokonidien kurzwalzig bis fädlich-zylindrisch.

A. Sporen zweizellig; *L. aipospila* (Wnbg.) Th. Fr., Lager warzig, grau, Apothezien auf dem Scheitel der Lagerwarzen sitzend, endlich fast biatorinisch, an Meeresstrandfelsen in Skandinavien; *L. cyrtella* (Ach.) Oliv., Sporen gerade, Pyknokonidien kurz, 3—4 μ lang, an Rinden weit verbreitet; *L. dimera* (Nyl.) Oliv., Sporen gekrümmt, Pyknokonidien kurz, auf Rinden, seltener auf Stein oder Mörtel; *L. erysibe* (Ach.) Th. Fr., Sporen gerade, Pyknokonidien lang (10—15 μ), auf Mauern, Mörtel, Felsen und auch auf der Erde weit verbreitet.

B. Sporen vierzellig; a. Schläuche 8 sporig; *L. Nylanderiana* Mass., (Fig. 106 *D*), Lager ungleichmäßig körnig, grüngrau, Apothezien bereift, Sporen gerade, auf Mauern, Ziegeln und Kalksteinen, nicht häufig; *L. Körberiana* Lahm, Lager dünn, Apothezien dunkelbraun, nackt, Sporen gekrümmt, auf Rinden; b. Schläuche 16—32 sporig; *L. syringea* (Ach.) Th. Fr., Apothezien mehr weniger bereift, Sporen zumeist gekrümmt, auf Rinden.

C. Sporen 8 bis mehrzellig; *L. vallata* (Strt.) Müll. Arg., auf Rinden in Neuseeland.

Sekt. II. *Solenospora* (Mass.) A. Zahlbr. (*Solenospora* Mass.), Lager blattartig-schuppig, niederliegend, Oberseite berindet, Rinde aus mehr weniger senkrecht zur Lageroberfläche verlaufenden, etwas dickwandigen und dicht septierten Hyphen hervorgegangen, mehrere übereinander liegende Zellreihen bildend, Zellen sehr klein, Markschicht im untersten Teile dunkel, scheinbar berindet; eigenes Gehäuse gut entwickelt, geschlossen und nur unter dem Hymenium Gonidien einschließend. Sporen zweizellig.

L. Requieni (Mass.) A. Zahlbr., mit braunem Lager auf der Erde, in Italien.

Sekt. III. *Thamnolecania* (Wainio) A. Zahlbr. Lager zwergig strauchartig, unberindet. *L. Brialmonti* (Wainio) A. Zahlbr. Lager weißlich, unberindet, Sporen 4 zellig, an Felsen der Antarktis.

Diese Sektion entspricht der Sekt. *Cladodium* der Gattung *Lecanora*.

Die Sektion *Secoligella* Müll. Arg., welche große, viel (15—18)zellige Sporen besitzt, könnte nach Wainio zu den *Ectolechiaceen* gehören. Die Sektion *Platylecania* Müll. Arg., mit sehr großen und vielzelligen Sporen vom Habitus der Bombyliosporaspore ist möglicherweise eine eigene Gattung.

6. **Calenia** Müll. Arg. Lager und Apothezien wie bei *Lecania* sect. *Eulecania* Stizbgr., die Paraphysen jedoch verzweigt und netzartig verbunden. Apothezien zumeist mit mehr weniger konkaver Scheibe.

6 Arten, auf lederigen Blättern im tropischen Amerika. Eine der beschriebenen Arten gehört nach Wainio zu *Ectolechia*.

C. pulchella Müll. Arg., Lager weißlich, fleckenartig, geglättet, Apothezien weißlich, Sporen gerade oder gekrümmt, beiderseitig abgerundet, in Brasilien.

7. **Placolecania** (Stnr.) A. Zahlbr. (*Lecania* sect. *Placolecania* Stnr., *Bérengeria* subgen. *Placothallia, Hyalosporae* Trevis., *Diphrathora* sect. *Ricasolina* Jatta pr. m. p., *Ricasolia* Mass. non DNotrs.). Lager krustig, am Rande gelappt, mit den Hyphen der Markschicht an die Unterlage befestigt, geschichtet, unberindet oder berindet, mit wergartiger Markschicht und Pleuroccocus-Gonidien. Apothezien flächenständig, zuerst eingesenkt, endlich sitzend, kreisrund, mit flacher oder etwas gewölbter Scheibe, vom Lager berandet, Hypotheziumhell; Paraphysen einfach, unverzweigt; Schläuche 8 sporig; Sporen farblos, länglich, ellipsoidisch bis fast spindelförmig, 2—4 zellig, dünnwandig. Behälter der Pyknokonidien eingesenkt, mit dunkler Mündung; Fulkren endobasidial, unverzweigt oder nur spärlich verzweigt, gegliedert; Pyknokonidien kurz, länglich, gerade.

4 Arten auf sonnigen Kalkfelsen, hauptsächlich in Mitteleuropa und im Mediterrangebiet.

P. candicans (E. Fr.) A. Zahlbr., Lager weiß, Apothezien fleischfarbig bis dunkel; *P. Cesatii* (Mass.) A. Zahlbr., Lager grüngrau, Apothezien braun; *P. lecanorina* (Kn.) A. Zahlbr., Sporen vierzellig, steinbewachsend in Neuseeland.

8. **Haematomma** Mass., (*Lecania* sect. *Haematomma* Müll. Arg., *Lepadolemma* Trevis., *Loxospora* Mass., *Ophiosperma* Norm.). Lager krustig, einförmig, ergossen, mit den Hyphen des Vorlagers oder der Markschicht an die Unterlage befestigt, ohne Rhizinen, geschichtet, Oberseite schmal berindet, Rinde aus senkrecht zur Lagerfläche verlaufenden oder unregelmäßigen, septierten, verklebten, mehr weniger dünnwandigen Hyphen gebildet; Markschicht wergartig, Gonidienschicht mit Pleurococcus-Gonidien. Apothezien sitzend, ausnahmsweise eingesenkt, kreisrund oder etwas unregelmäßig und fleckenförmig, vom Lager berandet; eigenes Gehäuse mehr weniger entwickelt oder fehlend; Hypothezium hell; Paraphysen unverzweigt, südlich, frei, an den Enden kaum verdickt; Schläuche 8 sporig; Sporen farblos, finger-, spindel- bis nadelförmig, gerade, gekrümmt oder fast spiralig, parallel 4—mehrzellig, dünnwandig, mit zylindrischen Zellen. Behälter der Pyknokonidien in Lagerwürzchen versenkt, mit dunkler Mündung; Fulkren exobasidial, Basidien walzlich, einfach und verästelt, Pyknokonidien zylindrisch, gerade oder hackenförmig gekrümmt.

14 auf Rinden und Felsen lebende Arten, über die Erde zerstreut.

H. ventosum (L.) Mass., Lager dick, weinsteinartig, warzig, rissiggefeldert, gelbgrün, Früchte blutrot, Sporen nadelförmig, auf Urgestein im Gebirge und Hochgebirge der kälteren und gemäßigten Zonen; *H. coccineum* (Dicks.) Körb., Lager weiß, mehlig, Apothezien klein, eingesenkt, blutrot, Lagerrand staubig, auf Urgestein in den Gebirgen Europas und Nordamerikas; *H. puniceum* (Ach.) Wainio (Fig. 105 H—J), mit weißlicher, dünner Kruste und scharlachroten, gut berandeten Apothezien, Sporen 8—16 zellig, auf Baumrinden in den wärmeren Gebieten weit verbreitet; *H. elatinum* (Ach.) Körb. (Fig. 106 G), Lager schorfigmehlig, Früchte rotbraun, an Nadelhölzern im Gebirge häufig, zumeist steril.

9. Myxodictyon Mass. Lager krustig, einförmig, mit den Hyphen der Markschicht an die Unterlage befestigt, ohne Rhizinen, geschichtet, unberindet, mit wergartiger Markschicht und mit Pleurococcus-Gonidien. Apothezien sitzend, an der Basis etwas verschmälert, kreisrund, vom Lager berandet; Scheibe etwas vertieft oder flach, Hypothezium hell, unter demselben Gonidien; Paraphysen unverzweigt und frei; Schläuche einsporig; Sporen farblos oder hellbräunlich, ellipsoidisch, groß, mauerartig vielzellig, dünnwandig.

2 Arten, *M. chrysostictum* (Tayl.) Mass., Lager weißlichgrau, Fruchtscheiben gelb, Sporen 85—125 μ lang und 27—37 μ breit, auf Rinden in Neuseeland.

10. Phlyctis Wallr. (*Dactyloblastus* Trevis., *Phlyctis* subg. *Euphlyctis* Wainio, *Phlyctomia* Mass?). Lager krustig, einförmig, ergossen bis pulverig, mit den Hyphen der Markschicht an die Unterlage befestigt, ohne Rhizinen, unberindet, Markschicht wergartig, aus verflochten, dünnen und zartwandigen Hyphen gebildet, mit Pleurococcus-Gonidien. Apothezien dauernd in das Lager versenkt oder nur wenig vortretend, kreisrund, mit mehr weniger entwickeltem, unregelmäßig zerreißendem, oft undeutlichem Lagerrand; eigenes Gehäuse kümmerlich entwickelt, schmal und blass oder verschwindend; Paraphysen unverzweigt oder nur in den oberen Teilen verästelt, frei; Schläuche 1—8 sporig; Sporen farblos, länglich bis ellipsoidisch, mauerartig vielzellig, dünnwandig, ohne Schleimhülle. Behälter der Pyknokonidien in das Lager versenkt; Fulkren exobasidial, Basidien einfach; Pyknokonidien länglich, gerade.

Etwa 10 auf Rinden lebende Arten. In Europa kommen vor: *P. agelaea* (Ach.) Körb. (Fig. 107 A—B), Schläuche 2—4 sporig, Sporen an beiden Enden mit je einer wasserhellen Spitze und *P. argena* (Ach.) Körb. (Fig. 107 C), Schläuche einsporig, Sporen länglich bis zylindrisch-länglich, an beiden Enden abgerundet.

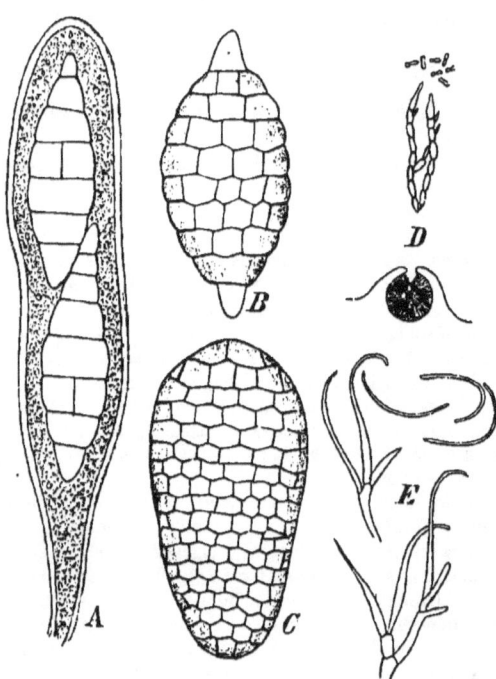

Fig. 107. A *Phlyctis agelaea* (Ach.) Körb. Schlauch mit jungen Sporen (1000/1). — B Dieselbe, reife Spore (1000/1). — C *Phlyctis argena* (Ach.) Körb. Spore (1000/1). — D *Candelariella vitellina* (Ehrb.) Müll. Arg. Schnitt durch einen Behälter der Pyknokonidien, Fulkren und Pyknokonidien. — E *Lecanora* (*Placodium*) *gypsacea* (Sm.) Th. Fr., Basidien und Pyknokonidien. (D nach Crombie, E nach Glück, A—C Original.)

11. Phlyctella (Krph.) Müll. Arg. Lager und Apothezien wie bei *Phlyctis*, die Sporen jedoch parallel mehrzellig mit linsenförmigen Zellen. Paraphysen unverzweigt und frei.

Bis 15 rindenbewohnende Arten, hauptsächlich in Neuseeland. *P. brasiliana* (Nyl.) A. Zahlbr., Sporen 8 zellig, etwas gekrümmt, an beiden Enden zugespitzt.

12. Phlyctidia (Nyl.) Müll. Arg. Lager, Apothezien und Sporen wie bei *Phlyctella*, die Paraphysen jedoch unregelmäßig und leiterartig verbunden.

Die Zahl der in diese Gattung gehörigen Arten wäre erst durch Prüfung mehrerer *Phlyctis*-Arten festzustellen. *P. Ludoviciensis* Müll. Arg., Sporen ellipsoidisch, 15—20 zellig, auf Rinden in Nordamerika.

13. Candelariella Müll. Arg. (*Caloplaca* sect. *Gyalolechia* Th. Fr.; *Candelaria* Körb. pr. p.; *Diblastia* Trevis. pr. p.; *Lecanora* sect. *Candelaria* Nyl. pr. p.; *Lecanora* sect. *Candelariella* Wainio). Lager krustig, einförmig, körnig, warzig, gefeldert oder am Rande gelappt, hell- oder dottergelb, durch Kalilauge nicht rot gefärbt, mit den Hyphen des Vorlagers oder der Markschicht an die Unterlage befestigt, ohne Rhizinen, geschichtet, mit Pleurococcus-Gonidien. Apothezien sitzend, kreisrund, gelb, durch Kalilauge nicht rot gefärbt, lekanorinisch; Hypothezium hell, unter demselben Gonidien; Paraphysen unverzweigt, unseptiert oder gegen die Spitzen septiert und gegliedert; Schläuche 8 bis vielsporig; Sporen farblos, länglich bis ellipsoidisch, ein- oder zweizellig, mit schmaler Scheidewand, dünnwandig. Behälter der Pyknokonidien sehr klein, punktförmig, gelb; Fulkren exobasidial, spärlich septiert, mitunter gegabelt oder verästelt, kurzzellig; Basidien mehr weniger walzlich; Pyknokonidien kurz, gerade, mehr weniger hantelförmig. *Candelariella* Müll. Arg. zeigt zweifellos Beziehungen zur Gattung *Caloplaca* und ist entweder der Ausgangspunkt der letzteren oder eine reduzierte Form derselben. Ein Zusammenfassen der Gattung, lediglich nach der Sporenform, mit *Lecanora* oder *Lecania*, von welchen sie einzeln genommen allerdings durch geringe, in ihrer Gesamtheit jedoch bemerkenswerte Merkmale abweicht, würde den phylogenetischen Verhältnissen kaum entsprechen.

6—8 Arten, auf Stein und Holz, zerstreut.

C. vitellina (Ehrh.) Müll. Arg. (Fig. 107 D), Lager einförmig, ergossen, rissig, körnig, Schläuche vielsporig, auf Felsen, auf der Erde, an Planken, seltener an Baumrinden weit verbreitet; *C. cerinella* (Flk.) A. Zahlbr. (Syn.: *Lecanora epixantha* Nyl., *Xanthoria subsimilis* Th. Fr.), Lager einförmig, dünn, Schläuche 8 sporig, auf ähnlicher Unterlage, wie die vorhergehende und ebenfalls weit verbreitet; *C. granulata* (Schaer.) A. Zahlbr. (Syn.: *Placodium medians* Nyl.), Lager kreisrund, am Rande faltig gelappt, im Zentrum körnig, Schläuche 8 sporig, an Kalkfelsen in den gemäßigten Gebieten.

Zweifelhafte Gattung.

Schadonia Körb. Lager krustig, einförmig, ergossen, korallinisch-körnig, mit den Hyphen der Markschicht an die Unterlage befestigt, ohne Rhizinen. Apothezien verhältnismäßig groß, lekanorinisch, Scheibe flach, dunkel, vom bald verschwindenden Lagergehäuse berandet; Hypothezium bräunlich, Paraphysen verklebt; Schläuche keulig, 6—8 sporig; Sporen aus dem Farblosen bräunlich, ellipsoidisch, mauerartig, vielzellig. Eine noch nicht aufgeklärte, noch näher zu untersuchende Gattung, nach Th. M. Fries vielleicht zu *Lopadium* gehörig.

1 Art, *S. alpina* Körb., auf Moospolstern auf dem Mt. Cenis.

Parmeliaceae.

Lager blattartig, niederliegend, aufstrebend oder mehr weniger aufrecht und fast strauchartig, mit Rhizinen, seltener mit einem Nabel an die Unterlage befestigt oder der Unterlage aufliegend, geschichtet, dorsiventral, beiderseits oder nur oben berindet, Markschicht wergartig, mit Pleurococcus-Gonidien, Unterseite mit Rhizinen besetzt, nackt, ausnahmsweise von Zyphellen durchbrochen oder von einer schwammartigen Schichte bekleidet. Apothezien kreisrund, sitzend oder kurz gestielt, vom Lager berandet; Paraphysen verzweigt oder unverzweigt, oft in eine feste Gallerte gebettet; Schläuche 6—8, ausnahmsweise mehr-(16—32)sporig; Sporen farblos, einzellig. Fulkren endo- oder seltener exobasidial.

Wichtigste Litteratur: Renard, Histoire du lichen d'Island (Paris, 1836, 8º). — G. W. Körber, Lichenographiae Germaniae specimen, Parmeliacearum familiam continens (Vratislaviae, 1846, 4º). — E. Stizenberger, Anzia, eine neue Flechtengattung (Flora, Band XLIV. 1861, S. 390). — Derselbe, De Parmelia colpode (Flora, Band XLV. 1862, S. 241). — H. Nylander, Adhuc circa Parmeliam colpodem (Flora, Band XLV. 1862, S. 321). — A. von Krempelhuber, Parmelia perforata Ach., ihre sichere Erkennung und Unterscheidung von verwandten Arten (Flora, Band LII. 1869, S. 219—223). — J. Müller, Über Dufourea? madreporiformis (Flora, Band LIII. 1870, S. 321—325). — W. Nylander, Parmeliae exoticae novae (Flora, LXVIII. 1885, S. 98—102). — E. Stizenberger, Notiz über Parmelia perlata und einige verwandte Arten von W. Nylander (Flora, Band LXXI. 1888, S. 142—143). — H. Olivier, Etude sur les principaux Parmelia, Parmeliopsis, Physcia et Xanthoria de la flore française (Revue de Botanique, XII. 1894, S. 54—99). — A. M. Hue, Causerie sur les Parmelia (Journal de Botanique, XII. 1898, S. 177—189, 239—250). — A. Minks, Beiträge zur Erweiterung der Flechtengattung Omphalodium (Mémoires de l'Herbier Boissier, No. 21, 1900, S. 81—94). — G. Bitter, Zur Morphologie und Systematik von Parmelia, Untergattung Hypogymnia (Hedwigia, Band XL. 1901, S. 171—271, Taf. X—XI). — A. Zahlbruckner, Die »Parmelia ryssolea« der pannonischen Flora (Magyar növénytani lapok II. 1903, S. 175—179, Taf. I). — W. Zopf, Vergleichende Untersuchungen über die Flechten in Bezug auf ihre Stoffwechselprodukte. Erste Abhandlung (Beihefte zum Botanisch. Centralblatt, Band XIV. 1903, S. 95—126, Taf. II—IV).

Einteilung der Familie.

A. Lager nur oberseits berindet, Markschichte nach unten mehr weniger bloßgelegt.
   a. Apothezien flächenständig; Lager unterseits ohne Zyphellen . . . . **2. Physcidia.**
   b. Apothezien endständig, zumeist gehäuft; Lagerunterseite von Zyphellen durchbrochen
                                                                                   1. Heterodea.

B. Lager beiderseits berindet.
   a. Fulkren exobasidial.
      α. Schläuche 8sporig . . . . **4. Parmeliopsis.**
      β. Schläuche vielsporig . . . . **3. Candelaria.**
   b. Fulkren endobasidial.
      α. Apothezien flächenständig; Behälter der Pyknokonidien in das Lager versenkt.
         I. Lagerunterseite mit mehr weniger entwickelten Rhizinen besetzt seltener nackt
                                                       5. Parmelia.
         II. Lagerunterseite einer schwammigen, aus netzartig anastomisierenden Hyphen gebildeten Schicht auflagernd . . . . **6. Anzia.**
      β. Apothezien randständig; Behälter der Pyknokonidien in kleine Höcker oder Dornen versenkt.
         I. Scheibe der Apothezien schon in der Jugend nach aufwärts gerichtet. **7. Cetraria.**
         II. Scheibe auf der Rückseite der Lagerlappen befestigt, nach abwärts gerichtet und erst später durch Krümmung oder Drehung des Lappen nach aufwärts gerichtet
                                                          8. Nephromopsis.

1. **Heterodea** Nyl. (*Trichocladia* Strt.). Lager blattartig, niederliegend oder aufstrebend, mit gebüschelten Rhizinen an die Unterlage befestigt, wiederholt gelappt, Lagerlappen abgeflacht, am Grunde etwas verschmälert; dorsiventral, nur oberseitig berindet, Rinde fast hornig, aus parallel zur Oberfläche laufenden, verzweigten oder anastomosierenden, dicht verklebten Hyphen gebildet; Gonidienschicht unter der Rinde liegend, zusammenhängend, mit Pleurococcus-Gonidien; Markschichte aus locker verwebten Hyphen zusammengesetzt, nach unten bloßgelegt und von rundlichen, grübchenförmigen Zyphellen durchbrochen. Apothezien endständig, schildförmig, zumeist gehäuft, seltener einzeln, lekanorinisch, aber von biatorinischem Habitus, Gehäuse keine Gonidien

Fig. 108. *Heterodea Mülleri* (Hpe.) Nyl. *A* Habitusbild (1/1); *B* Fruchtender Lagerabschnitt (2/1); *C* Durchschnitt des Lagers (40/1). (Nach Reinke.)

einschließend, aber das farblose Hypothezium ist einer gonidienführenden Schicht aufgelagert; Paraphysen straff, unverzweigt, fädlich; Schläuche 8 sporig; Sporen farblos, einzellig, eiförmig bis ellipsoidisch, dünnwandig. Behälter der Pyknokonidien randständig, in kleine Höckerchen versenkt; Fulkren endobasidial(?); Pyknokonidien gerade, zylindrisch.

1 Art, *H. Mülleri* (Hpe.) Nyl. (Fig. 108), mit gelblich-grünlichen Lager, brauner Unterseite nnd hellen Apothezien, auf dem Erdboden in Australien, Tasmanien und Neukaledonien.

2. Physcidia Tuck. (*Psoromopsis* Nyl.) Lager kleinblätterig, niederliegend, gelappt, am Rande gekerbt, ohne Rhizinen, nur oberseits berindet, Rinde der Lageroberseite parmeloid, fast hornig, aus dickwandigen, mehr weniger senkrecht zur Fläche verlaufenden, verzweigten und spärlich septierten Hyphen gebildet, Markschicht im oberen Teile aus enger verwebten, im unteren Teile aus lockeren, dickwandigen Hyphen zusammengesetzt und unten bloßgelegt, Gonidien zu Palmella gehörig, unter der Rinde eine zusammenhängende Schicht bildend. Apothezien flächenständig, rund, sitzend, am Grunde etwas verschmälert, vom Lager berandet; Hypothezium hell; Hymenium eine feste Gallerte enthaltend; Paraphysen zart, einfach oder seltener spärlich septiert, straff; Schläuche 8 sporig; Sporen farblos, stäbchenförmig oder fast spindelig, einzellig, mit dünner Wand, aufrecht in den Schläuchen.

1 Art, *P. Wrightii* (Tuck.) Nyl. mit strohgelbem Lager und fleischfarbigen Apothezien, auf Rinden in Kuba.

3. Candelaria Mass. (*Diblastia* Trev. pr. p. *Xanthoria* B. *Candelaria* Th. Fr.) Lager kleinblätterig, zerschlitzt, gelb, durch Kalilauge nicht gefärbt, mit aus gebüschelten Hyphen gebildeten Rhizinen an die Unterlage befestigt, beiderseits berindet, Rinde dünnwandig pseudoparenchymatisch, diejenige der Unterseite hell; Markschicht aus dünnwandigen Hyphen zusammengesetzt; die Pleurococcus-Gonidien liegen unter der oberen Rinde. Apothezien kreisrund, lekanorinisch klein, sitzend, mit etwas vertiefter, mit dem Lager fast gleich gefärbter Scheibe; Rand erhaben; Gehäuse pseudoparenchymatisch berindet. Gonidien einschließend; Paraphysen locker, einfach, seltener gegabelt, an den Enden keulig verdickt und gegliedert; Schläuche bauchig-keulig, viel(16—32)sporig; Sporen farblos, ellipsoidisch bis eiförmig, einzellig, zumeist zwei größere Öltropfen enthaltend und scheinbar zweizellig, dünnwandig, klein. Behälter der Pyknokonidien in kleine Erhebungen des Lagers versenkt, mit hellem Gehäuse; Fulkren exobasidial; Pyknokonidien ellipsoidisch, gerade.

3 Arten, auf Rinden, Holz und auf Moosen über die Erde zerstreut. *C. concolor* (Dicks.) Wainio, mit wachs- bis dottergelbem Lager, weit verbreitet.

4. Parmeliopsis Nyl. Lager blattartig, angedrückt, gelappt, dorsiventral, Unterseite mehr weniger mit Rhizinen besetzt oder nackt, beiderseits berindet, Rinde aus mehr weniger senkrecht zur Lageroberfläche verlaufenden Hyphen gebildet, kleinzellig, nicht pseudoparenchymatisch. Apothezien flächenständig, kreisrund, schüsselförmig, vom Lager berandet; Schläuche 8 sporig; Sporen klein, farblos, einzellig, ellipsoidisch bis stäbchenförmig, dünnwandig. Fulkren exobasidial, Basidien kurz, einfach; Pyknokonidien zylindrisch, bogenartig gekrümmt.

6 Arten.

Sekt. I. *Euparmeliopsis* A. Zahlbr. Lager beiderseitig berindet, Unterseite mit Rhizinen besetzt, Markschicht wergartig, Sporen mehr weniger ellipsoidisch. *P. ambigua* (Ach.) Nyl., Lager blassgelb, matt, Oberseite mit schwefelgelben Soredien besetzt, auf Holz und Rinden in den Gebirgen der gemäßigten Gebiete; *P. hyperopta* (Ach.) Arn., Lager weißlich bis hellgrau, Unterseite schwarz, Oberseite weißlich, pulverig-soredios, ebenfalls auf Rinden und Holz in höheren Lagen der kalten und gemäßigten Gebiete.

Sekt. II. *Chondropsis* Nyl. (*Chondropsis* Nyl.). Lagerunterseite hell, beiderseits berindet, obere Rinde hornig, kleinzellig, Markschicht schmal, wergartig, untere Rinde schmal, undeutlich zellig. Pyknokonidien unbekannt, die Zugehörigkeit zur Gattung daher nicht sichergestellt. *P. semiviridis* (Müll. Arg.) Nyl., Lageroberseite blass grünlichgrau, Unterseite gelblich, an Kalkfelsen in Australien.

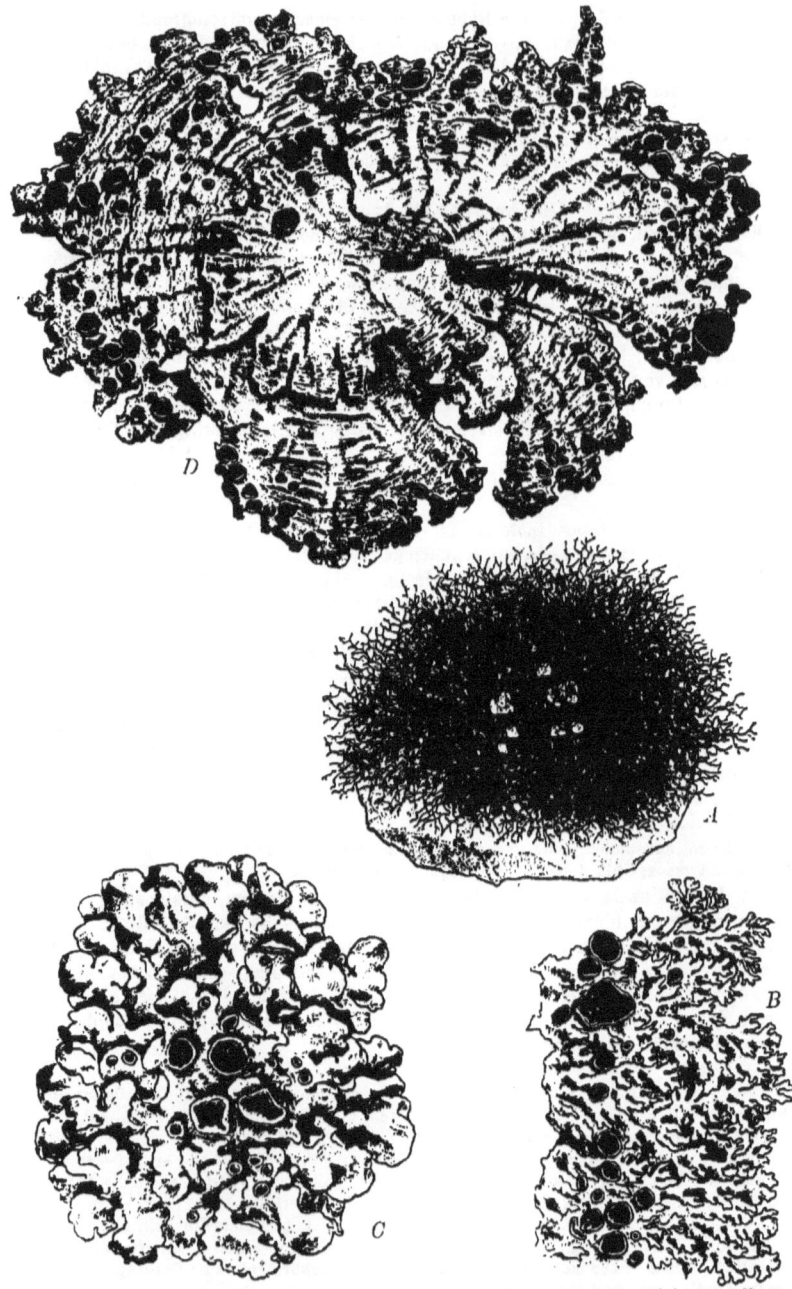

Fig. 100. *A Parmelia pubescens* (L.) Wainio, Habitusbild (1/1). — *B Parmelia conspersa* (Ehrh.) Ach., Habitusbild (1/1). — *C Parmelia acetabulum* (Neck.) Duby, Habitusbild (1/1). — *D Parmelia arizonica* (Tuck.) Nyl., Habitusbild (1/1). (Nach Reinke.)

5. Parmelia (Ach.) De Notrs. (*Imbricaria* Körb. non Comm.) Lager blattartig, geteilt oder gelappt, Lagerabschnitte abgerundet, länglich, lineal oder fädlich, angedrückt oder aufstrebend, mit mehr weniger entwickelten Rhizinen, ausnahmsweise mit einem zentralen Nabel an die Unterlage befestigt, seltener unterseits nackt, beiderseits berindet, dorsiventral*), Rinde der Oberseite aus senkrecht zur Oberfläche verlaufenden, einfachen oder verzweigten, septierten Hyphen hervorgegangen, mit kleinen, oft undeutlichen Zellen, Oberseite nicht selten mit Soredien oder Isidien besetzt; Gonidienschicht unterhalb der oberen Rinde liegend, zumeist zusammenhängend, mit Protococcus-Gonidien; Markschicht wergartig, seltener ausgehöhlt, aus dünn- oder dickwandigen, zur Oberfläche mehr weniger parallel verlaufenden, verzweigten Hyphen zusammengesetzt; unter der

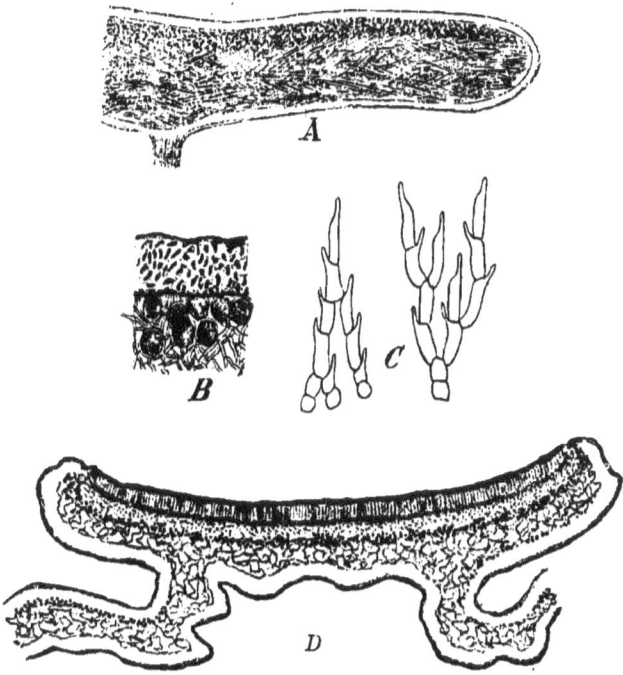

Fig. 110. *A—B Parmelia centrifuga* (L.) Ach. *A* Radialschnitt durch das Lager (70/1). *B* Durchschnitt durch die obere Rinde und durch die Gonidienschicht (500/1). *C Parmelia* sp., Fulkren (stark vergrößert). *D Parmelia arizonica* (Tuck.) Nyl., Durchschnitt durch ein Apothezium (30/1). (*A—B* nach Schwendener, *C* nach Glück, *D* nach Reinke.)

Rinde zumeist dunkel. Apothezien flächenständig, sitzend oder kurz gestielt und dann becherförmig, kreisrund, vom Lager berandet; Scheibe im Zentrum mitunter durchlöchert; Epithezium amorph; Hypothezium hell, unterhalb desselben Gonidien. Paraphysen in eine feste Gallerte gebettet, in der Regel verzweigt und septiert; Schläuche 2—8 sporig; Sporen farblos, einzellig, länglich, ellipsoidisch, eiförmig bis kugelig, dünnwandig oder mit mäßig verdickter Membran. Behälter der Pyknokonidien flächenständig oder im Lagerrande der Apothezien liegend, eingesenkt oder warzig hervortretend, kugelig bis eiförmig, Gehäuse im oberen Teile schwarz oder schwärzlich, unten braun oder farblos;

---

*) Unter gewissen Umständen können normal dorsiventrale Arten ein radial gebautes Lager annehmen. Vergleiche diesbezüglich des Verfassers oben zitierte Arbeit über *Parmelia ryssolea*.

Fulkren endobasidial, einfach oder spärlich verzweigt, septiert, Sterigmen entwickelt, bajonettförmig, Anaphysen mitunter vorhanden; Pyknokonidien zylindrisch, fast spindelförmig oder schmal hantelförmig, gerade.

Bis 400 Arten, welche auf verschiedenen Unterlagen über die ganze Erde zerstreut sind.

Untergatt. *Hypogymnia* (Nyl.) Bitt. (*Hypogymnia* Nyl.). Lager zumeist schmallappig, Unterseite nackt, ohne Rhizinen, ausnahmsweise mit Haustorien, Markschicht solid oder ausgehöhlt, Schläuche 6—8 sporig, Sporen klein (die Länge von 10 μ nicht überschreitend), Durchlöcherungen des Lagers auf der Lagerunterseite, seltener terminal.

Sekt. I. *Tubulosae* Bitt. Lager mit einer Markhöhle versehen.

A. Soredien die ganze, oder den größten Teil der Lageroberseite bedeckend, Sorale nicht abgegrenzt: *P. farinacea* Bitt., Lager grau, Lappen dicht zusammenschließend, auf Rinden in Europa und in Kleinasien.

B. Sorale abgegrenzt, endständig; a) Sorale köpfchenförmig, ganz: *P. tubulosa* (Schaer.) Bitt., Lager grau, Lappen locker, auf Rinden, Holz, seltener auf Felsen oder auf der Erde in den Gebirgen der gemäßigten Gebiete nicht selten; b) Sorale mit der Lappenröhre quer aufreißend: *P. physodes* (L.) Ach., Lager grau, Lappen zusammenschließend, Unterseite nicht durchlöchert, auf Baumrinden in den kälteren und gemäßigten Gebieten weit verbreitet und häufig; *P. vittata* Ach., Lager bräunlichgrau bis braun, Lappen locker, Unterseite stets perforiert, in kalten und gemäßigten Lagen Europas und Asiens.

C. Lager ohne Sorale: *P. lugubris* Pers., Lager weißlich bis grau, starr, Lappen mehr weniger zusammenschließend, schmal, auf der Erde und auf Rinden im antarktischen Amerika.

Sekt. II. *Solidae* Bitt. Lager mit solidem Mark. *P. encausta* Ach., Lager silber- bis aschgrau, Apothezien becherförmig, auf Felsen in den Gebirgen Europas; *P. alpicola* Th. Fr., Lager bräunlich bis schwärzlich, Apothezien scheibenförmig, auf Steinen in der Arktis und in Mitteleuropa.

Untergatt. *Menegazzia* A. Zahlbr. (*Menegazzia* Mass.). Lagerunterseite nackt, Durchlöcherung des Lagers nur auf der Oberseite, Schläuche 2—4 sporig, Sporen verhältnismäßig groß. *P. pertusa* (Schrank) Schaer., Lager gelblich bis weißlich, Lagerlappen zusammenschließend, Sporen 45—70 μ lang und 22—44 μ breit, auf Rinden, selten auf Felsen in den Gebirgen der kälteren und gemäßigten Zone beider Hemisphären.

Untergatt. *Euparmelia* Nyl. (*Parmelia* subgen. *Hyporhiza* Crombie). Lagerunterseite mehr weniger mit Rhizinen besetzt.

Sekt. I. *Everniaeformes* Hue. Lagerlappen aufrecht oder niederliegend, zumeist schmal, Unterseite mit Rhizinen besetzt oder fast nackt. *P. furfuracea* (L.) Ach., Lager fast strauchig, aufrecht oder fast aufrecht, mit einer schmalen Kante der Unterlage aufsitzend, Oberseite grau, mehr weniger kleiig, Unterseite schwärzlich oder grau, am Grunde mit einigen wenigen Rhizinen, im Berglande und im Hochgebirge sehr häufig, die stark veränderliche Art wird auch vielfach bei der Gattung Evernia untergebracht; *P. Kamtschadalis* (Ach.) Eschw., Lager aufstrebend, grau oder weißlich, dichotomisch verzweigt, am Rande eingerollt, Unterseite mit Rhizinen besetzt oder verkahlend, auf Baumrinden unter den Tropen weit verbreitet; *P. caraccensis* Tayl., Lager niederliegend, gelblich, Unterseite dicht mit schwarzen Rhizinen besetzt, in Südamerika.

Sekt. II. *Melaenoparmelia* Hue. Lager grünlichbraun bis schwärzlich, Unterseite mit spärlichen Rhizinen, Apothezien sitzend. *P. stygia* (L.) Ach., Lager dicht verzweigt, Lappen sehr schmal, lineal, konvex, ohne Soredien, Fruchtrand gekerbt, auf Urgestein in den Gebirgen der arktischen und gemäßigten Gebiete; *P. pubescens* (L.) Wainio (Fig. 109 *A*) (Syn. *P. lanata* Wallr.), Lagerlappen südlich, drehrund, auf Urgestein im Hochgebirge.

Sekt. III. *Xanthoparmelia* Wainio. Lager niederliegend, gelb oder gelblich, Unterseite bis zum Rande mehr weniger mit Rhizinen besetzt, Apothezien sitzend.

A. Markschichte weiß (*Endoleuca* Wainio): *P. conspersa* (Ehrh.) Ach., (Fig. 109 *B*), Lager kreisrund, ausgebreitet gelb, glänzend, starr, Lappen sich dachziegelartig deckend, Markschicht durch Kalilaugen blutrot, auf Felsen, selten auf dem Erdboden, kosmopolitisch.

B. Markschicht gelb (*Endoxantha* Wainio): *P. flavidoglauca* Wainio, auf Rinden in Brasilien.

Sekt. IV. *Hypotrachyna* Wainio. Lager weißlich bis grau oder braun, Lagerunterseite an den Rand der Lappen mit Rhizinen oder am Rande selbst mit kleinen Wärzchen (rudimentären Rhizinen) besetzt.

A. *Sublinearis* Wainio. Lager angedrückt, dichotom, seltener trichotom geteilt, Lappen schmal, fast lineal, an den Enden abgestutzt oder eingeschnitten, Apothezien sitzend. *P.*

sinuosa Nyl., Lager gelblichweiß, durch Kalilauge gelb, Markschicht durch Kalilauge zuerst gelb, dann blutrot, Lageroberseite nackt, Pyknokonidien zylindrisch, unter den Tropen weit verbreitet; *P. revoluta* Flk., Lager weißlich, Kalilauge färbt die Lagerunterseite gelb, die Markschicht jedoch nicht, hingegen wird letztere durch Chlorkalk rot gefärbt, Oberseite des Lagers mit kugeligen Soredien besetzt, auf Baumrinden und Felsen in Mitteleuropa; *P. laevigata* (Sm.) Ach., Lager weißlich, Lappen aus runden, breiten Buchten aufsteigend, Markschicht durch KHO + $CaCl_2O_2$ rot gefärbt, in den gemäßigten und warmen Gebieten weit verbreitet.

B. *Cyclocheila* Wainio. Lager grau oder braun, angedrückt, Lagerlappen ungleichmäßig erweitert und unregelmäßig verzweigt, am Rande in der Regel abgerundet, eingeschnitten oder gekerbt, Apothezien sitzend; a) Lager braun: *P. acetabulum* (Neck.) Duby (Fig. 109 C), Lager derbhäutig, großlappig, Markschicht durch KHO gelb, später rot, auf Baumrinden in den gemäßigten Gebieten; *P. olivacea* (L.) Nyl., Lager häutig, glänzend, Oberseite glatt und nackt, $CaCl_2O_2$ färbt die Markschicht nicht, auf Rinden und Felsen, seltener auf Holz in den gemäßigten Zonen beider Hemisphären; *P. fuliginosa* (E. Fr.) Nyl., Lageroberseite rußig-kleiig, $CaCl_2O_2$ rötet die Markschicht, ebenfalls in den gemäßigten Gebieten häufig; *P. exasperata* (Ach.) Nyl., Lageroberseite mit kurzen Papillen besetzt, Markschicht durch $CaCl_2O_2$ unverändert, seltener als die vorigen; b) Lager weißlich oder grau: *P. dubia* (Wolf.) Schaer., Lager weißlich bis gelblich, am Rande bräunlich, Oberseite mit weißen Soredien besetzt, Markschicht durch Ätzkali rot, auf Rinden weit verbreitet; *P. tiliacea* (Hoffm.) Ach., Lager weißlich, tief gelappt, buchtig, Oberseite glatt oder kleiig, durch KHO gelb, auf Baumrinden kosmopolitisch.

C. *Irregularis* Wainio. Lager ungleichmäßig erweitert und unregelmäßig verzweigt, Ränder der Lagerlappen mehr weniger aufstrebend, Apothezien kurz gestielt, becherförmig; *P. saxatilis* (L.) Ach., Lager grau, KHO färbt die Oberseite gelb, die Markschicht blutrot, Lageroberseite netzig-aderig, auf Rinden und Felsen weit verbreitet; *P. cetrata* Ach., Lager grau, starr, matt, Oberseite weißfleckig, ohne Soredien und Isidien, Lappen am Rande kahl, Markschichte durch Kalilauge blutrot, in den gemäßigten und wärmeren Gebieten weit verbreitet; *P. acanthifolia* Pers., Lager weißlich, Oberseite nicht fleckig, Lappen am Rande mit kurzen und spärlichen Zilien besetzt, Pyknokonidien zylindrisch, rindenbewohnend in den warmen Gebieten.

Sekt. V. *Amphigymnia* (Wainio) Hue (*Parnotrema* Mass.). Lager weiß, grau bis gelblich, Unterseite gegen das Zentrum mit Rhizinen besetzt, am Rande weithin nackt oder nur am Rande selbst mit Zilien versehen, Apothezien mehr weniger gestielt.

A. Lager gelb (*Subflavescentes* Wainio): *P. cylisphora* (Ach.) Wainio (Syn. *P. caperata* L.) Ach.), Lager ansehnlich, fast lederartig, Lappen abgerundet, Oberseite faltig bis netzartig, matt, mit Soredien, auf Rinden in den gemäßigten Zonen sehr häufig, doch selten fruchtend.

B. Lager weißlich bis grau (*Subglaucescentes* Wainio): *P. perforata* (Wolf.) Ach., Lager großlappig, Lappen am Rande mit schwarzen Zilien besetzt, Oberseite schwach glänzend, glatt und nackt, durch KHO gelb gefärbt, Markschicht weiß, durch KHO rostrot, Fruchtscheibe durchlöchert, auf Rinden weit verbreitet; *P. perlata* Ach., Lager grau, ansehnlich, Oberseite sorediös, KHO gelb, Lappen ganzrandig, Ätzkali rötet die Markschicht, auf Rinden ebenfalls weit verbreitet; *P. olivaria* (Ach.) Hue, der Vorhergehenden habituell ähnlich, doch wird die Markschicht, welche Ätzkali rötet, durch Kalilauge nicht gelb gefärbt, kosmopolitisch; *P. cetrarioides* Del., ebenfalls habituell der Vorhergehenden ähnlich, Oberseite des Lagers glänzend, weißpunktiert, KHO ± gelb, Markschicht durch KHO + $CaCl_2O_2$ rot, weit verbreitet; *P. tinctorum* Despr. (Syn. *P. coralloidea* [Mey. et Fw.] Wainio), Lager großlappig, weißlich, schlaff, Oberseite in der Mitte mit Isidien reichlich besetzt, $CaCl_2O_2$ färbt das Lager intensiv rot, unter den Tropen auf Baumrinden nicht selten; *P. latissima* Fée, Lager großlappig, starr, matt, Oberseite nackt und glatt, ausgebuchtet-gelappt, K + gelb, endlich rostrot, Sporen verhältnismäßig groß, mit verdickter Wand, auf Rinden in den warmen Regionen.

Untergatt. *Omphalodium* (Mey. et Fw.) Nyl. (*Omphalodium* Mey. et Fw.). Lager mit einem zentralen Nabel an die Unterlage befestigt, Rhizinen randständig oder in kleine Wärzchen oder Zäpfchen umgebildet. *P. hottentotta* (Thunbg.) Ach., Lager weißlich, grau bis bräunlich, Lagerlappen am Rande mit zahlreichen Rhizinen besetzt, felsenbewohnend, Kap der guten Hoffnung; *P. arizonica* (Tuck.) Nyl., (Fig. 109 D), Lager sehr derb, grünlichgelb, Unterseite schwarz, Lagerrand nackt, Nordamerika.

6. **Anzia** Stizbg. (*Chondrospora* Mass., *Parmelia* subgen. *Anzia* Nyl.). Lager blattartig, gelappt, Lagerabschnitte angedrückt, dorsiventral, Oberseite berindet, aus senkrecht

zur Lageroberfläche verlaufenden, einfachen, seltener verzweigten, septierten Hyphen gebildet, zellig; Gonidienschicht unter der oberen Rinde liegend, mit Protococcus-Gonidien; Markschicht wergartig, aus mehr weniger parallel zur Lagerfläche verlaufenden, verzweigten Hyphen zusammengesetzt, nach unten in eine dicke, blasse oder schwarze, schwammige, aus netzartig-anastomosierenden Hyphen gebildete Schicht übergehend, mit welchen das Lager der Unterlage aufliegt. Apothezien flächenständig, kreisrund, becherförmig, vom Lager berandet; Hypothezium hell, unter demselben Gonidien; Schläuche 8- bis vielsporig; Sporen farblos, einzellig, fast kugelig oder halbmondförmig gekrümmt, dünnwandig. Fulkren exobasidial; Pyknokonidien kurz, gerade zylindrisch oder schmal hantelförmig.

13 Arten, welche den gemäßigten, subtropischen und tropischen Gebieten angehören, in Europa keinen Vertreter besitzen.

Sekt. I. *Pannoparmelia* Müll. Arg. Schläuche 8 sporig, Sporen fast kugelig. *P. angustata* (Pers.) Müll. Arg., Lager bräunlichlichgelb, Oberseite isidiös, Unterseite bräunlichschwarz, auf Holz und Rinden in Australien und Neuseeland.

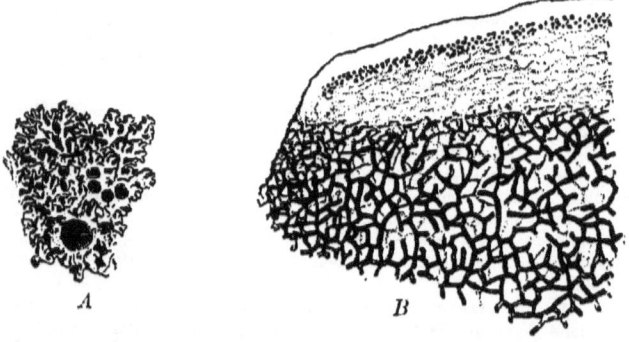

Fig. 111. *Anzia colpodes* (Michx.) Stizbg. *A* Habitusbild 1/1). *B* Schnitt durch das Lager (45/1). (Nach Reinke.)

Sekt. II. *Euanzia* Müll. Arg. Schläuche vielsporig, Sporen halbmondförmig.
A. Lagerlappen ungleichmäßig erweitert, fast rosenkranzartig: *A. japonica* (Tuck.) Müll. Arg., Lager grauweiß, Unterseite schwarz, auf Rinden.
B. Lagerlappen gleich breit, linear; a) Unterseite schwarz oder schwarzbraun: *A. colpodes* (Michx.) Stizbg. (Fig. 111), Lager bräunlichgrünlich oder schmutziggelblich, in Nordamerika und Sibirien; b) Unterseite blass oder weißlich. *A. leucobates* (Nyl.) Müll. Arg. in Kolumbien und *A. leucobatoides* (Nyl.) A. Zahlbr. in China.

7. **Cetraria** Ach. Lager blattartig, gelappt, mit breiten oder schmalen, niederliegenden oder mehr weniger aufstrebenden Lappen oder strauchartig, aufrecht mit abgeflachten, seltener zylindrischen Lagerabschnitten mit spärlichen Rhizinen an die Unterlage befestigt oder nackter Unterseite, im Alter ganz frei, dorsiventral, beiderseits berindet, Rinde der Lageroberseite im unteren Teile aus wagerecht oder fast wagerecht verlaufenden, nicht selten verzweigten und anastomisierenden, septierten Hyphen, im oberen Teile aus senkrecht zur Lageroberfläche laufenden, septierten, ein kleinzelliges Pseudoparenchym oder Netzwerk bildenden Hyphen zusammengesetzt, im mittleren Teile oft auffallend große Zellen einschließend; die Protococcus-Gonidien sind gehäuft und liegen unter der oberen Rinde; Markschicht gleichmäßig lockerfilzig, aus parallel zur Oberfläche laufenden, verzweigten Hyphen gebildet, weiß oder gelb, ausnahmsweise ausgehöhlt; untere Rinde im anatomischen Baue der oberen Rinde ähnlich, mit derselben gleichfarbig oder zum Teil dunkel, mitunter von Zyphellen durchbrochen. Apothezien randständig oder fast randständig, schief aufsitzend, selten fast gestielt, kreisrund, vom Lager berandet; Scheibe mit dem Lager nicht gleichfarbig; Epithezium amorph; Hypothezium hell, unter demselben mitunter Gonidien lagernd; Paraphysen einfach, seltener verzweigt und verbunden, gegliedert; Schläuche 6—8 sporig; Sporen farblos, einzellig, klein, gerade, ellipsoidisch

bis kugelig, dünn- seltener dickwandig. Behälter der Pyknokonidien sitzend, knötchen-
bis dornförmig, dunkel, rand-, seltener flächenständig; Fulkren endobasidial, in der Regel
verzweigt, kurz; Pyknokonidien ellipsoidisch, keulig, nadelförmig, bisquitförmig oder
zylindrisch, gerade.

Bis 50, auf der Erde, auf Rinden oder Holz, seltener an Felsen lebende Arten, welche
die kälteren und gemäßigten Gebiete oder die höheren Gebirgslagen bevorzugen.

Sekt. I. *Platysma* (Stizbg.) Nyl., (*Platisma* Hoffm., *Platysma* Nyl., *Sepincola* Ehrh.).
Lager blattartig, gelappt, Lappen flach, niederliegend oder aufstrebend, Markschicht solid.

A. Lager weißlich bis grau: *C. glauca* (L.) Ach. (Fig. 112 *A*), Lager breitlappig, oberseits
etwas faltig, Unterseite weiß und glänzend, bräunlich oder schwarz gefleckt, Apothezien braun,
an Rinden, seltener auf der Erde in den kälteren und gemäßigten Gebieten weit verbreitet, *C.
lacunosa* Ach., Lager weißlich bis grünlichgrau, starr, Oberseite grubig und isidiös, Apothezien
braun, in der Jugend becherförmig, im nördlichen Europa, Asien und Amerika auf Rinden.

Fig. 112. *A Cetraria glauca* (L.) Ach., Habitusbild (1/1). — *B Cetraria islandica* (L.) Ach., Habitusbild (1/1).
(Nach Reinke.)

B. Lager gelblich bis gelb: *C. complicata* Laur., Lager blassgelb, häutig, schlaff, breitlappig, auf Rinden in den Gebirgen Mitteleuropas und Asiens; *C. pinastri* (Scop.) E. Fries,
Lager gelb, kleinlappig, am Rande mit zitronengelben Soredien besetzt, Markschicht gelb,
auf Rinden und Holz, seltener auf Felsen in den subalpinen und alpinen Lagen Europas und
Nordamerikas, *C. juniperina* Ach., der vorhergehenden ähnlich und von ihr durch die nackten
Lagerlappen verschieden; *C. pachysperma* (Hue) A. Zahlbr., Lager schmallappig, Unterseite
warzig, Sporen dickwandig, rindenbewohnend in China.

C. Lager braun bis schwärzlich: *C. saepincola* (Ehrh.) Ach., Lager niederliegend oder
aufstrebend, glänzend, starr, auf Holz und Rinden im arktischen Gebiete und in den Hochgebirgen der gemäßigten Zonen; *C. hepatizon* (Ach.) Wainio (Syn. *Platysma fahlunense* [Hoffm.]
Nyl.), Lager kreisrund, kleinlappig, braun bis schwärzlich, an Felsen im nördlichen Europa,
Asien und Amerika.

Sekt. II. *Eucetraria* Körb. (*Platyphyllum* Vent., *Chionocroum* Ehrh.). Lager strauchig,
aufrecht, Lagerabschnitte abgeflacht, zumeist rinnig, Markschicht solid.

A. Lager gelb: *C. nivalis* (L.) Ach., Lager blassgelb, am Grunde bräunlich, strauchig,
Lagerabschnitte rinnig, eine der häufigsten Hochgebirgsflechten; *C. cucullata* (Bell.) Ach., der

vorhergehonden habituell ähnlich, doch am Grunde des Lagers karminrot gefärbt, Lagerabschnitte kaum rinnig, am Rande mehr zerschlitzt, ebenfalls eine sehr häufige Hochgebirgsflechte.

B. Lager braun: *C. islandica* (L.) Ach. (Fig. 112 *B*), Lager aufrecht, rasenförmig, starr, Lagerabschnitte rinnig bis fast röhrenförmig eingerollt, am Rande bewimpert, glänzend braun, am Grunde rot, Hyphen der Markschicht Flechtenstärke enthaltend, auf der Erde in den Hochgebirgen sehr häufig. Diese als »isländisches Moos« bekannte Flechte wird auch heute noch in großer Menge gesammelt und als Volksheilmittel in den Handel gebracht; infolge ihres Gehaltes an Lichenin dient sie im Notfalle, insbesondere in den arktischen Ländern, Menschen und Tieren als Nahrungsmittel.

Sekt. III. *Cornicularia* (Schreb.) Stizbg., (*Coelocoulon* Link, *Cornicularia* Schreb.). Lager strauchig, aufrecht, Lagerabschnitte zylindrisch, Markschicht ausgehöhlt; *C. aculeata* (Schreb.) E. Fries, Lager starr, dunkelbraun bis schwärzlich, am Rande borstig-bewimpert, Scheibe am Rande ebenfalls bewimpert, auf dem Erdboden von der Ebene bis ins Gebirge weit verbreitet.

8. **Nephromopsis** Müll. Arg. Lager äußerlich und im anatomischen Baue mit *Cetraria* Sekt. *Platysma* Stizbg. übereinstimmend, die terminalen Apothezien sitzen jedoch auf der Rückseite der Lagerlappen und werden durch eine Drehung oder Krümmung derselben nach oben gerichtet. Fulkren endobasidial; Pyknokonidien gerade, an beiden Enden etwas verdickt.

5 Arten, den kälteren und gemäßigten Gebieten Europas, Asiens und Amerikas angehörend.

N. ciliaris (Ach.) Hue, Lager bräunlich oder braun, niederliegend oder zum Teil aufstrebend, Oberseite netzartig faltig, am Rande mit dunklen Rhizinen besetzt, Markschicht weiß, auf Rinden in Nordeuropa, Asien und Amerika; *N. Stracheyi* (Bab.) Müll. Arg., Lager hell- bis grünlichgelb, Lagerlappen am Rande nackt', Oberseite netzig-grubig, Markschicht weiß, auf Rinden in Indien und China; *N. endoxantha* Hue, Lager grünlichgelb, Markschicht stroh- bis safrangelb, auf Rinden in Japan.

Zweifelhafte Gattung.

Aspidelia Strtn. Wie *Parmelia*, die Schläuche jedoch sehr dickwandig, wie bei *Arthonia* und die Behälter der Pyknokonidien zu mehreren (4—25) in erhabene Höckerchen von unregelmäßiger Gestalt und mit faltiger bis wurzelig-gefurchter Oberfläche eingesenkt. Die Behälter der Pyknokonidien besitzen nicht dieselbe Farbe als das Lager, sie sind gelblich bis fleischfarbig, seltener schwärzlich.

2 Arten, *A. Beckettii* Strtn., mit grauem Lager, auf Rinden in Neuseeland.

Es wäre erst festzustellen, ob die als »Behälter der Pyknokonidien« bezeichneten Gebilde tatsächlich solche und für die beiden Arten typisch seien. Die Dickwandigkeit der Schläuche allein würde eine generische Abtrennung von *Parmelia* nicht rechtfertigen.

Usneaceae.

Lager strauchartig, aufrecht, hängend oder niederliegend, seltener podezienförmig, niedrig oder verlängert, mit einer Haftscheibe oder mit spärlichen Rhizinen an die Unterlage befestigt oder vom Grunde absterbend; radiär, seltener dorsiventral gebaut; allseitig berindet, Rinde aus längs- oder querlaufenden Hyphen hervorgegangenen, bei einer Gattung (*Ramalina*) durch ein mechanisches Gewebe (»innere Rinde«) verstärkt; Gonidien zu Protococcus gehörig, nur unter der oberen Rinde liegend oder einen mehr weniger geschlossenen, zwischen Rinde und Mark liegenden Zylindermantel bildend; Markschicht zusammenhängend oder ausgehöhlt, aus längslaufenden oder unregelmäßigen Hyphen gebildet, spinnwebig oder hornartig-knorpelig; Apothezien kreisrund, scheiben- oder schüsselförmig, sitzend oder fast gestielt, vom Lager berandet; Schläuche 1—8 sporig; Sporen farblos, seltener gebräunt, einzellig, zweizellig, seltener mauerartig-vielzellig, dünnwandig. Fulkren exo- oder endobasidial.

Wichtigste Litteratur: A. H. Schrader, Über die Gattung Usnea (Schraders Journal f. die Botanik, 1. Stück, 1799). — Noehden, Lichea reticulatus, eine Flechte der Südsee

(Schraders Journal f. die Botanik, I. Band, 2. Stück, 1800, S. 238). — G. De Notaris, Nuovi caratteri di alcuni genere delle tribu delle Ramalinacee (Memorie R. Accad. delle scienze Torino, 1847, 4⁰). — A. von Krempelhuber, Usnea longissima Ach. (Flora, Band XXXVI, 1853, S. 537—541). — A. Massalongo, De Thamnolia genere Lichenum nondum rite descripto commentarium (Flora, Band XXXIX, 1856, S. 231). — V. Trevisan, Ueber Atestia, eine neue Gattung der Ramalinaceen aus Mittelamerika (Flora, Band XLIV, 1861, S. 49). — W. Nylander, Recognitio monographica Ramalinarum (Bullet. Soc. Linn. de Normandie, 2ᵉ série, Tome IV, 1868—69, S. A. Caen. 1870, 8⁰). — A. Minks, Thamnolia vermicularis. Eine Monographie (Flora, Band XLVIII, 1874, S. 337—347, 353—362, Taf. V). — J. Stirton, On the Genus Usnea and another Allies to it (Scottish Naturalist, vol. VI, 1882, S. 98—102). — C. Cramer, Ueber das Verhältnis von Chlorodictyon foliosum J. Ag. (Caulerpeen) und Ramalina reticulata (Noehd.) Krph. (Lichenes) (Bericht der schweizerischen botanischen Gesellschaft, Band I, 1891, S. 100—122, Taf. I—III). — E. Stizenberger, Bemerkungen zu den Ramalina-Arten Europas (Jahresber. naturforsch. Gesellsch. Graubündens, Chur, N. F., Band XXXIV, 1891, S. 77—130). — Derselbe, Die Alectorien-Arten und ihre geographische Verbreitung (Annal. naturhist. Hofmuseums Wien, Band VII, 1892, S. 117—134). — K. S. Lutz, Ueber die sogenannte Netzbildung bei Ramalina reticulata Krph. (Berichte Deutsch. botanisch. Gesellsch., Band XII, 1894, S. 207—218). — A. M. Hue, Les Ramalinas à Richardmesnil [Meurthe-et-Moselle] (Journ. de botan., tome XII, 1898, S. 12—29). — A. Jatta, Breve note sull' Usnea Soleirolii Duf. e degli Usneacei italiani (Malpighia, vol. XII, 1898, S. 158—161). — A. Minks, Zur Erkennung des Wesens von Lichen lanatus L. (Allgem. botan. Zeit., 1901, S. 181—185, 201—205.) — Th. Brandt, Beiträge zur anatomischen Kenntnis der Flechtengattung Ramalina (Hedwigia, Band XLV, 1906, S. 124—153, Taf. IV—VIII).

Einteilung der Familie.

A. Sporen zweizellig; Rinde häufig durch ein mechanisches Gewebe verstärkt, Markschichte spinnwebig . . . . 8. **Ramalina**.
B. Sporen mauerartig-vielzellig, groß, Schläuche einsporig . . . . 7. **Oropogon**.
C. Sporen einzellig, klein oder unbekannt.
  a. Markschicht gleichartig, spinnwebig oder hornartig-knorpelig.
    α. Rinde aus längslaufenden Hyphen gebildet . . . . 6. **Alectoria**.
    β. Rinde aus mehr weniger senkrecht zur Längsrichtung des Lagers verlaufenden Hyphen gebildet, pseudoparenchymatisch.
      I. Markschichte aus längslaufenden Hyphen zusammengesetzt.
        1. Markschicht lockerer, nicht hornartig; Fulkren endobasidial, Apothezien unbekannt . . . . 10. **Thamnolia**.
        2. Markschicht hornartig-knorpelig.
          * Lager niedrig, podezienförmig, rasig oder fast korallenartig, Apothezien unbekannt . . . . 11. **Siphula**.
          ** Lager strauchartig, mehr weniger verlängert, Apothezien bekannt.
            † Lager dorsiventral ohne Faserästchen, Markschichte von der Rinde nicht ablösbar . . . . 2. **Everniopsis**.
            †† Lager radiär gebaut, zumeist mit Faserästchen, Markschichte von der Rinde leicht ablösbar . . . . 9. **Usnea**.
      II. Markschicht aus unregelmäßig verlaufenden Hyphen gebildet, spinnwebig.
        1. Lager mehr weniger ausgehöhlt.
          * Lager aufgeblasen walzig . . . . 5. **Dactylina**.
          ** Lager nicht aufgeblasen walzig.
            ÷ Lager strauchartig, mehr weniger aufrecht . . . . 4. **Dufourea**.
            †† Lager podezienförmig, rasig, fast korallenartig, Apothezien unbekannt
12. **Endocena**.
        2. Lager nicht ausgehöhlt, dorsiventral, abgeflacht . . . . 1. **Evernia**.
  b. Markschicht ungleichartig, spinnwebig, von ihrer Zahl und Größe nach wechselnden soliden Marksträngen durchzogen . . . . 3. **Letharia**.

1. Evernia Ach. (*Evernia* *Archevernia Th. Fr.) Lager strauchig, aufrecht oder hängend, mit einer Haftscheibe an die Unterlage befestigt, ohne Rhizinen, verzweigt, dorsiventral, Lappen abgeflacht, allseits berindet, Rinde dünn, aus senkrecht zur Oberfläche verlaufenden, verästelten und septierten Hyphen gebildet, Zellen klein oder undeutlich; Gonidienschicht unter der oberen Rinde liegend, mit gehäuften Protococcus-Gonidien; Markschicht gleichmäßig lockerfilzig. Apothezien seiten- oder fast endständig, sitzend oder sehr kurz gestielt, schüsselförmig, vom Lager berandet, Scheibe mit dem Lager nicht gleichfarbig; Hypothezium farblos, unter demselben Gonidien; Paraphysen dick, gegliedert, unverzweigt; Schläuche keulig, 8 sporig; Sporen farblos, einzellig, klein, ellipsoidisch, dünnwandig. Behälter der Pyknokonidien randständig, eingesenkt, Gehäuse oben dunkel oder schwärzlich; Fulkren endobasidial; Pyknokonidien nadelförmig, gerade.

2 Arten, den gemäßigten Gebieten angehörig.

E. prunastri (L.) Ach., Lager weißlich oder grünlichweiß, aufrecht oder aufstrebend, schlaff, mit weißen Soredien besetzt, an Baumrinden sehr häufig. Die Flechte findet in Frankreich zur Erzeugung eines Parfüms, »Mousse des chênes«, Verwendung.

2. **Everniopsis** Nyl. Lager strauchig, niedergedrückt oder fast aufstrebend, mit einer Haftscheibe an die Unterlage befestigt, ohne Rhizinen, wiederholt gabelig geteilt, Lagerlappen abgeflacht, ringsum pseudoparenchymatisch berindet, Gonidienschicht mit Protococcus-Gonidien, Markschicht breit, knorpelig-hornartig, aus längslaufenden Hyphen hervorgegangen. Apothezien groß, breiter als die Lagerlappen, randständig, becherförmig, vom Lager berandet, Gehäuse außen knickfaltig, Scheibe vertieft, mit dem Lager nicht gleichfarbig; Hypothezium hell, unter demselben Gonidien; Paraphysen fädlich, unverzweigt, unseptiert; Schläuche 8 sporig; Sporen farblos, ellipsoidisch bis eiförmig, einzellig, dünnwandig. Behälter der Pyknokonidien randständig; Gehäuse dunkel; Fulkren endobasidial, einfach oder gegabelt, wenigzellig; Pyknokonidien schmal hantelförmig, gerade.

1 Art, *E. trulla* (Ach.) Nyl., mit oben bassgelblichem bis fleischlichrötlichem, unten weißem, gegen die Basis dunklem Lager, in Zentral- und Südamerika.

3. **Letharia** (Th. Fr.) A. Zahlbr. (*Chlorea* Nyl. (1854) von Lindl. (1826); *Evernia* **Letharia Th. Fr., *Nylanderaria* OK., *Rhytidocaulon* Nyl.) Lager strauchig, mit einer Haftscheibe an die Unterlage befestigt, ohne Rhizinen, verzweigt, symmetrisch, Lagerabschnitte fast drehrund oder abgeflacht, allseitig berindet, Rinde aus senkrecht zur Oberfläche verlaufenden und verzweigten Hyphen gebildet, Zellen sehr klein; Gonidien allseitig unter der Rinde liegend. Protococcus-Gonidien gehäuft; Markschicht spinnwebig, zumeist von in der Größe und Zahl wechselnden soliden Marksträngen oder Fäden durchzogen oder fast solid. Apothezien und Pyknokonidien wie bei *Evernia*.

8 Arten, in den gemäßigten Zonen und im Mediterrangebiet.

L. vulpina (L.) Wainio, Lager stark verzweigt, grünlichgelb, mit pfriemlichen Sekundärästen, Apothezien in den Achseln der Lagerverzweigungen, Scheibe braun, auf Baumrinden im arktischen Gebiete und in den Hochgebirgen, wurde in Skandinavien als Gift zur Tötung der Wölfe verwendet; *L. divaricata* (L.) Hue, Lager hängend, schlaff, Lageräste eckig-drehrund, weißlich oder gelblich, Rinden querrissig, ohne Soredien, auf Baumästen im Gebirge.

4. **Dufourea** (Ach.) Nyl. Lager rasig, strauchartig, dichotom verzweigt, Lagerabschnitte zusammengedrückt, an den Spitzen stumpf, radiär gebaut, allseitig berindet, Rinde aus senkrecht zur Oberfläche laufenden, etwas undeutlichen, spärlich verzweigten, septierten Hyphen gebildet, Markschicht spinnwebig, innen zumeist hohl, Protococcus-Gonidien unter der Rinde liegend, gehäuft; Rhizinen fehlen. Apothezien (nur für eine Art bekannt) seitenständig, sehr kurz gestielt, kreisrund, vom Lager berandet; Scheibe hell, mit dem Lager nicht gleichfarbig; Hypothezium hell, schmal; Paraphysen verleimt; Schläuche eiförmig-keulig, 6—8 sporig; Sporen farblos, einzellig, dünnwandig. Behälter der Pyknokonidien flächenständig, sitzend, halbkugelig bis fast kegelförmig, schwarz, klein; Fulkren exobasidial; Pyknokonidien stäbchenförmig, leicht gekrümmt.

2—3 Arten in alpinen Lagen. *D. madreporiformis* (Wulf.) Ach., mit gelblichem, glänzendem Lager in den Hochgebirgen Europas, Nordamerikas und Chinas.

5. **Dactylina** Nyl. Lager aufrecht, niedrig, wenig verzweigt, seltener einfach, aufgeblasen röhrig, häutig, hell, hohl, mit etwas abgerundeten oder fast zugespitzten Spitzen, radiär gebaut, allseitig berindet, Rinde kleinzellig-pseudoparenchymatisch, Zellen rund und dickwandig, aus senkrecht zur Längsrichtung laufenden Hyphen hervorgegangen;

Markschicht locker, sehr schmal, die Protococcus-Gonidien liegen unter der Rinde, sie sind gehäuft und bilden keine zusammenhängende Schicht. Apothezien endständig, sitzend, schüsselförmig, vom Lager berandet; Scheibe braun; Paraphysen verklebt, einfach; Hypothezium hell, einer Gonidienschicht aufliegend; Schläuche 8 sporig; Sporen kugelig, farblos, klein.

1 Art, *D. arctica* (Hook.) Nyl. (Fig. 113), über Moosen und auf der Erde in der arktischen Region.

6. Alectoria Ach. (*Bryopogon* Link, *Setaria* Ach. pr. p.) Lager hängend, niederliegend oder mehr weniger aufrecht, mit einer Haftscheibe an die Unterlage befestigt, zumeist stark verlängert, stielrund oder etwas abgeflacht, seltener kantig, hell oder dunkel, radiär gebaut; allseitig gleichmäßig berindet, Rinde hornig, aus längslaufenden, verklebten Hyphen gebildet; Markschicht ebenfalls aus längslaufenden Hyphen zusammengesetzt, die Mitte des Lagers einnehmend, locker spinnwebig, zusammenhängend

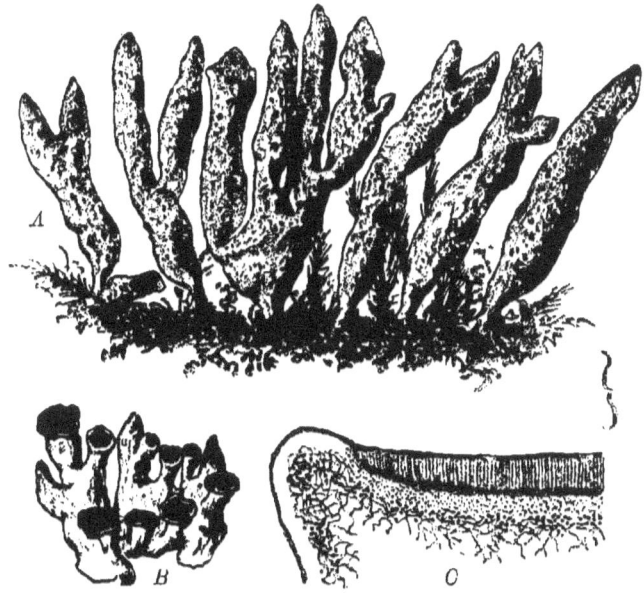

Fig. 113. *Dactylina arctica* (Hook.) Nyl. *A* Habitusbild (1/1). *B* Fertile Lagerspitze (2/1). *C* Durchschnitt eines Apotheziums (60/1). (Nach Reinke.)

oder Lücken aufweisend, von der Rinde sich nicht ablösend; Gonidien zu Protococcus gehörig, unter der Rinde liegend. Pseudozyphellen und Sorale nicht selten. Apothezien seitenständig, einem kurzen, geknickten oder endlich aufrechten Lagerästchen aufsitzend, vom Lager berandet, Rand nackt oder bewimpert, sitzend oder fast gestielt, schüsselförmig; Scheibe braun bis schwärzlich; Hypothezium hell, einer Gonidienschicht auflagernd; Paraphysen verzweigt und anastomisierend; Schläuche 4—8 sporig; Sporen einzellig, ellipsoidisch, farblos oder bräunlich, dünnwandig. Behälter der Pyknokonidien in kleine Lagerwärzchen versenkt; Fulkren endobasidial, wenig verzweigt, gegliedert; Pyknokonidien kurz, gerade, an ihren beiden Spitzen etwas verdickt.

Bis 20 rinden- und erdbewohnende Arten, den kalten, gemäßigten Gebieten und den Hochgebirgen angehörig.

Sekt. I. *Bryopogon* (Link) A. Zahlbr. (*Alectoria* A., *Hyalosporae* Sacc.). Lager hell oder dunkel, Markschicht ohne Lücken oder ausgehöhlt, Schläuche 8 sporig, Sporen farblos.

A. *jubata* (L.) Nyl. (Fig. 114 A), Lager fadenförmig, geschmeidig, hängend oder niederliegend, olivenbraun bis braunschwarz, glatt, wiederholt gabelästig, mit gleichfarbigen Spitzen, Rinde durch Kalilauge nicht gefärbt, auf Rinden und Holz in den kälteren Gebieten und in den Hochgebirgen weit verbreitet und veränderlich; *A. implexa* (Hoffm.) Nyl., der vorhergehenden ähnlich, Rinde durch Kalilauge gelb gefärbt, ebenfalls sehr häufig und mit der vorhergehenden auf den Nadelbäumen ansehnliche Bürte bildend; *A. bicolor* (Ehrh.) Nyl., Lager aufrecht, fast starr, strauchartig, sparrig verästelt, braunschwarz, mit hellen Spitzen, auf Steinen und Rinden; *A. sulcata* (Lév.) Nyl., Lager aufrecht, hohl, weißlich, Spitzen bräunlichschwarz, Äste mehr weniger abgeflacht, spreitzend, Apothezien spärlich bewimpert, auf Rinden in Ostindien, China und Japan; *A. luteola* Del., Lager stroh- bis ockergelb, Madeira.

Sekt. II. *Eualectoria* A. Zahlbr. Lager hell, Markschicht stets mit Lücken, Schläuche 4 sporig, Sporen bräunlich.

A. sarmentosa Ach., Lager hängend, geschmeidig, wiederholt gabelästig verzweigt, nackt oder sorediös, hell grünlichgelb, mit langen, feinen, gleichfarbigen Spitzen, Apothezien klein, braun, auf Rinde und Holz in den kälteren und gemäßigten Gebieten; *A. ochroleuca* (Ehrh.) Nyl. (Fig. 114 B), Lager strauchig, aufrecht, starr, glatt, wiederholt gabelästig, mit Soredien, hellgelb, mit kurzen, zurückgebogenen, schwärzlichen Spitzen, Apothezien kastanienbraun, mittelgroß, in alpinen Lagen der Erde, Steinen oder auf Wurzeln häufig.

7. Oropogon Th. Fries. (*Alestia* Trev.) Lager wie bei der vorhergehenden Gattung, auch die Apothezien ähnlich, die Schläuche jedoch einsporig und die Sporen groß, mauerartig vielteilig, anfangs farblos, später braun.

1 Art, *O. loxensis* (Fée) Th. Fries, Lager braun, aufrecht oder niederliegend, an Rinden in den subtropischen und tropischen Gebieten.

8. Ramalina Ach. (*Cenozosia* Mass., *Chlorodictyon* J. Ag.*), *Desmazieria* Mont.) Lager strauchartig, aufrecht oder hängend, mit einer Haftscheibe an die Unterlage befestigt, verzweigt, ausnahmsweise fast blattartig, Lagerabschnitte drehrund oder

Fig. 114. *A Alectoria jubata* (L.) Nyl., Habitusbild (1/1). — *B Alectoria ochroleuca* (Ehrh.) Nyl., Fulkren und Pyknokonidien (stark vergrößert). (*A* nach Reinke, *B* nach Crombie.)

mehr weniger abgeflacht; allseits berindet, Rinde knorpelig, in der Regel aus verzweigten, dickwandigen, verklebten, mehr weniger senkrecht zur Längsachse verlaufenden Hyphen gebildet, seltener aus parallel zur Längsachse laufenden, dickwandigen und verklebten Hyphen zusammengesetzt; die Rinde wird zumeist nach innen von einem mechanischen Gewebe (»innere Rinde«) verstärkt, welches aus parallel zur Längsachse laufenden, dickwandigen, verklebten Hyphen gebildet, entweder zu einem kontinuierlichen Ring zusammengeschlossen ist oder sich in isolierte, längslaufende Pfosten auflöst; die Markschicht ist spinnwebig und füllt entweder den ganzen innersten Raum des Lagers aus, oder sie ist sehr schmal, füllt die zwischen dem mechanischen Gewebe und der Rinde liegenden Lücken aus oder schmiegt sich nach innen dem letzteren an, so daß der Innenraum des Lagers ausgehöhlt ist; die Protococcus-Gonidien liegen an der äußersten Markgrenze; Sorale sind nicht selten, außerdem kommen auch Durchbrechungen der Rinde vor, und an diesen Stellen tritt die Markschicht zutage (»Atemporen«). Apothezien end- oder seitenständig, im letzteren Falle oft an kurzen, zurückgebogenen Lagerab-

---

*) Vergleiche I. Teil, Abteil. 2, S. 135—136.

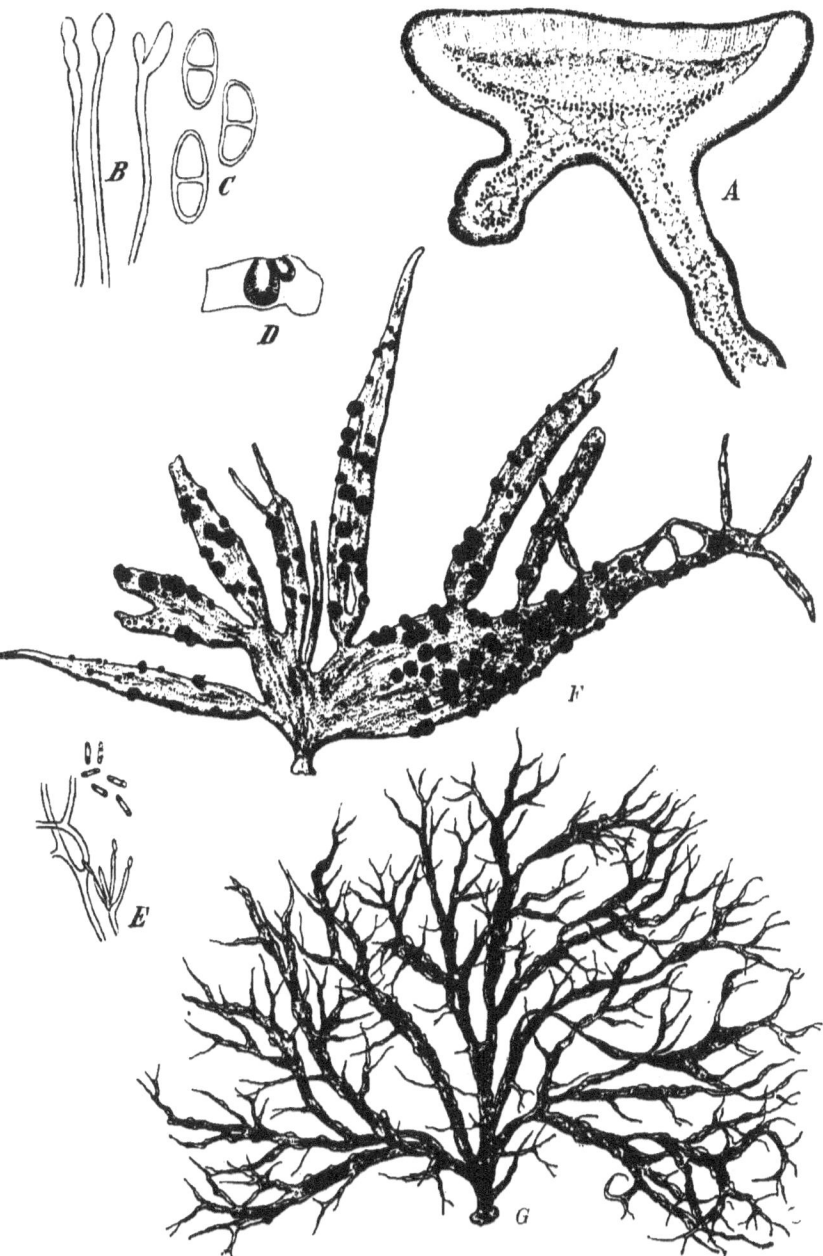

Fig. 115. *A—E Ramalina fraxinea* Ach. *A* Querschnitt durch ein Apothezium (schwach vergrößert). *B* Paraphysen. *C* Sporen. *D* Schnitt durch die Behälter der Pyknokonidien. *E* Fulkren, Anaphysen und Pyknokonidien (stark vergrößert). — *F Ramalina yemensis* (Ach.) Nyl., Habitusbild (1/1). — *G Ramalina farinacea* Ach., Habitusbild (1/1). (*B—C* Original, *D—E* nach Crombie, *A*, *F—G* nach Reinke.)

schnitten und scheinbar endständig, becher- oder schildförmig; Gehäuse berindet, Gonidien und Mark einschließend; Scheibe hell, bereift oder nackt; Hypothezium hell, aus dicht verfilzten Hyphen gebildet, der Markschicht aufliegend; Paraphysen verklebt, einfach; Schläuche 8 sporig; Sporen farblos, länglich, ellipsoidisch bis spindelförmig, gerade oder gekrümmt, dünnwandig, 2- ausnahmsweise 4 zellig. Behälter der Pyknokonidien hell oder schwarz, im letzten Falle kugelig oder halbkugelig, mehr weniger in das Lager versenkt; Fulkren exobasidial, wenig verzweigt, mit untermischten Anaphysen; Pyknokonidien kurz, walzig oder zylindrisch, gerade.

Bis 100 auf Rinden und Felsen, selten auf dem Erdboden lebende Arten, welche über die ganze Erde verbreitet sind.

Sekt. I. *Ecorticatae* Stnr. (*Alectoria* B. *Hyalodidymae* Sacc.). Rinde aus längslaufenden, dickwandigen, verklebten Hyphen gebildet; mechanisches Gewebe nicht vorhanden. *R. arabum* (Ach.) Mey. cl. Fw., Lager strauchig, vom Grunde verzweigt, Lageräste fast drehrund, Sporen gerade, Behälter der Pyknokonidien dunkel, an Felsen und Baumrinden im Mediterrangebiet in den subtropischen und tropischen Regionen. — Ob *R. thrausta* (Ach.) Nyl., eine in den Alpen nicht seltene, auf Bäumen lebende Flechte, bei dieser Gattung zu verbleiben hat oder in die Gattung *Alectoria*, welche denselben Rindenbau besitzt, unterzubringen sei, lässt sich so lange nicht mit Sicherheit entscheiden, bis nicht fruchtende Stücke aufgefunden werden.

Sekt. II. *Corticatae* Stnr. (*Ramalina*, *Cenozosia und **Desmazieria Stizbg.). Rinde aus verzweigten, dickwandigen, mehr weniger senkrecht zur Längsachse des Lagers verlaufenden Hyphen zusammengesetzt; mechanisches Gewebe nicht vorhanden; Behälter der Pyknokonidien schwarz, kugelig.

A. Markschicht wenig entwickelt, Lager hohl: *R. inanis* Mont., Lager gelblich, fast glänzend, weich, Lageräste rund, Sporen spindelförmig oder fast stäbchenförmig, auf Rinden in Südamerika.

B. Markschicht gut ausgebildet, den Innenraum des Lagers ausfüllend. *R. ceruchis* (Ach.) DNotrs., Lager blassgelb, Lageräste drehrund, Sporen länglich, gerade oder gekrümmt, auf Rinden und Felsen in Südamerika; *R. evernioides* Nyl., Lager grünlichweiß, am Grunde einblätterig und erst weiter oben verzweigt, Lagerabschnitte abgeflacht, Unterseite sorediös entblößt, Sporen 2—4 zellig, an Felsen und auf der Erde im Mediterrangebiet.

Sekt. III. *Euramalina* Stizbg. (*Ramalina* Sekt. *Bitectae* Stnr.). Rinde aus verzweigten, dickwandigen, mehr weniger senkrecht zur Längsachse verlaufenden Hyphen gebildet, mechanisches Gewebe entwickelt. Behälter der Pyknokonidien in der Regel hell, ausnahmsweise schwarz und halbkugelig.

1. *Fistularia* Wainio. Lagerabschnitte mehr weniger aufgeblasen, hohl, Rinde häufig durchbrochen.

R. inflata (Hook. et Tayl.) Nyl., Lager aufrecht, niedrig, Lagerabschnitte drehrund, ohne Sorale, Apothezien groß, auf Felsen in Japan, Südamerika und Neuseeland; *R. dilacerata* Hoffm., Lager strauchig, niedrig, Lageräste etwas abgeflacht, längsnervig, mit seitenständigen Soralen besetzt, in kälteren und gemäßigten Gebieten an Bäumen; *R. carpathica* Körb., Lager gelblich, starr, glänzend, Lageräste etwas flach, mit schwarzen Spitzen, Gehäuse und Rand der Apothezien schwarz, an Felsen in Nordungarn, Siebenbürgen und in der Bukowina.

2. *Myelopoea* Wainio. Markschicht spinnwebig, das Innere des Lagers ausfüllend oder nur einzelne Lücken freilassend.

A. *Teretiusculae* Wainio. Lageräste drehrund oder kantigrund. *R. gracilis* (Pers.) Nyl., Lager mehr weniger aufrecht, etwas kantig, ohne Soredien, auf Rinden unter den Tropen; *R. rigida* (Pers.) Ach., Lager fast aufrecht, Äste drehrund, mit Soredien besetzt, an Bäumen in Westindien.

B. *Compressiusculae* Wainio. Lagerabschnitte abgeflacht oder zweischneidig. a) Lageräste lang, schmal, oft gedreht: *R. usneoides* (Ach.) E. Fries, Lager hängend, Äste flach, lineal, längsnervig, Apothezien klein, Sporen gerade oder kaum gekrümmt, an Baumrinden unter den Tropen weit verbreitet. b) Lagerabschnitte kurz, schmal; *R. gracilenta* Ach., Lager aufrecht oder niederliegend, Lagerabschnitte glatt, mit weißlichen Längsstreifen, Sporen gerade, zugespitzt, im wärmeren Amerika und Asien. c) Lagerabschnitte mittellang, gewöhnlich breit, längsnervig, mitunter rinnenförmig: *R. complanata* (Sw.) Ach., Lager glänzend, warzig, vom Grunde aus verzweigt, längsnervig, flach oder schwach rinnenförmig, Markschicht durch Kalilauge nicht gefärbt, Sporen gerade oder schwach gekrümmt, unter den Tropen, an Bäumen; *R. calicaris* (L.) E. Fries, (Fig. 116 C), Lager aufrecht, starr, glänzend, längsnervig, rinnenförmig, Sporen gerade, an Baumrinden, weit verbreitet; *R. farinacea* Ach., (Fig. 115 G und Fig. 116 B), Lager aufrecht oder hängend, glänzend, steif, Lageräste verhältnismäßig schmal, am Rande mit weißen Soralen besetzt, Sporen gerade, kosmopolitisch; *R. fraxinea* Ach., (Fig. 115 A—E), Lager grünlichgrau, etwas starr, längsnervig, zugespitzt, nervig, Sporen gekrümmt, eine veränderliche und weit verbreitete Flechte; *R. populina* (Ehrb.) Wainio (Syn. *R. fastigiata* Ach.), Lager etwas starr, geglättet oder längsnervig, Lagerabschnitte kurz, gebüschelt, Sporen gekrümmt, eine häufige Art; *R. pollinaria* Ach., Lager grünlichgrau, schlaff, grubig oder längsfaltig, mit flächenständigen, weißen Soredien, an Rinden, Felsen und Mauern in den gemäßigten Gebieten häufig; *R. strepsilis* (Ach.) A. Zahlbr., Lagerspitzen kopfig sorediös, an Felsen in Europa; *R. yemensis* (Ach.) Nyl., (Fig. 115 F), Lager aufrecht oder hängend, Lagerabschnitte breit, zugespitzt, am Rande verästelnd, längsnervig, Sporen gerade, auf Rinden unter den Tropen; *R. reticulata* (Noehd.) Krph. (I. Teil, Abteil. 2, Fig. 88), Lagerabschnitte breit, netzartig durchbrochen, an Bäumen in Kalifornien. d) Lagerabschnitte zumeist kurz oder mittellang, rundlich oder zusammengedrückt, grubig, Bewohner der Meeresstrandfelsen: *R. scopulorum* (Retz.) Nyl., Lager strohgelb, glänzend, vom Grunde verzweigt, Markschichte durch Kalilauge rot, ohne Sorale, in den gemäßigten und subtropischen Regionen; *R. Curnowii* Crombie, Lager starr, flach, schmal, Behälter der Pyknokonidien schwarz.

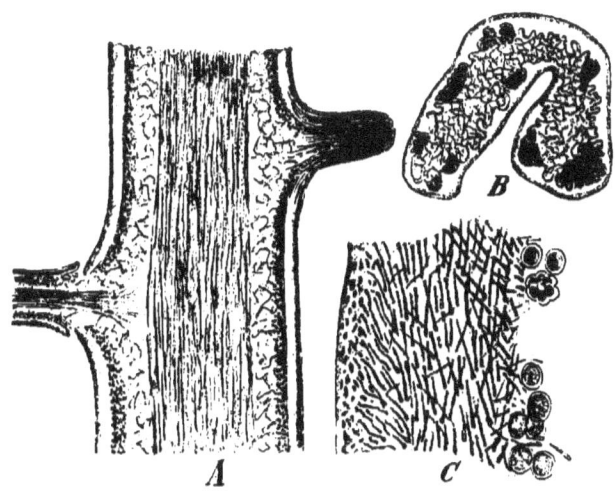

Fig. 116. *A Usnea florida* (L.) Hoffm., Längsschnitt durch das Lager (40/1). — *B Ramalina farinacea* Ach., Querschnitt durch das Lager (36/1). — *C Ramalina calicaris* (L.) E. Fries, Längsschnitt durch die Rinde und das mechanische Gewebe (515/1). (Nach Schwendener.)

9. **Usnea** (Dill.) Pers. (*Eumitria* Strtn., *Neuropogon* Fw. et Nees.) Lager strauchig oder südlich, aufrecht oder hängend, ohne Rhizinen, mit einer aus der zentralen Markschicht hervorgegangenen Haftscheibe an die Unterlage befestigt, selten einfach, in der Regel verzweigt, Lageräste drehrund oder kantig, nackt oder mit abstehenden Faserästchen mehr weniger besetzt, glatt, rauh, körnig oder warzig, radiär gebaut; Rinde hornartig, brüchig, aus unregelmäßig oder fast wagerecht verlaufenden, verzweigten, septierten, dickwandigen und verklebten Hyphen gebildet; äußere Markschicht spinnwebig, locker, aus dünnwandigen, unregelmäßig verlaufenden Hyphen zusammengesetzt; innere Markschicht hornig, einen soliden, zentralen, von der äußeren Markschicht sich leicht loslösenden Strang bildend, welcher nur selten stellenweise lückenartig ausgehöhlt und aus längslaufenden, dickwandigen, dicht verklebten Hyphen hervorgegangen ist; die Gonidienschichte bildet einen geschlossenen Zylindermantel und liegt unterhalb der

1. Rinde, die Gonidien gehören zu Protococcus; Soredien treten häufig auf und bilden zuweilen Soredialäste; höckerige Pseudozephalodien (ohne Gonidien) sitzen manchmal dem Lager seitlich auf. Apothezien kreisrund, zumeist groß und ansehnlich, seiten- oder scheinbar endständig, schildförmig, mit heller, oft bereifter, seltener dunkler Scheibe, vom Lager berandet, berindet, in der Regel bewimpert; Hypothezium dünn, knorpelig, hell, unter demselben Gonidien; Paraphysen verklebt, verzweigt und gegliedert; Schläuche 8sporig; Sporen farblos, klein, ellipsoidisch bis fast kugelig, einzellig, dünnwandig. Behälter der Pyknokonidien seitenständig, in das Lager versenkt oder leicht hervorragend, hell oder dunkel; Fulkren exobasidial, wenig verzweigt; Pyknokonidien spindel- bis nadelförmig, seltener zylindrisch, gerade.

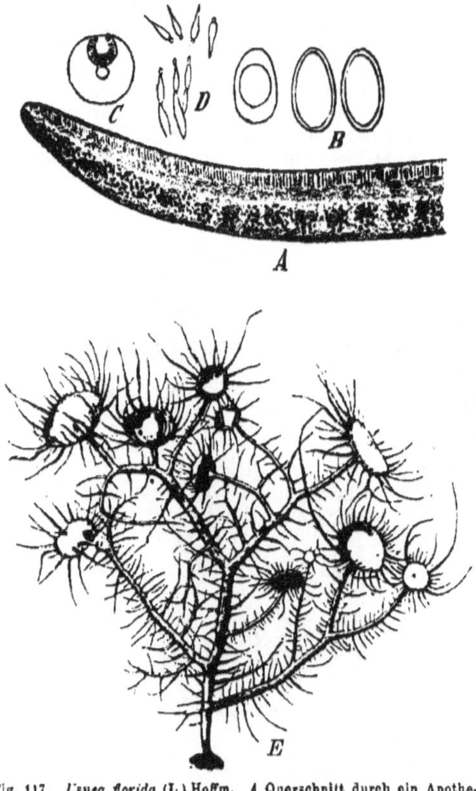

Beschrieben bis 100 Arten, von welchen viele jedoch nur als Varitäten und Formen zu betrachten sind; als Rinden-, seltenere Felsbewohner über die ganze Erde zerstreut.

A. Scheibe der Apothezien hell, blass: *U. florida* (L.) Hoffm., (Fig. 116 A und Fig. 117), Lager grau bis gelblich, aufrecht, mit Faserästchen reichlich besetzt, Apothezien groß, am Rande dicht mit Wimpern besetzt, eine außerordentlich abändernde und weit verbreitete Flechte; *U. ceratina* Ach., Lager weißlich bis gelblich, hängend, aufrecht oder niederliegend, starr, vom Grunde aus verzweigt, Primäräste mehr weniger fibrillös und stets warzig und rauh, Apothezien ohne Wimpern, auf Steinen und Rinden in den gemäßigten und warmen Regionen häufig, in den kalten Regionen fehlend; *U. articulata* (L.) Hoffm., Lager hängend, lang, Primäräste drehrund, glatt, grubig, zumeist ohne Fibrillen, Rinde querrissig, das Lager dadurch gegliedert, Apothezien am Rande bewimpert, mit Ausnahme der arktischen und antarktischen Regionen an Baumrinden weit verbreitet; *U. angulata* Ach., Lager mehr weniger grau, hängend, lang, mäßig starr, wenig verzweigt, Primäräste zuerst fast vierkantig, später rippig-kantig, Apothezien bewimpert, an Rinden in subtropischen und tropischen Gebieten; *U. dasypoga* (Ach.) Nyl., Lager weißlich bis gelblich, hängend, geschmeidig, vom Grunde aus verzweigt, Primäräste oft querrissig, kleinkörnig, mit kürzeren oder längeren Faserästchen besetzt, Apothezien bewimpert, auf Rinden, weit verbreitet, ihre var. *plicata* (Hoffm.) Hue, welche ebenfalls sehr häufig auftritt, unterscheidet sich durch dünnere, weniger verzweigte, fast glatte Primäräste; *U. trichodea* Ach., Lager weißlichgrau oder weißlichgelb, fadenförmig, hängend, Primäräste dichotom verzweigt, glatt, mit senkrecht abstehenden Faserästchen besetzt, Apothezien bewimpert, rindenbewohnend in den subtropischen und tropischen Regionen; *U. longissima* Ach., Lager sehr lang, fadenförmig, hängend, geschmeidig, hellgraugrün, Primäräste unverzweigt, mit abstehenden Faserästchen dicht bekleidet, Apothezien bewimpert, auf Rinden in den kälteren und gemäßigten Gebieten.

Fig. 117. *Usnea florida* (L.) Hoffm. *A* Querschnitt durch ein Apothezium (schwach vergrößert). *B* Sporen. *C* Querschnitt durch einen Behälter der Pyknokonidien. *D* Fulkren und Pyknokonidien. *E* Habitusbild (1/1). (*A—B* Original, *C—D* nach Crombie, *E* nach Reinke.)

B. Scheibe der Apothezien dunkel oder schwarz: *U. sulphurea* (Koen.) Th. Fr., Lager aufrecht, strauchig, gelb oder gelblich, glänzend, Primäräste schwarz geringelt, Apothezien nackt oder bewimpert, den arktischen und antarktischen Gebieten angehörig und daselbst auf der Erde oder auf Felsen gedeihend; *U. Soleirolii* (Duf.) Nyl., Lager grau, aufrecht, Apothezien seitenständig, Scheibe schwarz, auf Urgesteinsfelsen in dem Mediterrangebiet.

Gattungen unsicherer Stellung.

10. **Thamnolia** Ach. (*Cenomyce* * *Cerania* Ach. pr. p., *Cerania* S. Gray.) Lager strauchig, aufrecht oder niederliegend, mit einigen wenigen Rhizinen an die Unterlage befestigt, drehrund oder etwas zusammengedrückt, pfriemenförmig, einfach oder nur spärlich verzweigt, röhrig, radiär gebaut, allseits gleichmäßig berindet, Rinde pseudoparenchymatisch, aus vorherrschend senkrecht zur Längsrichtung verlaufenden Hyphen gebildet, Markschicht schmal, aus längslaufenden Fasern zusammengesetzt, innen ausgehöhlt, die Pleurococcus-Gonidien liegen unterhalb der Rinde. Der Bau der Apothezien ist noch nicht sichergestellt; nach Th. Fries wären sie vom Baue der Cladonienapothezien, jedoch endständig gehäuft; Massalongo beschreibt sie als endständig, gehäuft,

Fig. 115. *Thamnolia vermicularis* (Sw.) Ach. *A* Habitusbild (1/1). *B* Fulkren und Pyknokonidien (500/1). (*A* Original, *B* nach Crombie.)

ohne Gehäuse, Hymenien von einer durchlöcherten Rindenschicht bedeckt, die Sporen einzellig, farblos; nach Minks endlich wären sie pyrenokarp und säßen zu mehreren in seitenständigen, abgeflachten Stromen. Gehäuse der Pyknokonidien seitenständig, in kleine Wärzchen versenkt; Gehäuse hell; Fulkren endobasidial, dicht gegliedert; Pyknokonidien kurz, zylindrisch, gerade oder leicht gekrümmt.

1 Art, *Th. vermicularis* (Sw.) Ach., (Fig. 118), mit weißem Lager, auf der Erde in den arktischen Gebieten und in den Hochgebirgen der ganzen Erde, häufig.

11. **Siphula** E. Fr. (*Siphonia* E. Fr.) Lager aufrecht oder niederliegend, mit spärlichen Rhizinen an die Unterlage befestigt, Podezien rasig oder fast korallenartig, wenig verzweigt oder einfach, niedrig, mehr weniger abgeflacht, flach oder stielrund; allseitig berindet, Rinde pseudoparenchymatisch; die Protococcus-Gonidien liegen unter der Rinde in getrennten Häufchen; Markschicht solid, kräftig entwickelt, aus längslaufenden, dicht verklebten Hyphen gebildet. Apothezien und Pyknokonidien unbekannt.

14, über die ganze Erde verbreitete Arten.

S. ceratites (Wnbg.) E. Fr., Lager weißlich, zylindrisch, Lageräste stumpf, auf der Erde in den arktischen Gebieten und Himalaya; *S. torulosa* Nyl., Lager weißlich, abgeflacht, faltig, auf der Erde und auf Holz in Südafrika, Australien und auf den Sandwichinseln.

12. Endocena Cromb. Von der Gattung *Siphula* durch die lückenartig oder ganz ausgehöhlte Markschicht verschieden. Apothezien und Pyknokonidien unbekannt.

1 Art, *E. informis* Cromb., Lager weißlich, niedrig, fast aufrecht oder niederliegend, auf dem Erdboden, Patagonien.

Caloplacaceae.

Lager krustig, einförmig, am Rande gelappt oder infolge podezienartiger Verlängerung und Verzweigung der Lagerfelder zwergig-strauchig, mit den Hyphen des Vorlagers oder der Markschicht an die Unterlage befestigt, geschichtet, ausnahmsweise homöomerisch, mit Pleurococcus-Gonidien, in der Regel unberindet. Apothezien kreisrund, sitzend oder eingesenkt, vom Lager berandet oder nur ein eigenes, gonidienloses Gehäuse besitzend; Epithezium körnig oder pulverig, zumeist Chrysophansäure enthaltend und durch Kalilauge purpur oder violett gefärbt. Paraphysen einfach, septiert, an den Spitzen zumeist verdickt, mehr weniger locker; Schläuche normal 8sporig, Sporen farblos, polar zweizellig oder drei- bis vierzellig, mit fast linsenförmigen Zellfächern, welche durch einen Isthmus verbunden sind, bei einigen wenigen Arten einzellig*). Fulkren endobasidial, dicht gegliedert, Pyknokonidien kurz, gerade.

Wichtigste Litteratur: A. Massolongo, Synopsis lichenum blasteniosporum (Flora, Band XXXV, 1852, S. 561—576). — Derselbe, Monografia dei Licheni blasteniospori (S. A. Venezia, 1853, 8⁰ 131 S., 6 Taf.). — W. Nylander, Note sur nouveau Lichen, Placodium medians. (Bullet. Sociét. Botan. France, tome IX, 1862, S. 262). — F. Arnold, Lichenologische Fragmente. XVIII (Flora, Band LVIII, 1875, S. 150—155, Taf. V) und XXV (a. o. a. O. Band LXIV, 1881, S. 306—314, Taf. VI).

Einteilung der Familie:

A. Apothezien mit eigenem, keine Gonidien einschließendem Gehäuse, biatorinisch oder lezideinisch . . . . 1. **Blastenia**.
B. Apothezien vom Lager berandet, lekanorinisch . . . . 2. **Caloplaca**.

1. Blastenia (Mass.) Th. Fr. (*Küttlingeria* Trevis., *Placodium* subgen. *Blastenia* Wainio). Lager krustig, einförmig, zusammenhängend, pulverig, körnig oder rissig, mit den Hyphen des Vorlagers und der Markschicht an die Unterlage befestigt, homöomerisch oder geschichtet, unberindet, mit Protococcus-Gonidien. Apothezien kreisrund, eingesenkt oder sitzend, hell oder dunkel, mit eigenem Gehäuse, welches keine oder ausnahmsweise einige wenige Gonidien einschließt; Epithezium körnig oder pulverig, durch Kalilauge violett oder purpur gefärbt; Hypothezium hell; Paraphysen einfach, mehr weniger locker, zumeist septiert, an den Spitzen kopfartig verdickt; Schläuche 4—16-sporig; Sporen farblos, ellipsoidisch bis länglich, polar zwei- seltener vierzellig, ausnahmsweise bei einigen Arten einzellig; Behälter der Pyknokonidien eingesenkt, kugelig; Fulkren endobasidial, reichlich gegliedert, an den Scheidewänden mehr minder eingeschnürt; Pyknokonidien kurz, zylindrisch, gerade, ausnahmsweise nadelförmig und gekrümmt.

Bis 60 auf Rinden, Felsen, über Moosen oder abgestorbenen Pflanzenresten lebende Arten, welche über die ganze Erde verbreitet sind.

Die scharfe Umgrenzung der Gattung gegenüber *Caloplaca* bietet dieselbe Schwierigkeit wie die Trennung der Gattungen *Lecanora* und *Lecidea*.

Sekt. I. *Protoblastenia* A. Zahlbr. Sporen einzellig.

Die hierher gehörigen Arten werden gewöhnlich bei Lecidea sect. Biatora oder bei Lecanora (im Sinne Nylander's) untergebracht; indes können sie schon wegen der endobasidialen Fulkren in diese Gattungen nicht eingereiht werden. Die Ausscheidung von Chrysophansäure in Verbindung mit dem Baue des pyknokonidialen Apparates weist ungezwungen auf Beziehungen zu *Blastenia* hin. Die Einzelligkeit der Sporen ist phylogenetisch betrachtet entweder das Primäre oder ein Rückschlag. Die Annahme der ersteren dürfte den natürlichen Verhältnissen näher kommen.

---

*) Die Arten mit einzelligen Sporen sind durch die endobasidialen Fulkren sofort von den Arten der Gattung *Lecidea*, bzw. *Lecanora* zu unterscheiden.

B. rupestris (Scop.) A. Zahlbr., Lager weißlich bis grünlichgrau, Apothezien eingesenkt bis sitzend und gewölbt, rotbraun; an Kalk- und Sandsteinfelsen in den gemäßigten Gebieten weit verbreitet.

Sekt. II. *Eublastenia* A. Zahlbr. Sporen zweizellig.

B. ferruginea (Huds.) Arn., Lager grau oder weißlich, körnig bis fast warzig, Apothezien flach, rostfarben, auf Rinden und Felsen häufig; *B. leucoraea* (Ach.) Th. Fr., Lager weißlichgrau, körnig-warzig, Apothezien bald stark gewölbt, fast kugelig, rostfarben, mit herabgedrücktem Rande, Schläuche 8 sporig; über abgestorbenen Moosen und Flechten, seltener auf Rinden in subalpinen und alpinen Lagen; *B. tetraspora* (Nyl.) Th. Fr., Schläuche 4 sporig, über Moosen; *B. alboprunosa* (Arn.) Th. Fr., Lager endolythisch, Apothezien grubig versenkt, flach oder nur schwach gewölbt, nackt oder bereift, an Kalkfelsen; *B. diphyes* (Nyl.) Th. Fr., Lager felderig-rissig, grau, Apothezien schwarz, Pyknokonidien nadelförmig und gekrümmt, an Urgestein in Mittel- und Südeuropa; *B. floridana* (Tuck.) A. Zahlbr., Lager dünn, fast geglättet oder schwach warzig, weißlich, Apothezien klein, eingesenkt, schwarz oder schwärzlich, Schläuche 8 sporig, an Rinden in Nord- und Südamerika.

Sekt. III. *Xanthocarpia* (Mass. et D Notrs.) A. Zahlbr., (*Xanthocarpia* Mass. et D Notrs.). Sporen vierzellig.

B. ochracea (Schaer.) A. Zahlbr., Lager weißlich, gelblich bis fast ockerfarbig, Apothezien sitzend, klein, orangegelb, an Kalk- und Dolomitfelsen in Mittel- und Südeuropa.

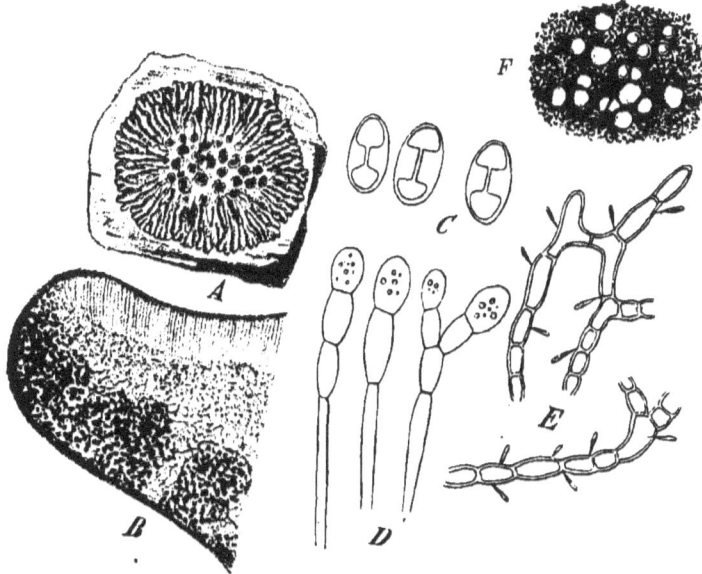

Fig. 110. *A—D Caloplaca murorum* (Hoffm.) Th. Fr. *A* Habitusbild (1/1). *B* Querschnitt durch ein Apothezium. *C* Sporen. *D* Paraphysen. — *E Caloplaca decipiens* (Arn.), Fulkren und Pyknokonidien. — *F Caloplaca citrina* (Hoffm.) Th. Fr., Habitusbild (1/1). (*A—D* Original, *E* nach Glück, *F* nach Reinke.)

2. **Caloplaca** Th. Fr. (*Placodium* Wainio). Lager krustig, mit den Hyphen des Vorlagers oder der Markschicht an die Unterlage befestigt, ohne Rhizinen, einförmig oder am Rande gelappt oder durch verlängerte Lagerschollen zwergig-strauchartig, zumeist gelb und durch Kalilauge purpur gefärbt, geschichtet, unberindet, die thallodisch höher entwickelten Formen oberseits oder auch unterseits berindet, Rinde pseudoparenchymatisch, aus senkrechten, verklebten und septierten Hyphen hervorgegangen, Zellen dünnwandig; Markschicht spinnwebig, aus dünnwandigen, verschlungenen Hyphen gebildet, mit Protococcus-Gonidien. Apothezien kreisrund, angedrückt oder sitzend, seltener eingesenkt, lekanorinisch, vom Lager berandet; Gehäuse unberindet und von einer pseudoparen-

chymatischen Rinde umkleidet, eine Markschicht und Gonidien einschließend; Epithezium körnig oder pulverig, in der Regel durch Kalilauge purpur oder violett gefärbt; Hypothezium hell, einer Gonidienschicht auflagernd; Paraphysen einfach, septiert, an den Spitzen mehr weniger kopfartig erweitert; Schläuche 8 sporig, Sporen farblos, ellipsoidisch, eiförmig oder im Umrisse rhombisch, normal polar-zweizellig, ausnahmsweise bei einigen Arten einzellig oder vierzellig, die Zellumina durch einen Isthmus verbunden. Gehäuse der Pyknokonidien eingesenkt, mit hellem Gehäuse; Fulkren endobasidial, dicht gegliedert; Pyknokonidien kurz, gerade, länglich bis zylindrisch.

Über 100 Arten, welche auf Rinden, Felsen, Holz und über Moosen leben und über die ganze Erde verbreitet sind.

Sekt. I. *Eucaloplaca* Th. Fr. (*Callopisma* D Notrs. non Mart., *Pyrenodesmia* Mass.). Lager krustig, einförmig, unberindet, Sporen polar-zweizellig.

A. Apothezien schwarz oder schwärzlich: *C. variabilis* (Pers.) Th. Fr., Lager schmutziggrau bis bräunlich, gefeldert, Apothezien eingesenkt, flach, bereift, an Kalkfelsen häufig.

B. Apothezien gelb bis rot: *C. aurantiaca* (Lghtf.) Th. Fr., Lager gelblich bis rötlichgelb, mehr weniger zusammenhängend oder rissig gefeldert, Scheibe orangegelb, mit ungeteiltem Rande, an Rinden und Felsen häufig und weit verbreitet, variabel, besonders an Kalkfelsen im Mediterrangebiet stark abändernd; *C. cerina* (Ehrh.) A. Zahlbr. (= *C. pyracea* [Ach.] Th. Fr.), Lager dünn, weißlich oder schmutziggrau, staubig bis körnig, Apothezien klein, sitzend, flach, dotter- bis orangegelb, auf Rinden, Holz und Felsen gemein; *C. gilva* (Hoffm.) A. Zahlbr. (= *C. cerina* [Ach.] Th. Fr.), Lager dünn, körnig-warzig, weißlich, grau bis graugrün, Vorlager blauschwarz, oft mächtig entwickelt, Apothezien sitzend, mit wachsbis dottergelber Scheibe und bleibendem, grauweißem Rande, auf Baumrinden, Holz und über Moosen häufig; *C. citrina* (Hoffm.) Th. Fr., (Fig. 119 *F.*), Lager körnig-staubig, im Zentrum rissig-gefeldert, zitronengelb oder schmutziggelbgrün, Apothezien angedrückt, bald gewölbt, gelb, Lagerrand körnig, endlich verschwindend, an Steinen, gern an Mauern, seltener an Rinden; *C. haematites* (Chaub.) Hellb., Lager grau, kleinwarzig, Vorlager schwärzlichblau, Apothezien flach, rostbraun, auf Rinden, besonders in wärmeren Lagen; *C. cinnabarina* (Ach.) A. Zahlbr., Lager felderig-rissig oder fast schuppig, dunkelorangegelb, Apothezien klein, angedrückt, orangegelb, auf Felsen in Nordamerika.

Sekt. II. *Triophthalmidium* (Müll. Arg.) A. Zahlbr. (*Callopisma* sect. *Triophthalmidium* Müll. Arg.) Lager einförmig; Sporen dreizellig, Lumina fast kugelig, durch einen Isthmus verbunden.

C. Brébissonii (Fée) A. Zahlbr., Lager dünn, weißlichgrau, Apothezien bräunlichgelb, mit dickem Rande, auf Rinden im tropischen Amerika.

Sekt. III. *Fulgensia* (Mass. et D Notrs.), A. Zahlbr. (*Fulgensia* Mass. et D Notrs., *Gyalolechia* Mass.). Lager am Rande gelappt, seltener warzig gelappt, Sporen einzellig. — Ein Analogon zu *Blastenia* sect. *Protoblastenia*.

C. fulgens (Sw.) A. Zahlbr., Lager am Rande gelappt, blaßgelb, Apothezien flach oder gewölbt, orangegelb, Epithezium durch Kalilauge purpur, auf kalkhaltiger Erde und über Moosen an sonnigen Stellen in den gemäßigten Gebieten häufig.

Sekt. IV. *Gasparrinia* (Tornab.) Th. Fr. (*Aglaopisma* D Notrs., *Amphiloma* Körb., *Gasparrinia* Tornab., *Lecanora* sect. *Placodium* Nyl., *Niospora* Mass.?) Lager am Rande gelappt, zumeist berindet, Sporen polar-zweizellig.

A. Lager durch Kalilauge nicht gefärbt: *C. medians* (Nyl.) Flag., Lager gelb, Sporen ellipsoidisch, an sonnigen Kalkfelsen und Mauern.

B. Lager durch Kalilauge purpur gefärbt: *C. cirrochroa* (Ach.) Th. Fr., Lager angepreßt, orangegelb, zuweilen weiß bereift, im Zentrum in goldgelbe Soredien aufbrechend, schmallappig, Apothezien klein, orangegelb, an Kalkfelsen nicht selten; *C. murorum* (Hoffm.) Th. Fr. (Fig. 119 *A — D*), Lager angepreßt, strahlig lappig, in der Mitte krustig, hell- oder dottergelb, Apothezien ellipsoidisch, an Felsen und Mauern häufig; *C. callopisma* (Ach.) Th. Fr., Lager angepreßt, strahlig lappig, Randlappen verbreitet, flach, zusammenfließend, Sporen im Umrisse rhombisch, an Kalkfelsen in sonnigen Lagen sehr häufig; *C. elegans* (Link.) Th. Fr., Lager angedrückt oder locker, strahlig lappig, gelbrot bis rot, Lappen linear, Früchte rundlich flach, auf Felsen weit verbreitet.

Sekt. V. *Thamnonoma* (Tuck.) A. Zahlbr. (*Placodium* sect. *Thamnonoma* Tuck.), Lager zwergig strauchig, dichotom oder unregelmäßig verzweigt, Äste drehrund oder abgeflacht, Sporen polar-zweizellig.

C. cladodes (Tuck.) A. Zahlbr., Lager niedrig, aufrecht, gelb, Apothezien klein, sitzend, schmutziggelb, Fruchtrand gekerbt, auf der Erde in alpinen Lagen Nordamerikas.

Theloschistaceae.

Lager blattartig, gelappt oder strauchig, mit Rhizinen oder mit einer Haftscheibe an die Unterlage befestigt, geschichtet, dorsiventral oder radiär gebaut, beiderseitig oder allseitig berindet, Rinde pseudoparenchymatisch oder aus längslaufenden Hyphen gebildet; Gonidien zu Pleurococcus gehörig. Apothezien kreisrund, sitzend, flächen-, end- oder seitenständig, vom Lager berandet; Epithezium körnig oder pulverig, zumeist Chrysophansäure enthaltend; Hypothezium hell; Paraphysen einfach, septiert; Schläuche 8sporig; Sporen farblos polar-zweizellig oder vierzellig, mit fast kugeligen oder linsenförmigen, durch einen Isthmus verbundenen Flächen. Fulkren endobasidial, dicht gegliedert; Pyknokonidien kurz, gerade.

Einteilung der Familie:

A. Lager blattartig, wagerecht ausgebreitet oder aufsteigend, dorsiventral, mit Rhizinen an die Unterlage befestigt, beiderseits pseudoparenchymatisch berindet . . . . 1. **Xanthoria**.
B. Lager strauchartig, mehr weniger aufrecht, radiär gebaut, allseitig berindet, Rinde aus verklebten längslaufenden Hyphen gebildet . . . . 2. **Theloschistes**.

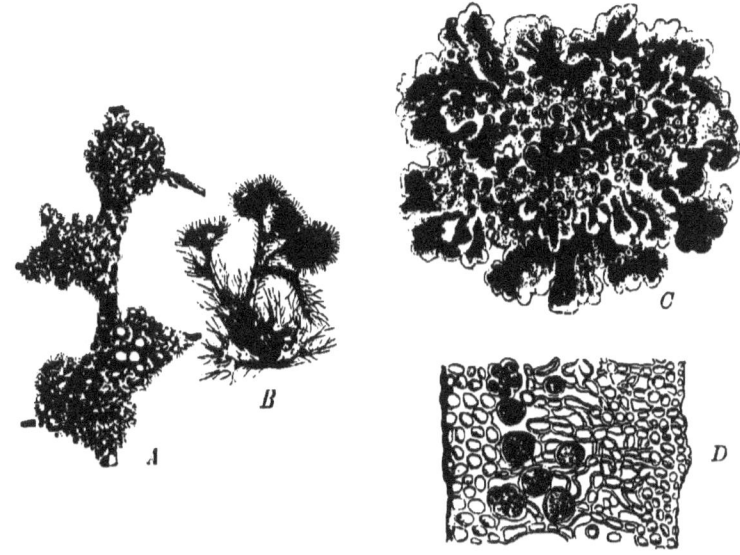

Fig. 120. *A—B Theloschistes chrysophthalmus* (L.) Th. Fr. *A* Habitusbild (1/1). *B* Fruchtender Lagerabschnitt (schwach vergrößert). — *C—D Xanthoria parietina* (L.) Th. Fr. *C* Habitusbild (1/1). *D* Querschnitt durch das Lager (stark vergrößert). (Original.)

1. **Xanthoria** (Th. Fr.) Arn. (*Blasteniospora* Trevis., *Parmelia* C. *Circinaria* Wallr. pr. p., *Parmelia* J. *Imbricaria* E. Fr. pr. p., *Physcia* sect. *Xanthoria* Hue, *Xanthoria* A. *Euxanthoria* Th. Fr.). Lager blattartig, wagerecht ausgebreitet oder aufsteigend, mit Rhizinen an die Unterlage befestigt, gelappt, geschichtet, dorsiventral, beiderseits berindet, Rinde pseudoparenchymatisch, aus senkrecht verlaufenden, septierten Hyphen hervorgegangen, Zellen dünnwandig; die Protococcus-Gonidien unterhalb der oberen Rinde liegend; Markschicht zum Teil locker, aus verzweigten, dünnwandigen Hyphen gebildet. Apothezien kreisrund, flächen- oder fast seitenständig, schüsselförmig, sitzend oder angedrückt, vom Lager berandet; Gehäuse Gonidien einschließend; Hypothezium hell, Paraphysen locker, septiert; Schläuche 8sporig; Sporen farblos, polar-zweizellig.

Behälter der Pyknokonidien in kleine Lagerwärzchen versenkt, kugelig; Fulkren endobasidial, dicht gegliedert; Pyknokonidien länglich-ellipsoidisch.

6 über die Erde verbreitete Arten, deren Lager und Epithezium reichlich durch Kalilauge purpur färbende Chrysophansäure enthält.

X. parietina (L.) Th. Fr. (Fig. 120 C—D), Lager mehr weniger kreisrund, anliegend, häutig, gelb, Lagerlappen flach, abgerundet, wellig-faltig, Apothezien mit dem Lager gleichfarbig, auf Substraten aller Art sehr häufig und weit verbreitet; *X. lychnea* (Ach.) Th. Fr., Lager unregelmäßig ausgebreitet, derbhäutig, kleinblätterig, aufsteigend bis aufrecht, gelb, Lager zerschlitzt, oft sorediös, nicht selten auf Holz und Rinden.

2. **Theloschistes** Norm. (*Borrera* Ach. pr. p., *Parmocarpus* Trevis.?, *Tornabenia* Mass.). Lager strauchartig oder fast strauchartig, ohne Rhizinen, aufrecht oder niederliegend, verzweigt, Lagerabschnitte drehrund oder abgeflacht, radiär gebaut, allseitig gleichmäßig berindet, Rinde aus längslaufenden, verklebten Hyphen gebildet, knorpelig, nicht pseudoparenchymatisch; Markschicht aus dünnwandigen, ebenfalls längslaufenden Hyphen zusammengesetzt, zusammenhängend oder im Zentrum Lücken aufweisend; die Protococcus-Gonidien liegen unter der Rinde, bilden in der Regel einen Mantelzylinder, welcher nur ausnahmsweise auf der unteren Lagerseite schmal unterbrochen wird. Apothezien kreisrund, rand- oder flächenständig, sitzend, schüsselförmig, vom Lager berandet; Epithezium körnig, Chrysophansäure enthaltend; Hypothezium hell, einer Gonidienschicht aufgelagert; Paraphysen einfach, zumeist dicht gegliedert, an der Spitze oft kopfartig verdickt; Schläuche 8 sporig; Sporen farblos, polar-zwei- bis -vierzellig. Behälter der Pyknokonidien kugelig; Fulkren endobasidial, dicht gegliedert, Pyknokonidien kurz, gerade.

Etwa 12 Arten, auf Rinden vornehmlich lebend, über die Erde verbreitet.

'Sekt. I. *Eutheloschistes* A. Zahlbr., Sporen polar-zweizellig. *Th. chrysophthalmus* (L.) Th. Fr. (Fig. 120 A—B), Lager gelb, strauchartig, Lagerabschnitte etwas abgeflacht, zart, mit oft dornigen Faserästchen mehr minder besetzt, auf Rinden weit verbreitet; *Th. flavicans* (Sw.) Müll. Arg., Lager aufrecht oder fast niederliegend, strauchig, dicht verzweigt, safrangelb, oft stellenweise ausgebleicht, Lagerabschnitte zart, rund bis abgeflacht, spärlich mit Fibrillen besetzt, Apothezien mit dem Lager gleichfarbig, auf Ästchen unter den Tropen weit verbreitet; *Th. exilis* (Michx.) Wainio, der vorhergehend ähnlich aber niedriger, in den warmen Regionen ebenfalls weit verbreitet; *Th. cymbalifer* (Eschw.) Müll. Arg., Lager gelblichgrünlich, Lagerabschnitte abgeflacht, verhältnismäßig breit, fast blattartig, an den Spitzen abgestutzt, Apothezien hell orangegelb, auf Rinden in Südamerika; *Th. villosus* (Ach.) Norm., Lager aufrecht oder etwas niederliegend, strauchig, grau, durch Kalilauge nicht gefärbt, Lagerabschnitte etwas rinnig, auf der Oberseite kurzfilzig, auf Baumzweigen in den wärmeren Gebieten.

Sekt. II. *Niorma* (Mass.) A. Zahlbr. (*Niorma* Mass., *Speerschneidera* Trevis, *Xanthoria* α. *Xanthophyscia* Stizbg.). Sporen vierzellig, Lumina linsenförmig, durch einen Isthmus verbunden.

Th. hypoglaucus (Nyl.) A. Zahlbr., habituell dem *Th. chrysophthalmus* ähnlich, die Farbe der Lager mehr ins Graue spielend, in Südamerika und Kap der guten Hoffnung, auf Rinden; *Th. euplocus* (Tuck.) A. Zahlbr., Lager weißlich bis bräunlich, dicht verflochten, Lagerabschnitte linear, Scheibe der Apothezien rötlich- bis hellbraun, an schattigen Felsen in Texas.

Buelliaceae.

Lager krustig bis schuppig, einförmig oder am Rande strahlig gelappt, ohne Rhizinen, mit den Hyphen des Vorlagers und der Markschicht an die Unterlage befestigt, geschichtet, dorsiventral, unberindet, seltener mit einer pseudoparenchymatischen Rinde bekleidet, Apothezien kreisrund, eingesenkt bis sitzend, mit eigenem Gehäuse oder am Lager bekleidet (lezideinisch oder lekanorinisch); Paraphysen einfach; Schläuche normal 8 sporig; Sporen rauchgrau bis braun, 2—4 zellig, ausnahmsweise durch Teilung der inneren Fächer mauerartig-armzellig, mit zumeist stark verdickter Sporenwand. Fulkren endobasidial, gegliedert; Pyknokonidien kurz, gerade.

Wichtigste Litteratur: V. Trevisan, Sull genere Dimelaena di Norman. (Atti Societ. Italian. di Scienze Natur. Milano, vol. XI, 1869, S. 604 und Nuov. Giorn. Botan. Italian., vol. V, 1869, S. 103—129). — F. Arnold, Lichenologische Fragmente XIV—XV (Flora,

Band LV, 1872, S. 34—40 und 289—294), XXIV (a. a. O., Band LXIV, 1881, S. 193—198). — G. O. A. Malme, De sydsvenka formerna af Rinodina sophodes (Ach.) Th. Fr. och Rinodina exigua (Ach.) Th. Fr. (Bihang till K. svensk. Vet.-Akad. Handlinger, Bd. XXI, Afd. III, Nr. 11, 1895, 40 S. 2 Taf.). — Derselbe, Die Flechten der ersten Regnell'schen Expedition. II. Die Gattung Rinodina (Ach.) Stizbg. (a. a. O., Band XXVIII, Afd. III, Nr. 1, 1902, 53 S.).

Einteilung der Familie:
A. Apothezien lezideinisch . . . . 1. **Buellia**.
B. Apothezien lekanorinisch . . . . 2. **Rinodina**.

1. Buellia DNotrs. Lager krustig, einförmig, am Rande gelappt, seltener schuppig oder zerschlitzt, ohne Rhizinen, mit den Hyphen des Vorlagers und der Markschicht an die Unterlage befestigt, geschichtet, dorsiventral, in der Regel unberindet und nur bei den thallodisch höher entwickelten Formen mit einer pseudoparenchymatischen, aus dünnwandigen Hyphen hervorgegangenen Rinde bedeckt; Markschicht wergartig, aus verfilzten, dünnwandigen Hyphen zusammengesetzt; mit Protococcus-Gonidien; Soredien selten, Apothezien kreisrund, eingesenkt, angedrückt oder sitzend, lezideinisch, schwarz, mit eigenem, keine Gonidien einschließenden Gehäuse; Hypothezium zumeist dunkel oder kohlig; Paraphysen einfach, an den Spitzen oft kopfartig verdickt und dunkel gefärbt, verklebt oder mehr weniger locker; Schläuche normal 8 sporig, ausnahmsweise mehr (16—24) sporig; Sporen bräunlich bis schwärzlich, ellipsoidisch bis länglich, 2—4 zellig oder mauerartig armzellig, mit mehr weniger verdickter Innenwand, ohne Schleimhof. Behälter der Pyknokonidien eingesenkt oder warzig hervortretend; Fulkren endobasidial, gegliedert; Pyknokonidien zumeist kurz, zylindrisch bis länglich-zylindrisch und gerade, ausnahmsweise nadelförmig und gekrümmt.

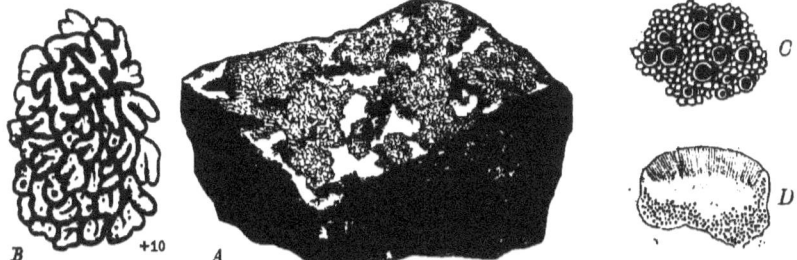

Fig. 121. *A—B Rinodina oreina* (Ach.) Wainio. *A* Habitusbild (1/1). *B* Teil des Lagers vergrößert (10/1). — *C—D Rinodina cassiella* Körb. *C* Habitusbild (6/1). *D* Durchschnitt eines Apotheziums (50/1). (*A—B* Original, *C—D* nach Reinke.)

Bis 200 Arten, auf Rinde, Holz, Felsen, über Moosen oder abgestorbenen Pflanzen lebend, über die ganze Erde verbreitet.

Sekt. I. **Eubuellia** Körb. (*Dimaura* Norm., *Homalia* Nyl., *Mannia* Trevis, *Rehmia* Krph.). Lager einförmig, unberindet, Sporen zwei-, seltener einzellig. **A.** Lager weiß, grau bis graugrünlich; a) Markschicht durch Jod nicht gebläut; 1. Schläuche 8 sporig: *B. parasema* (Ach.) Th. Fr., Lager geglättet bis körnig-warzig, Apothezien sitzend, flach, Sporen verhältnismäßig groß, auf Rinden und Holz über die ganze Erde verbreitet; *B. triphragmoides* Anzi. der vorhergehenden ähnlich, Sporen vierzellig, auf Rinden, selten; *B. myriocarpa* (DC.) Mudd., Lager körnig bis pulverig, weißlich- bis grünlichgrau, Apothezien klein, bald gewölbt, Sporen klein, auf Rinden, Holz und Felsen, kosmopolitisch; *B. stellulata* (Tayl.) Mudd., Lager gefeldert, weißlich bis grau, Apothezien sehr klein, zwischen den Lagerfelderchen sitzend, Sporen stumpf, an Felsen, kosmopolitisch; 2. Schläuche 8—24 sporig: *B. polyspora* (Willey) Wainio, an Rinden in Nord- und Südamerika; b) Markschicht durch Jod gebläut: *B. leptocline* (Fw.) Körb., Lager gefeldert, Apothezien sitzend, zuerst flach, dann gewölbt, Hypothezium schwärzlichbraun, auf Urgesteinsfelsen; *B. aethalea* (Ach.) Th. Fr., Lager kleinfelderig, hellgrau bis bräunlichgrau, Apothezien klein, zwischen den Lagerfelderchen sitzend, auf Urgestein nicht selten.

B. Lager blaßgelb bis grünlichgelb: *R. saxatilis* (Schaer.) Körb., Lager rissig, fast faltig, Markschicht durch Jod nicht gebläut, Apothezien klein, zuerst eingesenkt, endlich sitzend, flach, Sporen ellipsoidisch, stumpf, auf Urgestein.

C. Lager braun oder schwärzlich: a) Markschicht durch Jod nicht gebläut: *B. coniops* (Wahlbg.) Th. Fr., Lager warzig-körnig, Apothezien klein, angepreßt, flach, dünn berandet, Pyknokonidien nadelförmig, gekrümmt, auf Urgestein im nördlichen Europa und Nordasien; *B. moriopsis* (Mass.) Th. Fr., Lager schwarz oder dunkelgrau, auf schwarzem Vorlager sitzend, Apothezien klein, eingesenkt bis angepreßt, den zweizelligen Sporen häufig einzellige untermischt, auf Urgestein in Europa und Asien; b) Markschicht durch Jod gebläut: *B. anatolodioides* Wainio, auf Felsen in Brasilien.

Sekt. II. *Diplotomma* (Fw.) Körb. (*Abacina* Norm. pr. p., *Diploicia* Mass., *Diplotomma* Fw., *Diplotomma* sect. *Aplotomma* Mass.). Lager einförmig, unberindet, Sporen vierzellig oder mauerartig-armzellig.

B. atroalba (Hoffm.) Th. Fr., Lager weißlich bis grau, Markschicht durch Jod nicht gebläut, Apothezien nackt oder bereift, auf Rinde oder Felsen, variabel, in den kalten und gemäßigten Gebieten häufig.

Sekt. III. *Catolechia* (Fw.) Th. Fr. (*Catolechia* Fw.), Lager am Rande gelappt oder wulstig- bis strahlig-faltig, berindet, Sporen zweizellig.

B. canescens (Dicks.) D Notrs., Lager weißlich, oft sorediös, Apothezien flach, auf Urgestein, seltener Rinden in gemäßigteren Gebieten; *B. pulchella* (Schrad.) Tuck., Lager gelb, Vorlager schwarz, Apothezien bald gewölbt, auf humöser Erde und in den Ritzen der Felsen in der alpinen Region; *B. badia* (E. Fr.) Körb., Lager mehr weniger schuppig, braun, Apothezien endlich gewölbt und unberandet, an Felsen.

Als zu den Pilzen gehörig sind auszuschließen die Arten der Gattung *Cormothecium* Mass.

2. Rinodina (Mass.) Stizbg. (*Bérengeria* Trevis., *Dimelaena* c. *Placothallae* Norm.). Lager krustig, seltener schuppig, einförmig oder am Rande gelappt, mit den Hyphen des Vorlagers und der Markschicht an die Unterlage befestigt, ohne Rhizinen, geschichtet, dorsiventral, unberindet oder in den thallodisch höher entwickelten Formen mit einer aus senkrecht verlaufenden, dünnwandigen, septierten hervorgegangenen pseudoparenchymatischen Rinde bekleidet; Markschicht wergartig, aus dünnwandigen Hyphen zusammengesetzt; mit Protococcus-Gonidien. Apothezien kreisrund, eingesenkt bis sitzend, lekanorinisch, vom Lager berandet, Gehäuse Gonidien einschließend, welche bei einigen Arten aber frühzeitig absterben; eigenes Gehäuse sehr dünn oder fehlend; Scheibe dunkel oder schwarz, nackt oder bereift; Epithezium körnig bis pulverig, häufig durch Kalilauge purpur oder violett gefärbt; Hypothezium farblos, seltener dunkel; Paraphysen fädlich, einfach, selten gegabelt, mehr weniger verklebt, an den Spitzen oft kopfartig verdickt. Schläuche normal 8 sporig, ausnahmsweise bis 24 sporig; Sporen rauchgrau, braun bis schwärzlich, 2—4 zellig, Sporenwand zumeist stark verdickt, Lumina häufig durch einen Isthmus verbunden. Behälter der Pyknokonidien eingesenkt oder warzig hervortretend, unregelmäßig flaschenförmig; Fulkren endobasidial, gegliedert; Pyknokonidien klein, länglich bis kurzwalzig, gerade.

Bis 200 Arten, welche auf verschiedenen Unterlagen vegetieren und über die ganze Erde zerstreut sind.

Sekt. I. *Orcularia* Malme. Lager krustig, einförmig, Hypothezien dunkel, Sporen polar-zweizellig, Lumina durch einen Isthmus verbunden.

R. insperata (Nyl.) A. Zahlbr., Lager dünn, körnig-warzig, grau, Apothezien endlich angedrückt, auf Holz und Rinden in Südamerika.

Sekt. II. *Eurinodina* Malme (*Bérengeria* sect. *Lepodium* **Phaeosporae (Trevis.). Lager einförmig, krustig oder schuppig, Sporen 2—4 zellig, Sporenwand gleichmäßig und in der Regel stark verdickt, Lumina rundlich bis rundlicheckig, Isthmus zumeist vorhanden.

Subsekt. *Pachysporaria* Malme. Sporen zweizellig.

A. Lager weißlich, grau bis braun. a) Schläuche 8 sporig: *R. sophodes* (Ach.) Th. Fr., Lager körnig bis körniggefeldert, graubraun, durch Kalilauge nicht gefärbt, Apothezien flach, ganzrandig, braunschwarz, Sporenwand verhältnismäßig wenig verdickt, auf Rinden, kosmopolitisch; *R. exigua* (Ach.) Th. Fr., Lager dünn, uneben bis fast körnig, weiß oder weißlichgrau, seltener dunkel, durch Kalilauge nicht gefärbt, Apothezien klein, flach oder konvex, schwarz oder schwärzlich, Sporenwand stark verdickt, auf Rinden, Holz und Felsen über die ganze Erde verbreitet; *R. roboris* (Duf.) Th. Fr., der *R. sophodes* ähnlich, Lager jedoch durch Kalilauge gelb gefärbt, seltener; *R. turfacea* (Wahlbg.) Th. Fr., Lager warzig, dunkelgrau, Apothezien angedrückt, zuerst krugförmig vertieft, endlich fast flach, Sporen groß, auf Torfboden; *R. confragosa* (Ach.) Körb., Lager weißlichgrau, durch Kalilauge gelb gefärbt, körnig, Vorlager schwarz, Apothezien schwarz, auf Urgesteinsfelsen in den gemäßigten Gebieten; *R. Bischoffii* (Hepp.) Körb., Lager endolithisch, Apothezien eingesenkt, an Kalkfelsen in Europa; b) Schläuche 12—24 sporig: *R. polyspora* Th. Fr., an Rinden.

B. Lager gelb bis gelblich: *R. lepida* (Nyl.) Wainio, Lager gefeldert, an Felsen in Brasilien.

Subsekt. *Conradia* Malme. Sporen vierzellig oder mauerartig-armzellig.

R. Conradi Körb., Lager warzig bis körnig, grau oder bräunlich, Apothezien flach, Sporen vierzellig, auf humöser Erde, seltener Holz und abgestorbenen Pflanzen; *R. diplinthia* (Nyl.) A. Zahlbr., Lager dünn, weißlichgrau, Apothezien flach, braun, Sporen mauerartig-armzellig, auf Erde in Felsspalten in England.

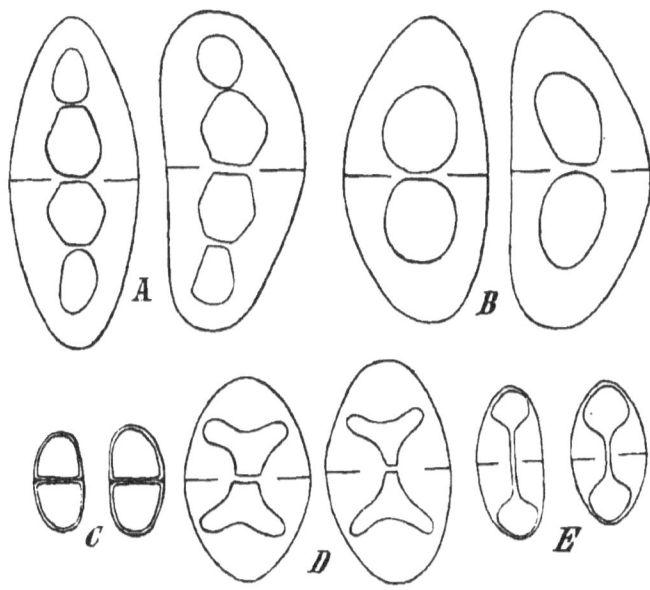

Fig. 122. Sporentypen der Gattung *Rinodina*. *A Conradia*. *B Pachysporaria*. *C Beltraminia*. *D Mischoblastia*. *E Orcularia*. (Nach Malme.)

Sekt. III. *Mischoblastia* (Mass.) Malme (*Mischoblastia* Mass.), Lager krustig, einförmig, Lagerrand wenig entwickelt und nur spärliche, frühzeitig absterbende Gonidien einschließend, Marginalteil des Gehäuses bald geschwärzt; Sporen lange hell, endlich dunkel, Sporenwand sehr ungleichmäßig verdickt, die Lumina von fast herzförmiger oder stumpfhorniger Gestalt.

R. discolor (Hepp.) Körb., Lager weißlich, Apothezien fast lezideinisch, an Felsen in Europa.

Sekt. IV. *Beltraminia* (Trevis.) Malme. (*Beltraminia* Trevis., *Bérengeria* sect. *Placothallae* **Phaeosporae Trevis., *Dimelaena* Beltr.). Lager am Rande gelappt, Sporen klein, zweizellig. Sporenwand gleichmäßig, kaum verdickt.

R. oreina (Ach.) Wainio (Syn. *Lecanora Mougeotioides* Nyl.) (Fig. 121 *A—B*). Lager strohgelb, fest angepreßt, im Zentrum gefeldert, am Rande strahlig-gelappt, Apothezien eingesenkt, auf Urgesteinsfelsen in den gemäßigten Gebieten, höhere Lagen bevorzugend.

Physciaceae.

Lager blattartig, wiederholt gelappt, seltener strauchartig, in der Regel mit Rhizinen an die Unterlage befestigt, geschichtet, dorsiventral oder radiär gebaut, berindet, mit Protococcus-Gonidien. Apothezien kreisrund, sitzend, lezideinisch oder lekanorinisch; Paraphysen einfach; Schläuche 8sporig; Sporen braun, zwei-, seltener vierzellig oder durch einige eingeschobene Längswände mauerartig-armzellig, mit verdickter Sporenwand. Fulkren endobasidial, gegliedert; Pyknokonidien kurz, gerade.

Wichtigere Litteratur: G. O. A. Malme, Die Flechten der ersten Regnell'schen Expedition. I. Die Gattung Pyxine (Fr.) Nyl. (Bihang till k. svenska vetensk.-akad. handling., Band XXIII, Afd. III, Nr. 13, 1897, 52 S.

Einteilung der Familie:

A. Rinde der Lageroberseite aus senkrecht verlaufenden Hyphen hervorgegangen, pseudoparenchymatisch.
 a. Apothezien vom Anfange an oder wenigstens später lezideinisch, Epithezium durch Kalilauge purpur oder violett gefärbt . . . . 1. **Pyxine.**
 b. Apothezien lekanorinisch, Epithezium durch Kalilauge nicht gefärbt . . 2. **Physcia.**
B. Rinde der Lageroberseite aus längslaufenden Hyphen zusammengesetzt, nicht pseudoparenchymatisch; Apothezien lekanorinisch . . . . 3. **Anaptychia.**

1. Pyxine (E. Fr.) Nyl. (*Circinaria* Fée pr. p.). Lager blattartig, angedrückt, wiederholt geteilt und strahlig gelappt, in der Regel mit Rhizinen an die Unterlage befestigt, geschichtet, dorsiventral, beiderseits berindet, Rinde der Lageroberseite pseudoparenchymatisch, aus senkrecht laufenden, dicht septierten, verklebten Hyphen hervorgegangen, untere Rinde zusammenhängend oder nur stellenweise gut entwickelt, aus längslaufenden, dickwandigen Hyphen gebildet, dunkel; die Protococcus-Gonidien liegen unterhalb der oberen Rinde; Markschicht verhältnismäßig dick, aus vornehmlich längslaufenden Hyphen zusammengesetzt, weiß, gelb bis rostrot; Soredien nicht selten. Apothezien kreisrund, zuerst eingesenkt, endlich angepresst oder sitzend, flächenständig; Gehäuse in der Jugend mitunter einige Gonidien einschließend, schon vom Anfange an oder endlich lezideinisch, aus strahlig verlaufenden, dicht septierten Hyphen zusammengesetzt und eine spinnwebige Markschicht einschließend; Epithezium durch Kalilauge violett gefärbt; Hypothezium dunkel; Paraphysen einfach, südlich, verklebt; Schläuche 8sporig; Sporen braun, zwei- oder seltener vierzellig, Sporenwand verdickt, Lumina klein. Behälter der Pyknokonidien unregelmäßig krugförmig eingesenkt, mit dunkler Mündung; Fulkren endobasidial, einfach oder wenig verzweigt, gegliedert; Pyknokonidien kurz, zylindrisch oder fast zylindrisch, gerade.

16 Arten, auf Rinden, seltener auf Felsen lebend, in den wärmeren Gebieten.
A. Sporen zweizellig: *P. Meissneri* Tuck., Lager weißlich, ohne Soredien; Markschicht gelblich, selten weiß, Apotheziengehäuse in der Jugend Gonidien einschließend; *P. cocoës* (Sw.) Nyl. den vorhergehenden ähnlich, Apothezien vom Anfange an lezideinisch; in subtropischen und tropischen Gebieten häufig; *P. coccifera* (Fée) Nyl., Lager mit scharlachroten Soredien.
B. Sporen endlich vierzellig; *P. Eschweileri* (Tuck.) Wainio, an Rinden in Südamerika.

2. Physcia (Schreb.) Wainio. (*Borrera* Ach. pr. p., *Dimelaena* b. *Phyllothallae* Norm., *Parmelia* Körb., *Squamaria* Mass.). Lager blattartig, im Umfange mehr weniger kreisrund, angedrückt oder aufsteigend, in der Regel mit Rhizinen an die Unterlage befestigt, wiederholt gelappt, Lappen zumeist schmal, geschichtet, dorsiventral, beiderseits berindet, Rinde aus senkrecht verlaufenden, verklebten, dicht septierten Hyphen hervorgegangen, pseudoparenchymatisch, die untere Rinde mitunter aus längslaufenden Hyphen gebildet, Markschicht wergartig, aus dünnwandigen, vornehmlich längslaufenden Hyphen zusammengesetzt, weiß, safrangelb bis rot; Gonidien zu Protococcus gehörig. Apothezien flächenständig, kreisrund, sitzend, vom Lager berandet; Scheibe braun bis schwarz, nackt oder bereift, Paraphysen einfach, septiert, seltener unseptiert; Epithezium durch Kalilauge nicht gefärbt; Hypothezium farblos oder dunkel; Schläuche 8sporig; Sporen braun, länglich bis ellipsoidisch, normal zweizellig, seltener vierzellig oder durch einige wenige eingeschobene Längswände maucrartig-armzellig; Sporenwand verdickt. Gehäuse der Pyknokonidien eingesenkt oder nur wenig hervortretend; Fulkren endobasidial, dicht gegliedert; Pyknokonidien länglich bis länglichzylindrisch, gerade und kurz, bei wenigen Arten fädlich und gekrümmt.

Über 50 Arten, über die ganze Erde zerstreut und auf verschiedenen Substraten gedeihend.

Sekt. I. *Dirinaria* (Tuck.) Wainio. (*Pyxine* *Dirinaria Tuck.). Hypothezium schwarz; Sporen. zweizellig.

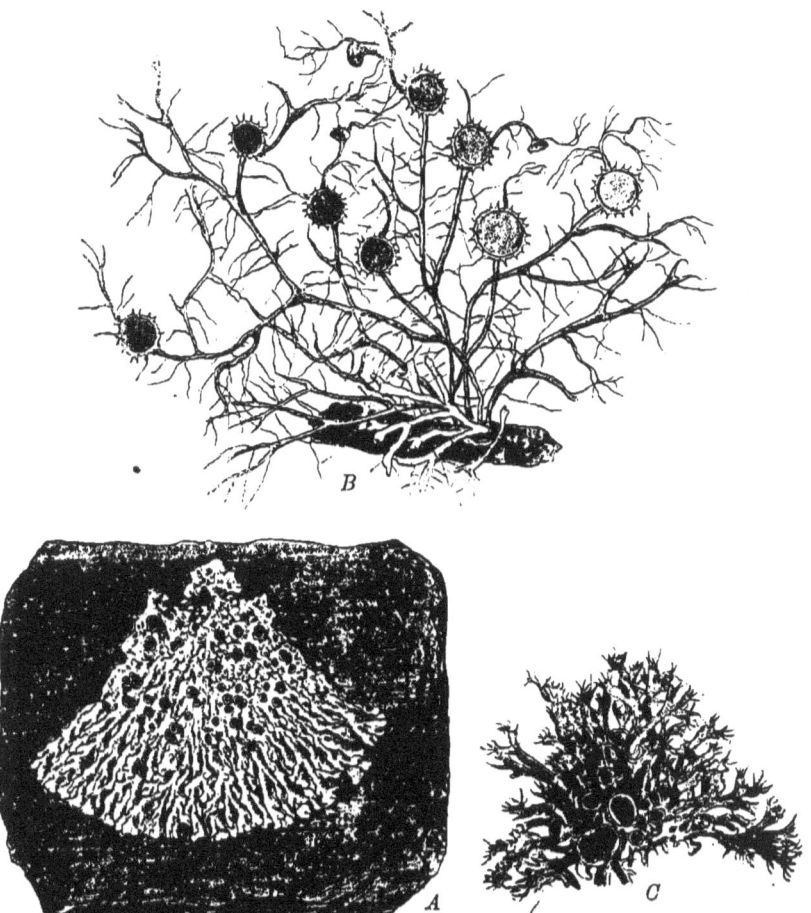

Fig. 123. *A Physcia caesia* (Hoffm.) Nyl., Habitusbild 1/1. — *B Anaptychia leucomelaena* (L.) Wainio, Habitusbild (1/1). — *C Anaptychia ciliaris* (L.) Mass., Habitusbild (1/1). (*A—B* nach Reinke, *C* Original.)

Ph. picta (Sw.) Nyl., Lager weißlich, durch Kalilauge gelb gefärbt, Unterseite dunkel, unregelmäßig gelappt, im Zentrum zusammenhängend und fast krustig, mit Soredien besetzt; *Ph. aegiliata* (Ach.) Nyl., der Vorhergehenden ähnlich, jedoch ohne Soredien, beide auf Rinden, seltener auf Felsen in den subtropischen und tropischen Gebieten weit verbreitet und häufig.

Sekt. II. *Euphyscia* Th. Fr., Hypothezium farblos, Sporen. zweizellig.

A. Lager weiß, weißlich, grau, durch Kalilauge gelb gefärbt (*Albida* Wainio): *Ph. stellaris* (L.) Nyl., Lager weißlich, angedrückt; im Umfange kreisförmig, gelappt, Lappen schmal, am Rande gekerbt, Markschicht weiß, durch Kalilauge nicht gefärbt, Scheibe dunkel, nackt oder etwas bereift, Fruchtrand ganz, verhältnismäßig dick, eine der verbreitetsten und häufigsten rinden- und holzbewohnenden Flechten; *Ph. aipolia* (Ach.) Nyl., ähnlich der Vorhergehenden, Lagerlappen breiter, Markschicht durch Kalilauge gelb gefärbt, ebenfalls eine sehr häufige kosmopolitische Flechte; *Ph. caesia* (Hoffm.) Nyl. (Fig. 123 *A.*), Lager hechtgrau, mit kugeligen Soredien besetzt, an Felsen in Europa häufig.

B. Lager grau, dunkelgrau bis braun, durch Kalilauge nicht gefärbt (*Sordulenta* Wainio), a) Pyknokonidien kurz, länglich, gerade (*Brachysperma* Wainio): *Ph. obscura* (Ehrh.) Th. Fr., Lager grau bis graubraun, unbereift, Unterseite dunkel, unregelmäßig und wiederholt gelappt, ohne Soredien, Scheibe braun bis schwarz, unbereift, stark abändernd, kosmopolitisch, die auf Felsen lebende var. *endococcina* (Körb.) Th. Fr. besitzt eine schön rote Markschicht; *Ph. pulverulenta* (Hoffm.) Nyl., Lager bräunlich, braun bis braungrau, mehr weniger hechtgrau bereift, Markschicht weiß, durch Kalilauge nicht gefärbt, Scheibe zumeist dicht bereift, in den gemäßigten Gebieten eine der häufigsten Flechten, insbesondere auf Baumrinden lebend; *Ph. setosa* (Ach.) Nyl., Lager weißlich bis grau, Lagerlappen am Rande dicht mit kurzen, schwarzen Rhizinen besetzt, in wärmeren Lagen, auch in Süditalien und Portugal; b) Pyknokonidien fädlich, mehr weniger gekrümmt (*Macrosperma* Wainio): *Ph. adglutinata* (Flk.) Nyl., Lager weißlichgrau, der Unterlage fest angedrückt, schmallappig, im Zentrum körnig, auf Rinden, weit verbreitet, doch nicht sehr häufig.

Sekt. III. *Hyperphyscia* (Müll. Arg.) A. Zahlbr., (*Hyperphyscia* Müll. Arg.), Sporen endlich mauerartig.

Ph. synthalea Kn., Lagerlappen durchlöchert, die jungen Apothezien wachsgelb, auf Rinden in Neuseeland.

3. **Anaptychia** Körb. (*Borrera* Ach. pr. p., *Dimelaena* a. Norm., *Hagenia* Eschw. non Lam., *Heterodermia* Trevis., *Physcia* *Anaptychia Th. Fr., *Pseudophyscia* Müll. Arg., *Tornabenia* Trevis. uon Mass.). Lager blattartig oder strauchig, wiederholt gelappt oder verzweigt, niederliegend, aufstrebend oder mehr weniger aufrecht, in der Regel mit Rhizinen an die Unterlage befestigt, Lappen breit, schmal, flach oder rinnig, oft bewimpert, geschichtet, dorsiventral oder radiär gebaut, beiderseits oder nur oben berindet; Rinde fast knorpelig, aus längslaufenden, verklebten Hyphen gebildet, nicht pseudoparenchymatisch; Markschicht wergartig, aus dünnwandigen Hyphen zusammengesetzt; die Protococcus-Gonidien liegen entweder unter der oberen oder auch unter der unteren Rinde. Apothezien kreisrund, schüsselförmig, flächen- oder endständig, Lagergehäuse Gonidien und Mark einschließend; Scheibe dunkel, bereift oder nackt; Hypothezium hell; Paraphysen einfach; Schläuche 8 sporig; Sporen braun, ellipsoidisch bis länglich, zweizellig, Sporenwand verdickt. Behälter der Pyknokonidien in das Lager versenkt oder etwas hervortretend; Fulkren endobasidial, gegliedert; Pyknokonidien kurz, zylindrisch, gerade.

Etwa 40 Arten, auf Rinden seltener, auf Felsen oder über Moosen lebend, über die ganze Erde zerstreut.

A. Lager weiß bis grau: *A. hypoleuca* (Mühlbg.) Wainio, Lagerunterseite unberindet, mit bloßgelegtem Mark, niederliegend, Lappen am Rande bewimpert, Apothezien braun, weit verbreitet, die wärmeren Gebiete bevorzugend; *A. speciosa* (Wulf.) Wainio, der Vorhergehenden habituell sehr ähnlich, jedoch beiderseits berindet, ebenfalls weit verbreitet und in den wärmeren Klimaten häufiger; *A. comosa* (Eschw.) Trevis., Lagerlappen an den Spitzen verbreitet, kurz, am Rande und auf der Oberseite mit weißlichen Wimpern dicht besetzt, Apothezien dicht bereift im tropischen Amerika; *A. leucomelaena* (Linn.) Wainio (Fig. 123 *B.*), Lager strauchig, aufsteigend, weiß, Lappen schmal, flach, am Rande bewimpert, Apothezien hechtgrau bereift, auf Rinden in den wärmeren Gebieten, eine der häufigsten Flechten; *A. ciliaris* (Linn.) Mass. (Fig. 123 *C.*), Lager grau, niederliegend oder wenig aufsteigend, Lappen schmal, rinnig, bewimpert, Apothezien mit gezähntem oder bewimpertem Rande, in den gemäßigten Gebieten auf Rinden, seltener auf Felsen, sehr häufig und abändernd.

B. Lager braun: *A. aquila* (Ach.) A. Zahlbr., Lappen breit, flach, auf Felsen, vornehmlich im Mediterrangebiet.

2. Reihe. Hymenolichenes.

Basidiomyceten in Symbiose mit Algen.

Wichtigste Litteratur. O. Mattirolo: Contribuzione allo studio del genere Cora Fries (Nuov. Giorn. Botanic. Italian. XIII, 1881, S. 244—264, Taf. VII—VIII). — Fr. Johow, Die Gruppe der Hymenolichenen. Ein Beitrag zur Kenntnis basidiosporer Flechten (Jahrbücher f. Botan. XV, 1884, S. 360—409, Taf. XVII—XXI). — E. Wainio: Étude sur la classification naturelle et la morphologie du Lichens du Brésil II, 1890, S. 238—243. — A. Möller, Über die eine Thelephoree, welche die Hymenolichenen: Cora, Dictyonema und Laudatea bildet (Flora, LXXVII, 1893, S. 254—278). — P. A. Saccardo: Sylloge Fungorum omnium hucusque cognitorum, Vol. VI, 1888, S. 685—689.

Lager blattartig, schuppig oder rasenförmig, mit Scytonema-Gonidien. Hymenium wie bei den Hymenomycetineen ausgebildet, auf der Unterseite des Lagers freiliegend, aus Basidien und Paraphysen bestehend; die Sporen gelangen auf kurzen Sterigmen an der Spitze der Basidien exogen zur Ausbildung.

Eine trotz der reichen einschlägigen Litteratur noch immer nicht hinreichend gekannte Gruppe, die nach vielen Richtungen hin noch neue Untersuchungen erfordert. Wainio betrachtet die auf den Basidien erzeugten Sporen nicht als echte Basidiensporen, sondern lediglich als den Stylosporen oder diesen ähnlichen bei den Ascolichenen nicht selten vorkommenden Gebilden analoge Organe, als Konidien, das eigentliche Fruktifikationsorgan wäre noch nicht entdeckt; nach seiner Ansicht ist die Stellung der Hymenolichenen als solche nicht festgestellt, und es wäre immerhin noch möglich, daß sie bei den Ascolichenen unterzubringen sein werden.

Einteilung der Familie:

A. Gonidien aus kurzen, knäuelig-gewundenen Fäden gebildet
    a. Gonidienzone die Mitte des Lagers einnehmend, oben und unten von einer Markschicht begrenzt . . . . 1. Cora.
    b. Gonidienzone des oberen Teil des Lagers einnehmend, nur unterseits von einer Markschicht begrenzt . . . . 2. Corella.
B. Gonidien aus langen, verzweigten Fäden bestehend . . . . 3. Dictyonema.

1. Cora E. Fries (*Gyrolophium* Knze., *Dichonema* Nees.). Lager blattartig, nierenbis kreisförmig oder gelappte rosettenartige Rasen bildend, einseitig an der Insertionskante durch ein Rhizinenbündel an die Unterlage befestigt oder dem Substrate flach anliegend, die einzelnen Scheiben und Lappen des Lagers sind konzentrisch gezeichnet und nach oben eingerollt, seltener wird das Lager zu einer rasigen Kruste ausgebildet (»Laudateaform«). Gonidien in der mittleren Schicht des Lagers angeordnet, nach Wainio aus kurzen, gewundenen Scytonemafäden bestehend (nach Johow, Mattirollo und Moeller aus Chroococcuszellen gebildet). Hymenium die Unterseite des Lagers in Form einer unregelmäßig-rissigen Schicht oder getrennter Areolen bekleidend. Paraphysen und Basidien in der Form fast gleich. Sterigmen 4, sehr kurz. Sporen oval bis länglich, farblos (oder sich bräunend?).

8, in den tropischen Gebieten verbreitete Arten, deren häufigste die auf nackter Erde und in den Wipfeln der Bäume lebende *Cora pavonia* E. Fries (Fig. 124 F.) ist.

2. Corella Wainio. Lager kleinblätterig oder schuppig, unregelmäßig gestaltet, rundlich-gelappt, am Rande aufstrebend, oder kahl, die Unterseite einem weißen Vorlager aufsitzend; ohne Haftfasern. Die Gonidienzone nimmt den oberen Teil des Lagers ein, die Markschicht liegt unterseits derselben. Die Gonidien bestehen aus gedrehten Scytonemafäden mit hyaliner Scheide. Das Hymenium ist bisher unbekannt.

Eine einzige Art, *C. brasiliensis* Wainio, lebt auf nackter Erde und auf Felsen in Brasilien.

3. Dictyonema (Ag. pr. p.) A. Zahlbr. (*Rhiphidonema* Matt., *Laudatea* Joh.). Lager scheibenförmig, entweder einseitig angewachsen, von der Insertion aus das Substrat eine Strecke weit überziehend und in neue Scheiben auswachsend, oder das Lager sitzt der

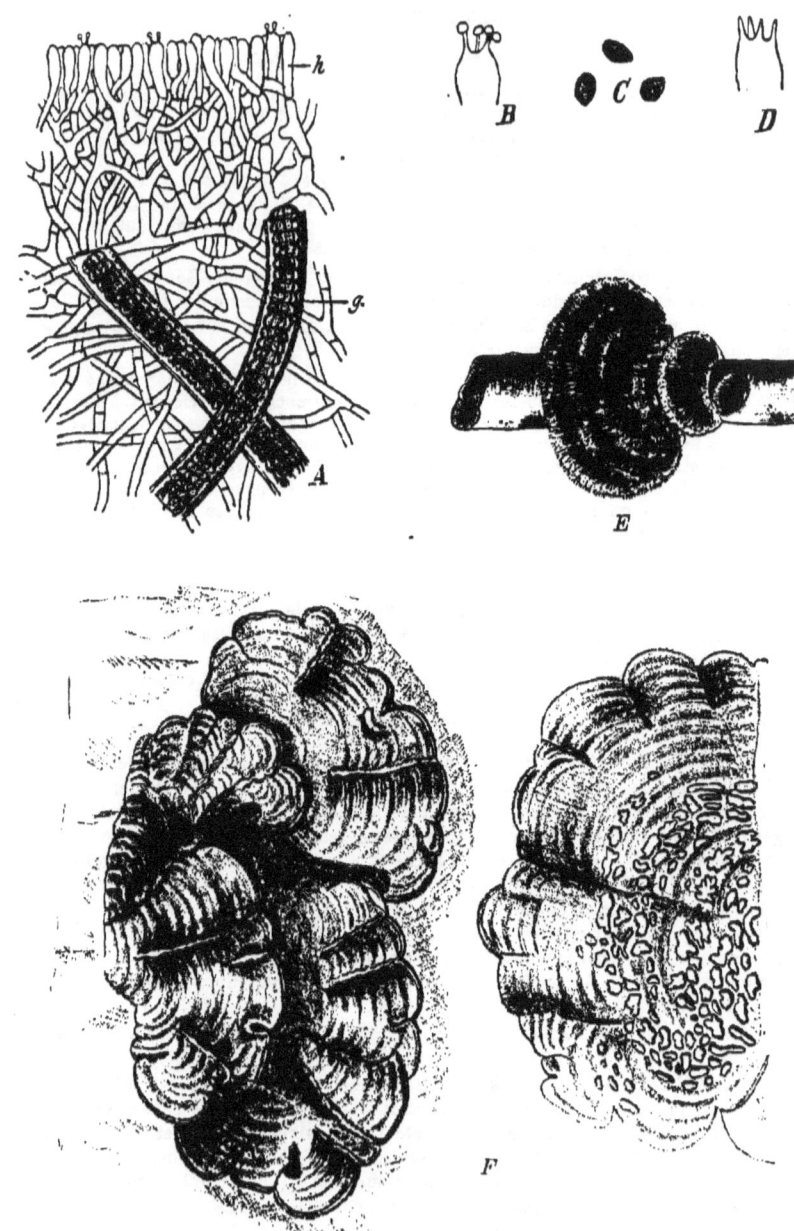

Fig. 124. *A—E Dictyonema sericeum* (E. Fr.) Mont. *A* Querschnitt durch das Lager und durch das Hymenium. *B—D* Basidien. *C* Sporen. *E* Habitusbild (1/1). — *F Cora pavonia* E. Fr., Habitusbild (1/1). (*A—D* nach Wettstein, *E* und *F* nach Mattirolo.)

Unterlage mit einem wurzelartigen Mycel auf und entwickelt sich rasenförmig (*Laudatea Joh., Laudateaform* Moeller), beide Wachstumsformen gehen direkt ineinander über. Gonidien der Oberseite des Lagers genähert, aus langen, gestreckten und verzweigten Scytonemafäden bestehend. Hymenium auf der Unterseite des Lagers, furchig-gefeldert oder höckerig; Sporen nach Moeller wie bei Cora, nach Mattirolo kugelig und braun. 8 Arten, von welchen einige nur unausführlich beschrieben und unsicher sind, sie leben unter den Tropen auf Erde, Baumstämmen und zwischen den Moosen.

Sekt. I. *Eudictyonema* A. Zahlbr. Subhymenialschicht aus spitzer verzweigten und dichter gelagerten Hyphen aufgebaut. *D. membranaceum* Ag. auf den Marianen und *D. sericeum* (E. Fries) Montg. (Fig. 124 A—E).

Sekt. *Rhiphidonema* (Matt.) A. Zahlbr. Subhymenialschicht aus stumpf verzweigten Hyphen locker aufgebaut. *D. ligulatum* (Krph.) A. Zahlbr. auf der Insel Borneo und *D. guadalupense* (Rabh.) A. Zahlbr. (= Laudatea caespitosa Joh.)

Die auf S. 49 angenommene 3. Unterklasse der Flechten, (**Gasterolichenes**) ist nach neueren Untersuchungen zu streichen. Die beiden von Massee hierher gezogenen Gattungen, *Trichocoma* Jungh. und *Emericella* Berk. et. Br. sind weder Flechten, noch Basidiomyceten, sondern echte Ascomyceten (Vergl. diesbezüglich: E. Fischer in Hedwigia, Band XXIX, 1890, S. 161—171, Taf. III und in Engler-Prantl, Natürlich. Pflanzenfamilien, I. Teil, 1. Abteil. S. 299 und 310; N. Patouillard in Bullet. Sociét. Mycolog. de France, vol. VII, 1891, S. 45—47).

Nach W. C. Coker (in Botanic. Gazette, vol. XXXVII, 1904, S. 62, Fig. 16—17) soll *Clavaria mucida* Pers. stets einer aus Hyphen und Algen (*Chlorococcus*?) zusammengesetzten Kruste aufsitzen, und auch die Basis des Fruchtkörpers soll dieselben Gonidien einschließen. Aus diesem Grunde spricht Coker den Organismus als primären Basidiolichen an. Auch dieser Fall muß einer neuerlichen Prüfung unterzogen werden.

Abnorme Flechtenlager.

Entwickeln sich die Flechten unter ihrem Wachstum ungünstigen Verhältnissen, insbesondere an zu dunklen oder zu feuchten, abgeschlossenen Örtlichkeiten, so lockert sich der Zusammenhang zwischen den beiden Komponenten des Lagers, es bilden sich lockere, pulverige bis kleiige Krusten, und die Apothezienbildung unterbleibt. Solche abnorme Lager bedecken das Substrat oft weithin und treten im Landschaftsbilde stark hervor. Diese Missbildungen wurden bei den älteren Autoren als Arten der Gattungen:

Amphiloma E. Fr. (non Ach.),
Arthronaria Ach.,
Coscinocladium Knze.,
Epinyctis Wallr.,
Incillaria E. Fr.,
Isidium Ach.,
Lepra Hall.,

Lepraria Ach.,
Leproplaca Nyl.,
Pityria Ach.,
Pulveraria Ach.,
Sclerococcum E. Fr. und
Spiloma Ach.

untergebracht. Eine Anzahl dieser lepröser Bildungen ist bereits auf die Grundform zurückgeführt worden (vgl. diesbezüglich A. Jatta in Malpighia, vol. VIII, 1894, S. 14—26), für einen anderen Teil steht der Nachweis der Zusammengehörigkeit noch aus.

Gattung mit abnormer Apothezienbildung.

Rimularia Nyl.

Ungenügend beschriebene Gattungen.

Byssophytum Mont.,
Catarrhaphia Mass.,
Craterolechia Mass.,
Eschatogonia Trevis.,
Haploloma Trevis.,
Leproncus Vent.,

Lepropinacia Vent.,
Phaeospora Hepp.,
Plocaria Nees ab Es.,
Psorothele Ach.,
Sphaerocephalum Web. und
Stegia E. Fr.

Mischgattungen.

Bayerhofferia Trevis (*Lecania*?, *Ramonia*),
Dimaura Norm.,
Inoderma Ach. (*Porina* pr. p., *Thrombium* pr. p.),
Polymeria Ach. (*Ramalina, Evernia* u. a.),
Saphenaria Ach. (*Pyxine, Pannaria, Parmeliella*),
Scutellaria Baumg. (*Diploschistes, Lecanora, Pannaria, Caloplaca* und andere Krustenflechten),
Scutellularia Schreb.,
Symplecia Ach. (*Graphis* und *Opegrapha*),
Tenorea Tornab. (*Parmelia* und *Anaptychia*),
Tricharia Ach. (*Evernia, Roccella* u. a.).

Auszuschließen sind:

a) als **Pilze**:

Cercidospora Körb. (s. I. Teil, 1. Abt., S. 431),
Chrysogluten Br. et Farn. (wird von den Verfassern als Vertreter einer eigenen Familie der *Pyrenocarpeae* angesehen. Nach den gegebenen Abbildungen konnte ich nicht die Überzeugung gewinnen, dass eine Flechte vorliegt, ich glaube vielmehr, dass es sich um einen echten Pilz handelt),
Dematium E. Fries (s. I. Teil, 1. Abt.**, S. 465),
Embolus Batsch (s. Sacc., Sylloge, vol. VIII, S. 832),
Endococcus Nyl. (s. I. Teil, 1. Abt., S. 426),
Gausapia E. Fries,
Kemmleria Körb.,
Odontotrema Nyl. (s. I. Teil, 1. Abt., S. 254),
Pharcidia Körb. (s. I. Teil, 1. Abt., S. 426),
Polycoccum Körb.,
Rhagadostoma Körb. (Synonym für *Bertia* DNotrs., vgl. I. Teil, 1. Abt., S. 399),
Rhizomorpha Ach.,
Schizoxylon Pers. (s. I. Teil, 1. Abt., S. 252),
Sorothelia Körb. (s. I. Teil, 1. Abt., S. 403),
Sphaerella Anzi (Synonym für *Metasphaeria* Sacc. nach Sacc., Sylloge, vol. II, S. 184),
Spolverinia Mass. (s. Sacc., Sylloge, vol. XVII, S. 577),
Thamnomyces Ehbg. (s. I. Teil, 1. Abt., S. 490),

b) als **Algen**:

Lemanea Bory (s. I. Teil, 2. Abt., S. 326),
Protonema Ag.

Nachträge zu Teil I, Abteilung 1*.

Bis 31. Dezember 1906.

S. 61. **Einteilung der Pyrenocarpacae.**
Die Übersicht der Familien ist folgendermaßen abzuändern:
nach A folgt: a^1. Lager mit *Pleurococcus*- oder *Palmella*-Gonidien.
a^2. Lager mit Prasiola-Gonidien . . . . **Mastodiaceae**.
Die Familie der Mastodiaceae ist nach den *Pyrenothamniaceen* (S. 61) einzureihen, und S. 164 ist *Leptogiopsis* als zweifelhafte Gattung zu streichen.

Mastodiaceae.

Lager blattartig, homöomerisch, mit Prasiola-Gonidien; Perithezien einfach, gerade, mit senkrechter Mündung.

Wichtigste Litteratur: Hooker f. et Harvey in The Botany of the Antarctic Voyage of Erebus and Terror, vol. II, 1847. S. 499, Taf. 194, Fig. 2. — P. Hariot, Note sur le genre Mastodia (Journ. de Botanique, vol. I, 1887, S. 231—233). — G. Winter, Exotische Pilze (Hedwigia, Band XXVI, 1887, S. 16). — W. Nylander, Lichenes novi e freti Behringii (Flora, Band LXVII, 1884, S. 211. — E. Wainio, Lichens in Resultats du voyage du·S. Y. Belgica (1903, S. 36, Taf. IV, Fig. 33—34).

1. Mastodia Hook. f. et Harv. (*Leptogiopsis* Nyl. non Müll. Arg.). Lager blattartig, kleinblätterig, ohne Vorlager und Rhizinen, homöomerisch, kaum gallertig, aus dünnen Hyphen und Prasiola-Gonidien gebildet, letztere von den ersteren von allen Seiten umsponnen. Perithezien einfach, kugelig, in das Lager versenkt und schwach hervortretend, vom Lager bekleidet, eigenes Gehäuse hell, geschlossen, Mündung gipfelständig, gerade; Paraphysen mehr weniger schleimig zerfließend; Schläuche 8 sporig; Sporen farblos, einzellig, länglich bis spindelförmig. Behälter der Pyknokonidien in das Lager versenkt, mit hellem Gehäuse, Innenraum gewunden; Fulkren exobasidial; Basidien fädlich; Pyknokonidien ellipsoidisch bis eiförmig.

1 Art, *M. tesselata* Hook. f. et Harv., Lager dünnhäutig, kleinblätterig, olivengrün, auf Felsen in antarktischen Gebieten und in Sibirien.

Selbst in neuerer Zeit noch bald als Pilz, bald als Alge angesehen, ist dieser Organismus nach der neuesten Untersuchung Wainios eine echte Flechte und der Vertreter einer eigenen Familie der *Pyrenocarpeae*. Der Charakter der Gonidien wurde von Nylander nicht erkannt.

S. 62. Zu **Microthelia** (Körb.) Mass. füge als Synonym hinzu: *Anzia* Garovgl. non Stizbg.

S. 71 Am Schlusse der Trypetheliaceae ist nachzutragen:

Zweifelhafte Gattung.

Phyllothelium Trevis. Lager blattartig, kleinblätterig, mit Rhizinen an die Unterlage befestigt. Apothezien in Stromen versenkt; Perithezien mit kohligem, geschlossenem Gehäuse, jedes Perithezium mit eigener und gerader Mündung; Paraphysen zart; Schläuche keilig, 8 sporig; Sporen farblos, länglich, parallel 8—10zellig.

1 Art, *Ph. melanothrix* (Eschw.) Trevis, auf Rinden in Brasilien.

Die Beschreibung des Lagers ist bei Eschweiler sowohl, wie auch bei Trevisan nicht ausführlich genug, um darüber Aufschluß zu erhalten, ob die thallodischen Merkmale zu einer Trennung von den übrigen *Trypetheliaceen* ausreichen.

S. 81. Zu **Chaenotheca** Th. Fr. füge als Synonym hinzu: *Strongylium* (Ach.)

S. 81. Als Synonym zu **Calicium** (Pers.) D Notrs. schalte *Crateridium* Trevis. ein.

S. 82. Als Synonym zu **Coniocybe** (Ach.) schalte *Fulgia* Chev. ein.

S. 87. Zu **Sphaerophorus** (Pers.) füge als Synonym *Syrigosis* Neck. hinzu.

S. 89. Die Einteilung der Arthoniaceae ist folgendermaßen abzuändern:

a. Lager mit Palmella- oder Protococcus-Gonidien

α. Sporen parallel mehrzellig . . . . 2. **Allarthonia**.
β. Sporen mauerartig vielzellig . . . . 3a. **Allarthothelium**.

und schalte dann auf S. 91 ein:

3a. **Allarthothelium** (Wainio) A. Zahlbr., Lager wie bei *Allarthonia*, die Sporen jedoch mauerartig vielzellig.

1 Art, *A. Elliotii* (Wainio) A. Zahlbr., auf Felsen, Dominika.

S. 103. In der Einteilung der Chiodectonaceae ist unter II × 3. Cyrtographa Müll. Arg. zu streichen, dagegen bei 6 nach α zu setzen:

β. Sporen mehr weniger mauerartig vielzellig.
 I. Sporen farblos . . . . 7a. **Minksia**.
 II. Sporen braun . . . . 8. **Enterostigma**.

Ferner ist auf S. 103 die Gattung **Cyrtographa** Müll. Arg. zu streichen, dagegen auf S. 105 einzuschalten:

7a. **Minksia** Müll. Arg. Lager krustig, einförmig, mit den Hyphen des Vorlagers und der Markschicht an die Unterlage befestigt, unberindet, mit Chroolepus-Gonidien. Apothezien in Stromen versenkt; Fruchtscheiben rundlich, länglich bis strichförmig;

Gehäuse kohlig, schmal, mit dem stärker entwickelten, kohligen Hypothezium zusammenfließend; Paraphysen verbunden; Schläuche 4—8 sporig; Sporen farblos, mauerartig vielzellig oder nur die mittleren Zellreihen durch Längswände geteilt.

3 Arten, auf Rinden unter den Tropen.

Sekt. I. *Euminksia* A. Zahlbr., Fruchtscheiben rundlich bis länglich; Schläuche 8 sporig.

M. caesiella Müll. Arg., auf Rinden, Sokotra.

Sekt. II. *Cyrtographa* Müll. Arg. (*Cyrtographa* Müll. Arg.), Fruchtscheiben strichförmig; Schläuche 4 sporig.

M. irregularis Müll. Arg., auf Rinden in Kostarika.

S. 112. **Einteilung der Cyclocarpineae** bei **Buelliaceae** ist richtig zu stellen: Fulkren endobasidial.

und S. 113 ist nach †† (37. Zeile von oben) einzuschalten:

X Eigenes Gehäuse gut entwickelt, kohlig oder dunkel, geschlossen, nur ausnahmsweise unter dem Hymenium fehlend; Apothezien in das Lager versenkt; vom Lager schwach umkleidet, Scheibe vertieft . . . . Diploschistaceae.

X X Eigenes Gehäuse fehlend oder nur rudimentär entwickelt, hell; Lagerrand gut entwickelt.

Chrysothricaceae. (S. 227.)

Einteilung der Familie:

A. Lager kleine, unregelmäßige, pulverige Klümpchen bildend; Sporen 2—4 zellig
1. **Chrysothrix**.

B. Lager wagerecht ausgebreitet, gelappt, Sporen einzellig . . . . 2. **Crocynia**.

2. Crocynia (Ach.) Nyl. Lager wagerecht ausgebreitet, mehr weniger kreisrund, gelappt, byssinisch, fast häutig, im Zentrum oft körnig-flockig, Vorlager deutlich entwickelt, dunkel, ohne Rhizinen, homöomerisch, aus lockeren verzweigten und anastomisierenden Hyphen gebildet, zwischen welchen die zu Pleurococcus gehörigen Gonidien einzeln oder gehäuft regellos eingelagert sind. Apothezien flächenständig, kreisrund, am Grunde verschmälert, kurz gestielt, biatorinisch, Fruchtrand gut entwickelt; Scheibe flach; Paraphysen undeutlich; Hypothezium hell; Schläuche 8 sporig; Sporen farblos, klein einzellig, länglich-ellipsoidisch, mit dünner Wand, Pyknokonidien unbekannt.

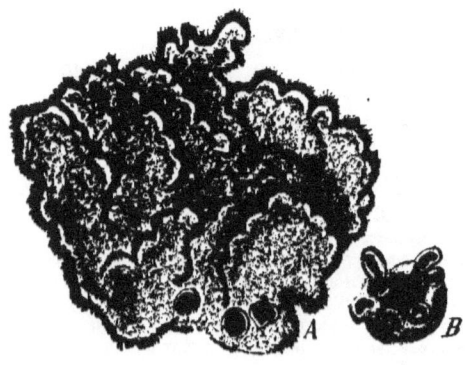

Fig. 125. *Crocynia gossypina* (Sw.) Nyl., Habitusbild (1/1). (Nach Montagne.)

3 Arten im tropischen Amerika, eine in Japan.

C. gossypina (Sw.) Nyl., mit weißem, vom schwarzen Vorlager umsäumten Thallus und roten Fruchtscheiben, auf Baumrinden im tropischen Amerika.

Die Gattung ist nur unvollkommen gekannt; die Beschreibungen Montagnes und Nylanders widersprechen sich zum Teile. Eine neuerliche Untersuchung der authentischen Stücke wäre dringend erwünscht.

Zweifelhafte Gattungen.

Byssocaulon (Mont.) Nyl. Soll sich von *Crocynia* durch den Algenkomponenten des Lagers, welcher zu Chroolepus gehört, unterscheiden.

Die drei hierher gezogenen, im tropischen Amerika und in Ozeanien auf Baumrinden lebenden Arten sind ganz ungenügend beschrieben, und auch hier widersprechen sich die

Angaben der Autoren. Die Apothezien sind nur für eine Art angegeben, aber nicht näher beschrieben.

Amphischizonia Mont. (*Cryptodictyon* Mass.). Lager krustig, byssinisch. Apothezien vom Lager berandet; die Scheibe wird in der Jugend von einer Rindenschicht bedeckt, welche später aufreißt und die Scheibe freilegt; Fruchtrand gekerbt; Hypothezium schwärzlich; Schläuche länglich-keulig, 1 sporig; Sporen farblos, mauerartig-vielzellig.

Die Beschreibung der einzigen hierher gehörigen Art, *Parmelia Holleana* Mont. et v. d. B., in Java auf Rinden lebend, genügt nicht, um festzustellen, ob sie der Vertreter einer neuen Gattung sei. Selbst auf die systematische Stellung läßt sich aus der gegebenen Diagnose kein Schluß ziehen.

S. 122. Zu **Diploschistes** Norm. füge als Synonym hinzu: *Lectularia* Strtn.

S. 123. In den Bestimmungsschlüssel für die **Ectolechiaceae** füge ein nach II:

III. Sporen parallel mehrzellig . . . . 2a. **Tapellaria**.

und dann auf derselben Seite nach 2. **Lopadiopsis**:

2a. **Tapellaria** Müll. Arg. Lager krustig, einförmig, mit den Hyphen des Vorlagers und der Markschicht an die Unterlage befestigt, unberandet, mit Protococcus-Gonidien. Apothezien kreisrund, sitzend oder eingesenkt, schon in der Jugend nackt, unberandet oder mit einem schmalen, aus den hyphösen Elementen des Hymeniums gebildeten Gehäuse; Epithezium ohne Gonidien; Hypothezium hell oder dunkel, einer Gonidienschicht nicht aufgelagert; Hymenium schleimig; Paraphysen sehr zart, verzweigt und verbunden; Schläuche 2—6 sporig; Sporen farblos, verhältnismäßig groß, parallel mehrzellig, Zellen kurz-zylindrisch bis scheibenförmig; Scheidewände dünn.

2 Arten, unter den Tropen lebende Blattbewohner. *T. herpetospora* Müll. Arg., mit schwarzen, sitzenden Apothezien, welche keinerlei Gehäuse besitzen, in Brasilien.

S. 147 am Schlusse der **Cladoniaceae** ist hinzuzufügen:

Gattung unsicherer Stellung.

Ramalea Nyl. Lager zwergig strauchartig bis rasenförmig, wiederholt geteilt, Lagerabschnitte abgeflacht, mit hellerer Unterseite, ohne Rhizinen, geschichtet, allseits berindet, Rinde knorpelig, aus längslaufenden verklebten Hyphen gebildet, mit Pleurococcus-Gonidien; Markschicht wenig entwickelt. Apothezien kreisrund, seitenständig, gestielt, biatorinisch; Hypothezium hell; Paraphysen einfach, an der Spitze etwas verdickt; Schläuche 8 sporig; Sporen farblos, spindelförmig bis stäbchenförmig, ein-, seltener zweizellig. Behälter der Pyknokonidien in das Lager versenkt, mit farblosem Gehäuse; Fulkren exobasidial; Pyknokonidien zylindrisch, leicht gekrümmt.

3 Arten, im tropischen Amerika und auf Kuba.

R. tribulosa Nyl., Lager blaßgelb, Apothezien fleischfarbig, zwischen anderen Flechten und Lebermoosen, Kuba.

S. 135. Zu **Bacidia** Sekt. IV. **Eubacidia** ist als Synonym *Scalidium* Hellb. hinzuzufügen.

S. 137. Zu **Bombiliospora** D Notrs. füge als Synonym hinzu: *Dumoulinia* Stein.

S. 183. Zu **Psoroma** (Ach.) Nyl. füge als Synonym hinzu: *Triclinium* Fée.

Register

zur 1. Abteilung* des I. Teiles:
Lichenes (Flechten).

(Die Abteilungs-Register berücksichtigen die Unterklassen, Reihen, Familien und Gattungen und deren Synonyme, Untergattungen und Sektionen werden in dem zuletzt erscheinenden General-Register angeführt.)

Abacina (Syn.) 137, 232.
Abrothallus 138.
Acanthothecium 92, 101.
Acarospora 150, 152.
Acarosporaceae 113. 150.
Acolium 83.
Acrocordia (Syn.) 65.
Acrorixis (Syn.) 122.
Acroscyphus 85, 86.
Actinoglyphis (Syn.) 103.
Actinopelte (Syn.) 192.
Actinoplaca 123, 124.
Actinothecium (Syn.) 51.
Aglaopisma (Syn.) 218.
Agyrium 93.
Agyrophora (Syn.) 148.
Ahlesia 131.
Aipospila (Syn.) 204.
Alectoria 217, 219.
Allarthonia 89, 91.
Allarthothelium 211.
Allographa (Syn.) 99.
Amniscium (Syn.) 181.
Amphiloma E. Fr. (Syn.) 239.
Amphiloma Körb. (Syn.) **238**.
Amphinomium (Syn.) 170, 173.
Amphischizonia 243.
Amphoridium (Syn.) 54, 55.
Amygdalaria (Syn.) 204.
Anaptychia 234, 236.
Anapyrenium 59.
Anema 159, 162.
Anomomorpha (Syn.) 98.
Anthracothecium 62, 68.
Antilyssa (Syn.) 194.
Antracocarpon (Syn.) 120.
Anzia Garovgl. (Syn.) 241.
Anzia Stzbgr. 208, 213.
Aphanopsis (Syn.) 176.
Aphragmia (Syn.) 123.
Arctomia 169, 173.
Argopsis 140, 146.
Arnoldia (Syn.) 171.
Arthonia 89.
Arthoniaceae 88, 89.
Arthoniopsis 89, 91.

Arthopyrenia 62, 64.
Arthotheliopsis 123, 124.
Arthothelium 89, 91.
Arthronaria 239.
Arthrorhaphis 135.
Arthrosporum (Syn.) 135.
Ascidium Fée 118.
Ascolichenes 49.
Aspicilia (Syn.) 201.
Aspidelia 216.
Aspidopyrenium 54 58.
Aspidothelium 54, 58.
Asteristion 191.
Asteroporum 62.
Asterothyrium 123.
Astroplaca (Syn.) 132.
Astrotheliaceae 52, 72.
Astrothelium 73.
Atestia (Syn.) 230.
Athecaria (Syn.) 78.
Athrismidium (Syn.) 69.
Aulacographa 98.
Aulaxina 92, 94.

Bacidia 129, 135.
Bacillina 199.
Bactrospora 111.
Baeomyces 140.
Baeopodium (Syn.) 141.
Baglietto (Syn.) 54.
Bathelium (Syn.) 70, 71.
Bayrhofferia (Syn.) 210.
Beckhausia (Syn.) 69.
Belonia 62, 67.
Beloniella (Sy) n. 57.
Beltraminia (Syn.) 233.
Bérengeria Mass. (Syn.) 141.
Bérengeria Trevis. 205, 212.
Biatora (Syn.) 132.
Biatorella 93. 150, 151, 152.
Biatoridium (Syn.) 132.
Biatorina (Syn.) 134.
Biatorinopsis (Syn.) 125.
Bifrontia (Syn.) 52.
Bilimbia (Syn.) 135.
Blastenia 226.

Blasteniospora (Syn.) 229.
Blastodesmia 62, 67.
Blennothelia (Syn.) 172.
Bohleria (Syn.) 60.
Bombyliospora 129, 136.
Borrera 230, 234, 236.
Bottaria 69, 71.
Brassia (Syn.) 119.
Brigantiea (Syn.) 137.
Bryophagus (Syn.) 126.
Bryopogon (Syn.) 219.
Buellia 234.
Buelliaceae 112, 230.
Bunodea (Syn.) 67.
Byssiplaca (Syn.) 202.
Byssocaulon 212.
Byssoloma (Syn.) 116.
Byssophitum 239.
Byssospora (Syn.) 135.
Byssus (Syn.) 103.

Calenia 199, 205.
Caliciaceae 80.
Calicium 80, 81.
Callopisma (Syn.) 228.
Caloplaca 226, 227.
Caloplacaceae 112, 226.
Calothricopsis 163.
Calycidium 85.
Campylacea (Syn.) 65.
Campylothelium 71, 72.
Candelaria 207, 208, 209.
Candelariella 199, 207.
Capitularia (Syn.) 143.
Catarrhaphia 239.
Catillaria 129, 133, 134.
Catocarpus (Syn.) 187.
Catolechia (Syn.) 137, 232.
Catopyrenium (Syn.) 60.
Celidiopsis (Syn.) 90.
Celidium 90.
Celothelium (Syn.) 65, 69.
Cenomyce (Syn.) 143.
Cenozosia (Syn.) 220.
Cerania (Syn.) 225.
Cercidospora 78, 240.

Register. 245

Cetraria 208, 214.
Chapsa (Syn.) 118.
Chaenotheca 80, 81.
Chiliospora (Syn.) 152.
Chiodecton 103. 104.
Chiodectonaceae 89, 102.
Chiographa (Syn.) 99.
Chionocroum (Syn.) 245.
Chlorangium (Syn.) 201.
Chlorea Nyl. (Syn.) 218.
Chlorodictyon (Syn.) 220.
Chondropsis (Syn.) 209.
Chondrospora (Syn.) 213.
Chromatochlamys (Syn.) 57.
Chroodiscus (Syn.) 120.
Chrooicia (Syn.) 70.
Chrysogluten 240.
Chrysotricaceae 113. 117.
Chrysothrix 117.
Cilicia (Syn.) 117.
Circinaria (Syn.) 234.
Cladia (Syn.) 143.
Cladina (Syn.) 143.
Cladonia 140, 143.
Cladoniaceae 113, 114, 130.
Cladopsis (Syn.) 159.
Clathrina (Syn.) 143.
Clathroporina 62, 67.
Cliostomum (Syn.) 134.
Coccocarpia 180, 181.
Coccodinium 164.
Coccotrema 62, 66.
Coelocaulon (Syn.) 216.
Coenogoniaceae 113, 127.
Coenogonium 127.
Coenoicia (Syn.) 70.
Collema 169, 171.
Collemaceae 113, 168.
Collemodium (Syn.) 175.
Collemopsidium 159, 161.
Collemopsis (Nyl.) 161.
Collolechia (Syn.) 181.
Combea 106, 109.
Coniangium (Syn.) 91.
Conida 90.
Conidella 90.
Coniocarpineae 79.
Coniocarpon (Syn.) 91.
Coniochila (Syn.) 118.
Coniocybe 80, 82.
Conioloma (Syn.) 91.
Coniophyllum 85.
Coniothele (Syn.) 56.
Conotrema 124.
Cora 237.
Corella 237.
Corinophoros (Syn.) 163.
Coriscium 76, 77.
Cornicularia (Syn.) 216.
Corynophoron (Syn.) 146.
Coscinedia (Syn.) 113.
Coscinocladium 239.
Craspedon (Syn.) 76.
Crateridium (Syn.) 241.
Craterolechia 239.
Creographa (Syn.) 101.
Crocodia (Syn.) 189.

Crocynia 242.
Cryptolechia (Syn.) 203.
Cryptothecia 92.
Cryptothele 159.
Cryptothelium (Syn.) 71.
Ctesium (Syn.) 99.
Cyclocarpineae 79, 111.
Cypheliaceae 80, 83.
Cyphelium 81, 83.
Cyrtidula 78.
Cyrtographa 103.
Cystocoleus (Syn.) 128.

Dacampia 78.
Dactylina 217, 218.
Dactyloblastus (Syn.) 206.
Dactylospora 138.
Darbishirella 106, 108.
Delisea (Syn.) 189.
Dematium 240.
Dendriscocaulon (Syn.) 176.
Dendrographa 106, 107.
Dermatina (Syn.) 78.
Dermatiscum 147, 149.
Dermatocarpaceae 54, 58.
Dermatocarpon 58, 60.
Desmaziera (Syn.) 220.
Diblastia (Syn.) 207, 209.
Dichodium 169, 171.
Dichonema 237.
Diclasmia (Syn.) 188.
Dictyographa Darb. (Syn.) 108.
— Müll. Arg. 92, 96.
Dictyonema 237.
Dimelaena (Syn.) 231, 233, 236, 240.
Dimerella (Syn.) 125.
Dimerospora (Syn.) 204.
Diorygma (Syn.) 100.
Diphratora (Syn.) 203.
Diplogramma 92, 94.
Diplographis (Syn.) 98.
Diploicia (Syn.) 232.
Diploschistaceae 124.
Diploschistes 124, 122.
Diplotomma (Syn.) 232.
Dirina 106.
Dirinaceae 89, 105.
Dirinastrum 106.
Dirinopsis (Syn.) 106.
Dufourea 217, 218.
Dumoulinia (Syn.) 243.
Dyplolabia (Syn.) 98.

Echinoplaca (Syn.) 123.
Ectographis (Syn.) 99, 100.
Ectolechia Mass. (Syn.) 118.
— Trevis. (Syn.) 123.
Ectolechiaceae 113, 122.
Emblemia (Syn.) 98.
Embolus 240.
Emprostea (Syn.) 194.
Enchylium 160, 161.
Encephalographa 92, 94.
Encliopyrenia (Syn.) 55.
Endocarpidium (Syn.) 60.
Endocarpiscum (Syn.) 178.

Endocarpon Ach. (Syn.) 60.
— Th. Fries 59, 61.
Endocena 217, 226.
Endococcus 78, 240.
Endophis (Syn.) 65.
Endopyrenium (Syn.) 60.
Enduria 61.
Enterodictyon 103, 104.
Enterographa Syn.) 104.
Enterostigma 103, 105.
Eolichen 76.
Ephebaceae 113, 154.
Ephebe 154, 155.
Ephebeia 154, 155.
Ephebella 158.
Epigloea 53.
Epigloeaceae 51, 53.
Epinyctis 239.
Epiphloea (Syn.) 175.
Epiphora (Syn.) 138.
Erioderma 180, 183.
Eschatogonia 239.
Eumitria (Syn.) 223.
Euopsis (Syn.) 159.
Eupyrenopsis (Syn.) 159.
Evernia 217.
Everniopsis 217, 218.

Farriolla 83.
Fissurina (Syn.) 98.
Flegographa (Syn.) 103.
Forssellia 159, 164.
Fouragea (Syn.) 102.
Fulgensia (Syn.) 228.
Fulgia (Syn.) 244.

Gabura (Syn.) 171.
Garovaglia (Syn.) 156.
Garovaglina (Syn.) 156.
Gasparrinia (Syn.) 228.
Gassicourtia 78.
Gasterolichenes 49, 239.
Gausapia 240.
Geisleria 54, 57.
Girardia (Syn.) 155.
Glaucinaria (Syn.) 99, 100.
Glomerilla 78.
Glossodium 140, 142.
Glyphidium (Syn.) 103.
Glyphis 103.
Glypholecia 150, 153.
Gomphillus 140, 141.
Gomphospora (Syn.) 113.
Gongylia 54, 57.
Gonionema (Syn.) 154.
Gonohymenia 159, 164.
Graphidaceae 89, 92.
Graphidineae 79, 87.
Graphidula (Syn.) 67.
Graphina 92, 99.
Graphis 92, 96.
Guepinella (Syn.) 178.
Guepinia (Syn.) 178.
Gussonea (Syn.) 152.
Gyalecta 124, 125.
Gyalectaceae 113, 124.
Gyalectella (Syn.) 125.

Gyalectidium (Syn.) 123.
Gyalolechia (Syn.) 228.
Gymnocarpeae 49, 79.
Gymnoderma 140, 142.
Gymnographa 92, 94, 116.
Gymnotrema (Syn.) 120.
Gyrolophium 237.
Gyromium (Syn.) 147, 149.
Gyrophora 147.
Gyrophoraceae 114, 147.
Gyrostomum 118, 120.
Gyrothecium (Syn.) 132.

Haematomma 199, 205.
Hagenia (Syn.) 236.
Haploblastia (Syn.) 76.
Haplographa (Syn.) 93.
Haploloma 239.
Haplopyrenula 74.
Harpidium 199.
Hassca 76.
Hazslinszkya (Syn.) 96.
Helminthocarpon 92, 102.
Helocarpon (Syn.) 131.
Helopodium (Syn.) 143.
Hemithecium (Syn.) 100, 101.
Heppia 177.
Heppiaceae 114, 176.
Heterina (Syn.) 178.
Heterocarpon 58, 60.
Heterodea 208.
Heterodermia (Syn.) 236.
Heteromyces 140, 141.
Hetherothecium (Syn.) 134, 136, 137.
Heufleria 73, 74.
Heufleridium (Syn.) 74.
Homalia (Syu.) 234.
Homodium (Syn.) 175.
Homopsella 165, 167.
Homothecium 169, 171.
Hydrothyria 180, 184.
Hymenelia (Syn.) 201.
Hymenodecton (Syn.) 99.
Hymenolichenes 49, 237.
Hymenoria (Syn.) 149.
Hyperphyscia (Syn.) 236.
Hypochnus (Syn.) 105.
Hypogymnia (Syn.) 242.
Hysterium Walibr. (Syn.) 93.

Icmadophila 199, 204.
Jenmania 159, 162.
Imbricaria Körb. (Syn.) 211.
Incillaria 239.
Ingaderia 106, 107.
Inoderma 240.
Jonaspis 124, 125.
Isidium 239.

Karschia 138.
Kemmleria 240.
Knightiella (Syn.) 188.
Koerberia 169, 173.
Krempelhuberia 111.
Küttlingeria (Syn.) 226.

Lagerheimina (Syn.) 122.
Lasallia (Syn.) 149.
Laudatea (Syn.) 237.
Laurera 69, 71.
Laureriella (Syn.) 153.
Lecanactidaceae 113, 114.
Lecanactis 114.
Lecania 199, 204.
Lecanidium (Syn.) 202.
Lecaniella 123, 124.
Lecanora 199, 201.
Lecanoraceae 113, 199.
Lecidea 129, 130.
Lecideaceae 113, 129.
Lecidella (Syn.) 131.
Lecideola (Syn.) 130.
Lecideopsis 90.
Lecidocollema (Syn.) 171.
Leciographa (Syn.) 138.
Leciophysma 169, 170.
Lecothecium (Syn.) 181.
Lecozania 138.
Lectularia (Syn.) 243.
Leightonia (Syn.) 61.
Leioderma (Syu.) 181.
Leiogramma (Syn.) 99,100,102.
Leiophloea (Syn.) 64, 65.
Leiorreuma (Syn.) 100, 101.
Lemanea 240.
Lembidium (Syn.) 65.
Lemmopsis 169, 171.
Lemniscium (Syn.) 180.
Lempholemma (Syn.) 171.
Lenormandia (Syn.) 59.
Lepadolemma (Syn.) 205.
Lepidocolemma 180.
Lepidolemma (Syn.) 126.
Lepidoma (Syn.) 137.
Lepolichen 60.
Lepra 239.
Leprantha (Syn.) 90.
Lepraria 239.
Leprocaulon (Syn.) 146.
Leprocollema 168, 170.
Leproncus 239.
Lepropinacia 239.
Leproplaca 239.
Leptodendriscum 154, 155.
Leptogidium 154, 156.
Leptogiopsis Müll. Arg. (Syn.) 175.
— Nyl. (Syn.) 164, 211.
Leptogium 169, 174.
Leptorhaphis 62, 65.
Leptotrema 118, 120.
Lethagrium (Syn.) 172.
Letharia 217, 218.
Leucodecton (Syn.) 105.
Leucogramma (Syn.) 101.
Leucographa 111.
Lichenomyces 138.
Lichenopeziza 138.
Lichenosphaeria 157.
Lichina 165, 167.
Lichinaceae 112, 164.
Lichinella 165, 166.
Lichiniza 168.

Lichinodium 165, 166.
Limboria Körb. (Syn.) 122.
— Nyl. (Syn.) 54.
Lithographa 92, 93.
Lithoicea (Syn.) 54.
Lithosphaeria (Syn.) 54.
Lithothelium 73.
Lobaria 185.
Lobarina (Syn.) 188.
Lopadiopsis 123.
Lopadium 129, 137.
Lophothelium 77.
Loxospora (Syn.) 205.
Ludovicia (Syn.) 140.
Luykenia (Syn.) 57.

Macrodyctia (Syn.) 149.
Macropyrenium (Syn.) 119.
Malotium (Syn.) 176.
Malmgrenia (Syn.) 159.
Mannia (Syn.) 234.
Manzonia (Syn.) 201.
Maronea 150, 152.
Massalongia 180, 183.
Mastodia 244.
Mastodiaceae 240.
Mazosia 103, 105.
Medusula (Syn.) 103.
Medusulina (Syn.) 103.
Megalographa (Syn.) 100, 132.
Megalospora Mass. (Syn.) 133.
Megalospora Mey et Fev. 129, 134.
Meissneria (Syn.) 71.
Melampydium 114, 116.
Melanodecton (Syn.) 105.
Melanographa (Syn.) 96.
Melanophthalmum (Syn.) 76.
Melanormia (Syn.) 93, 164.
Melanospora (Syn.) 94.
Melanotheca Fée 69, 70.
— Nyl. (Syn.) 65, 69, 70.
Melaspilea 92, 96.
Menegazzia (Syn.) 242.
Meristosporum (Syn.) 71.
Micaria (Syn.) 134.
Microglaena 54, 57.
Micrographa 92, 102.
Micromma (Syn.) 70.
Microphiale 124, 125.
Microthelia 62.
Microtheliopsis 74, 75.
Miltidea (Syn.) 132.
Mischoblastia (Syn.) 233.
Monerolechia 138.
Montinia Mass. (Syn.) 161.
Moriola 52.
Moriolaceae 51, 52.
Mosigia (Syn.) 204.
Muellerella (Syn.) 78.
Mycarthoenia 90.
Mycetodium (Syn.) 141.
Mycobacidia (Syn.) 135.
Mycoblastus 129, 133.
Mycocalicium 82.
Mycoporaceae 52, 77.
Mycoporellum 78.

Mycoporopsis (Syn.) 78.
Mycoporum 78.
Myrioblastus (Syn.) 152.
Myriosperma (Syn.) 152.
Myriospora (Syn.) 152.
Myriostigma (Syn.) 94.
Myriotrema (Syn.) 118.
Myxodictyon 199, 206.
Myxopuntia (Syn.) 173.

Naetrocymbe 164.
Naevia (Syn.) 90.
Nemacola (Syn.) 176.
Nemathora (Syn.) 76.
Nematonostoc 176.
Neophyllis 142.
Nephroma 191, 192, 193.
Nephromium (Syn.) 194.
Nephromopsis 208, 216.
Nesolechia 138.
Neuropogon (Syn.) 223.
Niorma (Syn.) 230.
Niospora (Syn.) 228.
Normandina 58 59, 77.
Nylanderaria (Syn.) 248.

Obryzum (Syn.) 175.
Ocellularia 118.
Ochrolechia 199, 203.
Odontotrema 240.
Oedemocarpus (Syn.) 131, 132, 133.
Omphalaria (Syn.) 162.
Omphalodium (Syn.) 213.
Opegrapha 92, 95, 115.
Opegraphella 92, 102.
Ophoparma (Syn.) 205.
Ophthalmidium (Syn.) 66.
Oropogon 217, 220.
Orphniospora 129, 133.
Oxystoma (Syn.) 98.
Ozocladium (Syn.) 121.

Pachnolepia (Syn.) 90.
Pachyospora (Syn.) 204.
Pochyphiale 124, 126.
Pannaria 180, 181.
Pannariaceae 114, 178.
Pannularia (Syn.) 181.
Paracarpidium (Syn.) 61.
Paraphysorma (Syn.) 56.
Parathellacese 51, 71.
Parathelium 71, 72.
Parmelia 208, 214.
Parmeliaceae 114, 207.
Parmeliella 180, 181.
Parmeliopsis 208, 209.
Parmentaria 73, 74.
Parmocarpus (Syn.) 230.
Parmotrema (Syn.) 213.
Patellaria Etch. (Syn.) 203.
Paulia 159, 163.
Peccania 159, 163.
Peltidea (Syn.) 194.
Peltigera 191, 194.
Peltigeraceae 113, 190.
Peltula (Syn.) 178.

Pentagenella 106, 110.
Perforaria 195.
Pertusaria 195.
Pertusariaceae 113, 195.
Petractis 124.
Petrolopus (Syn.) 203.
Phacopsis 90.
Phacothecium 138.
Phaeographina 92, 100.
Phaeographis 92, 99.
Phaeospora 78, 239.
Phaeosticta (Syn.) 188.
Phaeotrema 118, 119.
Pharcidia 78, 240.
Phialopsis (Syn.) 126.
Phlebia (Syn.) 194.
Phloeopeccania 159, 164.
Phlyctella 199, 206.
Phlyctidia 199, 206.
Phlyctis 199, 206.
Phlyctomia 206.
Phylliscidium 159, 160.
Phylliscum 159, 161.
Phyllobathelium 74, 75.
Phyllocharis (Syn.) 76.
Phyllophthalmaria 118, 120.
Phylloporina 74, 75.
Phyllopsora 138.
Phyllopsoraceae 114, 138.
Phyllopyreniaceae 52, 68.
Phyllothellum 244.
Phymatopsis 138.
Physcia 234.
Physciaceae 112, 234.
Physcidia 208, 209.
Physma 169, 170.
Piccolia (Syn.) 152.
Pilocarpaceae 113, 116.
Pilocarpon 116.
Pilonema 168.
Pilophoron (Syn.) 142.
Pilophorus 140, 142.
Pinacisca (Syn.) 204.
Pionospora (Syn.) 197.
Pityria 239.
Placidiopsis 58, 60.
Placidium (Syn.) 60.
Placocarpus (Syn.) 60.
Placodium Körb. (Syn.) 202.
Placographa (Syn.) 93.
Placolecania 199, 205.
Placolecis (Syn.) 132.
Placopsis (Syn.) 202.
Placothelium 76, 77.
Placynthium 180, 181.
Plagiographis (Syn.) 95.
Plagiothelium (Syn.) 74.
Plagiotrema 71, 72.
Platisma (Syn.) 215.
Platygramma (Syn.) 99.
Platygrapha 105, 115.
Platygraphopsis 116.
Platyphyllum (Syn.) 215.
Platysma (Syn.) 215.
Plectocarpon (Syn.) 188.
Plectopsora 171.
Pleopsidium (Syn.) 152.

Pleurocybe 85.
Pleurothelium 71, 72.
Pléurotrema 71.
Pliariona (Syn.) 101.
Plocaria 239.
Poetschia (Syn.) 138.
Polyblastia 53, 56.
Polyblastiopsis 62, 65.
Polychidium 154, 156.
Polycoccum 78, 240.
Polymoria 240.
Polyozosia (Syn.) 202.
Polyschistes 122.
Polystroma 118, 121.
Porina 62, 66.
Porocyphus 154, 157.
Porodothion (Syn.) 70.
Porophora Mey. (Syn.) 197.
— Zenk. (Syn.) 66, 70.
Porothelium (Syn.) 70.
Porphyriospora (Syn.) 56.
Porpidia (Syn.) 131.
Pragmopora 111.
Protonema 240.
Pseudacolium (Syn.) 84.
Pseudocyphellaria (Syn.) 188.
Pseudographis 111.
Pseudoleptogium Jatta (Syn.) 157.
— Müll. Arg. (Syn.) 175.
Pseudophyscia (Syn.) 236.
Pseudopyrenula 62, 65.
Pseudosticta (Syn.) 188.
Psilolechia (Syn.) 132.
Psora (Syn.) 132.
Psorella 138, 139.
Psoroglaena 59.
Psoroma 180, 183.
Psoromaria 180, 183.
Psoromidium (Syn.) 138.
Psoromopsis (Syn.) 209.
Psorothecium (Syn.) 134.
Psorothele (Syn.) 239.
. Psorotichia 159, 164.
Pterygiopsis 154, 157.
Pterygium 165.
Ptychographa 92, 94.
Pulmonaria (Syn.) 188.
Pulveraria 239.
Pycnographa 103, 105.
Pycnothelia (Syn.) 143.
Pygmaea (Syn.) 167.
Pyrenastrum Eschw. 73.
— Tuck. (Syn.) 74.
Pyrenidiaceae 52, 76.
Pyrenidium 76, 77.
Pyrenocarpeae 49.
Pyrenocarpus (Syn.) 161.
Pyrenocollema 168, 169.
Pyrenodesmia (Syn.) 228.
Pyrenodium (Syn.) 73.
Pyrenopsidaceae 113, 153.
Pyrenopsidium 159, 160.
Pyrenopsis 159.
Pyrenothamnia 61.
Pyrenothamniaceae 51, 61.
Pyrenothea (Syn.) 90.

Register.

Pyrenula 62, 67.
Pyrenulaceae 54, 62.
Pyrgidium 80, 83.
Pyrgillus 83, 84.
Pyrrhospora (Syn.) 132.
Pyrrhochroa (Syn.) 94.
Pyrrographa (Syn.) 99.
Pyxidaria (Syn.) 143.
Pyxidium (Syn.) 143.
Pyxine 234.

Racoblenna (Syn.) 181.
Racodium 127, 128.
Ramalea 243.
Ramalina 217, 220.
Ramonia 124, 125.
Rehmia (Syn.) 231.
Reinkella 106, 108.
Reticularia (Syn.) 183.
Rhabdospora 127.
Rhacoplaca (Syn.) 76.
Rhagadostoma 78, 240.
Rhaphiospora (Syn.) 135.
Rhexophiale (Syn.) 126.
Rhiphidonema 237.
Rhizocarpon 129, 137.
Rhizomorpha 240.
Rhizoplaca (Syn.) 202.
Rhodocarpon (Syn.) 60.
Rhytidocaulon (Syn.) 248.
Ricasolia D'Notrs. (Syn.) 188.
— Mass. (Syn.) 205.
Rimularia (Phil.) 79, 239.
Rinodina 234, 232.
Roccella 106, 109.
Roccellaceae 89, 106.
Roccellaria 106, 107.
Roccellina 106, 108.
Roccellographa 106, 108.
Ropalospora (Syn.) 135.
Rostania (Syn.) 172.
Rotula (Syn.) 105.

Saccardoa (Syn.) 188.
Sagedia (Syn.) 66.
Sagenidium 110.
Sagiolechia 124, 126.
Saphenaria 240.
Sarcographa 103.
Sarcographina 103.
Sarcogyne (Syn.) 152.
Sarcopyrenia 53, 54.
Sarcosagium (Syn.) 152.
Scalopodora (Syn.) 147.
Scaphis (Syn.) 94.
Schadonia 207.
Schaereria 132.
Schasmaria (Syn.) 143.
Schismatomma 114, 115.
Schistostoma (Syn.) 119.
Schizographa 111.
Schizoma 176.
Schizopelte 107, 110.
Schizoxylon 240.
Sclerococcum 239.
Sclerophyton 103, 105.
Scoliosporum 136.

Scutellaria 204, 240.
Scyphophora (Syn.) 143.
Scyphophorus (Syn.) 143.
Scytenium (Syn.) 171.
Scytonema 158.
Secoliga (Syn.) 125, 126.
Segestrella (Syn.) 66.
Segestria (Syn.) 66.
Sepincola (Syn.) 215.
Seranxia (Syn.) 188.
Setaria (Syn.) 219.
Siegertia (Syn.) 137.
Simonyella 107, 110.
Siphonia (Syn.) 225.
Siphula 217, 225.
Siphulastrum 168.
Sirosiphon (Syn.) 158.
Skolecites (Syn.) 135, 136.
Solenogrographa (Syn.) 198.
Solenospora (Syn.) 204.
Solorina 191, 192.
Solorinina (Syn.) 192.
Solorinella 191, 192.
Sorothelia 78, 240.
Speerschneidera (Syn.) 230.
Spermatidium (Syn.) 65.
Sphaerella 240.
Sphaerocephalum 239.
Sphacromphale (Syn.) 56.
Sphaerophoraceae 80, 85.
Sphaerophoropsis 129, 133.
Sphaerophorus 85, 86.
Sphaeropsis (Syn.) 150.
Sphaerothallia (Syn.) 204.
Spheconisca 52.
Sphinctrina 80, 83.
Sphyridium (Syn.) 140.
Spiloma 239.
Spilonema 154.
Spirographa 92, 96.
Spolverinia 78, 240.
Sporacestra (Syn.) 135
Sporastatia (Syn.) 152.
Sporoblastia (Syn.) 133.
Sporodictyon (Syn.) 56.
Sporopodium 123.
Squamaria (Syn.) 202.
Staurolemma (Syn.) 174.
Staurothele 53, 56.
Stegia 239.
Stegobolus (Syn.) 118.
Steinera 165, 166.
Stenhammara (Syn.) 134, 161.
Stenocybe 80, 82.
Stenographa (Syn.) 100.
Stephanophora (Syn.) 175.
Stephanophorus (Syn.) 175.
Stereocauliscum (Syn.) 135.
Stereocaulon 140, 146.
Stereochlamys 62, 68.
Stereopeltis (Syn.) 152.
Sticta 185, 186.
Stictaceae 114, 185.
Stictina (Syn.) 189.
Stictographa (Syn.) 96.
Stigmagora (Syn.) 118.
Stigmatella (Syn.) 104.

Stigmatidium (Syn.) 104.
Stigmatomma (Syn.) 56.
Stigmidium (Syn.) 78.
Strangospora (Syn.) 132.
Strigula 74, 76.
Strigulaceae 52, 74.
Stromatopogon 87.
Stromatothelium (Syn.) 70.
Sychnogonia Körb. (Syn.) 167.
Sychnogonia Trevis. (Syn.) 78.
Symplecia 240.
Synalissa 159, 160.
Synalissis Syn.) 160.
Synalissopsis (Syn.) 159.
Synarthonia 89, 94.
Syncesia (Syn.) 105.
Synechoblastus (Syn.) 172.
Syngenesorus (Syn.) 69.

Tapellaria 243.
Temnospora (Syn.) 135.
Tenorea 240.
Tetramelas (Syn.) 132.
Thalloidima (Syn.) 136.
Thalloloma (Syn.) 100.
Thamnidium (Syn.) 167.
Thamnium (Syn.) 143.
Thamnolia 247, 225.
Thamnomyces 240.
Thecaria (Syn.) 104.
Thecographa (Syn) 100.
Thelenella (Syn.) 57.
Thelenidia 53, 57.
Thelidea 185.
Thelidium 53, 56.
Theligyna 164.
Thelocarpon 130.
Thelochroa (Syn.) 164.
Thelococcum 154.
Thelographis (Syn.) 104.
Thelomphale (Syn.) 150.
Thelopsis 62, 67.
Theloschisma (Syn.) 99.
Theloschistes 229, 230.
Theloschistaceae 112, 229.
Thelotrema 148, 149.
Thelotremaceae 113, 148.
Tholurna 85.
Thrombium 54, 57.
Thyrea 159, 162.
Thysanothecium 140, 142.
Tichothecium (Syn.) 54, 78.
Tomasellia 65, 69.
Toninia 129, 136.
Tornabenia (Syn.) 230, 236.
Trachyderma (Syn.) 181.
Trachylia Körb. (Syn.) 90.
— Nyl. (Syn.) 83.
Tremalosphaeriopsis 79.
Tremolylium 148, 120.
Tricharia 79, 138, 240.
Trichocladia (Syn.) 203.
Tricholechia (Syn.) 146.
Trichoplacia 79, 138, 139.
Trichothelium 74, 75.
Triclinium (Syn.) 243.
Trimmatothele 53, 56.

Register.

Tromera (Syn.) 152.
Trypetheliaceae 52, 69.
Trypethelium 69, 70.
Tubercularia (Syn.) 140.
Tylophorella 83, 85.
Tylophoron 83, 84.
Ucographa (Syn.) 111.
Ulocodium (Syn.) 134.
Ulvella (Syn.) 75.
Umbilicaria 147, 149.
Urceolaria (Syn.) 122.
Urceolina (Syn.) 202.

Usnea 217, 223.
Usneaceae 114, 216.

Varicellaria 195, 198.
Variolaria (Syn.) 195.
Verrucaria 53, 54.
Verrucariaceae 51, 53.
Verrucula 79.
Volvaria (Syn.) 119, 120, 124, 125.

Weitenwebera Körb. (Syn.) 57.
— Op. (Syn.) 135.

Willeya (Syn.) 56, 57.
Wilmsia Körb. (Syn.) 165.
Wilmsia Lahm (Syn.) 126.

Xanthocarpia (Syn.) 227.
Xanthoria 229.
Xenosphaeria 79.
Xylastra (Syn.) 95.
Xylographa 92, 93.
Xyloschistes 92, 94.

Zeora (Syn.) 202.
Zwackhia (Syn.) 94.

Verzeichnis der Nutzpflanzen und Vulgärnamen.

Cudbear 109.
Erdorseille 204.
Französischer Purpur 109.
Guignons Purpur 109.
Isländisches Moos 216.
Korallenmoos 145.

Lakmus 109.
Lungenflechte 188.
Lungenmoos 188.
Mannaflechte 201.
Mousse de chênes 218.

Orseille 109.
Parelle d'Auvergne 204.
Persio 109.
Renntierflechte 143.
Roter Indigo 109.

www.ingramcontent.com/pod-product-compliance
Lightning Source LLC
Chambersburg PA
CBHW031730230426
43669CB00007B/309